新工科大学物理学教程

黄春晖 主编
冯奎胜 张春玲 刘文武 参编

清華大學出版社
北京

内容简介

本书根据教育部高等学校物理基础课程教学指导分委员会制定的“非物理类理工学科大学物理课程教学基本要求”，结合编者的教学实践和经验，按照模块设计、注重应用的宗旨，精选内容编写而成。

全书分为9章，内容涵盖力学、振动与波、气体和液体性质、热力学、电磁学、波动光学等内容，近代物理列入选修部分。书中还穿插名人堂和附加读物，介绍著名物理学家的故事、典型物理定律的创建历程和物理在工程技术中的应用，同时将课程思政元素融入物理知识的学习中。

本书可作为高等院校非物理类新工科专业的大学物理教材，也可作为物理爱好者的自学参考书。

图书在版编目(CIP)数据

新工科大学物理学教程/黄春晖主编. —北京：清华大学出版社，2023.8(2025.1重印)
ISBN 978-7-302-63969-5

Ⅰ. ①新… Ⅱ. ①黄… Ⅲ. ①物理学—高等学校—教材 Ⅳ. ①O4

中国国家版本馆CIP数据核字(2023)第116982号

责任编辑：陈凯仁
封面设计：傅瑞学
责任校对：薄军霞
责任印制：曹婉颖

出版发行：清华大学出版社
网　　址：https://www.tup.com.cn，https://www.wqxuetang.com
地　　址：北京清华大学学研大厦A座　　**邮　　编**：100084
社 总 机：010-83470000　　**邮　　购**：010-62786544
投稿与读者服务：010-62776969，c-service@tup.tsinghua.edu.cn
质量反馈：010-62772015，zhiliang@tup.tsinghua.edu.cn
印 装 者：三河市龙大印装有限公司
经　　销：全国新华书店
开　　本：185mm×260mm　　**印　　张**：27.25　　**字　　数**：659千字
版　　次：2023年10月第1版　　**印　　次**：2025年1月第2次印刷
定　　价：69.00元

产品编号：096089-02

前　言

近 20 年来，随着中国经济的高速发展和技术的不断升级，对应用型人才的需求急剧上升，同时，通过上大学提升自身素质已经成为青年人的追求。为了适应社会发展的需要，促进中国高等教育的发展，国家对高等教育进行了两次改革：一是扩大招生规模，把高等教育从精英教育向大众化教育发展。除了原有大学扩招外，还新建了一大批地方本科院校、独立学院和私立大学，这批新建的大学大多把办学目标定位为培养应用型人才。二是把本科分为普通本科、应用本科、职业本科，高校也分为普通型高校、应用型高校、职业型高校，且明确要求应用本科在教学内容、培养目标上进行结构上的改革和定位，实现应用型高校的建设和培养目标。

建设名副其实的应用本科，首先要明确应用型本科就是应用技术型本科，即以传授应用技术作为办学定位，满足经济社会发展对高层次应用型人才的需要。其次要建立与应用技术型本科相适应的教学体系，包括教材的建设、培养技术的路线、考核的方式，这些都应该以突出应用目标来开展。

物理学作为整个自然科学和工程技术的基础，它所阐述的物理学基本知识、基本概念、基本规律和基本方法，不仅是基础学科与工程学科相衔接的关键性知识，还是培养和提高学生科学素质、科学思维方法和科学研究能力的重要内容。目前，大学物理作为应用型工科专业的一门通识课程，除了要培养学生的基本素质外，更重要的是要能够适应学生的知识层次，服务专业培养目标，突出知识的应用；同时，需要合理划分知识模块、采用案例教学模式，各模块能够灵活组合，在有限的课时内，实现各应用型工科专业的培养目标。依据这个宗旨，我们总结长期以来的大学教学经验，梳理课程体系，按照新工科大学物理的教学大纲组织编写《新工科大学物理学教程》。在具体撰写过程中，本书力图体现以下几方面的特点。

（1）贴近学情、优化教学体系

应用型本科院校办学时间短，学校仍处在创品质的爬坡阶段，社会观望普遍，招生批次比较靠后。同时，在信息时代，社会对人才类型的需求出现了多样化趋势，需要把人才培养与社会生产活动紧密结合起来，为国家经济的发展培养一大批实用型人才。因此，大学物理课程已经列入通识课程，有些学校的计划学时已经压缩到 70～90 学时。这不仅要求教材内容通俗易懂、贴近学情，而且要优化教学体系，满足少学时的教学计划。本书对内容选择和章节安排进行了优化，把质点运动学和质点动力学合并为质点力学，用气体和液体的基本性质替代气体动理论，把机械振动和机械波两章合并为一章。通过上述体系的优化，可以适当压缩篇幅、紧凑知识衔接，便于模块组合。本书内容突出应用，增加了非谐振动和共振、眼睛视觉等应用案例，案例贴近实际应用。为了适应学情和专业考核，本书适当精简数学推导，对一些工程学科学生不需要的繁杂数学推导进行了删减，避免让学生感到力不从心；同时，为避免和中学物理内容重复，适当提高了起点，让学生一接触大学物理就能对矢量和微积分的处理方法产生重视，且在附录中提供了常用的数学公式。这样的内容安排符合教学需要，学生好学，教师好教。

(2) 培养科学素养和正确的世界观

大学物理课程内容受众较多,传授自然界物质的结构、性质、相互作用及其运动的基本规律时,蕴含着大量思政的思辨内容,例如,物理学的发展历程,科学家在追求真理时忘我拼搏的精神,都是培养学生树立正确的世界观、人生观和价值观的典型范例,是课程思政的天然载体。本书在相关内容后都提供名人堂和附加读物,介绍著名科学家的故事。同时,需注意不同专业间的差异,两者融合需因地制宜,将正确价值观、育人元素贯穿于专业课程教学全过程,从而实现专业知识与立德树人的有效融通。

考虑到对培养应用型、技术型人才的需要,我们把近代物理与无碳能源、多维度信息传输紧密结合起来,以专著形式单独出版,供大学物理专题讲座使用。这样的内容安排,可以将近代物理的观点和原在现代工程技术中的应用有机地渗透到相关学科,进一步讲述无碳能源和信息传输的工程技术及研究进展,以激发工科学生学习物理的积极性。

(3) 教学模式的改革

大学物理由力、热、光、电、声、磁等部分组成,而大部分理工科专业是在这几部分知识基础上建立起的科学体系。在进行大学物理课程学习时,教学中将涉及部分专业课程的教学内容,为开展专业教育奠定必要的基础。因此,当大学物理教学中涉及专业课程的基础内容时,应该对内容进行适当扩展,对其应用进行简单介绍,以增加学生学习积极性并适时提醒学生注意掌握相关知识内容。对于电子信息类和计算机类专业的学生,建议把教学重点放在电磁学、波动光学和熵等与信息科学相关的章节;对于土木工程类专业的学生教学重点应放在质点力学、刚体力学、振动与波动、电磁学等相关章节。

为了满足多元化教学的需要,便于教师组织教学和鼓励学生创新学习,本书提供了形式多样的习题。其中,填空题和计算综合题作为作业,检测学生运用知识的能力;思考题用来检测学生预习和复习的学习效果,可以通过课堂提问和网上讨论使用,让教师了解学生对基本概念和定理、定律的理解情况。选择题可以作为随堂练习。作为应用型本科通识课程,本书为了满足课程优化需要,各章节内容相对独立。

本书由阳光学院黄春晖教授/博士主编,由冯奎胜、张春玲、刘文武等教师参编。其中,黄春晖教授根据自己长期积累的教学经验和资料收集,结合新工科大学的大学物理教学大纲要求,拟定了全书的教学内容和教学目标,负责绪论、第1～4章及第7章的编写、全书的统稿、审阅和校定及习题配套;冯奎胜副教授负责编写第6章和第8章;张春玲负责编写第9章;刘文武负责编写第5章。陈娴和张玲两位老师参与了教材立项论证,并提供了部分资料,在此表示感谢。

本书在组织编写过程中得到了阳光学院的立项资助和人工智能学院的大力支持。课程组全体成员和相关兄弟院校的同仁对本教材的编写提出了宝贵建议,在此表示感谢。在编写过程中,我们广泛参考了国内新近出版的大学物理教材,不一一列出,在此一并表示感谢。

由于时间仓促,书中难免有错误之处,敬请读者指正。

作　者

2023年5月

目　　录

绪　论

1. 物理学的研究对象及其发展历程

世界是物质的世界，凡是自然界客观存在的都是物质。无论是宇宙星辰、地球上生长的万物，还是微观世界的分子和原子都是物质。运动是物质的存在形式，自然界所有物质都处于永恒的运动之中。广义的运动包括物质的任何变化过程。例如天体的演化、生物的进化、化学反应等都是物质的运动形式。物质运动的形式是多种多样的，展现出丰富多彩、千姿百态、奥妙无穷的自然现象。

物质及其运动规律是自然科学的研究对象。对不同物质运动规律的研究就形成了自然科学中的不同的学科。例如，研究天体演化规律属于天文学范畴；研究生物进化的规律属于生物学范畴；关于化学变化规律的研究就是化学的研究内容。物质运动的规律既有共性也有个性。如前所述的生物学、化学都是研究物质运动规律个性的科学，物理学则是研究物质运动规律共性的科学。

物理学的研究对象可以表述为研究物质最基本、最普遍的运动形式，包括物质的机械运动、电磁运动、分子原子的热运动及其内部的运动。由于物质最基本、最普遍的运动形式多种多样，因此形成了物理学的不同学科。例如，对机械运动规律的研究就形成力学；对电磁运动规律的研究就形成电磁学；对分子、原子热运动的研究就形成热学。

通过上面介绍，我们初步认知了物理学的研究对象，接下来将简要介绍物理学的发展历程，再来定位大学物理课程的学习内容。

1）经典物理学的建立

物理学来源于古希腊的理性唯物思想。早期的哲学家提出了许多范围广泛的问题，诸如宇宙秩序的来源、世界多样性和各类变种的起源，如何说明物质和形式、运动和变化之间的关系等。留基伯、德谟克里特是原子论的标志性代表，后来伊壁鸠鲁和卢克莱修发展了原子论，以(塞浦路斯的)芝诺为代表的斯多阿学派主张自然界连续性的观点，对自然界的结构和运动、变化等分别做出各自的说明。原子论曾对 18 世纪的化学和物理学产生了相当大的影响。

在古希腊和古罗马时代，静力学实际上是物理学的最大成就，其中最具代表性的人物是阿基米德。他建立了杠杆定律、浮体定律，发明了后来以他名字命名的螺旋抽水机。更重要的是，阿基米德将欧几里得几何学和逻辑推理用于解决物理问题，为经典物理学的兴起在方法上提供了一个榜样。亚里士多德的物理学，实质上大部分是由错误判断、逻辑集合而成的几个概念，他将宇宙分成天上的和地上的两种截然不同的领域，将运动分为“自然的”和“非自然的”两类，并且认为“非自然运动”需要恒常的外因等。这不仅与宗教的需要有关，还与亚里士多德论证问题的巧妙方式有关。此外，泰勒斯观察到了琥珀的静电吸引现象；毕达哥拉斯了解了某些音程的数字比例；欧几里得探讨了凹面镜的反射现象；托勒密发现光线入射角和折射角成比例，他构建的洋葱式宇宙模式(托勒密体系)对中世纪影响颇大。

中世纪时代，慑于社会压力、政治迫害和早期教会神父的反理智偏见，科学家对物理规律的探索处于停滞状态，唯有光学在阿拉伯得到发展。阿尔·哈增发展了光的反射和折射理论，对眼睛的构造做出了解剖研究，创造了至今仍被沿用的一些术语，如“角膜”“玻璃液”等。12—13世纪，欧洲各国纷纷建立了一些附属于教堂的学校，公元1100年巴黎大学建立，其后，博洛尼亚大学、牛津大学、剑桥大学相继建立，这些学校尽管讲授的是亚里士多德著作，但是讨论问题的逻辑方式成了欧洲传统，无形中培养了学生的逻辑思维习惯。13—14世纪，一些学者在评注亚里士多德运动观时，提出并发展了“冲力说”，同时在中世纪后期，一些科学家在处理一些物理学问题上已表现出相当的水平，这为16—17世纪的科学革命奠定了基础。

16—17世纪欧洲发起文艺复兴运动，激起了人文主义，激发了新兴市民去探讨现实世界和自然界的热情。此时，在东西方都积累了大量的由工艺传统而获得的科学知识；加之，诸如纺织、钟表、眼镜和玻璃等生产技术的进步，为科学研究提供了新的实验手段，由此带来了一场伟大的科学革命。这场革命首先由天文学发起，继而发展到力学、光学。新科学观取代了统治科学近2000年之久的古希腊观点，科学开始带着功利目标，脱离哲学和工艺学而独自存在。定量的、机械的自然观取代定性的有机论自然观。从此，对于特定的问题开始依靠实验寻求明确答案，并以符合特定理论框架，以数学公式定量地将答案表述出来。

1543年，波兰天文学家哥白尼发表《天体运行论》，提出日心地动说（地球沿圆轨道绕日运动），与托勒密地心说发生冲突。接着，伽利略用望远镜观察天象，并进行一系列观测物体运动规律的实验。这些结果不仅推翻了地心说和以亚里士多德为代表的经典哲学运动观，还以数学形式建立了自由落体定律和惯性定律等，并提出了加速度概念。其后，开普勒在哥白尼日心说的基础上，运用第谷的观测资料，发现了行星运动三定律。惠更斯发明了摆钟、设计了天文仪器、给出弹性体碰撞数学公式，建立光的波动理论。斯蒂在关于平衡的论著《静力学原理》中，研究了物体停放在斜面上所需的力和滑轮组的平衡等问题。他以“永恒运动不可能”为出发点，用数学方法论证了力的平行四边形法则。1687年，牛顿的《自然哲学的数学原理》问世，提出了三大运动定律和万有引力定律，建立了以牛顿力学为代表的经典力学体系，将科学革命推向了高峰。牛顿力学体系将过去一向被认为毫不相干的地上的和天上的物体运动规律概括在一个严密的统一理论之中，这是人类认识自然的历史中第一次理论大综合。此后，拉普拉斯把整个太阳系综合为一个动力稳定的牛顿引力体系，建立起天体力学；1846年，科学家通过牛顿运动理论预测证实海王星的存在，以牛顿力学为核心的经典力学达到最为辉煌的时代。

经典力学的另一个发展序列是：托里拆利在液体实验的基础上提出液体从小孔射流的理论，帕斯卡和冯·盖利克等人对大气压测量，并导致1662年玻意耳和马略特各自独立地建立了关于气压和体积关系的定律。从18世纪起，伯努利和欧拉研究了多质点体系、刚体和流体动力学。

在经典力学得到快速发展的同时，光学领域的发展也异常迅速。17世纪时，斯涅耳和笛卡儿发展了几何光学。1676年，罗麦通过观测木星的星蚀而测定了光在空间的传播速度。1729年，布拉得雷发现光行差，从而结束了光速是瞬时还是有限的争论。1850年，傅科和斐索测得水中的光速小于空气中的光速。牛顿对光学的贡献有两个：一是颜色理论，证明白光是色光的混合；二是发现薄膜干涉，以定量方法研究干涉现象。1753年，多朗德成功制造消色差折射望远镜，格里马尔迪分析了直杆和光栅的衍射现象。这样，把光的干涉和衍射等现象的发现与光的本性问题的讨论相结合，使以后光学成为长期持有争论的学科。光形成两种学说：牛顿和笛卡儿的射流说（微粒说），胡克和惠更斯的波动说。

从 1800 年起，托马斯·杨在光的波动研究取得了举世公认的成就，杨提出波长、频率的概念和干涉原理，并以此解释牛顿环，第一个近似地测定了光的波长，区分了相干光与不相干光的概念。接着，马吕斯于 1809 年发现光的偏振。1811 年，阿拉果用晶体观察到被偏振的白光的色散现象，布儒斯特于 1815 年实验证实，在反射光与折射光彼此垂直的情形下，反射光是完全偏振的。同年，菲涅耳建立了带作图法的衍射理论，并与阿拉果在 1819 年共同提出彼此垂直的偏振光不相干涉的证明，最终证实光的横向振动。从此，科学家建立了光的正确的波动学说。1888 年，赫兹证实电磁波的存在并将光也统一其中，这又结束了光究竟在哪个方向振动的争论。后来，洛伦兹以反射理论，维纳以光的驻波实验各自独立地证明，电场强度的振动垂直于偏振面，而磁场强度的振动在偏振面上，从此光学成为电动力学的一部分。

在 17—18 世纪，各种温度计的制造和温标的选定过程中，有两个定理曾推动热力学的发展。一是玻意耳定律，另一是盖-吕萨克对理想气体膨胀的测定，指出各种气体具有相同的热膨胀系数，精确的测定值为 1/273。这是热力学的重要概念“绝对零度”的先导思想。对于热的认识，起初人们认为热是一种类似流体的物质，将热量与温度从概念上区分开。1799 年，汤普森首先从钻炮眼的机械运动中发现热是一种运动。1842 年迈尔，1843 年焦耳，1847 年冯·亥姆霍兹等 10 余位科学家从蒸汽机的效率以及机械、电、化学和人体的新陈代谢等不同侧面独立展开研究，获得了热是一种能量、能量守恒以及各种形式的能量可相互转换的定律。开尔文勋爵于 1853 年对能量守恒概念做出最后定义。约在 1860 年，能量守恒原理得到普遍承认。很快地，它就成为全部自然科学和技术科学的基石。它揭示了热、机械、电和化学等各种运动形式之间的统一性，从而实现了物理学的第二次理论大综合。

法国科学家卡诺利用能量守恒定律（又称热力学第一定律）来研究蒸汽机的热功转换，在卡诺研究的基础上，克劳修斯和开尔文分别在 1850 年和 1851 年建立了热力学第二定律。克劳修斯在第二定律中引入熵的概念，即一个物理系统的能量耗散程度用一个物理参量——无序程度（又称混乱程度）表示。1906 年，能斯特提出热力学第三定律。随着热力学的建立和发展，分子运动论和热现象的统计方法也建立起来了。

人类对电和磁的认识非常久远，但电磁学是在 16—18 世纪建立的。较为重要的事件有：1745 年发明莱顿瓶；1752 年以风筝实验证明天空闪电与人工摩擦电的一致性；1775 年提出电盘概念，后来发展为感应起电机；1785 年，发明扭秤，发现了两电荷之间的作用力定律，今称库仑定律。电磁发展史上的一个重大转折是由伽伐尼和伏打做出的。伽伐尼于 1792 年报告了关于蛙腿痉挛的实验，伏打立即将此观察变成一个物理发现，于 1800 年制成电堆。电堆所提供的持续电流为电磁学发展开辟了一个崭新领域。1820 年，奥斯特发现电流的磁效应。这一发现吸引一大批物理学家特别是法国人涌入这一新领域，在两年时间内就奠定了电磁学的基础。安培创立了两电流元之间相互作用的安培定律；毕奥和萨伐尔同时表述了单一电流线元的磁作用定律；1826 年，欧姆建立了电阻定律；法拉第通过一系列实验，终于发现磁感产生电流的效应，于 1831 年建立电磁感应定律。法拉第的发现为人类开辟了一种新能源，打开了电力时代的大门。1855—1864 年，麦克斯韦在总结电磁感应实验和理论的基础上，引进了“位移电流”概念，从数学上建立了意义深远的电磁理论——麦克斯韦方程组，从该方程组中导出电磁波的存在及其以光速传播的结论。法拉第、麦克斯韦等人的工作导致物理学史上第三次理论大综合，揭示了光、电、磁三种现象的本质统一性。

2）近代物理的建立

1895 年 X 射线的发现是 20 世纪近代物理学开始的标志。近代物理学的两大基石即相对论和量子论，彻底地改变了近代物理学中的传统观念，其中包括有关空间、时间、质量、能量、原子、光、连续性、决定论和因果关系等在经典物理学中已牢固确立的概念，在 20 世纪 30 年代之前掀起一场新的科学理论革命。

19 世纪末 20 世纪初，人们已习惯并长期相信它作为绝对静止的惯性坐标系的存在，但在迈克耳孙主持的多次反复的实验中均得到否定的结果；还有在固体比热、黑体辐射、X 射线、放射性、电子和镭的发现等新的实验事实中，经典物理学都难以合理解释，并且困惑不解，而且似有大厦将倾之危。

爱因斯坦为此对物理理论基础进行根本性的改革，于 1905 年和 1915 年先后创立狭义相对论和广义相对论。相对论否定了牛顿以来绝对时间和绝对空间概念，建立了新的时空观，并将牛顿力学作为一种特例概括其中。

普朗克为解释黑体辐射问题，于 1900 年提出能量子假设，引入了著名的普朗克常量。爱因斯坦在 1905 年提出光粒子论，解释了光电效应，证实并发展了普朗克的思想。1913 年，玻尔依据量子论提出一种原子模型，成功地解释了只含一个电子的原子的光谱和其他性能。1923 年，德布罗意提出物质波概念，波粒二象性作为微观世界的基本特性之一为人们普遍接受。1925—1927 年间一批物理学家，如海森伯、狄拉克以及玻恩、薛定谔等人的出色工作，建立了量子力学，它不仅解决了 19 世纪末提出的诸多物理问题，并且应用到原子、分子和金属性能的研究，加速了原子和分子物理学的发展，为物理学建立了通向化学和生物学的桥梁。

19 世纪末至 20 世纪初，人们不仅在 X 射线、放射性等方面有一系列惊人发现。还发现了中子、正电子，用加速器实现人工核蜕变，观察到铀分裂即重原子核裂变现象，实现原子核链式反应，建成第一座原子反应堆。1945 年，美国制成第一颗原子弹，从此揭开了原子能时代的序幕。此外，还发展了粒子物理学，探索自然界中的四种相互作用力（引力、电磁力、强相互作用力和弱相互作用力）的统一问题。物理学在传统意义下分化出高能物理学、原子核物理学、等离子体物理学、凝聚态物理学、复杂系统的统计物理、宇宙学和各种交叉学科。

3）大学物理涉及的内容

通过上述介绍，我们不仅了解了物理学的创建和发展历程，而且对物理学的研究对象和研究领域有了认识。根据物质的运动可以把物理学划分为经典物理学和近代物理学。研究宏观物质的低速运动规律就是经典物理学的内容（以牛顿力学，麦克斯韦电磁场理论以及热力学为主要基础而构成的）。研究物质高速运动的相对论和量子场论以及微观物质的低速运动规律的量子力学都属于近代物理学的范畴。从经典物理学到近代物理学，是人们对物质运动认识的一次大飞跃。从物理学的发展进程来看，它们代表着两个重大的里程碑。在大学物理课程中，将主要学习经典物理学中力学、热学、电磁学、振动和波、波动光学的内容以及近代物理学的基础内容。

（1）力学（或者称为牛顿力学）——关于物体作机械运动的理论，包括质点力学（质点运动学和质点动力学的统称)和刚体定轴转动。

(2) 机械振动与机械波。

(3) 气体和流体性质(热力学)——关于气体的热平衡态性质和热力学基础理论,包括温度和温标、气体平衡态理论和麦克斯韦统计、流体力学,热力学三大定律、热力学循环效率分析、热机和冷机的工作原理以及热力学熵。

(4) 电磁学——关于电和磁以及电磁感应和麦克斯韦方程,包括真空中的静电场性质、导体和电介质在静电场中的电特性、电磁效应、磁场对带电粒子和载流导线的作用力及其应用,电磁感应和电磁场基础。

(5) 波动光学——关于光的干涉、衍射和偏振性质及其应用。

(6) 近代物理——关于物理规律不变性和高速运动理论的狭义相对论以及量子物理基础,包括波粒二象性的认识和描述及其简单应用还有原子轨道的电子分布。

2. 物理学在科学技术发展中的作用

1) 物理学与三次大的技术革命

每当物理学的发展经历一次大的突破,都会对社会经济发展产生巨大的影响。物理学是科学技术发展的重要源泉,三次产业革命(蒸汽机、电气化、信息化)均来自物理学或与物理学紧密相关。

17—18世纪,由于牛顿力学的建立和热力学的发展,不仅推动了其他学科的发展,而且适应了研制蒸汽机和发展机械工业的社会需要,从而引发了第一次工业革命,同时,推动了人类社会的巨大变革。内燃机、汽轮机的出现使现代科学技术突飞猛进,导致了火车、汽车、轮船和飞机的出现,从而使交通运输业得到了迅速的发展,极大地改变了工业生产的面貌。这是第一次技术革命。

19世纪70年代,麦克斯韦创立了电磁场理论。它为电力技术的产生提供了重要的理论基础。由于电磁学的发展,引起了第二次世界性的技术革命,建立了以电机为动力的电气化工业体系和各种电气工业部门,例如,电解,电镀,电焊,电热,电力输送等,同时,电话、电报等信息传递技术也随之得到广泛应用,从而把工业生产推向历史的高峰。

1770年,英国科学技术造成的生产率和手工劳动生产率的比仅仅为4∶1,而到1840年工业化的初期就很快把这个比例提高到108∶1。这充分说明科学技术力量使生产率在70年间提高27倍。这是第二次技术革命。

20世纪以来,由于相对论和量子力学的建立,人们对原子、原子核结构的认识日益深入。它先后引发了原子能、电子计算机和空间技术的出现和应用,导致了新材料技术、微电子技术、激光技术、生物技术、海洋技术和新能源技术等迅速崛起,形成了以电子计算机为核心的高新技术群,掀起了第三次技术革命的浪潮,有人称它是“第三次浪潮”。在不到一代人的时间内,人类同时进入原子能时代、太空时代与计算机时代,其影响之广、意义之大是以往任何一次技术革命都无法比拟的。

以上三次大的技术革命都是以物理学为基础,物理学的功绩不可低估。

2) 物理学在高技术中的应用

“高技术”一词起源于美国,是指那些基本理论建立在最新科学成就基础上,并能创造较高经济效益,具有增值作用,能向经济、社会各个领域广泛渗透的现代科技成就。高技术一般分为两类：一类是高准度技术、如航天技术、导弹技术和核技术，如神五、神六和神七的成功发射，标志着我国的航天技术达到了世界领先水平。另一类是高效益技术，如微电子技术、生物工程、新能源和新材料等，如纳米材料技术。当今，物理学在高技术上的应用，都达到了空前的发展速度，如核电站的建设、航天飞机的升空、人造卫星的发射、各种探测器的发射及其在太空的运行、各种加速器的建成(北京正负电子对撞机)和超导研制的新进展，等等。广东大亚湾核电站的建立，标志着我国核电技术达到了世界先进水平。总之，高新技术与物理学的关系是非常密切的，没有物理学的巨大成就，就不会有当今的高新技术。

3) 物理学与新学科的关系

随着科学的发展，物理学和其他学科的相互渗透，产生了一系列的交叉学科，例如，化学物理、生物物理、大气物理、海洋物理、地球物理、天体物理，等等。

在物理学基础性研究过程中形成和发展起来的基本概念、基本理论、基本实验手段和精密的测试方式，已成为其他自然科学的重要的基础概念和重要的实验手段，由此加速了自然科学内部的相互融合，展现了综合化的趋势。众多的交叉学科蜂拥而至，用物理学的理论与方法移植去研究另一门学科，就会诞生一门交叉学科，如用量子力学的方法探讨化学问题，就形成量子化学，量子力学与生物学交叉，产生量子生物学，它是应用量子力学原理从电子水平上研究生命现象的学科。

总之，物理学在现代科学高度分化，又高度综合，日趋一体化的发展中扮演着极其重要的角色，难怪有人把20世纪看作物理学的世纪，把物理学看作是20世纪科学发展的先驱，这种评价再恰当不过了。

科学的发展使得人们的研究越分越细，学科面对的领域越来越窄，越容易出成果，如诺贝尔奖都是在很窄的领域内获奖的。随后是高度综合，产生交叉学科，建立边缘学科。典型案例是：由量子力学派生的量子通信、量子计算、量子芯片等。

4) 21世纪的技术特征

20世纪的科学进步，集中体现在关于物质、生命、思想的基本构成的科学成果。原子与量子革命、基因与DNA革命、计算机与信息革命，构成了20世纪现代科学的三大支柱。其中量子革命是最基础的一个，由它带动了其他两大革命。

1925年由量子理论引发的科学大潮，使我们理解了周围的物质。它使我们能在实验室创造出某种物质之前就能精确地预测其属性，能随心所欲地创造和操作新形式的物质。

1944年薛定谔在《生命是什么》一书中提出生命的秘密可以用量子理论解释，并大胆猜测，这个秘密就是写在细胞核内分子上的“基因密码”。1953年詹姆斯·沃森和弗朗西斯·克里克发现了DNA的“双螺旋”结构，揭开了生命基因的密码，阐明了遗传物质的构成和传递途径，开启了分子生物学时代。

1948年，美国的巴丁、布拉顿和肖克莱发明了晶体管，使现代计算机的制造成为可能。1960年法国的梅曼制成了世界上第一台激光器。这些应用量子力学的成果，构成了当代网络技术的基本组成因素，使人类获取、应用和交换信息的方式发生了质的变化。

未来的技术进步，深深地根植于原子与量子革命、基因与DNA革命和计算机与信息革命这三大革命之中。

21世纪科学技术突破的关键有三类：生物技术，这一领域目前进入得太快，很多问题还来不及思考；认知技术，它与脑科学相结合，揭示智力的机制及获取知识的条件；信息技术,特别是正在彻底改变图像、声音、文字和数据的生成、传送和接受方式的"数字技术"。它们相辅相成,构成了一个完整的技术体系,代表了今后一个长时期的工程的技术特征,将推动人类物质文明发生深刻变化。

技术的发展是人身体进化的延伸。以往技术物品的出现,从石器到芯片,从水轮到航天飞机,从窑洞到摩天大楼,进化采用了外在化模式,它在生理上止于人,在人以外进行。人的能动性,不依赖于人身体的进化,而来源于技术的发展,而基因技术有可能改变这种模式,当应用基因技术对人体的 DNA 进行重新设计和改造时,技术就被"内在化"了,从此走上了以"内在化"为主,"内在化"和"外在化"协调并进的双轨道。

3. 物理学的研究方法

物理学是一门非常重要的基础科学。它的研究成果不仅是其他自然科学的基础,而且可以推动其他自然科学的发展。物理学的研究方法对其他自然科学有着重要的参考价值。因此,学生在学习物理学知识的同时也应该注重学习物理学的研究方法。

现代物理学是一门理论和实验高度结合的精确科学,它的研究方法是:提出命题→理论解释→理论预言→实验验证→修改理论。物理学主要的研究方法有以下 3 种。

1) 科学命题,建立理想模型

这种研究方法叫作抽象方法。它是根据问题的内容和性质,抓住主要因素,撇开次要的、局部的和偶然的因素,建立一个能刻画问题的理想模型进行研究的方法。理想模型一般是从新的观测事实或实验事实中提炼出来,或从已有原理中推演出来的。例如,质点和刚体都是物体的理想模型。把物体看作质点时,质量和点是主要因素,而忽略物体的形状和大小的影响。把物体看作刚体时,物体的形状、大小和质量分布是主要因素,而忽略物体形变的影响。在物理学的研究中,这种理想模型是十分重要的。在研究物体机械运动的规律时,就是先从质点运动的规律入手,再研究刚体运动的规律而逐步深入的。

2) 科学实验和观测

物理学是一门实验科学,一切理论最终都要以观测或实验的事实为准则。实验是指在人工控制的条件下,使现象反复重演,进行观察研究的方法。理论不是唯一的,一个理论包含的假设越少、越简洁,同时与之符合的事实越多、越普遍,它就越是一个好理论。大多数科学规律都是通过实验观察总结发现的。

3) 逻辑推理和数学演算方法

假说是指为了寻找事物的规律,对于现象的本质所提出的一些说明方案或基本论点的统称。假说是在一定的观察或实验的基础上提出来的。需要新的实验结果对假说内容进行去伪存真,即取消或改进一部分。在一定范围内经过不断的考验证明为正确的假说最后上升为原理或定律。例如,在一定的实验基础上提出的物质结构的分子原子假说,由于其推论出来的结构能够解释物质气液固各态的许多现象,最后就发展成为物质分子运动理论。又如,量子假说的建立及其理论演变,发展为量子力学理论。在科学认识的发展过程中,假说是很重要的甚至是必不可少的过程。

物理学的研究包括运用逻辑推理导出物理定律和定理,描述所采用的各类物理量之间具有确定的函数关系。为了准确地描述这些关系,通过数学演算来,需要规范物理量的基本属性称为量纲,才能定量(数学演算)地描述各种物理现象。物理量可以分为基本量和导出量。基本量是具有独立量纲的物理量，导出量是指其量纲可以表示为基本量量纲组合的物理量；一切导出量均可从基本量中导出，由此建立了整个物理量之间的函数关系。这种函数关系通常称为量制。在经典力学中，一切物理量的量纲原则上都可以由质量、长度和时间三种量导出，因此，把质量、长度和时间作为基本量。对于基本量而言，其量纲为其自身。在物理学的发展历史上，曾先后建立过各种不同的量制：CGS单位制、静电单位制、高斯单位制等。1971年后，国际上普遍采用了国际单位制(简称SI)，选定7个基本量构成的单位制，导出量均可用这7个基本量导出。7个基本量分别用长度L、质量M、时间T、电流强度I、温度Θ、物质的量n和光强度J表示。

4. 怎样学好大学物理学

(1) 端正学习态度。作为一门基础课，学生要端正学习态度，从掌握知识、培养能力与科学素养等多方面来考虑问题，坚信大学物理课程的内容是自己所学专业的必备知识基础，不学不行。这也就是说，要想深入学习离不开物理学的基础，学生应该通过主观努力，刻苦学习，多用时间，多做习题，学好这门课。

(2) 正确认识基础课与专业课的关系。有人认为学习物理学对专业课没用，为什么呢？其主要原因是学科间高度分化，基础课与专业课之间存在断层。学生可以通过与教师讨论、课后知识拓展来弥补。教师要强调实际工程和技术往往是高度综合的，尤其是电子信息技术领域与基础学科间的高度综合。

(3) 选择合理的学习方法。学习得法，事半功倍；学习无法，事倍功半。学习方法无固定，因人而异，自己应通过不断学习摸索出来，并不断总结，上升到理论高度。

① 关注学习方法。中学物理的学习方法，现在不一定适用，这是因为大学物理课程无论是在内容上，还是在要求上，都大幅度深化、拓宽和提高，且课堂上教师讲课速度快，讲解的信息量大，这是和中学物理完全不一样的。

② 按照课程要求，主动适应课程教学。现在的教材内容往往比较丰富，但是由于课程受到学时限制和专业培养目标要求，因此任课教师大多采用因人施教方式，选择"重点"章节授课，补充与专业贴近的应用例题。学生上课时认真听讲，不许缺勤，记好笔记，及时完成作业，课后及时消化与理解。

③ 不能死记硬背。一定要建立正确的物理图像(亚里斯多德语)，避免停留在对表面现象的一般了解；要通过现象掌握事物的物理本质，并在理解基础上记忆。同时，要勤学好问，打破沙锅问到底。

5. 大学物理的课程目标

(1) 素质能力培养

- 物理学博大精深、内容丰富。物理学既研究力、热、光、声、电等基本自然现象，其研究层次从简单到复杂，研究对象从低速系统到高速系统，研究范围从微观系统到宏观系统，可谓包罗万象、丰富多彩。
- 认识深化。在大学物理课程中，引入高等数学，对物理问题进行深入、精细和定量描述，得到了熵、能级、光子、量子力学、相对论等富有现代气息的科学术语，并开辟了超声、激光、核能利用、核磁共振等现代科学技术。因此，大学物理学课程提供了一个了解现代科学技术发展的“窗口”。

- 了解历史。物理学发展的历史就是人类文明与科学发展的历史。在这期间包含了大量激动人心的科学事件、重大的发现与发明和人文佚事。大学物理学课程的学习就是人类科学史和文明史的学习，从中不仅可以获取知识，还了解了历史。

(2) 提高能力

- 获取知识的能力

物理学是一切自然科学的基础和带头学科，物理学的研究方法对任何学科都有重要的指导意义。没有物理学知识，各种专业知识都是“空中楼阁”。例如，不懂得流体运动的基本规律就无法研究动物血管中的血液流动；不了解电动势的物理概念就无法理解生物体内的跨膜电势、扩散电势和化学渗透学说；而原子结构及能级理论是掌握光谱技术、核技术和激光技术的基础。物理学与任何其他学科的结合都构成了这些学科的前沿。因此，物理学提供了进一步获取知识，取得突破的平台。

- 科学方法的训练

物理学是迄今为止最美的科学，它具有极高的科学价值和美学价值。它不仅具有美的内容(揭示了物质运动的合理性、有序性、规律性、和谐性和对称性等自然界内在的美)，美的理论结构(由概念、假说、定理等构成的完美的逻辑体系)，更有一套完美的研究方法，既包含类比、归纳、综合等科学思维方式，又包含抽象、理想、假设、统计等科学研究方法。物理学所建立的“提出命题、建立模型、推测答案、实验检验”的研究模式已成为一切科学研究所遵循的基本准则。因此，通过物理学的学习可以接受科学思维方式和科学方法的训练。

- 培养定量分析能力

物理学研究的一个重要特点是应用物理概念和数学方法对实际问题进行定量化研究。因此，物理学教给人们如何利用数学分析问题、解决问题的方法，即如何从定性走向定量的理性方法。大量地使用高等数学，以及严密的逻辑推理和抽象思维是物理学的基本特征，这方面的能力培养在高素质人才培养中极为重要。在现代科学中，数学提供了定量化研究的工具，而物理学则给出了如何使用这一工具进行科学研究的方法。

(3) 科学世界观的培养

物理学发展的历史是辩证唯物主义战胜唯心主义的历史，其中充满了唯物主义的辩证法。在物理学中，唯物辩证法的对立统一规律、质量互变规律、否定之否定规律以及偶然性和必然性的关系等都有充分的体现。因此，学习物理学有助于树立辩证唯物主义的世界观。物理学领域的研究进展和成果，隐含着科学家的刻苦钻研、忘我工作，甚至奉献毕生精力，通过物理学的学习可以了解到科学家对真理忘我的追求精神和优良品德，培养大胆创新、坚忍不拔的作风，树立科学的世界观。

第1章 质点力学

经典力学主要研究宏观物体在作低速机械运动时的现象和规律。宏观是相对于分子、原子等微观粒子而言的。日常生活中直接接触到的物体通常包含有巨量的原子,因此属于宏观物体。低速是相对于光速而言的,喷气客机的最快飞行速度一般还不到光速的 10^{-6},在物理学中仍然当成低速。物体之间及其内部各部分的空间位置随时间变化的过程称为机械运动。人们在日常生活直接接触到并首先加以研究的都是宏观低速的机械运动。

自远古以来,由于农业生产需要确定季节,人们就开始天文观察。16 世纪后期,人们已经对行星绕太阳的运动进行了详细、精密的观察。17 世纪,开普勒从这些观察结果中总结出了行星绕日运动的三条经验规律。大概在同一时期,伽利略对自由落体和抛物体的运动加以实验研究,提出了关于机械运动的现象性理论,并把经过实验验证的理论结果和分析方法引入了物理学。牛顿深入系统地研究了这些经验规律和现象性理论,总结出宏观低速机械运动的基本规律,即牛顿三大运动定律和万有引力定律,为经典力学奠定了基础。根据对天王星运行轨道的详细天文观察和牛顿的理论,人们成功地预言了海王星的存在,并在后来的天文观察中发现了海王星。因此,牛顿所提出的力学定律和万有引力定律被普遍接受。

在经典力学中的基本物理量是质点的空间坐标和动量。一个力学系统在某一时刻的状态由它的每一个质点在这一时刻的空间坐标和动量共同决定。对于一个不受外界影响、也不影响外界,且不包含其他运动形式(如热运动、电磁运动等)的力学系统来说,它的总机械能是每一个质点的坐标和动量的函数,其状态随时间的变化由总能量决定,这种系统称为孤立物理系统。在经典力学中,力学系统的总能量和总动量具有特别重要的意义。物理学的发展表明,任何一个孤立的物理系统,无论怎样变化,其总能量和总动量的数值都是不变的,它们是守恒量。这种守恒性质不仅在经典力学中适用,还在其他力学系统中适用,目前还没有发现它们的局限性。

经典力学中有三个最普遍的基本物理量：质量、空间和时间。质量可以作为一种度量物质的物理量,空间和时间是物质存在的普遍形式。力学中的物理量原则上都可以由质量、空间和时间的量纲结合起来表达。具有不同量纲的物理量之间存在质的差异。量纲在一定程度上反映物理量的质。量纲相同的物理量的质可以相同,但未必一定相同。

在经典力学中,时间和空间之间没有联系。空间向四方延伸,同时间无关；时间从过去流向未来,同空间无关。因此,存在着绝对静止的参考系,牛顿运动定律和万有引力定律就是在这种参考系中表述的。相对于绝对静止的参考系作匀速运动的参考系称为惯性参考系。任何一个质点的坐标,在不同的惯性参考系中会取不同的数值,伽利略建立了不同参考系之间的力学量的变换关系,称为伽利略变换。在伽利略变换中,尺的长度不变,时钟运行的速度不变，经典力学基本规律的数学形式也不变。由于利用力学实验方法，无法确定哪些惯性参考系是绝对静止的参考系，因而绝对静止的参考系就成了一个假设。

早在 19 世纪，经典力学就已成为物理学中一个成熟的学科，它包含了丰富的内容，例如，质点力学、刚体力学、分析力学、弹性力学、塑性力学、流体力学等。经典力学中的哈密顿正则方程已成为物理学中的重要方程，并广泛应用到统计物理学、量子力学等近代物理学的理论中。经典力学的应用范围，已涉及从能源、航空、航天、机械、建筑、水利、矿山建设到安全防护等各个领域。当然，工程技术问题常常是综合性的问题，还需要借助许多学科的知识加以综合研究，才能完全解决。

1.1　质点运动与参考系

质点运动学是指把复杂物体的运动抽象为一个具有质量的几何点的运动。通过引入矢量来描述质点的运动状态，用质点运动的位移、轨迹、速度和加速度等物理量来描述物体运动的基本规律。根据运动轨迹，质点运动分成直线运动和曲线运动。在处理质点运动问题时，常运用高等数学的微积分和矢量运算进行处理。

1.1.1　质点　参考系

1. 质点

如果物体在其运动过程中，它的大小和形状可以忽略不计，则可将物体抽象为具有质量而没有大小和形状的几何点，这种具有质量的几何点称为质点。对于对称物体而言，经常把质点选在对称中心，其质量中心称为质心。在运动学中，只要在研究的问题中，物体的大小和形状是无关紧要的，就可以把物体看作质点。对于同一物体，由于研究问题的不同，有时可以看作质点，有时则不行，但这时可以利用运动的叠加原理来处理实际问题。

2. 参考系和坐标系

经典力学所研究的运动是指物体的位置变化，这种变化总是相对于其他物体而言的。这就是机械运动的相对性(又称为运动的相对性原理)，它是由意大利科学家伽利略首次以明确的形式引入的。因此，为了描述一个物体的运动情况，必须选择另一个运动的物体或几个相互保持静止的物体群作为参考物。被选定作为参考标准的物体称为参考系。

如图 1-1 所示，以静止的树为参考系，在同一水平方向上，汽车的速度是 8m/s，摩托车的速度是 5m/s。如果以摩托车为参考系，则树的速度为 −5m/s(往负方向运动)，汽车的速度是 3m/s。如果以汽车作为参考系，那么，摩托车和树的速度分别为多少?

在描述质点运动时，参考系原则上可以任意选择。同一物体的运动，由于参考系的选取不同，对它的运动描述也不同。例如，分别在车厢里观察和在地面上观察运动车厢中的落体运动，会得到不同的运动情况。在选取参考系时，如果条件允许，应选择使问题的处理尽量简化的参考系。同时，为了定量地确定物体相对于参考系的位置，要在参考系上选取一个固定的坐标系，并将原点定在参考系的一个固定点上。常用的坐标系有直角坐标系、极坐标系、球坐标系等。

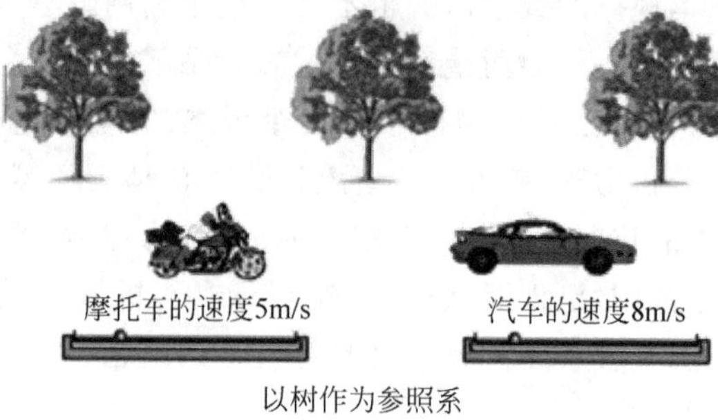

图 1-1 物体运动的相对性

1.1.2 位移 速度 加速度

为了描述运动物体的位置变化和运动状态变化，需要引入位置矢量、速度、加速度等物理量。

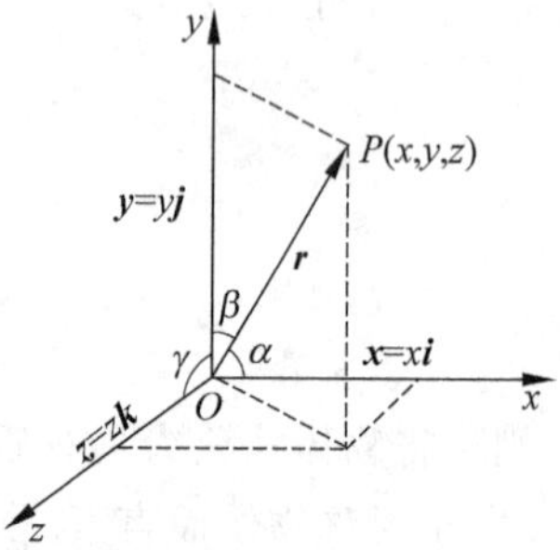

图 1-2 直角坐标系表示位矢

1. 位置矢量

位置矢量是指用来确定某时刻质点位置(用矢端表示)的矢量，也称为位矢或矢径。如图 1-2 所示，物体在以 O 为原点的直角坐标系中，$P(x,y,z)$点的位置矢量可表示为

$$\boldsymbol{r}=x\boldsymbol{i}+y\boldsymbol{j}+z\boldsymbol{k} \tag{1.1}$$

式中，$\boldsymbol{i},\boldsymbol{j},\boldsymbol{k}$ 是直角坐标系的单位矢量。由位矢的三个分量可以求出位矢的大小(模)以及表示位矢方向的方向余弦。利用解析几何方法计算得到位矢的大小为

$$r=|\boldsymbol{r}|=\sqrt{x^2+y^2+z^2}$$

位矢的方向余弦为

$$\cos\alpha=x/r,\quad \cos\beta=y/r,\quad \cos\gamma=z/r$$

2. 运动轨迹(函数)

位矢是时间 t 的函数，因此，这个运动函数可表示为

$$\boldsymbol{r}=\boldsymbol{r}(t)=x(t)\boldsymbol{i}+y(t)\boldsymbol{j}+z(t)\boldsymbol{k}\quad\text{(矢量形式)}$$

或

$$\boldsymbol{r}=\boldsymbol{r}(t)=\boldsymbol{r}(x(t),y(t),z(t))$$

其中

$$x=x(t),\quad y=y(t),\quad z=z(t) \tag{1.2a}$$

式(1.2a)表示质点位置随时间的变化关系，称为质点的运动方程，其中 $x(t),y(t),z(t)$ 表示各方向的分量。将式(1.2a)消去时间 t，得到物体运动的轨迹方程为

$$f(x,y,z)=0 \tag{1.2b}$$

例如，在 Oxy 平面内以 x 轴方向的平抛运动，其水平分量为 $x=v_0t$，垂直分量为 $y=$

$-\frac{1}{2}gt^2$，那么质点的位矢为 $\boldsymbol{r}=v_0t\boldsymbol{i}-\frac{1}{2}gt^2\boldsymbol{j}$。消去时间 t 得到质点的运动轨迹为 $y=-\frac{g}{2v_0^2}x^2$，是一条抛物线，这就是平抛运动的轨迹。

质点在运动时所经过的空间点的集合称为轨迹(或轨迹曲线)，描述此曲线的数学方程称为轨迹方程，在运动方程的分量形式中消去时间 t，即可得到轨迹方程。

3. 位移

在一般情况下，质点在一个时间段内位置的变化可以用质点初时刻位置指向末时刻位置的矢量来描述，这个矢量称为位移矢量简称位移。如图 1-3 所示，当质点从 P_1 运动到 P_2 时，其位移为

$$\boldsymbol{r}=\boldsymbol{r}(t+\Delta t)-\boldsymbol{r}(t) \tag{1.3}$$

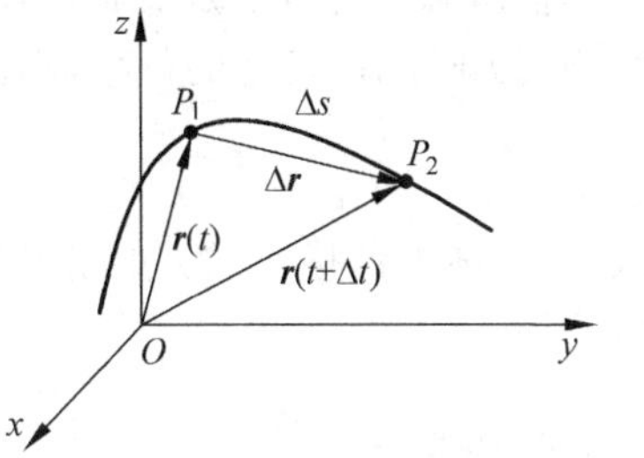

图 1-3　位移和路程

其中，位移的大小 $|\Delta\boldsymbol{r}|=\overline{P_1P_2}$，方向由 P_1 指向 P_2。路程表示质点在运动过程中经过轨迹的长度，用 Δs 表示，路程是标量。

从图 1-3 中可以看到，在一般情况下，Δs 与位移的大小 $|\Delta\boldsymbol{r}|$ 并不相等，即 $\Delta s\neq|\Delta\boldsymbol{r}|$。同时，$|\Delta\boldsymbol{r}|\neq\Delta r$ 也经常出现，例如在圆周运动中，若以圆心为坐标原点，则质点到坐标原点 O 的距离 r 是一个常量，即有 $\Delta r=0$，但是质点位移的大小 $|\Delta\boldsymbol{r}|$ 则显然不为零。

4. 速度

质点位矢的变化与发生变化所用的时间之比称为速度。这是一个反映质点位置变化快慢的物理量。速度是具有大小和方向的矢量。为了准确描述质点的运动状态，通常有两种不同的速度概念。

(1) 平均速度

它是指质点在一段时间内的平均运动速度，其表达式为

$$\bar{\boldsymbol{v}}=\frac{\Delta\boldsymbol{r}}{\Delta t} \tag{1.4}$$

(2) 瞬时速度

它是指质点在某一瞬间的运动速度，其表达式为

$$\boldsymbol{v}=\lim_{\Delta t\to 0}\frac{\Delta\boldsymbol{r}}{\Delta t}=\frac{\mathrm{d}\boldsymbol{r}}{\mathrm{d}t} \tag{1.5}$$

速度也可以写成分量的形式。例如，对于直线运动而言，质点的运动方向没有改变，则平均速度的分量形式可以写成

$$\bar{\boldsymbol{v}}=\frac{\Delta\boldsymbol{r}}{\Delta t}=\frac{\Delta x}{\Delta t}\boldsymbol{i}+\frac{\Delta y}{\Delta t}\boldsymbol{j}+\frac{\Delta z}{\Delta t}\boldsymbol{k}=\bar{v}_x\boldsymbol{i}+\bar{v}_y\boldsymbol{j}+\bar{v}_z\boldsymbol{k} \tag{1.6}$$

式中，$\bar{v}_x=\frac{\Delta x}{\Delta t}$，$\bar{v}_y=\frac{\Delta y}{\Delta t}$，$\bar{v}_z=\frac{\Delta z}{\Delta t}$ 分别表示沿直角坐标系三个坐标轴方向的平均速度。

类似地，可以定义质点运动一段时间内的平均运动速率，其表达式为

$$\bar{v}=\frac{\Delta s}{\Delta t} \tag{1.7}$$

质点在某一瞬间的运动速率为

$$v=\lim_{\Delta t\to 0}\frac{\Delta s}{\Delta t}=\frac{\mathrm{d}s}{\mathrm{d}t} \tag{1.8}$$

平均速度与所选取的时间间隔有关，时间间隔越短，平均速度就越接近于瞬时速度。物体在某点的瞬时速度方向是通过该点的曲线的切线方向。速率只有大小，没有方向。速度和速率的单位相同，在国际单位制中均为米/秒(m/s)。

根据瞬时速度的定义式(1.5)，可得 $\mathrm{d}\boldsymbol{r}=\boldsymbol{v}\mathrm{d}t$。如果质点是作变速直线运动，欲求从 t_0 时刻到 t 时刻内发生的位移，则需要对式(1.5)在此时间段积分，即

$$\Delta\boldsymbol{r}=\boldsymbol{r}(t)-\boldsymbol{r}(t_0)=\int_{t_0}^{t}\boldsymbol{v}\mathrm{d}t \tag{1.9}$$

式(1.9)称为位移公式。如果已知质点的运动速度与时间的函数关系，代入式(1.9)即可求得位移。

5. 加速度

在很多情况下，质点运动的速度是在变化着的。对于任意的曲线运动，速度的变化一般包括速度大小的变化(即速率的变化)和速度方向的变化两部分。对于变速直线运动，速度的大小随时间在变化，而速度的方向不变；对于匀速曲线运动，速度的方向在不断变化，而速度的大小恒定不变，例如，匀速圆周运动就是这种情形。上述这些运动，都存在速度随时间变化的问题。为了描述速度随时间的变化，需要引入加速度这一物理量。

质点速度对时间的变化率称为加速度。在有限时间段内速度增量与所用时间之比称为平均加速度。设质点在 t 时刻的速度为$\boldsymbol{v}(t)$，在 $t+\Delta t$ 时刻的速度为$\boldsymbol{v}(t+\Delta t)$，如图 1-4 所示，速度增量 $\Delta\boldsymbol{v}=\boldsymbol{v}(t+\Delta t)-\boldsymbol{v}(t)$，则这段时间内的平均加速度为

$$\bar{\boldsymbol{a}}=\frac{\Delta\boldsymbol{v}}{\Delta t}$$

在无限短时间内速度增量与所用时间之比称为瞬时加速度，简称加速度，其表达式为

$$\boldsymbol{a}=\lim_{\Delta t\to 0}\frac{\Delta\boldsymbol{v}}{\Delta t}=\frac{\mathrm{d}\boldsymbol{v}}{\mathrm{d}t}=\frac{\mathrm{d}^2\boldsymbol{r}}{\mathrm{d}t^2} \tag{1.10a}$$

即加速度为速度对时间的变化率(速度对时间的一阶导数，或位置矢量对时间的二阶导数)。很明显，加速度与速度的关系类似于速度与位矢的关系。加速度 $\boldsymbol{a}$ 的方向为 $\Delta t\to 0$ 时速度增量 $\Delta\boldsymbol{v}$ 的极限方向。

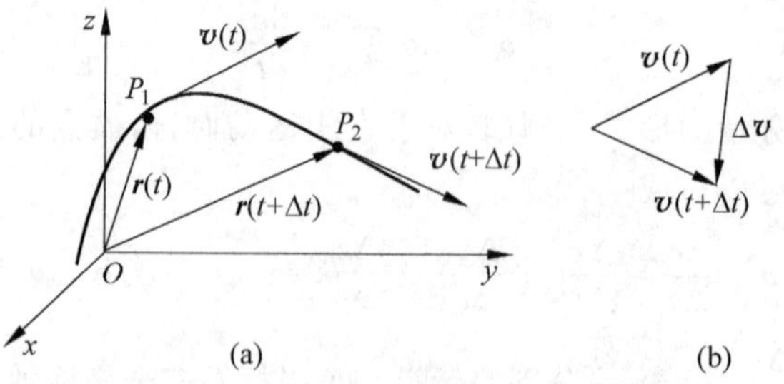

图 1-4 加速度

(a) 沿任意曲线运动；(b) 用三角形定则确定 $\Delta\boldsymbol{v}$

将速度矢量和位置矢量的表达式代入加速度的定义式(1.10a)，可以得到

$$\boldsymbol{a}=\frac{\mathrm{d}\boldsymbol{v}}{\mathrm{d}t}=\frac{\mathrm{d}v_x}{\mathrm{d}t}\boldsymbol{i}+\frac{\mathrm{d}v_y}{\mathrm{d}t}\boldsymbol{j}+\frac{\mathrm{d}v_z}{\mathrm{d}t}\boldsymbol{k}=a_x\boldsymbol{i}+a_y\boldsymbol{j}+a_z\boldsymbol{k} \tag{1.10b}$$

式中，a_x，a_y，a_z 为加速度矢量 $\boldsymbol{a}$ 的三个分量，它们的表达式分别为

$$a_x=\frac{\mathrm{d}v_x}{\mathrm{d}t}=\frac{\mathrm{d}^2x}{\mathrm{d}t^2},\quad a_y=\frac{\mathrm{d}v_y}{\mathrm{d}t}=\frac{\mathrm{d}^2y}{\mathrm{d}t^2},\quad a_z=\frac{\mathrm{d}v_z}{\mathrm{d}t}=\frac{\mathrm{d}^2z}{\mathrm{d}t^2} \tag{1.10c}$$

因此，加速度的大小为

$$|\boldsymbol{a}|=\sqrt{a_x^2+a_y^2+a_z^2} \tag{1.11}$$

由式(1.6)～式(1.11)可以看到，质点在任何一个方向的速度和加速度都只与该方向的位置矢量的分量有关，而与其他方向的分量无关。

由式(1.10)可以得到，对于变速运动的质点，其在某一时刻 t 的速度 $\boldsymbol{v}$ 为

$$\boldsymbol{v}(t)=\boldsymbol{v}(t_0)+\int_{t_0}^{t}\boldsymbol{a}\,\mathrm{d}t \tag{1.12}$$

位移 $\Delta\boldsymbol{r}$ 为

$$\Delta\boldsymbol{r}=\boldsymbol{r}(t)-\boldsymbol{r}(t_0)=\boldsymbol{v}(t_0)(t-t_0)+\int_{t_0}^{t}\left(\int_{t_0}^{t}\boldsymbol{a}\,\mathrm{d}t\right)\mathrm{d}t \tag{1.13}$$

1.1.3　质点的运动状态参量特性

质点的运动状态参量及其互相关系如图 1-5 所示。

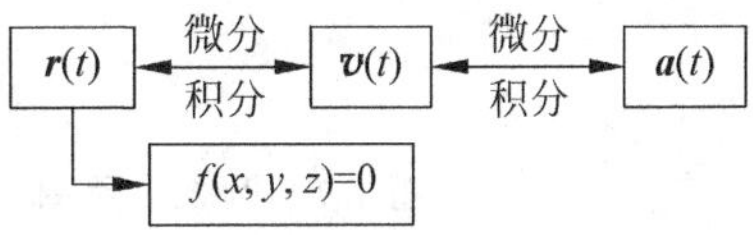

图 1-5　质点运动状态参量的相互关系

在计算分析质点运动问题时，根据已知条件，可以把问题分成两类：一类是已知加速度或者速度与时间的关系，求位移、路程和运动轨迹，这时需要对相关变量进行积分来求解；另一类是已知规划路程或者运动目标，确定位移函数和轨迹，求速度以及加速度，这时可以对相关变量进行微分来求解。另外，运动状态参量有时也会分成几段，这时需要根据实际情况，分段选择处理方法。

刚接触大学物理时，需要注意矢量和标量的区别、瞬时量和过程量的区别以及对不同的参考系间相对性的描述。同时，还要学会运用微积分知识进行相关问题的处理。下面将给出几个例子来说明运动学的解题过程。

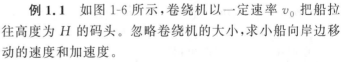

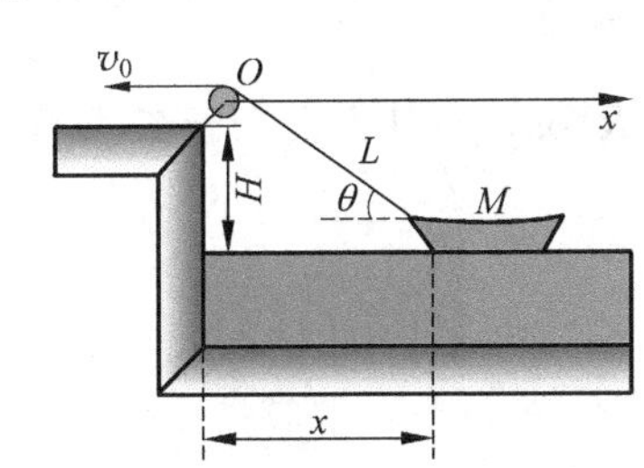

图 1-6　例 1.1 用图

例 1.1　如图 1-6 所示，卷绕机以一定速率 v_0 把船拉往高度为 H 的码头。忽略卷绕机的大小，求小船向岸边移动的速度和加速度。

解　建立坐标系如图 1-6 所示。设小船为质点，它到 O 点的距离为 L，由勾股定理可得

$$x^2=L^2-H^2$$

将上式两边对时间求导并化简得到小船的水平速度为

$$v=\frac{\mathrm{d}x}{\mathrm{d}t}=\frac{L}{x}\frac{\mathrm{d}L}{\mathrm{d}t} \tag{Ⅰ}$$

依题意，卷绕机拉纤绳的速率为 v_0，因为纤绳的长度随时间在缩短，故 $\frac{\mathrm{d}L}{\mathrm{d}t}=-v_0<0$，代入

式(Ⅰ),可得

$$v=-\frac{L}{x}v_0=-\sqrt{1+\frac{H^2}{x^2}}\,v_0 \tag{Ⅰ′}$$

式中,负号表示小船的速度沿 x 轴的反方向。则小船向岸边移动的加速度为

$$a=\frac{\mathrm{d}v}{\mathrm{d}t}=\frac{\mathrm{d}v}{\mathrm{d}x}\cdot\frac{\mathrm{d}x}{\mathrm{d}t}=-\frac{v_0^2H^2}{x^3} \tag{Ⅱ}$$

式中,负号表示小船的加速度沿 x 轴负方向。

由上面的结果可以看到,小船的移动速率 $|v|$ 总是比卷绕机拉动纤绳的速率 v_0 大,并且卷绕机的位置离水面越高,$|v|$ 与 v_0 的比值就越大。由式(Ⅱ)可见,小船的加速度随着到岸边距离的减小而急剧增大。

例 1.2 一质点在 Oxy 平面运动,其运动方程为 $x=R\cos\omega t$,$y=R\sin\omega t$,其中 R,ω 为常量。求质点的运动轨迹及任一时刻 t 的位矢、速度、加速度。

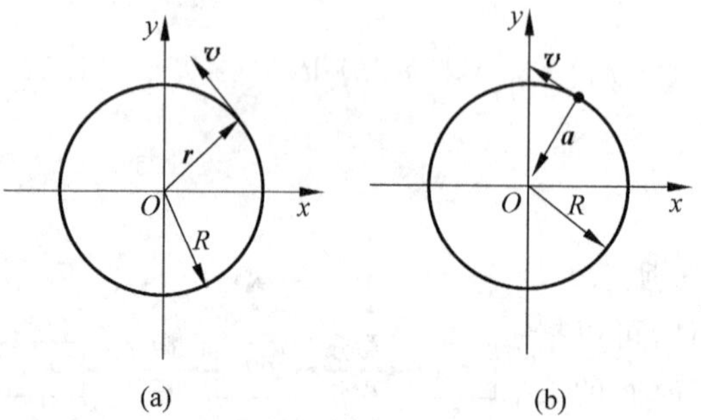

图 1-7 例 1.2 用图

(a) 位矢与速度方向;(b) 加速度分量

解 根据运动函数,画出质点的运动轨迹如图 1-7(a)所示。

(1) 根据运动方程与极坐标变换,可求出质点的运动轨迹为

$$x^2+y^2=R^2$$

上式表明,质点的运动轨迹是一个圆周。

(2) 根据运动方程,可得质点在 t 时刻的位矢为

$$\boldsymbol{r}=\boldsymbol{r}(x,y)=\boldsymbol{r}(R\cos\omega t,R\sin\omega t)$$

其大小为 R,方位角为 ωt。

(3) 根据速度的定义式,可得其 x 轴与 y 轴的分量为

$$v_x=\frac{\mathrm{d}x}{\mathrm{d}t}=-\omega R\sin\omega t,\quad v_y=\frac{\mathrm{d}y}{\mathrm{d}t}=\omega R\cos\omega t$$

质点速度方向与水平方向的夹角满足

$$\tan\varphi=\frac{v_y}{v_x}=-\cot\omega t,\quad \varphi=\frac{\pi}{2}+\omega t$$

因此,质点在 t 时刻的速度为 $\boldsymbol{v}=v_x\boldsymbol{i}+v_y\boldsymbol{j}=-\omega R\sin\omega t\boldsymbol{i}+\omega R\cos\omega t\boldsymbol{j}$,其方向与位矢垂直,如图 1-7(a)所示。

根据速率的定义式,可得

$$v(t)=\sqrt{v_x^2+v_y^2}=R\omega$$

这表明质点的速率是一个常量。

(4) 根据加速度的定义式,可得

$$\boldsymbol{a}=\frac{\mathrm{d}\boldsymbol{v}}{\mathrm{d}t}=-\omega^2R\sin\omega t\boldsymbol{i}-\omega^2R\cos\omega t\boldsymbol{j}=-\omega^2\boldsymbol{r}$$

这表明质点的加速度方向与位矢的方向相反,并指向圆心(见图 1-7(b)),大小为 $a=\omega^2R$,也是一个常量。

从该例可以看出，利用微积分可以很方便地将位矢、速度、加速度等物理量联系起来。

例 1.3　一架开始静止的升降机以加速度 $1.22\mathrm{m/s^2}$ 上升，当上升速度达到 2.44m/s 时，有一螺帽自升降机的天花板上落下，天花板与升降机的底面相距 2.74m。试计算：

(1) 螺帽从天花板落到升降机的底面所需的时间；

(2) 螺帽相对升降机外固定柱子的下降距离。

解　设螺帽落到升降机地面所需时间为 t，在这段时间内螺帽下落的距离为 h_1，同时升降机上升的距离为 h_2。

(1) 若以螺帽为研究对象，可取 y 轴竖直向下为正方向，当 $t=0$ 时，螺帽的速度为 $v_0=-2.24\mathrm{m/s}$，加速度为 g，则有

$$h_1=-v_0t+\frac{1}{2}gt^2 \tag{Ⅰ}$$

若以升降机为研究对象，可取 y 轴竖直向上为正方向，当 $t=0$ 时，升降机的速度为 $v_0=2.24\mathrm{m/s}$，加速度为 $a=1.22\mathrm{m/s^2}$，这时应有

$$h_2=v_0t+\frac{1}{2}at^2 \tag{Ⅱ}$$

显然 $h=h_1+h_2$ 就是升降机的天花板与地面之间的距离，等于 2.74m。于是可以得到

$$h=h_1+h_2=-v_0t+\frac{1}{2}gt^2+v_0t+\frac{1}{2}at^2=\frac{1}{2}(g+a)t^2$$

由上式解得

$$t=\sqrt{\frac{2h}{g+a}}=0.705\mathrm{s}$$

(2) 螺帽相对升降机外固定柱子的下降距离，就是 h_1，将所求得的 t 代入式(Ⅰ)，可得

$$h_1=-v_0t+\frac{1}{2}gt^2=0.715\mathrm{m}$$

例 1.4　已知一个质点作直线运动，其加速度为 $a=3v+2$。在 $t=0$ 的初始时刻，其位置在 $x=0$ 处，速度为 0。试求任意时刻 t 质点运动的速度和位置。

解　由 $\mathrm{d}v=a\mathrm{d}t$ 可以得到

$$t=\int_{v_0}^{v}\frac{\mathrm{d}v}{a}=\int_{v_0}^{v}\frac{\mathrm{d}v}{3v+2}=\frac{1}{3}\ln(3v+2)\Big|_0^v$$
$$=\frac{1}{3}\ln\frac{3v+2}{2}$$

求反函数可得速度为

$$v=\frac{2}{3}(\mathrm{e}^{3t}-1)$$

根据速度计算位移公式，可得位置为

$$x=x_0+\int_0^t v\mathrm{d}t=0+\int_0^t\frac{2}{3}(\mathrm{e}^{3t}-1)\mathrm{d}t$$
$$=\frac{2}{3}\left(\frac{\mathrm{e}^{3t}}{3}-t\right)\Big|_0^t=\frac{2}{9}(\mathrm{e}^{3t}-3t-1)$$

1.1.4 伽利略相对性原理和伽利略变换

1. 伽利略相对性原理

1632年，意大利科学家伽利略在其著作《关于两大世界体系的对话》中描述了在作匀速直线运动的封闭船舱里所观察到的运动现象，如图1-8所示。他写道："舱里放一只大水碗，碗中放几条鱼。然后，挂上一个水瓶，让水一滴一滴地滴到下面的宽口罐里。船停着不动时，你留神观察，小虫都以等速向舱内各方向飞行，鱼向各个方向随便游动，水滴慢慢滴进下面的罐子中。当船以任何速度前进，水滴还将像先前一样，滴进下面的罐子，一滴也不会滴向船尾，虽然水滴在空中时，船已行驶了很远。鱼在水中游向水碗前部所用的力，不比游向水碗后部来得大，它们一样悠闲地游向放在水碗边缘任何地方的食饵。"在这里，伽利略所描述的情景发生在相对于地球这个惯性系作匀速直线运动的船舱里，它与地面上的情景没有丝毫差异。分析观察现象，可以得到以下结果。

图1-8 伽利略在船上观察相对运动

(1) 在相对于惯性系作匀速直线运动的参考系中，所总结出的力学规律，都不会由于整个系统作匀速直线运动而有所不同。

(2) 既然相对于惯性系作匀速直线运动的参考系与惯性系中的力学规律无差异，那么就无法区分这两个参考系，或者说相对于惯性系作匀速直线运动的一切参考系都是惯性系。

由以上两点可以进一步演绎得到结论：对于描述力学规律而言，所有惯性系都是等价的。这个结论便是伽利略相对性原理，也称为力学相对性原理。

考虑到当时物理学的发展水平，伽利略所揭示的物理学原理被称为力学相对性原理。爱因斯坦发展了伽利略相对性原理，认为对于描述一切物理过程的规律，所有惯性系都是等价的。这便是爱因斯坦相对性原理，它是狭义相对论的两个基本原理之一。

2. 伽利略变换

设有两个惯性系 $S(Oxyz)$ 和 $S'(O'x'y'z')$，其中 x 轴与 x' 轴重合，y 轴与 y' 轴、z 轴与 z' 轴分别平行，并且 S' 系相对于 S 系以速度 $\boldsymbol{v}$ 沿 x 轴作匀速直线运动，如图1-9所示。计时开始时刻，两坐标原点 O 和 O' 重合。在长度测量的绝对性和同时性测量的绝对性的假定下，即认为时间和空间是相互独立的、绝对不变的，并与物体的运动无关，S 系与 S' 系之间的变换可以表示为

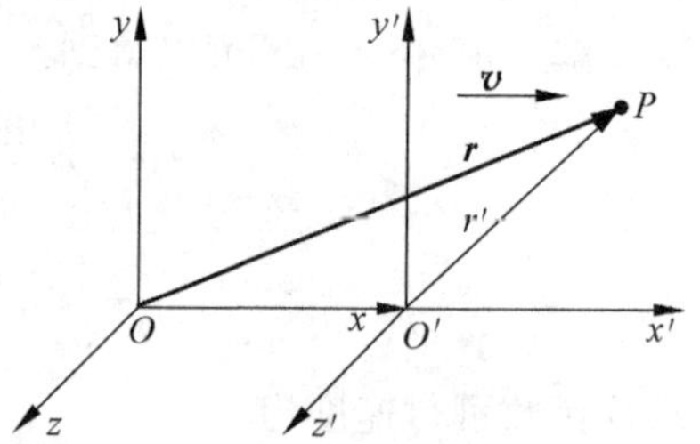

图1-9 惯性坐标系之间的运动速度合成

$$\begin{cases} x = x' + vt \\ y = y' \\ z = z' \\ t = t' \end{cases}$$

其逆变换为

$$\begin{cases} x' = x - vt \\ y' = y \\ z' = z \\ t' = t \end{cases} \tag{1.14}$$

式(1.14)称为伽利略变换。

若在 S 系中观察到质点的运动速度为 $\boldsymbol{u}$,其分量为

$$u_x = \frac{\mathrm{d}x}{\mathrm{d}t}, \quad u_y = \frac{\mathrm{d}y}{\mathrm{d}t}, \quad u_z = \frac{\mathrm{d}z}{\mathrm{d}t}$$

在 S'系中观察到质点的运动速度为 $\boldsymbol{u}'$,其分量为

$$u'_x = \frac{\mathrm{d}x'}{\mathrm{d}t}, \quad u'_y = \frac{\mathrm{d}y'}{\mathrm{d}t}, \quad u_z = \frac{\mathrm{d}z'}{\mathrm{d}t}$$

将式(1.14)对时间求导并代入上式,则可得

$$u'_x = u_x - v, \quad u'_y = u_y, \quad u'_z = u_z$$

写成矢量式,则有

$$\boldsymbol{u}' = \boldsymbol{u} - \boldsymbol{v} \tag{1.15}$$

将式(1.15)对时间求导,并考虑到 $\boldsymbol{v}$ 为恒量,可得

$$\boldsymbol{a}' = \boldsymbol{a} \tag{1.16}$$

这表明,在 S 系和 S'系中观察到同一质点的加速度是相同的。

长度测量的绝对性和同时性测量的绝对性与我们日常的生活经验是一致的,因此人们容易接受。但是这两种绝对性只有在两个惯性系之间的相对速度 v 的大小远小于真空中的光速 c 时才成立。这种情况在以后讨论相对论时就会清楚看到。

如上所述,经典力学规律在所有惯性系都是等价的,是指牛顿运动定律及由它所导出的力学中的其他基本规律在所有惯性系中都具有相同的形式,而不是说在不同的惯性系中所观察到的物理现象都相同。

例 1.5　一辆火车以匀加速运动驶离站台。当火车刚开动时,站在第 1 节车厢前端相对应的站台位置上的静止观察者发现,第一节车厢从其身边驶过的时间是 5.0s。试求第 11 节车厢驶过此观察者身边需要多少时间?

解　设火车的加速度为 a,每节车厢的长度为 l,第 1 节车厢从观察者身边通过所需时间为 $t_1 = 5\text{s}$,由于 t_1 满足 $l = \frac{1}{2}at_1^2$,则

$$t_1 = \sqrt{2l/a}$$

设前 10 节车厢通过观察者身边所需时间为 t_2,前 11 节车厢通过观察者身边所需时间为 t_3,则可列出下面两个方程式:

$$t_2 = \sqrt{20l/a} = \sqrt{10}\,t_1$$

$$t_3 = \sqrt{22l/a} = \sqrt{11}\,t_1$$

故第 11 节车厢通过观察者身边所需时间为

$$\Delta t = t_3 - t_2 = (\sqrt{11} - \sqrt{10})t_1 \approx 0.772\text{s}$$

名人堂 伽利略·伽利雷的科学探索趣事

伽利略·伽利雷(Galileo Galilei,1564 年 2 月—1642 年 1 月),意大利天文学家、物理学家和工程师,欧洲近代自然科学的创始人,被称为"观测天文学之父""实验物理学之父""科学方法之父""近代科学之父"。伽利略研究了速度和加速度、重力和自由落体运动、相对论、惯性、抛体运动原理,并从事应用科学和技术的研究,描述了摆的性质和"静水平衡",发明了温度计和各种军事罗盘以及用于天体科学观察的望远镜。他对天文学的贡献包括用望远镜观察确认了金星位置,发现了木星的四颗最大卫星及对土星环的观测和对太阳黑子的分析。

1582 年的一天,伽利略信步来到意大利的比萨大教堂做礼拜,他不太在意宗教仪式,而是把目光注视着教堂大厅中央那像钟摆一样晃动的吊灯。这盏悬挂在教堂顶端的吊灯,被风吹得在空中来回摆动,挂灯的链条发出的嘀嗒声惊扰了正在做祈祷的伽利略,引起了他的极大兴趣,他目不转睛地注视着吊灯的摆动,并发现吊灯摆动的振幅逐渐减小,但往返一次所需要的时间似乎都一样。于是他把右手指按在左手腕的脉搏上测量起来,惊奇地发现:不论灯摆动的幅度多大,每摆动一次所需要的时间的确是基本相同的。这个意外的发现,使他仿佛遭到了闪电的突然袭击,他自问:"难道亚里士多德的'摆幅短需时少'的说法是错误的?"究竟是自己看花了眼,还是发现了大自然的一个伟大真理呢?他在教堂一刻也待不下去了,拔腿跑回学校。

回到学校后,伽利略找来不同长度的绳子和铁链以及用作摆锤的铁球和木球,在房顶和树枝上,一次又一次地重复实验,并用沙漏记下了摆动一次所需的时间。最后,他得出结论:摆动的周期与摆长的平方根成正比,而与摆锤的重量无关。这就是伽利略年轻时发现的著名的"摆的等时性原理",也是现在熟知的单摆定律。后来荷兰科学家惠更斯根据这个原理,制造出了带摆的时钟。今天,这个原理被更广泛地应用于时钟计时、计算日食和推算星辰的运动等方面。

伽利略出生于佛罗伦萨的名门贵族家庭,11 岁就进入佛罗伦萨附近的法洛姆博罗佛伦勃罗莎经院的学校,接受古典教育。17 岁时,伽利略进入了比萨大学学习医学。在大学学习期间,他对医学兴味索然,却十分迷恋数学,他在医学教科书下藏着欧几里得和阿基米德的著作,背着教师和同学,一心一意地钻研着数学。他利用空闲时间自制仪器进行自然科学实验,常常用自己的观察和实验来检验教授们讲授的教条,挑战教授们的权威。对于伽利略"胆敢藐视权威"的狂妄举动,教授们不仅写信向伽利略的父亲告状,而且拒绝发给伽利略医学文凭,甚至给他警告处分,迫使伽利略离开比萨大学,成为一个人所共知的学医失败者。

1585—1588 年,伽利略回到佛罗伦萨,在家自学数学和物理,潜心攻读欧几里得和阿基米德的著作,写出了《水秤》《固体的重心》等论文,从而引起了学术界的注意。1589 年,母校比萨大学数学教授的席位出现空缺,在友人的推荐下,伽利略当上了比萨大学的数学教授。这位年仅 25 岁的教授在完成日常教学工作外,开始钻研自由落体问题。

亚里士多德认为:不同质量的物体,从高处下降的速度与质量成正比,重的物体一定比轻的物体先落地。这个结论到伽利略生活的时代差不多 2000 年,还未有人公开怀疑过。伽利略经过再三的观察、研究和实验后，发现如果将两个不同质量的物体同时从同一高度放下，两者将会同时落地。根据实验结果，伽利略提出了崭新的观点：轻重不同的物体，如果完全排除空气的阻力，从同一高处下落，应该同时落地。这个观点大胆地向亚里士多德的观点发起了挑战，也遭到了比萨大学许多教授的强烈反对，他们讥笑伽利略道："除了傻瓜外，没有人相信一根羽毛同一颗炮弹能以同样的速度通过空间下降。"权威的教授们准备教训伽利略，迫使他在全体师生面前承认自己的观点是荒唐的，让他当众出丑，永世不得翻身。

为了判明科学的真伪，伽利略欣然地接受这个挑战，决定当众实验，让事实来说话。1590 年的一天清晨，比萨大学的教授们穿着紫色丝绒长袍，整队走到比萨斜塔前，洋洋得意地准备看伽利略出丑；学生们和镇上的市民们，也熙熙攘攘地聚集在比萨斜塔下面，想看个究竟。伽利略和他的助手不慌不忙，神色自如，在众人一阵阵嘘声中，登上了比萨斜塔。

伽利略一只手拿一个 10 磅重的铅球，另一只手拿着一个 1 磅重的铅球，大声喊叫："下面的人看清，铅球下来了！"说完，两手同时松开，把两只铅球同时从塔上抛下。围观的群众先是一阵嘲弄的哄笑，但是奇迹出现了，由塔上同时自然下落的两只铅球，同时穿过空中，轻的和重的同时落在地上。为了使所有的人信服，实验又重复了一次，结果相同。

伽利略以雄辩的事实证明"物体的下落速度与物体的质量无关"，这次闻名史册的比萨斜塔实验，打破了亚里士多德的神话。在此基础上，伽利略建立了自由落体定律，但却惹怒了比萨大学的许多权威人士。他们仇视和迫害伽利略，把伽利略从比萨大学排挤了出去。但伽利略没有因此而灰心丧气，思想仍旧十分活跃。1592 年，在友人的介绍和帮助下，伽利略被聘为帕多瓦大学的数学教授。这所学术氛围很浓，而且较为自由的大学里，其医学和数学在欧洲久负盛名。伽利略在这所大学一待就是 18 年，在这期间，伽利略陆续发表了一些关于力学、运动学、声学和光学以及宇宙体系等方面的著作。同时，他深受帕多瓦大学学生们的爱戴和敬佩，每当他演讲时，讲堂就挤得满满，而且许多听众是从欧洲各地特意赶来的。

1608 年，伽利略从朋友的来信中得知，一位荷兰眼镜商人，在制造眼镜镜片时，能够用凸凹镜片的组合看清远处的物体。伽利略的好奇心又被拨动了，立即开始钻研光学和透镜。他检查了各种类型镜片的曲率以及它们彼此的各种组合方式，用准确的数学公式测量出不同曲率和不同组合所引起的视觉上的效果。1609 年，他终于研制出人类历史上第一架天文望远镜，其放大倍数为 32 倍。当伽利略把这架望远镜献给威尼斯总督后，他获得终身教授的职位，因为对以航海贸易为主的威尼斯来说，望远镜的重要性不亚于一支海军。

1609 年 8 月 21 日，伽利略兴高采烈地邀请他的朋友们登上威尼斯钟楼的楼顶，向他们展示那架能放大 32 倍的望远镜，让他们一个接一个地透过他的"魔术放大镜"往远处看。伽利略把这架望远镜称为"我的侦察镜"，利用它探测广阔的天空。他昼夜观测，发现了前人未曾发现过的现象：太阳上有黑子；月亮上有隆起的山脉，低洼的平原；木星有 4 个小卫星绕它旋转；银河是由众多小星群汇集而成。这是划时代的伟大发现。他根据自己对星团的观测，绘制了天文学史上第一批星团图，出版了《星际使者》一书，向全世界报道了他新颖而富有说服力的观测结果，比较隐晦地宣传哥白尼的观点。

通过实际观测和深入研究，伽利略写下了不朽的杰作《关于两大世界体系的对话》，1632 年用意大利文在佛罗伦萨出版。在书中，伽利略运用大量事实，以"对话"的形式申述了哥白尼学说的正确性。他说："哥白尼头脑之精细和眼光之敏锐要大大超过托勒密，因为托勒密没有看到的，他都看到了。"这种做法和说法，在哥白尼的学说被教廷正式宣布为"邪说"的专制时代，要冒何等的风险啊！伽利略正是冒天下之大不韪的科学勇士。

这本著作问世后，影响极大，受到了全欧洲广大读者的赞扬，却触怒了当时的罗马教廷。在 1632 年 8 月，罗马宗教裁判所向该书的出版商发出通令，禁止出售该书，并传令伽利略马上到罗马受审。年近七旬的伽利略收到传讯通知书时，正在病中。医生写了证明书："伽利略生病在床，他可能到不了罗马，就到另一世界去了。"惨无人道的宗教裁判所竟下令：只要伽利略能勉强行走，就要锁上铁链，押到罗马来。1632 年年底，伽利略在朋友们的搀扶护送下启程了。他冒着呼啸的寒风，经历千辛万苦，于 1633 年 2 月到达罗马。这位已经风烛残年的可怜老人，一到罗马，立即被监禁起来。

1633 年 4 月，罗马宗教裁判所开庭对伽利略进行审讯，以各种方法逼迫伽利略放弃哥白尼学说。审讯持续了好几个月，伽利略坚持不肯忏悔。裁判所便以火刑威胁，年老多病的伽利略被折磨得精神恍惚，被迫在判决书上签字，同"日心说"一刀两断。据说离开法庭时，伽利略嘴里仍叽叽咕咕地嘟囔着："地球确实是在运转呀！"最后，罗马宗教法庭还是判处伽利略终身监禁。

虽然精神和肉体上受到残酷的摧残，但伽利略没有屈服，他说："我活动的脑子一直要工作下去。"1638 年，他出版了最后一部著作《关于两门新科学的谈话和数学证明》。此书总结了他自己长期对物理学的研究，其中包括动力学的基础，书中提供的许多原则和规律，为牛顿运动定律的发现奠定了坚实的基础。

1637 年，伽利略双目失明了，再也无法进行科学研究，他痛苦地对朋友说："在最后的日子再也看不到光明了，以致这天空、这大地、由于我的惊人的发现和清晰证明后比以前智者所相信的世界扩大了百倍的宇宙，对我来说，这时已变得如此狭小，只能留在我自己的感觉中了。"

1.2 圆周运动及其描述

1.2.1 平面极坐标系

在处理圆周运动这类平面运动时，使用直角坐标系极不方便，而广泛采用的是平面极坐标系。

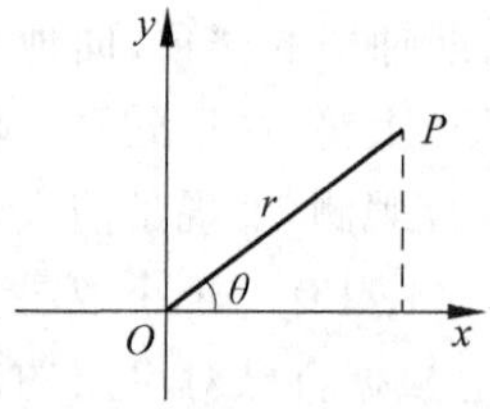

图 1-10 平面直角坐标系与极坐标系

在平面直角坐标系与极坐标系下，在某时刻质点位于空间一点 P，连线 OP 称为点 P 的极轴，用 r 表示；自 Ox 到 OP 所转过的角 θ 称为点 P 的极角。质点位于 P 的位矢为 OP，那么，位矢 OP 的直角坐标表示为 $\boldsymbol{r}=(x,y)$，极坐标表示为 (r,θ)，如图 1-10 所示。

在极坐标中，假设质点从空间点 P 沿着路径 PP' 运动到 P' 点，在这个过程中，不但质点的极轴 r 和极角 θ 发生变化，如图 1-11(a)所示，从而导致质点的位移发生变化，而且极坐标单位矢量 $\boldsymbol{e}_r$ 和 $\boldsymbol{e}_\theta$ 也随质点运动发生变化，如图 1-11(b)所示，这一点和静止直角坐标系不一样，同学们务必注意。

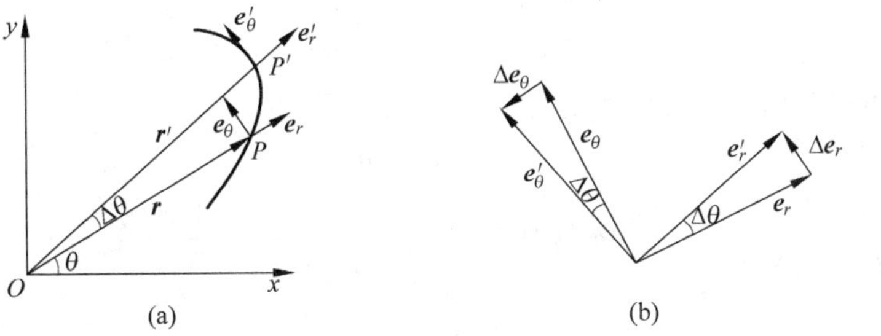

图 1-11　质点运动的位移变化和极坐标单位矢量变化

(a) 位移变化；(b) 极坐标单位矢量变化

1.2.2　单位矢量的时间导数

$\boldsymbol{e}_r$、$\boldsymbol{e}_\theta$ 分别是沿极轴和极角方向的单位矢量，其长度为 1，方向沿各自的增大方向。由于它们的方向随时发生变化，因而它们是时间的函数。由图 1-11(b)可得单位矢量随时间变化而产生的变化量和方向，根据这些变化，来推导单位矢量对时间的导数。

对于极轴单位矢量，由于 $\Delta\boldsymbol{e}_r \perp \boldsymbol{e}_r$，当 $\Delta t \to 0$，其大小为 $|\Delta\boldsymbol{e}_r| = |\boldsymbol{e}_r|\Delta\theta$，所以有

$$\frac{\mathrm{d}\boldsymbol{e}_r}{\mathrm{d}t} = \lim_{\Delta t\to 0}\frac{\Delta\boldsymbol{e}_r}{\Delta t} = \lim_{\Delta t\to 0}\frac{\Delta\boldsymbol{e}_r}{\Delta\theta}\frac{\Delta\theta}{\Delta t} = \lim_{\Delta t\to 0}\frac{|\boldsymbol{e}_r|\Delta\theta}{\Delta\theta}\cdot\boldsymbol{e}_\theta\cdot\frac{\Delta\theta}{\Delta t} = \frac{\mathrm{d}\theta}{\mathrm{d}t}\boldsymbol{e}_\theta \tag{1.17}$$

同样地，对于极角单位矢量，有

$$\frac{\mathrm{d}\boldsymbol{e}_\theta}{\mathrm{d}t} = \lim_{\Delta t\to 0}\frac{\Delta\boldsymbol{e}_\theta}{\Delta t} = \lim_{\Delta t\to 0}\frac{\Delta\boldsymbol{e}_\theta}{\Delta\theta}\cdot\frac{\Delta\theta}{\Delta t} = \lim_{\Delta t\to 0}\frac{|\boldsymbol{e}_\theta|\Delta\theta}{\Delta\theta}\cdot - \boldsymbol{e}_r\cdot\frac{\Delta\theta}{\Delta t} = -\frac{\mathrm{d}\theta}{\mathrm{d}t}\boldsymbol{e}_r \tag{1.18}$$

1.2.3　圆周运动

引入极坐标系后，圆周运动的运动学方程可写为 $\boldsymbol{r}(t)=r(t)\boldsymbol{e}_r$。因此，质点的速度为

$$\boldsymbol{v}(t) = \frac{\mathrm{d}\boldsymbol{r}(t)}{\mathrm{d}t} = \frac{\mathrm{d}r}{\mathrm{d}t}\boldsymbol{e}_r + r\frac{\mathrm{d}\boldsymbol{e}_r}{\mathrm{d}t} = \frac{\mathrm{d}r}{\mathrm{d}t}\boldsymbol{e}_r - r\frac{\mathrm{d}\theta}{\mathrm{d}t}\boldsymbol{e}_\theta$$

把式(1.17)和式(1.18)代入上式，可以得到圆周运动速度的表达式为

$$\boldsymbol{v}(t) = \boldsymbol{v}_\mathrm{n} + \boldsymbol{v}_\mathrm{t} \tag{1.19}$$

其中，法向速度 $\boldsymbol{v}_\mathrm{n} = \frac{\mathrm{d}r}{\mathrm{d}t}\boldsymbol{e}_r$，切向速度 $\boldsymbol{v}_\mathrm{t} = -r\frac{\mathrm{d}\theta}{\mathrm{d}t}\boldsymbol{e}_\theta$。

对于常见的圆周运动，法向速度 $\boldsymbol{v}_\mathrm{n}=0$，因此，速度分量只有切向速度，即

$$\boldsymbol{v}(t) = r\frac{\mathrm{d}\theta}{\mathrm{d}t}\boldsymbol{e}_\theta$$

为了表述转动速度的快慢，引入角速度 $\boldsymbol{\omega}$。角速度是矢量，$\boldsymbol{\omega}$ 的大小为 $\omega = \frac{\mathrm{d}\theta}{\mathrm{d}t}$，方向可由 $\boldsymbol{\omega}$，$\boldsymbol{e}_r$，$\boldsymbol{e}_\theta$ 的关系，根据右手螺旋定则来确定。这样，可以把圆周速度表示为

$$\boldsymbol{v} = \boldsymbol{\omega} \times \boldsymbol{r} \tag{1.20}$$

根据加速度的定义式(1.10a)，可得质点作圆周运动时的加速度为

$$\boldsymbol{a} = \frac{\mathrm{d}\boldsymbol{v}}{\mathrm{d}t} = \frac{\mathrm{d}}{\mathrm{d}t}\left(\frac{\mathrm{d}r}{\mathrm{d}t}\boldsymbol{e}_r - r\frac{\mathrm{d}\theta}{\mathrm{d}t}\boldsymbol{e}_\theta\right)$$

$$=\left[\frac{\mathrm{d}^2 r}{\mathrm{d}t^2}-r\left(\frac{\mathrm{d}\theta}{\mathrm{d}t}\right)^2\right]\boldsymbol{e}_r+\left(r\frac{\mathrm{d}^2\theta}{\mathrm{d}t^2}+2\frac{\mathrm{d}r}{\mathrm{d}t}\frac{\mathrm{d}\theta}{\mathrm{d}t}\right)\boldsymbol{e}_\theta$$

将上式简化，可得圆周运动的加速度为

$$\boldsymbol{a}=\boldsymbol{a}_\mathrm{n}+\boldsymbol{a}_\mathrm{t} \tag{1.21}$$

其中，$\boldsymbol{a}_\mathrm{n}=\left[\frac{\mathrm{d}^2 r}{\mathrm{d}t^2}-r\left(\frac{\mathrm{d}\theta}{\mathrm{d}t}\right)^2\right]\boldsymbol{e}_r$ 为法向加速度，$\boldsymbol{a}_\mathrm{t}=\left[r\frac{\mathrm{d}^2\theta}{\mathrm{d}t^2}+2\frac{\mathrm{d}r}{\mathrm{d}t}\frac{\mathrm{d}\theta}{\mathrm{d}t}\right]\boldsymbol{e}_\theta=(r\alpha+2v_\mathrm{n}\omega)\boldsymbol{e}_\theta$ 为切向加速度。

讨论 （1）对于直线运动，$\frac{\mathrm{d}\theta}{\mathrm{d}t}=0$，则加速度为 $\boldsymbol{a}=\frac{\mathrm{d}^2 r}{\mathrm{d}t^2}\boldsymbol{e}_r$，即只有径向加速度。

（2）对于圆周运动，$\boldsymbol{v}_n=0$，加速度表示为

$$\begin{aligned}\boldsymbol{a}&=-r\left(\frac{\mathrm{d}\theta}{\mathrm{d}t}\right)^2\boldsymbol{e}_r+r\frac{\mathrm{d}^2\theta}{\mathrm{d}t^2}\boldsymbol{e}_\theta\\&=-r\omega^2\boldsymbol{e}_r+r\alpha\boldsymbol{e}_\theta\end{aligned} \tag{1.22}$$

其中，$\alpha=\frac{\mathrm{d}^2\theta}{\mathrm{d}t^2}=\frac{\mathrm{d}\omega}{\mathrm{d}t}$称为角加速度。

（3）对于匀速圆周运动，$\alpha=\frac{\mathrm{d}\omega}{\mathrm{d}t}=0$，则加速度为 $\boldsymbol{a}=-r\omega^2\boldsymbol{e}_r$，方向沿 $\boldsymbol{e}_r$ 方向，即只有向心加速度。

例 1.6 一质点 P 沿半径 $R=3.00\mathrm{m}$ 的圆周作匀速运动，运动一周所需时间为 20.0s，设 $t=0$ 时，质点位于 O 点。若建立如图 1-12(a)所示的 Oxy 直角坐标系，试求：(1)质点 P 在任意时刻的位矢；(2)质点 P 运动 5s 时的速度和加速度。

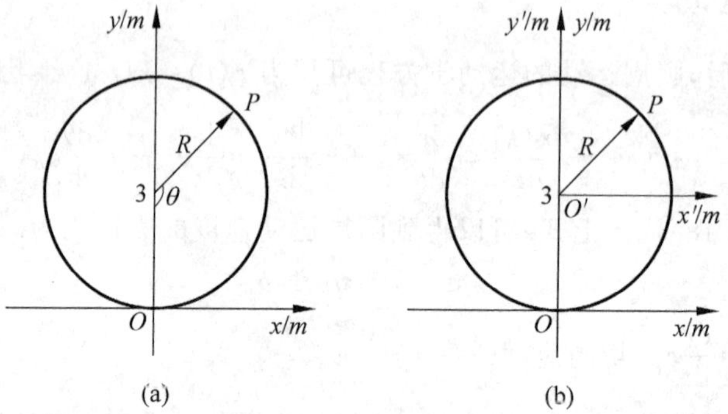

图 1-12 例 1.6 用图

解 如图 1-12(b)所示，在 $O'x'y'$坐标系中，因 $\theta=\frac{2\pi}{T}t$，则质点 P 的运动参数方程为

$$x'=R\sin\frac{2\pi}{T}t,\quad y'=-R\cos\frac{2\pi}{T}t$$

进行坐标变换后，在 Oxy 坐标系中有

$$x=x'=R\sin\frac{2\pi}{T}t,\quad y=y'+y_0=-R\cos\frac{2\pi}{T}t+R$$

则质点 P 的位矢方程为

$$\boldsymbol{r}=R\sin\frac{2\pi}{T}t\boldsymbol{i}+\left(-R\cos\frac{2\pi}{T}t+R\right)\boldsymbol{j}$$
$$=3\sin(0.1\pi t)\boldsymbol{i}+3[1-\cos(0.1\pi t)]\boldsymbol{j}\,(\mathrm{m})$$

运动 5s 时的速度和加速度分别为

$$\boldsymbol{v}=\frac{\mathrm{d}\boldsymbol{r}}{\mathrm{d}t}=R\,\frac{2\pi}{T}\cos\frac{2\pi}{T}t\boldsymbol{i}+R\,\frac{2\pi}{T}\sin\frac{2\pi}{T}t\boldsymbol{j}$$
$$=0.3\pi\boldsymbol{j}\,(\mathrm{m\cdot s^{-1}})$$
$$\boldsymbol{a}=\frac{\mathrm{d}^2\boldsymbol{r}}{\mathrm{d}t^2}=-R\left(\frac{2\pi}{T}\right)^2\sin\frac{2\pi}{T}t\boldsymbol{i}+R\left(\frac{2\pi}{T}\right)^2\cos\frac{2\pi}{T}t\boldsymbol{j}$$
$$=-0.03\pi^2\boldsymbol{i}\,(\mathrm{m\cdot s^{-2}})$$

例 1.7　飞机以 $100\mathrm{m\cdot s^{-1}}$ 的速度沿水平方向直线飞行，当飞机离地面的高度为 100m 时，驾驶员要把物品投放到前方地面某一目标处。试求：(1)此时目标应在距飞机下方多远的位置处？(2)投放物品时，驾驶员看目标的视线和水平方向成何角度？(3)物品投出 2s 后，它的法向加速度和切向加速度各为多少？

解　(1) 取如图 1-13 所示的坐标，物品下落时在水平和竖直方向的运动方程分别为

$$x=vt,\quad y=\frac{1}{2}gt^2$$

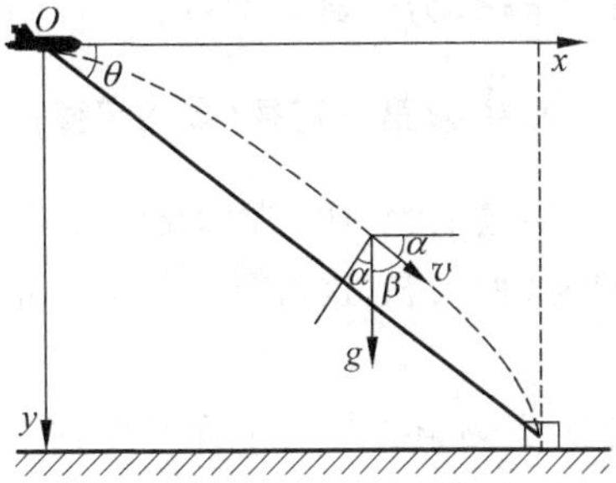

图 1-13　例 1.7 用图

飞机沿水平方向飞行的速度为 $v=100\mathrm{m\cdot s^{-1}}$，飞机离地面的高度 $y=100\mathrm{m}$，由此可得目标与飞机正下方前的距离为

$$x=v\sqrt{\frac{2y}{g}}=452\mathrm{m}$$

(2) 由图 1.13 可知，视线和水平线的夹角为

$$\theta=\arctan\frac{y}{x}=12.5^\circ$$

(3) 在任意时刻物品的速度与水平轴的夹角为

$$\alpha=\arctan\frac{v_y}{v_x}=\arctan\frac{gt}{v}$$

取自然坐标，物品在抛出 2s 时，重力加速度的切向分量与法向分量分别为

$$a_{\mathrm{t}}=g\sin\alpha=g\sin\left(\arctan\frac{gt}{v}\right)=1.88\mathrm{m\cdot s^{-2}}$$

$$a_{\mathrm{n}}=g\cos\alpha=g\cos\left(\arctan\frac{gt}{v}\right)=9.62\mathrm{m\cdot s^{-2}}$$

1.3　牛顿运动定律和力

1.1 节和 1.2 节中主要介绍了质点的运动学，指出运动是绝对的，静止是相对的。因此，在描述运动时，先要选择参考系，然后介绍质点的位置矢量、运动轨迹和运动方程，并引入质点的运动速度、加速度来描述质点的运动状态。最后，介绍了质点的直线运动和以圆周

运动为代表的曲线运动，并通过例题介绍了求解方法。同时，还介绍了伽利略的相对性原理，讨论了不同惯性坐标系之间的坐标转换和运动速度合成方法。

质点运动学讨论的是如何描述一个质点的运动。本节将在复习中学相关物理内容的基础上，讲授力和功以及功能转换和几个守恒定理等质点动力学内容，并通过质点动力学来回答质点为何运动，或者说在外力作用下如何描述质点的运动。质点动力学以牛顿三大定律为核心，着重阐述力的概念和分析物体受力的方法，以及运用牛顿运动定律去分析质点运动问题的思路和研究方法。学生应该正确理解力、质量和单位制的概念，牢固地掌握用牛顿第二定律分析瞬时作用规律，提高运用牛顿运动定律分析和解决有关问题的能力。

1.3.1 牛顿运动定律

1687年，牛顿深入研究开普勒关于行星绕日运动的三条经验规律和伽利略有关落体和抛物体的实验结果，分析了机械运动的初步现象性理论，尤其是伽利略用实验验证理论结果的方法后，他结合自己的研究成果，发表了《自然哲学的数学原理》这部划时代的著作。在这本著作中，牛顿介绍了他发现的宏观低速机械运动的基本规律：三条牛顿运动定律和万有引力定律，为经典力学奠定了基础。

1. 牛顿第一定律(惯性定律)

牛顿认为，任何物体都保持静止或匀速直线运动的状态，除非作用在它上面的力迫使它改变这种状态，这就是牛顿第一定律，又称为惯性定律。这条定律的数学形式表示为

$$\boldsymbol{v}=\boldsymbol{C}(\boldsymbol{F}=\boldsymbol{0}) \tag{1.23}$$

式中，$\boldsymbol{C}$ 为恒矢量。下面对牛顿第一定律进一步说明。

(1) 它指明了任何物体都具有惯性，静止状态或匀速直线运动状态是物体在不受外界影响时必定维持的运动状态。保持静止状态或匀速直线运动状态，是物体所具有的一种固有特性。由于这种固有特性称为惯性，所以牛顿第一定律也称为惯性定律。

(2) 由于物体具有惯性，要改变物体所处的静止状态或匀速直线运动状态，外界必须对物体施加影响或作用，这种影响或作用就是力。因此，惯性定律确定了力的含义(定性方面)，即力是一个物体对另一个物体的作用。

(3) 力的效果说明了力是改变物体(质点)运动状态的原因，即牛顿第一定律表明力的作用是物体获得加速度的原因。物体在力的作用下导致运动状态所发生的任何变化，都要使它获得加速度。

在伽利略以前的时代，人们认为力是维持物体运动速度的原因，牛顿第一定律的确立，改变了人们的这种错误认识。日常生活中的事例可以帮助人们认识牛顿第一定律的含义。例如，行驶在水平路面上的汽车同时受到两个力的作用，一个是与运动方向一致的动力，另一个是与运动方向相反的阻力。当这两个力大小相等时，它们互相抵消，产生的效果与汽车不受力作用的情形相同，汽车作匀速直线运动；当汽车加大油门，产生的动力大于阻力时，产生的效果与汽车受到一个沿运动方向力的作用的效果相同，汽车获得加速度。

(4) 凡是牛顿第一定律能够成立的参考系，都称为惯性参考系。换句话，牛顿第一定律为我们提供了判断惯性参考系的准则。在1.1节中曾介绍过，为描述物体的运动，参考系原则上是可以任意选择的。现在运用牛顿第一定律来分析参考系是否可以任意选择。例如，

乘客乘坐火车时，当火车启动时，站着的乘客会往后仰或者后压座椅；当火车停止运行时，人会往前倾。这些现象都是乘客为了保持原来运动状态而导致的。

(5) 牛顿第一定律不能用实验直接验证，而是大量实验事实的推论。

牛顿第一定律给出了关于力的科学含义，认为物体所受的力是外界对它的作用，作用的效果是使该物体改变运动状态，产生加速度。牛顿运动定律的确立，是与对力的这种认识联系起来的。因此，正确理解力的概念也是学习和掌握牛顿运动定律的关键。

2. 牛顿第二定律

在惯性定律的基础上，牛顿进一步阐述：当物体受到外力的作用时，将产生一个加速度，加速度的大小与合外力的大小成正比，与物体自身的质量成反比，加速度的方向在合力的方向上。这就是牛顿第二定律。在这条定律中所涉及的物体质量称为惯性质量。该定律可用数学公式表示为

$$\boldsymbol{F}=m\boldsymbol{a} \tag{1.24}$$

式中，$\boldsymbol{F}$ 是作用在物体上所有外力的合力；m 为物体自身的质量；$\boldsymbol{a}$ 为物体的加速度。

式(1.24)包含以下三重意义：

(1) 它明确了受力物体(质点)的加速度与其质量和合外力之间的关系，并定量地量度了物体平动惯性的大小，但它只适用于研究惯性系中宏观物体的低速运动。

(2) 它表明力的瞬时作用规律，即物体在何时受力，就在何时产生加速度；力消失，加速度也马上消失。如果物体在各个时刻都受力，则各个时刻就都具有加速度。

(3) 在解决具体问题时，式(1.24)往往写成分量式。例如，在平面直角坐标系中，牛顿第二定律常表示为 $\boldsymbol{F}_x=m\boldsymbol{a}_x$ 和 $\boldsymbol{F}_y=m\boldsymbol{a}_y$；而在自然坐标系中，牛顿第二定律常表示为 $F_t=m\boldsymbol{a}_t=m\dfrac{dv}{dt}$ 和 $F_n=m\boldsymbol{a}_n=m\dfrac{v^2}{\rho}$。

力的国际单位为牛顿，简称牛，符号是 N。

3. 牛顿第三定律

牛顿第一定律指出物体只有在外力作用下才改变其运动状态，牛顿第二定律给出物体的加速度与作用于物体的力和物体质量之间的数量关系，牛顿第三定律说明力具有在物体间相互作用的性质。

对于每一个作用，总有一个大小相等、方向相反的反作用；或者说，两个物体之间的相互作用总是大小相等，方向相反，即

$$\boldsymbol{F}=-\boldsymbol{F}'$$

这就是牛顿第三定律。

讨论　(1) 运动只有相对于一定的参考系来说才有意义，牛顿第一定律定义了一种参考系。在这个参考系中，一个不受外力作用的物体将保持静止状态或匀速直线运动不变。这种参考系称为惯性参考系，简称惯性系。

(2) 并非任何参考系都是惯性系，只有满足牛顿第一定律的参考系才是惯性系。例如，地球是一个近似的惯性系。

(3) 牛顿第一定律定性地提出力和运动的关系，牛顿第二定律则是进一步定量地描述

它们之间的关系。

4. 牛顿三大定律是经典力学的基石

牛顿第一定律描述了质点惯性运动的基本特性，同时指出外力可以改变惯性运动的状态，提出了力的概念。这是一条建立在大量实验现象基础上的推论，无法通过实验加以严格证明。牛顿第二定律明确指出力可以使质点发生加速运动，从而改变质点的运动状态，同时引入了一个新的物理参量——惯性质量。利用简洁的数学表达式 $\boldsymbol{F}=m\boldsymbol{a}$ 来定量描述力与加速度的关系，使得理论与实验可以相互验证。目前已经知道，这条定律只适用于低速的惯性参考系。牛顿第三定律主要解决质点之间的相互作用关系，其数学表达式为 $\boldsymbol{F}_{12}=-\boldsymbol{F}_{21}$。该定律指出，若质点受多个力作用，则 $\boldsymbol{F}_{12}$ 为合外力。它是描述质点系的运动、粒子碰撞过程的重要依据。

注意 当时，牛顿将"运动"定义为物体(质点)的质量与速度之积，即现代所称的动量，因此可得

$$\boldsymbol{p}=m\boldsymbol{v} \tag{1.25}$$

而牛顿所表述的"变化"是指"运动对时间的变化率"，即

$$\boldsymbol{F}=\frac{\mathrm{d}\boldsymbol{p}}{\mathrm{d}t}=\frac{\mathrm{d}m}{\mathrm{d}t}\boldsymbol{v}+m\boldsymbol{a} \tag{1.26}$$

所以，表达式 $\boldsymbol{F}=m\boldsymbol{a}$ 仅仅是在质量恒定时的特例。

5. 质量

任何物体都具有惯性，牛顿第一定律所指的物体惯性，是物体在不受外力作用时保持运动状态不变的惯性表现。例如，把体积相等的木块和铅块放在光滑的水平桌面上，然后拉伸弹簧观察两者在大小相等的外力作用下的运动状态。实验表明，在拉动木块和拉动铅块的过程中，若使弹簧保持相同的伸长量，木块所获得的加速度远大于铅块所获得的加速度。在大小相等的外力作用下，若物体获得的加速度大，表示它的运动状态容易改变，说明它的惯性小；而若物体获得的加速度小，表示它的运动状态不容易改变，说明它的惯性大。这也说明实验中的两个物体，木块惯性小，而铅块惯性大。若再选择一个质量为 1kg 的物体为标准物体，假设待测物体的质量 m，同时，保持拉动两个物体时弹簧的伸长量相同，则可由测得的加速度之比来确定待测物体的惯性质量，即

$$m=\frac{1\times a_1}{a_2}=\frac{a_1}{a_2} \tag{1.27}$$

1.3.2 常见力和基本力

现代物理的研究结果表明，宇宙间存在着 4 种基本的自然力，即万有引力、电磁力、强力和弱力，表 1-1 给出了这 4 种力的基本特征。在经典力学中，主要涉及的自然力有万有引力和电磁力，以及物体之间的相互作用力。根据这些力的做功特征，可以把它们分成两类：保守力和非保守力。保守力是指对物体所做的功跟物体的移动路径无关的作用力，又称为守恒力。重力、弹力、静电力等都属于保守力。非保守力是指对物体所做的功跟物体的移动路径有关的作用力。常见的有摩擦力和空气阻力。

表 1-1　4 种基本自然力的特征

力的种类	相互作用的物体	力　程	力的强度
万有引力	全部粒子	∞	10^{-34} N
电磁力	带电粒子	∞	10^{2} N
强力	夸克	$<10^{-15}$ m	10^{4} N
弱力	大多数(基本)粒子	$<10^{-17}$ m	10^{-2} N

1. 基本自然力

(1) 万有引力

万有引力是存在于一切物体之间的相互吸引力。万有引力所遵循的规律由牛顿总结为万有引力定律：任何两个质点都相互吸引，万有引力的大小与它们质量的乘积成正比，与它们之间距离的平方成反比，力的方向沿两质点的连线方向。

设有两个质量分别为 m_1、m_2 的质点，它们的相对位置矢量为 $\boldsymbol{r}$，则两者之间的万有引力 $\boldsymbol{F}$ 可表示为

$$\boldsymbol{F} = -G\frac{m_1 m_2}{r^2}\boldsymbol{e}_r \tag{1.28}$$

式中，$\boldsymbol{e}_r$ 为 $\boldsymbol{r}$ 方向的单位矢量；负号表示 $\boldsymbol{F}$ 与 $\boldsymbol{r}$ 方向相反，表现为引力；G 为引力常量，$G = 6.67\times10^{-11}\,\mathrm{m^3/(kg\cdot s^2)}$。$m_1$、$m_2$ 称为物体的引力质量，是量度物体产生引力场和受引力场作用能力的大小的物理量。引力质量与牛顿运动定律中反映物体惯性大小的惯性质量是物体两种不同属性的体现，在认识上应加以区别。但是精确的实验表明，引力质量与惯性质量在数值上是相等的，因而一般教科书在作了简要说明之后便不再加以区分。引力质量等于惯性质量这一重要结论，是爱因斯坦广义相对论基本原理之一——等效原理的实验事实。

(2) 电磁力

电磁力是指电荷之间相互作用而产生的力。静止电荷之间存在库仑力，运动电荷之间除了存在库仑力外还存在磁场力(又称为安培力，我们将在第 8 章详细介绍)。按照相对论的观点，运动电荷受到的磁场力是其他运动电荷对其作用的电场力的一部分。也就是说磁场力来源于电场力，因此将电场力与磁场力合称为电磁力。

两个静止点电荷之间的电磁力遵从库仑定律。设点电荷 q_1、q_2，它们的相对位置矢量为 $\boldsymbol{r}$，则其相互作用的电磁力 $\boldsymbol{F}$ 为

$$\boldsymbol{F} = \frac{1}{4\pi\varepsilon_0}\frac{q_1 q_2}{r^2}\boldsymbol{e}_r \tag{1.29}$$

式中，ε_0 为真空中的介电常量，$\varepsilon_0 = 8.85\times10^{-12}\,\mathrm{C^2\cdot N^{-1}\cdot m^{-2}}$。在数学形式上电磁力(库仑力)和万有引力定律类同，区别在于万有引力只为引力，电磁力除了可以为引力外还可以为斥力，强度也比较大。

(3) 强力

强力是原子核及其组成粒子之间的一种强相互作用力。核物理研究发现，原子核由带正电的质子和不带电的中子组成，质子和中子统称为核子。核子间的万有引力是很弱的，约

为 10^{-34}N。质子之间的库仑排斥力，约为 10^{-2}N，远大于万有引力，但绝大多数原子核相当稳定，说明核子之间存在着一种远比电磁力和万有引力强大得多的作用力，能将核子紧紧地束缚在一起形成原子核，这就是强力或者核力。由表 1-1 可以看到，相邻两核子间的强力比电磁力大两个数量级。

强力是一种作用范围非常小的短程力。当粒子之间的距离为 $(0.4\sim1.0)\times10^{-15}$m 时，其表现为引力；当粒子之间的距离小于 0.4×10^{-15}m 时，其表现为斥力；当粒子之间的距离大于 10^{-15}m 后，其迅速衰减，可以忽略不计。粒子的强力场通过彼此交换称为"胶子"的媒介粒子实现强相互作用。

(4) 弱力

弱力也是各种粒子之间的一种相互作用，它的力程比强力的力程更短，大约为 10^{-17}m，强度也很弱。弱力是通过粒子的场彼此交换"中间玻色子"进行传递的。

2. 保守力

若一个受到某力作用的粒子，从初始位置移动到终止位置，而此作用力所做的功跟移动路径无关，则称此力为保守力或守恒力。其特例是，一个粒子在力的作用下从某位置开始移动，经过一条闭合路径后，又回到原本位置，则作用于这粒子的保守力所做的机械功(保守力对于整个闭合路径的积分)等于零。重力、弹力等都属于保守力。

(1) 重力

重力是指地球表面附近的物体受到地球的万有引力的作用而产生的力。若将地球近似视为一个半径为 R，质量为 m_E 的均匀分布的球体，质量为 m 的物体当作质点处理，则当物体距离地球表面高度为 $h(h\ll R)$时，所受地球的引力(重力)大小为

$$F=G\frac{m_E m}{(R+h)^2}\approx m\frac{Gm_E}{R^2}$$

或

$$F=mg \tag{1.30}$$

其中，$g=Gm_E/R^2$，称为重力加速度，它在数值上等于单位质量的物体受到的重力，称为重力场的场强。如无特殊说明，一般 g 近似取值为 $9.8\text{m}\cdot\text{s}^{-2}$。

(2) 弹力

弹力是指两个物体相互间彼此接触产生挤压或者拉伸导致出现形变而产生的力。弹力具有消除形变恢复原来物体形状的趋势，它的表现形式多种多样，最常见的有正压力、张力和弹性力。

正压力是由于两个物体彼此接触产生挤压而形成的力。由于物体有恢复挤压产生形变的趋势，从而形成正压力。因此正压力必然表现为一种排斥力。这种力的方向沿着接触面的法线方向，即与接触面垂直，大小与物体受挤压的程度成正比。

不同的力学环境物体所受正压力的大小也不一样。例如，在图 1-14 中，质量为 m 的物体分别放置在水平地面(图 1-14(a))及斜面(图 1-14(b))上，其所受正压力的大小是不同的。物体所受正压力的大小取决于物体所受的其他力(外部环境)对它的约束程度，也称为约束反力。对于图 1-14(a)物体，对地面的压力为 mg，而对于图 1-14(b)，物体对斜面的正压力为 $mg\cos\theta$。

在动力学中，正压力常常需要求解整个系统的运动情况才能确定，因而它常常是题目的未知量。图 1-15 为运动物体所受正压力的分析图。在图 1-15(a)中夹具中的球体受到夹具底部对球体的支撑力 N_1、夹具左侧对球体的正压力 N_2 和夹具右侧对球体的正压力 N_3 的共同作用，方向如图 1-15(a)所示；在图 1-15(b)中，斜靠墙角的直杆受到地面对杆支撑力 N_1 和墙体对杆的正压力 N_2 的作用，方向如图 1-15(b)所示。

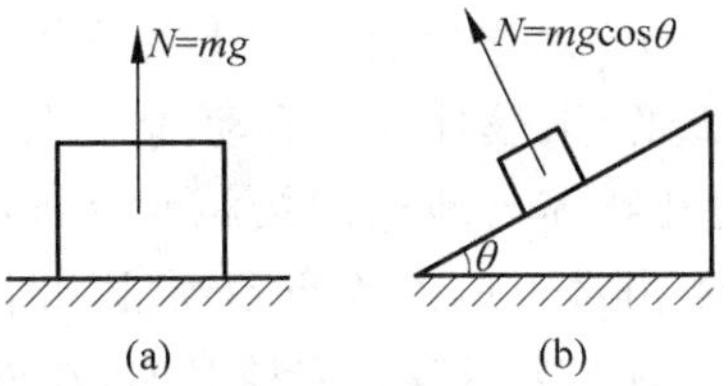

图 1-14　物体所受正压力示意图

(a) 水平地面；(b) 斜面

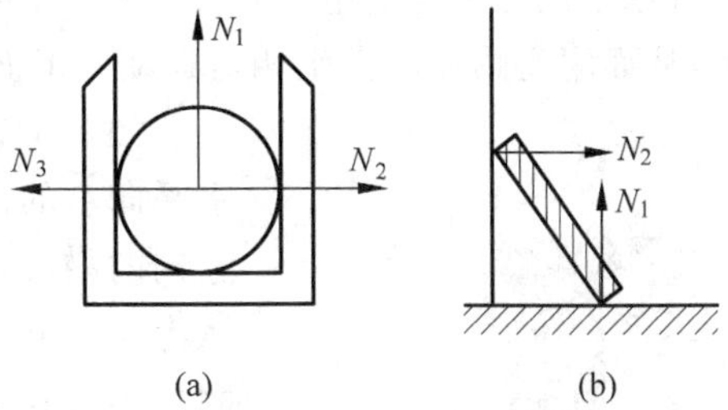

图 1-15　运动物体所受正压力分析图

(a) 夹具中的球体；(b) 斜靠墙角的直杆

当杆或绳发生形变时，杆或绳上近邻的部分会彼此拉扯，形成拉力，通常也称为张力。在杆或柔绳上，拉力的方向沿杆或绳的切线方向。因此弯曲的柔绳可以起改变力的方向的作用。拉力的大小要视拉扯的程度而定，它也是一种约束反力。如图 1-16 所示为一段质量为 Δm 的绳，F_{T1} 为该段绳左端点上的拉力，F_{T2} 为右端点上的拉力。根据牛顿第二定律可得，$F_{T2}-F_{T1}=\Delta ma$，因此只要加速度 a 不等于零，就有 $F_{T2}\neq F_{T1}$，即绳上各点拉力都不同。这说明，力和加速度都是通过绳的质量起作用的。

弹簧在受到拉伸或压缩作用时会产生弹性力，这种力总是力图使弹簧恢复原来的形状，称为回复力。如图 1-17 为小钢球在弹性力的作用下发生运动。设弹簧被拉伸或被压缩的长度为 x，则在弹性限度内，弹性力由胡克定律给出：

$$F=-kx \tag{1.31}$$

式中，k 为弹簧的劲度系数；x 为弹簧相对于原长的形变量，弹性力的大小与弹簧的形变量成正比。负号表示弹性力的方向始终与弹簧位移的方向相反，即指向弹簧恢复原长的方向。

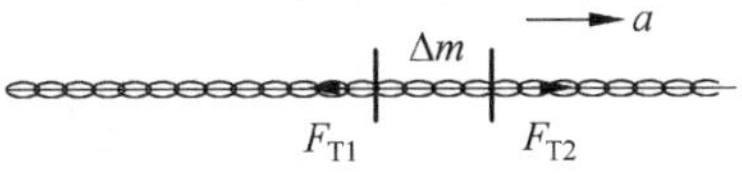

图 1-16　绳子的受力情况

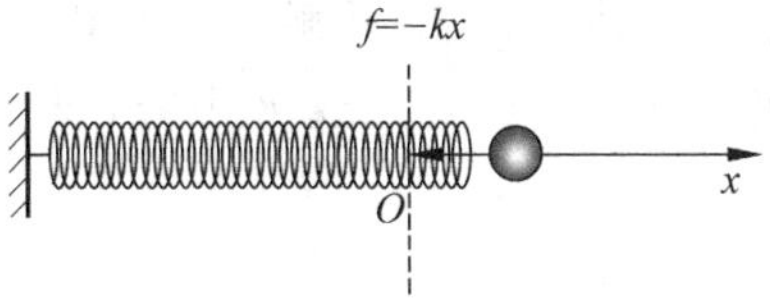

图 1-17　小钢球受到弹性力的作用

3. 非保守力——摩擦力

非保守力对物体所做的功与运动路径有关，典型的非保守力有摩擦力和空气阻力。两个物体相互接触且具有相对运动或者相对运动趋势，则沿它们接触的表面将产生阻碍相对运动或相对运动趋势的阻力，称为摩擦力。

摩擦力的起因及其微观机理十分复杂。因为相对运动方式以及相对运动物质的不同，摩擦的形式有所差别，可分为干摩擦与湿摩擦，还可分为静摩擦、滑动摩擦及滚动摩擦，因而摩擦力也各不相同。理论研究表明，各种摩擦力都与接触面上的原子分子之间的电磁相互作用有关。

(1) 静摩擦力

两个彼此接触的静止物体具有相对运动的趋势则两物体间存在静摩擦。静摩擦力源自接触面附近原子或分子间的电磁相互作用，力的方向沿着接触面的切线方向，与相对运动的趋势相反，从而阻碍物体间发生相对运动。下面通过例子来分析静摩擦力的大小。

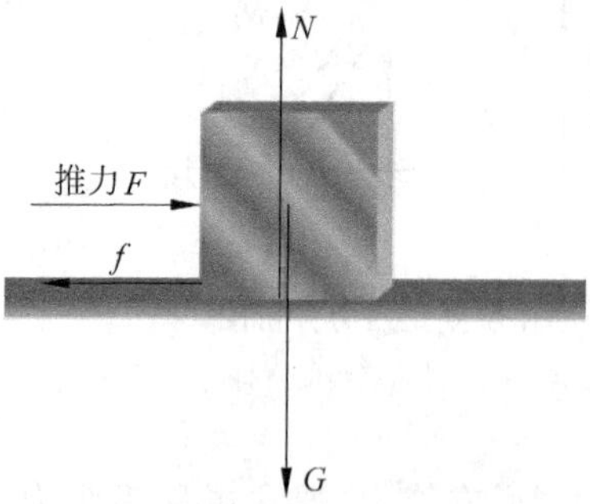

图 1-18 静摩擦力与运动趋势

如图 1-18 所示，在水平粗糙平面上的物体受到一个水平向右的推力 F 作用，物体并没有动，但是具有了向右运动的趋势，这时在物体与地面的接触面上将产生静摩擦力 f。由于物体相对于地面静止不动，因此静摩擦力的大小与水平外力的大小相等。实验表明，在外力 F 逐渐增大至某一值之前，物体能一直保持静止状态，说明在外力 F 增大的过程中，静摩擦力 f 也在增大，因此，静摩擦力有一个变化范围。当外力 F 增至某一值时，物体开始相对地面滑动，这时静摩擦力达到最大，然后物体与地面间的摩擦力变为滑动摩擦力。最大静摩擦力与两物体之间的正压力 N 的大小成正比，即

$$f_{\mathrm{smax}}=\mu_{\mathrm{s}}N \tag{1.32}$$

式中，μ_{s} 为静摩擦系数，与接触物体的材质和接触表面的情况有关。综上，静摩擦力的大小应满足：

$$0<f<f_{\mathrm{smax}} \tag{1.33}$$

最大静摩擦力往往作为相对运动启动的临界条件。由于静摩擦力的方向与相对运动的趋势相反，所以判断静摩擦力方向的关键是判断两个物体间发生相对运动趋势的方向。

(2) 滑动摩擦力

相互接触的物体之间发生相对滑动时，接触面的表面会出现的阻碍相对运动的阻力，称为滑动摩擦力。滑动摩擦力的方向沿接触面的切线方向，与相对运动方向相反。滑动摩擦力的大小与物体的材质、接触面情况以及正压力等因素有关，还与物体的相对运动速度有关。当相对速度不是太大或太小时，可以近似认为滑动摩擦力与物体间正压力 N 成正比，即

$$f_{\mathrm{k}}=\mu_{\mathrm{k}}N \tag{1.34}$$

式中，μ_{k} 为滑动摩擦系数。一些典型材料的滑动摩擦系数 μ_{k} 和静摩擦系数 μ_{s}，可以通过查阅有关的资料获得，二者有明显的区别。

静摩擦和滑动摩擦是指发生在固体之间的摩擦。固体和流体(气体或液体)之间也会发生摩擦作用。当物体在气体或液体中发生相对运动时，气体或液体要对运动的物体施加摩擦阻力，例如，当飞机在空中飞行时受到气体阻力的作用；船只在水中航行时受水的阻力。它们都是这一类实例。此时的阻力大小既与流体的密度、黏滞性等性质有关，又与物体的形状和相对运动速度有关。

例 1.8 如图 1-19(a)所示，在光滑的水平桌面上有一根质量均匀分布的细绳，其质量

为 m、长度为 l，一端系一质量为 M 的物块，另一端施加一水平拉力 $\boldsymbol{F}$。试求：(1)细绳作用于物体上的力；(2)绳上各处的张力。

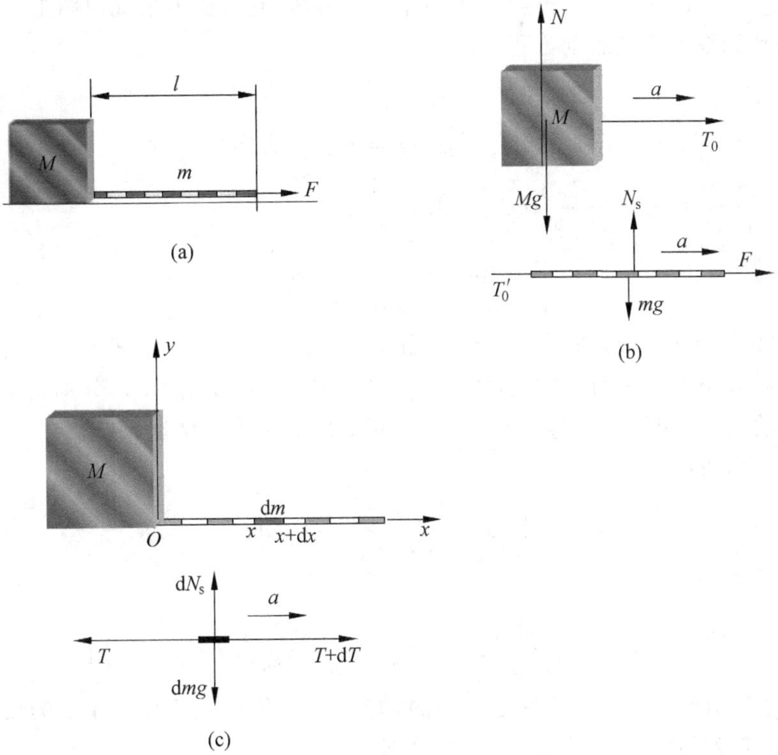

图 1-19　例 1.8 用图

(a) 研究系统；(b) 隔离法分析物块和绳子受力；(c) 隔离法分析绳子各处受力

解　(1) 根据题意，研究对象是物块和绳子。采用隔离法，分析物块和绳子的受力情况，如图 1-19(b)所示。物块所受的力有重力 $M\boldsymbol{g}$、桌面的支撑力 $\boldsymbol{N}$ 和绳子的拉力 T_0，在这些力的共同作用下，物块的加速度为 a。绳子所受的力有重力 $m\boldsymbol{g}$，桌面的支撑力 $\boldsymbol{N}_s$、物块对它的拉力 T_0'和外力 $\boldsymbol{F}$，在这些力的共同作用下，绳子的加速度为 a'。由于 T_0 和 T_0'是一对作用力和反作用力，因此 $T_0=-T_0'$；同时绳子不可伸长，必然有 $a=a'$。

建立坐标系，取 x 轴沿水平方向和 y 轴沿竖直方向，分别列出物块和绳子的运动方程：

在 x 方向有

$$T_0=Ma,\quad F-T_0=ma \tag{Ⅰ}$$

在 y 方向有

$$N-Mg=0,\quad N_s-mg=0 \tag{Ⅱ}$$

由式(Ⅰ)解得物体和绳子的加速度为

$$a=\frac{F}{m+M} \tag{Ⅲ}$$

将式(Ⅲ)代入式(Ⅰ)，可得绳子作用于物体的拉力为

$$T_0=\frac{M}{m+M}F$$

可见，在一般情况下物体所受绳子的拉力 T_0 总小于外力 F，只有当绳子的质量可以忽略时，它们才近似相等。

(2) 在 x 处取绳元 $\mathrm{d}x$(其质量为 $\mathrm{d}m$)作为隔离体，它的受力情况由图 1-19(c)表示。根据已建立的坐标系列出其运动方程

$$\begin{cases}\mathrm{d}T = a\,\mathrm{d}m & (x \text{ 方向})\\ \mathrm{d}N_s - g\,\mathrm{d}m = 0 & (y \text{ 方向})\end{cases} \tag{Ⅳ}$$

将 $\mathrm{d}m=\dfrac{m}{l}\mathrm{d}x$ 和 $a=\dfrac{F}{m+M}$代入式(Ⅳ)，可得

$$\mathrm{d}T = \frac{mF}{l(m+M)}\mathrm{d}x \tag{Ⅴ}$$

由于 T 和 $T+\mathrm{d}T$ 分别是绳元 $\mathrm{d}x$ 左、右两边的绳子对绳元 $\mathrm{d}x$ 的拉力大小，而绳元 $\mathrm{d}x$ 也必定以同样大小的力拉动其左、右两边的绳子。所以，T 和 $T+\mathrm{d}T$ 分别是 x 处和 $x+\mathrm{d}x$ 处绳子张力的大小。$\mathrm{d}T$ 则是与位置增量 $\mathrm{d}x$ 相对应的张力的增量。

对式(Ⅴ)两边积分，即

$$\int_T^F \mathrm{d}T = \int_x^l \frac{mF}{l(m+M)}\mathrm{d}x$$

可得

$$T = F - \frac{mF}{l(m+M)}(l-x) = \frac{F}{m+M}\left[M + m\left(\frac{x}{l}\right)\right]$$

此式的结果表明，绳子的张力是各处不同的，有一定的分布。只有当绳子的质量可以忽略时，才能认为其各处的张力相等，且近似等于外力。

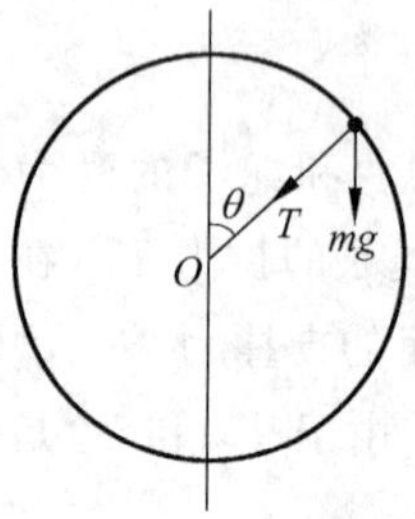

图 1-20 例 1.9 用图

例 1.9 在绳子上系一物体，使它在竖直平面内作圆周运动。试求：物体运动到什么位置时绳子的张力最大？运动到什么位置时张力最小？

解 设物体在任意位置上细绳与竖直方向的夹角为 θ，如图 1-20 所示。这时物体受到两个力的作用，即绳子的张力 T 和重力 mg，并且有下面的关系成立：

$$T + mg\cos\theta = m\frac{v^2}{R}$$

所以绳子张力的大小可表示为

$$T = m\frac{v^2}{R} - mg\cos\theta$$

由上式可得，当物体运动到最低点时，$\theta=\pi$，张力最大；当物体处于最高点时，$\theta=0$，张力最小。

例 1.10 质量为 m_1、倾角为 θ 的斜块可以在光滑水平面上运动。斜块上放一小木块，质量为 m_2，斜块与小木块之间有摩擦，摩擦系数为 μ。若有水平推力 F 作用在斜块上，如图 1-21(a)所示，欲使小木块 m_2 与斜块 m_1 以相同的加速度一起运动，水平力 F 的大小应该满足什么条件？

解 已知斜块 m_1 小木块 m_2 之间没有发生相对运动，但小木块欲与斜块以相同的加

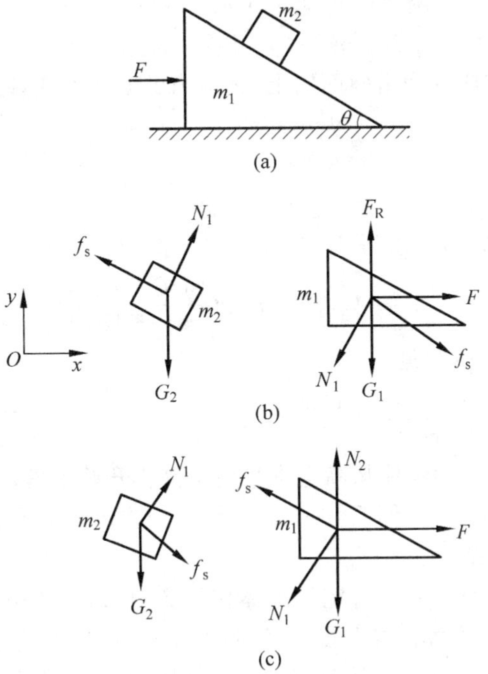

图 1-21　例 1.10 用图

(a) 研究系统；(b) 水平力 F 过小；(c) 水平力 F 过大

速度运动，就必须要考虑斜块对小木块的静摩擦力作用，因此仍应将 m_1、m_2 分别选作两个研究对象，采用隔离法进行受力分析。

由题意分析，如果水平力 F 过小，则加速度 a 也过小，小木块 m_2 有沿斜面下滑的趋势，此时斜块对小木块的静摩擦力沿斜面向上，如图 1-21(b)所示。如果水平力 F 过大，将导致加速度 a 过大，小木块就有沿斜面上滑的趋势，此时小木块受到的静摩擦力沿斜面向下，如图 1-21(c)所示。下面分别针对两种情况进行分析。

(1) 小木块 m_2 有沿斜面下滑的趋势。根据图 1-21(b)，小木块所受的力有重力 G_2，斜面对它的正压力 N_1，斜面对它的静摩擦力 f_s，则有

$$N_1\sin\theta - f_s\cos\theta = m_2 a \tag{Ⅰ}$$

$$N_1\cos\theta + f_s\sin\theta - m_2 g = 0 \tag{Ⅱ}$$

斜块所受的力有重力 G_1，水平推力 F，小木块对它的正压力 N_1，小木块对它的静摩擦力 f_s，水平面对斜块的支持力 F_R，斜块只沿水平方向运动，故只需列出水平方向的方程，则有

$$F - N_1\cos\theta + f_s\sin\theta = m_1 a \tag{Ⅲ}$$

考虑到 m_1，m_2 相对静止，则摩擦力为静摩擦力，故有

$$f_s \leqslant \mu N_1 \tag{Ⅳ}$$

联立求解式(Ⅰ)～式(Ⅳ)，可求得

$$F \geqslant (m_1 + m_2)g\,\frac{\sin\theta - \mu\cos\theta}{\cos\theta + \mu\sin\theta}$$

(2) 小木块 m_2 有沿斜面上滑的趋势。根据图 1-21(c)，对于小木块，除了静摩擦力 f_s 的方向变为沿斜面向下外，其他力的方向不变，因此有

$$N_1\sin\theta + f_s\cos\theta = m_2 a \tag{Ⅰ′}$$

$$N_1\cos\theta - f_s\sin\theta - m_2 g = 0 \tag{Ⅱ′}$$

对于斜块，静摩擦力的方向变为沿斜面向上，其他力的方向不变，则在水平方向上有

$$F - N_1\cos\theta - f_s\sin\theta = m_1 a \tag{Ⅲ′}$$

静摩擦力 f_s 仍然应满足

$$f_s \leqslant \mu N_1 \tag{Ⅳ′}$$

联立求解式（Ⅰ′）～式（Ⅳ′），可求得

$$F \leqslant (m_1 + m_2)g\,\frac{\sin\theta + \mu\cos\theta}{\cos\theta - \mu\sin\theta}$$

因此，水平推力 F 的大小应满足

$$(m_1 + m_2)g\,\frac{\sin\theta - \mu\cos\theta}{\cos\theta + \mu\sin\theta} \leqslant F \leqslant (m_1 + m_2)g\,\frac{\sin\theta + \mu\cos\theta}{\cos\theta - \mu\sin\theta}$$

例 1.11 一质量为 m 的物体从高空中某处由静止开始下落，下落过程中其所受空气阻力与物体下落速率 v 成正比，比例系数 $c>0$。求：(1)物体落地前其速率随时间变化的函数关系；(2)物体的运动方程。

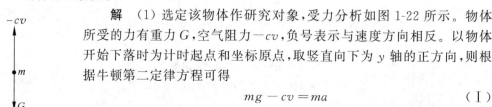

图 1-22 例 1.11 用图

解 (1) 选定该物体作研究对象，受力分析如图 1-22 所示。物体所受的力有重力 G，空气阻力 $-cv$，负号表示与速度方向相反。以物体开始下落时为计时起点和坐标原点，取竖直向下为 y 轴的正方向，则根据牛顿第二定律方程可得

$$mg - cv = ma \tag{Ⅰ}$$

考虑到是在已知力的情况下求速率 v 与时间 t 的关系，因此应将 $a = \mathrm{d}v/\mathrm{d}t$ 代入式（Ⅰ），得到

$$mg - cv = m\,\frac{\mathrm{d}v}{\mathrm{d}t} \tag{Ⅱ}$$

令 $k = c/m$，把式（Ⅱ）化简为 $\frac{\mathrm{d}v}{\mathrm{d}t} = g - kv$，这是一个一阶微分方程，需要先分离变量，再用积分的方法求解，即

$$\int_{v_0}^{v} \frac{\mathrm{d}v}{g - kv} = \int_0^t \mathrm{d}t \tag{Ⅲ}$$

积分上下限由初始条件确定。由于 $t=0$ 时，$v_0=0$，$y_0=0$，因此对式（Ⅲ）积分得 $\ln\frac{g-kv}{g} = -kt$，故解出物体速率随时间变化的函数关系为

$$v = \frac{g}{k}(1 - \mathrm{e}^{-kt}) \tag{Ⅳ}$$

上式表明，在下落的初期，物体的速率随时间 t 增大，由于空气阻力也同时增大，因此速率的增大将逐渐变缓，当经历了相当长的时间后可近似认为 $t\to\infty$，速率将趋于一极限值，即 $v\to v_{\mathrm{m}} = \sqrt{g/k}$，称为极限速率；此后物体将以速率 v_{m} 匀速运动。例如，下雨时从高空中坠落的雨滴的速率就可采用这一物理模型来讨论。

(2) 把 $v = \mathrm{d}y/\mathrm{d}t$ 代入方程（Ⅳ）得到

$$\frac{\mathrm{d}y}{\mathrm{d}t} = \frac{g}{k}(1 - \mathrm{e}^{-kt})$$

通过分离变量并将初始条件代入作为积分限,可得

$$\int_0^y \mathrm{d}y = \int_0^t \frac{g}{k}(1-\mathrm{e}^{-kt})\mathrm{d}t$$

利用定积分求得物体的运动学方程为

$$y = \frac{g}{k}\left[t - \frac{1}{k}(1-\mathrm{e}^{-kt})\right] = \frac{mg}{c}\left[t - \frac{m}{c}(1-\mathrm{e}^{-kt})\right]$$

*1.3.3 非惯性系和惯性力

1. 非惯性系

前面介绍的牛顿运动定律仅适用于惯性系,此结论有两层含义:一是参考系有惯性参考系和非惯性参考系两类;二是在惯性参考系中,牛顿运动定律成立,而在非惯性参考系中牛顿运动定律不成立。

对于一个加速运动的参考系,它不属于惯性系,称为非惯性系。在非惯性系中,牛顿运动定律不成立,因而不能直接用牛顿运动定律处理力学问题。例如正在启动或制动的火车、升降机、旋转着的转盘等,都存在着加速运动,选择这些加速(或减速)运动的物体作为参考系都属于非惯性参考系。如图 1-23 所示,根据参考系是否作加速运动可以判断惯性系和非惯性系。

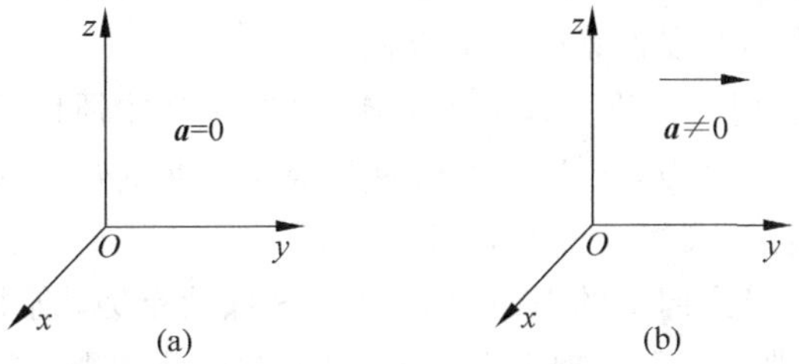

图 1-23　惯性系与非惯性系

(a) 惯性系;(b) 非惯性系

为了说明在非惯性系中牛顿运动定律不成立,先来看一个例子。如图 1-24 所示,当火车作加速运动时,在地面上(惯性系)观察火车上的物体的运动状态,物体没有受到外力作用相对地面保持静止,只是火车自身作加速运动,这时牛顿运动定律成立。当在火车上(非惯性系)观察火车本身处于静止状态,而物体以加速度 $-\boldsymbol{a}$ 运动,但找不到对物体的作用力,这说明牛顿运动定律不成立。

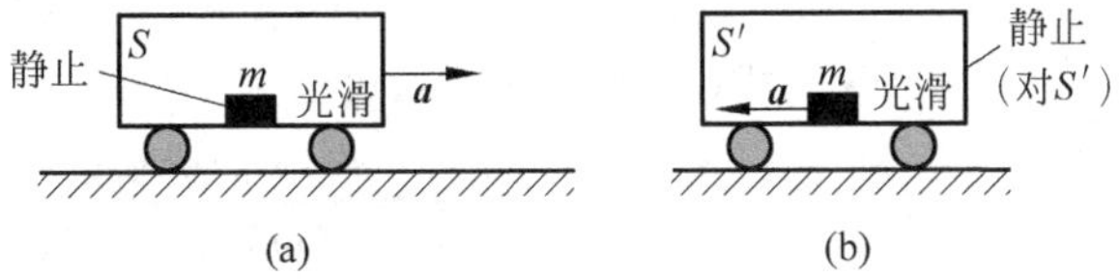

图 1-24　火车加速运动时物体的运动观察

(a) 牛顿运动定律成立;(b) 牛顿运动定律不成立

2. 惯性力

根据牛顿第二定律，在惯性系中，其力与运动的关系为

$$\boldsymbol{F}=m\boldsymbol{a}$$

式中，$\boldsymbol{F}$ 为物体所受到的合外力；m 是物体的质量；$\boldsymbol{a}$ 是加速度。将牛顿第二定律进行简单的变形，则

$$\boldsymbol{F}-m\boldsymbol{a}=\boldsymbol{0} \tag{1.35}$$

式(1.35)从另一个角度思考物体在作匀加速运动时力和运动的关系。

如果定义 $\boldsymbol{F}_{\mathrm{i}}=-m\boldsymbol{a}$，那么就有

$$\boldsymbol{F}+\boldsymbol{F}_{\mathrm{i}}=\boldsymbol{0} \tag{1.36}$$

由此可见，新定义的 $\boldsymbol{F}_{\mathrm{i}}$ 起着与力 $\boldsymbol{F}$ 相平衡的作用，从而令物体处于一种“合外力为零”的“平衡”状态。但这种状态不是真正的平衡状态，因为 $\boldsymbol{F}_{\mathrm{i}}$ 不是通常意义上所说的“物体与物体之间的作用力”，它既没有施力于物体上，也找不到对应的反作用力。它是一个假想力，实际中并不存在，称为惯性力。它在数值上等于物体的质量与加速度之积，方向与加速度方向相反。

对于非惯性系，如果引入这种作用于物体上的惯性力 $\boldsymbol{F}_{\mathrm{i}}=-m\boldsymbol{a}$，则仍然可用牛顿运动定律处理这些问题，需要强调的是惯性力不同于前面所说的外力。利用惯性力就能够很好地解释图 1-24 中在加速火车上观察到静止物体往后加速运动的现象。

下面的几种情况，采用非惯性系处理更方便。

案例 1　超重或失重现象分析。人乘坐电梯，以电梯为非惯性系：若电梯加速上升，人受到向下的惯性力，叠加上重力，支持力变大，所以感觉超重；若电梯加速下降，人受到向上的惯性力，抵消一部分重力，支持力变小，所以感觉失重。

电梯自由落体时，人受到向上的惯性力 mg，完全抵消重力，则支持力为 0，即处于完全失重状态。如果你站在地面上看电梯上上下下，那电梯里面的乘客就不受惯性力了，但是乘客为了保持和电梯一样的加速度，支持力也与电梯的加速度有关，也能分析出这些超重、失重的结论。

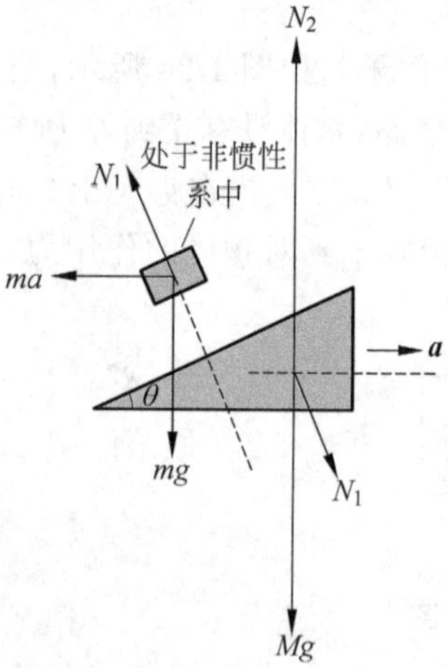

图 1-25　案例 2 用图

案例 2　光滑平面+斜面+物块问题分析。

如图 1-25 所示，选择以斜面作为非惯性系来研究物块，那么，物块在垂直于斜面的方向上受力平衡，有

$$N_1+ma\sin\theta=mg\cos\theta \tag{Ⅰ}$$

对于斜劈有

$$N_1\sin\theta=Ma \tag{Ⅱ}$$

联立式(Ⅰ)～式(Ⅱ)，可得

$$a=\frac{m\sin\theta\cos\theta}{2(m\sin^2\theta+M)}g$$

斜劈的加速度已经求出，而物块的加速度就是物块沿斜面向下的加速度与斜劈加速度的叠加，即可求得物块的加速度。

3. 科里奥利力

由于在转动参考系中存在着向心加速度，所以物体受到惯性力的作用。这时惯性力分为惯性离心力和科里奥利(Coriolis)力。若物体相对于该参考系静止，则只受到惯性离心力 $F=mr\omega^2$。

如果物体相对于转动非惯性系做相对运动，则在转动参考系中的观察者看来，物体除了受到惯性离心力外，还将受到另一惯性力的作用，这种惯性力称为科里奥利力。科里奥利力与物体相对于转动参考系的速度 $\boldsymbol{v}$ 及转动参考系的角速度 $\boldsymbol{\omega}$ 满足如下关系

$$\boldsymbol{F}_c=2m(\boldsymbol{v}\times\boldsymbol{\omega}) \tag{1.37}$$

式中，$\boldsymbol{F}_c$ 的方向由 $\boldsymbol{v}\times\boldsymbol{\omega}$ 的方向决定，且与物体的运动方向垂直。

由于受到科里奥利力的影响，在旋转体系中进行直线运动的质点，除了有沿着原有运动方向继续运动的惯性趋势外，还会由于体系本身的旋转，使得体系中质点的位置发生变化，而偏离原有运动趋势的方向。对于在旋转体系的观察者来说，会观察到质点的这种偏离现象。图 1-26 是地球表面上观察到的海里洋流流线图和信风、季风气流涡旋。由于地球自转可将地球看成旋转系，人们在地球上观察到的洋流从赤道往南北极方向对流时，受科里奥利力影响改变方向；观察到的气流运动速度同样受科里奥利力的影响，因此，这些气流的运动轨迹呈现涡旋状。

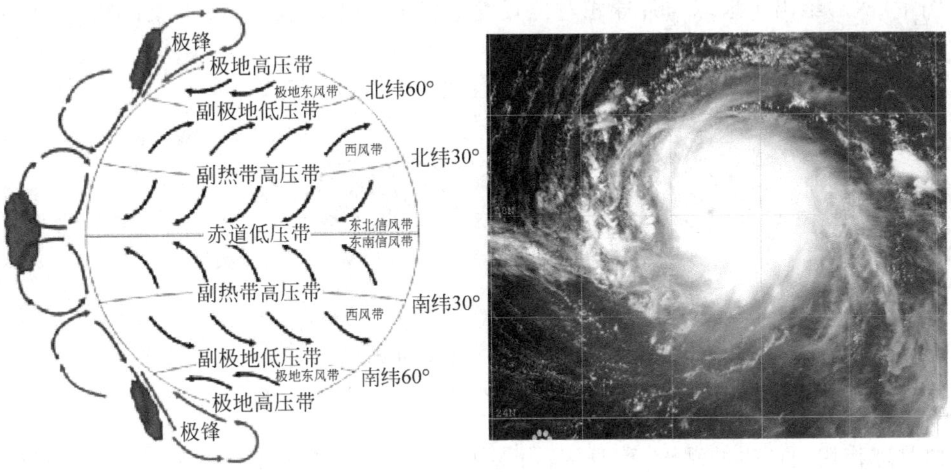

(a) (b)

图 1-26 科里奥利力影响而产生的现象

(a) 海里洋流流线；(b) 信风和季风气流涡旋

在实际工作和生活中，对于有些问题，若把科里奥利力当成非惯性力来处理更容易。例如，对于地面参考系，自转加速度 $a\approx3\times10^{-2}\,\mathrm{m/s^2}$；对于地心参考系，公转加速度 $a\approx6\times10^{-3}\,\mathrm{m/s^2}$；对于太阳参考系，绕银河系加速度 $a\approx1.8\times10^{-10}\,\mathrm{m/s^2}$；它们都是非惯性系，需要根据实际问题的情况决定是否考虑惯性力的影响。

例 1.12 求地球上纬度为 φ 处质量为 m 的物体的重力。

解 设地球半径为 R，地球的自转加速度远大于公转加速度，引入惯性力为

$$F_i=mR\omega^2\cos\varphi$$

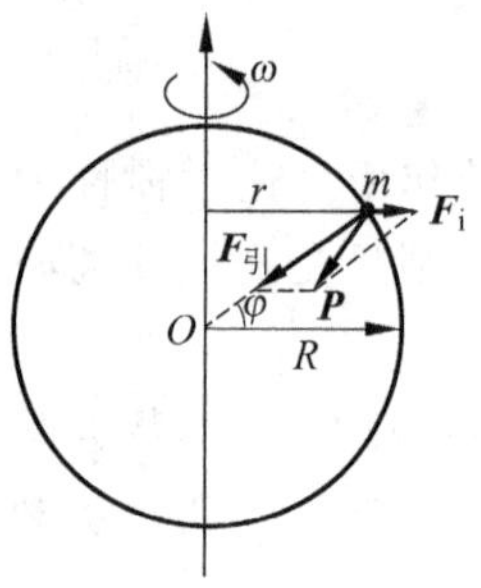

图 1-27 例 1.12 用图

方向如图 1-27 所示。地球上纬度为 φ 处质量为 m 的物体的重力为

$$\boldsymbol{P}=\boldsymbol{F}_{引}+\boldsymbol{F}_{\mathrm{i}}$$

根据平行四边形法则,可得重力大小为

$$P=F_{引}\sqrt{1+F_{\mathrm{i}}^{2}/F_{引}^{2}-2F_{\mathrm{i}}/F_{引}\cos\varphi}$$

因为 ω 很小,所以 $F_{引}\gg F_{\mathrm{i}}$,略去高次项整理得

$$P\approx F_{引}\sqrt{1-2F_{\mathrm{i}}/F_{引}\cos\varphi}$$
$$\approx F_{引}(1-F_{\mathrm{i}}/F_{引}\cos\varphi)$$

所以得到物体的重力为

$$P=F_{引}-mR\omega^{2}\cos^{2}\varphi$$

例 1.13 分析潮汐(tide)与惯性力的关系和惯性力的作用。

解 地球海洋中的潮汐现象是由引潮力产生的。地球由于受到月球(或太阳)的吸引而产生的引力和因月球绕地球(或地球绕太阳)公转而产生的离心力的合力称为引潮力(又称潮汐力)。由于月球(或太阳)对地球上海水的引力以及地球绕地月(或地日)公共质心旋转时所产生的惯性离心力这两种力的合力在地球表面分布呈现不平衡,形成引潮力,成为产生潮汐的原动力。引潮力与物体的质量成正比,与距离的立方成反比。

图 1-28(a)给出了地球与月球相对位置发生变化时出现的大小潮现象;图 1-28(b)则给出了月球与地球正对时,出现的涨落潮现象。

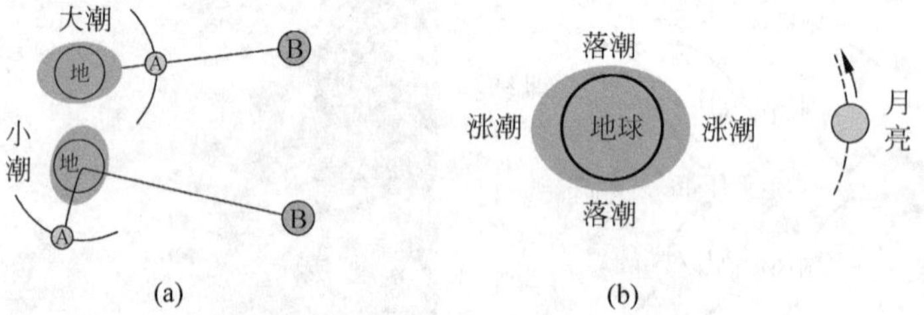

图 1-28 大小潮与引潮力

(a) 大小潮与地-月位置;(b) 月球引潮力与海潮涨落的关系

由月球作用而产生的潮汐,称月潮;由太阳作用而产生的潮汐,称太阳潮。这两种潮汐产生的本质是相同的,但在量值上,月潮大于太阳潮。即月球产生引潮力是太阳引潮力的2.17 倍。

引潮力常常触发地震。研究表明大地震与天体引潮力的变化存在关系。从表面上看,地震的发生是地球板块之间的相互作用,在自转向心力、地幔热液对流作用下发生了运动,但实质上板块运动与天体引潮力、太阳黑子活动等事件存在关联,在这些外部因素的诱导下,引发了地球内部的构造变化,导致地震的发生。

图 1-29(a)给出了引力梯度导致引力分布不均匀,图 1-29(b)给出了引力不能被惯性离心力抵消,这两种现象也会导致地震发生,尤其是图 1-29(b)的现象与大潮期有关,1976 年7 月 2 日唐山大地震、1950 年 8 月 15 日阿萨姆-西藏地区地震;1995 年 1 月 17 日阪神大地震都发生在大潮期,这表明大地震与天体引潮力的变化存在关系。

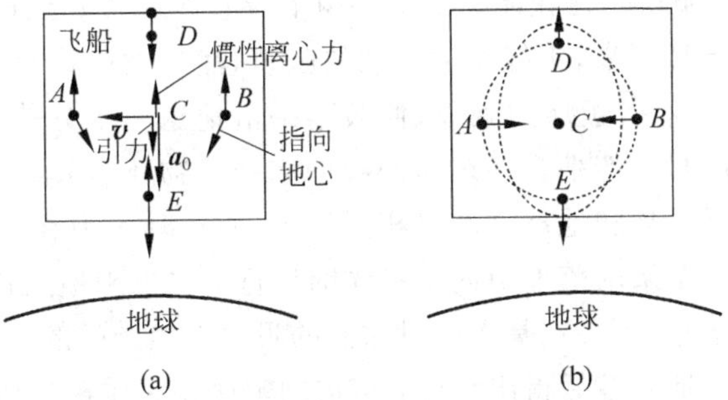

图 1-29　引力与惯性离心力不平衡是引发地震的原因之一

(a) 引力分布不均匀(有引力梯度)；(b) 引力不能完全被惯性离心力抵消

名人堂　艾萨克·牛顿的科学故事

艾萨克·牛顿(Isaac Newton，1643 年 1 月—1727 年 3 月)，英国爵士，英国皇家学会会长，著名的物理学家、数学家，著有《自然哲学的数学原理》《光学》等著作。1687 年他在发表的论文《自然定律》里，描述了万有引力和三大运动定律(即牛顿三大定律)。这些定律奠定了此后三个世纪里物理世界的科学观点，并成为现代工程学的基础。同时，他通过论证开普勒行星运动定律与万有引力理论间的一致性，证明了地面物体与天体的运动都遵循着相同的自然定律，这为太阳中心说提供了强有力的理论支持，推动了科学革命。

在力学上，牛顿阐明了动量和角动量守恒的原理，提出牛顿运动定律。在光学上，他发明了反射望远镜，并基于对三棱镜将白光发散成可见光谱的观察，发展出了颜色理论。他还系统地表述了冷却定律，研究了声速。

在数学上，牛顿与莱布尼茨分别建立了微积分。他还证明了广义二项式定理，提出了“牛顿法”来逼近函数的零点，为幂级数的研究做出了贡献。

牛顿读中学时，校长斯托克斯发现牛顿具有超人的理解力和观察能力，便十分器重牛顿，牛顿的才华也日益显露出来，成绩一直名列前茅。19 岁时，勤奋好学的牛顿以优异的成绩考入了著名的剑桥大学三一学院。学院优越的教学设备、众多的图书资料、浓厚的学术气氛以及许多享有盛誉的老师，使牛顿获益匪浅。大学期间，他更加刻苦攻读，悉心钻研数学、光学和天文学，为后来的重大科学发现打下了坚实的基础。学院里的巴罗教授发现牛顿具有非凡的才能，作为牛顿的研究生导师，为牛顿指出了攀登科学高峰的方向。

牛顿大学毕业获剑桥大学学士学位后，便留校开启他的科研生涯。1665 年 6 月，一场可怕的瘟疫在伦敦流行，剑桥大学被迫停课，牛顿返回家乡躲避瘟疫 18 个月，可以说这是牛顿一生中最重要的一个时期。这期间，他系统地整理了大学里学习过的知识，潜心钻研开普勒、笛卡儿、阿基米德、伽利略等前辈科学家的主要论著，还进行了许多科学试验。几乎他所有最重要的发现——万有引力定律、牛顿运动定律、微积分、光学等基本上都萌发于这段时期。

1666年的一天，牛顿正坐在花园里的苹果树下专心地思考着地球引力的问题，忽然，一只熟透了的苹果从树上掉下来，正好砸中牛顿的脑袋，然后滚落进草地上的一个小坑洼里。牛顿顾不得去揉一揉被苹果砸疼的脑袋，便被苹果落地这一十分普通的自然现象所吸引。他想，地球大概有某种力量，能把一切东西都吸向它吧。物体所具有的重量，可能就是受地球引力的表现。这说明苹果和地球之间有相互引力，而这种引力在整个宇宙空间可能都是存在的。他想象由一只苹果的落地引向了星体的运行。接下来他又进一步推想到：各个行星之所以围绕着太阳运转，也必定是太阳对它们的吸引作用产生的。

牛顿在探索苹果落地之谜后得出结论：宇宙的定律就是质量与质量间的相互吸引。从行星到行星，从恒星到恒星，这种相互吸引的交互作用，遍及无边无际的空间，使宇宙间的每一事物都依照它既定的轨道，在既定的时间，向着既定的位置运动。牛顿把这种存在于整个宇宙空间的相互吸引作用称为"万有引力"。

从1665年起，牛顿开始用严密的数学手段来研究物体运动的规律和理论。从动力学的角度分析，他认为开普勒所提出的行星运动的三个定律都是万有引力作用的结果。于是，牛顿从这些定律入手，通过一系列的数学推论，用微积分证明：开普勒第一定律表明太阳作用于某一行星的力是吸引力，它与行星到太阳中心的距离的平方成反比；开普勒第二定律表明作用于行星的力沿着行星和太阳的连线方向，这个力只能起源于太阳；开普勒第三定律表明太阳对于不同行星的吸引力都遵循平方反比关系。接着，牛顿从对天体运动的分析中，得出普遍的万有引力定律。

牛顿发现万有引力定律后，并没有立即发表这个理论，而是花费了10多年的时间对这个定律的每个环节进行严密的数学论证和切实可靠的实践检验。1687年，在英国著名天文学家哈雷等人的支持和赞助下，牛顿的不朽名著《自然哲学的数学原理》终于问世了，在这部名著中，牛顿论述了科学研究的方法，木星、月亮、彗星等天体的运动；海水的涨潮和落潮，振动和声波的性质等问题，但贯穿全书并构成全书核心的则是力学的三大定律和万有引力定律。这本著作的出版，标志着经典力学体系的建立。

在牛顿的一生中，他不仅为经典力学奠定了基础，还在热学、光学、天文、数学等方面都做出了卓越的贡献。

在光学方面，牛顿于1704年出版了《光学》一书，书中汇集了他研究光现象的全部成果。包括用三棱镜分析太阳光，发现白光透过棱镜折射后散开成为红、橙、黄、绿、青、蓝、紫七种不同颜色的光，论证了日光是由有色光组成的结论，为现代光谱学奠定了基础。发明了世界上第一架反射式望远镜，使人类对天体的观察进入一个新阶段。

牛顿一生是独自度过的。由于太专心研究学问，牛顿终生未婚。

牛顿，这位为人类科学树立了丰碑的伟大科学家，在临终前谦虚地说："在科学的道路上，我只是一个在海边玩耍的小孩子，偶然拾到一块美丽的石子。至于真理的大海，我还没有发现呢！""如果我的见识，真有超过笛卡儿的地方，那也是因为我是站在前辈的肩上，才能望得远啊！"

1.4 冲量、动量和角动量

本节首先介绍由牛顿第二定律演变而得到的一种积分形式，由此引申出动量和冲量，并阐述动量和冲量的关系，即动量定理；然后把动量定理推广到质点系，推出动量守恒定律；最后引入角动量概念，分析角动量守恒条件和应用，并简要介绍开普勒三大定律。

1.4.1 冲量 动量定理

把牛顿第二定律 $\boldsymbol{F}=m\boldsymbol{a}=\mathrm{d}\boldsymbol{p}/\mathrm{d}t$ 改写为微分形式，则有

$$\mathrm{d}\boldsymbol{p}=\boldsymbol{F}\mathrm{d}t \tag{1.38}$$

式中，$\boldsymbol{F}\mathrm{d}t$ 表示力 $\boldsymbol{F}$ 在时间 $\mathrm{d}t$ 内的积累量，称为在时间 $\mathrm{d}t$ 内质点所受合外力的冲量元，用 $\mathrm{d}\boldsymbol{I}$ 表示。因此，质点从时刻 t_0 到时刻 t 这段时间内所受合外力的冲量为

$$\boldsymbol{I}=\int_{t_0}^{t}\boldsymbol{F}\mathrm{d}t=\int_{p_0}^{p}\mathrm{d}\boldsymbol{p}=m\boldsymbol{v}-m\boldsymbol{v}_0 \tag{1.39}$$

从式(1.39)可以看出，质点在运动过程中，作用于其上的合力在一段时间内的冲量等于其动量的增量，这就是动量定理。动量定理与牛顿第二定律一样，都反映了质点运动状态的变化与力的作用关系。但牛顿第二定律反映的是瞬时规律，动量定理则是力对质点作用的积累效果。

动量定理在处理碰撞和冲击问题时很方便，这时的作用力往往是快速变化的，称为冲力。在数学上精确给出冲力与时间的关系往往是困难的，这时可以通过实验定出平均冲力 $\overline{\boldsymbol{F}}$ 为

$$\overline{\boldsymbol{F}}=\frac{1}{t_2-t_1}\int_{t_1}^{t_2}\boldsymbol{F}\mathrm{d}t=\frac{\Delta\boldsymbol{p}}{\Delta t} \tag{1.40}$$

例 1.14 质量为 2.5g 的乒乓球以 10m/s 的速率飞来，被挡板推挡后，又以 20m/s 的速率飞出。设两速度在垂直于板面的同一平面内，且它们与板面法线的夹角分别为 45°和 30°。求：(1)乒乓球得到的冲量；(2)若撞击时间为 0.01s，求板面施于球的平均冲力。

解 取挡板和球为研究对象，由于作用时间很短，重力影响可忽略不计。设挡板对球的冲力为 $\boldsymbol{F}$，则有

$$\boldsymbol{I}=\int\boldsymbol{F}\mathrm{d}t=m\boldsymbol{v}_2-m\boldsymbol{v}_1 \tag{Ⅰ}$$

取挡板为 y 轴，挡板的法向为 x 轴，如图 1-30(a)所示，将式(Ⅰ)在直角坐标系上投影分解，可得

$$I_x=\int\boldsymbol{F}_x\mathrm{d}t=mv_2\cos30^\circ-(-mv_1\cos45^\circ)=\frac{m}{2}(\sqrt{2}v_1+\sqrt{3}v_2)=\overline{F}_x\Delta t$$

$$I_y=\int\boldsymbol{F}_y\mathrm{d}t=mv_2\sin30^\circ-mv_1\sin45^\circ=\frac{m}{2}(-\sqrt{2}v_1+v_2)=\overline{F}_y\Delta t$$

利用以上两式可以求得

$$I=\sqrt{I_x^2+I_y^2}=m\sqrt{v_1^2+(\sqrt{6}-\sqrt{2})v_1v_2/2+v_2^2}\approx0.0614\mathrm{N\cdot S}$$

$$\alpha=\arctan\left(\frac{\overline{F}_y}{\overline{F}_x}\right)=\arctan\left(\frac{\sqrt{2}v_1+\sqrt{3}v_2}{-\sqrt{2}v_1+v_2}\right)\approx83.28^\circ$$

其中，α 为冲量 I 与 x 轴正方向的夹角。此题也可根据图 1-30(b)中矢量合成图用余弦定理求解，则

$$I=m\sqrt{v_1^2+v_2^2-2v_1v_2\cos105^\circ}=m\sqrt{v_1^2+v_2^2+2v_1v_2\sin15^\circ}\approx0.0614\mathrm{N\cdot S}$$

由 $I=\overline{F}\Delta t$，可得

$$\bar{F}=\frac{I}{\Delta t}=6.14\mathrm{N}$$

方向与冲量 I 的方向相同，与 x 轴正方向成 83.28°角。

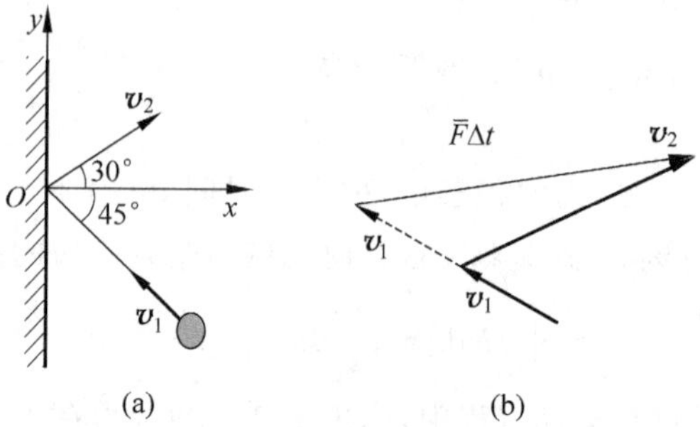

图 1-30 例 1.14 用图

(a) 坐标法；(b) 矢量合成法

例 1.15 高空作业时系安全带是必要的，假如质量为 51.0kg 的人不慎从高空掉下来，由于安全带的保护，使他最终被悬挂起来。已知此时人离原处的距离为 2m，安全带的缓冲作用时间为 0.50s。求安全带对人的平均冲力。

解 法一 以人为研究对象，在自由落体运动过程中，人跌落距离原处的距离为 2m 时的速度为

$$v_1=\sqrt{2gh} \tag{Ⅰ}$$

在缓冲过程中，人受重力和安全带冲力的作用，取竖直向下为 y 轴正方向，则根据动量定理，有

$$(-F+mg)\Delta t=mv_2-mv_1 \tag{Ⅱ}$$

由于缓冲结束后，人最终被悬挂起来，所以 $v_2=0$，则联立式(Ⅰ)～式(Ⅱ)可得安全带对人的平均冲力大小为

$$\bar{F}=mg+\frac{mv_1}{\Delta t}=mg+\frac{m\sqrt{2gh}}{\Delta t}\approx 1.14\times 10^3\mathrm{N}$$

法二 从整个过程来讨论，根据动量定理有

$$\bar{F}=\frac{mg}{\Delta t}\sqrt{2h/g}+mg=1.14\times 10^3\mathrm{N}$$

1.4.2 质心系的运动定理与动量守恒定理

1. 质心

如图 1-31 所示，考虑由一刚性轻杆相连的两质点组成的系统，当我们将它斜向抛出时，它在空间的运动很复杂，每个质点的运动轨迹都不是抛物线，但两质点连线上的某点 C 却做运动轨迹为抛物线的运动，C 点的运动规律就像系统的质量全部集中在 C 点，全部外力也像作用在 C 点一样。这个特殊点 C 就是此质点系统的质心。

在图 1-32 的多粒子体系中，质心就是质点系的质量中心。设一个质点系有 N 个质点，质量分别为 $m_1, m_2, \cdots, m_i, \cdots, m_N$，位矢分别为 $\boldsymbol{r}_1, \boldsymbol{r}_2, \cdots, \boldsymbol{r}_i, \cdots, \boldsymbol{r}_N$，则可得如下结论：

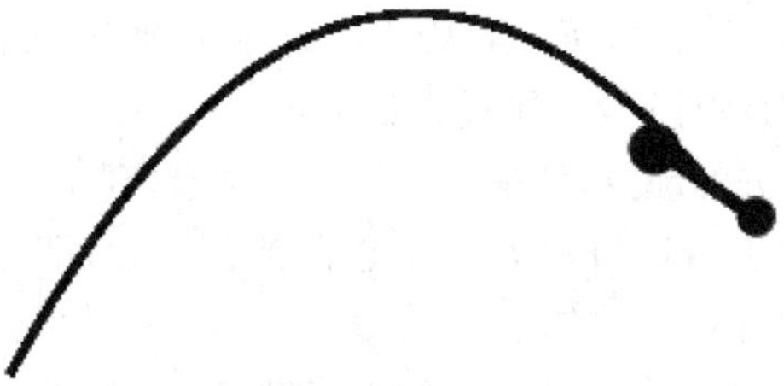

图 1-31　抛投刚性轻杆的运动轨迹

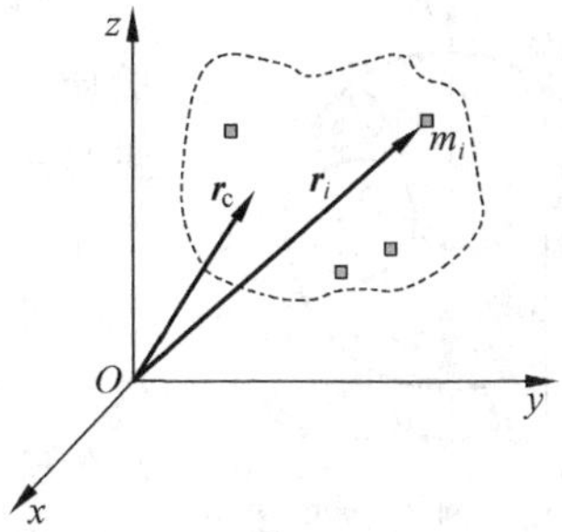

图 1-32　多粒子体系

(1) 质心的位矢为

$$\boldsymbol{r}_{c}=\frac{\sum_i m_i \boldsymbol{r}_i}{\sum_i m_i}=\frac{\sum_i m_i \boldsymbol{r}_i}{m} \tag{1.41a}$$

式中，m 为质点系的总质量。质心位矢在直角坐标系中的分量式为

$$x_{c}=\frac{\sum_i m_i x_i}{m},\quad y_{c}=\frac{\sum_i m_i y_i}{m},\quad z_{c}=\frac{\sum_i m_i z_i}{m} \tag{1.41b}$$

如果质量分布是连续的，则求和化为积分，即

$$\begin{cases}\boldsymbol{r}_{c}=\dfrac{1}{m}\displaystyle\int_{\Omega}\boldsymbol{r}\,\mathrm{d}m\\ x_{c}=\dfrac{1}{m}\displaystyle\int_{\Omega}x\,\mathrm{d}m\\ y_{c}=\dfrac{1}{m}\displaystyle\int_{\Omega}y\,\mathrm{d}m\\ z_{c}=\dfrac{1}{m}\displaystyle\int_{\Omega}z\,\mathrm{d}m\end{cases} \tag{1.41c}$$

(2) 对于具有对称性且质量分布均匀的物体，质心在对称中心。

(3) 对于不太大的实物，质心与重心重合。

例 1.16　如图 1-33 所示，已知半圆形铁丝的半径为 R，求半圆形铁丝的质心。

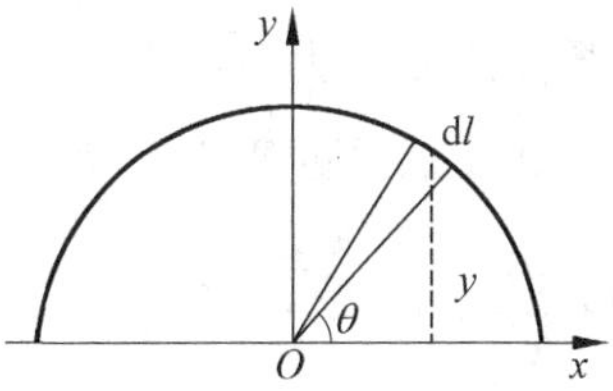

图 1-33　例 1.16 用图

解　建立如图 1-33 所示的坐标系，由对称性可知，质心一定在 y 轴上。设铁丝线密度为 ρ，则 $\mathrm{d}m=\rho\mathrm{d}l$。由质心的定义可得

$$y_{c}=\frac{1}{m}\int_{\Omega}y\rho\,\mathrm{d}l$$

由图 1-33 可知，$y=R\sin\theta$，$m=2\pi R\rho$，$\mathrm{d}l=R\,\mathrm{d}\theta$，进行定积分计算可得

$$y_{c}=\frac{1}{m}\int_{0}^{2\pi}R\sin\theta\rho R\,\mathrm{d}\theta=\frac{2R}{\pi}$$

例 1.17　如图 1-34 所示，已知大圆盘的半径为 R，小圆盘半径为 r，大圆盘的圆心与小圆盘的圆心距离为 d，求大圆盘挖掉小圆盘后系统的质心坐标。

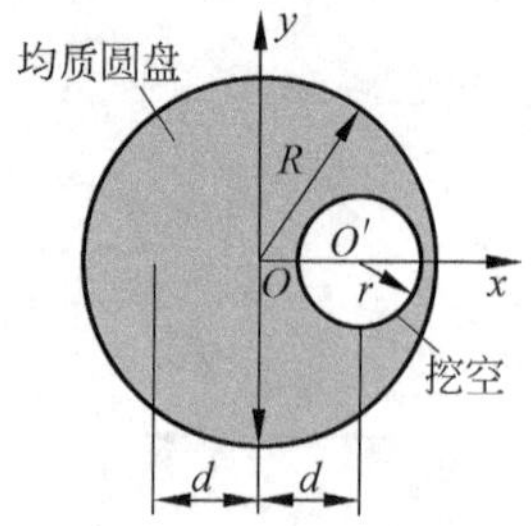

图 1-34 例 1.17 用图

解 建立如图 1-34 所示的坐标系，根据对称性可知，以大圆的质心为原点，小圆的质心在坐标轴 x 的正方向。这样剩余圆盘是关于 x 轴是对称的，所以其质心一定在 x 轴上，假设其坐标为 x_c。采用补偿法计算，具体过程如下：

如果补上挖去的部分，就是一个均匀的圆盘，利用式(1.41c)，根据对称性容易求出均匀圆盘的质心在其圆心 O，即 $x=0$ 处。均匀圆盘质心的计算过程如下：

把圆盘沿 x 轴分成上半圆盘和下半圆盘，那么，上半圆盘的任一位置 $\boldsymbol{r}$，总能够在下半圆盘找到对应的位置 $-\boldsymbol{r}$，那么根据式(1-41c)，则有

$$\boldsymbol{r}_O=\frac{1}{m}\int_\Omega(\boldsymbol{r}-\boldsymbol{r})\sigma\mathrm{d}s=0$$

式中，r_O 为圆盘的质心；σ 为圆盘的面密度。同理，可以计算挖去小圆盘的质心位于 O' 点，其坐标为 d。那么，剩余部分圆盘的质心 c 的坐标为

$$x_c=\frac{0-d\pi r^2\sigma}{(\pi R^2-\pi r^2)\sigma}=-\frac{d}{\left(\frac{R}{r}\right)^2-1}$$

2. 质心运动定理

由质心的定义式(1.41a)，可得质心的运动速度为

$$\boldsymbol{v}_c=\frac{\sum_i m_i\boldsymbol{v}_i}{\sum_i m_i}=\frac{\sum_i m_i\boldsymbol{v}_i}{m} \tag{1.42}$$

则总动量

$$\boldsymbol{p}=m\boldsymbol{v}_c=\sum_i m_i\boldsymbol{v}_i$$

由 $\boldsymbol{F}_{外}=\frac{\mathrm{d}\boldsymbol{p}}{\mathrm{d}t}=\frac{\mathrm{d}(m\boldsymbol{v}_c)}{\mathrm{d}t}=m\frac{\mathrm{d}\boldsymbol{v}_c}{\mathrm{d}t}$ 得

$$\boldsymbol{F}_{外}=m\boldsymbol{a}_c \tag{1.43}$$

综上可知，质心的运动如同一个质点的运动。该质点的质量等于整个质点系的质量，而此质点所受的力是质点系的所有外力之和。这就是质心运动定理。

在质点系的质心运动定理中，若质点系所受的外力的矢量和为零，即 $\boldsymbol{F}_{外}=\sum_i\boldsymbol{F}_i=0$，则有 $\frac{\mathrm{d}\boldsymbol{p}}{\mathrm{d}t}=0$，可得

$$\boldsymbol{p}=\sum_i m_i\boldsymbol{v}_i=\boldsymbol{C}(\text{常量}) \tag{1.44}$$

这表明，当质点系所受合外力为零时，质点系的总动量不随时间改变。这就是质点系的动量守恒定律。这是一条普适规律，只要质点系所受合外力为零就满足质点系动量守恒定律。因此，在应用动量守恒定律时，只要求质点系所受的合外力为零，而不必知道系统内部相互作用的细节。

需要注意的是总动量具有矢量性，因此式(1.44)也可以表示为分量形式。在某些情况

下，质点系统只在某一方向上的合外力为零，那么这时就只有这个方向的动量守恒。

例 1.18 如图 1-35 所示，有一半径为 R，质量为 M 的 1/4 圆弧的底座，置于光滑平面上。现有一质量为 m 的物体自圆弧顶部由静止滑下，求 m 到圆弧底部时，M 在水平方向的移动量。

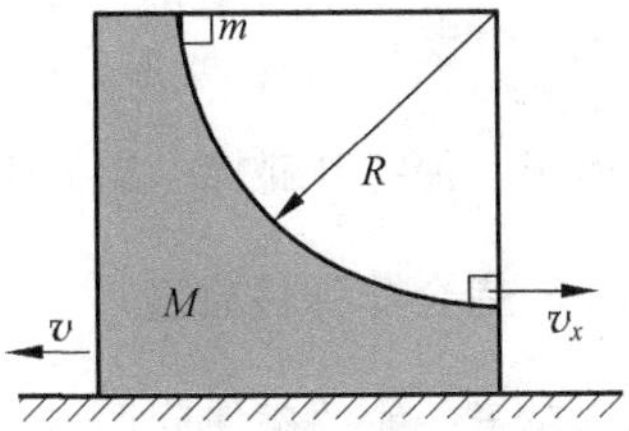

图 1-35 例 1.18 用图

解 系统水平方向动量守恒，则在任一时间有

$$0 = mv_x + M(-v)$$

经过移项并且两边对时间 t 积分，得到

$$m\int_0^t v_x \mathrm{d}t = M\int_0^t v \mathrm{d}t$$

设 M 在水平方向移动量为 S，m 在水平方向移动量为 s，则有

$$ms = MS$$

又由于 $s = R - S$，代入上式即可得 m 到底部时，M 在水平方向的移动量为

$$S = \frac{mR}{m+M}$$

1.4.3 碰撞

1. 碰撞现象

当两个或两个以上的物体互相接近时，在极短的时间内发生强烈相互作用，致使它们的运动状况突然发生显著变化，这种现象称为碰撞。在日常工作和生活中存在许多属于碰撞的物理现象，譬如球的撞击、锻打金属、建筑工地打桩、人跳上车或跳下车等。这些碰撞现象的特点是，发生碰撞的物体都是直接接触的。根据碰撞定义，不直接接触的物体之间也会发生碰撞。例如，核反应过程大都属于碰撞过程，在这些碰撞过程中参与碰撞的粒子不一定直接接触。恒星和行星之间也存在非直接接触碰撞。

根据上述介绍，不难发现碰撞过程有两个特点：一是时间短，往往是一种以脉冲力相互作用的过程；二是两质点间快速交换动量和能量。根据这些特点，在处理碰撞问题时可以认为：

(1) 碰撞一般限指相互作用力程较短或可以明确地说明其持续期的过程。由于碰撞时间很短，往往难以测量其相互作用细节，特别是微观领域的情况。这些细节可处理为"黑盒子"。

(2) 碰撞过程因物体之间互相撞击力较大，作用时间又短，以至于作用于物体的外力，如重力、摩擦力、空气阻力等相对较小。因此，动量守恒定律成立。碰撞过程能量守恒，但总动能不一定守恒。

按照以上思路，为了简化对碰撞问题的处理，通常把碰撞分成两类：完全弹性碰撞和完全非弹性碰撞。

2. 完全弹性碰撞

对于完全弹性碰撞，碰撞的前后，碰撞系统不仅总动量不变，而且总动能也不变。设有两个物体，它们的质量分别为 m_1 和 m_2，碰撞前的速度分别为 v_1 和 v_2，碰撞后的速度分别为 u_1 和 u_2，则这些参量满足

$$\begin{cases} m_1\boldsymbol{v}_1+m_2\boldsymbol{v}_2=m_1\boldsymbol{u}_1+m_2\boldsymbol{u}_2 \\ \dfrac{1}{2}m_1v_1^2+\dfrac{1}{2}m_2v_2^2=\dfrac{1}{2}m_1u_1^2+\dfrac{1}{2}m_2u_2^2 \end{cases} \tag{1.45}$$

它属于一种特殊碰撞。若是对心碰撞，则动量守恒的矢量形式可化为标量形式。

3. 完全非弹性碰撞

对于一般的碰撞问题，碰撞系统的机械能并不守恒，总有一部分损失，转化为其他形式的能量，这种碰撞称为非弹性碰撞。若碰撞后，两物体结合为一体，以共同的速度运动，则称为完全非弹性碰撞。这时，只有动量守恒定律才成立。若有两个物体，它们的质量分别为 m_1 和 m_2，碰撞前的速度分别为$\boldsymbol{v}_1$ 和$\boldsymbol{v}_2$，以共同的速度 $\boldsymbol{u}$ 运动，则满足：

$$m_1\boldsymbol{v}_1+m_2\boldsymbol{v}_2=(m_1+m_2)\boldsymbol{u} \tag{1.46}$$

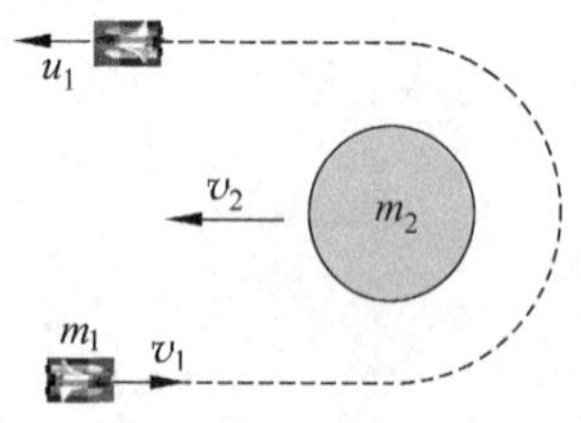

图 1-36 例 1.19 用图

例 1.19 弹弓效应。如图 1-36 所示，土星质量为 5.67×10^{25}kg，相对太阳轨道速率为 9.6km/s，一空间探测器以 10.4km/s 速率迎向土星飞行，质量为 150kg。求探测器离开土星的速率。

解 设探测器的质量为 m_1，飞向土星的速率为 v_1，离开土星的速率为 u_1；土星的质量为 m_2，探测器飞向土星时，土星轨道速率为 v_2，探测器离开土星时，土星轨道速率为 u_2，则根据完全弹性碰撞定律，碰撞前后能量守恒和动量守恒同时满足，即

$$\begin{cases} m_1\boldsymbol{v}_1+m_2\boldsymbol{v}_2=m_1\boldsymbol{u}_1+m_2\boldsymbol{u}_2 \\ \dfrac{1}{2}m_1v_1^2+\dfrac{1}{2}m_2v_2^2=\dfrac{1}{2}m_1u_1^2+\dfrac{1}{2}m_2u_2^2 \end{cases}$$

考虑到 $m_2\gg m_1$，发生完全弹性碰撞后，m_1 将反弹。联立上述方程组得到速度的近似公式为

$$\boldsymbol{u}_1\approx-\boldsymbol{v}_1+2\boldsymbol{v}_2,\quad \boldsymbol{u}_2\approx\boldsymbol{v}_2$$

把已知数据代入上式，则得

$$\boldsymbol{u}_1\approx-\boldsymbol{v}_1+2\boldsymbol{v}_2=(10.4+2\times9.6)\text{km/s}=29.6\text{km/s}$$

这是探测器加速的一种方式。

动量守恒定律的一个重要应用是计算运载火箭的运动。如图 1-37 所示，运载火箭在运行时，自身携带的燃料(液态氢)在氧化剂(液态氧)的作用下急剧燃烧，生成炽热气体并以高速向后喷射，致使火箭主体获得向前的动量。我们将火箭的总质量 M 分成两部分，一部分是火箭主体质量 $M-\mathrm{d}m$，另一部分则是行将被喷射的物质质量 $\mathrm{d}m$。在 t 时刻，$\mathrm{d}m$ 尚未被喷出，火箭相对于地面的速度为 v，动量为 Mv；在 $t+\mathrm{d}t$ 时刻，$\mathrm{d}m$ 被以相对于火箭的速度(称为喷射速度)u 喷出，火箭主体则以 $v+\mathrm{d}v$ 的速度相对于地面运行。如果将火箭主体和喷射物质视为一个系统，并忽略作用于系统的仅有外力，即火箭所受的重力 Mg，那么根据动量守恒定律，在 z 方向的应满足

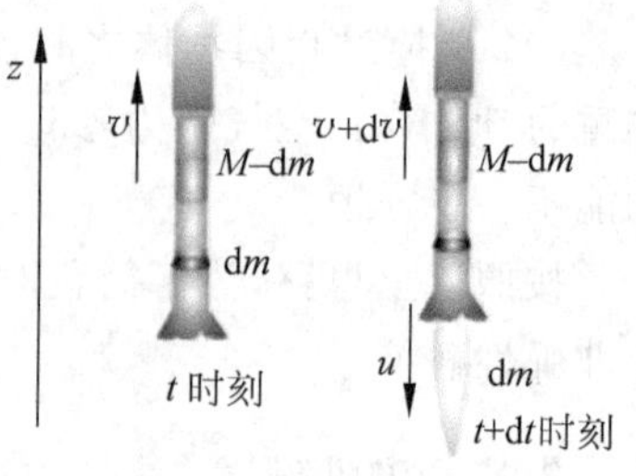

图 1-37 运载火箭发射示意图

$$0=[(M-\mathrm{d}m)(v+\mathrm{d}v)+\mathrm{d}m(v+\mathrm{d}v-u)]-Mv$$

由于 $\mathrm{d}m$ 的喷射，火箭总质量 M 在减少，其减少量为 $-\mathrm{d}M$，故有 $\mathrm{d}m=-\mathrm{d}M$。于是上式变为

$$0=[(M+\mathrm{d}M)(v+\mathrm{d}v)-\mathrm{d}M(v+\mathrm{d}v-u)]-Mv=M\mathrm{d}v+u\mathrm{d}M$$

对上式积分得

$$0=\int_0^v \mathrm{d}v+u\int_{M_0}^{M}\frac{\mathrm{d}M}{M}=v-u\ln(M_0/M)$$

所以，火箭主体在其质量从 M_0 变到 M 时所达到的速度为

$$v=u\ln(M_0/M)$$

这就是火箭主体速度的近似公式。

上式表明，火箭所能达到的速度取决于喷射速度 u 和质量比 (M_0/M) 的自然对数。化学燃烧过程所能达到的喷射速度的理论值为 $5\times10^3\,\mathrm{m/s}$，而实际能达到的速度只是此值的一半左右。所以提高火箭速度的潜力在于提高质量比 (M_0/M)。

1.4.4 角动量守恒定律

1. 质点的角动量

角动量是描述质点运动的另一个重要物理量。一个质点，其质量为 m，动量为 p，绕固定点 O 转动的角动量 L 定义为

$$\boldsymbol{L}=\boldsymbol{r}\times\boldsymbol{p} \tag{1.47}$$

式中，r 为质点相对于固定点 O 的径矢。由叉乘的定义，可知角动量大小为

$$L=rp\sin\theta=rmv\sin\theta=rmv_{\perp}$$

式中，θ 为 r 和 p 的夹角。角动量的方向由右手螺旋定则决定，即用手四指从 r 经小于 180°转向 p，则拇指的指向为 L 的方向，如图 1-38 所示。角动量的单位为 $\mathrm{kg\cdot m^2/s}$ 或 $\mathrm{J\cdot s}$。

角动量与位矢有关，故取决于固定点位置的选择，因此在说明角动量时，必须指明相对的固定点。

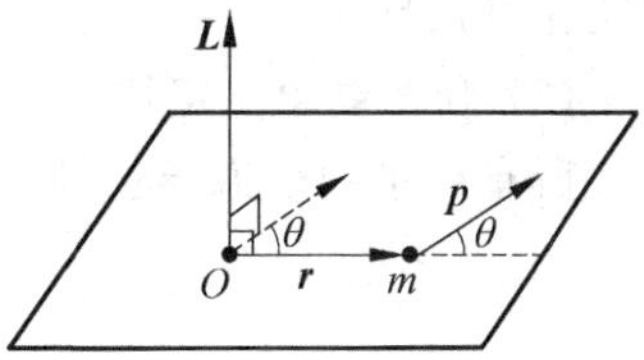

图 1-38 角动量的方向定义

2. 质点的角动量守恒定律

由式(1.47)来推断角动量守恒的条件。由于

$$\frac{\mathrm{d}\boldsymbol{L}}{\mathrm{d}t}=\frac{\mathrm{d}\boldsymbol{r}}{\mathrm{d}t}\times\boldsymbol{p}+\boldsymbol{r}\times\frac{\mathrm{d}\boldsymbol{p}}{\mathrm{d}t}=\boldsymbol{v}\times m\boldsymbol{v}+\boldsymbol{r}\times\boldsymbol{F}$$
$$=\boldsymbol{r}\times\boldsymbol{F}$$

根据上面的推导式可以得到结论：当 $\frac{\mathrm{d}\boldsymbol{L}}{\mathrm{d}t}=\boldsymbol{r}\times\boldsymbol{F}=0$ 时，质点的角动量守恒。这就是质点的角动量守恒定律。

讨论 (1) 角动量守恒定律是物理学的基本定律之一，它不仅适用于宏观体系，也适用于微观体系，而且在高速或低速范围均适用。

(2) 使得 $\boldsymbol{r}\times\boldsymbol{F}=0$ 成立的条件可以是 $\boldsymbol{F}=0$，也可以是 $\boldsymbol{r}=0$，还可以是 $\boldsymbol{r}$ 与 $\boldsymbol{F}$ 的夹角的正弦为零。

* 3. 行星运动的开普勒三大定律

约翰尼斯·开普勒(Johannes Kepler,1571 年 12 月—1630 年 11 月),德国天文学家、数学家与占星家。他在很小的时候就接触到天文学并喜爱上了它,而这种喜爱贯穿了他的一生。开普勒分析了行星运行轨道的形状和特征,经过潜心研究,提出了行星运动三大定律,分别是椭圆定律、面积定律和周期定律。这三大定律可分别描述如下。

(1) 开普勒第一定律

所有行星绕太阳运动的轨道都是椭圆,太阳处在椭圆的一个焦点上。这就是开普勒第一定律(也称为椭圆定律)。这条定律认为行星绕太阳运动源于中心引力势,同时把行星动能用角动量表示,经过推算出行星的轨道是椭圆形的闭合轨道,即圆锥截面曲线的极坐标方程

$$r=\frac{p}{1+e\cos\theta}$$

式中,$p=L^2/(GMm^2)$,它决定圆锥曲线的开口,其中 G 是引力常数,m 是行星的质量,M 为太阳质量。$e=\frac{c}{a}$且介于[0,1],称为偏心率,它决定运行轨迹的形状,这里 a 和 c 分别是平面轨道的长、短轴长度。对于椭圆轨道,$p=a(1-e^2)$称为椭圆的通径。总之,行星的运行轨迹是圆锥曲线。

(2) 开普勒第二定律

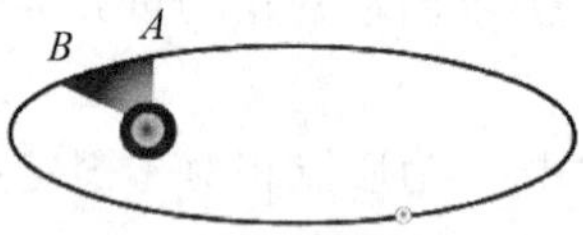

图 1-39 行星运动扫过的面积

任意一颗运行中的行星,它与太阳的连线在相等的时间内扫过的面积相等,如图 1-39 所示。这就是开普勒第二定律,也称为面积定律。这条定律可以利用行星运动时遵循角动量守恒定律直接导出。

(3) 开普勒第三定律

所有行星的轨道半长轴 a 的立方与它的公转周期 T 的平方的比值都相等。即

$$\frac{T^2}{a^3}=\frac{4\pi^4}{GM}=K$$

式中,K 为常量。这就是开普勒第三定律,称为周期定律。这条定律是联合开普勒第一定律和椭圆性质导出来的,也称调和定律。

这三大定律最终使开普勒赢得了“天空立法者”的美名。同时他对光学、数学也做出了重要的贡献,是现代实验光学的奠基人之一。

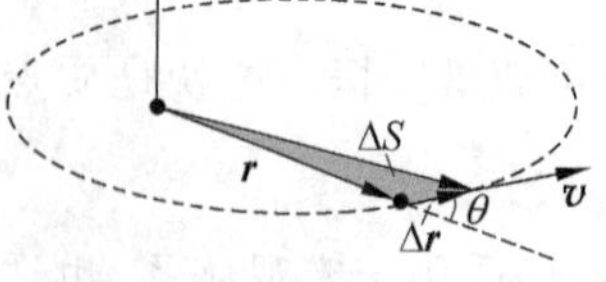

图 1-40 例 1.20 用图

例 1.20 证明行星运动的开普勒第二定律,即行星对太阳的矢径在相同的时间扫过相同的面积。

证明 如图 1-40 所示,行星受的引力 $\boldsymbol{F}$ 始终沿($-\boldsymbol{r}$)方向,因此有 $\boldsymbol{r}\times\boldsymbol{F}=0$,即行星在运动过程中,相对于太阳的角动量 L 不变。由于

$$\Delta S=\frac{1}{2}\mid(\boldsymbol{r}\times\boldsymbol{v}\Delta t)\mid$$

而 $\boldsymbol{L}=\boldsymbol{r}\times\boldsymbol{p}=m(\boldsymbol{r}\times\boldsymbol{v})$,因此,可以得到关系式:

$$L=2m\frac{\Delta S}{\Delta t}$$

所以

$$\frac{\Delta S}{\Delta t}=\frac{L}{2m}$$

这就是开普勒第二律的数学表达式。由于行星的质量 m 为常量，相对于太阳的角动量 L 不变，因此$\frac{\Delta S}{\Delta t}$为常量。开普勒第二定律得证。

太阳系有八大行星，通过天文观测，确认每颗行星绕太阳运行的轨迹是椭圆轨迹，验证了开普勒定律的正确性。图 1-41 是太阳系八大行星的运行轨迹分布图。

图 1-41 太阳系的八大行星

名人堂 空气动力学家钱学森

钱学森(1911 年 12 月—2009 年 10 月)，籍贯浙江省杭州市，出生于上海，著名的应用力学家、航天工程专家、系统工程科学家，中国工程控制论创始人之一。

1934 年钱学森从上海交通大学机械工程系毕业，1935 年由第七届庚子赔款公费赴美进修，1936 年从美国麻省理工学院硕士研究生毕业，之后转入加州理工学院航空系，师从西奥多·冯·卡门，1939 年获得美国加州理工学院航空、数学博士学位，之后留下任教。1945 年被派往德国调查火箭科技，1955 年在中国政府的争取下，以朝鲜战争空战中被俘的多名美军飞行员交换回中国。回国后，他为中国科技事业发展做出显著贡献，为中国科学院学部委员、中国工程院院士，1999 年“两弹一星”功勋奖章获得者。

艰难的归国历程。1949 年，中华人民共和国成立的消息传到美国后，钱学森和夫人蒋英便商量着早日回祖国。此时的美国，以麦卡锡为首对共产党人实行全面追查，并在全美国掀起了一股驱使雇员效忠美国政府的热潮。钱学森因被怀疑为共产党人和拒绝揭发朋友，而被美国军事部门突然吊销参加机密研究的证书。对此，钱学森非常气愤，并以此作为要求回国的理由。

1950 年，钱学森上港口准备回国时，被美国官员拦住，并将其关进监狱，而当时美国海军次长丹尼·金布尔声称，钱学森无论走到哪里，都抵得上 5 个师的兵力。从此，钱学森在受到美国政府迫害的同时，也失去了宝贵的自由，他一个月内瘦了 15kg 左右。移民局抄了他的家，在特米那岛上将他拘留 14 天，直到收到加州理工学院送去的 1.5 万美金巨额保释金后才释放了他。后来，海关又没收了他的行李，包括 800kg 书籍和笔记本。美国检察官再次审查了他的所有材料后，才证明他是无辜的。

钱学森在美国受迫害的消息很快传到中国，中国科技界的朋友通过各种途径声援钱学森。中国政府对钱学森在美国的处境极为关心，公开发表声明，谴责美国政府在违背本人意愿的情况下监禁钱学森。

1954 年，钱学森在报纸上看到全国人大常委会副委员长陈叔通站在天安门城楼上，他决定给这位父亲的好朋友写信求救。正当周恩来总理为此事非常着急的时候，陈叔通副委员长收到了一封从大洋彼岸辗转寄来的信，拆开一看，署名“钱学森”，原来是请求祖国政府帮助他回国。

1954 年 4 月，美英中苏法五国在日内瓦召开讨论和解决朝鲜问题和恢复印度支那和平问题的国际会议。出席会议的中国代表团团长周恩来联想到中国有一批留学生和科学家被扣留在美国，于是就指示说，美国人既然请英国外交官与我们疏通关系，我们应该抓住这个机会，开辟新的接触渠道。

1954 年 6 月 5 日，中国代表团秘书长王炳南开始与美国代表、副国务卿约翰逊就两国侨民问题进行了初步商谈。美方向中方提交了一份美国在华侨民和被中国拘禁的一些美国军事人员名单，要求中国给他们以回国的机会。为了表示中国的诚意，王炳南在 1954 年 6 月 15 日举行的中美第三次会谈中，大度地做出让步，同时也要求美国停止扣留钱学森等中国留美人员，但中方的正当要求被美方无理拒绝。

1954 年 7 月 21 日，日内瓦会议闭幕。为了不使沟通渠道中断，王炳南与美方商定自 1954 年 7 月 22 日起在日内瓦进行领事级会谈。为了进一步表示中国对中美会谈的诚意，中国释放了 4 个扣押的美国飞行员，目的是争取钱学森等留美科学家尽快回国，可在这个关键问题上，美国代表约翰逊说中国拿不出钱学森要回国的真实理由，一点不松口。

1955 年，经过周恩来总理与美国外交谈判上的不断努力——甚至包括了不惜释放 11 名在朝鲜战争中俘获的美军飞行员作为交换，8 月 4 日，钱学森收到了美国移民局允许他回国的通知；9 月 17 日，钱学森携带妻子蒋英和一双幼小的儿女，登上了“克利夫兰总统号”轮船，踏上返回祖国的旅途；10 月 8 日，钱学森一家终于回到了自己的祖国。

无私奉献，报效祖国。回国后，钱学森于 1956 年年初，向中共中央、国务院提出《建立我国国防航空工业的意见书》。同年，国务院、中央军委根据他的建议，成立了导弹、航空科学研究的领导机构——航空工业委员会，并任命他为委员。1956 年参加中国第一次 5 年科学规划的确定，钱学森与钱伟长、钱三强一起，被周恩来称为中国科技界的“三钱”，钱学森受命组建中国第一个火箭、导弹研究所——国防部第五研究院并担任首任院长。

1956 年，任中国科学院力学研究所所长、研究员。1957 年，在钱学森倡议下，中国力学学会成立，钱学森被一致推举为第一任理事长。2 月 18 日，周恩来总理签署命令，任命钱学森为国防部第五研究院第一任院长。11 月 16 日，周恩来总理任命钱学森兼任国防部第五研究院一分院院长，并被补选为中国科学院学部委员。

1957 年 6 月，中国自动化学会筹备委员会在北京成立，钱学森任主任委员。同年 9 月，国际自控联成立大会推举钱学森为第一届 IFAC 理事会常务理事。1958 年，为了培养两弹一星工程人才，钱学森提交关于建立“星际宇航学院”的请求，成立了中国科学技术大学，亲任近代力学系主任，成为中国科学技术大学的创始人之一。

钱学森在科学研究和工程应用领域都取得显著成就，他不仅是著名的空气动力学家，而且在系统工程、人体科学、思维科学等方面也有一定的研究。

对两弹一星的贡献。钱学森主持完成了“喷气和火箭技术的建立”规划，参与了近程导弹、中近程导弹和中国第一颗人造地球卫星的研制，直接领导了用中近程导弹运载和原子弹“两弹结合”试验，参与制定了中国近程导弹运载原子弹“两弹结合”试验，参与制定了中国第一个星际航空的发展规划，发展建立了工程控制论和系统学等。

在他的带领下，1964 年 10 月 16 日中国第一颗原子弹爆炸成功，1967 年 6 月 17 日第一颗氢弹空爆试验成功，1970 年 4 月 24 日第一颗人造卫星发射成功。

在力学的许多领域，钱学森都做过开创性工作，在空气动力学方面取得很多研究成果，最突出的是提出了跨声速流动相似律，并与卡门一起，最早提出高超声速流的概念，为飞机在早期克服热障、声障，提供了理论依据，为空气动力学的发展奠定了重要的理论基础。在高亚声速飞机设计中采用的公式是以卡门和钱学森名字命名的卡门-钱学森公式。此外，钱学森和卡门在 30 年代末还共同提出了球壳和圆柱壳的新的非线性失稳理论。钱学森在应用力学的空气动力学方面和固体力学方面都做过开拓性工作；与冯·卡门合作进行的可压缩边界层的研究，揭示了这一领域的一些温度变化情况，创立了“卡门-钱近似方程”。与郭永怀合作最早在跨声速流动问题中引入上下临界马赫数的概念。

在航天领域，钱学森从 20 世纪 40 年代到 60 年代初期，在火箭与航天领域提出了若干重要的概念：在 40 年代提出并实现了火箭助推起飞装置(JATO)，使飞机跑道距离缩短；在 1949 年提出了火箭旅客飞机概念和关于核火箭的设想；在 1953 年研究了跨星际飞行理论的可能性；在 1962 年出版的《星际航行概论》中，提出了用一架装有喷气发动机的大飞机作为第一级运载工具。

在工程控制论领域，钱学森把设计稳定与制导系统这类工程技术实践作为主要研究对象，推动了工程控制论的形成，是这类研究工作的先驱者。对系统科学最重要的贡献是发展了系统学和开放的复杂巨系统的方法论。

为表彰钱学森的突出贡献，他所撰写的《工程控制论》于 1957 年获得中国科学院自然科学奖一等奖，于 1985 年获得国家科技进步奖特等奖。

1.5　功　动能定理与机械能守恒定律

本节将介绍对象由质点转向质点系统，重点研究系统的过程问题。一般来说，对于物体系统内发生的各种过程，如果某物理量始终保持不变，该物理量就称为守恒量。

本节将着重讨论质点系的能量守恒、动量守恒和角动量守恒。由宏观现象总结出的这几个守恒定律在微观世界已经过严格检验，证明它们同样有效。守恒定律是自然规律最深刻、最简洁的陈述，它比物理学中的其他定律(如牛顿运动定律)更具有重要、基本的意义。

1.5.1 功和动能定理

1. 功和功率

在实际生活和工作中，广泛使用机械操作来提高工作效率，而各种机械"工作"的共同特点是：通过力的作用，使物体沿着力的方向发生位移，在力学中称这个力对物体做功，这就是功的概念。如图 1-42 所示，质点在力 $\boldsymbol{F}$ 的作用下，发生一无限小的位移 $\mathrm{d}\boldsymbol{r}$，则 $\boldsymbol{F}$ 对质点所做的功定义为力和质点的位移的标积，即

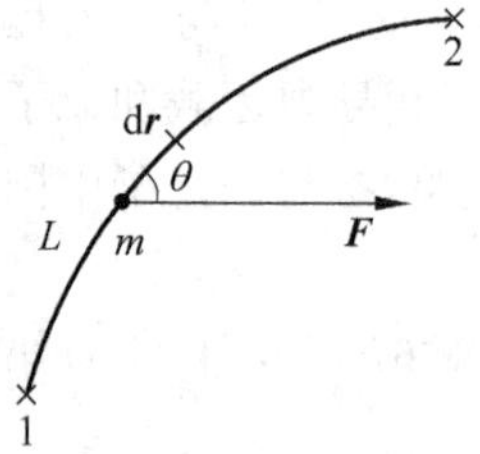

图 1-42 外力对质点做功

$$\mathrm{d}A=\boldsymbol{F}\cdot\mathrm{d}\boldsymbol{r} \tag{1.48}$$

如果质点沿路径 L 从 1 运动到 2，则力对质点做的功为

$$A_{12}=\int_{(1)}^{(2)}\mathrm{d}A=\int_{(1)}^{(2)}\boldsymbol{F}\cdot\mathrm{d}\boldsymbol{r} \tag{1.49a}$$

冲量是力对时间的积累效应，而功是力对空间的积累效应。或者说，功是过程量，与路径有关，有正负，而且合力的功为各分力的功的代数和。即如果有 n 个力对同一质点做功，使该质点沿路径 L 从 1 到 2，则合力做的功为

$$A_{12}=\sum_{i=1}^{n}\int_{(1)}^{(2)}\boldsymbol{F}_i\cdot\mathrm{d}\boldsymbol{r}=\sum_{i=1}^{n}A_{i,12} \tag{1.49b}$$

为了描述力对物体做功的快慢程度，把力在单位时间内对物体所做的功，称为功率，用 P 表示。其表达式为

$$P=\frac{\mathrm{d}A}{\mathrm{d}t}=\boldsymbol{F}\cdot\frac{\mathrm{d}\boldsymbol{r}}{\mathrm{d}t}=\boldsymbol{F}\cdot\boldsymbol{v} \tag{1.50}$$

在国际单位制中，功的单位是焦耳(J)或牛·米(N·m)；功率的单位是瓦特(简称瓦，W)或焦耳/秒(J/s)。

例 1.21 如图 1-43 所示，一位质量为 m 的滑雪运动员，沿雪道从 A 到 B 下滑高度为 h，忽略摩擦力。求这一过程合力做的功。

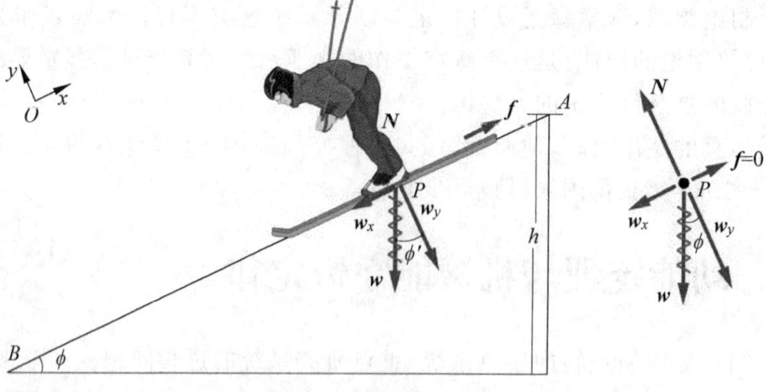

图 1-43 例 1.21 用图

解 如图 1-43 所示，运动员下滑途中的任一位置 P 的合力为 $\boldsymbol{F}=\boldsymbol{N}+m\boldsymbol{g}$，其中 N 是雪道的支撑力，$W=mg$ 是重力，那么根据式(1.49b)，可得合外力所做的功为

$$A_{AB}=\int_A^B(\boldsymbol{N}+m\boldsymbol{g})\cdot\mathrm{d}\boldsymbol{r}=\int_A^B\boldsymbol{N}\cdot\mathrm{d}\boldsymbol{r}+\int_A^B m\boldsymbol{g}\cdot\mathrm{d}\boldsymbol{r}$$

因为 $\boldsymbol{N}\cdot\mathrm{d}\boldsymbol{r}=0$，　又有 $\boldsymbol{g}\cdot\mathrm{d}\boldsymbol{r}=g\,\mathrm{d}h$

所以

$$A_{AB}=\int_A^B m\boldsymbol{g}\cdot\mathrm{d}\boldsymbol{r}=mg\int_0^h\mathrm{d}h=mgh$$

例 1.22　如图 1-44 所示，有一根水平放置的弹簧，一端固定，另一端系一物体。弹簧的劲度系数为 k，求物体从平衡位置 a 移动到位置 b 所做的功。

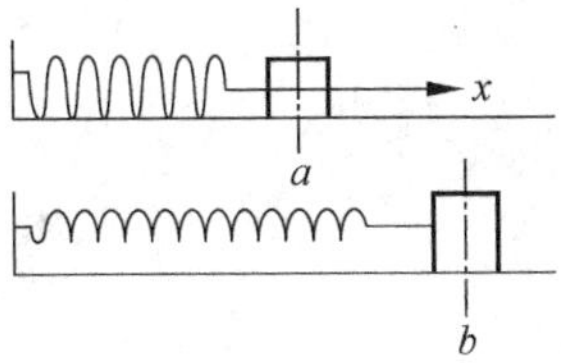

图 1-44　例 1.22 用图

解　以平衡位置为坐标原点 O，则在任一平衡位置附近，物体受的弹力为

$$F=-kx$$

由于 a 为平衡位置，则 $x_a=0$，因而从 a 到 b，弹力做功为

$$A_{ab}=\int_{x_a}^{x_b}F\,\mathrm{d}x=-\left(\frac{1}{2}kx_b^2-\frac{1}{2}kx_a^2\right)=-\frac{1}{2}kx_b^2=\Delta E_{\mathrm{p}}$$

2. 动能定理

功既然是力对空间的积累效应。在图 1-41 中，质点在力 F 作用下，沿着路径 L 从位置(1)位移到位置(2)，则利用式(1.48a)和牛顿第二定律的表达式(1.23)，力在这段路程所做的功可表示为

$$A_{12}=\int_{(1)}^{(2)}\boldsymbol{F}\cdot\mathrm{d}\boldsymbol{r}=\int_{(1)}^{(2)}F_r\,\mathrm{d}r=\int_{(1)}^{(2)}ma_{\mathrm{t}}\mathrm{d}r$$

将 $a_{\mathrm{t}}=\dfrac{\mathrm{d}v}{\mathrm{d}t}$，$\mathrm{d}r=v\mathrm{d}t$ 代入上式，积分可得

$$A_{12}=\int_{(1)}^{(2)}mv\,\mathrm{d}v=\frac{1}{2}mv_2^2-\frac{1}{2}mv_1^2 \tag{1.51a}$$

上式表明，力对物体做功能改变质点的运动，在数量上和功对应的是 $\frac{1}{2}mv^2$ 的量的改变，称为动能，用 E_{k} 表示。因此，式(1.51a)可以简化为

$$A_{12}=E_{\mathrm{k2}}-E_{\mathrm{k1}} \tag{1.51b}$$

式(1.51b)称为动能定理，即合外力对质点所做的功等于质点动能的增量。另外，质点的动能定理描述了力对空间积累作用的效果和规律，当合外力对质点做正功($A_{12}>0$)，则质点的动能增加($E_{\mathrm{k2}}>E_{\mathrm{k1}}$)。反之，做负功($A_{12}<0$)，质点的动能减小($E_{\mathrm{k2}}<E_{\mathrm{k1}}$)。

例 1.23　如图 1-45(a)所示，一质量为 m 的小球系在长为 l 的细线的一端，细线的另一端固定。现将小球悬挂拉至水平 A 点，然后由静止释放。求小球下落到细线与水平夹角为 θ 的 B 点时的速度。

解　如图 1-45(a)所示，小球下落至 B 点时，细线与水平方向的夹角为 θ，小球在此处受到两个力的作用，即重力 mg 和细线的拉力 T，如图 1-45(b)所示，这两个力的合力 $\boldsymbol{T}+m\boldsymbol{g}$ 对小球做功为

$$A=\int_A^B(\boldsymbol{T}+m\boldsymbol{g})\cdot\mathrm{d}\boldsymbol{r}=\int_A^B m\boldsymbol{g}\cdot\mathrm{d}\boldsymbol{r}=\int_A^B mg\cos\theta\,\mathrm{d}r$$

因为 $\mathrm{d}r=l\mathrm{d}\theta$，所以

$$A=\int_0^\theta mgl\cos\theta\mathrm{d}\theta=mgl\sin\theta\Big|_0^\theta=mgl\sin\theta$$

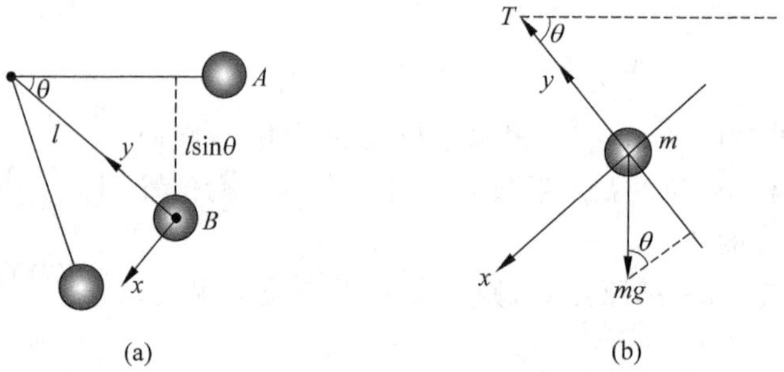

图 1-45　例 1.23 用图

(a) 研究系统；(b) 受力分析

根据动能定理，由式(1.50b)，且 $v_0=0$，可得

$$mgl\sin\theta=\frac{1}{2}mv_\theta^2$$

由此得到

$$v_\theta=\sqrt{2gl\sin\theta}$$

1.5.2　保守力做功

在 1.5.1 节中介绍功的普遍定义时强调，功是过程量。在一般情况下，一个力所做的功既与做功过程的始、末位置有关，又与做功的具体路径有关。然而，有一些力的做功具有一个重要特点，从同一起点到同一终点所做的功，与做功路径无关。也就是说，在这种力的作用下，从任一起点沿着任意闭合路径回到该起点所做的功恒为零，这种力称为保守力。在力学中常见的保守力有重力、弹性力和万有引力。下面分别介绍这些力所做功的计算方法，进而引入在保守力作用下力学系统中的势能概念。

1. 一对力

根据牛顿第三定律，力总是成对出现的，有作用力就有反作用力，即 $\boldsymbol{f}_2=-\boldsymbol{f}_1$，称为一对力。同一系统中出现的一对力称为内力，下面讨论系统中有两个质量分别为 m_1 和 m_2 的质点之间的内力所做的功。利用式(1.49a)可得

$$A_{12}=\int\mathrm{d}A=\int_{S_1}\boldsymbol{f}_1\cdot\mathrm{d}\boldsymbol{r}_1+\int_{S_2}\boldsymbol{f}_2\cdot\mathrm{d}\boldsymbol{r}_2=\int_{(1)}^{(2)}\boldsymbol{f}_2\cdot\mathrm{d}(\boldsymbol{r}_2-\boldsymbol{r}_1)$$

令 $\boldsymbol{r}_{21}=\boldsymbol{r}_2-\boldsymbol{r}_1$，则上式可以表示为

$$A_{12}=\int_{(1)}^{(2)}\boldsymbol{f}_2\cdot\mathrm{d}\boldsymbol{r}_{21}\tag{1.52}$$

式(1.52)表明：(1)两质点间的“一对力”所做功之和等于其中一个质点受的力沿着该质点相对另一质点所移动的路径所做的功，且其与参考系选取无关。如图 1-46(a)所示，$\boldsymbol{r}_{21}$ 与参考系无关。(2)在无相对位移或相对位移与一对力垂直的情况下，一对力所做的功必为零。

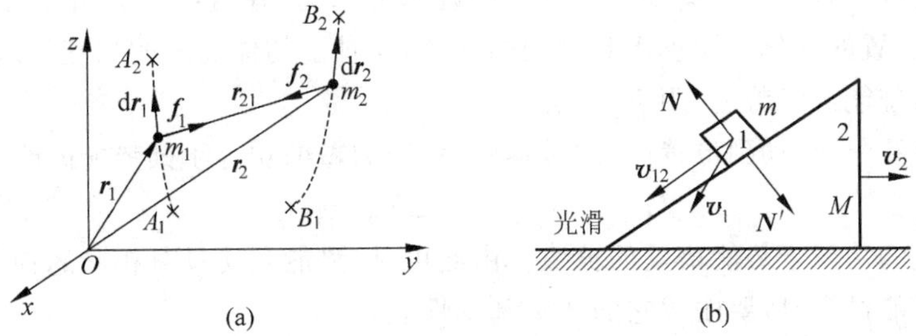

图 1-46　力与做功

(a) r_{12} 与参考系无关；(b) 一对力的功必为零

例如，在图 1-46(b)中，由 $\boldsymbol{N}$ 与 $\boldsymbol{v}_1$ 不垂直导出 $A_N \neq 0$。由 $\boldsymbol{N}'$ 与 $\boldsymbol{v}_2$ 不垂直导出 $A_{N'} \neq 0$。由 $\boldsymbol{N} \perp \boldsymbol{v}_{12}$，即 $\boldsymbol{N} \perp \boldsymbol{r}_{12}$，可以确定 $W_{\perp} = W_N + W_{N'} = 0$。

2. 保守势

在成对力中，有一种特殊情况，如果一对力的功与相对移动的路径无关，而只决定于相互作用物体的始末相对位置，这样的力称为保守力。如图 1-52(a)所示，在保守力作用下，质量为 m 的物体在重力的作用下，从位置(1)运动到位置(2)，那么，保守力所做功为

$$A_{12} = \int_{r_1}^{r_2} -G\frac{mM}{r^2}\mathrm{d}r = GmM\left(\frac{1}{r_2} - \frac{1}{r_1}\right) \tag{1.53}$$

特殊地，(1)与(2)重合，则 $A_{12}=0$。因此，保守力有另一特征：一质点相对于另一质点沿闭合路径移动一周时，它们之间的保守力做功为零。如图 1-47(b)所示，质点先从 Q 点出发，沿 QDP 路径到达 P 点；再由 P 点出发沿 PCQ 路径回到 Q 点。根据保守力做功与路径无关，必然有 $\int_Q^P \boldsymbol{f} \cdot \mathrm{d}\boldsymbol{r} = -\int_P^Q \boldsymbol{f} \cdot \mathrm{d}\boldsymbol{r}$，利用这个关系式得到

$$\int_{(QDP)} \boldsymbol{f} \cdot \mathrm{d}\boldsymbol{r} + \int_{(PCQ)} \boldsymbol{f} \cdot \mathrm{d}\boldsymbol{r} = \oint \boldsymbol{f} \cdot \mathrm{d}\boldsymbol{r} = 0 \tag{1.54}$$

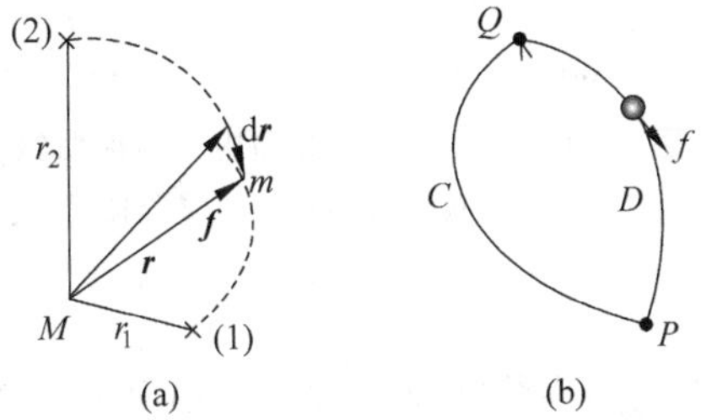

图 1-47　保守力做功与路径无关

(a) 保守力从(1)到(2)所做的功；(b) 保守力移动一周做功为零

许多力如引力、静电力、弹簧弹力等都是保守力。与保守力不同，如果做功与路径有关的力称为非保守力，摩擦力(耗散力)和爆炸力都属于非保守力，其中一对滑动物体之间的摩擦力做功恒为负，而爆炸力做功则为正。

利用保守力的功与路径无关的特点，可引入“势能”的概念，以简化做功的计算。在工地上高处的重锤落下时能打桩，猎场上拉开的弓箭释放时能射箭，来自太空的大块陨石一旦落

入地球将会造成灾害等。这些事件的发生都说明在重力、弹力或万有引力等保守力的作用下，物体由于位置的变化而展现出其做功的本领，这种由物体之间的相互作用和相对位置决定的能量称为位能或者势能，用 E_p 表示。

系统由位置(1)运动到位置(2)的过程中，保守力做的功等于其势能的改变的负值，即

$$E_{p1}-E_{p2}=-\Delta E_p=A_{保12} \tag{1.55}$$

即保守力所做的功等于势能增量的负值。由此可见，势能和功具有相同的物理量纲。

在引用势能概念时，要注意它的几个基本性质：

(1) 势能具有相对性。在引用势能概念时，应先选择好势能零点。如果规定系统在位置 O 的势能为零，则在位置 4 的势能为

$$E_{p1}=\int_{r_1}^{r_0} f\cdot \mathrm{d}\boldsymbol{r} \tag{1.56}$$

(2) 势能具有系统性。势能是保守力场中，相互作用系统中施力者和受力者所共有的。势能不依赖于参考系的选择，不要将势能零点的选择与参考系的选择相混淆。根据势能的概念和性质，不难获得几种常见保守力的势能表达式。

① 引力势能

在万有引力场中，通常取无穷远为零势能点，如果两个质量分别为 m 和 M 的物体相距 r，则它们的相互作用势能为

$$E_p(r)=\int_r^{\infty}-G\frac{mM}{r^2}\mathrm{d}r=-G\frac{mM}{r} \tag{1.57}$$

其势能曲线如图 1-48(a)所示。

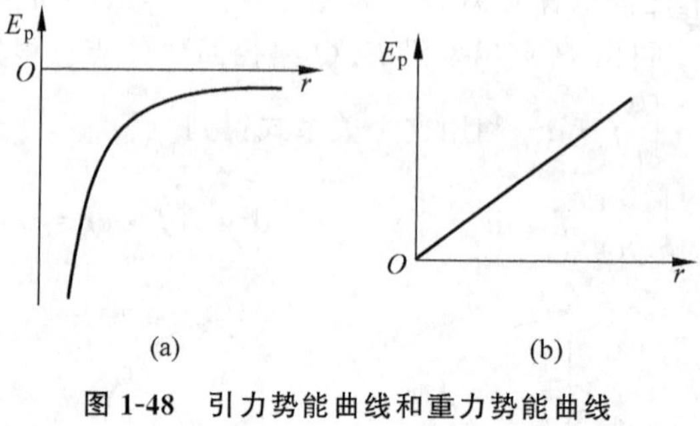

图 1-48 引力势能曲线和重力势能曲线

(a) 引力势能曲线；(b) 重力势能曲线

② 重力势能

对于重力势能，通常取地面为零势能点，因此，距地面某一高度 h 的物体重力势能为

$$E_p(h)=\int_0^h mg\,\mathrm{d}r=mgh \tag{1.58}$$

其势能曲线如图 1-48(b)所示。

③ 弹性势能

如果取弹簧平衡位置(或自然长度)为零势能点，那么在弹簧平衡位置附近，任一位置 x 的弹力为 $F=-kx$，因此，该位置的弹性势能为

$$E_p(x)=-A_x=-\int_0^x F\,\mathrm{d}x=\int_0^x kx\,\mathrm{d}x=\frac{1}{2}kx^2 \tag{1.59}$$

其势能曲线如图 1-49 所示。

3. 势能和保守力的关系

势能的定义为 $dE_p=-\boldsymbol{f}\cdot d\boldsymbol{l}$，利用高数的微商定义，容易得到

$$\boldsymbol{f}=-\frac{\partial E_p}{\partial \boldsymbol{l}}=-\nabla E_p \tag{1.60a}$$

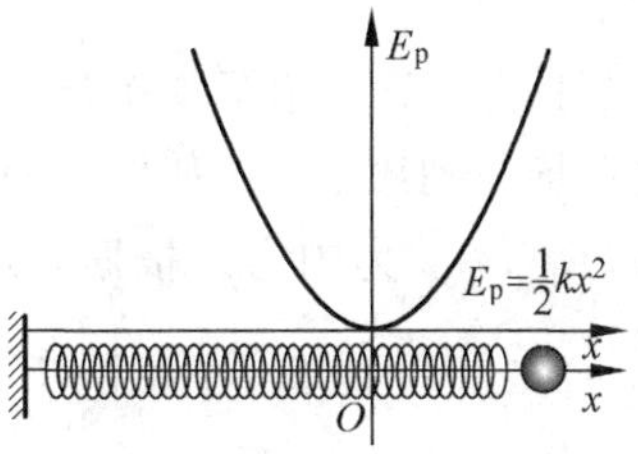

图 1-49　弹性势能曲线

其中$\nabla=\frac{\partial}{\partial x}\boldsymbol{i}+\frac{\partial}{\partial y}\boldsymbol{j}+\frac{\partial}{\partial z}\boldsymbol{k}$ 为梯度算符。式(1.60a)表明，只要知道势能 $E_p(x,y,z)$的表达式，就可以求出保守力的分量为

$$f_{c\alpha}=-\frac{\partial E_p}{\partial x_\alpha},\quad x_\alpha=x,y,z \tag{1.60b}$$

例 1.24　一个劲度系数为 k 的轻弹簧一端固定，另一端悬挂一个质量为 m 的小球，这时平衡位置在 A 点，如图 1-50(a)所示。现用手把小球沿竖直方向拉伸 Δx 并达到 B 点的位置，由静止释放后小球向上运动，试求小球第一次经过 A 点时的速率。

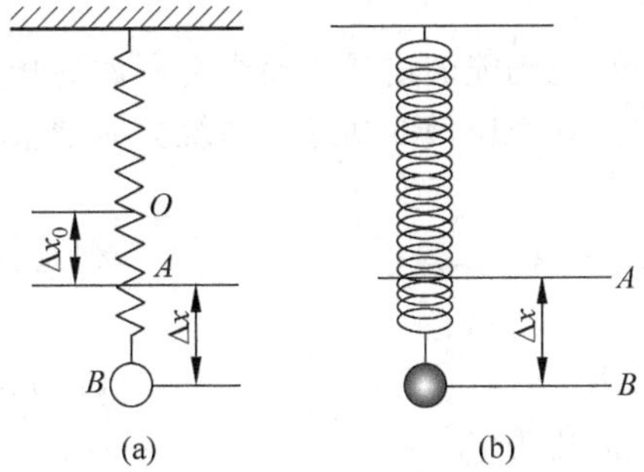

图 1-50　例 1.24 用图

(a) 弹性势参考点为 0；(b) 弹性势参考点为 A

解　若把小球、弹簧和地球看作为一个系统，则小球所受弹性力和重力都是保守内力。系统不受任何外力作用，也不存在非保守内力，所以在小球在运动过程中的机械能是守恒的。

如果把小球处于 B 点时的位置取作系统的重力势能零点，而系统的弹力势能零点应取在弹簧未发生形变时的状态，即图 1-50(a)中所画的点 O。设由于小球所受重力的作用，弹簧伸长了 Δx_0，而到达了点 A，则根据状态 B 和状态 A 的机械能守恒，应有

$$\frac{1}{2}k(\Delta x+\Delta x_0)^2=\frac{1}{2}k(\Delta x_0)^2+mg\Delta x+\frac{1}{2}mv^2 \tag{Ⅰ}$$

式中，v 是小球到达 A 点时的速率。因为小球处于 A 点时所受的重力 mg 和弹性力 $k\Delta x_0$ 相平衡，故有

$$k\Delta x_0=mg \tag{Ⅱ}$$

将式(Ⅱ)代入式(Ⅰ)，即可求得小球到达 A 点时的速率为

$$v=\sqrt{\frac{k}{m}(\Delta x)^2-2g\Delta x}$$

注意，既然势能零点可以任意选择，那么弹力势能的零点若选在 A 点求解更简便。如果将弹力势能零点选择在 A 点，如图 1-50(b)所示则式(Ⅰ)成为下面的形式：

$$\frac{1}{2}k(\Delta x)^2=mg\Delta x+\frac{1}{2}mv^2$$

由此可以解得

$$v=\sqrt{\frac{k}{m}(\Delta x)^2-2g\Delta x}$$

1.5.3 功能原理

1.5.1 节介绍了单个质点的动能定理，现在把动能定理从单个质点推广到质点系。如图 1-51 所示的两质点系统，其中 $\boldsymbol{F}_1$，$\boldsymbol{F}_2$ 是外力，$\boldsymbol{f}_{12}$，$\boldsymbol{f}_{21}$ 为内力。根据质点的动能定理可得

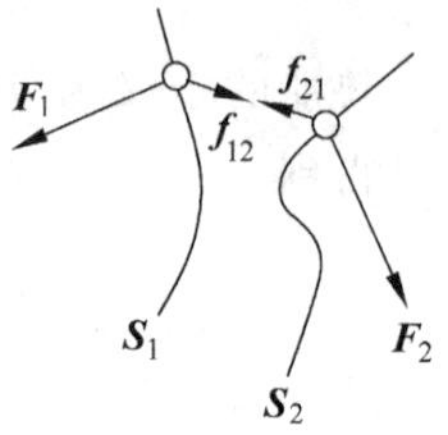

图 1-51 质点系受力分析

$$\Delta E_{k1}=\int_{S_1}\boldsymbol{F}_1\cdot \mathrm{d}\boldsymbol{r}_1+\int_{S_1}\boldsymbol{f}_{12}\cdot \mathrm{d}\boldsymbol{r}_1$$

$$\Delta E_{k2}=\int_{S_2}\boldsymbol{F}_2\cdot \mathrm{d}\boldsymbol{r}_2+\int_{S_2}\boldsymbol{f}_{21}\cdot \mathrm{d}\boldsymbol{r}_2$$

系统动能的总增量

$$\Delta E_k=\Delta E_{k1}+\Delta E_{k2}=\int_{S_1}\boldsymbol{F}_1\cdot \mathrm{d}\boldsymbol{r}_1+\int_{S_1}\boldsymbol{f}_{12}\cdot \mathrm{d}\boldsymbol{r}_1+\int_{S_2}\boldsymbol{F}_2\cdot \mathrm{d}\boldsymbol{r}_2+\int_{S_2}\boldsymbol{f}_{21}\cdot \mathrm{d}\boldsymbol{r}_2$$

可以把上式改写为

$$\Delta E_k=A_0+A_i \tag{1.61}$$

其中，$A_0=\int_{S_1}\boldsymbol{F}_1\cdot \mathrm{d}\boldsymbol{r}_1+\int_{S_2}\boldsymbol{F}_2\cdot \mathrm{d}\boldsymbol{r}_2$，$A_i=\int_{S_1}\boldsymbol{f}_{12}\cdot \mathrm{d}\boldsymbol{r}_1+\int_{S_2}\boldsymbol{f}_{21}\cdot \mathrm{d}\boldsymbol{r}_2$ 分别是外力对系统做的功和系统内部内力所做的功。

所有内力和所有外力对系统所做的功的总和等于系统动能的增量。而内力所做的功分为保守力所做的功 A_{ic} 和非保守力所做的功 A_{id}，其中保守力所做的功等于系统势能增量的负值，即

$$A_i=A_{ic}+A_{id}=-\Delta E_p+A_{id} \tag{1.62a}$$

或者

$$A_c+A_{id}-\Delta E_p=\Delta E_k \tag{1.62b}$$

引入系统的机械能 $E=E_k+E_p$，那么，式(1.62b)可以简化为

$$\Delta E=A_c+A_{id} \tag{1.63}$$

式(1.63)表明，在系统从一个状态变化到另一个状态的过程中，其机械能的增量等于外力所做的功和系统非保守力所做的功的代数和。这就是系统的功能原理。

1.5.4 机械能守恒定律

1. 机械能守恒定律

在功能原理中，若 $A_c+A_{id}=0$，即外力和非保守力内力不做功，则 $\Delta E=0$，系统的机械能不变。因此，当系统的非保守的内力和一切外力都不做功或做功的代数和为零时，系统中各物体的动能和各种势能可相互转换，但系统机械能的总和始终保持不变，这就是系统的机械能守恒定律。系统的机械能守恒定律可以表示为

$$E_{k1}+E_{p1}=E_{k2}+E_{p2} \tag{1.64}$$

(1) 机械能守恒定律不具普适性，有严格的前提条件，即只适用于机械运动范围。

(2) 自然界没有严格的机械能守恒的例子，因为总是存在非保守力做功，如摩擦力等。

2. 物质的多样性

物质的运动形态除机械运动外，还有许多运动形式，如热运动、电磁运动、原子的原子核

和粒子运动、化学运动、生命运动等。每种运动形式都有相应的能量形式对应,如热能、电磁能、核能、化学能、生物能等。

实验证实:不同形态的能量之间,可以彼此转换,但总量恒定。能量既不会消失,也不会产生,能量只能从一种形态转换为另一种形态。这就是能量守恒定律。

3. 永动机不存在

能量守恒定律是一条普适定律。根据这条定律,功可以看成是能量传递的量度,对一个系统做功不是凭空来的,它一定是以其他系统的能量变化为代价的。所谓的永动机就是一种不需要外界输入能量或者只需要一个初始能量就可以永远做功的机器。这显然违背能量守恒定律,因此,它不可能存在。

由力产生的效应有:①动量和冲量,动量守恒;②功、功能转换和能量守恒;③转动力矩、角动量和角动量守恒。这些物理定理和规律,不仅可以描述宏观物体的动力学性质,还能描述原子分子的低速运动性质。图1-52给出了由力产生的各种效应及其相互关系。

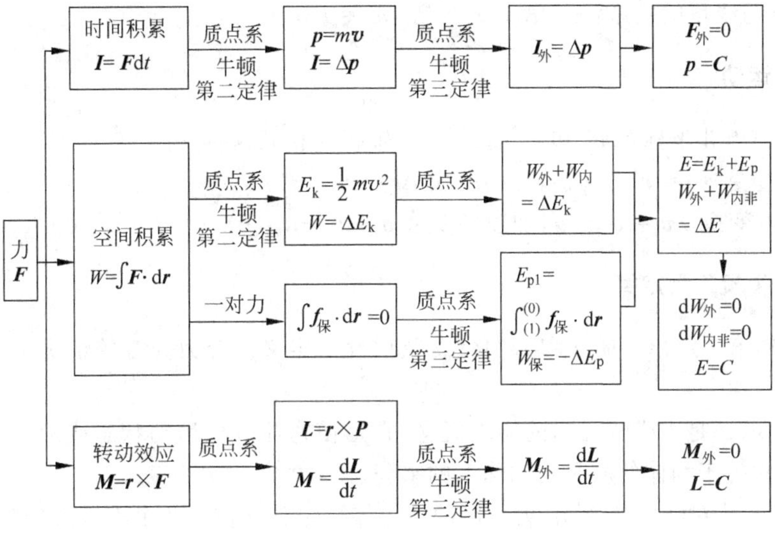

图1-52 由力产生的各种效应

本章小结

1. 质点运动的描述

(1) 位矢 $\boldsymbol{r}=x\boldsymbol{i}+y\boldsymbol{j}+z\boldsymbol{k}$,位移 $\Delta\boldsymbol{r}=\boldsymbol{r}(t+\Delta t)-\boldsymbol{r}(t)$,运动方程 $\boldsymbol{r}=\boldsymbol{r}(t)$,路程 $s=s(t)$。

(2) 平均速度 $\bar{\boldsymbol{v}}=\frac{\Delta\boldsymbol{r}}{\Delta t}=\frac{\boldsymbol{r}(t+\Delta t)-\boldsymbol{r}(t)}{\Delta t}$,速度 $\boldsymbol{v}=\lim\limits_{\Delta t\to 0}\frac{\Delta\boldsymbol{r}}{\Delta t}=\frac{\mathrm{d}\boldsymbol{r}}{\mathrm{d}t}$,速率 $v=\frac{\mathrm{d}s}{\mathrm{d}t}$。速度方向沿轨道切向并指向前进一侧。速度与位移的关系式 $\boldsymbol{r}-\boldsymbol{r}_0=\int_0^t v\,\mathrm{d}t$ 。

(3) 平均加速度 $\bar{\boldsymbol{a}}=\frac{\Delta\boldsymbol{v}}{\Delta t}$,加速度 $\boldsymbol{a}=\frac{\mathrm{d}\boldsymbol{v}}{\mathrm{d}t}=\frac{\mathrm{d}^2\boldsymbol{r}}{\mathrm{d}t^2}$

2. 曲线运动的加速度

曲线运动的加速度分为切向加速度和法向加速度，其表达式为

$$\boldsymbol{a}=\frac{\mathrm{d}v}{\mathrm{d}t}\boldsymbol{e}_{\mathrm{t}}+\frac{v^2}{\rho}\boldsymbol{e}_{\mathrm{n}}=a_{\mathrm{t}}\boldsymbol{e}_{\mathrm{t}}+a_{\mathrm{n}}\boldsymbol{e}_{\mathrm{n}}$$

(1) $a_{\mathrm{t}}=\frac{\mathrm{d}v}{\mathrm{d}t}$，方向沿轨道切向；$a_{\mathrm{n}}=\frac{v^2}{R}$，方向指向轨道的曲率中心。两者夹角满足 $\tan\varphi=\frac{a_{\mathrm{n}}}{a_{\mathrm{t}}}$。

(2) 圆周运动

① 角量(方位)$\theta=\theta(t)$，角速度 $\omega=\frac{\mathrm{d}\theta}{\mathrm{d}t}$，角加速度 $\alpha=\frac{\mathrm{d}\omega}{\mathrm{d}t}=\frac{\mathrm{d}^2\theta}{\mathrm{d}t^2}$。

② α,ω,θ 三者的关系：$\theta-\theta_0=\int_{t_0}^{t}\omega\,\mathrm{d}t$，$\omega-\omega_0=\int_{t_0}^{t}\alpha\,\mathrm{d}t$。

③ 角量与线量的关系：$v=R\omega$，$a_{\mathrm{t}}=R\alpha$，$a_{\mathrm{n}}=R\omega^2$。

3. 相对运动

设两个笛卡儿坐标系 K 和 K' 的 x、y、z 轴指向相同，则可得

(1) 位置变换 $\boldsymbol{r}=\boldsymbol{r}'+\boldsymbol{r}_{KK'}$，位移变换 $\Delta\boldsymbol{r}=\Delta\boldsymbol{r}'+\Delta\boldsymbol{r}_{KK'}$；

(2) 速度变换 $\Delta\boldsymbol{v}=\boldsymbol{v}'+\boldsymbol{u}$，加速度变换 $\boldsymbol{a}=\boldsymbol{a}'+\boldsymbol{a}_{KK'}$。

4. 力与牛顿三大定律

(1) 牛顿第一定律。惯性和力的概念及惯性系定义。合力为零的情况下，物体静止或作惯性运动。

① 力(force)是由牛顿提出的物理概念，它是使物体改变运动状态或形变的根本原因。在动力学中它等于物体的质量与加速度的乘积。

② 力是物体对物体的作用，力不能脱离物体而单独存在。两个不接触的物体之间也可能产生力的作用。力的作用是相互的。力的单位(牛顿，N)，其量纲为 MLT^{-2}。

③ 力具有物质性、相互性、同时性、矢量性和独立性，常见的力有引力、重力、弹性力和摩擦力等，按照作用距离分为电磁力、引力、弱相互作用力和强相互作用力。

(2) 牛顿第二定律

表达式为 $\boldsymbol{F}=\frac{\mathrm{d}\boldsymbol{p}}{\mathrm{d}t}$，常用形式为 $\boldsymbol{F}=m\boldsymbol{a}$ 或 $\boldsymbol{F}=m\frac{\mathrm{d}\boldsymbol{v}}{\mathrm{d}t}=m\frac{\mathrm{d}^2\boldsymbol{r}}{\mathrm{d}t^2}$

① 直角坐标：$F_\alpha=ma_\alpha=m\frac{\mathrm{d}^2x_\alpha}{\mathrm{d}t^2}(\alpha=x,y,z)$

② 平面极坐标：法向分量 $F_{\mathrm{n}}=ma_{\mathrm{n}}=m\frac{v^2}{\rho}$，切向分量 $F_{\mathrm{t}}=ma_{\mathrm{t}}=m\frac{\mathrm{d}v}{\mathrm{d}t}$

(3) 牛顿第三定律

表达式为 $\boldsymbol{F}_{12}=-\boldsymbol{F}_{21}$，作用力与反作用力成对出现，大小相等，方向相反，作用在对方物体上。

(4) 牛顿第二定律的应用

合力不为零时，物体沿力的方向改变运动速率和运动方向。

两类问题：①微分问题。已知质点运动轨迹 $\boldsymbol{r}=\boldsymbol{r}(t)$，求状态量$(\boldsymbol{a},\boldsymbol{v})$；②积分问题。已知运动状态$(\boldsymbol{a},\boldsymbol{v})$求轨迹 $\boldsymbol{r}(t)$。

5. 动量、角动量及其守恒定律

(1) 冲量

力对时间的累积称为力的冲量。

(2) 动量定理

合外力的冲量等于质点(系)动量的增量。即

$$\begin{cases} \mathrm{d}\boldsymbol{I}=\boldsymbol{F}_{外}\,\mathrm{d}t=\mathrm{d}\boldsymbol{p} & (微分形式) \\ \boldsymbol{I}=\int_{t_0}^{t}\boldsymbol{F}_{外}\,\mathrm{d}t=\Delta\boldsymbol{p} & (积分形式) \end{cases}$$

(3) 动量守恒定律

合外力为零时，质点(系)动量守恒，即

$$\boldsymbol{p}=\sum_i m_i\boldsymbol{v}_i=\boldsymbol{C}(常量)$$

(4) 碰撞

完全弹性碰撞：动量守恒，机械能(动能)守恒。

非完全弹性碰撞：动量守恒。

完全非弹性碰撞：动量守恒。

(5) 平均冲力

$$\bar{\boldsymbol{F}}_{外}=\frac{\bar{\boldsymbol{I}}}{\Delta t}=\frac{\boldsymbol{p}_2-\boldsymbol{p}_1}{\Delta t}$$

(6) 角动量

对惯性系中某参考点，质点的角动量 $\boldsymbol{L}=\boldsymbol{r}\times\boldsymbol{p}=m(\boldsymbol{r}\times\boldsymbol{v})$，大小为 $L=mrv\sin\theta$，质点系的角动量 $\boldsymbol{L}=\sum_i\boldsymbol{L}_i=\sum_i m_i(\boldsymbol{r}_i\times\boldsymbol{v}_i)$。

① 角动量守恒定律：$\frac{\mathrm{d}\boldsymbol{L}}{\mathrm{d}t}=\boldsymbol{r}\times\boldsymbol{F}=0$，$\boldsymbol{L}=\boldsymbol{C}$(常量)

② 开普勒的行星运动三大定律。

6. 功与动能定理

(1) 功

$$A=\int\boldsymbol{F}\cdot\mathrm{d}\boldsymbol{r}=\sum_i\int\boldsymbol{F}_i\cdot\mathrm{d}\boldsymbol{r}=\sum_i A_i$$

合力对质点的功等于各分力功的代数和。一对内力的功与参考系无关，只与作用物体的相对位移有关。

功率：$P=\frac{\mathrm{d}A}{\mathrm{d}t}=\boldsymbol{F}\cdot\boldsymbol{v}$，功 $A=\int P\,\mathrm{d}t$。

(2) 动能定理

质点的动能定理：合外力对质点做的功等于质点动能的增量。即

$$\begin{cases} dE_k = dA = \boldsymbol{F} \cdot d\boldsymbol{r} & (\text{微分形式})； \\ E_{k2} - E_{k1} = A = \int \boldsymbol{F} \cdot d\boldsymbol{r} & (\text{积分形式}) \end{cases}$$

质点系动能定理：外力做功与内力做功之和等于质点系动能的增量。即 $E_{k2} - E_{k1} = A_{外} + A_{内}$。

7. 势能

空间任一点的势能等于保守力从该点到势能零点做的功。即

$$E_p(r) = \int_{r_0}^{r} \boldsymbol{F}_{保} \cdot d\boldsymbol{r}$$

(1) 势能

保守力做的功等于系统势能增量的负值。即

$$A_{保} = \int_{r_1}^{r_2} \boldsymbol{F}_{保} \cdot d\boldsymbol{r} = -(E_{k2} - E_{k1})$$

重力势能 $E_p = mgh$，弹性势能 $E_p = \frac{1}{2}kx^2$，引力势能 $E_p = -G\frac{m_1 m_2}{r}$。

(2) 由势能求保守力

$$F_l = -\frac{\partial E_p}{\partial l}, \quad \boldsymbol{F} = -\nabla E_p$$

8. 功能原理

外力与非保守内力做功之和等于系统机械能的增量，即

$$A_{外} + A_{非保} = E_2 - E_1$$

(1) 机械能守恒定律：只有保守内力做功的系统，机械能守恒。

(2) 若 $A_{外} + A_{非保} = 0$，则 $E = C$(常量)。

习题

1. 填空题

1.1 一质点的运动方程为 $\boldsymbol{r} = t\boldsymbol{i} + 2t^3\boldsymbol{j}$(SI)，则 $t = 1\text{s}$ 时的速度 $\boldsymbol{v}_1 =$ ________，1～3s 内的平均速度 $\bar{\boldsymbol{v}} =$ ________ 和平均加速度 $\bar{\boldsymbol{a}} =$ ________。

1.2 以速度 v_0 平抛一球，不计空气阻力，t 时刻小球的切向加速度 $a_t =$ ________，法向加速度 $a_n =$ ________。

1.3 一质点沿半径 $R = 0.10\text{m}$ 的圆周运动，其运动方程 $\theta = 2 + 4t^3$，θ 和 t 分别以弧度和秒计，则 $t = 1\text{s}$ 时其切向加速度 $a_t =$ ________，法向加速度 $a_n =$ ________。

1.4 沿 x 方向运动的质点速度 $v = k\sqrt{t}$，k 为正常数，$t = 0$ 时，$x = x_0$，则质点通过

s(m)所需时间 $t=$________，加速度 $a(t)=$________，运动方程为________。

1.5　轮船在水上以相对于水的速度$\boldsymbol{v}_1$ 航行，水流速度为$\boldsymbol{v}_2$，一人相对于甲板以速度$\boldsymbol{v}_3$ 行走，如人相对于岸静止，则$\boldsymbol{v}_1$、$\boldsymbol{v}_2$ 和$\boldsymbol{v}_3$ 的关系是________。

1.6　质量 $m=3$kg 的物体，$t=0$ 时，$x_0=0$，$v_0=0$，受到沿 x 轴的外力 $\boldsymbol{F}=4t^2\boldsymbol{i}$(N)的作用，则 $t=3$s 时质点的速度$\boldsymbol{v}=$________，质点的位置坐标 $x=$________。

1.7　质量为 M 的人带着质量为 m 的球在光滑的冰面上以速度 v_0 滑行，若人将球以速度 u(相对于人)水平向前抛出，则球被抛出后人的速度将变为________。

1.8　一人从 10m 深的井中提水，起始时桶与水共 10kg，由于桶漏水，每升高 1m 要漏去 0.2kg 的水。水桶匀速地从井中被提到井口，人所做的功为________。

1.9　质量为 m 的宇宙飞船返回地球时将发动机关闭，可以认为它仅在引力场中运动。地球质量为 M，引力常量为 G。在飞船从与地心的距离 R_1 处下降到 R_2 处的过程中，地球引力所做的功为________。

1.10　质量分别为 m_1 和 m_2 的两个可以自由运动的质点，开始时相距为 l，都处于静止状态。现仅在万有引力的作用下运动，经过一段时间后两个质点间的距离缩短为原来的一半，这时质点 m_1 的速率为________。

1.11　下列物理量：质量、动量、冲量、动能、势能、功中与参考系选取有关的物理量是________。(不考虑相对论效应。)

2. 选择题

2.1　【　　】某物体的运动规律为$\dfrac{\mathrm{d}v}{\mathrm{d}t}=-Kv^2t$，式中，$K$ 为大于零的常数，当 $t=0$ 时，初速度为 v_0，则速度 v 与时间 t 的函数关系为：

(A) $v=\dfrac{1}{2}Kt^2+v_0$　　(B) $v=-\dfrac{1}{2}Kt^2+v_0$

(C) $\dfrac{1}{v}=\dfrac{1}{2}Kt^2+\dfrac{1}{v_0}$　　(D) $\dfrac{1}{v}=-\dfrac{1}{2}Kt^2+\dfrac{1}{v_0}$

2.2　【　　】物体沿一闭合路径运动，经 Δt 时间后回到出发点 A，如图 1-53 所示，初速度$\boldsymbol{v}_1$，末速度$\boldsymbol{v}_2$，且$|\boldsymbol{v}_1|=|\boldsymbol{v}_2|$，则在 Δt 时间内其平均速度 $\bar{\boldsymbol{v}}$ 和平均加速度 $\bar{\boldsymbol{a}}$ 分别为：

(A) $\bar{\boldsymbol{v}}=0,\bar{\boldsymbol{a}}=0$　　(B) $\bar{\boldsymbol{v}}=0,\bar{\boldsymbol{a}}\neq 0$

(C) $\bar{\boldsymbol{v}}\neq 0,\bar{\boldsymbol{a}}\neq 0$　　(D) $\bar{\boldsymbol{v}}\neq 0,\bar{\boldsymbol{a}}=0$

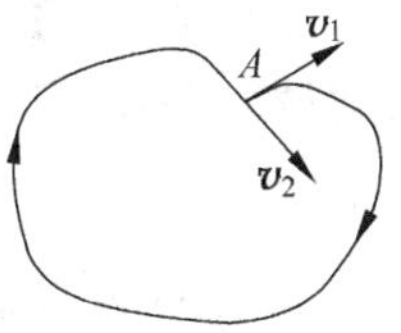

图 1-53　选择题 2.2 用图

2.3　【　　】质点作曲线运动，元位移 $\mathrm{d}\boldsymbol{r}$，元路程 $\mathrm{d}s$，位移 $\Delta\boldsymbol{r}$，路程 Δs，它们之间量值相等的是：

(A) $|\Delta\boldsymbol{r}|=\Delta s$　　(B) $|\mathrm{d}\boldsymbol{r}|=\Delta s$

(C) $|\mathrm{d}\boldsymbol{r}|=\mathrm{d}s$　　(D) $|\mathrm{d}\boldsymbol{r}|=|\Delta\boldsymbol{r}|$

(E) $|\Delta\boldsymbol{r}|=\mathrm{d}s$

2.4　【　　】质点的运动方程为 $x=at$，$y=b+ct^2$，a，b，c 均为常数，当质点的运动方向与 x 轴成 45°时，其速率为：

(A) a　　(B) $\sqrt{2}a$　　(C) $2c$　　(D) $\sqrt{a+4c^2}$

2.5 【 】如图 1-54 所示，质点沿半径为 R 的圆周按规律 $S=bt-\frac{1}{2}ct^2$ 运动，b、c 均为常数，且 $b>\sqrt{Rc}$，则切向加速度与法向加速度相等时所经历的最短时间为：

(A) $b/c-(R/c)^{1/2}$　　(B) $b/c+(R/c)^{1/2}$

(C) $b/c-R$　　(D) $b/c+R$

2.6 【 】沿直线运动的物体，其 v-t 曲线如图 1-55 中 $ABCDEFG$ 折线所示，已知 $AD>EG$，梯形 $ABCD$ 与△EFG 面积相等，则在 AD 与 EG 两段时间内：

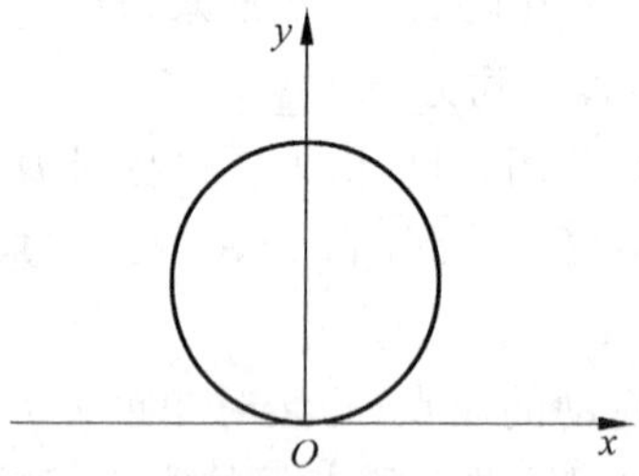

图 1-54 选择题 2.5 用图

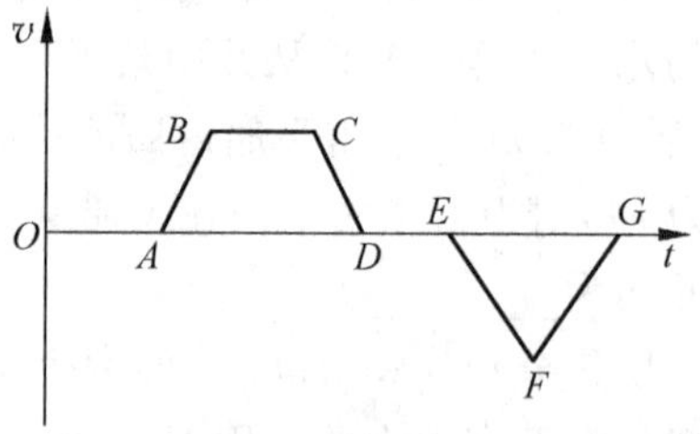

图 1-55 选择题 2.6 用图

(A) 位移相等，路程相等　　(B) 位移不等，路程不等

(C) 位移不等，路程相等　　(D) 两者平均速度相等

2.7 【 】质量为 m 的物体自空中落下，它除受重力外，还受到一个与速度平方成正比的阻力作用，比例系数为 K（K 为正常数），该下落物体的收尾速度（即最后物体作匀速运动时的速度）将是：

(A) $\sqrt{\frac{mg}{K}}$　　(B) $\frac{g}{2K}$　　(C) gK　　(D) $\sqrt{gK}$

2.8 【 】一质点在力 $F=5m(5-2t)$(SI) 的作用下，$t=0$ 时从静止开始作直线运动，式中 m 为质点的质量，t 为时间，则当 $t=5\text{s}$ 时质点的速率为：

(A) 25m/s　　(B) −50m/s　　(C) 0　　(D) 50m/s

2.9 【 】一圆锥摆，摆球质量为 m，摆线长 L，摆线与铅垂线夹角为 θ，若摆线能承受的最大张力为 T_0，则摆球沿水平圆周运动的最大角速度为：

(A) $(T_0/mL)^{1/2}$　　(B) $(T_0\sin\theta/mL)^{1/2}$

(C) $(T_0/mL\sin\theta)$　　(D) $(T_0/mL\sin^2\theta)^{1/2}$

2.10 【 】粒子 B 的质量是粒子 A 的质量的 4 倍，开始时粒子 A 的速度为 $3\boldsymbol{i}+4\boldsymbol{j}$，粒子 B 的速度为 $2\boldsymbol{i}-7\boldsymbol{j}$，两者的相互作用使 A 的速度变为 $7\boldsymbol{i}-4\boldsymbol{j}$，此时粒子 B 的速度为：

(A) $\boldsymbol{i}-5\boldsymbol{j}$　　(B) $2\boldsymbol{i}-7\boldsymbol{j}$　　(C) 0　　(D) $5\boldsymbol{i}-3\boldsymbol{j}$

2.11 【 】质量为 m、速度大小为 u 的质点，在受到某个力的作用后，其速度的大小未变，但方向改变了 θ 角，则这个力的冲量大小为：

(A) $2mv\cos(\theta/2)$　　(B) $2mu\sin(\theta/2)$

(C) $mv\cos(\theta/2)$　　(D) $mv\sin(\theta/2)$

2.12 【 】质量为 5kg 的物体受一水平方向的外力作用，在光滑的水平面上由静止开始作直线运动，外力 F 随时间变化的情况如图 1-56 所示，在 5～15s 这段时间内外力的冲量为：

(A) 0　　(B) 25N·s　　(C) −25N·s　　(D) 50N·s

2.13 【　】一个质点在如图 1-57 所示的坐标平面内作圆周运动，有一力 $\boldsymbol{F}=F_0(x\boldsymbol{i}+y\boldsymbol{j})$ 作用在质点上。在该质点从坐标原点运动到 $(0,2R)$ 位置过程中，力 $\boldsymbol{F}$ 对它所做的功为：

(A) F_0R^2　　(B) $2F_0R^2$　　(C) $3F_0R^2$　　(D) $4F_0R^2$

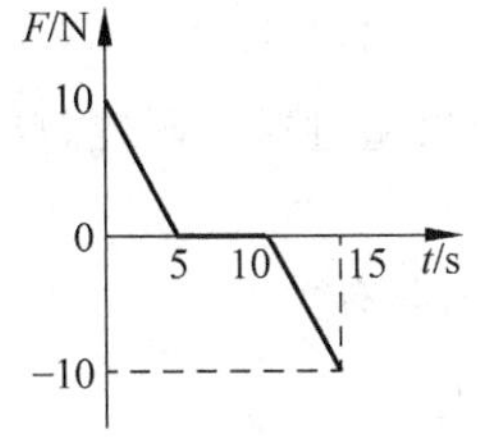

图 1-56　选择题 2.12 用图

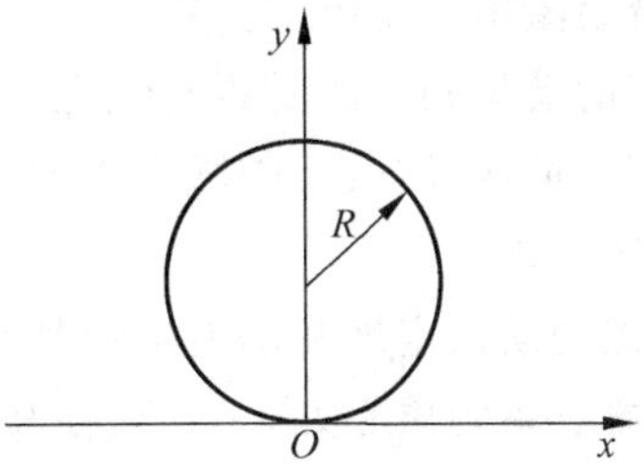

图 1-57　选择题 2.13 用图

2.14 【　】一质量为 m 的小球系在长为 l 的绳上，绳与竖直线间的夹角用 θ 表示，当小球从 $\theta=0$ 运动到 $\theta=\theta_0$ 时，重力所做的功为：

(A) $A=\int_0^{\theta_0} mg\cos\theta l\,\mathrm{d}\theta$　　(B) $A=\int_0^{\theta_0} mg\sin\theta l\,\mathrm{d}\theta$

(C) $A=\int_0^{\theta_0} -mg\cos\theta l\,\mathrm{d}\theta$　　(D) $A=\int_0^{\theta_0} -mg\sin\theta l\,\mathrm{d}\theta$

2.15 【　】一个小球与另一个质量与其相等的静止小球发生弹性碰撞，如果碰撞不是对心的，碰后两个小球运动方向间的夹角为 α，则有：

(A) $\alpha>90°$　　(B) $\alpha=90°$　　(C) $\alpha<90°$　　(D) $\alpha=0°$

2.16 【　】如图 1-58 所示，物体 A 放在三角形物体 B 的斜面上，物体 B 与水平地面间无摩擦力。在物体 A 从斜面滑落下来的过程中，若 A、B 两物体组成的系统沿水平方向的动量为 P，系统的机械能为 E，则对于由 A 和 B 两个物体所组成的系统，有：

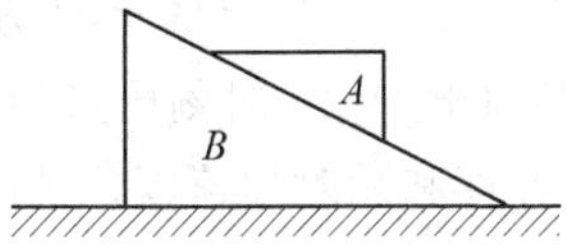

图 1-58　选择题 2.16 用图

(A) P、E 都守恒　　(B) P 守恒，E 不守恒

(C) P 不守恒，E 守恒　　(D) P、E 均不守恒

3. 思考题

3.1　如果一质点的加速度与时间的关系是线性的，那么该质点的速度和位矢与时间的关系是否也是线性？

3.2　平均速率的意思可以是平均速度矢量的大小，也可以是所经路径的总长度除以所经过的总时间，这两个意思是否相同？

3.3　在火车车厢中的光滑桌面上，放置一个小钢球，当火车的速率增加时，车厢和铁轨上的观察者看到小球的运动状态会发生怎样的变化？为什么？

3.4　物体作曲线运动时，速度方向一定沿运动轨道的切线方向，法向速度恒为零，因此其法向加速度也一定为零，此种说法对吗？

3.5 质点在空间的运动，一般是三维运动。忽略风作用的抛体运动，为什么可以作为二维运动来处理？

3.6 合外力对物体所做的功等于物体动能的增量，而其中某一个分力做的功，能否大于物体动能的增量？

3.7 将木块置于盛水银的杯中，水银面与杯口齐平，当杯子由静止开始以加速度 a 上升时，水银是否会溢出？溢出多少？

3.8 质点的动量和动能是否与惯性系的选取有关？

3.9 我们知道，物质表面的磨光程度有一个限度，如果超过这一限度，反而会增加摩擦阻力。试解释这一事实。

3.10 质点的动量定理和动能定理是否与惯性系的选取有关？

3.11 在质点系的质心处，一定存在其中的一个质点吗？

3.12 某一瞬间物体在力矩作用下，其角速度可以为零吗？其角加速度可以为零吗？

3.13 科里奥利加速度是否由科里奥利力所产生的？

3.14 一人静止于覆盖着整个池塘的完全光滑的冰面上，试问他怎样才能到达岸上？他能否由步行、滚动、挥舞双臂或踢动双脚而到达岸边？

3.15 一辆以恒定速率前进的汽车车轮，其轮缘上各点的速率是否相同？

4. 综合计算题

4.1 质量为 m 的汽车沿 x 轴正方向运动，初始位置 $x_0=0$，从静止开始加速，其发动机的功率 P 维持不变，在不计阻力的条件下，试证明：(1)其速度的表达式为 $v=\sqrt{2Pt/m}$；(2)其位置的表达式为 $x=\sqrt{8P/9m}\,t^{3/2}$。

4.2 一质点的运动方程为 $x=2t, y=19-2t^2$(SI)。(1)写出质点运动轨道方程；(2)写出 $t=2$s 时刻质点的位置矢量，并计算第 2s 内的平均速度值；(3)计算 2s 末质点的瞬时速度和瞬时加速度；(4)在什么时刻，质点的位置矢量与其速度矢量恰好垂直？这时位矢的 x，y 分量各为多少？

4.3 一质点从 P 点出发，以匀速率 1cm/s 作顺时针转向的圆周运动，半径为 1m，如图 2-5 所示。(1)当它走过 2/3 圆周时，位移是多少？路程是多少？这段时间内平均速度是多少？在该点的瞬时速度如何？(2)取 P 点为原点，坐标如图 2-5 所示，试写出该点的运动方程 $X=x(t)$，$Y=y(t)$的函数式。

4.4 一质点从静止出发，沿半径 $R=3$m 的圆周作匀变速率圆周运动，切向加速度 $a_t=3\text{m/s}^2$。(1)经过多长时间它的总加速度 $\boldsymbol{a}$ 恰好与半径成 45°？(2)在上述时间内，质点所经过的路程和角位移各为多少？

4.5 在相对地面静止的坐标系内，A、B 两船都以 2m/s 的速率匀速行驶，A 船沿 x 轴正向，B 船沿 y 轴正向。今在 A 船上设置与静止坐标系方向相同的坐标系，那么在 A 船上的坐标系中，B 船的速度为多少？

4.6 在离水面高为 h 的岸边，有人用绳拉船靠岸，船在离岸边 s 处，当人以 v_0 的速率收绳时，试求船的速度、加速度。

4.7　质点沿直线运动，初速度为 v_0，加速度 $a=-k\sqrt{v}$，k 为正常数，求：(1)质点完全静止所需的时间；(2)这段时间内运动的距离。

4.8　一细绳跨过定滑轮，绳的一端悬有一质量为 m_1 的物体，另一端穿在质量 m_2 的圆柱体的竖直细孔中，圆柱可沿绳子滑动，如图 1-59 所示。今看到绳子从圆柱细孔中加速上升，圆柱体相对于绳子以匀加速度 a 下滑。求 m_1、m_2 相对于地面的加速度、绳的张力及圆柱体与绳子间的摩擦力(绳与滑轮的质量以及轮的转动摩擦都不计)。

4.9　三个物体 A、B、C 的质量均为 M，B、C 靠在一起放在光滑的水平桌面上，两者间连有一段长度为 0.4m 的细绳，原先放松着，B 的另一端连有细绳跨过桌边的定滑轮而与 A 相连，如图 1-60 所示。已知滑轮和绳子的质量不计，绳子的长度一定。问 A、B 起动后，经多长时间 C 也开始运动？C 开始运动的速度是多少？

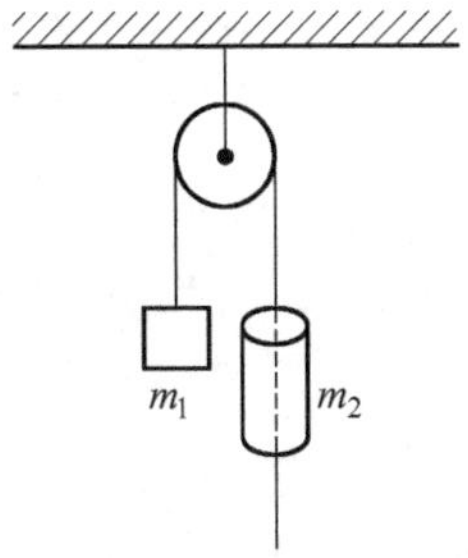

图 1-59　综合计算题 4.8 用图

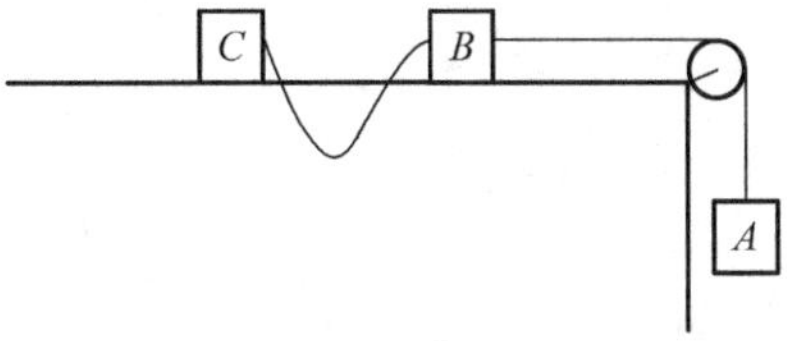

图 1-60　综合计算题 4.9 用图

4.10　质量为 m 的物体，最初静止于 x_0 处，在力 $f=-k/x^2$(k 为常数)作用下沿直线运动，证明物体在 x 处的速度为 $v=[2k(1/x-1/x_0)/m]^{1/2}$。

4.11　一个力 F 作用在质量为 1.0kg 的质点上，使之沿 x 轴运动，已知在此力作用下质点的运动方程为 $x=3t-4t^2+t^3$(SI)，在 0～4s 的时间间隔内，求：(1)力 F 的冲量大小；(2)力 F 对质点所做的功。

4.12　质量为 m 的质点在外力的作用下，其运动方程为 $\boldsymbol{r}=A\cos\omega t\boldsymbol{i}+B\sin\omega t\boldsymbol{j}$，其中 A、B、ω 都是正的常数，则力在 $t_1=0$ 到 $t_2=\dfrac{\pi}{2\omega}$这段时间内所做的功是多少？

4.13　一根劲度系数为 k_1 的轻弹簧 A 的下端挂一根劲度系数为 k_2 的轻弹簧 B，B 的下端又挂一重物 C，C 的质量为 M。求这一系统静止时两个弹簧的伸长量之比和弹性系数之比。如果将此重物用手托住，让两个弹簧恢复原长，然后放手任其下落，问两根弹簧最大共可伸长多少？弹簧对 C 作用的最大力为多大？

4.14　如图 1-61 所示，质量为 1.0kg 的钢球 m 系在长为 0.8m 的绳的一端，绳的另一端 O 固定。把绳拉到水平位置后，再把它由静止释放，球在最低点处与一质量为 5.0kg 的钢球 M 作完全弹性碰撞，求碰撞后钢球继续运动能达到的最大高度。

4.15　如图 1-62 所示，A 球的质量为 m，以速度$\boldsymbol{v}$ 飞行，与一静止的球 B 碰撞后，A 球的速度变为$\boldsymbol{v}_1$，其方向与$\boldsymbol{v}$ 方向成 90°。B 球的质量为 $5m$，它被碰撞后以速度$\boldsymbol{v}_2$ 飞行，$\boldsymbol{v}_2$ 的方向与$\boldsymbol{v}$ 间夹角为 $\theta=\arcsin(3/5)$。求：(1)两球相撞后速度$\boldsymbol{v}_1$、$\boldsymbol{v}_2$ 的大小；(2)碰撞前后两小球动能的变化。

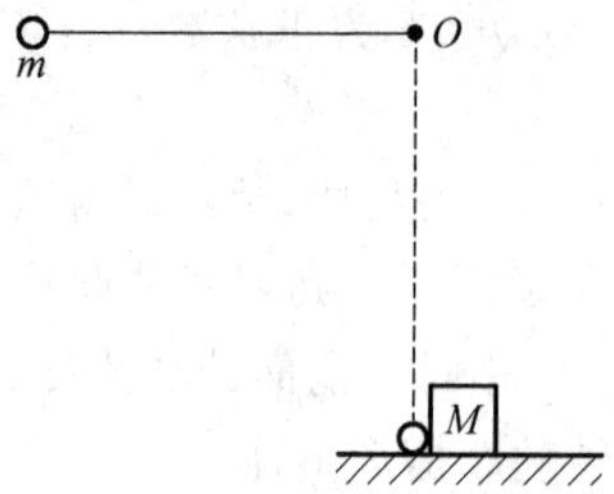

图 1-61 综合计算题 4.14 用图

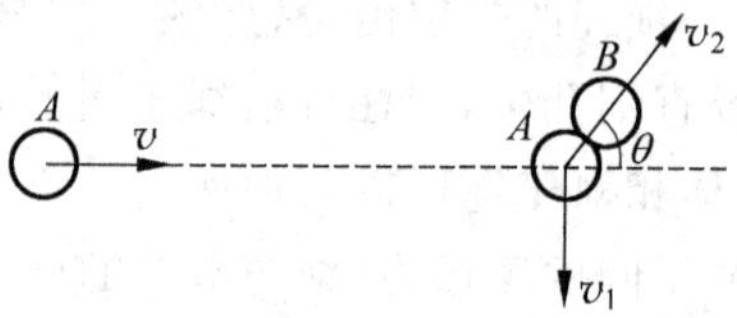

图 1-62 综合计算题 4.15 用图

第2章 刚体力学

固体、液体和气体都是由分子组成的。在力学中，我们所研究的是它们的宏观运动规律，一般不考虑其微观结构。由于任何宏观上的微小部分都包含了大量的分子，使得人们所观察到的物体运动及其各部分之间的相互作用，在大多数情况下都涉及大量分子的集体行为，因此在通常情况下，可以把它们看成连续的。但是，连续固体、连续液体和气体的运动仍然是十分复杂的，为了使问题简化，通常都引入一些理想模型，如刚体、弹性体和理想流体等。简化连续固体的理想模型是刚体，简化连续液体和气体的理想模型是理想流体。

本章首先分析刚体的运动特征，把刚体运动分解成质心平动和绕质心转动两部分，其中质心的平动可以利用第1章的运动学定理和定律来求解，因此，重点介绍刚体绕质心的转动；其次介绍产生刚体转动的根源——刚体动力学，重点介绍刚体的定轴转动，包括转动力矩、角动量、转动惯量等基本量的计算，同时介绍刚体定轴转动定律、角动量守恒定律、动能定理、功能原理和机械能守恒定律；最后，介绍陀螺的运动特征：进动和章动等性质以及陀螺在工程上的应用。

2.1 刚体及其运动

2.1.1 刚体的概念

物体的一些运动是与它的形状有关的，这时物体就不能看成质点了，对其运动规律的讨论就必须考虑形状的因素。对有形物体的一般性讨论也是一个非常复杂的问题，全面的分析和研究是力学专业课程学习的内容。在大学物理中，我们讨论有形物体的一种特殊的情况，那就是物体在运动时没有形变或形变可以忽略。如果物体在运动时没有形变或其形变可以忽略，我们就能抽象出一个有形状而无形变的物体模型，称为刚体。刚体的更准确、更定量的定义是：如果一个物体中任意的两个质点之间的距离在运动中都始终保持不变，则称为刚体。被认为是刚体的物体在任何外力作用下都不会发生形变。但实际物体在外力作用下总是会发生形变的，因此刚体是一个理想模型。它是为考察有形物体运动所做的一个重要简化。

实际物体能否看成刚体不是依据其材质是否坚硬，而是取决于考察它在运动过程中是否有形变或其形变是否可以忽略。正如在质点中所讨论的那样，刚体也就是一个质点系，而且是一个特殊的刚性质点系，它的运动规律相较于一个质点相对位置分布可以随时改变的一般质点系而言，要简单得多。

2.1.2 刚体运动及其分类

质点的运动只代表物体的平动，但实际物体是有形状、大小的，它可以平动、转动，甚至做更复杂的运动。因此，对于刚体运动的研究，只限于质点的情况是不够的。考虑到刚体是一种特殊的质点系统，无论在多大外力的作用下，系统内任意两质点间的距离始终保持不变，刚体在运动过程中不会发生形变。所以，在研究刚体的运动时，需要同时考虑刚体的平动和转动，或者把刚体的任意运动形式都可以看成平动和转动的叠加。

1. 刚体的平动

(1) 平动的定义

如果在一个运动过程中刚体内部任意两个质点之间的连线的方向都始终不发生改变，则称该运动为平动，如图 2-1(a)所示。自动扶梯的上下运动如图 2-1(b)所示、缆车的运动都可看成刚体平动。

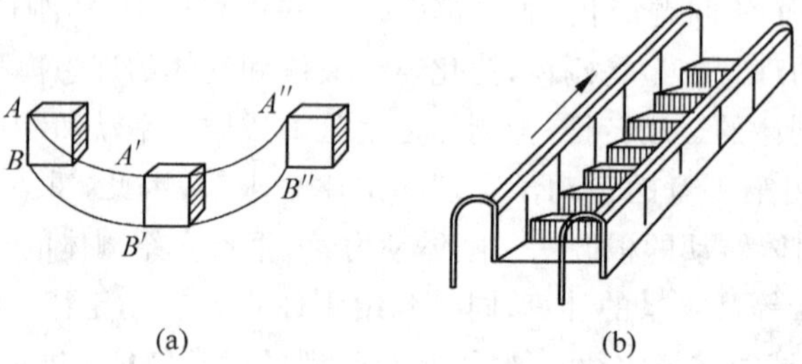

图 2-1 刚体的平动

(a) 物体的平动；(b) 自动扶梯的上下运动

(2) 平动的特点

图 2-1 给出了刚体平动的两个实例。由它们的轨迹不难发现，刚体平动的一个明显特点是：在平动过程中，刚体上每个质点的位移、速度和加速度都相同。这意味着，如果我们要研究刚体的平动，只需要研究某一个质点(如质心)的运动就行了。因为这一个质点的运动规律就代表了刚体所有质点的运动规律，也就是刚体的运动规律。从这个意义上说，刚体的平动属于质点运动学范畴，可以使用质点模型。在解决刚体平动的动力学问题时也可以使用质点模型，通过质点动力学来解决。这实际上并不是新问题，如利用牛顿运动定律处理的多数题目中出现的都是有形状的物体，但只要它是在平动，我们就仍可以用牛顿运动定律来处理它们。实际上，这时我们用牛顿运动定律求出来的是质心的加速度，但是由于在平动中刚体上每个质点的加速度相同，所以质心的加速度也就代表了所有质点的加速度。综上所述，我们在研究刚体平动的运动规律时可以使用质点模型，可以用第 1 章中质点运动学中的知识去分析和处理它们。

2. 刚体的转动

(1) 转动的定义

如果在某一个运动过程中，刚体上所有的质点均绕同一直线作圆周运动，则称刚体在转动，该直线称为转轴。如火车车轮的运动、飞机螺旋桨的运动都是转动。如果转轴是固定不动的，则称为定轴转动，如车床齿轮的运动、吊扇扇叶的运动均属于定轴转动。

转动是否是定轴的，取决于参考系的选择。如图 2-2(a)所示，车轮各点均绕中心轴转动，而中心轴则作平动。从地面上来看，车轮各点的运动轨迹是摇摆线(请同学自己画一下轨迹图)。

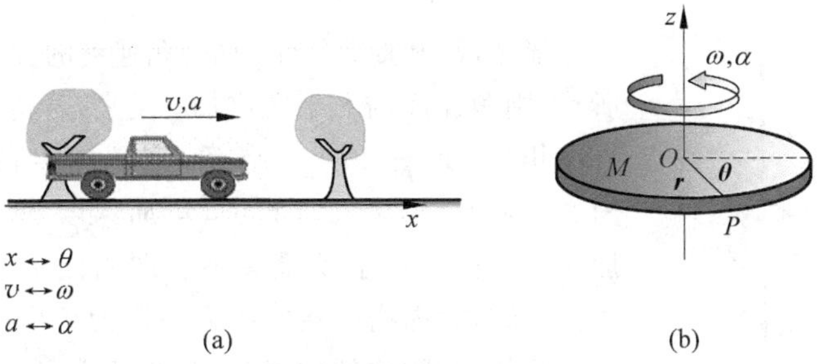

图 2-2　汽车轮运动由中心轴平动和定轴转动组成

(a) 中心轴平动；(b) 定轴转动

(2) 定轴转动的特点

定轴转动过程中，刚体上的任一质点 P 都绕一个固定轴作圆周运动，如图 2-2(b)所示，习惯上常把转轴设为 z 轴，圆周所在平面 M 称为质点的转动平面，转动平面与转轴垂直。质点作圆周运动的圆心 O 称为质点的转动轴心，质点对于轴心的位矢 $\boldsymbol{r}$ 称为质点的矢径。定轴转动显著的特点是：转动过程中刚体上所有质点的角位移、角速度和角加速度都相同，分别称为刚体转动的角位移、角速度和角加速度。

3. 角速度和角加速度

描述刚体定轴转动最佳的物理量是角量。物体转动的角速度和角加速度都是有方向的，通常说某物体转动的角速度是逆时针方向或顺时针方向，就是在描述角速度的方向。对于刚体定轴转动，转动方向的描述与观察方向有关，例如在图 2-3 中逆着 z 轴从上向下看和沿着 z 轴从下向上看到的角速度的方向正好相反。为了准确描述角速度和角加速度的方向，把角速度和角加速度定义为矢量。角速度和角加速度已经有了大小的定义，现在要赋予它们方向。

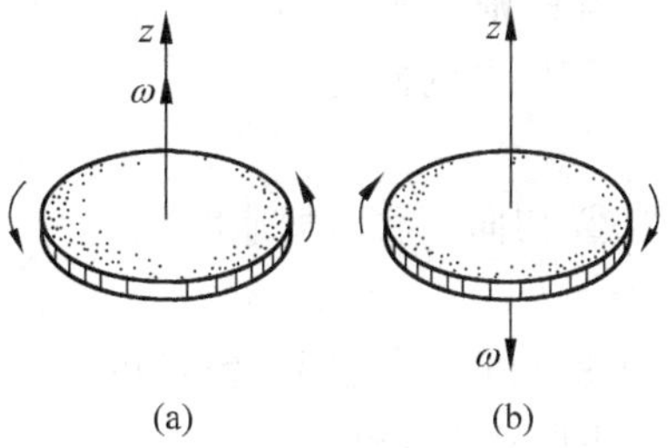

图 2-3　角速度方向

(a) 沿 z 轴向上；(b) 沿 z 轴向下

(1) 角速度

通常规定，物体的角速度的方向与物体的转动方向构成右手螺旋关系：当我们伸直右手大拇指并弯曲其余的四个手指，并使四个手指指向物体的转动方向时，大拇指所指的方向即为角速度的方向。在图 2-3(a)中，刚体的转动方向是逆时针方向，按右手螺旋定则，可知它的角速度沿 z 轴向上；在图 2-3(b)中，刚体的转动方向是顺时针方向，则可知它的角速度沿 z 轴向下。角速度的大小还可以用如下的数学表达式来表示：

$$|\boldsymbol{\omega}| = \omega = \frac{\mathrm{d}\theta}{\mathrm{d}t} \tag{2.1}$$

式中，$\boldsymbol{\omega}=\omega\boldsymbol{n}$，$\omega$ 表示角速度的大小，$\boldsymbol{n}$ 表示转动的方向。角速度的国际单位为 rad/s。

(2) 角加速度

角加速度定义为

$$\boldsymbol{\alpha}=\frac{\mathrm{d}\boldsymbol{\omega}}{\mathrm{d}t}=\frac{\mathrm{d}^2\boldsymbol{\theta}}{\mathrm{d}t^2} \tag{2.2}$$

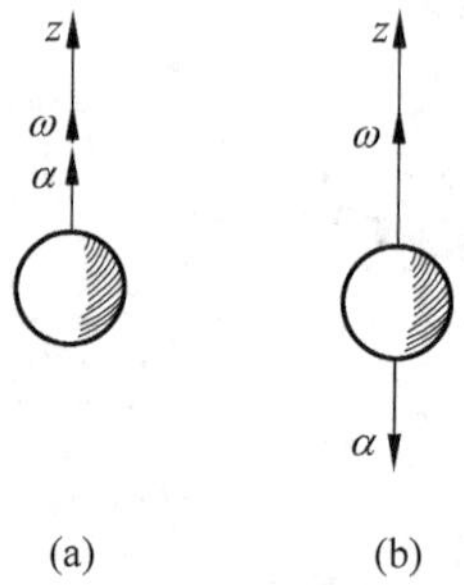

图 2-4 角加速度与角速度的方向

(a) 方向相同；(b) 方向相反

显然，若角加速度的方向与角速度的方向相同，如图 2-4(a)所示，则角速度的大小在增加；反之，若角加速度与角速度的方向相反，如图 2-4(b)所示，则角速度的大小在减小。从图 2-4(a)和(b)中不难验证，角加速度的方向与物体转动的加速方向构成右手螺旋关系。即当四个手指指向物体的加速方向时，大拇指所指向的方向即为角加速度的方向。

显然，在刚体的定轴转动中，角速度和角加速度的方向只能沿着 z 轴正方向和负方向两个方向。可以把沿 z 轴正方向的角速度称为正角速度，沿着 z 轴负方向的角速度称为负角速度，这是角速度的标量表述。对角加速度也可进行同样的标量表述，读者可自行推广。

(3) 定轴转动的线量

当刚体做定轴转动时，刚体上的各个质点都有速度和加速度。这些质点的速度和加速度与刚体的角速度和角加速度有什么关系呢？在矢量描述中，刚体定轴转动的角量与线量的关系将包含它们方向之间的关系，因而表现得更加完整。若刚体上的一个质点对 z 轴的径矢为 r，则其速度、切向加速度及法向加速度和角速度与角加速度的矢量关系式为

① 质点的速度

$$\boldsymbol{v}=\boldsymbol{\omega}\times\boldsymbol{r},\quad v=r\omega\sin\varphi \tag{2.3a}$$

② 切向和法向加速度

$$\boldsymbol{a}_{\mathrm{t}}=\boldsymbol{\alpha}\times\boldsymbol{r},\quad \boldsymbol{a}_{\mathrm{n}}=\boldsymbol{\omega}\times\boldsymbol{r} \tag{2.3b}$$

式(2.3a)和式(2.3b)大家可以自己推导。其物理意义可以由图 2-5 看出。

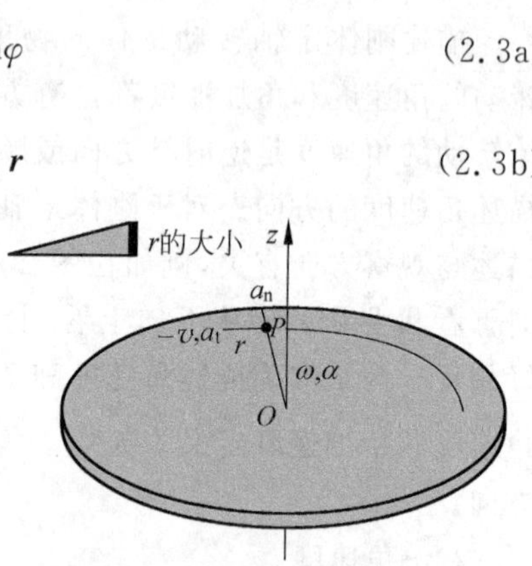

图 2-5 绕定轴转动圆盘的加速度

若角加速度 α 不随时间变化，那么从式(2.2)角速度与角加速度的关系出发，便可以把质点沿直线运动的位移、速度等公式类比到刚体的定轴转动中来，因此，角速度和旋转角度可以用如下公式表示：

$$\begin{cases}\omega=\omega_0+\alpha t\\ (\theta-\theta_0)=\omega t+\dfrac{1}{2}\alpha t^2\\ \omega^2-\omega_0^2=2\alpha(\theta-\theta_0)\end{cases} \tag{2.4}$$

在后面的讨论中，角速度和角加速度的矢量表达式和标量表达式都会用到，这主要取决于在处理具体问题时用什么描述方法更为方便。

工程中常将电机每分钟转动的圈数称为转速，用 n 表示，单位为转/秒(r/s)或转/分(r/min)，则 ω 与 n 的关系为

$$\omega = \frac{2\pi n}{60}$$

例 2.1　某发动机转子在启动过程中的转动方程为 $\theta = 1.5t^2 + 1.5$，转子的半径为 $R = 0.5\text{m}$。试求转子外边缘上的 M 点在 $t = 2\text{s}$ 时的速度、切向加速度和法向加速度。

解　根据角速度和角加速度定义可得

$$\omega = \frac{\mathrm{d}\theta}{\mathrm{d}t} = 3t\Big|_{t=2\text{s}} = 6\text{rad/s}, \quad \alpha = \frac{\mathrm{d}\omega}{\mathrm{d}t} = 3\text{rad/s}^2$$

根据线量与角量的关系，可得 M 点的速度和加速度在切向、法向的投影为

$$v = \omega R = (6 \times 0.5)\text{m/s} = 3\text{m/s}$$

$$a_{\text{t}} = R\alpha = (0.5 \times 3)\text{m/s}^2 = 1.5\text{m/s}^2, \quad a_{\text{n}} = R\omega^2 = (0.5 \times 6^2)\text{m/s}^2 = 18\text{m/s}^2$$

v 与 a_{t} 同号，说明 M 点在作加速运动。

2.2　刚体动力学

对于一个静止的质点来说，当它受到力的作用时，将开始运动；但对于物体的转动而言，当它受到外力作用时，可能转动，也可能不转动，这取决于此外力是否产生力矩。若外力产生力矩，物体就转动，不产生力矩，物体则不转动。所以，力矩对物体转动所起的作用，与力对质点运动所起的作用是类似的。

2.2.1　力矩

一般意义上，力矩是对某一参考点而言的。如果质点 P 在坐标系 $Oxyz$ 中的位置矢量是 $\boldsymbol{r}$，如图 2-6(a)所示，那么作用于质点 P 的力 $\boldsymbol{F}$ 相对于参考点 O 所产生的力矩 $\boldsymbol{M}$ 为

$$\boldsymbol{M} = \boldsymbol{r} \times \boldsymbol{F} \tag{2.5}$$

对该力矩进行几何分解，如图 2-6(b)所示，则可得力矩的大小 $M = Fr\sin\theta = Fd$，$d = r\sin\theta$ 称为力臂，力矩的方向由右手螺旋定则确定。在国际单位制中，力矩的单位是 N·m(牛[顿]·米)。

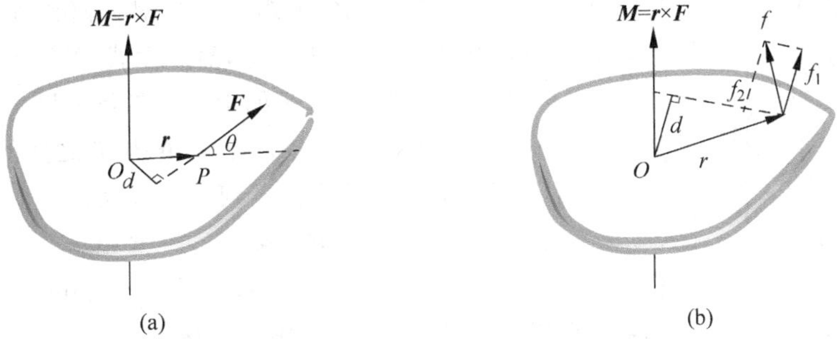

图 2-6　力矩的几何图

(a) 力矩的定义；(b) 力矩的几何分解

由力矩的定义式(2.5)可知，力矩 $\boldsymbol{M}$ 与质点的位置矢量 $\boldsymbol{r}$ 有关，也就是与参考点 O 的选取有关。对于同样的作用力 $\boldsymbol{F}$，选择不同的参考点，力矩 $\boldsymbol{M}$ 的大小和方向都会不同。为了表示力矩 $\boldsymbol{M}$ 是相对于参考点 O 的，所以一般在画图时总是把力矩 $\boldsymbol{M}$ 画在参考点 O 上，

而不是画在质点 P 上，如图 2-6(a)所示。

如果作用于质点上的力 $\boldsymbol{F}$ 是多个力的合力，即 $\boldsymbol{F}=\sum_{i}^{t}\boldsymbol{F}_i$。代入式(2.5) 中，得

$$\boldsymbol{M}=\sum_{i}^{t}(\boldsymbol{r}\times\boldsymbol{F}_i)=\sum_{i}^{t}\boldsymbol{M}_i \tag{2.6}$$

这表明，合力对某参考点 O 的力矩等于各分力对同一参考点的力矩的矢量之和。

1. 力对转轴的力矩

我们日常生活所见到的转动都是绕某转轴进行的，如门绕门轴的转动、风扇叶片绕转轴的转动、螺帽绕螺杆的转动等。在这种情况下，若将转轴定为 z 轴，那么对转动起作用的力矩只是力矩矢量沿转轴 z 的分量 M_z。

在以参考点 O 为原点的直角坐标系中，力矩矢量 $\boldsymbol{M}$ 可表示为

$$\boldsymbol{M}=M_x\boldsymbol{i}+M_y\boldsymbol{j}+M_z\boldsymbol{k} \tag{2.7a}$$

其中，M_x、M_y 和 M_z 分别是力矩矢量 $\boldsymbol{M}$ 沿 x 轴、y 轴和 z 轴的分量。在同一个坐标系中，质点 P 的位置矢量 $\boldsymbol{r}$ 和作用力 $\boldsymbol{F}$ 可分别表示为

$$\boldsymbol{r}=x\boldsymbol{i}+y\boldsymbol{j}+z\boldsymbol{k}$$
$$\boldsymbol{F}=F_x\boldsymbol{i}+F_y\boldsymbol{j}+F_z\boldsymbol{k}$$

将以上两式代入式(2.5)，即可得到

$$\boldsymbol{M}=\begin{bmatrix}\boldsymbol{i} & \boldsymbol{j} & \boldsymbol{k}\\ x & y & z\\ F_x & F_y & F_z\end{bmatrix}=(yF_z-zF_y)\boldsymbol{i}+(zF_x-xF_z)\boldsymbol{j}+(xF_y-yF_x)\boldsymbol{k}$$

写成分量式，即

$$\begin{aligned}M_x&=yF_z-zF_y\\ M_y&=zF_x-xF_z\\ M_z&=xF_y-yF_x\end{aligned} \tag{2.7b}$$

力矩矢量沿某坐标轴的分量通常称为力对该轴的力矩。力 $\boldsymbol{F}$ 对 z 轴的力矩 M_z 可以根据式(2.7b)计算。下面先将矢量 $\boldsymbol{r}$ 和 $\boldsymbol{F}$ 投影到 Oxy 平面上，然后由式(2.7b)计算 M_z。

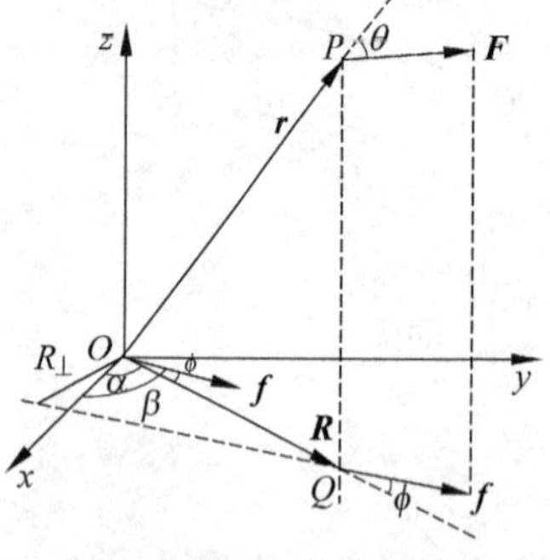

图 2-7　z 轴力矩的确定

设 $\boldsymbol{r}$ 和 $\boldsymbol{F}$ 在 Oxy 平面上的分矢量分别为 $\boldsymbol{R}$ 和 $\boldsymbol{f}$，$\boldsymbol{R}$ 和 $\boldsymbol{f}$ 与 Ox 轴的夹角分别为 α 和 β，$\boldsymbol{R}$ 与 $\boldsymbol{f}$ 之间的夹角为 ϕ，如图 2-7 所示，则有下面的几何关系成立：

$$x=R\cos\alpha,\quad y=R\sin\alpha$$
$$F_x=f\cos\beta,\quad F_y=R\sin\beta$$

将以上关系代入式(2.7b)中，得到

$$\begin{aligned}M_z&=Rf\cos\alpha\sin\beta-Rf\sin\alpha\cos\beta=Rf\sin(\beta-\alpha)\\ &=Rf\sin\phi\end{aligned} \tag{2.8}$$

这就是力 F 对 z 轴的力矩表达式，其中 $R\sin\phi$ 就是通常所说的力臂 $R_\perp$。

上面是通过将质点 P 的位置矢量 $\boldsymbol{r}$ 和作用力 $\boldsymbol{F}$ 投影到 Oxy 平面上来计算力对 z 轴的

力矩的。显然，上述计算方法可以在任一个垂直于 z 轴(取为转轴)的平面中使用，因为在任一个这样的平面上 $\boldsymbol{r}$ 和 $\boldsymbol{F}$ 的投影 $\boldsymbol{R}$ 和 $\boldsymbol{f}$，以及 $\boldsymbol{R}$ 与 $\boldsymbol{f}$ 之间的夹角 ϕ 都是相同的。这表明，对转轴的力矩与参考点 O 在轴上的位置无关，也就是说，无论参考点 O 处于转轴的什么位置上，只要 $\boldsymbol{F}$ 是确定的，$\boldsymbol{F}$ 对该轴的力矩总保持不变。

如果知道力矩矢量的大小 M 和它与 z 轴之间的夹角 γ，那么力对 z 轴的力矩也可按下式求得

$$M_z = M\cos\gamma = rF\sin\alpha\cos\gamma \tag{2.9}$$

2. 刚体的转动力矩

由牛顿第二定律可知，质点动量 $\boldsymbol{p}$ 变化率是由质点受的合外力决定的。那么质点的角动量 $\boldsymbol{L}$ 的变化率又由什么决定呢？由质点的角动量定义式 $\boldsymbol{L}=\boldsymbol{r}\times\boldsymbol{p}$，则有

$$\frac{\mathrm{d}\boldsymbol{L}}{\mathrm{d}t}=\frac{\mathrm{d}\boldsymbol{r}}{\mathrm{d}t}\times\boldsymbol{p}+\boldsymbol{r}\times\frac{\mathrm{d}\boldsymbol{p}}{\mathrm{d}t}=\boldsymbol{v}\times m\boldsymbol{v}+\boldsymbol{r}\times\boldsymbol{F}=\boldsymbol{r}\times\boldsymbol{F}$$

这样就得到如下关系式：

$$\boldsymbol{M}=\frac{\mathrm{d}\boldsymbol{L}}{\mathrm{d}t}\quad(\text{或 } \mathrm{d}\boldsymbol{L}=\boldsymbol{M}\mathrm{d}t) \tag{2.10}$$

上式表明，作用于质点的合力对某参考点的力矩，等于质点对同一参考点的角动量随时间的变化率。这个结论称为质点的角动量定理(微分形式)。质点的角动量定理的积分形式可以表示为

$$\Delta\boldsymbol{L}=\boldsymbol{L}_2-\boldsymbol{L}_1=\int_{t_1}^{t_2}\boldsymbol{M}\mathrm{d}t \tag{2.11}$$

式中，$\int_{t_1}^{t_2}\boldsymbol{M}\mathrm{d}t$ 称为冲量矩，它反映了力矩对时间的积累作用。

若把矢量方程式(2.10)投影到 Oz 轴上，则可得到

$$M_z=\frac{\mathrm{d}L_z}{\mathrm{d}t} \tag{2.12}$$

这表明，质点对某轴的角动量随时间的变化率，等于作用于质点的合力对同一轴的力矩。这称为质点对轴的角动量定理。如果质点始终在 Oxy 平面上运动，可把式(2.5)代入式(2.12)，可以得到如下关系

$$M_z=\frac{\mathrm{d}}{\mathrm{d}t}(rmv\sin\theta) \tag{2.13}$$

在质点的角动量定理中，存在一种特殊情况：若 $\boldsymbol{M}=0$，那么 $\boldsymbol{L}=\boldsymbol{C}$(常矢量)，称为质点角动量守恒定律，此时 $\boldsymbol{M}=\boldsymbol{r}\times\boldsymbol{F}=\boldsymbol{0}$。这就是说，如果质点所受的合外力对某一参考点的力矩始终为零，则此质点对该固定点的角动量将保持恒定。

对于刚体来说，它不仅可以绕某一点转动，还可以绕某一条直线(转轴)转动，甚至可以绕两个转轴转动，因此，需要认真分析计算才能确定其角动量守恒条件。

从力矩的定义式(2.5)可以看出，力矩等于零可能有 3 种情况：

① $\boldsymbol{r}=\boldsymbol{0}$，表示质点处于参考点上静止不动。

② $\boldsymbol{F}=\boldsymbol{0}$，表示所讨论的质点是孤立质点。在第 1 章曾经得到孤立质点的动量是守恒的这一结论，现在又得到其角动量也是守恒的。质点的动量守恒意味质点保持静止状态或作

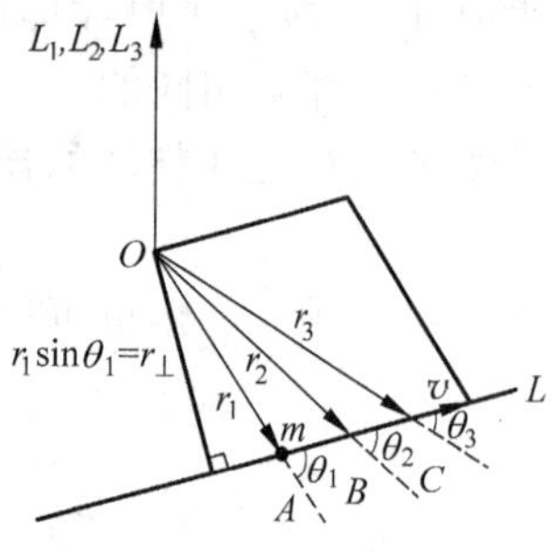

图 2-8 相对参考点 O 的角动量分量

匀速直线运动。我们只讨论质点作匀速直线运动的情形，设质点沿直线 L 作匀速运动，在不同时刻先后到达点 A、B 和 C，相对于参考点 O 的位置矢量分别为 $\boldsymbol{r}_1$、$\boldsymbol{r}_2$ 和 $\boldsymbol{r}_3$，如图 2-8 所示。显然，质点相对参考点 O 的角动量 $\boldsymbol{L}_1$、$\boldsymbol{L}_2$ 和 $\boldsymbol{L}_3$ 的方向都垂直于由点 O 和直线 L 所确定的平面，角动量的大小分别为

$$L_1=r_1mv\sin\theta_1,\quad L_2=r_2mv\sin\theta_2,\quad L_3=r_3mv\sin\theta_3$$

显然

$$L_1=L_2=L_3=r_\perp mv$$

式中，θ_1、θ_2 和 θ_3 分别是 $\boldsymbol{r}_1$、$\boldsymbol{r}_2$ 和 $\boldsymbol{r}_3$ 与动量 $m\boldsymbol{v}$ 的夹角，而 $r_\perp=r_1\sin\theta_1=r_2\sin\theta_2=r_3\sin\theta_3$ 是从参考点 O 到直线 L 的垂直距离。

③ $\boldsymbol{r}$ 与 $\boldsymbol{F}$ 总是平行或反平行，有心力就是符合这个条件的力。所谓有心力，就是其方向始终指向（或背离）固定中心的力，此固定中心称为力心。有心力存在的空间称为有心力场，万有引力场和静电场都属于有心力场。行星绕太阳的运动，就是在有心力作用下质点相对力心角动量守恒的典型例子。同时，由于有心力是保守力，行星运动的机械能也是守恒的。

如果作用于质点的合力矩不为零，而合力矩沿 Oz 轴的分量为零，即 $M_z=0$，那么由式(2.12)可以得到

$$L_z=\boldsymbol{C}\text{(常矢量)}\tag{2.14}$$

这表明，当质点对 Oz 轴的力矩为零时，质点对该轴的角动量保持不变。此结论也可以称为质点对轴的角动量守恒定律。

另外，通过引入力矩，可以分析物体的转动性质。也就是说，刚体的平动由合力来推动，刚体的转动由力矩来推动。刚体在运动时，有可能出现合力为零，力矩不为零的情况；也可能出现力矩为 0，合力不为零的情况，因此，刚体的运动性质比质点的运动性质复杂得多。

在中学阶段关于力矩的实际应用有：杠杆原理、滑轮受力等。这部分属于静力矩问题。本书主要利用力矩来分析刚体的定轴转动性质，讨论角速度时，需要用动态力矩来处理。

例 2.2 质量为 m 的小球系于细绳的一端，绳的另一端缚在一根竖直放置的细棒上，如图 2-9 所示。小球被约束在光滑水平面内绕细棒旋转，某时刻角速度为 ω_1，细绳的长度为 r_1。当旋转了若干圈后，由于细绳缠绕在细棒上，绳长变为 r_2，求此时小球绕细棒旋转的角速度 ω_2。

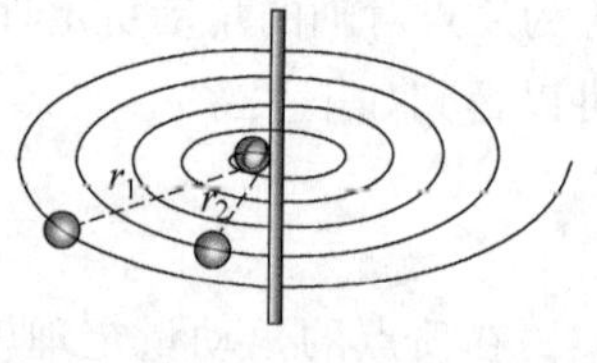

图 2-9 例 2.2 用图小球转动的角动量守恒

解 在小球绕细棒作圆周运动的过程中，小球受到三个力作用：绳子的张力 $\boldsymbol{T}$，沿绳子并指向细棒；小球所受的重力 $\boldsymbol{W}$，竖直向下；水平面对小球的支撑力 $\boldsymbol{N}$，竖直向上。张力 $\boldsymbol{T}$ 与绳子平行，不产生力矩；支撑力 $\boldsymbol{N}$ 与重力 $\boldsymbol{W}$ 平衡，它们所产生的力矩始终等于零。所以，作用于小球的力对细棒的力矩始终等于零，故小球对细棒的角动量必定是守恒的。根据质点对轴的角动量守恒定律，即式(2.14)，应有

$$mv_1r_1=mv_2r_2\tag{Ⅰ}$$

式中，v_1、v_2 分别是半径为 r_1、r_2 时小球的线速度，即 $v_1=r_1\omega_1$，$v_2=r_2\omega_2$，所以式(Ⅰ)可

化为 $mr_1^2\omega_1=mr_2^2\omega_2$，由此可以得

$$r_1^2\omega_1=r_2^2\omega_2 \tag{Ⅱ}$$

由于细绳越转越短，$r_1>r_2$，因此，小球的角速度必定越转越大，即 $\omega_2>\omega_1$。

2.2.2　刚体的转动动能

如图 2-10 所示，设刚体绕 Oz 轴以角速度 ω 转动，把刚体看作 n 个质元构成的质点系，第 i 个质元质量为 Δm_i，由于 $v_i=r_i\omega$，则刚体的总动能为

$$E_k=\frac{1}{2}\sum_i \Delta m_i v_i^2=\frac{1}{2}\left(\sum_i \Delta m_i r_i^2\right)\omega^2$$

引入刚体的定轴转动惯量 J 这一物理量，其表达式为

$$J=\sum_i \Delta m_i r_i^2 \tag{2.15}$$

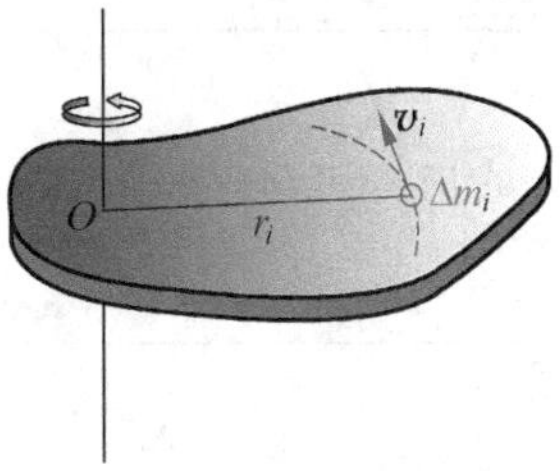

图 2-10　刚体的定轴转动

转动惯量的国际单位是 kg · m²。这样，可以得到刚体定轴转动的动能表达式为

$$E_k=\frac{1}{2}J\omega^2 \tag{2.16}$$

2.2.3　刚体的转动惯量

由转动动能表达式(2.16)可以看到，刚体的转动惯量 J 与质点的质量 m 相对应。在质点运动学中，质点的质量是质点惯性的量度，质点的质量越大，运动速度就越不容易改变。而在刚体转动中，也有类似的现象，即转动惯量越大的刚体，其角速度越不容易改变。所以，刚体的转动惯量是刚体转动惯性的量度。

式(2.15)表明，刚体相对于某转轴的转动惯量，是组成刚体的各体元质量与它们各自到该转轴距离平方的乘积之和。对于质量连续分布的刚体，式(2.15)中的求和号可以用积分号代替，于是转动惯量可表示为

$$J=\int r^2\mathrm{d}m=\int_{(\Omega)} r^2\rho(r)\mathrm{d}V \tag{2.17}$$

式中，$\rho(r)$为距转轴的距离为 r 处的刚体的密度；$\mathrm{d}V$ 是体积元；r 为该体积元到转轴的距离。经过计算得到几种常见形状的刚体的转动惯量，结果如表 2-1 所示。

表 2-1　常见刚体的转动惯量

刚体形状	转轴位置	转动惯量
细棒(中垂轴)	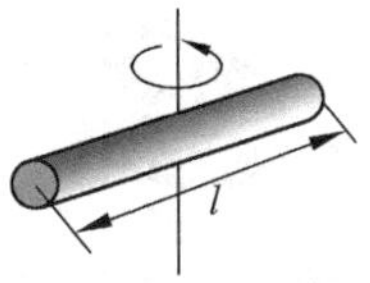	$J=\frac{1}{12}ml^2$
细棒(一端的垂直轴)	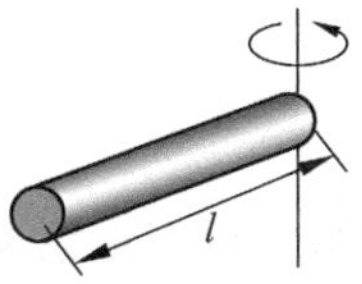	$J=\frac{1}{3}ml^2$

续表

刚体形状	转轴位置	转动惯量
圆柱体(几何对称轴)	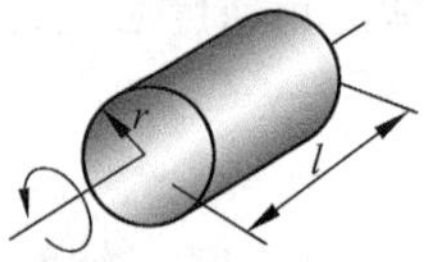	$J=\frac{1}{2}mr^{2}$
薄圆环(几何对称轴)	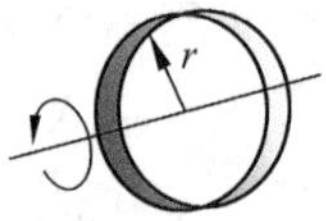	$J=mr^{2}$
薄圆环(任意直径为轴)	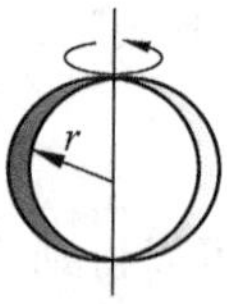	$J=\frac{1}{2}mr^{2}$
圆盘(几何对称轴)	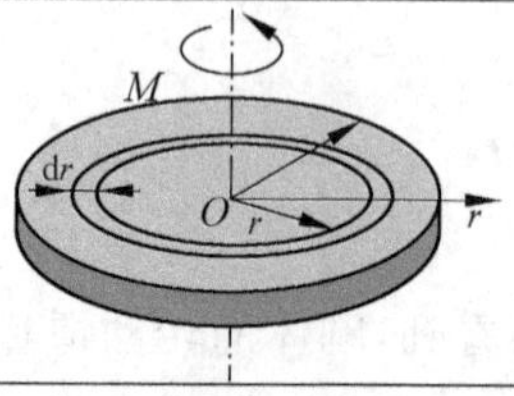	$J=\frac{1}{2}mr^{2}$
圆盘(任意直径为轴)	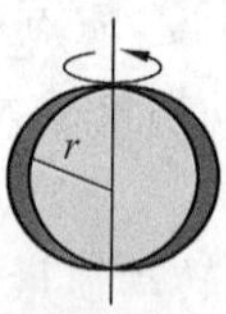	$J=\frac{1}{4}mr^{2}$
球体(任意直径为轴)	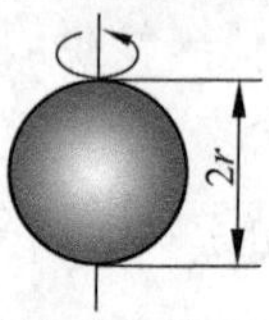	$J=\frac{2}{5}mr^{2}$
球壳	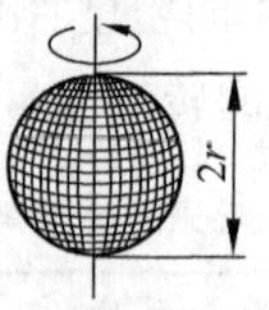	$J=\frac{2}{3}mr^{2}$
圆筒(几何对称轴)	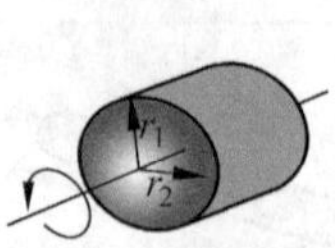	$J=\frac{1}{2}m(r_1^2+r_2^2)$

1. 对转动惯量的讨论

由表 2-1 可以看到,刚体的转动惯量与以下因素有关:

(1) 刚体的质量：各种形状的刚体的转动惯量都与它自身的质量成正比。

(2) 转轴的位置：两个刚体的大小、形状和质量都相同，但转轴的位置不同，转动惯量也不同。

(3) 质量的分布：质量一定、密度相同的刚体，质量分布不同（就是刚体的形状不同），转动惯量也不同。表 2-1 从上到下共列出了五种质量相等而形状各异的刚体绕图中的轴的转动惯量。

例 2.3 如图 2-11 所示求长为 l、质量为 m 的均匀细棒对图 2-11 中不同轴的转动惯量。

解 如图 2-11(a)所示，选棒中心线为 x 轴，线密度为 λ，$\lambda=\dfrac{m}{l}$，线元 $\mathrm{d}x$ 的质量为 $\mathrm{d}m=\lambda\mathrm{d}x$，细棒绕中心轴线的转动惯量为

$$J_C=2\int_0^{l/2}x^2\lambda\,\mathrm{d}x=\frac{2}{3}\lambda\left(\frac{l}{2}\right)^2=\frac{1}{12}\lambda l^3=\frac{1}{12}ml^2$$

如图 2-11(b)所示，细棒绕端轴线的转动惯量为

$$J_A=\int_0^l x^2\lambda\,\mathrm{d}x=\frac{1}{3}\lambda l^3=\frac{1}{3}ml^2$$

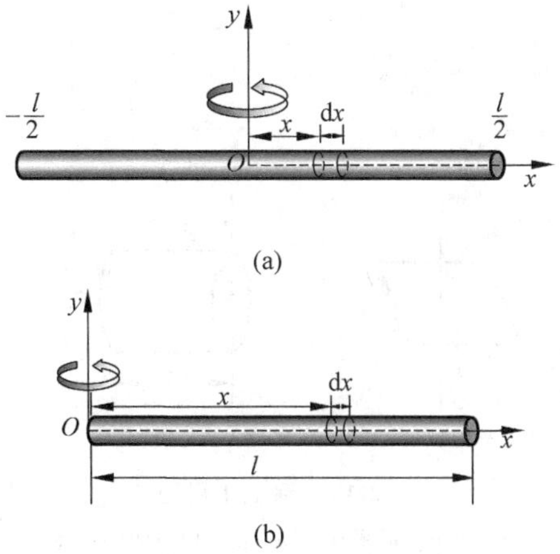

图 2-11 例 2.3 用图——直棒定轴转动

(a) 绕中心轴线；(b) 绕端轴线

2. 刚体转动惯量的性质

(1)平行轴定理

如图 2-12(a)所示，设刚体绕过质心 C 的转轴的转动惯量为 J_C，将转轴朝任一方向平移距离 d，则绕此轴的转动惯量为

$$\begin{aligned}J&=\sum_i\Delta m_i(\boldsymbol{r}_{io}+\boldsymbol{d})^2=\sum_i\Delta m_i\boldsymbol{r}_{io}^2+2\sum_i\Delta m_i\boldsymbol{r}_{io}\cdot\boldsymbol{d}+\sum_i\Delta m_i\boldsymbol{d}^2\\&=J_C+2m\boldsymbol{r}_c\cdot\boldsymbol{d}+md^2\end{aligned}$$

通常选择质心坐标为 $\boldsymbol{r}_c=0$，因此有

$$J=J_C+md^2 \tag{2.18}$$

式(2.18)称为刚体转动惯量的平行轴定理，即刚体对任意轴的转动惯量 J，等于它对通过刚体质心且与该轴平行的轴的转动惯量 J_c，加上刚体的质量与两轴距离 d 的平方的乘积。

(2) 对薄平板刚体的正交轴定理

如图 2-12(b)所示，设刚性薄板平面为 Oxy 面，z 轴与之垂直，则对任何过原点 O，绕 3 个轴的转动惯量满足

$$J_z=J_x+J_y \tag{2.19}$$

即当薄板状刚体的质量均匀分布时，它对板面内的两条正交轴的转动惯量之和，等于它过这两轴的交点且垂直于板面的轴的转动惯量。关于这条定理的证明可以参考平行轴定理的证明。

例 2.4 求薄圆盘对直径的转动惯量。

解 已知圆盘绕 z 轴的转动惯量为 $J_z=\dfrac{1}{2}mR^2$。利用正交轴转动惯量定理得到 $J_z=$

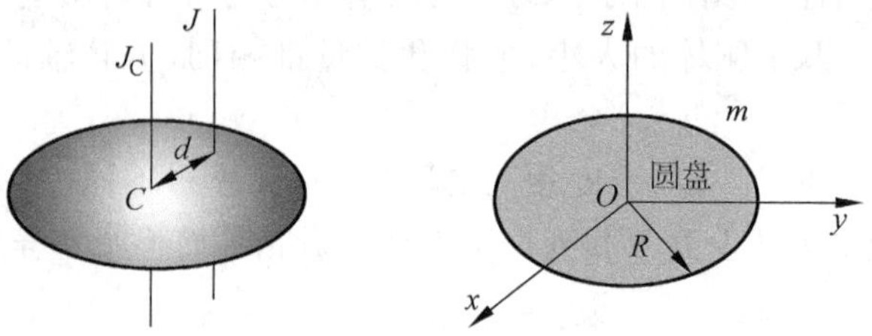

图 2-12 转动惯量

(a) 平行轴；(b) 垂直轴

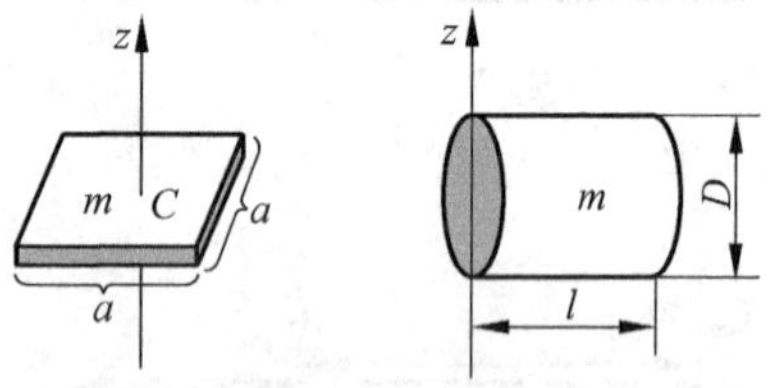

图 2-13 例 2.4 用图

(a) 薄正方形平板；(b) 质量均匀的圆柱体

$J_x+J_y=\dfrac{1}{2}mR^2$，根据对称性得 $J_x=J_y$ 所以

$$J_x=J_y=\frac{1}{4}mR^2$$

思考 考察图 2-13 中 J_z 该如何计算？

例 2.5 对于质量为 m，半径为 R 的均匀球体，求以直径为转轴的转动惯量 J_0。如以和球体相切的线为轴，其转动惯量又为多少？

解 如图 2-14 所示，图中阴影部分的小圆盘对 OO' 轴的转动惯量为

$$\mathrm{d}J_0=\frac{1}{2}r^2\mathrm{d}m=\frac{1}{2}(R^2-x^2)\rho\pi(R^2-x^2)\mathrm{d}x$$

式中，$\rho=\dfrac{3m}{4\pi R^3}$为匀质球体的密度。则球体以其直径 OO' 为转轴的转动惯量为

$$J_0=\int\mathrm{d}J_0=\int_{-R}^{R}\frac{1}{2}\pi\rho(R^2-x^2)^2\mathrm{d}x=\frac{2}{5}mR^2$$

又由平行轴定理可得球绕 O_1O_1' 轴的转动惯量为

$$J'=J_0+mR^2=\frac{7}{5}mR^2$$

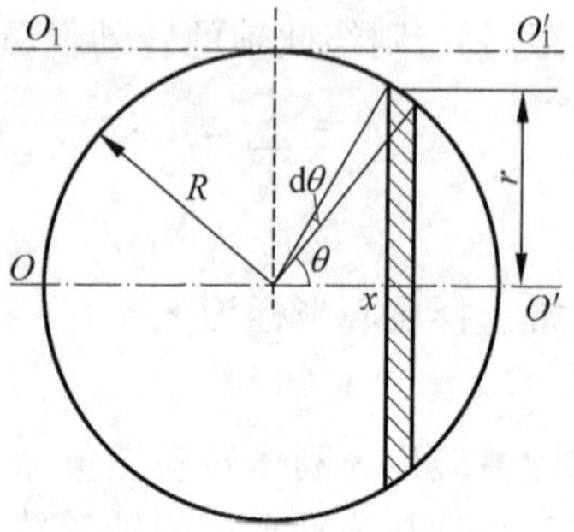

图 2-14 例 2.5 用图

2.2.4 力矩的功 定轴转动的动能定理

1. 力矩做功

在质点动力学中，只要质点受外力作用，并发生位移，则力将对质点做功；同样地，当刚体在外力矩的作用下绕定轴转动而发生角位移时，力矩也将对刚体做功。

讨论 对于如图 2-15(a)所示的 3 种情况，它们的转动情况如下：

(1) 若 $\boldsymbol{F}_1//\boldsymbol{r}$，则 $\boldsymbol{M}=0$，无转动。

(2) 若 $\boldsymbol{F}_2//OO'$，则 $\boldsymbol{M}\perp OO'$，无转动。

(3) 若 $\boldsymbol{F}\perp\boldsymbol{r}$，则 $\boldsymbol{M}//OO'$，有转动。

可见，在定轴转动中，只有与转轴方向平行的力矩分量才对做功有贡献，因此，只要讨论

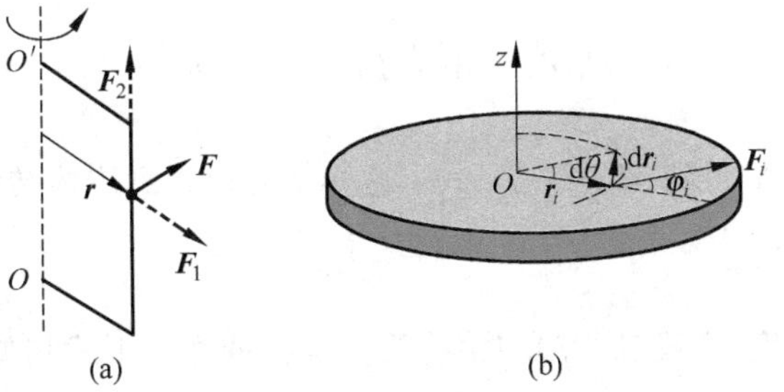

图 2-15 讨论用图

(a) 力矩分析；(b) F 的功元分析

转动平面内的外力。

根据力矩分析，若 $\boldsymbol{F}\perp\boldsymbol{r}$，$\boldsymbol{M}//OO'$，外力才推动刚体转动做功。在图 2-15(b)中，力 F_i 所做的元功为

$$dA = F_i \mid d\boldsymbol{r} \mid \cos\left(\frac{\pi}{2}-\varphi\right) = F_i \sin\varphi \cdot r\,d\theta$$

利用力矩 $M=F_i r\sin\varphi$，可以把 dA 表示为 $dA=Md\theta$，这样可以得到合外力矩的总功为

$$A=\int_{\theta_1}^{\theta_2} M d\theta \tag{2.20}$$

上式对应于外力做功为

$$A=\int_A^B \boldsymbol{F}\cdot d\boldsymbol{r}$$

从上式可以看出，外力对刚体所做的功等于合力矩对角位移的积分，它是力做的功在刚体转动中的特殊表现形式。值得注意的是力矩是矢量。在定轴转动问题中，只有轴向力矩分量才对做功有贡献，将其记为 M_z，它是标量，简记为 M。

2. 力矩的功率

由功率的定义可以得到力矩的功率表达式为

$$P=\frac{dA}{dt}=M\frac{d\theta}{dt}=M\omega \tag{2.21}$$

上式表明，力矩的功率等于力矩和刚体角速度的乘积。当力矩与角速度同向时，功率为正，反之为负。力矩的功率实际上就是力的功率，其形式与力的功率 $P=F\cdot v$ 相似。

3. 定轴转动的动能定理

质点系的功能原理同样适用于定轴转动的刚体。而且，当刚体定轴转动时，刚体的机械能表现为动能，即有

$$A=\int_{\theta_1}^{\theta_2} M d\theta=\frac{1}{2}J\omega_2^2-\frac{1}{2}J\omega_1^2=\Delta E_k \tag{2.22}$$

这表明，总外力矩对刚体所做的功等于刚体转动动能的增量。这就是刚体定轴转动的动能定理。力矩是引起刚体转动状态变化的原因，对其定量的描述如下。

根据功能转换定律，外力做功促使刚体动能发生改变，因此有 $dA=dE_k$，由式(2.22)可以得到

$$M\mathrm{d}\theta=\mathrm{d}\left(\frac{1}{2}J\omega^2\right)=J\omega\mathrm{d}\omega$$

将上式等式两边除以 $\mathrm{d}t$ 得到 $M\dfrac{\mathrm{d}\theta}{\mathrm{d}t}=J\omega\dfrac{\mathrm{d}\omega}{\mathrm{d}t}$,这样就可以得到刚体转动的动力学方程为

$$M=J\alpha \tag{2.23}$$

其中,$\alpha=\dfrac{\mathrm{d}\omega}{\mathrm{d}t}$为角加速度,方程(2.23)与牛顿第二定律的数学形式相似。

例 2.6 长为 l、质量为 m 的均匀细杆,可绕一端转动。令其由水平位置从静止开始自由摆下,求杆在转过角度 θ 时的角速度 ω。

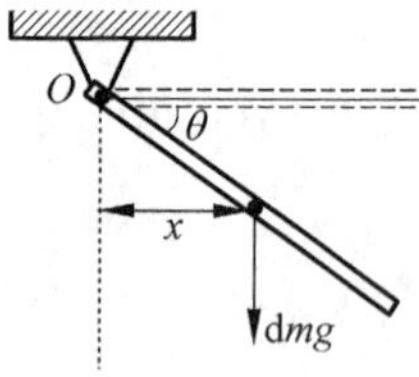

图 2-16 摆杆转动分析

解 选择如图 2-16 所示的坐标系。均匀细杆可作为刚体处理,设质量微元为 $\mathrm{d}m$,则其力矩为 $\mathrm{d}M=xg\,\mathrm{d}m$。设线密度为 λ,则 $x=l\cos\theta$,$\mathrm{d}m=\lambda\,\mathrm{d}l$,因此

$$M=\int_0^l l\cos\theta\cdot g\lambda\,\mathrm{d}l=\frac{1}{2}mgl\cos\theta \tag{Ⅰ}$$

所以

$$\alpha=\frac{M}{J}=\frac{3g\cos\theta}{2l} \tag{Ⅱ}$$

又由于 $\alpha=\dfrac{\mathrm{d}\omega}{\mathrm{d}t}=\dfrac{\mathrm{d}\omega}{\mathrm{d}\theta}\cdot\dfrac{\mathrm{d}\theta}{\mathrm{d}t}=\omega\dfrac{\mathrm{d}\omega}{\mathrm{d}\theta}$,综合式(Ⅰ)和(Ⅱ),可得

$$\int_0^\omega \omega\,\mathrm{d}\omega=\int_0^\theta\frac{3g\cos\theta}{2l}\mathrm{d}\theta$$

得到结果为

$$\omega^2=\frac{3g\sin\theta}{l}$$

所以角速度 ω 为

$$\omega=\sqrt{\frac{3g\sin\theta}{l}}$$

例 2.7 如图 2-17 所示,一圆盘质量为 m,半径为 R,高度为 h,与桌面间的摩擦系数为 μ。当它以角速度 ω_0 转动时,多长时间能停下来。

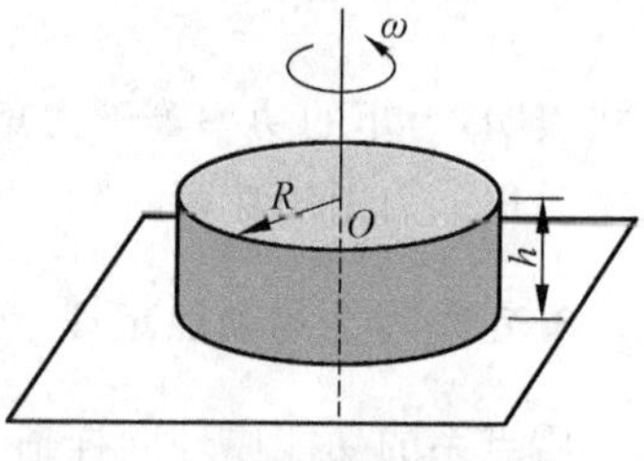

图 2-17 圆盘摩擦转动加速

解 选取半径为 r,厚度为 $\mathrm{d}r$ 的圆环,设圆盘的密度为 ρ,则其摩擦力矩为

$$M=\int_0^R r\mu g\rho\cdot 2\pi rh\,\mathrm{d}r=\frac{2\pi}{3}\mu g\rho hR^3=\frac{2}{3}\mu mgR$$

由转动定理 $M=J\alpha$,$J=\dfrac{1}{2}mR^2$,联合上式得到

$$-\frac{2}{3}\mu mgR=\frac{1}{2}mR^2\frac{\mathrm{d}\omega}{\mathrm{d}t}$$

经过化简得到

$$\mathrm{d}t=\frac{3R}{4\mu g}\mathrm{d}\omega$$

对上式两边积分得到

$$\int_0^t \mathrm{d}t = -\frac{3R}{4\mu g}\int_{\omega_0}^0 \mathrm{d}\omega$$

因此，经过 $t=\frac{3R}{4\mu g}\omega_0$ 后，圆盘将停止转动。

例 2.8　图 2-18 是测试汽车轮胎滑动阻力的装置。轮胎最初处于静止状态，且被一轻质框架支承着，轮轴可绕点 O 自由转动，其转动惯量为 0.75kg · m^2，轮胎的质量为 15.0kg、半径为 30.0cm。今将轮胎放在以速率 12.0m · s^{-1} 移动的传送带上，并使框架 AB 保持水平。求：(1)如果轮胎与传送带之间的动摩擦因数为 0.60，则需要经过多长时间车轮才能达到最终的角速度？(2)在传送带上车胎滑动的痕迹长度是多少？

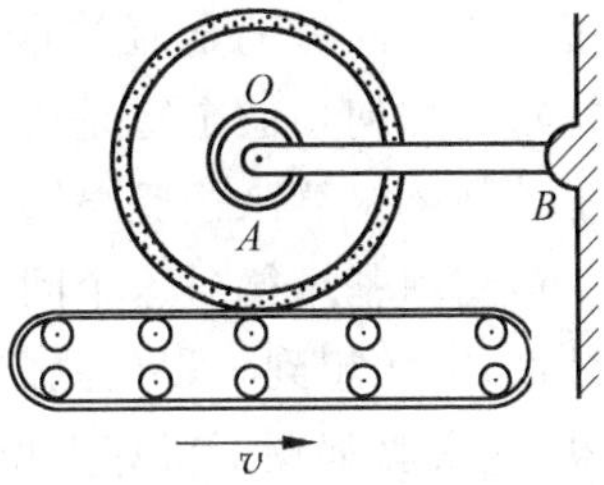

图 2-18　汽车轮胎滑动阻力测试位置

解　车胎所受滑动摩擦力矩为

$$M=\mu mgr$$

根据转动定律，车轮转动的角加速度为

$$\alpha=\frac{M}{J}=\frac{\mu mgr}{J} \tag{Ⅰ}$$

要使轮与带之间无相对滑动，车轮转动的角速度为

$$\omega=\frac{v}{r} \tag{Ⅱ}$$

开始时车轮静止，即 $\omega_0=0$，故由匀加速转动规律 $\omega=\omega_0+\alpha t$，可得

$$t=\frac{\omega}{\alpha} \tag{Ⅲ}$$

联立式(Ⅰ)～式(Ⅲ)可解得

$$t=\frac{Jv}{\mu mgr^2}=1.13\mathrm{s}$$

(2) 在 t 时间内，轮缘上一点转过的弧长

$$s=r\theta=\frac{r}{2}\alpha t^2$$

而传送带移动的距离 $l=vt$，因此，传送带上滑痕的长度为

$$d=l-s=vt-\frac{1}{2}r\alpha t^2=\frac{Jv^2}{2\mu mgr^2}=6.80\mathrm{m}$$

名人堂　西拉鸠斯 · 阿基米德

西拉鸠斯 · 阿基米德(Archimedes of Syracuse，前 287—前 212 年)，古希腊著名的哲学家、数学家、物理学家、力学家，静态力学和流体静力学的奠基人，并且享有“力学之父”的美称。阿基米德和高斯、牛顿并列为世界三大数学家。阿基米德曾说过：“给我一个支点，我就能撬起整个地球。”下面介绍阿基米德的两个故事。

(1) 液体浮力定理的创立

阿基米德在11岁时，就进入亚历山大城中欧几里得创办的数学学校，学习数学、天文学、物理学等方面的知识。当他回到自己的祖国——西西里岛的叙拉古城，国王见他在国外留学多年，也不问其学识深浅，一见面就给他出了个难题。原来一年一度的盛大祭神节就要来临了，亥尼洛国王交给金匠一块纯金，命令他制造出一顶精巧、华丽的王冠。王冠做好后，国王疑心工匠做的金冠并非纯金，而是私吞了黄金，但这顶金冠确又与当初交给金匠的纯金一样重。如何检验金冠是否是纯金呢？这个问题难倒了国王和诸位大臣。经一大臣建议，国王请阿基米德来检验皇冠。

最初阿基米德对这个问题无计可施。有一天，他在家洗澡，当他坐进澡盆里时，看到水往外溢，突然想到可以用测定固体在水中排水量的办法，来确定金冠的体积。他兴奋地跳出澡盆，连衣服都顾不得穿上就跑了出去，大声喊着“尤里卡！尤里卡！”(ερηκα，意思是“找到了”)，他向王宫跑去，立即找来一盆水，又找来同样重量的一块黄金，一块白银，分两次泡进盆里，结果发现白银溢出的水比黄金溢出的几乎要多一倍(白银的比重是10.5，黄金的比重是19.3)。然后他把王冠和重量相同的纯金放在盛满水的两个盆里，比较两盆溢出来的水，发现放王冠的盆里溢出来的水比另一盆多(即广为人知的排水法)。这就说明王冠的体积比相同重量的纯金的体积大，证实王冠里确实不是纯金。通过这件事，国王对阿基米德的学问佩服至极。

这次试验的意义远远大过查出金匠欺骗了国王，阿基米德从中发现了浮力定律(即阿基米德定律)：物体在液体中所获得的浮力，等于它所排出液体的重力，即 $F=G$(式中 F 为物体所受浮力，G 为物体排开液体所受重力)。该式变形可得

$$F=G=\rho gV$$

式中，ρ 为被排开液体的密度，g 为当地重力加速度，V 为排开液体的体积。

每一种物质和相同体积的水都有一个固定的重量比，这就是比重。直到现在，物理实验室里还有一种测量液体比重的仪器，名字就叫“优勒加”，以纪念这一不寻常的发现。

烦人的王冠之谜总算解决了，阿基米德那紧锁的眉头刚刚舒展了一点，心里又结上了另一个疙瘩，他的思维永不肯停息。原来，希腊是个沿海国家，自古航海事业发达。阿基米德自从在澡盆里一泡，发现物体排出的水等于其体积后，那眼睛就整天盯住海里各种来往的货船，有时在海滩上一站就是一天。那如痴如醉的样子常引得运货的商人和水手们在他的背后说三道四。这天他和好友柯伦又到海边散步，还没有走多远就停在那里。柯伦知道他又有什么想法了，正要发问，阿基米德却先提出一个问题：“你看，这些船为什么会浮在海上？”

从此后，海滩上就再也看不见这一对好友的身影了。原来，他们待在家里，围着陶盆，要寻找“浮力”。阿基米德把一块木头放在满满一盆水里，陶盆排出的水量正好等于木头的重量，他记了下来；又往木头上放了几块石子，再排出的水又正好等于石子加木头的重量，他也记了下来；他把石头放到水里，用秤在水里称石头，结果比在空气中称轻了许多，而这个重量之差又正好等于石头排出的水的重量。阿基米德将身边能浸入水的物体都这样一一试验，终于拿起一根鹅毛笔在一张小羊皮上郑重地写下了这样一句话：“物体在液体中所受到的浮力，等于它所排出同体积的液体重量。”

接着他将那些实验数据整理好，开始书写一本人类还从没有过的科学新书《论浮体》。这本书当时没有印刷出版，其手稿保存在耶路撒冷图书馆。

(2) 投石器和起重机

发现了浮力定律后，阿基米德将自己锁在一间小屋里，正夜以继日地埋头写作《论浮体》。这天突然闯进一个人来，一进门就连忙喊道："哎呀！你老先生原来躲在这里。国王正调动大批人马，在全城四处找你呢。"阿基米德认出他是朝廷大臣，心想，外面一定出了大事。他立即收拾起羊皮书稿，伸手抓过一顶圆壳小帽，随大臣一同出去，直奔王宫。

当他们来到宫殿前阶下时，就看见各种马车停了一片，卫兵们银枪铁盔，站立两行，殿内文武满座，鸦雀无声。国王正焦急地在地毯上来回踱步。由于殿内阴暗，天还没黑就燃起了高高的烛台。灯下长条案上摆着海防图、陆防图。阿基米德看着这一切，就知道他最担心的战争终于爆发了。

原来是罗马人正从海陆两路进攻叙拉古小国，国王吓得没了主意。当他看到阿基米德从外面进来，连忙迎上前去，恨不得立即向他下跪，说道："啊，亲爱的阿基米德，你是一个最聪明的人，先王在世时说过你都能推动地球。"

关于阿基米德推动地球的说法，却还是他在亚历山大里亚留学时候的事。当时他从埃及农民提水用的吊杆和奴隶们撬石头用的撬棍受到启发，发现可以借助一种杠杆来达到省力的目的，而且发现，手握的地方到支点的距离越长，就越省力气。由此他提出了这样一个定理：力臂和力(重量)的关系成反比例。这就是杠杆原理。为此，他曾给当时的国王亥尼洛写信说："我不费吹灰之力，就可以随便移动任何重量的东西；只要给我一个支点，给我一根足够长的杠杆，我连地球都可以推动。"可现在这个小国王并不懂得什么叫科学，他只知道在大难临头的时候，能借助阿基米德的神力来救他的驾。

可是这支罗马军队实在太厉害了。他们称霸地中海，所向无敌。由罗马执政官马赛拉斯统帅的四个陆军军团已经挺进到了叙拉古城的西北。现在城外已是鼓声齐鸣，杀声震天了。在这危急的关头，阿基米德扫了一眼沉闷的大殿，捻着银白的胡须说："如果单靠军事实力，我们绝不是罗马人的对手。现在若能造出一种新式武器来，或许还可守住城池，以待援兵。"国王一听这话，立即转忧为喜说："先王在世时早就说过，凡是你说的，大家都要相信。这场守卫战就由你全权指挥吧。"

两天以后，天刚拂晓，罗马统帅马赛拉斯指挥着他那严密整齐的方阵向护城河攻来。今天方阵两边还预备了铁甲骑兵，方阵内强壮的士兵肩扛着云梯。马赛拉斯在出发前曾口出狂言："攻破叙拉古，到城里吃午饭去。"在喊杀声中，方阵慢慢向前蠕动。按照常规，城头上早该放箭了。可今天城墙上却是静悄悄地不见一人。罗马人正在疑惑，城里隐约传来吱吱呀呀的响声，接着城头上就飞出大大小小的石块，开始时大小如碗如拳头一般，以后越来越大，简直有如锅盆，山洪般地倾泻下来。石头落在敌人阵中，士兵们连忙举盾护体，谁知石头又重，速度又快，一下子连盾带人都砸成一团肉泥。罗马人渐渐支持不住了，连滚带爬地逃命。这时叙拉古的城头又射出了密集的利箭，罗马人的背后无盾牌和铁甲抵挡，那利箭直穿背股，哭天喊地，好不凄惨。

阿基米德到底造出了什么秘密武器让罗马人大败而归呢？原来他利用杠杆原理制造了一些特大的弩弓——投石器。只要将弩上转轴的摇柄用力扳动，那与摇柄相连的牛筋又拉紧许多根牛筋组成的粗弓弦，拉到最紧时，再突然一放，弓弦就带动载石装置，把石头高高地抛出城外，可落在 1000 多米远的地方。原来这杠杆原理并不是简单使用一根直棍撬东西。比如水井上的辘轳吧，它的支点是辘轳的轴心，重臂是辘轳的半径，它的力臂是摇柄，摇柄一定要比辘轳的半径长，打起水来就很省力。阿基米德的投石器也是运用这个原理。

当罗马海军从东南海面上也发动了攻势时，叙拉古的城头却分外安静，墙的后面看不到一兵一卒，只是远远望见几副木头架子立在城头。当罗马战船开到城下，士兵们拿着云梯正要往墙上搭的时候，突然那些木架上垂下来一条条铁链，链头上有铁钩、铁爪，钩住了罗马海军的战船。任水兵们怎样使劲划桨都徒劳无功，那战船再也不能挪动半步。他们用刀砍，用火烧，大铁链分毫无损。

正当船上一片惊慌时。只见大木架上的木轮又"嘎嘎"地转动起来，接着铁链越拉越紧，船渐渐地被吊起离开了水面。随着船身的倾斜，士兵们纷纷掉进了海里，桅杆也被折断了。船身被吊到半空后，这个大木架还会左右转动，于是那一艘艘战舰就像荡秋千一样在空中摇荡，有的被摔到城墙上或礁石上，成了堆碎片；有的被吊过城墙，成了叙拉古人的战利品。

经过这场大战，罗马人损兵折将，还白白丢了许多武器和战船，可是却连阿基米德的面都没见到。阿基米德发明的吊船"怪物"原来也是利用了杠杆原理，并加了滑轮。这就是今天起重机的原型。

不管是投石器还是吊船"怪物"，利用的都是力矩平衡和刚体转动原理。

2.3 刚体定轴转动的角动量守恒定律

2.3.1 刚体对转轴的角动量

质点对固定点的角动量为 $\boldsymbol{L}=\boldsymbol{r}\times\boldsymbol{P}=\boldsymbol{r}\times m\boldsymbol{v}$ 。对于刚体定轴转动，假设刚体绕经过 O 点的转轴旋转，如图 2-19 所示。刚体在定轴转动时，其上的任意一个质元均有 $\boldsymbol{r}\perp\boldsymbol{v}$ 。因此，其角动量为 $L_i=r_i\Delta m v_i=r_i^2\Delta m\omega$，刚体总的角动量为

$$L=L_z=\sum_i L_i=\Big(\sum_i r_i^2\Delta m\Big)\omega$$

于是，可以得到刚体对转轴的角动量为

$$L=J\omega \tag{2.24}$$

上式表明，刚体对固定转轴的角动量 L，等于它对该轴的转动惯量 J 和角速度 ω 的乘积。

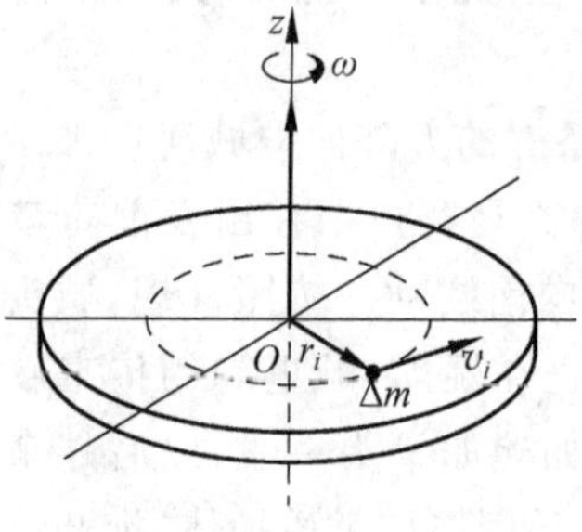

图 2-19 刚体的角动量

2.3.2 刚体对转轴的角动量定理

根据力矩的定义，刚体在定轴转动中，力矩可用标量形式表示为

$$M=\frac{\mathrm{d}L}{\mathrm{d}t}=\frac{\mathrm{d}(J\omega)}{\mathrm{d}t}=J\,\frac{\mathrm{d}\omega}{\mathrm{d}t}=J\alpha \tag{2.25}$$

式(2.25)表明，力矩为惯性质量 J 和角加速度 α 的乘积，称为刚体的转动定律。其积分形式为

$$\int_0^t M\mathrm{d}t=\int_{L_1}^{L_2}\mathrm{d}L=L_2-L_1\quad\Big(\text{或者 }\Delta L=\int_0^t M\mathrm{d}t\Big) \tag{2.26}$$

这就是刚体对转轴的角动量定理。其中，式(2.26)的左边为对某个固定轴的外力矩的作用在某段时间内的积累效果，称为冲量矩。对于单个刚体转动的情况，$\Delta L=J\omega_2-J\omega_1$；对于

两个刚体接触转动的情况，$\Delta L = J_2\omega_2 - J_1\omega_1$。

2.3.3　刚体对转轴的角动量守恒定律

由式(2.26)容易得到如下结论：对某一固定转轴，如果刚体所受的合外力矩 $\boldsymbol{M}$ 为零，则此刚体对该固定轴的角动量分量保持不变。这条结论称为刚体定轴转动的角动量守恒定律。因此，可以把刚体定轴转动的角动量守恒定律表示为：

$$\begin{cases} \boldsymbol{M} = \boldsymbol{0} \\ \boldsymbol{L} = \boldsymbol{C} \end{cases} \tag{2.27}$$

式中，$\boldsymbol{C}$ 为常矢量。刚体定轴转动的角动量定理和角动量守恒定律，实际上是刚体对轴上任一定点的角动量定理和角动量守恒定律在定轴方向的分量形式，它适用于任意质点系。无论是对定轴转动的刚体，还是对几个共轴刚体组成的系统，甚至是对有形变的物体以及任意质点系，刚体定轴转动的角动量守恒定律的表达式(2.27)都成立。

角动量守恒在生活中是随处可见的。花样滑冰运动员把手收拢或者抱胸，她身体的一部分到转轴的距离变小，自转角速度变大，运动员就飞速旋转起来了。图 2-20 是在花样滑冰表演时，一个运动员站在冰上旋转的姿势，当她把手臂和腿伸展开时转得较慢，而当他把手臂和腿收回靠近身体时则转得较快，这就是角动量守恒定律的表现。这是因为冰的摩擦力矩很小可忽略不计，所以人对转轴的角动量恒定。当她的手臂和腿张开时转动惯量大故角速度较小，而收回后转动惯量变小故角速度变大。

除了花样滑冰外，还可发现优秀的体操运动员、跳水运动员都会很熟练地演示角动量守恒定律，读者可以自己去分析。

图 2-20　滑冰运动员的角动量定恒

例 2.9　如图 2-21 所示，一质量为 m 的子弹以水平速度 v_0 射入一静止悬于顶端长棒的末端，求子弹和棒共同运动的角速度 ω。已知棒长为 l，质量为 M。

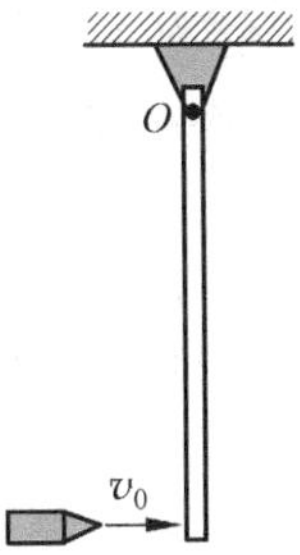

图 2-21　例 2.9 用图

解　依题意，系统发生完全非弹性碰撞，因此系统相对 O 点的角动量守恒，则

$$lmv_0 = \frac{1}{3}Ml^2\omega + lmv$$

而且 $v = l\omega$，所以

$$\omega=\frac{3m}{(M+3m)}\frac{v_0}{l}$$

例 2.10 如图 2-22 所示,一块质量为 m 的黏土从距离均质圆盘高度为 h 处自由下落,恰好落在绕中心轴旋转的均质圆盘边缘的 P 点。已知匀质圆盘的半径为 R,质量为 $M=2m$,P 点与 x 轴的夹角 $\theta=60°$。求:(1)碰撞后的时刻圆盘角速度 ω_0;(2)P 转到 x 轴时匀质圆盘的角速度 ω 的大小和角加速度 α 的大小。

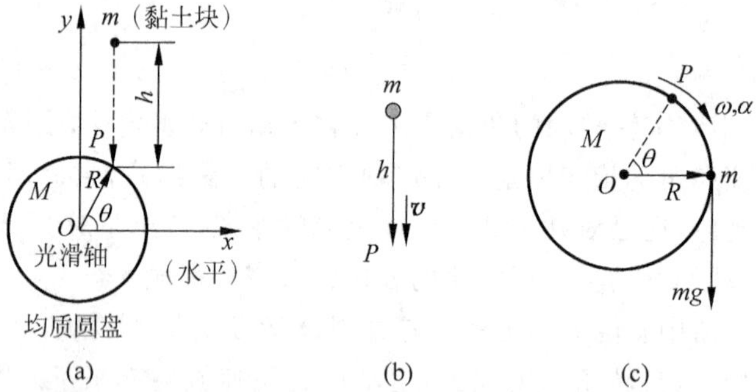

图 2-22 例 2.10 用图

(a) 土块下落与圆盘碰撞;(b) 黏土块受力情况;(c) 黏土块和圆盘的运动情况

解 (1) 设黏土块下落到达 P 点的速度为 v,如图 2-22(b)所示,利用自由落体公式 $\frac{1}{2}mv^2=mgh$ 得到

$$v=\sqrt{2gh} \tag{Ⅰ}$$

对黏土块和圆盘组成的系统,碰撞中系统的重力对 Oy 轴力矩可忽略,因此,系统的角动量守恒,即

$$Rmv\cos\theta=J\omega_0 \tag{Ⅱ}$$

已知匀质圆盘对 Oy 轴的转动惯量为 $J_0=\frac{1}{2}MR^2$,黏土块对 Oy 轴的转动惯量为 $J_1=mR^2$,则系统的转动惯量为

$$J=J_0+J_1=\frac{1}{2}MR^2+mR^2=\frac{1}{2}(M+m)R^2 \tag{Ⅲ}$$

联立式(Ⅰ)~式(Ⅲ),经过化简计算得到:

$$\omega_0=\frac{\sqrt{2gh}}{2R}\cos\theta \tag{Ⅳ}$$

(2) 如图 2-22(c)所示,对黏土块、圆盘和地球构成的系统,只有重力做功,因此机械能守恒。令 P 点与 x 轴重合时,$E_p=0$,则

$$mgR\sin\theta+\frac{1}{2}J\omega_0^2=\frac{1}{2}J\omega^2 \tag{Ⅴ}$$

联立式(Ⅲ)~式(Ⅴ),计算化简得到

$$\omega=\sqrt{\frac{gh}{2R^2}\cos^2\theta+\frac{g}{R}\sin\theta}$$

把 $\theta=60°$代入上式,经过计算化简得到角速度为

$$\omega=\frac{\sqrt{2g}}{4R}\sqrt{h+4\sqrt{3}R}$$

角加速度为

$$\alpha=\frac{M}{J}=\frac{mgR}{2mR^2}=\frac{g}{2R}$$

例 2.11　如图 2-23 所示，定滑轮 A 绕有轻绳（不计质量），绳绕过另一定滑轮 B 后挂一物体 C。A、B 两轮可看作匀质圆盘，半径分别为 R_1、R_2，质量分别为 m_1、m_2，物体 C 质量为 m_3。忽略轮轴的摩擦，轻绳与两个滑轮之间没有滑动。求物体 C 由静止下落至 h 处的速度。

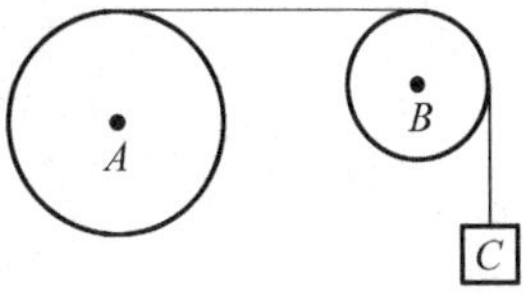

图 2-23　例 2.11 用图

解　此题可用转动定律求出物体 C 的加速度后再求出它下落 h 时的速度。但若把 A、B、C 作为一个系统用机械能守恒定律来求解，则方法更简单一些。

系统在运动过程中绳子张力的总功为零，只有保守力重力做功，故系统的机械能守恒。设系统的初态，即物体 C 在最高点时重力势能为零，则系统初态的动能、势能均为零，机械能为零。系统末态的机械能包括 A、B、C 三个物体的动能及物体 C 的重力势能，设 A、B 两轮的角速度分别为 ω_1 和 ω_2，物体 C 的速度为 v，则有

$$\frac{1}{2}J_1\omega_1^2+\frac{1}{2}J_2\omega_2^2+\frac{1}{2}m_3v^2-m_3gh=0 \tag{Ⅰ}$$

其中，$J_1=\frac{1}{2}m_1R_1^2$，$J_2=\frac{1}{2}m_2R_2^2$ 分别为 A、B 两轮的转动惯量。如果轻绳与两个滑轮之间没有滑动，则物体 C 的速度与两个滑轮边沿处的线速度相等，按角量与线量的关系有 $v=R_1\omega_1=R_2\omega_2$。把 J_1、J_2 和 v 的关系式代入式（Ⅰ）即可解出

$$v=\sqrt{\frac{m_3gh}{m_1+m_2+2m_3}}$$

2.4　陀螺

陀螺是指工程中具有固定点的、绕对称轴作高速自转的对称刚体，其自转轴称为陀螺主轴。陀螺具有三个特性：定轴性、进动性和章动性。

2.4.1　陀螺的特性

陀螺的定轴性是指陀螺在转动过程中不会倒下。如果陀螺在作定轴转动时，作用在其表面的外力的力矩为零，由角动量定理可知，这时陀螺对支点的角动量守恒，角动量的方向始终保持不变，陀螺上的每一个点都在一个与旋转轴垂直的平面里作圆周转动。由惯性定律可知，每一个点随时都极力使自身沿着圆周的一条切线离开圆周，可是所有的切线都与圆周处在同一个平面内，因此，每一个点在运动的时候，都极力使自己始终停留在与旋转轴垂直的那个平面上。运动员在旋转时不会摔倒就利用了陀螺的定轴性。

当陀螺高速旋转时，陀螺的中心轴像是绕着一个竖立的轴转动，如图 2-24 所示，这种高

速旋转物体的自转轴绕另一个转动的现象称为进动(或旋进)。这是因为当陀螺受到对支点的重力的力矩作用时,根据角动量定理,角动量的矢量方向便随着陀螺的转动,描绘出一个如图 2-25 所示的圆锥体。

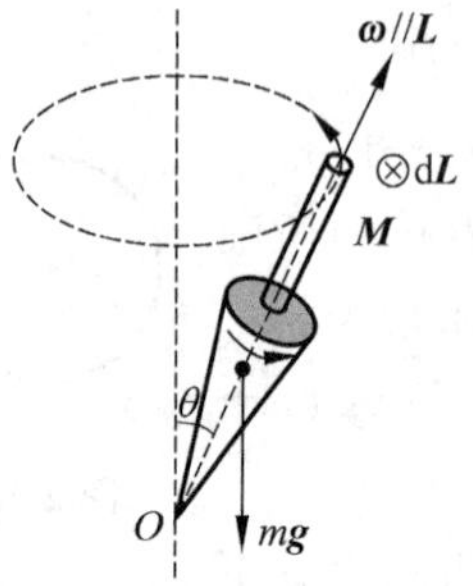

图 2-24 进动示意图

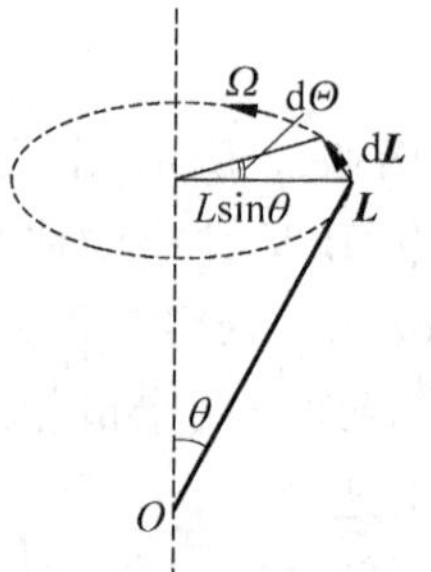

图 2-25 陀螺进动角速度

由 $\boldsymbol{M}=\dfrac{\mathrm{d}\boldsymbol{L}}{\mathrm{d}t}$可以得到

$$\mathrm{d}\boldsymbol{L}=\boldsymbol{M}\mathrm{d}t \parallel \boldsymbol{M}$$

又因为 $\boldsymbol{M}\perp\boldsymbol{L}$,这样就可以推断得到

$$\boldsymbol{L}\perp\mathrm{d}\boldsymbol{L}$$

即角动量只改变方向而不改变大小,从而产生旋进运动。

由于旋进角速度 $\Omega=\dfrac{\mathrm{d}\Theta}{\mathrm{d}t}$,$|\mathrm{d}\boldsymbol{L}|=L\sin\theta\mathrm{d}\Theta$,这样就可以得到如下关系:

$$M=\frac{|\mathrm{d}\boldsymbol{L}|}{\mathrm{d}t}=L\sin\theta\frac{\mathrm{d}\Theta}{\mathrm{d}t}=L\sin\theta\Omega$$

于是,有

$$\Omega=\frac{M}{L\sin\theta}=\frac{M}{J\omega\sin\theta}\propto\frac{1}{\omega} \tag{2.28}$$

由式(2.28)可见,Ω 与 ω 成反比,ω 增加时,Ω 反而减小。当 $\theta=90°$时,$\sin\theta=1$,则 $\Omega=\dfrac{M}{J\omega}$。

其实,由于太阳和月球施加的潮汐力的作用,地球一直在不断地缓慢地进动着,长期的进动就出现岁差。在日常生活中,也常常看到进动现象,例如自行车在行驶过程中,如果它稍有歪斜,只要把车头向另一方稍微转动一下,车子就平衡了。这是因为重力对轮胎支点形成了进动力矩,促使车子恢复了平衡。

请根据刚体定轴转动的角动量定理,思考下列问题:

(1) 如图 2-26(a)所示,一个处于平衡状态的回转仪绕水平轴转动,开始时无进动。如果用手指在与转轴垂直的水平方向上推一下转轴,回转仪的运动将会发生什么变化?

(2) 如图 2-26(b)所示,一个回转仪绕水平轴转动,同时绕竖直轴进动。如果在回转仪的一端挂上一重物,进动速率将会发生什么变化?

(3) 如图 2-26(c)所示,一个学生手持一绕竖直轴转动的车轮,站在一个可以自由转动的静止平台上。如果她将车轮上下颠倒,将会出现什么情况?

陀螺不可能永不停息地旋转下去,当陀螺由于摩擦而开始慢慢下落时,所做的运动就是

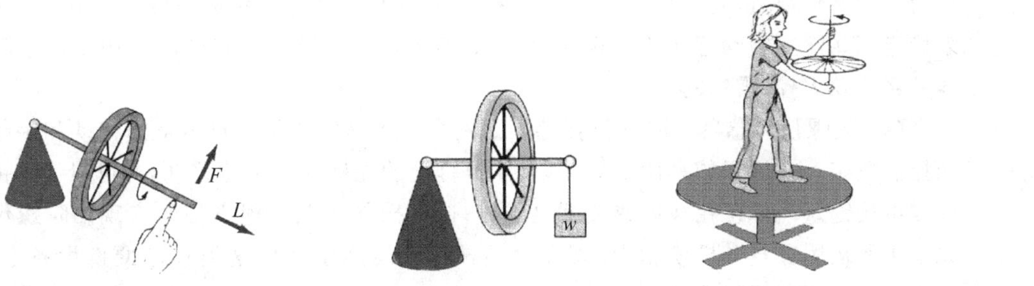

(a)　　(b)　　(c)

图 2-26　三种条件下的运动情况

(a) 回转仪绕水平轴转动，无进动；(b) 回转仪绕水平轴转动，绕竖直轴进动；(c) 学生手持绕竖直轴转动的车轮

章动，如图 2-27 所示。章动是指陀螺做进动时，绕自转轴的角动量的倾角在两个角度之间发生变化。这在拉丁语中的意思就是“点头”。也就是说，陀螺在做进动的同时，它的顶部还在做着“点头”运动。章动在天体中是非常常见的运动，地球也存在着章动，其“点头”一次要花 18.6 年，我国古代历法将 19 年称为一章，因此这种运动就被称为章动。

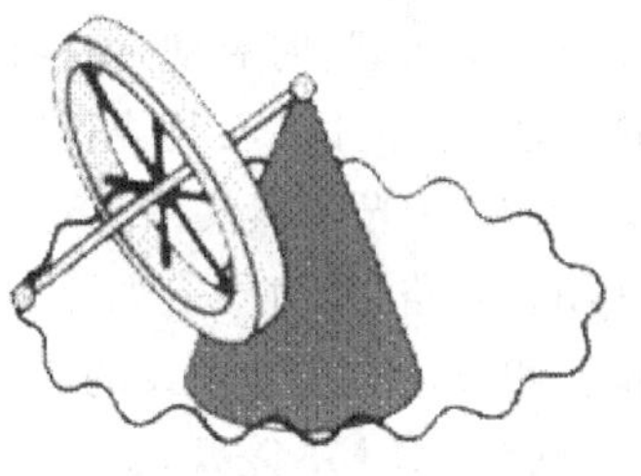

图 2-27　刚体的章动示意图

2.4.2　陀螺的应用

1. 常见的七大陀螺仪

根据陀螺仪的定轴性和进动性可以制成的各种仪表或装置，常见的陀螺仪主要有以下几种：陀螺罗盘、速率陀螺仪、陀螺稳定平台、陀螺仪传感器、光纤陀螺仪、激光陀螺仪、MEMS 陀螺仪。

(1) 陀螺罗盘。它是供航行和飞行物体作方向基准用的寻找并跟踪地理子午面的三自由度陀螺仪。其外环轴铅直，转子轴水平置于子午面内，正端指北；其重心沿铅垂轴向下或向上偏离支承中心。转子轴偏离子午面同时偏离水平面而产生重力矩，使陀螺旋进到子午面，这种利用重力矩的陀螺罗盘称摆式罗盘。21 世纪已发展为利用自动控制系统代替重力摆的电控陀螺罗盘，并创造出能同时指示水平面和子午面的平台罗盘。

(2) 速率陀螺仪。它是用来直接测定运载器角速率的双自由度陀螺装置。把均衡陀螺仪的外环固定在运载器上并令内环轴垂直于要测量角速率的轴。当运载器连同外环以角速度绕测量轴旋进时，陀螺力矩将迫使内环连同转子一起相对运载器旋进。陀螺仪中有弹簧限制这个相对旋进，而内环的旋进角正比于弹簧的变形量。由平衡时的内环旋进角即可求得陀螺力矩和运载器的角速率。积分陀螺仪与速率陀螺仪的不同之处只在于用线性阻尼器代替弹簧约束。当运载器做任意变速转动时，积分陀螺仪的输出量是绕测量轴的转角(即角速度的积分)。以上两种陀螺仪在远距离测量系统或自动控制、惯性导航平台中使用较多。

(3) 陀螺稳定平台。它是以陀螺仪为核心元件，使被稳定对象相对惯性空间的给定姿态保持稳定的装置。稳定平台通常利用由外环和内环构成制平台框架轴上的力矩器以产生力矩与干扰力矩平衡使陀螺仪停止旋进，稳定平台也称为动力陀螺稳定器。根据对象能保持稳定的转轴数目，陀螺稳定平台分为单轴、双轴和三轴陀螺稳定平台。陀螺稳定平台可用来稳定那些需要精确定向的仪表和设备，如测量仪器、天线等，并已广泛用于航空和航海的导航系统及火控、雷达的万向支架支承。

(4) 陀螺仪传感器。陀螺仪传感器是一个简单易用的基于自由空间移动和手势的定位和控制系统。在假想的平面上挥动鼠标，屏幕上的光标就会跟着移动，并可以绕着链接画圈和点击按键。当你正在演讲或离开桌子时，这些操作都能够很方便地实现。陀螺仪传感器原本主要运用在直升机模型上，现在已经被广泛运用于手机这类移动便携设备上(iPhone手机上的三轴陀螺仪技术)。

(5) 光纤陀螺仪。光纤陀螺仪是以光导纤维线圈为基础的敏感元件，由激光二极管发射出的光线朝两个方向沿光导纤维传播。光传播路径的变化，决定了敏感元件的角位移。与传统的机械陀螺仪相比，光纤陀螺仪的优点是全固态、没有旋转部件和摩擦部件、寿命长、动态范围大、瞬时启动、结构简单、尺寸小、重量轻。与激光陀螺仪相比，光纤陀螺仪没有闭锁问题，也不用在石英块精密加工出光路，因而制作成本较低。

(6) 激光陀螺仪。激光陀螺仪的原理是利用光程差来测量旋转角速度(Sagnac 效应)。在闭合光路中，由同一光源发出的沿顺时针方向和逆时针方向传输的两束光发生干涉，通过检测相位差或干涉条纹的变化，就可以测出闭合光路旋转的角速度。

(7) MEMS 陀螺仪。基于 MEMS 的陀螺仪的价格相比光纤陀螺仪或者激光陀螺仪便宜很多，但使用精度非常低，需要使用参考传感器进行补偿，以提高使用精度。MEMS 陀螺仪利用相互正交的震动和转动的依赖关系引起的交变科里奥利力，将旋转物体的角速度转换成与角速度成正比的直流电压信号，其核心部件可通过掺杂技术、光刻技术、腐蚀技术、LIGA 技术、封装技术等批量生产。

2. 陀螺仪的应用

(1) 陀螺仪在航天航空中的应用

陀螺仪最早是用于航海导航，但随着科学技术的发展，它在航空和航天事业中也得到广泛的应用。陀螺仪不仅可以作为指示仪表，它还可以作为自动控制系统中的一个敏感元件，即可作为信号传感器。根据需要，陀螺仪器能提供准确的方位、水平、位置、速度和加速度等信号，以便驾驶员或用自动导航仪来控制飞机、舰船或航天飞机等航行体按一定的航线飞行，而在导弹、卫星运载器或空间探测火箭等航行体的制导中，则直接利用这些信号完成航行体的姿态控制和轨道控制。作为稳定器，陀螺仪器能使列车在单轨上行驶，能减小船舶在风浪中的摇摆，能使安装在飞机或卫星上的照相机相对地面稳定等。

作为精密测试仪器，陀螺仪能够为地面设施、矿山隧道、地下铁路、石油钻探以及导弹发射井等提供准确的方位基准。由此可见，陀螺仪器的应用范围是相当广泛的，它在现代化的国防建设和国民经济建设中均占有重要的地位。

(2) 陀螺仪在消费电子领域的创新应用

陀螺仪给了消费电子很大的应用发挥空间。比如就设备输入的方式来说，在键盘、鼠标、触摸屏之后，陀螺仪又给我们带来了手势输入，由于它的高精度，甚至还可以实现电子签名；又比如，陀螺仪让智能手机变得更智慧：除了移动上网、快速处理数据外，还能“察言观色”，并提供相应的服务。

(3) 导航

陀螺仪自被发明开始，就用于导航，先是德国人将其应用在 V1、V2 火箭上，因此，如果配合 GPS，手机的导航能力将达到前所未有的水准。实际上，目前很多专业手持式 GPS 上也装了陀螺仪，如果手机上安装了相应的软件，其导航能力绝不亚于目前很多船舶、飞机上用的导航仪。

汽车上也使用了很多微机电陀螺仪，在高档汽车中，采用 25～40 只 MEMS 传感器，用来检测汽车不同部位的工作状态，给行驶的汽车电脑提供信息，让用户更好地控制汽车。

(4) 相机防抖

陀螺仪可以和手机上的摄像头配合使用，防止抖动，这会让手机的拍照摄像能力得到很大的提升。

(5) 提升游戏体验

对于各类手机游戏，如飞行游戏，体育类游戏，甚至一些第一视角类射击游戏，陀螺仪能完整监测游戏者手的位移，从而实现各种游戏操作效果，如横屏改竖屏、赛车游戏拐弯等。

(6) 作为输入设备

陀螺仪还可以用作输入设备，它相当于一个立体的鼠标，这个功能和游戏传感器很类似，甚至可以认为是一种类型。

本章小结

1. 刚体的概念及运动

(1) 刚体是指在外力作用下，形状和大小都不改变的物体。刚体运动时，刚体内各质点之间的距离保持不变，但各部分之间可以存在相对运动。通常，刚体的运动可分解成平动和转动，如平动和定轴转动。质点的运动规律描述同样适用于刚体的平动。

(2) 描述刚体转动的物理量：角速度 $\omega=\dfrac{\Delta\theta}{\Delta t}$，角加速度 $\alpha=\dfrac{\Delta\omega}{\Delta t}$，切向加速度 $a_{\mathrm{t}}=r\alpha$。

2. 力矩与角动量

(1) 力对定轴的力矩：$\boldsymbol{M}=\boldsymbol{r}\times\boldsymbol{F}$，大小为 $M=rF\sin\theta=r_{\perp}F$，其中，$F$ 是转动平面内的力，M 为作用在刚体上的合外力矩。刚体平衡的两个条件：$F=0$，静力平衡；$M=0$，转动平衡。

(2) 冲量矩($\boldsymbol{H}$)：力矩对时间的累积称为力矩的冲量矩，$\boldsymbol{H}=\int_{t_1}^{t_2}\boldsymbol{M}\mathrm{d}t$。

(3) 物体的角动量：$\boldsymbol{L}=\sum\limits_i \boldsymbol{r}_i\times m_i\boldsymbol{v}_i$。对于质点，$\boldsymbol{L}=\boldsymbol{r}\times\boldsymbol{p}=\boldsymbol{r}\times m\boldsymbol{v}$；对于绕定轴转动的刚体 $\boldsymbol{L}=J\boldsymbol{\omega}$，式中 J 是刚体绕定轴的转动惯量，$\boldsymbol{\omega}$ 为角速度，方向沿着转轴。

3. 刚体定轴转动的转动惯量与角动量定理

(1) 刚体定轴转动定律：$\boldsymbol{M}=J\boldsymbol{\alpha}$ 或 $M=J\alpha$，其中，$\boldsymbol{M}$ 为作用在刚体上的合外力矩，J 为刚体的转动惯量，$\boldsymbol{\alpha}$ 为刚体的角加速度。$\boldsymbol{M}$、J、$\boldsymbol{\alpha}$ 是对刚体的同一定轴而言的。

(2) 刚体对定轴的转动惯量

对质点系，$J=\sum_i m_i r_i^2$；对连续物体，$J=\int_{(V)} r^2\mathrm{d}m$。

转动惯量是刚体在转动中惯性的量度，取决于刚体的质量、质量分布及转轴的位置。

转动惯量的平行轴定理：$J=J_0+md^2$，其中，d 是转轴平移的距离。

(3) 刚体定轴转动的角动量定理：$\boldsymbol{M}=\dfrac{\partial \boldsymbol{L}}{\partial t}$（微分形式）；$\int_{t_1}^{t_2}\boldsymbol{M}\mathrm{d}t=\boldsymbol{L}_2-\boldsymbol{L}_1$（积分形式）。

(4) 角动量守恒定理：若 $\boldsymbol{M}=\boldsymbol{0}$，则 $\boldsymbol{L}=\boldsymbol{C}$（常矢量）。其中，$\boldsymbol{M}$ 是刚体转动时的力矩。

角动量定理及角动量守恒定律对定轴转动的刚体以及质点系均成立。

4. 刚体定轴转动中的功和能

(1) 力矩的功：$A=\int \mathrm{d}A=\int_{\theta_0}^{\theta} M\mathrm{d}\theta=E_{\mathrm{k2}}-E_{\mathrm{k1}}$；力矩的功率：$P=M\omega$。

(2) 转动动能：$E_{\mathrm{k}}=\dfrac{1}{2}J\omega^2$。

刚体作为质点系遵从功能原理及机械能守恒定律。刚体重力势能 $E_{\mathrm{p}}=mgh$。

习题

1. 填空题

1.1 一个转动的轮子，由于轴承摩擦力矩的作用，其转动角速度渐渐变慢，第 1s 末的角速度是起始角速度 ω_0 的 0.8 倍。若摩擦力不变，则第 2s 末的角速度为________(用 ω_0 表示)；该轮子在静止之前共转了________圈。

1.2 转动着的飞轮的转动惯量为 J，在 $t=0$ 时角速度为 ω_0，此后飞轮经历制动过程，阻力矩 M 的大小与角速度 ω 的平方成正比，比例系数为 K(K 为大于零的常数)，当 $\omega=\omega_0/3$ 时，飞轮的角加速度 $\alpha=$________，从开始制动到 $\omega=\omega_0/3$ 所经过的时间 $t=$________。

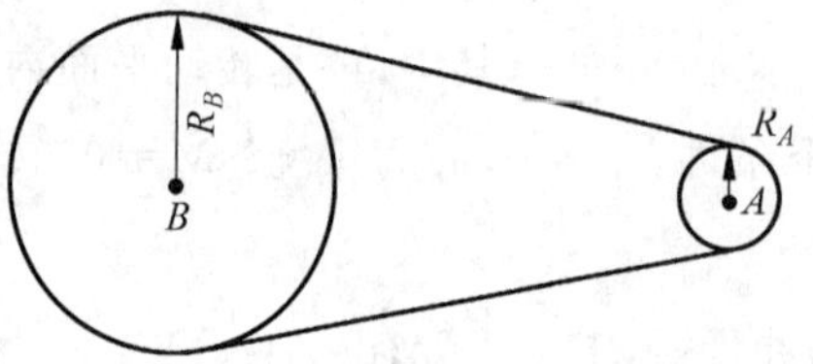

图 2-28 填空题 1.3 用图

1.3 如图 2-28 所示，用一条皮带将两个轮子 A 和 B 连接起来，轮和皮带间无相对滑动，B 轮的半径是 A 轮的 3 倍。(1)如果两轮具有相同的动量矩，则 A、B 两轮转动惯量的比值为________；(2)如果两轮具有相同的转动动能，则 A、B 两轮转动惯量的比值为________。

1.4 某滑冰者转动的初始角速度为 ω_0，转动惯量为 J_0，当他收拢双臂后，转动惯量减少 1/4，这时他转动的角速度为________；若他不收拢双臂，而被另一滑冰者作用，角速度变为 $\omega=\sqrt{2}\omega_0$，则另一滑冰者对他施加的力矩所做的功 A 为________。

1.5 如图 2-29 所示，均匀细棒长为 L，质量为 M，下端无摩擦地铰接在水平面上的 O 点。当杆受到微扰从竖直位置倒置在水平面上时，顶端 A 点的速度为________。

1.6　如图 2-30 所示，半径为 R，质量为 M 的均质圆盘可绕水平固定轴转动。现以一轻绳绕在轮边缘，绳的下端挂一质量为 m 的物体，圆盘从静止开始转动后，它转动的角度和时间的关系为________。

1.7　如图 2-31 所示，圆盘的质量为 M，半径为 R，则它对通过盘的边缘且平行于盘中心轴的转动惯量 $J=$________。

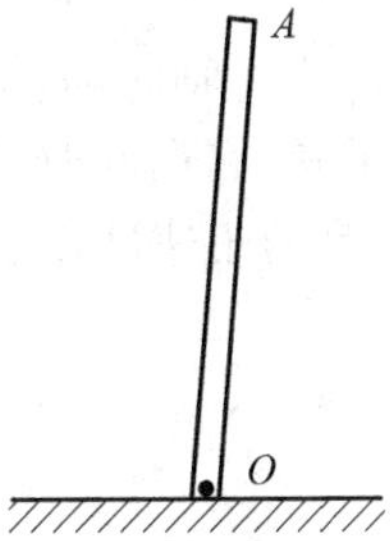

图 2-29　填空题 1.5 用图

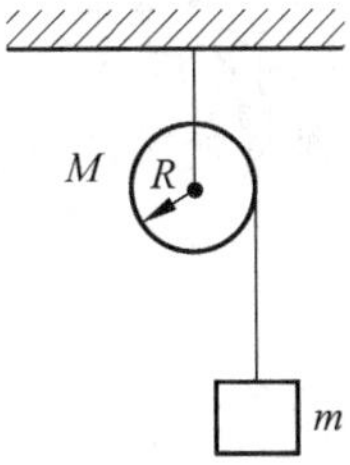

图 2-30　填空题 1.6 用图

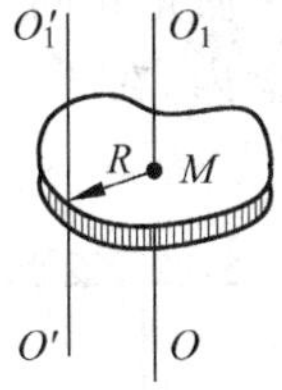

图 2-31　填空题 1.7 用图

1.8　一质点在半径为 r 的圆周上运动，在某一瞬间其角加速度为 α，角速度为 ω，则该瞬间质点的切向加速度为________，法向加速度为________，合加速度为________。

1.9　一刚体由静止开始，绕一固定轴作匀加速转动，由实验可测得刚体上某点的切向加速度为 a_t，法向加速度为 a_n，则它们与角 θ 之间的关系为________。

1.10　质量为 M，长度为 L 的均匀细棒，可绕垂直于棒的一端的水平轴转动，如将棒从水平位置无初速地释放，任其下落，则开始时的角速度为________，角加速度为________；当下落到铅直位置时，它的角速度为________，角加速度为________。

1.11　一人手握哑铃坐在一摩擦可忽略的转台上，以一定的角速度转动，若把两手伸开，使转动惯量增加到原来的 2 倍，则角速度减小为原来的________，转动动能变化为原来的________。

2. 选择题

2.1【　】两个均质圆盘 A、B 的密度分别为 ρ_A 和 ρ_B，且 $\rho_A>\rho_B$，它们质量和厚度相同。两个圆盘的旋转轴均通过盘心并垂直于盘面，则它们的转动惯量的关系是：

(A) $J_A<J_B$　(B) $J_A=J_B$　(C) $J_A>J_B$　(D) 不能判断

2.2【　】一力矩 M 作用于飞轮上，飞轮的角加速度为 α_1，如撤去这一力矩，飞轮的角加速度为 $-\alpha_2$，则该飞轮的转动惯量为：

(A) M/α_1　(B) M/α_2　(C) $M/(\alpha_1+\alpha_2)$　(D) $M/(\alpha_1-\alpha_2)$

2.3【　】银河系有一可视为球体的天体，由于引力凝聚，体积不断收缩。设它经历一万年体积收缩了 1%，而质量保持不变，则它的自转周期和转动动能将如何变化？

(A) 自转周期变长，转动动能增大　(B) 自转周期变短，转动动能增大

(C) 自转周期变长，转动动能减小　(D) 自转周期变短，转动动能减小

2.4【　】一子弹水平射入一竖直悬挂的木棒后一同上摆，在上摆的过程中，以子弹和木棒为系统，则总角动量、总动量及总机械能是否守恒？结论是：

(A) 三量均不守恒　(B) 三量均守恒

(C) 只有总机械能守恒　　　　　　　　(D) 只有总动量不守恒

2.5 【　　】绳长为 l,质量为 m 的单摆,如图 2-32(a)所示,长为 l,质量为 m 能绕水平轴 O 自由转动的匀质细棒,如图 2-32(b)所示。现将单摆和细棒同时从与铅直线成 θ 角的位置由静止释放,若运动到竖直位置时,单摆、细棒的角速度分别以 ω_1、ω_2 表示,则:

(A) $\omega_1=\dfrac{1}{2}\omega_2$　　(B) $\omega_1=\omega_2$　　(C) $\omega_1=\dfrac{2}{3}\omega_2$　　(D) $\omega_1=\sqrt{\dfrac{2}{3}}\omega_2$

2.6 【　　】如图 2-33 所示,一圆盘绕通过盘心且垂直于盘面的水平轴转动,轴间摩擦不计。两个质量相同、速度大小相同、方向相反并在一条直线上的子弹,它们同时射入圆盘并且留在盘内,在子弹射入后的瞬间,圆盘和子弹的角动量 L 及圆盘的角速度 ω 会发生什么变化?

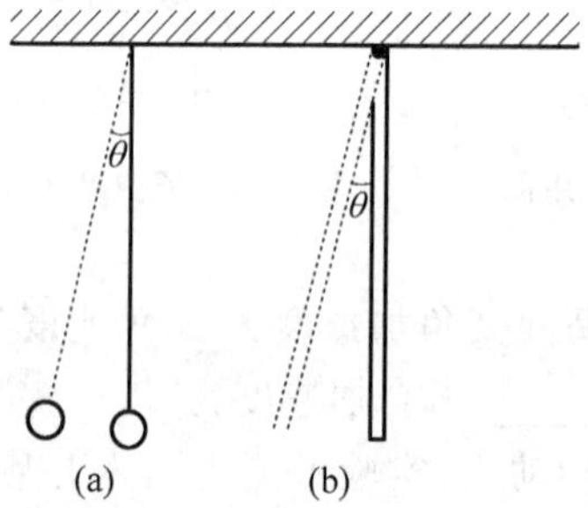

图 2-32　选择题 2.5 用图

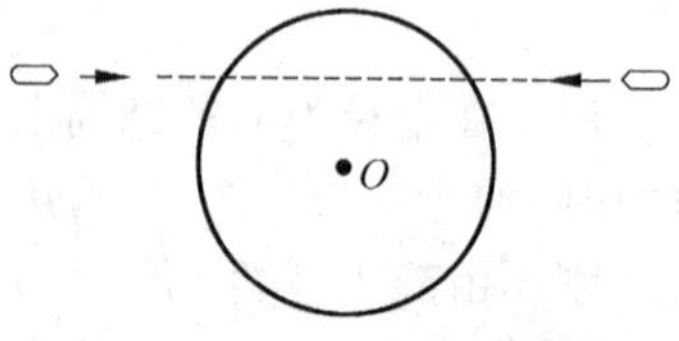

图 2-33　选择题 2.6 用图

(A) L 不变,ω 增大　　　　　　　(B) 两者均不变
(C) L 不变,ω 减小　　　　　　　(D) 两者均不确定

2.7 【　　】长为 L 的均匀细杆 OM 绕水平轴 O 在竖直平面内自由转动。今使细杆 OM 从水平位置开始自由摆下,在细杆摆动到铅直位置的过程中,其角速度 ω,角加速度 α 如何变化?

(A) ω 增大,α 减小　　　　　　(B) ω 减小,α 减小
(C) ω 增大,α 增大　　　　　　(D) ω 减小,α 增大

2.8 【　　】人造地球卫星绕地球作椭圆运动,地球在椭圆的一个焦点上,卫星的动量 $\boldsymbol{p}$、角动量 $\boldsymbol{L}$ 及卫星与地球所组成系统的机械能 E 是否守恒?

(A) $\boldsymbol{p}$ 不守恒,$\boldsymbol{L}$ 不守恒,E 不守恒　　(B) $\boldsymbol{p}$ 守恒,$\boldsymbol{L}$ 不守恒,E 不守恒
(C) $\boldsymbol{p}$ 不守恒,$\boldsymbol{L}$ 守恒,E 守恒　　　(D) $\boldsymbol{p}$ 守恒,$\boldsymbol{L}$ 守恒,E 守恒
(E) $\boldsymbol{p}$ 不守恒,$\boldsymbol{L}$ 守恒,E 不守恒

2.9 【　　】一水平圆盘可绕经过其中心的固定铅直轴转动,盘上站着一个人,把人和圆盘当成一个系统,当此人在盘上随意走动时,若忽略轴的摩擦,则此系统:

(A) 动量守恒　　(B) 机械能守恒　(C) 对转轴的角动量守恒
(D) 动量、机械能和角动量均守恒　　(E) 动量、机械能和角动量均不守恒

2.10 【　　】飞轮匀速转动时,下列说法哪种正确?

(A) 飞轮边缘上的一点具有恒定加速度
(B) 飞轮边缘上一点具有恒定的向心加速度
(C) 飞轮边缘上的一点其合加速度为零

(D) 以上说法均不正确

2.11 【 】在某一瞬间，物体在力矩作用下转动，则：

(A) ω 可以为零，α 也可以为零　　(B) ω 不能为零，α 可以为零

(C) ω 可以为零，α 不能为零　　(D) ω 与 α 均不能为零

2.12 【 】当刚体转动的角速度很大时(设转轴位置不变)，则：

(A) 作用在它上面的力也一定很大

(B) 作用在它上面的力矩也一定很大

(C) 作用在它上面的冲量矩也一定很大

(D) 以上说法均不正确

2.13 【 】如图 2-34 所示，A 与 B 两个飞轮的轴杆可由摩擦啮合器连接，开始时 B 轮静止，A 轮以一定转速转动，然后使 A 与 B 连接，因而 B 轮得到加速度而 A 轮减速，直到两轮的转速相等为止。则在此连接过程中，下列说法哪种正确？

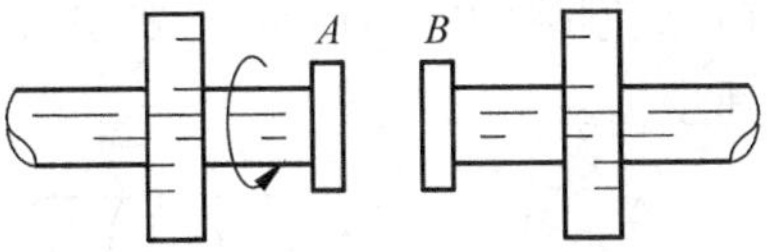

图 2-34 选择题 2.13 用图

(A) 系统转动动能守恒

(B) A 轮转动惯量逐渐减小，B 轮转动惯量逐渐变大，最后二者相等

(C) 系统角动量守恒

(D) 以上说法均不正确

2.14 【 】一根穿过空管的细绳，一端栓有质量为 m 的小物体，一只手拿管子，另一手拉着绳子，先让物体以速率 v 作半径为 r 的圆周运动(接近于在水平面内作圆周运动)，然后拉紧绳子，使轨道半径缩小到 $r/2$，忽略重力，则后来的角速率 ω_2 和原来的角速率 ω_1 的关系为：

(A) $\omega_2=\dfrac{r_2}{r_1}\omega_1$　　(B) $\omega_2=\dfrac{r_1}{r_2}\omega_1$

(C) $\omega_2=\left(\dfrac{r_2}{r_1}\right)^2\omega_1$　　(D) $\omega_2=\left(\dfrac{r_1}{r_2}\right)^2\omega_1$

3. 思考题

3.1 作直线运动的物体有没有角动量？

3.2 为什么发射人造卫星时必须先用火箭把它竖直地送到离地面一定的高度，然后再转向，使其进入运行轨道，而不用火箭直接把人造卫星送入预定的轨道？

3.3 对于转动物体，如何叙述牛顿第一定律？

3.4 将一根直尺竖直立在光滑的冰上，如果它倒下，其质心的轨迹如何？整个尺如何运动？

3.5 为什么质点系动能的改变不仅与外力有关，还与内力有关，而刚体绕定轴转动动能的改变只与外力矩有关而与内力矩无关呢？

3.6 如果作用在刚体上的外力的矢量和为零，则刚体的运动状态是否一定不变？

3.7 刚体作纯滚动时，着地点所受静摩擦力的方向是否恒与质心的加速度方向相反？

3.8 试分析茹可夫斯基转椅的原理，即转轴处光滑，人站在圆盘上，手握两个哑铃，两

臂伸开时令他旋转起来，两臂收回时转速加快的原理。

3.9 汽车紧急刹车时为何前轮车痕较深？

4. 综合计算题

4.1 质量为 m_1 和 m_2 的两个物体分别悬于绕在组合轮(由固定在一起的两同轴圆柱体组成)上的轻绳上，如图 2-35 所示。设两轮的半径分别为 R 和 r，转动惯量分别为 J_1 和 J_2。轮与轴间摩擦略去不计，绳与轮间无相对滑动。试求两物体的加速度和绳的张力。

4.2 一长为 $2l$，质量为 $3m$ 的细棒的两端黏有质量分别为 $2m$ 和 m 的物体，如图 2-36 所示。此杆可绕中心 O 在铅直平面内转动，先使其在水平位置，然后由静止释放。求：(1)此刚体的转动惯量；(2)处于水平位置时杆的角加速度；(3)通过铅直位置时杆的角速度。

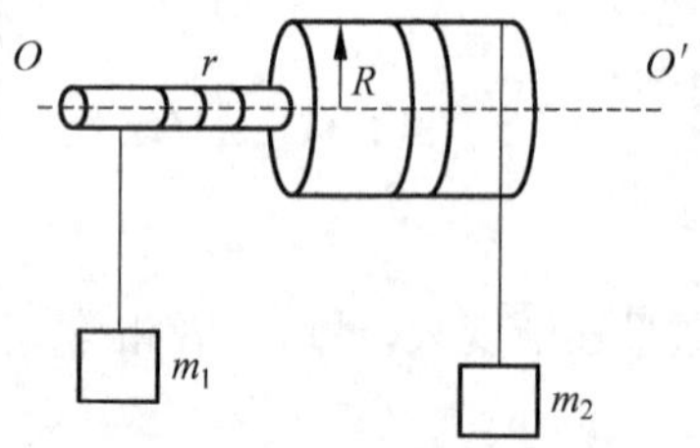

图 2-35 综合计算题 4.1 用图

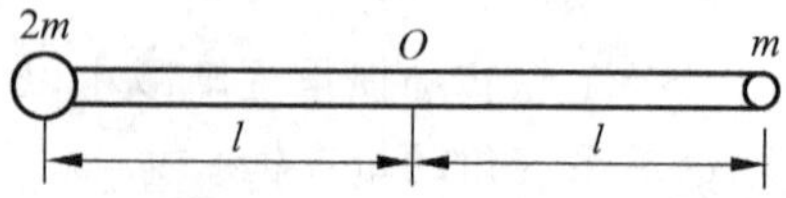

图 2-36 综合计算题 4.2 用图

4.3 一半径为 R 的均匀球体，绕通过其一直径的光滑轴匀速转动，若它的半径由 R 自动收缩为 $\frac{1}{2}R$，求转动周期的变化？(均匀球体对于通过直径的轴的转动惯量为 $J=\frac{2}{5}mR^2$，式中 m 和 R 分别为球体的质量和半径)

4.4 一质量为 m，长为 l 的均匀细棒放在水平桌面上，可绕杆的一端转动(如图 2-37 所示)，初始时刻杆的角速度为 ω_0。设杆与桌面间的摩擦系数为 μ，求：(1)杆所受到的摩擦力矩；(2)当杆转过 90°时，摩擦力矩所做的功和杆转动的角速度 ω_0。

4.5 设质量为 M，长为 l 的均匀直棒，可绕垂直于杆的上端的水平轴无摩擦地转动。它原来静止在平面位置上，现有一质量为 $m=M/3$ 的弹性小球水平飞来，正好碰在杆的下端。相碰后使杆从平衡位置摆动到最高位置 $\theta_{max}=60°$处，如图 2-38 所示。(1)若碰撞为弹性碰撞，试计算小球初速度 v_0 的值；(2)碰撞过程中小球受到多大的冲量。

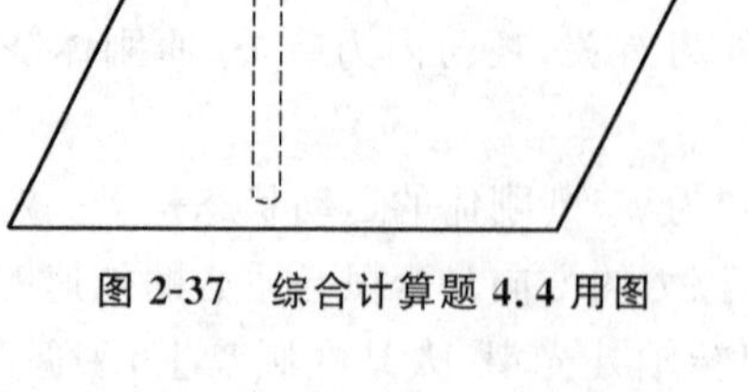

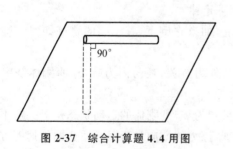

图 2-37 综合计算题 4.4 用图

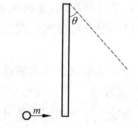

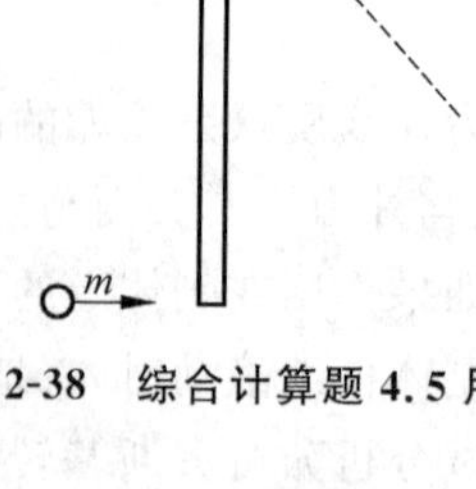

图 2-38 综合计算题 4.5 用图

4.6　汽车发动机以 20N·m 的恒力矩作用在有固定轴的车轮上，在 10s 内车轮的转速由零增大到 100r/s，此时移去该力矩，车轮在摩擦力矩的作用下，经 100s 而停止，试估算此车轮对其固定轴的转动惯量。

4.7　游客在古村落的井里取水，质量为 5kg 的一桶水悬于绕在辘轳上的绳子下端，辘轳可视为一质量为 10kg 的圆柱体，桶从井口由静止释放，求桶下落过程中的张力。已知，辘轳绕轴转动时的转动惯量为$\frac{1}{2}MR^2$，其中 M 和 R 分别为辘轳的质量和半径，摩擦忽略不计。

4.8　如图 2-39 所示，物体 B 的质量 m_2 足够大，使其能在重力作用下向下运动，设 A 与斜面间的摩擦系数为 μ，轴承的摩擦不计，绳不可伸长，质量为 M 的滑轮可视为半径为 r 的均匀圆盘，求物体 B 由静止下落高度 h 时的速度。

4.9　如图 2-40 所示，细杆 OM 由水平位置静止释放，杆摆至铅直位置时刚好与静止在光滑水平桌面上质量为 m 的小球相碰，设杆的质量与球的质量相同，碰撞为弹性碰撞，求碰撞后小球的速度。

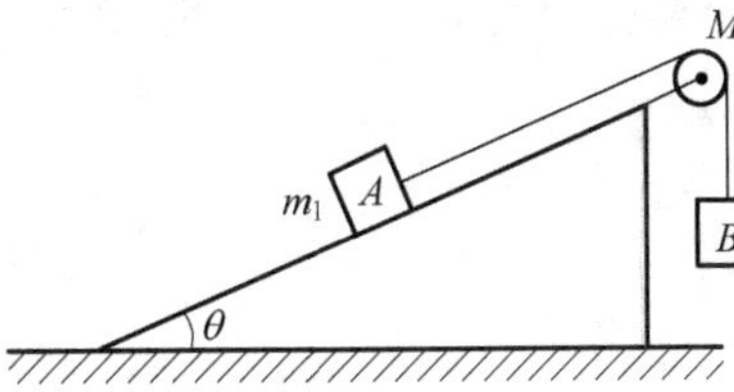

图 2-39　综合计算题 4.8 用图

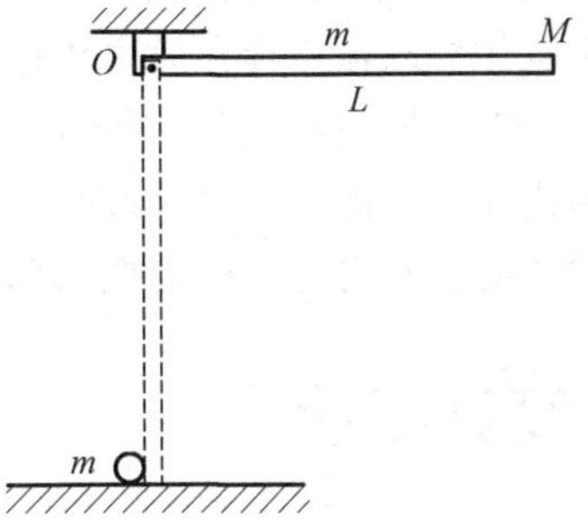

图 2-40　综合计算题 4.9 用图

4.10　一转动惯量为 J 的圆盘绕一固定轴转动，起初角速度为 ω_0，设它所受阻力矩与转动角速度成正比，即 $M=-k\omega$（k 为正的常数），求圆盘的角速度从 ω_0 变为 $\omega_0/2$ 时所需的时间。

第3章 机械振动和机械波

在机械运动中，振动和波动是一种很普遍的运动形式。机械振动和机械波是自然界中的一种常见现象，长期以来，人类对于机械振动的观察和认识，发现机械波实际上是机械振动能量在空间传播的一种形式，因此，两者是紧密联系的。最常见的振动是力学量和电磁学量的振动。例如，位置、速度、加速度、力、动量和能量等力学量的振动，统称为机械振动；电流、电压、电功率、电磁场等电磁学量的振动，统称为电磁振荡。机械振动比较直观，易于理解，是大学物理的主要讨论对象。

如果机械振动在连续介质内传播，就形成机械波。本章首先介绍机械振动，内容包括简谐振动、非谐振动及简谐振动的合成；其次介绍机械波，内容包括机械波的基本特征，平面简谐波的描述及其性质、机械波的叠加效应；最后简要介绍波的干涉与衍射、声波和多普勒效应。本章的核心内容是简谐振动和简谐波的性质。

3.1 简谐振动

物体在一确定位置附近做来回往复的机械运动，称为机械振动。因此，任何一个物理量在某个定值附近发生反复变化，都可称为振动。图3-1给出了几个机械振动的例子，例如，闹钟、心跳、曲轴的运动等。从振动的形式来看，振动可分为连续振动和非连续（脉冲）振动，也可分为周期振动和非周期振动等，其中最简单的振动形式是简谐振动。简谐振动的规律简单又和谐，而且一切复杂的振动都可以看作是多个简谐振动的合成（傅里叶分解），因而简谐振动是讨论所有振动的基础。

图3-1 几个机械振动的例子

物体在运动时，如果其离开平衡位置的位移（或角位移）按余弦（或正弦）规律随时间变化，则称这种运动为简谐振动。简谐振动是一种理想化模型。许多实际的小振幅振动，都可看成简谐振动。例如，双原子分子中两个原子之间的振动。简谐振动是最简单最基本的振动，复杂的振动都可以分解为一些简谐振动的叠加。

3.1.1 简谐振动函数及其特征

弹簧振子的无阻尼振动就是简谐振动。如图3-2所示，一个轻质弹簧的一端固定，另一端悬挂一个小钢球，小球处于静止平衡位置 O。现在用力 F 把小球往下拉，然后放开，若忽略空气阻力，那么，小球将在平衡点附近上下往复运动，这就是一个无阻尼的弹簧振子。

设小球偏离平衡点的位移为 x，根据胡克定律，弹簧的弹性力 F 与位移 x 遵循如下关系：

$$F=-kx$$

其中，k 为弹簧的劲度系数。由牛顿第二定律得到小球的运动方程为

$$m\frac{\mathrm{d}^2x}{\mathrm{d}t^2}=-kx \tag{3.1}$$

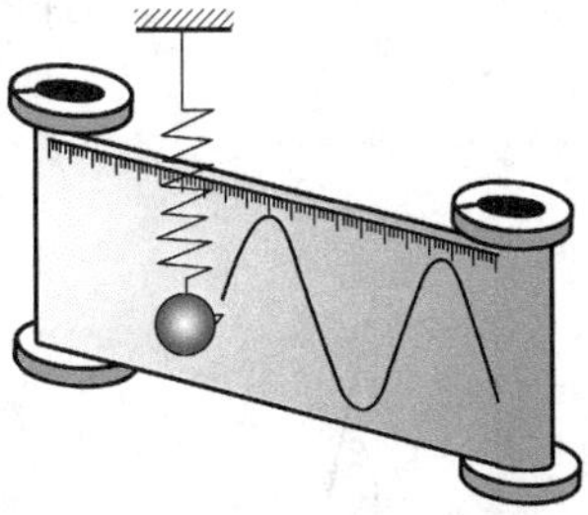

图 3-2　简谐振动幅度随时间变化曲线

令 $\omega=\sqrt{k/m}$，可以把式(3.1)简化为

$$\frac{\mathrm{d}^2x}{\mathrm{d}t^2}+\omega^2x=0 \tag{3.2}$$

式(3.2)称为简谐振动方程。根据高等数学中二阶常微分方程的通解形式：$x(t)=A\mathrm{e}^{\mathrm{i}\omega t}+B\mathrm{e}^{-\mathrm{i}\omega t}$ 和振子的初始条件：振幅为 A，初始相位为 φ_0，可求得式(3.2)的解为

$$x(t)=A\cos(\omega t+\varphi_0) \tag{3.3}$$

其中，角频率 $\omega=\sqrt{k/m}$ 称为本征振动频率。简谐振动函数式(3.3)表明，位移 x 随时间 t 按余弦函数的规律变化。从振动函数式(3.3)出发，可以求得物体做简谐振动时，物体的振动速度与加速度分别为

$$v(t)=\frac{\mathrm{d}x}{\mathrm{d}t}=-A\omega\sin(\omega t+\varphi) \tag{3.4}$$

$$a(t)=\frac{\mathrm{d}v}{\mathrm{d}t}=-A\omega^2\cos(\omega t+\varphi) \tag{3.5}$$

根据式(3.3)～式(3.5)，做出图观察位移 $x(t)$、振动速度 $v(t)$、加速度 $a(t)$ 随时间 t 的变化情况，如图 3-3 所示，观察三者的相位、方向变化。

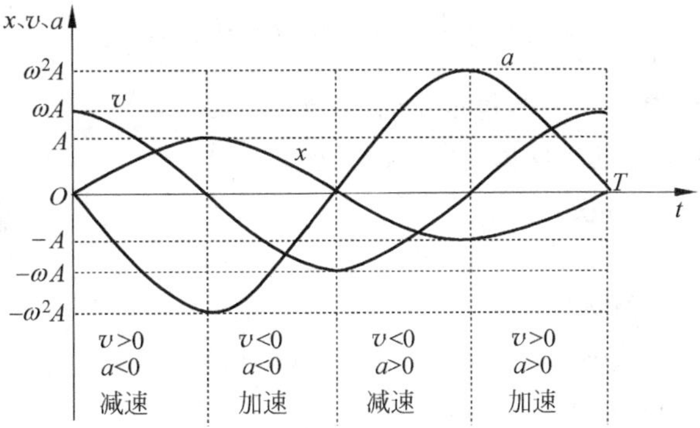

图 3-3　简谐振动幅度、速度和加速度随时间变化

根据弹性振动知识，可以得到一个结论：若质点所受的合外力是与位移成正比的回复力，则质点的运动是简谐振动，这可作为简谐振动的动力学定义。简谐振动的角频率 ω 由振动系统本身的力学性质(包括物体的质量和力的性质)所决定。下面介绍两种常见的简谐振动。

1. 单摆

一根长度为 l 的细绳，一端固定，另一端拴一个质量为 m 的小球，就构成一个单摆，如

图 3-4 所示。初始时，小球的摆角为 θ_0。根据牛顿第二定律沿切向列出如下单摆运动方程：

$$ml\frac{\mathrm{d}^2\theta}{\mathrm{d}t^2}=-mg\sin\theta \tag{3.6a}$$

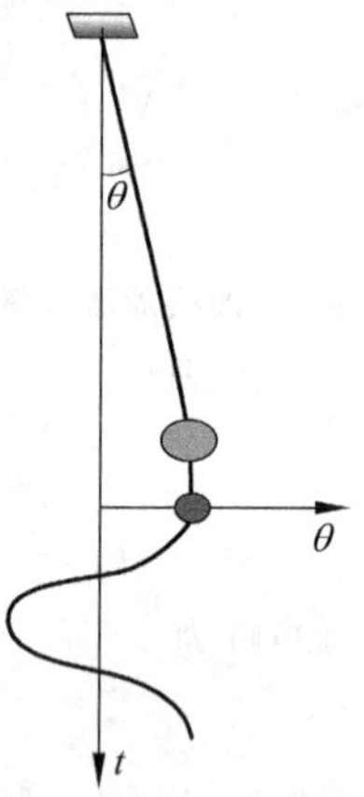

图 3-4 单摆振动示意及其摆角随时间变化

当摆角很小时，$\sin\theta\approx\theta$，方程(3.6a)可以简化得到如下的单摆偏转角度的振动方程：

$$\frac{\mathrm{d}^2\theta}{\mathrm{d}t^2}+\frac{g}{l}\theta=0 \tag{3.6b}$$

方程(3.6b)和方程(3.2)形式完全相同，在数学上属于同一类型，故解的表达式一样。简单地讲，在角位移很小时，单摆的振动是简谐振动，其通解可用下式表示：

$$\theta(t)=A\cos(\omega t+\varphi) \tag{3.7}$$

其中，角频率 ω 和振动的周期 T 分别为

$$\omega=\sqrt{\frac{g}{l}},\quad T=\frac{2\pi}{\omega}=2\pi\sqrt{\frac{l}{g}} \tag{3.8}$$

意大利科学家伽利略首先研究了单摆的谐振动，后来荷兰的科学家惠更斯根据这个原理，制造出了带摆的时钟。今天，单摆振动原理被更广泛地应用于计数脉搏、时钟计时、计算日食和推算星辰的运动等诸多方面。

2. 复摆

图 3-5 是一个复摆振动的示意图。如果一个刚体绕 O 轴转动，它受到的合外力矩与位移正比的回复力矩，即 $M=-mgh\sin\theta$，那么，复摆偏转角度的运动方程为

$$J\frac{\mathrm{d}^2\theta}{\mathrm{d}t^2}=-mgh\sin\theta \tag{3.9}$$

其中，J 是复摆的转动惯量。当摆角很小时，$\sin\theta\approx\theta$，方程(3.9)可以简化得到如下的复摆偏转角度的振动方程：

$$\frac{\mathrm{d}^2\theta}{\mathrm{d}t^2}+\frac{mgh}{J}\theta=0 \tag{3.10}$$

同样，可以得到简谐振动解为

$$\theta(t)=A\cos(\omega t+\varphi_0) \tag{3.11}$$

其中，角频率 ω 和振动的周期 T 分别为

$$\omega=\sqrt{\frac{mgh}{J}},\quad T=\frac{2\pi}{\omega}=2\pi\sqrt{\frac{J}{mgh}} \tag{3.12}$$

上式表明，简谐振动的角速度、周期完全由振动系统本身来决定。这些结果表明：若刚体所受的合外力矩是与位移成正比的回复力矩，则刚体的转动是简谐振动。

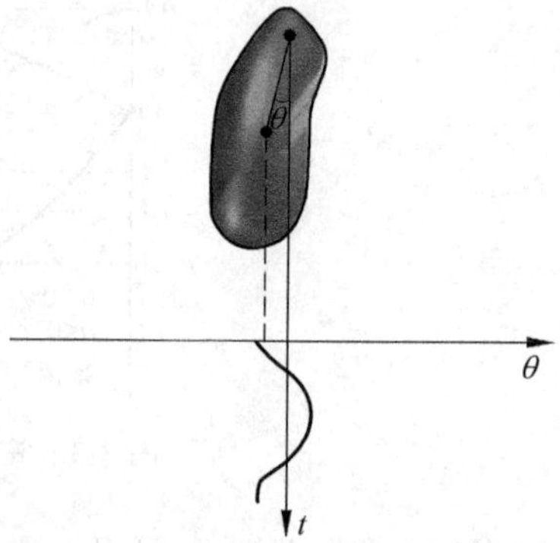

图 3-5 复摆振动及其摆角随时间的变化

3.1.2 描述简谐振动的物理参量

为了准确地描述简谐振动 $x(t)=A\cos(\omega t+\varphi_0)$ 的性质，介绍以下几个物理参量。

(1) 振幅 A

简谐振动的物体离开平衡位置的最大位移的绝对值，称为振幅。

(2)周期 T 和频率 ν

简谐振动完成一次完整振动所需要的时间称为周期。由 $x(t+T)=A\cos[\omega(t+T)+\varphi_0]=x(t)$可得

$$\omega T=2\pi \quad \left(或者\ T=\frac{2\pi}{\omega}\right) \tag{3.13}$$

进一步得到振动频率

$$\nu=\frac{1}{T}=\frac{\omega}{2\pi} \quad (或者\ \omega=2\pi\nu) \tag{3.14}$$

(3) 相位和初相

在简谐振动中余弦函数中的变量$(\omega t+\varphi_0)$是决定简谐运动状态的物理量，称为振动的相位，$t=0$ 时的相位 φ_0 称为初相位，简称初相。

简谐振动的状态仅随相位的变化而变化，因而相位是描述简谐振动状态的物理量。相位与时间一一对应，相位不同是指时间先后不同。

基于谐振函数的相关物理参量的定义，接下来讨论振幅和初相与初始条件的关系。

如果将 $t=0$ 时的位置和速度称为初始条件，那么由简谐振动方程和其速度方程可以确定：初始位置 $x_0=A\cos\varphi$，初始速度 $v_0=-\omega A\sin\varphi$，所以可得

$$A=\sqrt{x_0^2+(v_0/\omega)^2}, \quad \varphi=\arctan\left(-\frac{v_0}{x_0\omega}\right) \tag{3.15}$$

这组关系式称为振幅和初相与初始条件的关系。即只要初始条件确定，质点简谐振动的振幅和初相就是确定的。

3.1.3 简谐振动的旋转矢量表示法

简谐振动除了能用谐振方程和谐振曲线描述以外，还可用一种很直观、很方便的方法来描述，这就是旋转矢量表示法。如图 3-6 所示，在一个平面上作一个 Ox 坐标轴，以原点 O 为起点作一个长度为 A 的矢量 $\boldsymbol{A}$，$\boldsymbol{A}$ 绕原点 O 以匀角速度 ω 沿逆时针方向旋转，称为旋转矢量，矢量端点在平面上的轨迹将形成一个圆，称为参考圆。设 $t=0$ 时矢量 $\boldsymbol{A}$ 与 x 轴的夹角即初角位置为 φ，则在任意的时刻 t，$\boldsymbol{A}$ 与 x 轴的夹角即角位置为 $\Phi=\omega t+\varphi$，矢量的端点 M 在 x 轴上投影点 P 的坐标为 $x=A\cos(\omega t+\varphi)$，这与简谐振动的定义式完全相同。由此可知，旋转矢量的端点在 x 轴上的投影的运动就是简谐振动。

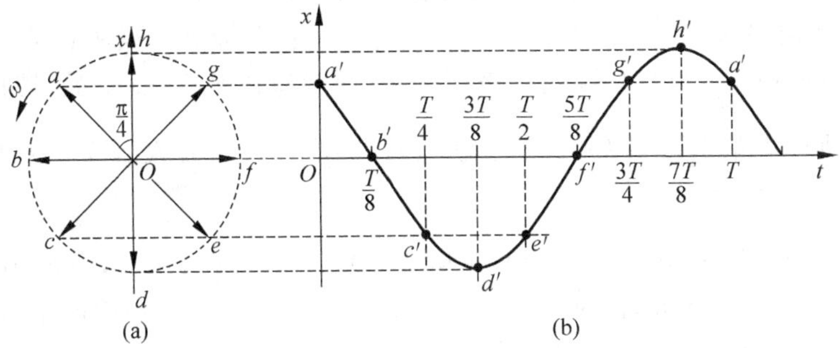

图 3-6 简谐振动的旋转矢量表示法

(a) 旋转矢量；(b) 谐振曲线

旋转矢量表示法的优点有：(1)直观地表达简谐振动的各特征量，表3-1给出了旋转矢量与谐振函数的一一对应关系；(2)便于解题，特别是在确定初相位时，同时也便于将振动合成。

表3-1 旋转矢量 A 与简谐振动的对应关系

旋转矢量	简谐振动	符号与表达式
模	振幅	A
角速度	角频率	ω
$t=0$ 时，$\boldsymbol{A}$ 与 Ox 夹角	初始相位	φ
旋转周期	振动周期	$T=2\pi/\omega$
t 时刻，$\boldsymbol{A}$ 与 Ox 夹角	相位	$\omega t+\varphi$
$\boldsymbol{A}$ 在 Ox 上的投影	位移	$x=A\cos(\omega t+\varphi)$
$\boldsymbol{A}$ 端点速度在 Ox 上的投影	速度	$v=-\omega A\sin(\omega t+\varphi)$
$\boldsymbol{A}$ 端点加速度在 Ox 上的投影	加速度	$a=-\omega^2 A\cos(\omega t+\varphi)$

例3.1 如图3-7所示，一质点沿 x 轴作简谐振动，振幅为 A，周期为 T。求：

(1) 当 $t=0$ 时，质点相对平衡位置的位移 $x_0=A/2$，质点向 x 轴正方向运动，求质点振动的初相；

(2) 质点从 $x=0$ 处运动到 $x=A/2$ 处最少需要多少时间？

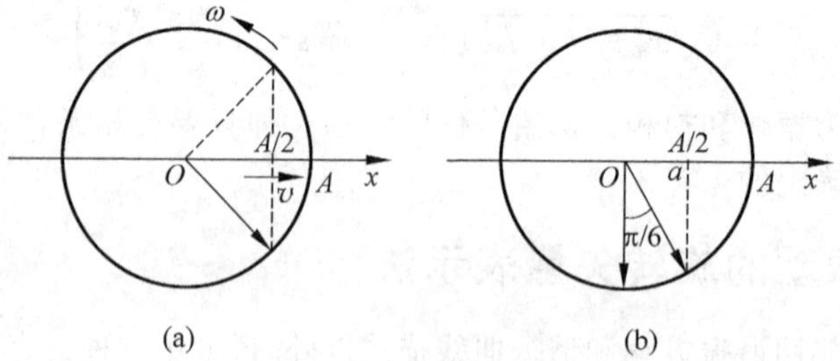

图3-7 例3.1用图

(a) 矢量图求初相；(b) 矢量图求转动时间

解 (1) 当 $t=0$ 时，质点的位移 $x_0=A/2$，矢量图中的旋转矢量与 x 轴的夹角为 $\varphi=\pi/3$ 或 $\varphi=-\pi/3$，如图3-1(a)所示。若 $\varphi=\pi/3$，注意到旋转矢量沿逆时针方向转动，此时旋转矢量端点 M 的投影正向 x 轴负方向运动，这不合题意；若 $\varphi=-\pi/3$，此时矢量端点 M' 的投影沿 x 正方向运动，符合题意。故质点振动的初相应为 $\varphi=-\pi/3$。

(2) 质点从位移为 $x=0$ 处运动到 $x=A/2$ 处的过程，即为质点从 O 点运动到 a 点的过程，如图3-1(b)所示。旋转矢量则从 $\Phi=-\pi/2$ 处转动到 $\Phi=-\pi/3$ 处，转过了 $\pi/6$ 的角度，所需的转动时间为 $\dfrac{\pi/6}{2\pi}T=T/12$，这也就是质点从 $x=0$ 处运动到 $x=A/2$ 处所需要的最短时间。

例3.2 一质点沿 x 轴作简谐振动，振幅 $A=0.10\text{m}$，周期 $T=1\text{s}$，当 $t=0$ 时，质点相对平衡位置的位移 $x_0=0.05\text{m}$，此时质点沿 x 轴正方向运动。求：(1)简谐振动的运动方程；(2) $t=T/4$ 时，质点的位移、速度、加速度。

解 (1) 设平衡位置为坐标原点 O。简谐振动的运动方程为 $x=A\cos(\omega t+\varphi)$。

已知 $A=0.10\mathrm{m}$，$\omega=2\pi/T=2\pi$。用矢量图来求初相位 φ。由初始条件，$t=0$ 时，$x_0=0.05\mathrm{m}=A/2$，质点沿 x 正方向运动，可画出如图 3-8(a)所示的初始旋转矢量位置，从而得出 $\varphi=-\pi/3$。于是得到简谐振动的运动方程为

$$x=0.10\cos(2\pi t-\pi/3)$$

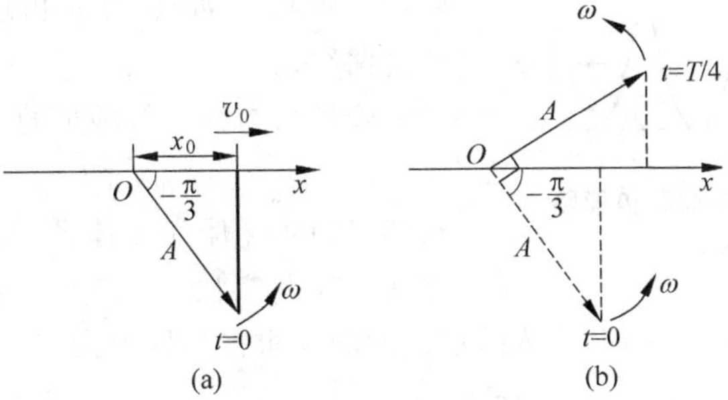

图 3-8　例 3.2 用图

(a) 矢量图求初相；(b) 旋转矢量图

(2) 在 $t=T/4=0.25\mathrm{s}$ 时，简谐振动的速度为

$$\begin{aligned} v &= \frac{\mathrm{d}x}{\mathrm{d}t}=-A\omega\sin(\omega t+\varphi) \\ &= -0.10\times 2\pi\sin(2\pi\times 0.25-\pi/3)=-0.10\pi(\mathrm{m/s}) \end{aligned}$$

加速度为

$$\begin{aligned} a(t) &= \frac{\mathrm{d}v}{\mathrm{d}t}=-A\omega^2\cos(\omega t+\varphi) \\ &= -0.10\times(2\pi)^2\cos(2\pi\times 0.25-\pi/3)=-\pi^2\sqrt{3}/5(\mathrm{m/s^2}) \end{aligned}$$

此时刻旋转矢量的位置如图 3-8(b)所示。

3.1.4　简谐振动的能量

实际上，对于任何一个做简谐振动的物体，由于它们受到的合外力为与位移成正比的回复力 $F=-kx$，因此都相当于一个弹簧振子。不同的是，它们的 k 值不是劲度系数，而是其他的由系统的力学性质决定的常数而已。

以简谐振动为例，其振动函数为 $x(t)=A\cos(\omega t+\varphi_0)$，对时间求导数得到振动速度为

$$v(t)=\frac{\mathrm{d}x}{\mathrm{d}t}=-A\omega\sin(\omega t+\varphi_0)$$

那么，简谐振动的动能为

$$E_{\mathrm{k}}=\frac{1}{2}mv^2=\frac{1}{2}m\omega^2A^2\sin^2(\omega t+\varphi_0) \tag{3.16}$$

对于弹性简谐振动，利用关系式 $\omega=\sqrt{k/m}$，则振动势能可以表示为

$$E_{\mathrm{p}}=\frac{1}{2}kx^2=\frac{1}{2}m\omega^2A^2\cos^2(\omega t+\varphi_0) \tag{3.17}$$

因此，可以得到简谐振动的总能量为

$$E=E_{\mathrm{k}}+E_{\mathrm{p}}=\frac{1}{2}m\omega^2A^2=\frac{1}{2}kA^2 \tag{3.18}$$

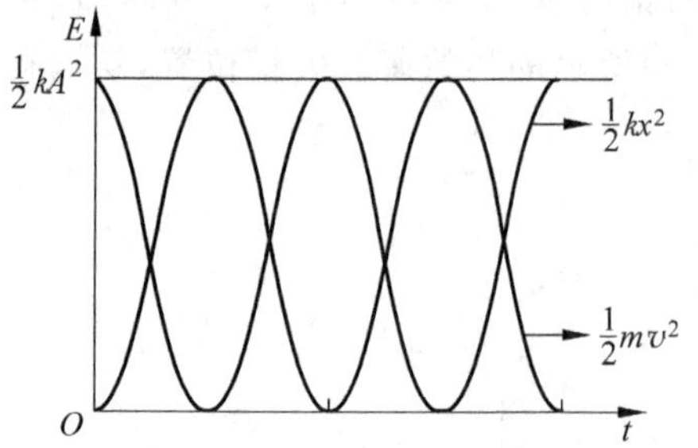

图 3-9　简谐振动的动能和势能随时间变化曲线

上式表明，简谐振动的总能量 E 保持不变，振动过程中振子的动能和势能相互转换，但由于没有与外界交换能量，同时忽略环境阻力的影响，因此，系统的能量保持守恒。这正是保守力的基本性质。图 3-9 给出了谐振子动能、势能和总能量随时间周期性变化的曲线。

弹性力与弹性势满足的关系式为

$$f_{弹性力} = -\partial E_p / \partial x \tag{3.19}$$

式(3.19)对于保守力体系均成立，也就是说可以通过保守势来求保守力。

对于弹性振子，把式(3.17)代入式(3.18)容易求得弹性力为

$$f_{弹性力} = -\frac{\partial E_p}{\partial x} = -kx = -kA\cos(\omega t + \varphi_0)$$

例 3.3　一个弹簧振子沿 x 轴作简谐振动，已知弹簧的劲度系数为 $k = 1.6\text{N/m}$，物体质量为 $m = 0.1\text{kg}$，在 $t = 0$ 时物体相对平衡位置的位移 $x_0 = 0.05\text{m}$，速度 $v_0 = -0.81\text{m/s}$。写出此简谐振动的表达式。

解　简谐振动的表达式 $x(t) = A\cos(\omega t + \varphi)$，需要知道 A、ω 和 φ 三个特征量才能确定。角频率 ω 决定于系统本身的性质，由 $\omega = \sqrt{k/m}$ 求得

$$\omega = \sqrt{k/m} = \sqrt{1.6/0.1}\,\text{rad/s} = 4\text{rad/s}$$

A 和 φ 由初始条件决定，再由式(3.15)可求得

$$A = \sqrt{x_0^2 + (v_0/\omega)^2} = \sqrt{0.05^2 + (-0.81/4)^2}\,\text{m} = 0.091\text{m}$$

和

$$\varphi = \arctan\left(-\frac{v_0}{x_0\omega}\right) = \arctan\left(-\frac{-0.81}{0.05 \times 4}\right) = 1.33\text{rad}(\text{或} -1.81\text{rad})$$

由于 $x_0 = A\cos\varphi > 0$，所以取 $\varphi = 1.33\text{rad}$。于是，所求的以平衡位置为原点的简谐振动的表达式应为

$$x = 9.11 \times 10^{-2}\cos(4t + 1.33)\text{m}$$

*3.2　非谐振动

3.2.1　阻尼振动

前面所讨论的简谐振动是严格的周期性振动，即振动的位移、速度和加速度等物理量每经过一个周期后，就能完全恢复原值，这是一种理想情况。实际上任何振动都必然要受到摩擦力和阻力的影响，振动系统必须克服摩擦力和阻力做功，若外界不能持续地提供能量，振动系统自身的能量将不断减少。振动系统能量减小的另一种途径是通过振动物体引起邻近介质质点的振动，并不断向外传播，振动系统的能量逐渐向四周辐射出去。由于振动能量正比于振幅的平方，所以随着能量的减少，振幅也逐渐减小。

一个振动物体不受任何阻力的影响，只在回复力作用下所做的振动，称为无阻尼自由振

动。在回复力和阻力作用下所做的振动，称为阻尼振动。图 3-10 给出了弹性振子在不同介质中做阻尼振动时，振幅随时间的变化情况。

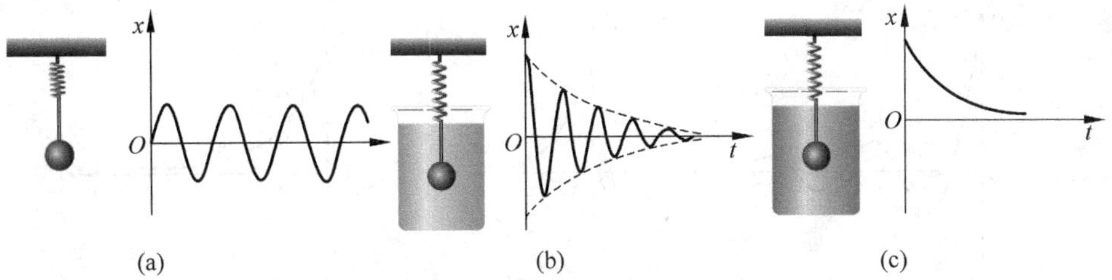

图 3-10　弹性振子在不同介质中作阻尼振动

(a) 空气；(b) 水；(c) 黏油

谐振子作阻尼振动时，振动系统受到的介质的黏滞阻力与速度大小成正比，与速度方向相反。阻力可以表示为

$$f_r = -\gamma v = -\gamma \frac{dx}{dt} \tag{3.20}$$

因此，阻尼振子的动力学方程为

$$m\frac{d^2x}{dt^2} = -kx - \gamma\frac{dx}{dt} \tag{3.21}$$

方程(3.21)是二阶常微分方程，其通解为

$$x(t) = Ae^{r_1 t} + Be^{r_2 t},\quad r_{1,2} = -\beta\left[1 \pm \sqrt{1-\omega_0^2/\beta^2}\right] \tag{3.22}$$

其中，$\omega_0 = \sqrt{k/m}$ 为振动系统的固有角频率；$\beta = \gamma/2m$ 为阻尼系数。接下来根据式(3.22)的解讨论阻尼振动的位移与时间的关系。

(1) 阻尼较小时，$\beta^2 < \omega_0^2$，此方程的解为

$$x(t) = Ae^{-\beta t}\cos(\omega t + \varphi_0) \tag{3.23}$$

式中，$\omega = \sqrt{\omega_0^2 - \beta^2} < \omega_0$，这表明阻力使频率降低、周期增大，同时，振动幅度随时间衰减，这种情况称为欠阻尼。

振幅 A 和初相位 φ_0 由初始条件决定。设振动的初始条件为 $t=0, x(0)=x_0, \left.\frac{dx}{dt}\right|_{t=0} = v_0$，则

$$A = \sqrt{x_0^2 + \frac{(v_0+\beta x_0)^2}{\omega_0^2}},\quad \tan\varphi_0 = -\frac{v_0+\beta x_0}{\omega_0}$$

(2) 阻尼较大时，$\beta^2 > \omega_0^2$，方程的解为

$$x(t) = Ae^{-(\beta-\sqrt{\beta^2-\omega_0^2})t} + Be^{-(\beta+\sqrt{\beta^2-\omega_0^2})t} \tag{3.24}$$

其中，A、B 是积分常数，由初始条件来决定。式(3.24)表明振动函数是一个无周期的衰减函数，即无振动发生。这种情况称为过阻尼。

(3) 如果 $\beta^2 = \omega_0^2$，则方程的解为

$$x(t) = (C_1 + C_2)e^{-\beta t} \tag{3.25}$$

这是从有周期性因子 $\omega = \sqrt{\omega_0^2 - \beta^2}$ 到无周期性的临界点，这种情况称为临界阻尼。临界阻

尼是振动系统刚刚不能作准周期振动，而很快回到平衡位置的情况，经常用在天平调衡中。图 3-11 给出了不同阻尼条件下，振幅随时间的变化情况。

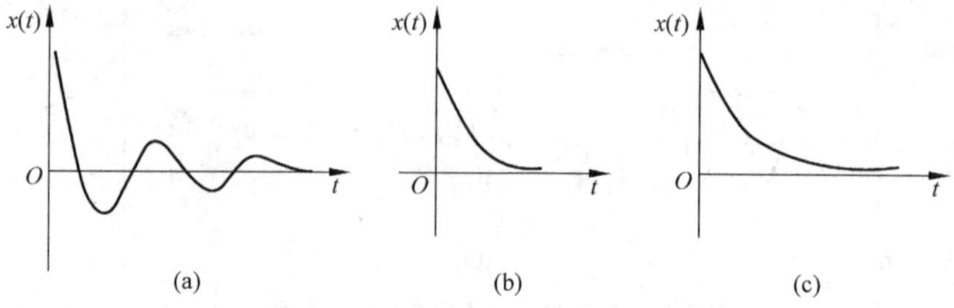

图 3-11 不同条件下振幅随随时间的变化情况

(a) 欠阻尼；(b) 临界阻尼；(c) 过阻尼

3.2.2 受迫振动 共振

1. 受迫振动

物体在周期性外力(驱动力)的持续作用下发生的振动称为受迫振动。在受迫振动条件下，物体除了受到弹性力作用外，对物体还受到外界的驱动力 $f=H\cos\Omega t$，同时考虑阻尼力 $f_r=-\gamma v=-\gamma\dfrac{dx}{dt}$的影响，因此，物体的振动方程为

$$\frac{d^2x}{dt^2}+2\beta\frac{dx}{dt}+\omega_0^2x=h\cos\Omega t \tag{3.26}$$

其中，$\omega_0^2=k/m$，$\beta=\gamma/2m$，$h=H/m$。方程(3.26)属于二阶常系数非齐次微分方程，其通解由阻尼振动解 $A e^{-\beta t}\cos(\sqrt{\omega_0^2-\beta^2}\,t+\varphi_0)$和简谐振动解 $B\cos(\Omega t+\phi_0)$叠加而成，即

$$x(t)=Ae^{-\beta t}\cos(\sqrt{\omega_0^2-\beta^2}\,t+\varphi_0)+B\cos(\Omega t+\phi_0) \tag{3.27}$$

式(3.27)的第一项随时间逐渐衰减，经过足够长时间后将不起作用，所以它对受迫振动的影响是短暂的。第二项体现了简谐驱动力对受迫振动的影响。当受迫振动达到稳定状态时，位移与时间的关系可以表示为

$$x(t)=B\cos(\Omega t+\phi_0) \tag{3.28}$$

式(3.28)说明，受迫振动稳定时，系统的振动频率等于驱动力频率 Ω，振幅 B 和相位 ϕ_0 分别为

$$B=\frac{h}{\sqrt{(\omega_0^2-\Omega^2)^2+(2\beta\Omega)^2}},\quad \phi_0=\arctan\left(\frac{-2\beta\Omega}{\omega_0^2-\Omega^2}\right) \tag{3.29}$$

从物理学的角度来看，几乎所有乐器的发声原理都是受迫振动，因此，在对乐器进行演奏的过程中，演奏者都会对乐器施加一定的外力，如用手弹、用嘴吹、用脚踩等，上述这些动作和行为全都归属于外力的范畴。由此可知，要想使乐器发声，就必须使其受迫振动。

2. 共振

式(3.29)表明，处于稳定状态时的受迫振动振幅 B 与驱动力的角频率 Ω 有关。当 $\Omega\gg$

ω_0 时，$B\approx h/\Omega^2$ 较小；当 $\Omega\ll\omega_0$ 时，$B\approx h/\omega_0^2$ 也较小。在这两种情况下物体的受迫振动受外部影响不大。但当 $\Omega\approx\omega_0$ 时，$B\approx h/2\beta\omega_0$，若 $\beta=\gamma/2m$ 很小，那么 B 将很大，在这种情况下系统的振动受驱动信号的影响显著，此时通常说系统出现共振，如图 3-12 所示。

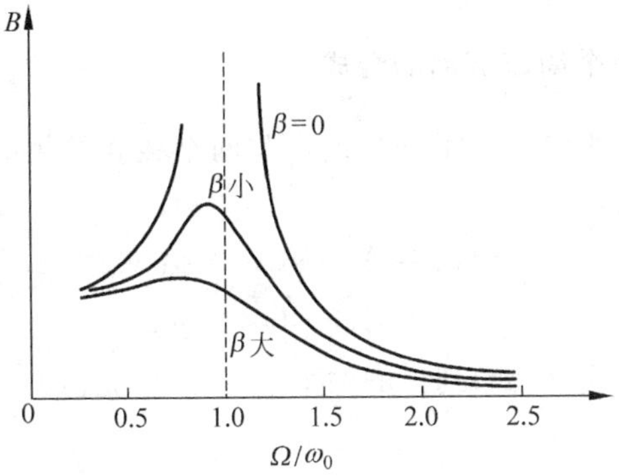

图 3-12　共振曲线

在弱阻尼即 $\beta\ll 1$ 的情况下，当 $\Omega\approx\omega_0$ 时，系统的振动速度和振幅都达到最大值，这种现象称为共振。通过对 B 求极大值，可以确定精确共振频率 $\Omega_r=\sqrt{\omega_0^2-2\beta^2}$。

在物理学上，共振是指一物体在特定频率和波长下，呈现从周围环境吸收更多能量的趋势，导致振幅迅速增加，出现剧烈振动的情形。

在实际生活和工程建设中，人类利用共振原理制造了许多仪器和装置，如电振泵、核磁共振等来服务生产、造福人类；同时应尽量避免共振带来的破坏性，例如桥梁、码头、汽车与人体，都应该避免出现共振现象。

对于乐器演奏而言，共振现象体现在乐器共鸣上，通过乐器共鸣能够增加乐器的音量，给听众带来恢宏、震撼的听觉感受。图 3-13(a)是通过酒杯与小号声波共振，把玻璃杯击碎的画面；图 3-13(b)是美国华盛顿州的塔科玛海峡大桥受阵风影响引起桥梁共振导致大桥断塌的照片。

(a)　　(b)

图 3-13　共振的应用

(a) 小号发出的声波足以击碎酒杯；(b) 阵风引起桥梁共振而断塌

3.3　简谐振动的合成

简谐振动是最简单也是最基本的振动形式，任何一个复杂的振动都可以由多个不同频率的简谐振动叠加而成。反过来说,一个复杂的周期振动该如何表示为多个简谐振动的叠加? 这也就是振动的分解问题。本节介绍简谐振动的几种合成方式。

3.3.1 同方向的简谐振动的合成

1. 同方向同频率的两个简谐振动的合成

设某一质点沿同一直线(如 x 轴)上同时参与两个独立的频率相同的简谐振动,并且这两个简谐振动分别表示为

$$\begin{cases} x_1 = A_1\cos(\omega t + \varphi_{10}) \\ x_2 = A_2\cos(\omega t + \varphi_{20}) \end{cases} \tag{3.30}$$

则该质点的振动方程就是式(3.30)列出的两个简谐振动的叠加。简谐振动的合成方法有三角函数法和矢量合成法两种。

(1) 三角函数法

它是利用两个三角函数的和差化积公式,计算出合成表达式的方法。对于式(3.30)的合成计算方法如下:

先利用 $\cos(\alpha+\beta)=\cos\alpha\cos\beta-\sin\alpha\sin\beta$ 把三角函数展开,则

$$\begin{aligned} x &= x_1 + x_2 = A_1\cos(\omega t + \varphi_{10}) + A_2\cos(\omega t + \varphi_{20}) \\ &= (A_1\cos\varphi_{10} + A_2\cos\varphi_{20})\cos\omega t - (A_1\sin\varphi_{10} + A_2\sin\varphi_{20})\sin\omega t \end{aligned}$$

再利用 $\sin\alpha\cos\beta+\cos\alpha\sin\beta=\sin(\alpha+\beta)$ 把上式转换成为

$$x = A\cos(\omega t + \varphi) \tag{3.31}$$

这表明,同一直线上的两个同频率的简谐振动合成后仍为该直线上同一频率的简谐振动。式中,

$$\begin{cases} A = \sqrt{A_1^2 + A_2^2 - 2A_1A_2\cos(\varphi_{20} - \varphi_{10})} \\ \varphi = \arctan\dfrac{A_1\sin\varphi_{10} + A_2\sin\varphi_{20}}{A_1\cos\varphi_{10} + A_2\cos\varphi_{20}} \end{cases} \tag{3.32}$$

(2) 矢量合成的几何方法

图 3-14 是利用矢量合成法把两个同方向同频率的简谐振动合成一个简谐振动的示意图。首先利用旋转矢量表示法,将两个简谐振动表示为两个矢量,矢量 $\boldsymbol{A}_1$ 和矢量 $\boldsymbol{A}_2$,再用平行四边形法则把两个矢量合成得到矢量 $\boldsymbol{A}$,如图 3-14(a)所示。最后,根据图 3-14(a)就可以确定合成矢量的大小和相位角。该结果与式(3.32)的结果完全相同,这是因为合成的结果是唯一的。

例 3.4 一个质点同时参与两个简谐振动,其中第一个简谐振动方程为 $x_1=0.3\cos\omega t$,质点的振动方程为 $x=0.4\sin\omega t$,求第二个简谐振动方程。

解 将质点的振动方程改写为

$$x = 0.4\cos\left(\omega t - \frac{\pi}{2}\right)$$

由于质点同时参与两个简谐振动,因此它的振动方程是两个简谐振动方程的叠加,因此画出 $t=0$ 时振动合成的矢量图如图 3-15 所示。假设 $\boldsymbol{A}=\boldsymbol{A}_1+\boldsymbol{A}_2$,那么,有 $\boldsymbol{A}_2=\boldsymbol{A}+(-\boldsymbol{A}_1)$,这等效于图中的直角三角形 OQA_2,由勾股定理可知,第二个分振动的振幅(斜边)

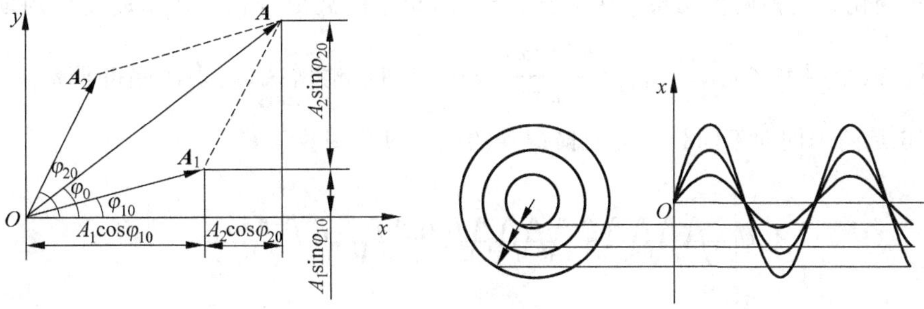

(a)　　　　(b)

图 3-14　矢量合成

(a) 两个同频谐振动的矢量合成；(b) 振幅随时间变化关系

A_2 的长度 $A_2=\sqrt{0.3^2+0.4^2}=0.5$。由于 $\varphi_1=\arctan\dfrac{0.3}{0.4}=37°$,因此,旋转矢量 A_2 与 x 轴的夹角 $\varphi_2=-90°-37°=-127°$,故第二个简谐振动方程为

$$x_2=0.5\cos(\omega t-127°)$$

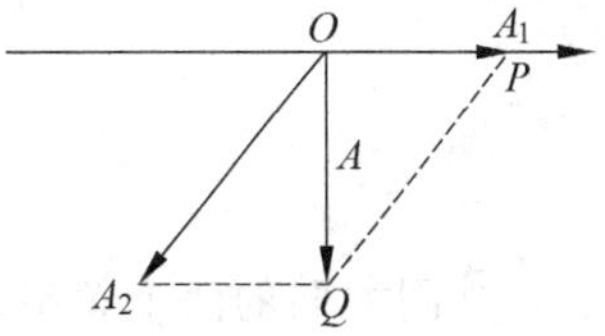

图 3-15　例 3.4 用图

根据式(3.32),可以获得两个频率相同的简谐振子合成产生的叠加满足：

$$\begin{cases}\text{当}(\varphi_2-\varphi_1)=2k\pi, & k=0,\pm1,\pm2,\cdots\text{ 时,合振幅最大}\\ \text{当}(\varphi_2-\varphi_1)=(2k+1)\pi, & k=0,\pm1,\pm2,\cdots\text{ 时,合振幅最小}\end{cases}\tag{3.33}$$

从式(3.33)可以得到两个简谐振动的叠加效应为：在相同振动频率 ω 下,若两个简谐振动的相位差为 $2k\pi$,振动互相加强；相位差为 $(2k+1)\pi$ 时,振动互相抵消。对于多个相同频率的叠加,可以利用矢量合成方法,确定合成振幅和相位,再加以分析讨论。

2. 两个同方向不同频率的简谐振动的合成　拍

设某一质点沿同一直线(如 x 轴)同时参与两个独立的不同频率的简谐振动,并且这两个简谐振动分别表示为

$$\begin{cases}x_1=A\cos(\omega_1 t+\varphi)\\ x_2=A\cos(\omega_2 t+\varphi)\end{cases}\tag{3.34}$$

如果两个简谐振动的频率均较大,而差值较小,即满足条件：$\omega_2\approx\omega_1\gg\Delta\omega\ll|\omega_2-\omega_1|$,那么,两个简谐振动的合成振动的表达式为

$$x(t)=x_1+x_2=A\cos(\omega_1 t+\varphi)+A\cos(\omega_2 t+\varphi)$$

利用和差化积公式 $\cos\alpha+\cos\beta=2\cos\dfrac{\alpha+\beta}{2}\cos\dfrac{\alpha-\beta}{2}$ 可以得到

$$x(t)=2A\cos\left(\frac{\omega_2-\omega_1}{2}t\right)\cdot\cos\left(\frac{\omega_2+\omega_1}{2}t+\varphi\right)\tag{3.35}$$

其中,$\cos\left(\dfrac{\omega_2+\omega_1}{2}t+\varphi\right)$ 等效于振动频率为 $\dfrac{\omega_2+\omega_1}{2}$ 的振动,其振幅受到 $2A\cos\left(\dfrac{\omega_2-\omega_1}{2}t\right)$ 调

制而随时间变化。这种调幅现象表明，当两个不同频率的波信号相互作用而发生周期性变化时，幅值按两个频率之差 $\nu_2-\nu_1=\frac{\omega_2-\omega_1}{2\pi}$ 发生周期性地增减，出现波幅度调制、上下起伏。图 3-16 是两个同向不同频率的简谐振动的合成过程图。

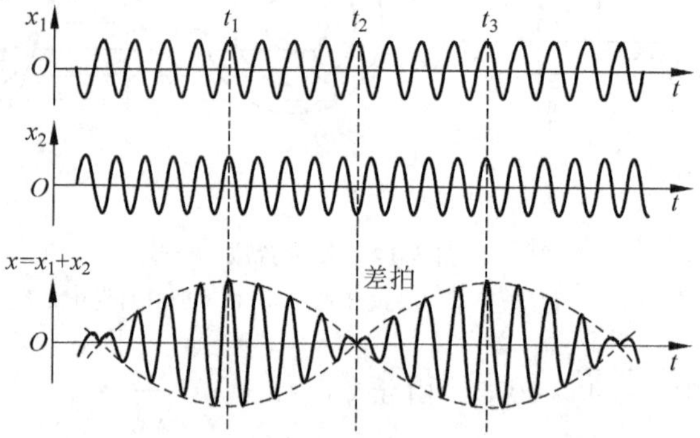

图 3-16　两个同向不同频率的简谐振动合成

当同方向的两个频率相差不大的简谐波叠加时，叠加后的波形的幅值将随时间做强弱的周期性度化，这种现象称为“拍”，如图 3-17 所示，图中有三个拍，幅值出现忽强忽弱的变化，单位时间内出现的拍数称为拍频(拍的频率)，也就是叠加后波形的幅值变化频率。

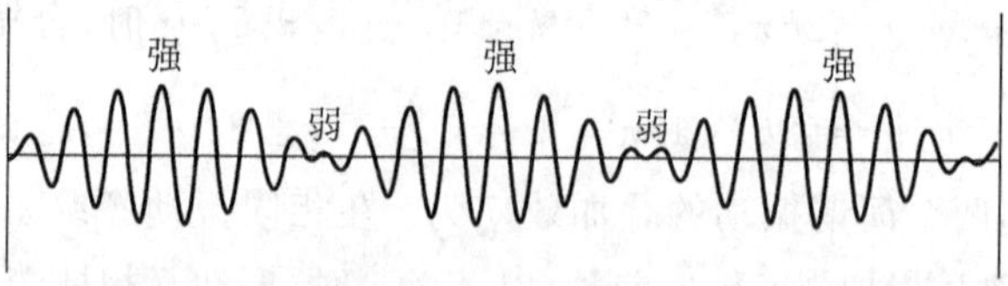

图 3-17　拍现象

通常，原始的两个简谐波的振动频率较高，与叠加后的波形的频率接近，但拍的频率很低，远小于原始简谐波的振动频率，因而，当出现拍现象时，它把高频信号中的频率信息和相位信息转移到低频信号(拍)之中，使它们由难以测量变得容易测量。

3.3.2　相互垂直的简谐振动的合成

1. 频率相同

先来讨论两个互相垂直并具有相同频率 ν 的简谐振动的合成。由于 $\omega=2\pi\nu$，因此它们的角频率 ω 也相同。设两个简谐振动的方向分别沿 x 轴和 y 轴，并且它们的振动方程分别为

$$\begin{cases}x=A_1\cos(\omega t+\varphi_1)\\ y=A_2\cos(\omega t+\varphi_2)\end{cases}\tag{3.36}$$

在式(3.36)中消去 t，就得到合成振动的轨迹方程为

$$\frac{x^2}{A_1^2}+\frac{y^2}{A_2^2}-\frac{2xy}{A_1A_2}\cos\Delta\varphi=\sin^2\Delta\varphi\tag{3.37}$$

上式是个椭圆方程，具体形状由相位差 $\Delta\varphi=\varphi_2-\varphi_1$ 决定。图 3-18 给出了两个相互垂直的简谐振动在相位差 $\Delta\varphi$ 不同时的合成图。

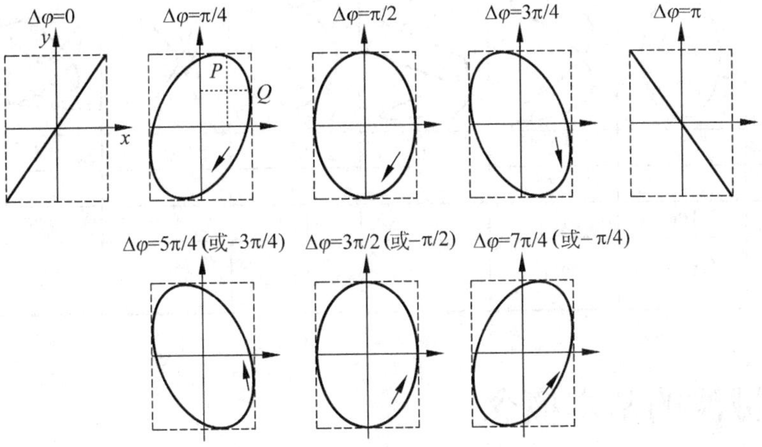

图 3-18　相互垂直的简谐振动的合成图

由方程(3.37)可以得到以下结果：

(1) 当 $\Delta\varphi=0,\pi$ 时，$x=\pm(A_1/A_2)y$，说明合振动的轨迹为直线。

(2) 当 $\Delta\varphi=\pm\dfrac{\pi}{2}$ 时，$\dfrac{x^2}{A_1^2}+\dfrac{y^2}{A_2^2}=1$，说明合振动的轨迹为椭圆轨迹，且当 $A_1=A_2$ 时，合振动的轨迹为圆。

(3) 在一般情况下，合振动的轨迹为斜椭圆。

2. 频率不同但频率之比为简单整数

对于两个频率不同，但频率之比为简单整数的简谐振动，合振动形成的稳定的封闭轨迹图，称为李萨如图形。例如，对于两个具有不同频率 ν_x,ν_y 的简谐振动，设它们的振动方程为

$$\begin{cases}x=A_x\cos(\omega_x t+\varphi_x)\\ y=A_y\cos(\omega_y t+\varphi_y)\end{cases}$$

且 $\dfrac{n_x}{n_y}=\dfrac{\omega_x}{\omega_y}$，其中 n_x,n_y 分别是 x,y 达到最大值的次数。当 $\omega_x/\omega_y=\dfrac{\nu_x}{\nu_y}=3/2$ 时，合振动的李萨如图形如图 3-19 所示。具体的图形还与 φ_x,φ_y 有关，画图时需要十分细心。目前李萨如图形可以通过计算机画图实现。

通过分析李萨如图可以测定未知信号的频率，在实际工程上得到广泛应用。通过输入已知信号频率 ν_x 和待测信号的频率 ν_y，利用示波器测量不同频率的李萨如图形，再将测出的李萨如图形与表 3-2 对比，即可确定已知信号与未知信号的频率之比，进而确定未知信号的频率。

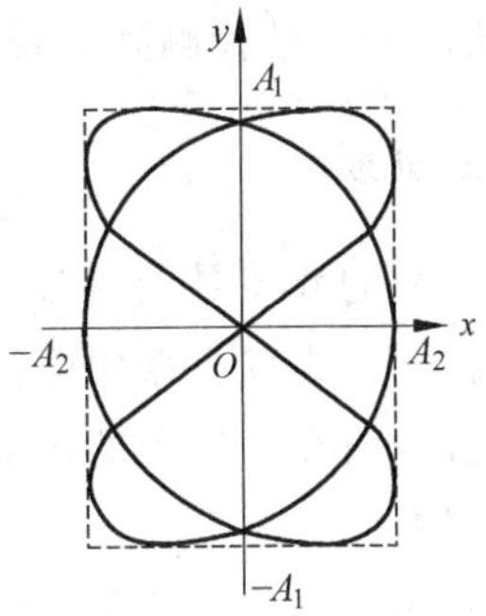

图 3-19　$\nu_x:\nu_y=3:2$ 时合振动的李萨如图

表 3-2 不同频率的信号合成李萨如图

$\nu_y:\nu_x$	1∶1	1∶2	1∶3	2∶3	3∶2	3∶4	2∶1
李萨如图形	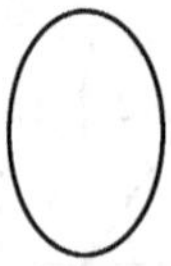		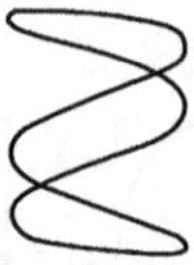	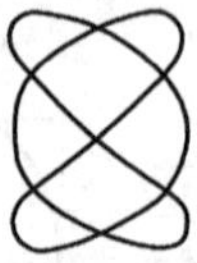		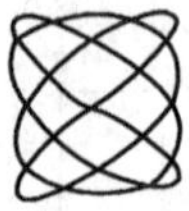	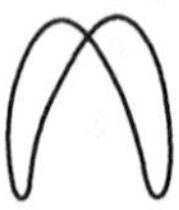
n_x	1	1	1	2	3	3	2
n_y	1	2	3	3	2	4	1
ν_y/Hz	100	100	100	100	100	100	100
ν_x/Hz	100	200	300	150	$66\frac{2}{3}$	$133\frac{1}{3}$	50

3.4 机械波的基本概念

机械振动在介质中的传播过程称为机械波。从定义能够看出，机械波是一种运动模式。常见的机械波有：水波、声波、地震波。机械波本质上是由机械振动在介质中传播形成的。研究机械波时，先要分析讨论它是如何产生的，再讨论它的传播性质，包括传播形式、传播速度以及在不同介质中，它的传播特性。实验上把能够维持振动传播的物体或者自然环境称为振源或者波源。之所以能够维持振动，是因为外界不间断地向振源输入能量，使振源能发出波，而且波的状态与振源所在的初始位置和运动状态有关。因此，振源既是机械波形成的必要条件，也是电磁波形成的必要条件。

3.4.1 机械波的两个要素——振源和介质

1. 振源

由于机械波是机械振动在介质中的传播形式，因此，要想产生机械波首先要有做机械振动的物体，即振源，其次需要有能够传播机械振动的介质。

由于振动是一种自然现象，因此能够产生振动的物体和设备很多。通常在讨论机械波时，要求振源能够在一段较长的时间内维持某种规律的振动，使得波能够传播足够长的距离，从而能够被检测到或者被感受波动的存在。

2. 介质

广义的介质是指包含一种物质的另一种物质。在机械波中，介质特指机械波传播时所需的物质。当仅有振源而没有介质时，就不能形成机械波，例如，真空中的闹钟无法发出声音。机械波在介质中的传播速率是由介质本身的固有性质决定的。在不同的介质中，波速是不同的。

介质往往是连续分布的，通常用某一点附近的一个质元的振动状态来代表波动。根据质点的振动方向与波的传播方向的关系可以把机械波分成横波和纵波，如图 3-20 所示。

质点振动方向与波的传播方向垂直的波称为横波。横波有凸部（波峰）和凹部（波谷）。

例如，人手在一根很长绳子的一端上下作周期性机械振动(绳子另外一端固定，且绳子不是完全绷紧的)，就会发现绳子会有类似波浪的波动，而且波的传播方向与手的振动方向垂直。

质点的振动方向与波的传播方向在同一直线上的波称为纵波。纵波有密部和疏部。弹簧做简谐振动时就出现疏密波形态。

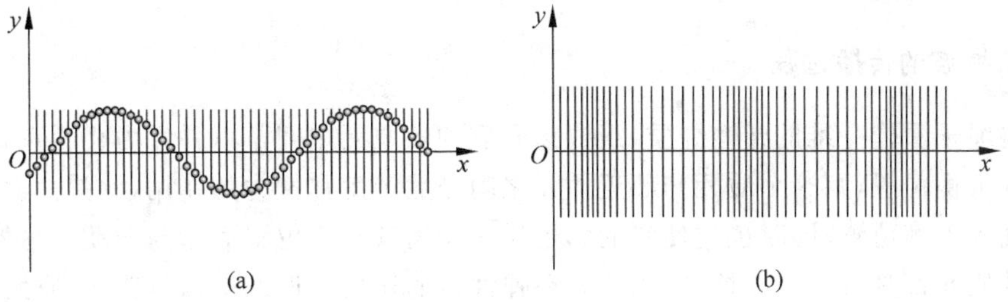

图 3-20　横波和纵波

(a) 横波；(b) 纵波

波的传播速度由介质的性质决定，与振源的情况无关。对于气体、液体介质而言，其只能传播纵波，波的传播速度为

$$u=\sqrt{B/\rho}$$

式中，B 为介质的弹性模量，ρ 为介质的密度。对于固体介质而言，其既可传播横波，也可传播纵波，两者在固体介质中的传播速度一般不同。其中，横波速度为 $u=\sqrt{G/\rho}$，式中，G 是介质的切变模量，ρ 为固体介质的密度。纵波速度为 $u=\sqrt{Y/\rho}$，式中 Y 是介质的杨氏模量。表 3-3 给出了在特定温度下，声音在几种介质中的传播速度。

表 3-3　几种介质在特定温度下的声速

介　质	温度/℃	声速/($m\cdot s^{-1}$)
空气	0	331.45
氢气	0	1284
氧气	0	316
二氧化碳	0	259
纯水	25	1497
海水	25	1531
铅	20	1230
铝	20	5100
铜	20	3560
铁	20	5130
硬质玻璃	—	5170
硬橡胶	0	54

3. 机械波的特点

振源可以认为是第一个开始振动的质点，当振源开始振动后，介质中的其他质点就以振源的频率做受迫振动，因此振源的频率等于波的频率。这种传播形式有如下特点：

(1) 机械波传播的是振动形式和能量。质点只在各自的平衡位置附近振动，并不随波迁移。

(2) 介质中各质点的振动周期和频率都与振源的振动周期和频率相同。

(3) 离振源近的质点带动离振源远的质点依次振动。

3.4.2 机械波的传播

1. 机械波的传播过程

若将绳子看作一维的弹性介质,组成该介质的各质元之间都以弹性力相联系,一旦某质元离开其平衡位置,则这个质元与邻近质元之间必然产生弹性力的作用,此弹性力既迫使该质元返回其平衡位置,同时也迫使它的邻近质元偏离其平衡位置而参与振动。另外,组成弹性介质的质元都具有一定的惯性,当质元在弹性力的作用下返回平衡位置时,质元不可能突然停止在平衡位置上,而要越过平衡位置继续运动。因此,弹性介质的弹性和惯性决定了机械波的产生和传播过程。

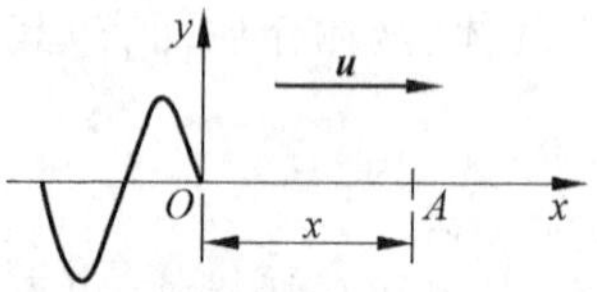

图 3-21 机械波的传播

振动物体作为振源,其产生的能量和作用力通过弹性介质的弹性形变,将振动传播开去,从而形成机械波。如果用 x 表示波动中各质点的平衡位置,用 y 表示它们振动的位移,则图 3-21 中 O 点的振动方程为

$$y_0 = A\cos(\omega t - \pi/2)$$

当振动从 O 点传播到距离 O 点为 x 的 A 点附近时,位于 A 点附近的质元的振动可以表示为

$$y = A\cos\left[\omega\left(t - \frac{x}{u}\right) - \frac{\pi}{2}\right] \tag{3.38}$$

式中,$\Delta t = x/u$ 表示由 O 点传播到 A 点所需要的时间,称为延迟时间;u 是波在介质中的传播速度;$\omega x/u$ 称为落后的相位。由于 A 点是沿着波的传播方向任意选择的点,因此,式(3.38)实质上就是振源位于 O 点沿 OA 方向(即 x 轴正方向)传播的机械波函数。

从机械波的形成过程可以看出,机械振动及其波动现象有着紧密的联系,但两者仍存在着本质的区别。

(1) 从产生条件看:振动是波动的成因,波动是振动在介质中的传播过程,有波动必有振动,但是有振动未必有波动。所以产生机械波的条件是:振源和传播介质。

(2) 从运动现象看:振动是单个质点在平衡位置的往复运动;波动是介质中大量质点依次振动而形成的,波动中每个质点的运动都是在各自的平衡位置附近做振动,但是,各个质点的振动有先后,而且质点并不随波的传播而迁移。

(3) 从运动性质看:振动是非匀速的周期性运动,其位移、速度、加速度随时间发生周期性变化;而波的传播是匀速运动,波速只与传播振动的介质有关,与振动本身无关,波传播的距离与时间关系为 $s = vt$,但对于波上的每个质点来说,它的运动只是振动,其振动周期等于振源的周期。

机械波与电磁波都属于波,两者具有相同的函数形式,许多物理性质如折射、反射等都是一致的,描述它们的物理量也是相同的。但它们也存在诸多不同点。机械波由机械振动产生,电磁波由电磁振荡产生;机械波的传播需要特定的介质,在不同介质中的传播速度也不同，在真空中不能传播，而电磁波例如光波，可以在真空中传播；机械波可以是横波和纵波，但电磁波只能是横波。

2. 波面和波线

为了描述波的传播过程及其相关的物理性质，需要引入几个关键参量。波在传播过程中，会在传播区域出现峰-谷相间的波纹，且波纹呈现不同的形貌。我们将波纹形状为直线的波称为平面波，如图 3-22(a)所示，例如海边沙滩和码头附近的宽阔地带的海浪，可以近似看成平面波。而在游泳池抛投小球后产生的波纹形状为圆形，通常把它称为球面波，如图 3-22(b)所示。

在波动过程中，振动相位相同的点连成的面称为波阵面，波面中最前面的那个波面称为波前。波的传播方向称为波线或波射线。

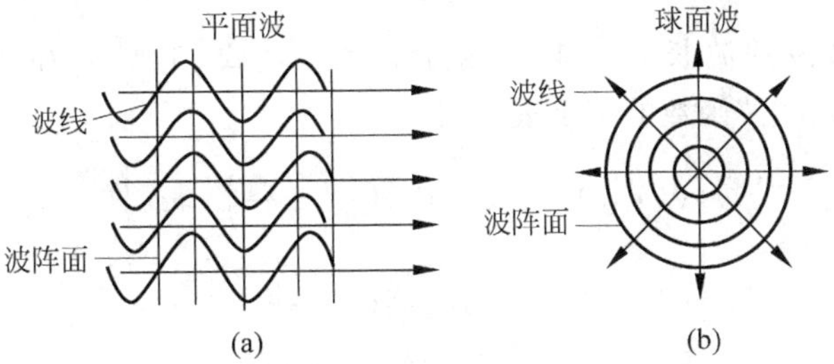

图 3-22　平面波和球面波

(a) 平面波；(b) 球面波

3.4.3　简谐波的特征参量

式(3.37)描述的是由简谐振动产生的机械波，因此将它称为简谐波。通常将前进中的波，称为行波，式(3.37)是描述介质中各质元的位移随时间变化的数学函数式，称为行波的波动表达式(或波动函数)。波在某点的相位反映该点介质的“运动状态”，所以简谐波的传播也是介质振动相位的传播。

1. 波函数特征参量

在 3.4.2 节中将波的形貌波分成平面波和球面波，引入波面和波线来描述传播特征。为了从数学上来描述波的传播性质，有必要介绍几个与波函数有关的特征参量。将简谐波写成一般表达式

$$y(x,t)=A\cos\left[\omega\left(t-\frac{x}{u}\right)+\varphi\right] \tag{3.39}$$

其中，振幅 A 和初始相位 φ 由初始条件确定。根据式(3.39)，还可得如下特征参量。

(1) 周期 T

由于波函数在 t 时刻的状态，经过一个周期 T 后，将再次出现，即

$$y(x,t)=y(x,t+T) \tag{3.40a}$$

把上述时间周期性条件应用到(3.39)可以得到

$$\omega T=2\pi \quad \left(\text{或者 } T=\frac{2\pi}{\omega} \text{ 和 } \omega=\frac{2\pi}{T}=2\pi\nu\right) \tag{3.40b}$$

其中，$\nu=1/T$ 代表单位时间内振动状态重复出现的次数，即频率。

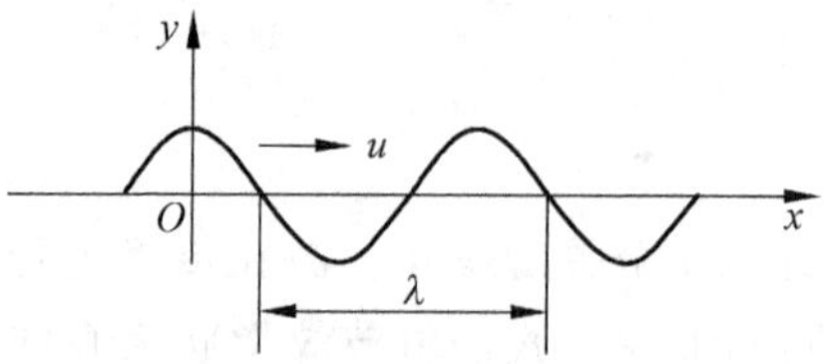

图 3-23 机械波的波长和周期示意图

(2) 波长 λ

在 t 时刻波函数位于 x 处的状态与 $x+\lambda$ 处的状态完全相同，表示波函数在传播方向上具有空间周期性，即

$$y(x,t)=y(x+\lambda,t) \tag{3.41a}$$

类似地，把上述空间周期性条件应用到式(3.37)可以得到

$$\frac{\omega\lambda}{u}=2\pi$$

或

$$\lambda=uT=u/\nu \tag{3.41b}$$

图 3-23 反映了机械波的波长和周期的相互关系。把式(3.40b)和式(3.41b)分别代入式(3.39)可以得到机械波函数的等价表达式

$$\begin{cases} y(x,t)=A\cos\left[2\pi\left(\dfrac{t}{T}-\dfrac{x}{\lambda}\right)+\varphi_0\right] \\ y(x,t)=A\cos\left[\dfrac{2\pi}{\lambda}(ut-x)+\varphi_0\right] \\ y(x,t)=A\cos\left[2\pi\left(\nu t-\dfrac{x}{\lambda}\right)+\varphi_0\right] \\ y(x,t)=A\cos\left[(\omega t-kx)+\varphi_0\right] \end{cases} \tag{3.42}$$

其中，$k=2\pi/\lambda$ 称为波矢。注意，机械波的传播速度可以通过如下三个公式计算：

(1) $u=\lambda/T$，式中，u 为波速，T 为周期，λ 为波长。

(2) $u=\lambda\nu$，式中，u 为波速，ν 为频率，λ 为波长。

(3) $u=\dfrac{\Delta x}{\Delta t}$，式中，$u$ 为波速，Δx 为沿着波的方向传递的位移，Δt 为发生位移 Δx 所对应的时间。

除了波函数参量外，人们还经常通过分析波形曲线来讨论波的性质。表 3-4 给出了振动曲线和波线曲线的比较。

表 3-4 机械振动曲线和波形曲线比较

	振动曲线	波形曲线
图形	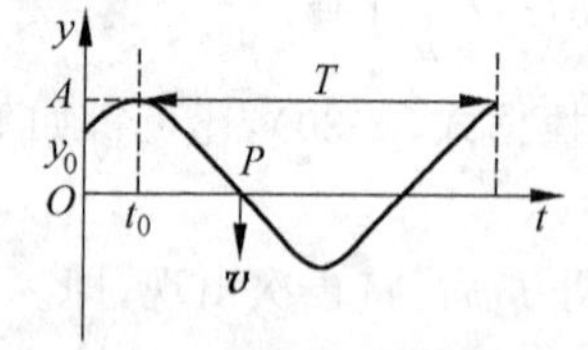	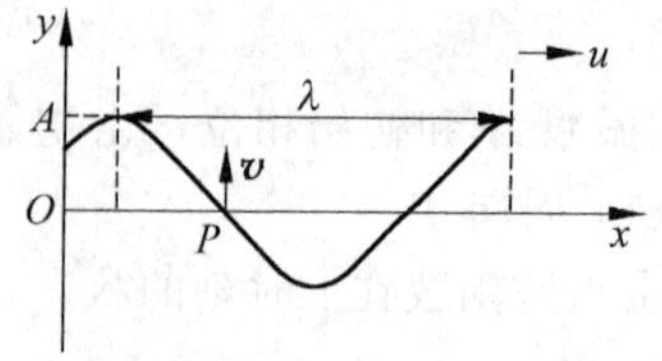
研究对象	某质点位移随时间的变化规律	某时刻，波线上各质点位移随位置的变化规律

续表

	振动曲线	波形曲线
物理意义	由振动曲线可知周期 T、振幅 A、初相 ϕ_0； 某时刻速度 v 的方向参考下一时刻	由波形曲线可知该时刻各质点位移 x、波长 λ、振幅 A； 只有 $t=0$ 时波形才能提供初相； 某质点速度 v 的方向参考前一质点速度 v 的方向
特征	对于确定的质点，曲线形状一定	曲线形状随时间 t 向前平移

例 3.5　有一列平面简谐波，坐标原点处的质点按照 $y=A\cos(\omega t+\varphi)$ 的规律振动。已知 $A=0.10\text{m}$，$T=0.50\text{s}$，$\lambda=10\text{m}$。

(1) 写出此平面简谐波的波函数；

(2) 求波线上相距 2.5m 的两点的相位差；

(3) 假如 $t=0$ 时坐标原点处质点的振动位移为 $y_0=0.050\text{m}$，且向平衡位置运动，求初相位并写出波函数。

解　(1) 根据已知条件，坐标原点处质点在 t 时刻的相位为 $\omega t+\varphi$，所以在同一时刻距离原点为 x 的质点的相位为 $\omega t+\varphi-2\pi x/\lambda$。这样，就得到距离原点为 x 的质点的波函数为

$$y=A\cos\left(\omega t-2\pi\frac{x}{\lambda}+\varphi\right)$$

由于 $A=0.10\text{m}$，$\lambda=10\text{m}$，$\omega=2\pi/T=2\pi/0.5=4\pi$，代入上式，得到波函数为

$$y=0.10\cos\left(4\pi t-\frac{\pi x}{5}+\varphi\right)\text{m} \tag{Ⅰ}$$

(2) 因为波线上距离原点为 x 的质点在任意时刻的相位都比坐标原点的质点的相位落后 $2\pi x/\lambda$，如某一质点的位置距原点为 x，另一质点的位置在 $x+2.5$，则它们的相位分别比坐标原点的质点的相位落后 $2\pi x/\lambda$ 和 $2\pi(x+2.5)/\lambda$。所以，这两点的相位差为

$$\Delta\varphi=2\pi\left(\frac{x+2.5}{\lambda}-\frac{x}{\lambda}\right)=\frac{5\pi}{\lambda}=\frac{\pi}{2}$$

(3) 首先根据所给条件求出 φ，再将 φ 代入式(Ⅰ)中，即可求出波函数。将 $t=0$ 和 $y_0=0.050\text{m}$ 代入坐标原点处的质点的振动方程中，可得 $0.050=0.10\cos\varphi$，于是

$$\cos\varphi=\frac{1}{2}$$

即 $\varphi=\pm\dfrac{\pi}{3}$。已知初始时刻该质点的位移为正值，并向平衡位置运动，所以与这个质点的振动相对应的旋转矢量在初始时刻处于第一象限，应取 $\varphi=\pi/3$。于是波函数应写为

$$y=0.10\cos\left(4\pi t-\frac{\pi x}{5}+\frac{\pi}{3}\right)\text{m}$$

2. 波的速度与加速度

由简谐波函数 $y(x,t)=A\cos\left[\omega\left(t-\dfrac{x}{u}\right)+\varphi\right]$ 出发，根据速度和加速度的定义，可得简

谐波的速度和加速度分别为

$$v=\frac{\partial y}{\partial t}=-A\omega\sin\left[\omega\left(t-\frac{x}{u}\right)+\varphi_0\right] \tag{3.43}$$

$$a=\frac{\partial^2 y}{\partial t^2}=-A\omega^2\cos\left[\omega\left(t-\frac{x}{u}\right)+\varphi_0\right] \tag{3.44}$$

式(3.43)和式(3.44)表明，波的速度和加速度不仅随时间而变化，还与空间位置有关，并依赖于初始相位 φ。设 t 时刻 x 处的相位经时间 $\mathrm{d}t$ 传到 $x+\mathrm{d}x$ 处，则有

$$\omega\left(t-\frac{x}{u}\right)=\omega\left(t+\mathrm{d}t-\frac{x+\mathrm{d}x}{u}\right)$$

于是得到描述简谐波的相速度(简称相速)为

$$u=\frac{\mathrm{d}x}{\mathrm{d}t}$$

3. 波动方程

由 $\frac{\partial^2 y}{\mathrm{d}x^2}=-\frac{A\omega^2}{u^2}\cos\left[\omega\left(t-\frac{x}{u}\right)+\varphi_0\right]$，并和式(3.44)相比较，则得到如下关系：

$$\frac{\partial^2 y}{\partial t^2}=u^2\frac{\partial^2 y}{\partial x^2} \tag{3.45}$$

式(3.45)就是波动方程，各种平面波都必须满足这个二阶常微分方程。若 y_1，y_2 分别是它的解，那么 $c_1y_1+c_2y_2$ 也是它的解，即上述波动方程遵从叠加原理。

例 3.6 作简谐振动的波源以 $y=0.05\cos 2.5\pi t$(SI)的规律振动，在某种介质中激发了平面简谐波，并以 100m/s 的速率传播。(1)写出此平面简谐波的波函数；(2)求在波源起振后 1.0s、距波源 20m 处质点的位移、速度和加速度。

解 (1) 取波的传播方向为 x 轴正方向，波源所在处为坐标原点，这样，平面简谐波波函数的一般形式可写为

$$y=A\cos\omega\left(t-\frac{x}{u}\right)$$

根据题意，振幅 $A=0.050\text{m}$，角频率 $\omega=2.5\pi\text{rad/s}$，波速 $u=100\text{m/s}$，所以在该介质中平面简谐波的波函数为

$$y=0.05\cos 2.5\pi\left(t-\frac{x}{100}\right)\text{m}$$

(2) 在波源起振后 1.0s，波已经传播到了距波源为 $(100\times1.0)\text{m}=100\text{m}$ 处，距波源 20m 处的质点已经发生了振动，则距离波源 $x=20\text{m}$ 处质点的振动可表示为

$$y=0.05\cos 2.5\pi(t-0.20)\text{m}$$

在波源起振后 1.0s，该处质点的位移为 $y=0.05\cos 2\pi=0.05\text{m}$，最大位移距离平衡位置 0.05m，因此该处质点的速度为

$$v=\frac{\partial y}{\partial t}=-0.05\times2.5\pi\sin(2.5\pi\times1-0.5\pi)\text{m/s}=0\text{m/s}$$

由此可以看到，质点的振动速度与波的传播速度是两个完全不同的概念，不能将它们混淆了。

该处质点的加速度为

$$a=\frac{\partial^2 y}{\partial t^2}=-0.05\times(2.5\pi)^2\cos(2.5\pi\times1-0.5\pi)=-3.08\mathrm{m/s^2}$$

式中，负号表示加速度的方向与位移的方向相反。

3.5　简谐波的能量和强度

在机械波传播的过程中，介质内部本来相对静止的质元，会随着机械波的传播而发生振动，这表明这些质元获得了能量，这个能量是从波源通过前面的质元依次传递过来的。所以，机械波传播的实质是能量的传播，这种能量可以很小，也可以很大，海洋的潮汐能甚至可以用来发电，这时维持机械波（水波）传播的能量被转化成电能。

3.5.1　简谐波的能量

以弹性波为例，当弹性波传播到介质中的某处时，该处原来不动的质元开始振动，因而具有动能，同时该处的介质也将产生形变，因而也具有势能。下面分析弹性棒中的简谐横波能量。

假设有一行波 $y(x,t)=A\cos\left[\omega\left(t-\frac{x}{u}\right)\right]$，则 t 时刻质元的速度为

$$v=\frac{\partial y}{\partial t}=-A\omega\sin\left[\omega\left(t-\frac{x}{u}\right)\right]$$

质量为 $\Delta m=\rho\Delta V$ 的介质其动能为 $\Delta W_{\mathrm{k}}=\frac{1}{2}\Delta m v^2$，即

$$\Delta W_{\mathrm{k}}=\frac{1}{2}\rho\Delta V\left(\frac{\partial y}{\partial t}\right)^2=\frac{1}{2}\rho\Delta V A^2\omega^2\sin^2\left[\omega\left(t-\frac{x}{u}\right)\right] \tag{3.46}$$

由于波动使得质元偏离平衡位置，导致介质发生应变，因此介质存在应变势能。因为单位体积介质的弹性势能等于弹性模量与应变平方乘积的一半，而应变

$$\frac{\partial y}{\partial x}=A\frac{\omega}{u}\sin\left[\omega\left(t-\frac{x}{u}\right)\right]$$

所以由应变产生的弹性势能的密度（单位体积）为

$$w_{\mathrm{p}}=\frac{1}{2}Y\left(\frac{\partial y}{\partial x}\right)^2=\frac{1}{2}YA^2\frac{\omega^2}{u^2}\sin^2\left[\omega\left(t-\frac{x}{u}\right)\right]$$

式中，Y 为介质的弹性模量。根据波速 $u^2=Y/\rho$，代入上式，得到在 ΔV 体积内介质的势能为

$$\Delta W_{\mathrm{p}}=w_{\mathrm{p}}\Delta V=\frac{1}{2}\rho\Delta V A^2\omega^2\sin^2\left[\omega\left(t-\frac{x}{u}\right)\right] \tag{3.47}$$

这表明，机械波的动能和势能相等，即 $\Delta W_{\mathrm{k}}=\Delta W_{\mathrm{p}}$。因为对于波动而言，质元运动速度越大，质元间的应变也越大，结果是波动动能及其应变势能同步变化，故两者相等。

由式(3.16)和式(3.17)可知，振动的动能不等于势能，即 $E_{\mathrm{k}}\neq E_{\mathrm{p}}$，这主要是由于振动时，振动的势能和动能的变化趋势不同步造成的，即位移最大时弹性势能达到最大值，此时候振动元的速度为零，振动的动能达到最小值。

联立式(3.46)和式(3.47)得到机械波的总能量为

$$\Delta W=\Delta W_{k}+\Delta W_{p}=\rho\Delta VA^{2}\omega^{2}\sin^{2}\left[\omega\left(t-\frac{x}{u}\right)\right] \tag{3.48}$$

式(3.48)说明介质的波动总能量随时间和位置的变化而变化，这是因为波在传输过程中把振动能依次传递到每个质元，质元之间通过应变交换能量，因此，波动总能量会随时间和空间变化。由式(3.18)知道，振动的总能量 $E=E_{k}+E_{p}=\frac{1}{2}\rho\Delta VA^{2}\omega^{2}$ 是常量，这是因为弹性势属于保守势，振动时系统与外界无能量交换，因此总的机械能保持守恒。

为了更好地描述波的能量，引入能量密度和平均能量密度这两个物理量。能量密度 w 是指单位体积内的总机械能，即

$$w=\frac{\Delta W}{\Delta V}=\rho A^{2}\omega^{2}\sin^{2}\left[\omega\left(t-\frac{x}{u}\right)\right]\propto A^{2}\omega^{2} \tag{3.49}$$

上式表明能量密度随时间周期性变化，其变化周期为波动周期的一半。能量是以"堆"的形式传播。图 3-24 给出了横波的能量密度沿传播方向的分布曲线。

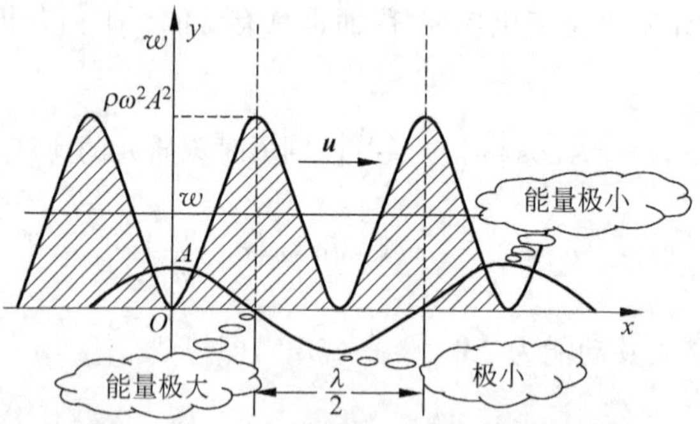

图 3-24 横波的能量密度与平均能量分布

平均能量密度 $\bar{w}$ 是指机械波在一个周期内的能量平均值，则

$$\begin{aligned}\bar{w}&=\frac{1}{T}\int_{0}^{T}w\,\mathrm{d}t=\frac{\rho A^{2}\omega^{2}}{\omega/2\pi}\int_{0}^{\omega/2\pi}\sin^{2}\left[\omega\left(t-\frac{x}{u}\right)\right]\mathrm{d}t\\&=\frac{1}{2}\rho A^{2}\omega^{2}\end{aligned} \tag{3.50}$$

上式说明机械波的平均能量密度是常量，且等于最大能量密度的$\frac{1}{2}$，而且不难证明它与振动的平均能量相等。因为波动能量来自振动。

3.5.2 简谐波的强度

1. 波的能流和平均能流

波在单位时间内垂直通过某一截面的能量称为波通过该截面的能流，或称为能通量。图 3-25 是波的能流示意图。设波速为 u，则在 Δt 时间内通过垂直于波的传播方向的截面 ΔS 的能量为

$$\Delta W=u\cdot\Delta t\cdot\Delta S\cdot w$$

其中，w 为能量密度。

根据波能流的定义 $P=\Delta W/\Delta t$，可以得到波的能流为

$$P=u\Delta Sw=u\Delta S\rho\omega^2A^2\sin^2\left[\omega\left(t-\frac{x}{u}\right)\right] \tag{3.51}$$

上式表明，能流随时间周期性变化，总为正值。

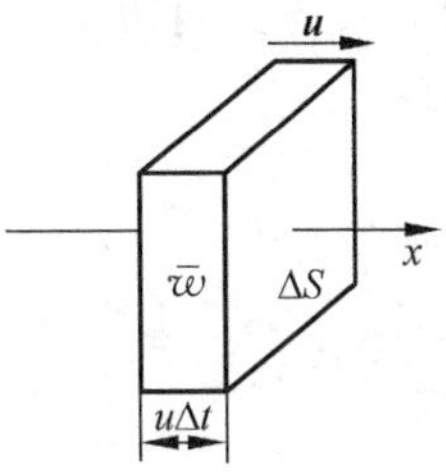

图 3-25　波的能流

在一个周期内能流的平均值称为平均能流。经过计算，可以导出平均能流为

$$\bar{P}=u\bar{w}\Delta S \tag{3.52}$$

其中，$\bar{w}$ 为平均能量密度。

2. 波的强度

能流密度是指波通过垂直于波动传播方向的单位面积的平均能流，通常也称为波的强度。根据波的强度定义，并把式(3.50)代入式(3.52)可以得到波的强度为

$$\boldsymbol{I}=\frac{\bar{P}}{\Delta S}=u\bar{w}=\frac{1}{2}\rho\omega^2A^2\boldsymbol{u} \tag{3.53}$$

式(3.53)表明，能流密度是矢量，其方向与波速方向相同。

例 3.7　用聚焦超声波的方法，可以在液体中产生强度达 $120\mathrm{kW/cm^2}$ 的超声波。设波源做简谐振动，频率为 500kHz，水的密度为 $10^3\mathrm{kg/m^3}$，声速为 1500m/s，求这时液体质点的振幅、速度和加速度。

解　因波的强度 $I=\frac{1}{2}\rho\omega^2A^2u$，所以

$$A=\frac{1}{\omega}\sqrt{\frac{2I}{\rho u}}=\frac{1}{2\pi\times5\times10^3}\sqrt{\frac{2\times120\times10^7}{1\times10^3\times1.5\times10^3}}\mathrm{m}=1.27\times10^{-5}\mathrm{m}$$

$$v_\mathrm{m}=\omega A=2\pi\times500\times10^3\times1.27\times10^{-5}\mathrm{m/s}=40\mathrm{m/s}$$

$$a_\mathrm{m}=\omega^2A=(2\pi\times500\times10^3)^2\times1.27\times10^{-5}\mathrm{m/s^2}=1.25\times10^8\mathrm{m/s^2}$$

计算结果表明，液体中超声振动的振幅是极小的，但高频超声波的加速度却可以很大。上述结果中的加速度约为重力加速度的 1.28×10^7 倍，这意味着介质的质元受到的作用力要比重力大 7 个数量级。可见超声波的机械作用是很强的，在机械加工、粉碎技术、清除垢污等方面有广阔的应用前景。

3. 波的吸收

波传输通过介质时，会受到界面散射以及微小颗粒的碰撞而损失一部分能量，宏观上表现为这部分能量被介质吸收。造成能量被吸收的因素有：①内摩擦：机械能变为热运动能(不可逆)；②热传导：由于疏部和密部间有温差，发生热交换，使得机械能变为热运动能(不可逆)；③分子碰撞：非弹性碰撞使分子规则振动的机械能转变为分子内部无规则的振动的内能(不可逆)。

为了描述介质中波的能量的吸收强弱，需要引入吸收系数 α 这一物理量。对于平面波，设波的入射位置为 0，波的振幅为 A_0，当传播到 x 处时，波的振幅变为 A，如图 3-26 所示。考虑到波在传输过程中会被介质吸收，那么，从 x 到 $x+\mathrm{d}x$ 区间，波的振幅变化量可以表示

为 $\mathrm{d}A=-\alpha A\mathrm{d}x$，其中，负号表示能量损失，振动矢量减小。将这个微分式进行变量分离，然后对等式两边相应的变量积分，则可得如下关系式

$$\int_{A_0}^{A}\frac{\mathrm{d}A}{A}=-\int_{0}^{x}\alpha\,\mathrm{d}x \tag{3.54}$$

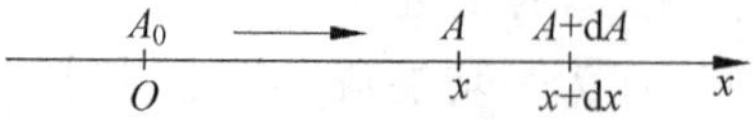

图 3-26　波的能量的吸收

对于均匀介质，α 可以近似为常数，则 $A=A_0\mathrm{e}^{-\alpha x}$。考虑到波的强度 $I\propto|A|^2$，那么我们就得到

$$I=I_0\mathrm{e}^{-2\alpha x} \tag{3.55}$$

式中，α 称为介质的吸收系数，显然有 $\alpha=-\mathrm{d}\ln A/\mathrm{d}x$。$\alpha$ 的大小不仅与介质的性质有关，还与波的频率有关，实验测量结果表明，$\alpha_{固}<\alpha_{液}<\alpha_{气}$。例如，对频率为 5MHz 的超声波，在钢介质中 $\alpha=2\mathrm{m}^{-1}$，超声波传播 1.15m 后，强度衰减为 1%。而在空气中 $\alpha=500\mathrm{m}^{-1}$，超声波传播 4.6m 后，强度衰减为 1%。

名人堂　克里斯蒂安·惠更斯

克里斯蒂安·惠更斯(Christiaan Huyg(h)ens，1629 年 4 月—1695 年 7 月)，荷兰物理学家、天文学家、数学家，他是介于伽利略与牛顿时期的一位重要物理学先驱，是历史上最著名的物理学家之一，他对力学的发展和光学的研究都做出了杰出的贡献，在数学和天文学方面也做出了卓越的成就，是近代自然科学领域的一位重要开拓者。他建立向心力定律，提出动量守恒原理，并改进了计时器。

惠更斯自幼聪慧，13 岁时曾自制一台车床，表现出很强的动手能力。1645—1647 年他在荷兰莱顿大学学习法律与数学，并在 1647—1649 年转入布雷达学院深造。在阿基米德等人的著作及笛卡儿等人的直接影响下，致力于力学、光波学、天文学及数学的研究。他善于把科学实践和理论研究结合起来，透彻地解决问题，因此在摆钟的发明、天文仪器的设计、弹性体碰撞和光的波动理论等方面都有突出成就。下面介绍惠更斯在物理方面的部分研究经历。

惠更斯在 1650 年完成了一篇关于流体静力学的论文手稿。1652 年，惠更斯将弹性碰撞的规律公式化，并开始几何光学的学习。1655 年，他与他哥哥一起磨制镜片，制造了显微镜和望远镜。在 1655—1656 年的冬天惠更斯用自制的望远镜观察土星，发现了土星的卫星并辨识出了土星光环，并将结果分别报告于《土星之月新观察》和《土星系统》中。

1656 年惠更斯发明了摆钟，然后围绕摆钟潜心研究，并且发现了摆线等时性、渐屈线和摆动中心的理论。惠更斯从实践和理论上研究了钟摆及其理论，提出了著名的单摆周期公式。在研究摆的重心升降问题时，惠更斯发现了物质体系的重心与后来被欧勒称为转动惯量的量，还引入了反馈装置——“反馈”这一物理思想在今天更显得意义重大，同时设计了船用钟和手表平衡发条，大大缩小了钟表的尺寸。他还用单摆求出重力加速度的准确值，并建

议用秒摆的长度作为自然长度标准。在 1660 年之后，对摆钟在海上确定经度的应用研究占据了他很多的时间。

惠更斯还在 1659 年开始研究离心力。他还提出了离心力定理，研究了圆周运动、摆、物体系转动时的离心力以及泥球和地球转动时变扁的问题等。这些研究为后来万有引力定律的建立起了极大的促进作用。他提出过许多既有趣又有启发性的离心力问题。

1666 年，法国皇家科学院成立，惠更斯接受了会员资格，并在那年 5 月前往巴黎。此后他在巴黎一直待到 1681 年。在学院中，惠更斯鼓励一项研究自然的培根式计划，积极参与天文观测(例如对土星的观测)和空气泵实验。1669 年他阐述了重力起因理论，1678 年他出版名著《光论》，书中宣布了他在 1676—1677 年发展出来的光波动原理(严格地说是光的脉冲理论)，即惠更斯原理。惠更斯原理认为，对于任何一种波，从波源发射的子波中，其波面上的任何一点都可以作为子波的波源，各个子波波源波面的包络面构成新的波面。

在 1668—1669 年，惠更斯在理论上和实验上，研究了物体在有阻力介质中的运动。在 1673 年，他与帕平合作，建造了一个内燃机。惠更斯在 1673 年开始了关于简谐振动的研究，设计出由弹簧而非钟摆来校准时间的钟表。1673 年，他发表了《摆表》，给出了关于所谓的“离心力”的基本命题，并提出一个做圆周运动的物体具有飞离中心的倾向，且它向中心施加的离心力与速度的平方成正比，与运动半径成反比。这是对伽利略摆动学说的扩充。

1689 年 6—9 月，惠更斯访问英格兰，在那里遇到了牛顿。牛顿的《自然哲学的数学原理》引起了惠更斯对他的仰慕之情，但他也与牛顿的部分观点产生了强烈的分歧，牛顿认为光是粒子，而惠更斯认为光是波，两人关于重力的产生根源也存在分歧，这些分歧在惠更斯的《光论》及该书的补编《论重力的起因》中都能找到。

3.6　惠更斯原理　波的叠加与干涉　驻波

3.6.1　惠更斯原理

在波的传播过程中，波阵面(波前)上的每一点都可看作是发射子波的波源，在以后任一时刻，这些子波的包络面成为该时刻新的波阵面，这就是惠更斯原理。根据惠更斯原理可以由 t 时刻的波面求得 $t+\Delta t$ 时刻的波面。对于平面波，如图 3-27(a)所示，若 t 时刻的波面为 S_1，以 S_1 面上各点为中心、以 $r=u\Delta t$ 为半径，画出许多半球面形的子波，再作这些半球面的包络面 S_2，则 S_2 就是 $t+\Delta t$ 时刻的波面。显然，S_2 也是平面。

在图 3-27(b)中，球面波从波源 O 发出，以速率 u 向四周传播，在 t 时刻的波面是半径为 R_1 的球面 S_1。根据惠更斯原理，t 时刻的波面 S_1 上的各点，都可以看作发射子波的波源。所以，可以 S_1 上的各点为中心、以 $r=u\Delta t$ 为半径，画出许多半球面形的子波，再做这些半球面的包络面 S_2，S_2 就是 $t+\Delta t$ 时刻的波面。显然，S_2 是以波源 O 为中心、以 $R_2=R_1+u\Delta t$ 为半径的球面。由惠更斯原理可以推知，当波在各向同性的均匀介质中传播时，波面的几何形状不变；当波在各向异性或不均匀的介质中传播时，由于不同方向上波速不同，波面的形状会发生变化。

惠更斯原理对于机械波和电磁波均适用，能够解释各种波的传播问题。

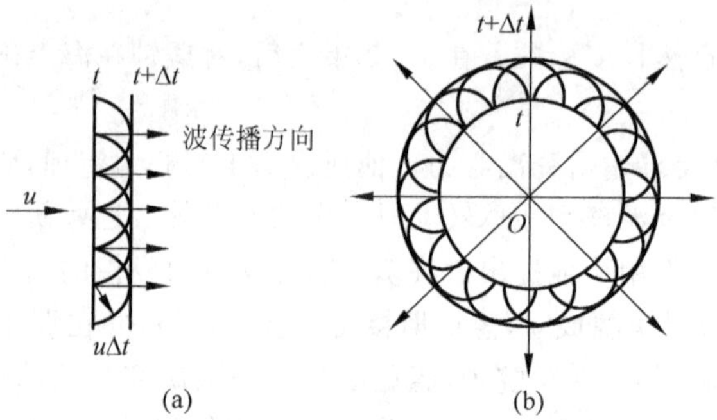

图 3-27 波阵面的构造

(a) 平面波；(b) 球面波

3.6.2 波的反射、折射与衍射

1. 波的反射与折射

当波从一种介质传向另一种介质时，在介质的分界面上会发生反射和折射现象，波的传播方向也随之改变。根据实验结果，可以得到波的反射定律和折射定律。实验测量结果发现，波从波疏介质入射到波密介质，在分界面处发生反射时，反射点有半波损失，即有相位 π 的突变；而波从波密介质入射到波疏介质，在分界面处发生反射时，反射点没有半波损失。

当波在介质的分界面上发生反射时，满足：①波的入射角 θ_1 等于反射角 θ_2，即 $\theta_1=\theta_2$。②入射波线、反射波线和分界面的法线处于同一平面内，这就是波的反射定律。

声波在传播过程中遇到介质密度变化时，会有声音的反射。室内回声就是声波反射的结果，房间界面对在室内空气中传播的声波反射情况取决于其表面的性质。

当波从一种介质传入另一种介质时，满足：①入射角 θ_1 与折射角 θ_r 的正弦之比等于波在第一、第二两种介质中的波速之比，即

$$\frac{\sin\theta_1}{\sin\theta_r}=\frac{u_1}{u_2}=n_{21} \tag{3.56}$$

式中，$n_{21}=u_1/u_2$ 称为第二介质对第一介质的相对折射率；②入射波线、折射波线和分界面的法线均在同一平面内。这两个结论称为波的折射定律。

图 3-28 给出了实际水波的反射和折射图样，这些图样能够很好地验证了波的反射定律和折射定律，也说明波的反射定律和折射定律可以通过实验测量来验证。波的反射定律和折射定律也可以通过波矢量在界面的连续性边界条件在理论上严格推算得到。

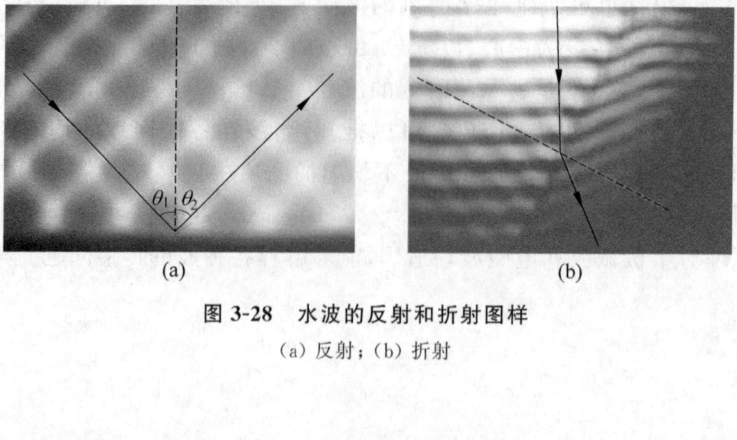

图 3-28 水波的反射和折射图样

(a) 反射；(b) 折射

例 3.8　如图 3-29 所示，在 x 轴的原点处有一波源，振动方程为 $y_0=A\cos(\omega t+\varphi)$，发出的波沿 x 轴正方向传播，波长为 λ，波在 $x=x_0$（正值）被一刚性壁反射，求：(1)入射波方程；(2)入射点振动方程；(3)反射点振动方程；(4)反射波方程。

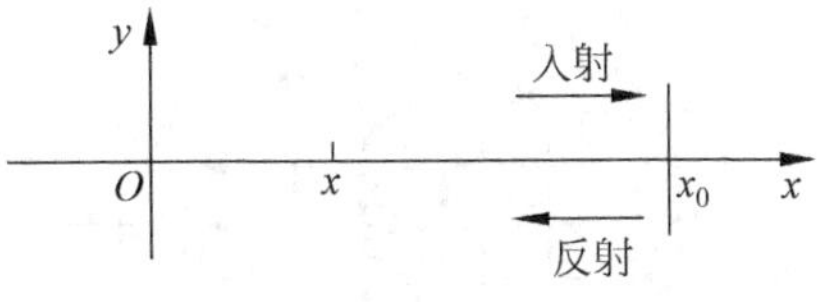

图 3-29　例 3.8 用图

解　(1) 波源发出的正向行波即是入射波，如图 3-27 所示，从波源到 x 轴上坐标为 x 处质点的波程为 x，所以入射波在 x 处振动的相位比波源落后 $2\pi x/\lambda$，故入射波方程为

$$y_1=A\cos\left(\omega t-2\pi\frac{x}{\lambda}+\varphi\right)$$

(2) 入射点振动方程可直接由入射波方程得到，则

$$y_{10}=A\cos\left(\omega t-2\pi\frac{x_0}{\lambda}+\varphi\right)$$

(3) 反射点为刚性壁，理解为波密介质，因而反射点有相位突变，即反射点的振动与入射点的振动有相位差 π，所以反射点振动方程为

$$y_{20}=A\cos\left(\omega t-2\pi\frac{x_0}{\lambda}+\pi+\varphi\right)$$

(4) 从反射点到 x 处的波程为 x_0-x，因而反射波在 x 处引起的振动的相位比反射点振动的相位又要落后 $2\pi(x_0-x)/\lambda$，所以反射波方程为

$$y_2=A\cos\left(\omega t-2\pi\frac{x_0}{\lambda}-2\pi\frac{x_0-x}{\lambda}+\pi+\varphi\right)=-A\cos\left(\omega t+2\pi\frac{x-2x_0}{\lambda}+\varphi\right)$$

式中，负号表示反射波往 x 轴负方向传播，故 x 的符号是正号。

现在把入射和反射合并为一个过程。波从波源出发，先沿 x 轴正向传播到 x_0 处，然后经反射沿 x 轴的负向传播到 x 处，波程总共为 $2x_0-x$，考虑到反射点有半波损失，波程应修正为 $2x_0-x-\lambda/2$，代入入射波方程，即可得到相同的反射波方程。

2. 波的衍射

波在传播过程中，除了会发生反射和折射外，还会发生衍射现象。当波在传播过程中遇到障碍物时，其传播方向会发生改变，绕过障碍物边缘继续传播，这种现象称为波的衍射。实际上，波在传播过程中总会遇到或大或小的障碍物而偏离直线传播，产生绕过障碍物的现象，因此衍射现象总是存在的，只有现象明显与现象不明显的差异。例如，实际水面总是存在荡漾，而不是真正的平如镜。

实验观察发现，波发生明显衍射现象的条件是：障碍物(或小孔)的尺寸比波的波长小或与波长相当。图 3-30 给出了惠更斯波阵面经过不同宽度狭缝时产生衍射和实际水波通过细小狭缝时产生的衍射波纹图样。其中，衍射效果随着狭缝的宽度 a 增大或者水波的波长 λ 的减小而增强。衍射波纹可以根据惠更斯原理加以解释。

波在传播过程中遇到障壁或建筑部件(如墙角、梁、柱等)时，如果障壁或建筑部件的尺度比波的波长大，也会出现波绕过障壁边缘而进入障壁后面的现象，这也是波的衍射。相邻房间的串声大都是由声波的衍射引起的。因此，可以根据衍射现象来衡量声波绕过障壁的能力。

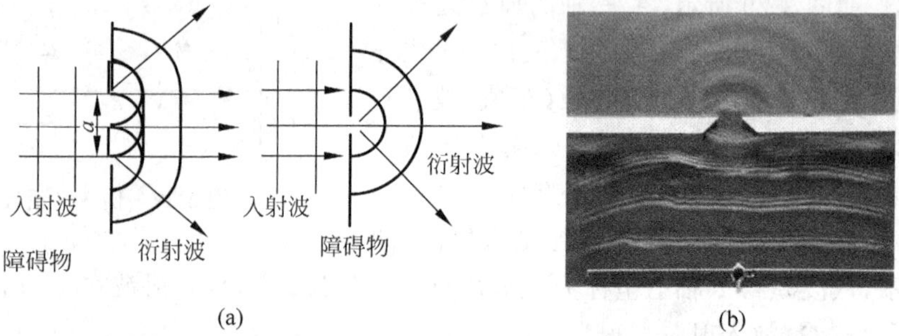

图 3-30 惠更斯波面通过不同宽度的狭缝后产生的衍射及实际水波产生的衍射

(a) 惠更斯波面通过狭缝产生的衍射；(b) 实际水波产生的衍射

3.6.3 波的叠加原理 波的干涉 驻波

1. 波的叠加原理

如果有几列波在空间相遇时，每一列波都将独立地保持自己原有的特性(频率、波长、振动方向、传播方向)，并不会因其他波的存在而改变，这就是波的独立性原理。如果有几列波相遇，在重叠的空间区域，任一质点的总位移等于各列波分别引起的位移的矢量和，这就是波的叠加原理。波的叠加原理实际上是运动叠加原理在波动中的表现。

叠加原理的重要性在于可以将任一复杂的波分解为简谐波的线性组合。人们能够分辨几个同时讲话的人的声音(讲话)就是基于这个原理。但当声波强度过大时，如激烈争论产生刺耳的波，人们就难以分辨具体的谈话内容，这时叠加原理不再适用。

2. 波的干涉现象和规律

通过观察波的叠加现象发现，在几列波交叠区域的某些位置上，振动始终加强，而在另一些位置上，振动始终减弱或抵消，这种现象称为波的干涉。图 3-31(a)就是两个水波源产生的水波在空间中产生干涉的场景。能够产生干涉现象的波，称为相干波，它们是频率相同、振动方向相同且相位差恒定的波。相干波满足的条件称为相干条件，激发相干波的波源，称为相干波源。

图 3-31(b)中的 S_1 和 S_2 是两个相干波源，它们发出的两列相干波在空间中的点 P 相遇，点 P 到 S_1 和 S_2 的距离分别为 r_1 和 r_2。为了保证满足相干条件，假设波源 S_1 和 S_2 的振动方向垂直于 S_1、S_2 和点 P 所在的平面。两个波源振动为简谐振动，即

$$\begin{cases} y_1 = A_1\cos(\omega t + \varphi_{10}) \\ y_2 = A_2\cos(\omega t + \varphi_{20}) \end{cases}$$

式中，ω 为两个波源的振动角频率；A_1 和 A_2 分别为它们的振幅；φ_{10} 和 φ_{20} 分别为它们的初相位。

根据相干条件，$(\varphi_{20}-\varphi_{10})$应该是恒定的，而两列波到达点 P 时的延迟相位分别为 $2\pi r_1/\lambda$ 和 $2\pi r_2/\lambda$，因此，P 点处两列波的方程为

$$\begin{cases} y_1 = A_1\cos\left(\omega t + \varphi_{10} - 2\pi\dfrac{r_1}{\lambda}\right) \\ y_2 = A_2\cos\left(\omega t + \varphi_{20} - 2\pi\dfrac{r_2}{\lambda}\right) \end{cases} \tag{3.57}$$

式中，λ 为波长。由于在点 P 处可以把两列波看成两个振动，也就是说两列波在 P 点的叠加等效于两个简谐振动的合成，因此利用简谐振动的矢量合成式(3.32)，可以得到 P 点的合振动为

$$y = y_1 + y_2 = A\cos(\omega t + \varphi) \tag{3.58}$$

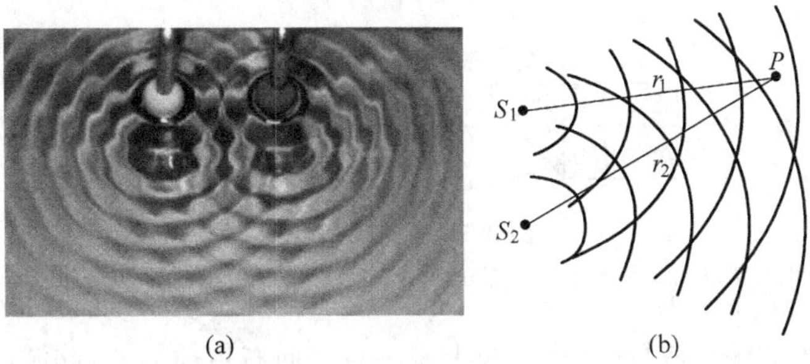

图 3-31　水波的干涉图样及相干波源的干涉原理

(a) 水波的干涉图样；(b) 相干波源的干涉

式中，A 是合振动的振幅，φ 是初相位。它们的表达式分别为

$$\begin{cases} A = \sqrt{A_1^2 + A_2^2 - 2A_1A_2\cos\left(\varphi_{20} - \varphi_{10} - 2\pi\dfrac{r_2 - r_1}{\lambda}\right)} \\ \varphi = \arctan\dfrac{A_1\sin\left(\varphi_{10} - 2\pi\dfrac{r_1}{\lambda}\right) + A_2\sin\left(\varphi_{20} - 2\pi\dfrac{r_2}{\lambda}\right)}{A_1\cos\left(\varphi_{10} - 2\pi\dfrac{r_1}{\lambda}\right) + A_2\cos\left(\varphi_{20} - 2\pi\dfrac{r_2}{\lambda}\right)} \end{cases} \tag{3.59}$$

两列相干波在空间任意一点 P 处所引起的两个振动的相位差为

$$\Delta\varphi = \varphi_{20} - \varphi_{10} - 2\pi\frac{r_2 - r_1}{\lambda} \tag{3.60}$$

由于 $\Delta\varphi$ 是不随时间变化的，因此点 P 的合振幅 A 也是不随时间变化的。由式(3.59)和式(3.60)可知，当 $\Delta\varphi = 2k\pi, k = 0, \pm1, \pm2, \cdots$ 时，合振幅为最大值，此时 $A = A_1 + A_2$，这时点 P 的振动是加强的，称为干涉加强；当 $\Delta\varphi = (2k+1)\pi, k = 0, \pm1, \pm2, \cdots$ 时，合振幅为最小值，此时 $A = |A_1 - A_2|$，这时点 P 的振动是减弱的，称为干涉减弱；如果 $A_1 = A_2$，合振幅为 0，则振动完全消失，称为干涉相消。

对于初始相位相同(即 $\varphi_{10} = \varphi_{20}$)的两个相干波源，它们产生的两列相干波在点 P 引起的两个振动的相位差由两个波源到点 P 的路程差(称为波程差)$\Delta\delta = r_2 - r_1$ 决定。

当

$$\Delta\delta = r_2 - r_1 = k\lambda, \quad k = 0, \pm1, \pm2, \cdots \tag{3.61}$$

即波程差等于波长的整数倍时，点 P 处干涉加强；

当

$$\Delta\delta = r_2 - r_1 = (k + 1/2)\lambda, \quad k = 0, \pm 1, \pm 2, \cdots \tag{3.62}$$

即波程差等于半波长的奇数倍时，点 P 处干涉减弱。

3. 驻波

驻波是一种特殊的干涉现象。图 3-32 是观察一根拉紧的弦线上出现的驻波现象的实验装置。电振荡器可产生振动信号，并输出到振源盒中的振动源。振动源由喇叭改制而成，并连接一振动杆，带动振动杆做上下振动。振动杆的振动频率和振动幅度，可由电振荡器上的频率调节旋钮和功率调节旋钮控制和调节。振动杆可带动固定在杆上的弦线或钢丝环振动。

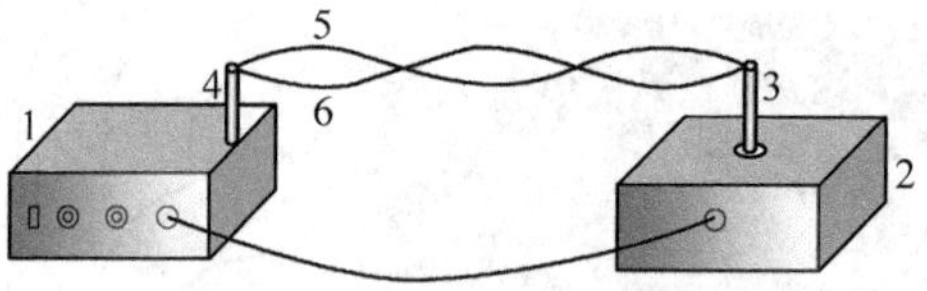

图 3-32　驻波实验图

1—电振荡器；2—振源盒；3—振动杆；4—固定杆；5—波幅位置；6—波节位置

当电振荡器产生振动信号时，在弦线上激发自左向右传播的波，此波传播到固定杆时被反射，因而在弦线上又出现了一列自右向左传播的反射波。这两列波是相干波，必定发生干涉，于是在弦线上就形成了一种波形不随时间变化的波，这就是驻波。当驻波出现时，弦线上的每一点都在振动，但它们的振幅不同。有的点振幅达到极大值，称为波腹，有的点振幅为零(干涉静止点)，称为波节，波腹和波节均等间距排列。

如图 3-33 所示，如果一列波传播受到一对边界反射，反射区间的任意一点都存在两列相干波，分别沿 x 轴正、负方向传播，若它们的初相位均为零，则它们的波动方程分别为

$$y_1 = A\cos\left(\omega t - 2\pi\frac{x}{\lambda}\right), \quad y_2 = A\cos\left(\omega t + 2\pi\frac{x}{\lambda}\right) \tag{3.63}$$

上式的两个波动方程合成波就是驻波，其表达式为

$$y = y_1 + y_2 = A\cos\left(\omega t - 2\pi\frac{x}{\lambda}\right) + A\cos\left(\omega t + 2\pi\frac{x}{\lambda}\right)$$

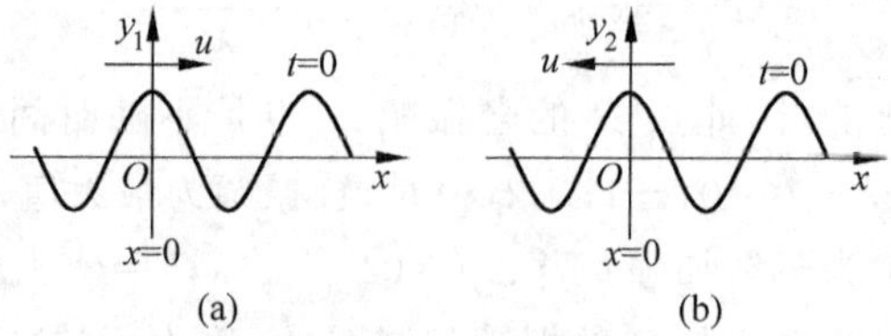

图 3-33　波传播受到一对边界反射形成驻波

(a) 向 x 轴正方向传播；(b) 向 x 轴负方向传播

利用三角函数的和差化积公式，可得驻波的表达式为

$$y = 2A\cos\left(2\pi\frac{x}{\lambda}\right)\cos\omega t = B\cos\omega t \tag{3.64}$$

根据方程式(3.64)，可以得到以下 3 个结论：

(1) 振幅 $B=2A\cos\left(2\pi\dfrac{x}{\lambda}\right)$ 是一个简谐振动的振幅，表示各点都在做简谐振动。在 $x=k\dfrac{\lambda}{2}(k=0,\pm1,\pm2,\cdots)$ 处，$|B|=2A$，属于波腹的位置(即振幅最大处)；而在 $x=(2k+1)\dfrac{\lambda}{4}(k=0,\pm1,\pm2,\cdots)$ 处，$|B|=0$，属于波节的位置(即振幅最小处)。相邻波节(或波腹)间距 $\lambda/2$，也就是说通过测波节(或波腹)间距可得行波波长 λ。

(2) 各点的振动频率相同，且与原来波的频率 ω 相同。

(3) 相位为 ωt 与 x 无关，说明驻波没有传播相位，是分段的振动行为，相邻段的振动相位相反。

以上 3 点是驻波所具有的特征。图 3-34 给出了不同的时间延迟下出现的驻波现象。

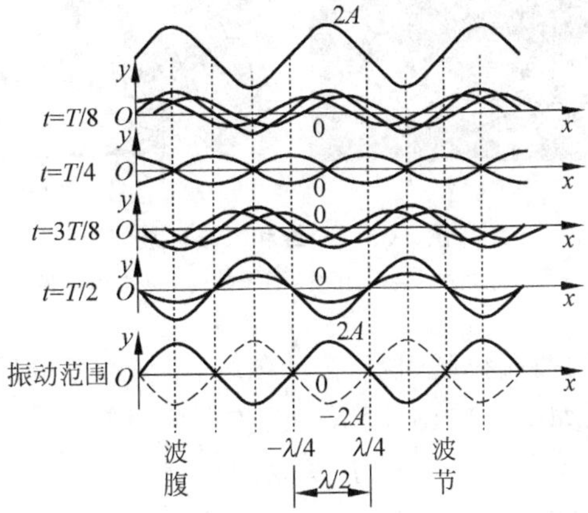

图 3-34　不同的时间延迟出现的驻波现象比较

4. 驻波的能量

由动能的定义式 $E_k=\dfrac{1}{2}mv^2$ 可得，对于质量为 $\Delta m=\rho\Delta V$ 的介质，其动能为

$$E_k=\frac{1}{2}\rho\Delta V\left(\frac{\partial y}{\partial t}\right)^2=2\rho\Delta VA^2\omega^2\cos^2\left(\frac{2\pi x}{\lambda}\right)\sin^2\omega t \tag{3.65}$$

由势能的定义式和波速与杨氏模量的关系式 $u^2=Y/\rho$，可得在体积 ΔV 内驻波的势能为

$$E_p=\frac{1}{2}Y\Delta V\left(\frac{\partial y}{\partial x}\right)^2=2\rho\Delta Vu^2A^2\left(\frac{2\pi}{\lambda}\right)^2\sin^2\left(\frac{2\pi x}{\lambda}\right)\cos^2\omega t \tag{3.66}$$

式(3.65)和式(3.66)表明，在波节处相对形变最大，势能最大；在波腹处相对形变最小，势能最小，势能集中在波节。当各质点回到平衡位置时，全部势能为零，此时动能最大，动能集中在波腹。

由于总能量 $E=E_k+E_p$，因此将式(3.65)和式(3.66)代入，并经过计算化简，可以得到

$$E=\Delta V\rho\omega^2A^2\left[1+\cos\left(\frac{4\pi}{\lambda}x\right)\cos2\omega t\right] \tag{3.67}$$

式(3.67)表明，能量从波腹传到波节，又从波节传到波腹，循环往复。它是介质的一种特殊

的运动状态，即稳定态。

在日常生活和工程技术中，驻波现象经常发生。当小提琴或笛子发出稳定的音调时，声音的驻波在琴弦上或笛腔中振荡；当激光器发光时，光的驻波在工作物质中振荡。图 3-35 分别是振动的琴弦和鼓皮产生的一维和二维驻波。

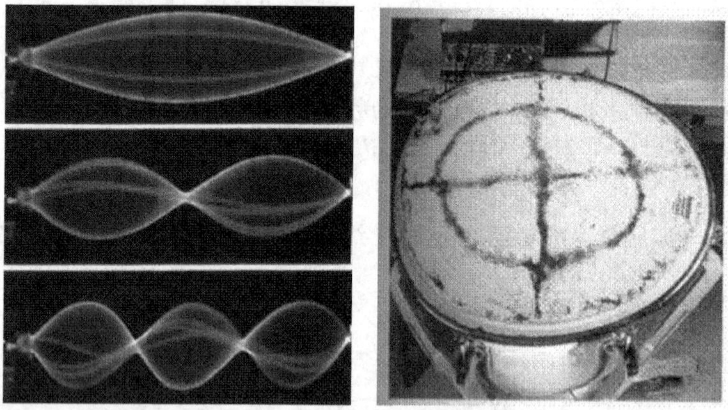

(a) (b)

图 3-35 一维和二维驻波

(a) 琴弦产生一维驻波；(b) 鼓皮产生二维驻波

对于琴弦来说，弦线的两端拉紧固定，拨动弦线时，波经两端反射，形成两列反向传播的波，叠加后就能形成驻波，如图 3-35(a)所示。设弦线长度为 L，形成驻波的条件是

$$L = n\lambda/2$$

其中，n 为正整数。那么，驻波的波长为

$$\lambda_n = 2L/n$$

频率为

$$\nu_n = u/\lambda_n = nu/2L$$

其中，u 是波的传播速度。上两式说明在弦线上只能传播特定波长和频率的声波，发出可分辨的声音，其中 $n=1$ 时对应的频率称为基频，$n=2,3,\cdots$时，对应的频率依次称为二次、三次谐频……，在声驻波中分别称为基音和泛音。

对于鼓而言，鼓皮的四周拉紧固定，击打鼓皮时，产生的平面波传播到四周边界时反射，形成二维反向传播的波，叠加后就能形成驻波。由于受到边界的限制，由二维驻波形成特定频率的振动模，传播特定波长的驻波，从而形成特有的击鼓轰鸣声音。

例 3.9 如图 3-36 所示，在 x 轴上有两个波源，S_1 的位置在 $x_1=0$ 处，S_2 的位置在 $x_2=5$ 处，它们的振幅均为 a，S_1 的相位比 S_2 超前 $\pi/2$。假设每个波源都向 x 轴的正方向和负方向发出简谐波，每列波都可以传播到无穷远处，且波长为 $\lambda=4$。求：(1)在 $x<0$ 区间的合成波的振幅；(2)在 $x>5$ 区间的合成波的振幅；(3)在 $0<x<5$ 区间形成的驻波的波腹和波节的位置。

解 (1) 在 $x<0$ 区间，两个波源 S_1 和 S_2 发出的反行波在 P 点相互干涉形成反行波，设任意点 P 的坐标为 x，则 S_2 和 S_1 到 P 点的波程差为 $r_2-r_1=5$ 与 x 无关，故在 P 点干涉的相位差为

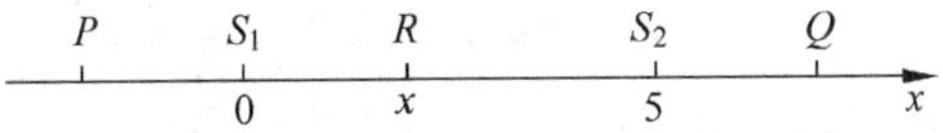

图 3-36　例 3.9 用图

$$\Delta\varphi=\varphi_2-\varphi_1-2\pi\frac{r_2-r_1}{\lambda}=-\frac{\pi}{2}-2\pi\frac{5}{4}=-3\pi$$

满足干涉减弱条件，则该区间的合振幅应为极小值，两列干涉相消。由于两列波的振幅相等，故合振幅 $A=0$。即在 $x<0$ 区间，两列波因干涉而完全抵消。

(2) 在 $x>5$ 区间，两波源发出的正行波在 Q 点干涉形成新的正行波，设点 Q 的坐标为 x，则 S_2 和 S_1 到 Q 点的波程差为 $r_2-r_1=-5$，干涉的相位差为

$$\Delta\varphi=\varphi_2-\varphi_1-2\pi\frac{r_2-r_1}{\lambda}=-\frac{\pi}{2}+2\pi\frac{5}{4}=2\pi$$

满足干涉加强条件，即合振幅是两列波振幅之和 $A=2a$。

(3) 在 $0<x<5$ 区间，S_1 发出的正行波与 S_2 发出的反行波在 R 点干涉形成驻波，设 R 点的坐标为 x，则 S_1 和 S_2 到 R 点的波程差为

$$r_2-r_1=(5-x)-x=5-2x$$

相位差为

$$\Delta\varphi=\varphi_2-\varphi_1-2\pi\frac{r_2-r_1}{\lambda}=-\frac{\pi}{2}-2\pi\frac{5-2x}{4}=-3\pi+\pi x$$

均与 R 点的坐标位置 x 有关。

对于波腹(干涉极大点)，应有 $\Delta\varphi=-3\pi+\pi x=2k\pi$，因此，得到波腹位置为 $x=2k+3$ 为奇数，因此，在 $0<x<5$ 区间，x 只能取 1,3 两点。故波腹位置为 $x=1,3$。

对于波节，应有 $\Delta\varphi=-3\pi+\pi x=(2k+1)\pi$，波腹位置为 $x=2k+4$ 为偶数，因此，在 $0<x<5$ 区间，x 只能取 2,4 两点。故波节位置为 $x=2,4$。

例 3.10　如图 3-37 所示，在 x 轴的原点 O 处有一波源，振动方程为 $y_0=A\cos(\omega t+\varphi)$，发出的波沿 x 轴正方向传播，波长为 λ，波传播到 P 点 $x=x_0$(正值)处被一刚性壁反射，求：(1)驻波方程；(2)所有的波腹和波节的位置。

解　(1) 由图 3-37 可知，波源从原点 O 发出的正向入射波沿 x 轴的正向传播到 P 点(坐标为 x_0)处被镜面 BC 反射，反射波沿 x 轴的负向传播到 D 点(坐标为 x)，那么在 D 点处就有正向的入射波和负向的反射波，两列波在 D 点叠加。其中，入射波在 x 处振动的相位比波源振动的相位落后 $2\pi x/\lambda$，故入射波方程为

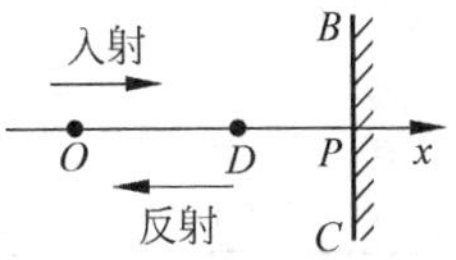

图 3-37　例 3.10 用图

$$y_1=A\cos\left(\omega t-2\pi\frac{x}{\lambda}+\varphi\right)$$

将入射和反射合并为一个过程，计算总波程。波从波源出发，先正向传播到 P 点(坐标为 x_0)处，然后反向传播到 D 点(坐标为 x)处，波程总共为 $2x_0-x$，考虑到反射点有半波损失，波程应修正为 $2x_0-x-\lambda/2$，这样，可以得到如下的反射波方程：

$$y_2=A\cos\left(\omega t-2\pi\frac{x_0}{\lambda}-2\pi\frac{x_0-x}{\lambda}+\pi+\varphi\right)$$

$$=A\cos\left(\omega t+2\pi\frac{x-2x_0}{\lambda}+\pi+\varphi\right)$$

反射波往 x 轴负方向传播，x 的符号是正号。

将入射波方程与反射波方程叠加，得到驻波方程为

$$\begin{aligned}y&=y_1+y_2\\&=A\cos\left(\omega t-2\pi\frac{x}{\lambda}+\varphi\right)+A\cos\left(\omega t+2\pi\frac{x-2x_0}{\lambda}+\pi+\varphi\right)\end{aligned}$$

利用三角和差化积公式，把上式转换为

$$\begin{aligned}y&=2A\cos\left(2\pi\frac{x-x_0}{\lambda}+\frac{\pi}{2}\right)\cos\left(\omega t-2\pi\frac{x_0}{\lambda}+\frac{\pi}{2}+\varphi\right)\\&=2A\sin\left(2\pi\frac{x-x_0}{\lambda}\right)\sin\left(\omega t-2\pi\frac{x_0}{\lambda}+\varphi\right)\end{aligned}\tag{Ⅰ}$$

式(Ⅰ)形式属于驻波方程。

(2) 波腹和波节的位置可以由驻波方程式(Ⅰ)的振幅因子求出。由于反射壁是波密的刚性壁，反射有半波损失，所以反射点 $x=x_0$ 肯定是波节。再根据相邻波节距离为 $\lambda/2$ 的规律，得到全部波节的位置为 $x=x_0-\frac{k\lambda}{2}(k=0,1,\cdots)$。

由于相邻波腹和波节相距 $\lambda/4$，所以得到波腹位置为 $x=x_0-\frac{\lambda}{4}-\frac{k\lambda}{2}(k=0,1,\cdots)$。

*3.7 声(音)波 超声波 次声波

声波泛指波源所激起的振动能量在弹性介质中传播的纵波，按照频率范围和性质，声波分为可以特超声波、超声波、声(音)波(人耳听觉)、次声波，表 3-5 给出了这些波的频率范围和基本特性。

表 3-5 各类声波的频率范围和基本特性

频率范围/Hz	术语	性质
$5\times10^8\sim10^{12}$	特超声波	分子热运动 $10^{12}\sim10^{14}$ Hz，具有微观量子性质——声子
$2\times10^4\sim10^8$	超声波	波长短、衍射小、能量定向集中接近直线、穿透能力强
$20\sim2\times10^4$	声(音)波	人耳感觉声波，属于纵波，传播速度约为 340m/s
$10^{-4}\sim20$	次声波	穿透力特强，用于人气、海洋、地壳研究

本节主要介绍各类声波的性质及其应用。

3.7.1 声音

由于人耳的听觉系统非常复杂，迄今为止人类对它的生理结构和听觉特性还不能从生理解剖的角度完全解释清楚，这是一门既古老、又前沿的学科。

人耳对不同强度、不同频率声音的听觉范围称为声域。能引起人们听觉反应的那一部分声波(频率在 $20\sim2\times10^4$ Hz)，称为声音(声波的特指)。在人耳的声域范围内，声音听觉心理的主观感受主要有响度、音调、音色等特征和掩蔽效应等特性。其中响度、音调、音色可

以在主观上用来描述具有振幅、频率和相位三个物理量的任何复杂的声音，故又称为声音“三要素”；而在多种音源场合，人耳掩蔽效应等特性更重要，它是心理声学的基础。

1. 声压

当声波不存在时，空气层处于平衡状态，各处气压相等。当声波出现时，由于声波的作用，介质的各部分必然产生压缩与膨胀的周期性变化，从而使局部气压发生涨落变化。空气密集处压强增强，空气稀薄处压强降低，这种由声波引起的压强变化称为声压。它的定义为：介质中有声波传播时的压力（压强）与无声波传播时的静压力之差。声压用符号 P 表示，单位为帕(Pa)，其大小反映了振动的强弱，同时也决定了声音的大小。在介质的稀疏区声压为负值，稠密区声压为正值。由于疏密区会发生周期性的变化，因此声压也是周期变化的。

设在弹性介质中有一平面余弦纵波，其波方程为

$$y=A\cos\left(\omega t-2\pi\frac{x}{\lambda}+\varphi\right)$$

那么，在 x 处的声压可以表示为

$$p=\rho u\omega A\cos\left[\omega\left(t-\frac{x}{u}\right)+\varphi+\frac{\pi}{2}\right] \tag{3.68a}$$

式中，ρ 为传播介质的密度，u 为传播的声速。引入声压振幅 $p_{\mathrm{m}}=\rho u\omega A$，则可以得到

$$p=p_{\mathrm{m}}\cos\left[\omega\left(t-\frac{x}{u}\right)+\varphi+\frac{\pi}{2}\right] \tag{3.68b}$$

2. 声强

声强是指声波通过垂直于传播方向单位面积的平均能流，即声波的强度，用符号 I 表示。因此，由式(3.53)可知，声强的表达式为

$$I=\bar{\omega}u=\frac{1}{2}pu\omega^2A^2=\frac{p_{\mathrm{m}}^2}{2\rho u} \tag{3.69}$$

式(3.69)表明，声强 I 与声波的最大声压 p_{m} 的平方成正比，与传播介质的密度 ρ 和传播声速 u 成反比。

正常人耳的听觉范围为 20～20000Hz。人耳对空气中 1kHz 声音的声强范围为 $I_{\mathrm{low}}=10^{-12}\,\mathrm{W/m^2}$（闻阈值）～$I_{\mathrm{high}}=1\,\mathrm{W/m^2}$（痛阈值）。

一个较弱的声音（被掩蔽音）的听觉感受被另一个较强的声音（掩蔽音）影响的现象称为人耳的“掩蔽效应”。被掩蔽音单独存在时的听阈分贝值，或者说在安静环境中能被人耳听到的纯音的最小值称为绝对闻阈。实验表明，在 200～800Hz 内绝对闻阈值最小，即人耳对它的微弱声音最敏感；而在低频和高频区绝对闻阈值要大得多。同时，在 200～800Hz 范围内闻阈随频率变化最不显著，即在这个范围内语言可储度最高。在掩蔽情况下，提高被掩蔽弱音的强度，使人耳能够听见时的闻阈称为掩蔽闻阈（或称掩蔽门限），被掩蔽弱音必须提高的分贝值称为掩蔽量（或称阈移）。图 3-38 是人耳对语言、音乐等可听声音的频率范围。

3. 声强级

人耳所能听到声音的声压范围极其宽广，从人耳所能听到的最低声压（听阅）到感觉耳

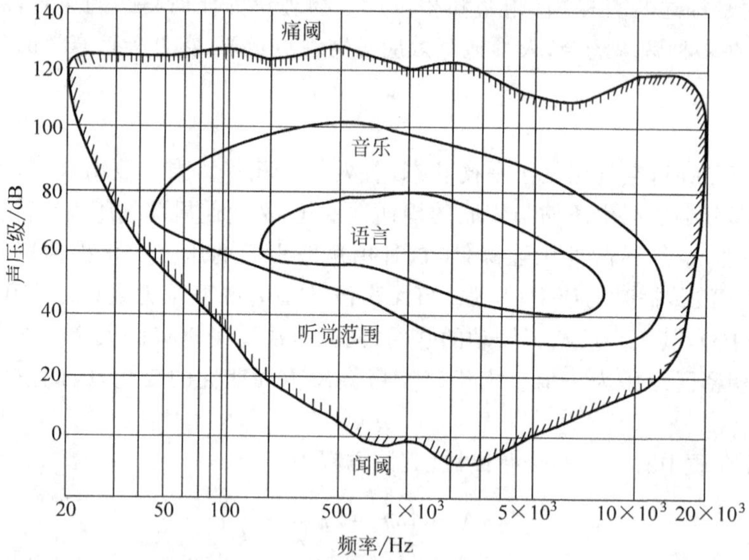

图 3-38 可听声音的频率范围

痛的最低声压(痛阈)之间相差 100 万(10^6)倍。由式(3.67)可得,人耳容许声强的上下限值的差别高达 1 万亿(10^{12})倍。从人耳分辨能力来看,人耳对声音强度感觉的变化不是与声强或者声压的变化成正比,而是接近与它们的对数值成正比,因此,常用"级"的概念来描述表示声音的强弱,单位为分贝(dB)。

声压级的表达式为

$$L_p = 20\log\left(\frac{p}{p_0}\right) \tag{3.70a}$$

式中,$p_0 = 2\times10^{-5}\,\text{Pa}$ 称为基准声压。

声强级的表达式为

$$L_I = 10\log\left(\frac{I}{I_0}\right) \tag{3.70b}$$

式中,$I_0 = 10^{-12}\,\text{W/m}^2$ 称为基准声强,作为测定声强的标准。

在常温下,通常可以认为,空气中声压级与声强级近似相等,表 3-6 给出几种不同场景下的声强级别。

表 3-6 几种不同场景下的声强级别

场景	树叶沙沙响	耳 语	正常谈话	繁忙街道	摇滚乐	聚焦超声波
声强/dB	10	20	60	70	120	210

当几个声源同时作用于某一点时,在该点所产生的声压是各声源单独作用在该点所产生的声压平方和的方根值。声压级进行叠加时,不能简单地进行算术相加,而要求按对数规律进行叠加。例如,n 个声压相等(均为 p)的声音叠加,总声压级为

$$L_p = 20\log(\sqrt{n}\,p/p_0) \tag{3.70c}$$

从上式可以看出,当两个数值相等的声压级叠加时,只比一个声源单独作用时的声压级增加

3dB。例如。两个 50dB 的声音叠加只是 53dB，而不是 100dB。当两个声压级差超过 15dB 时，较小声音的声压级可略去不计，其总声压级等于较大声音的声压级。

3.7.2　超声波　次声波

通常，超声波频率范围在 $2\times10^4\sim5\times10^8$ Hz 之间，若用激光激发晶体，可产生频率高达 5×10^8 Hz 以上的超声波。由于超声波具有频率高、波长短等特性，因而产生了一系列与普通声波不同的特点：①超声波波长比普通声波短得多，衍射现象不明显，可以像光一样沿直线传播，具有很好的定向性；②由于波的强度正比于波的频率的平方，因此超声波的能量密度很高；③超声波在液体和固体中具有很强的穿透能力。在不透明的固体中，超声波可以穿透几十米的厚度，而且穿透过程中会与原子、电子、空穴、位错等产生作用，因此是探索物质结构的重要技术手段。超声技术还可用来检测人体器官是否发生病变，从而造福人类。

次声波又称亚声波，是指频率范围在 $10^{-4}\sim20$Hz 的声波。自然界中的许多现象会产生次声波，如火山爆发、地震、大气湍流、台风、海啸、磁暴和极光等。除自然现象外，许多人为活动也会伴随次声波的产生，如核爆炸、火箭发射等。由于次声波的频率很低，波长很长，只有在遇到巨大的障碍物或介质的分界面时，才会发生明显的反射和折射。另外，介质对次声波的吸收很小，其中大气对次声波的吸收为 10^{-7} dB/m，因此次声波可以传播得很远。

利用次声波的这些特点，可以探测地震和海啸的发生以及火箭的发射；也可以根据风暴和台风所激发的次声波，预报风暴和台风的到来等。

次声波虽然不能引起人的听觉，但次声波与人体器官（固有频率 3～17Hz）共振，会引起人的生理上或心理上的感觉，产生不适症状，如恶心、头晕或精神沮丧等。

下面介绍几个应用超声波和次声波的典型案例。

(1) 利用超声波制作的声呐（声音导航与测距）探测器件，可以探测定位海洋里的潜艇、鱼群；利用超声波还可以探察金属内部的缺陷，图 3-39 是用超声波检测钢件内部缺陷的原理图，这种设备已经在工业设备制造中广泛使用。

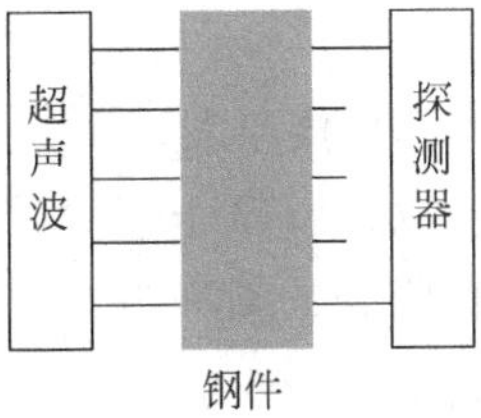

图 3-39　超声检测钢件缺陷原理图

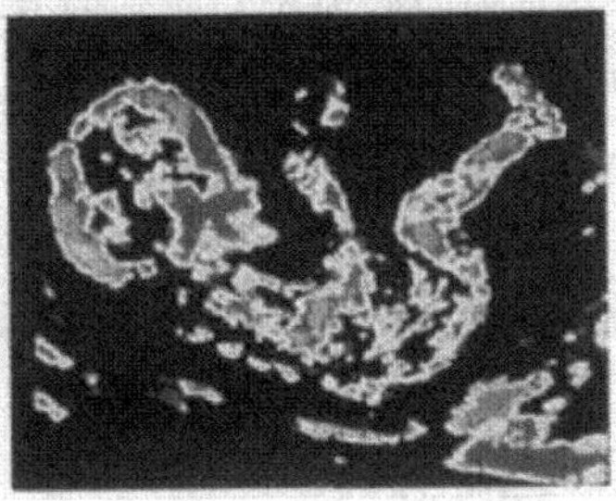

图 3-40　胎儿的超声像（计算机处理过的假彩色图）

超声波在医学中还有很多应用。例如，利用超声波碎石治疗胆结石、肾结石等；利用 B 超探察人体内器官形貌，帮助医生诊断就医人员的健康状况。图 3-40 是利用 B 超声像，监测胎儿的发育情况，这幅是经计算机图像处理后（结果）人类胎儿超声图像。

(2) 有些动物能够发出超声波和次声波。例如，蝙蝠能发出 10^5 Hz 频率的超声波导航和定位食物资源（如图 3-41(a)所示）；犀牛能发出次声波互相呼唤，研究表明犀牛亲昵交流时，发出的次声波只有 5Hz（如图 3-41(b)所示）。

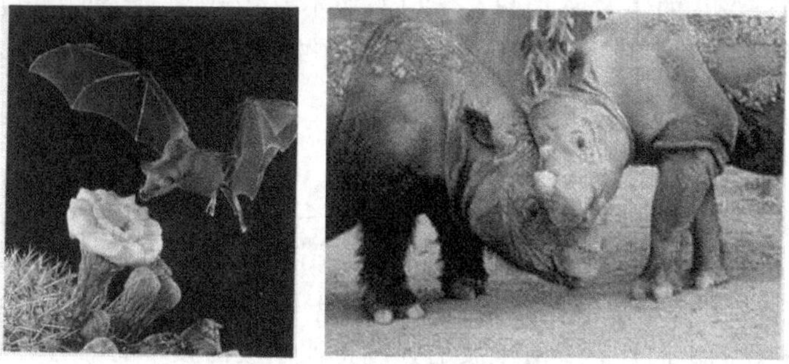

(a) (b)

图 3-41 动物发出超声波和次声波

(a) 蝙蝠超声波导航和定位食物；(b) 犀牛用次声交流

综上所述，声学是系统研究机械振动的产生、传播、转化和吸收的分支学科。声学是传递信息的重要媒介，而且常常是其中不可或缺的环节。人的声带、口腔和耳朵就是声波的产生器和接收器。超声波和次声波也在各种探测领域发挥重要作用。因此，古老的声学已经焕发出新的活力和应用前景。

3.7.3 多普勒效应

在日常生活中，我们经常可以听到声音变得刺耳或者变得低沉。例如，当火车由远处开来时，人们所听到的汽笛声高而尖，当火车远去时汽笛声又变得低沉了。这类现象就是声学中的多普勒效应。这种效应的本质是当波源和接收器中之一，或两者以不同速度同时相对于介质运动时，接收器所接收到的波的频率将高于或低于波源的振动频率，这种现象称为多普勒效应。

设波源相对于介质的运动速度为 v_S，接收器相对于介质的运动速度为 v_R，波速为 u，波源的频率、接收器接收到的频率和波的频率分别为 ν_S、ν_R 和 ν。接收器所接收到的频率取决于接收器在单位时间内所接收到的完整波的数目，或者说取决于单位时间内通过接收器的完整波的数目，即 $\nu_R = u_R / \lambda_R$，其中 u_R 为波相对于接收器的传播速度，λ_R 为相对于接收器的波长。下面分 3 种情况来讨论：

图 3-42 波源不动而观察者运动

(1) 如图 3-42 所示，波源不动，接收器以 v_R 速度相对于介质运动，即 $v_S = 0, v_R \neq 0$。那么，对于接收器而言，波的传播速度为 $u_1 = u + v_R$，则接收到的频率为

$$\nu_R = \frac{u_1}{\lambda} = \frac{u + v_R}{\lambda} = \frac{u + v_R}{u}\nu_S \tag{3.71}$$

由式(3.71)可以得到，当接收器向着波源运动 $v_R > 0$，R 接近 S，$\nu_R > \nu$，即接收到的频率高于波源的频率；当接收器离开波源运动 $v_R < 0$，R 远离 S，$\nu_R < \nu$，即接收到的频率低于波源的频率。

(2) 如图 3-43(a)所示，接收器不动，波源以速度 v_S 相对于介质运动，即 $v_R = 0, v_S \neq 0$。对于接收器而言，波的传

播速度为 $u_2=u-v_S$，这时在波源的运动方向上，向着接收器一侧的波长缩短了，而背离接收器一侧波长伸长了，如图 3-43(b)所示，但波的周期是由波源确定的。即

$$\lambda_R=T_S u_2=\frac{u-v_S}{T_S}=\frac{u-v_S}{u}uT_S=\frac{u-v_S}{u}\lambda \tag{3.72a}$$

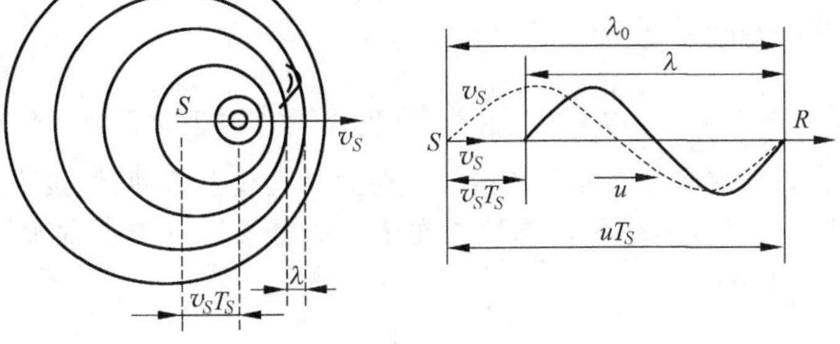

图 3-43　波源运动而观察者静止

这说明当波源运动，而接收器静止时，波长会发生改变。根据式(3.70a)可以得到接收到的频率为

$$\nu_R=\frac{u}{\lambda_R}=\frac{u}{u-v_S}\,\frac{u}{\lambda}=\frac{u}{u-v_S}\nu_S \tag{3.72b}$$

式中，$v_S>0$ 表示波源向着接收器运动，接收到的频率高于波源的频率；$v_S>0$ 表示波源离开观察者运动，接收到的频率低于波源的频率。

(3) 如果波源和接收器同时相对于介质以 v_R 和 v_S 运动，那么，可以看成分步进行，综合式(3.71)和式(3.72b)得到接收到的频率为

$$\nu_R=\frac{u+v_R}{u}\nu_S=\frac{u+v_R}{u}\cdot\frac{u}{u-v_S}\nu_S=\frac{u+v_R}{u-v_S}\nu_S \tag{3.73}$$

v_R 和 v_S 的符号按(1)和(2)的规则选定。

根据多普勒效应制成的雷达系统可以十分准确有效地跟踪运动目标(如车辆、舰船、导弹和人造卫星等)。利用超声波的多普勒效应可以对人体心脏的跳动以及其他内脏的活动进行检查，对血液流动情况进行测定等。

例 3.11　静止的超声波探测器能发射 100kHz 的超声波。现有一车辆迎面驶来，探测器接收到车辆反射回的声波频率为 125kHz。若空气中的声速为 340m/s，试求车辆的行驶速度。

解　当超声波从探测器传向车辆时，车辆是接收器，因此，可以采用式(3.71)来计算车辆接收到的超声波的频率为

$$\nu_R=\frac{u+v_R}{u}\nu_S \tag{Ⅰ}$$

式中，ν_R 为车辆接收到的频率，u 是空气中的声速，v_R 是车辆的行驶速度，ν_S 是探测器发出的超声波的频率。在超声波被车辆反射回探测器的过程中，车辆变为波源，而探测器成为接收器。这时探测器所接收到的反射波频率可用(3.72b)计算，即

$$\nu'_S=\frac{u}{u-v_R}\nu_R \tag{Ⅱ}$$

式中，ν'_S为探测器接收到的频率。将式（Ⅰ）代入式（Ⅱ），得到探测器所接收到的反射波频率为

$$\nu'_S=\frac{u+v_R}{u-v_R}\nu_S \tag{Ⅲ}$$

由式（Ⅲ）解出车辆的行驶速度为

$$v_R=\frac{\nu'_S-\nu_S}{\nu'_S+\nu_S}u=\frac{115-100}{115+100}\times 340\mathrm{m/s}=22\ \frac{2}{3}\mathrm{m/s}=81.6\mathrm{km/h}$$

光波也存在多普勒效应。当光源和接收器在同一直线上运动时，接收器以速度 v 沿两者连线靠近光源时，可以根据相对性原理和光速不变原理推得观察者所接收到的频率 ν_R 与光源频率 ν_S 的关系为

$$\nu_R=\nu_S\sqrt{\frac{1+v/c}{1-v/c}}$$

当光源远离接收器时，$v<0$，接收到的频率变小，因而观察到的波长变长，这种现象称为"红移"。将来自星球与地面同一元素的光谱进行比较，发现光谱几乎都发生红移，这表明其他星球都在远离地球。这就是"大爆炸"宇宙学理论的重要依据。

在讨论多普勒效应时，总是假设波源相对于介质的运动速率小于波在该介质中的传播速率，而当波源的运动速率达到波的传播速率时，多普勒效应失去物理意义。当波源的速度超过波的速度时，波源前方不可能有任何波动产生，而是形成锥形波阵面，称为冲击波，如图 3-44(a)所示。其半顶角由下式决定：

$$\sin\alpha=u/v_S$$

其中，v_S/u 称为马赫数。图 3-44(b)是超音速的子弹在空气中形成的冲击波（马赫数为 2）。

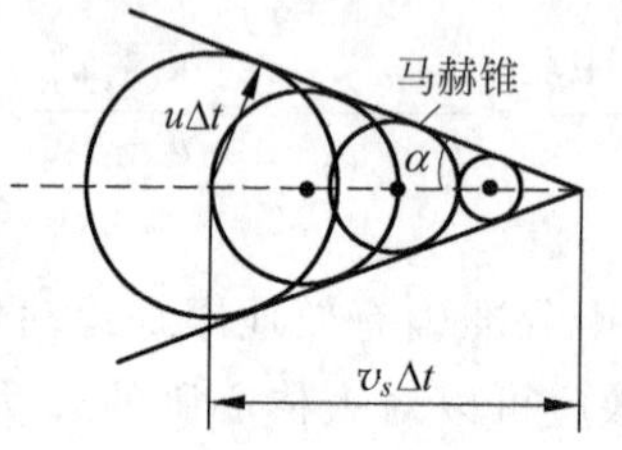

(a)

(b)

图 3-44 冲击波

(a) 锥形波阵面的形成冲击波；(b) 高速子弹的冲击波

本章小结

1. 简谐振动的描述

(1) 简谐振动方程 $x=A\cos(\omega t+\varphi)$，振动的相位 $\Phi=\omega t+\varphi$。

简谐振动的三个特征量：角频率 ω 取决于振动系统的性质；振幅 A 和初相 φ 取决于振动的初始条件。

(2) 几何描述：简谐振动曲线或者旋转矢量。

2. 振动的相位随时间变化的关系

(1) 两个同频振动的相位差和时间差的关系：$\Delta\Phi=\omega\Delta t=\frac{2\pi}{T}\Delta t$。

(2) 同相 $\Delta\Phi=\omega\Delta t=2k\pi$，反相 $\Delta\Phi=(2k+1)\pi$。

3. 简谐振动的动力学特征

简谐振动的微分方程为$\frac{\mathrm{d}^2x}{\mathrm{d}t^2}+\omega^2x=0$，其简谐振动的动力学特征为：

(1) 若弹性力为 $F=-kx$，则角频率为 $\omega=\sqrt{k/m}$；若转动力矩为 $M=J\alpha$，则 $\omega=\sqrt{k/J}$。周期 T 与角频率的关系为 $T=2\pi/\omega$。

(2) A、φ 可由初始条件确定，即 $A=\sqrt{x_0^2+\frac{v_0^2}{\omega^2}}$，$\varphi=\arctan\left(-\frac{v_0}{\omega x_0}\right)$。

(3) 简谐振动实例

弹簧振子方程为$\frac{\mathrm{d}^2x}{\mathrm{d}t^2}+\frac{k}{m}x=0$，角频率为 $\omega=\sqrt{k/m}$；

小角度单摆方程为$\frac{\mathrm{d}^2\theta}{\mathrm{d}t^2}+\frac{g}{l}\theta=0$，角频率为 $\omega=\sqrt{g/l}$。

4. 简谐振动的能量

动能　$E_\mathrm{k}=\frac{1}{2}mv^2=\frac{1}{2}m\omega^2A^2\sin^2(\omega t+\varphi)$

势能　$E_\mathrm{p}=\frac{1}{2}kx^2=\frac{1}{2}kA^2\cos^2(\omega t+\varphi)$

总能量　$E=E_\mathrm{k}+E_\mathrm{p}=\frac{1}{2}kA^2$，作简谐运动的系统机械能守恒。

5. 两个简谐振动的合成

(1) 两个同向同频率的简谐振动的合成

合振动仍然是简谐振动，且振动的频率不变。若两个简谐振动的方程分别为

$$x_1=A_1\cos(\omega t+\varphi_1),\quad x_2=A_2\cos(\omega t+\varphi_2)$$

合成后的振动函数为

$$x=x_1+x_2=A\cos(\omega t+\varphi),\quad \varphi=\varphi_2-\varphi_1$$

合振幅为

$$A=\sqrt{A_1^2+A_2^2+2A_1A_2\cos(\varphi_2-\varphi_1)}$$

初相位满足

$$\tan\varphi=\frac{A_1\sin\varphi_1+A_2\sin\varphi_2}{A_1\cos\varphi_1+A_2\cos\varphi_2}$$

当 $\varphi=\varphi_2-\varphi_1=2k\pi$ 时，$A=(A_1+A_2)$极大，振动相互加强。

当 $\varphi=\varphi_2-\varphi_1=(2k+1)\pi$ 时，$A=|A_1-A_2|$ 极小，振动相互抵消。

若 $A_1\gg A_2,\varphi=\varphi_1$；若 $A_2\gg A_1,\varphi=\varphi_2$。

(2) 两个相互垂直同频率的简谐振动的合成

若两个简谐振动的方程分别为

$$x=A_1\cos(\omega t+\varphi_1),\quad y=A_2\cos(\omega t+\varphi_2)$$

合成后的轨迹方程为

$$\left(\frac{x}{A_1}\right)^2+\left(\frac{y}{A_2}\right)^2-\frac{2xy\cos(\varphi_2-\varphi_1)}{A_1A_2}=\sin^2(\varphi_2-\varphi_1)$$

①当 $0<\varphi_2-\varphi_1<\pi$ 时，其合振动的轨迹为顺时针的椭圆；②当 $\pi<\varphi_2-\varphi_1<2\pi$ 时，其合振动的轨迹为逆时针的椭圆。

6. 惠更斯原理　波的衍射

(1) 惠更斯原理

波动所到达的介质中各点，都可以看成发射子波的波源，而后一时刻这些波的包络面便是新的波前。

(2) 波的衍射

波在传播过程中，遇到障碍物时其传播方向发生改变，而绕过障碍物的边缘继续传播。

7. 简谐波的基本特征

(1) 波速 u、波长 λ 和频率 ν 之间的关系满足：$u=\lambda/T=\lambda\nu$。

(2) 波线上两点之间的波程 l，两点振动的时间差 $\Delta t=\dfrac{l}{u}$，两点振动的相位差

$$\Delta\Phi=\omega\Delta t=\frac{2\pi}{\lambda}\Delta t$$

(3) 简谐波的波动方程的一般形式(通式)为

$$\begin{cases}y=A\cos\left[\omega\left(t\mp\dfrac{x}{u}\right)+\varphi\right]\\ y=A\cos\left[2\pi\nu\left(t\mp\dfrac{x}{u}\right)+\varphi\right]\\ y=A\cos\left[2\pi\left(\dfrac{t}{T}\mp\dfrac{x}{\lambda}\right)+\varphi\right]\end{cases}$$

式中，负号对应于正行波，正号对应于反行波。

8. 波的能量

(1) 波的动能与势能：$\mathrm{d}E_\mathrm{k}=\mathrm{d}E_\mathrm{p}=\dfrac{1}{2}\rho\mathrm{d}VA^2\omega^2\sin^2\omega\left(t-\dfrac{x}{u}\right)$

(2) 波的能量：$\mathrm{d}E=\mathrm{d}E_\mathrm{k}+\mathrm{d}E_\mathrm{p}=\rho\mathrm{d}VA^2\omega^2\sin^2\omega\left(t-\dfrac{x}{u}\right)$

结论　① 在波动传播的介质中，任一体积元的动能、势能、总机械能均随 x、t 做周期性变化，且变化是同相位的。

② 任一体积元都在不断地接收和放出能量，即不断地传播能量。任一体积元的机械能不守恒。波动是能量传递的一种方式。

③ 平均能量密度 $\bar{w}=\frac{1}{2}\rho A^2\omega^2$。

④ 波的强度（平均能流密度）$\bar{I}=\bar{w}u$，波的平均能流 $\bar{P}=\int_S \bar{I}\mathrm{d}S$，$\bar{P}=\bar{w}uS=\frac{1}{2}\rho A^2\omega^2 uS$。

9. 波的干涉

(1) 相干波的叠加

相干条件：振动方向相同，频率相同，相位差恒定。

设 A_1 和 A_2 为两列相干波在干涉点的振幅，两列波干涉的合振幅

$$A=\sqrt{A_1^2+A_2^2+2A_1A_2\cos\Delta\varphi}$$

其中，$\Delta\varphi=\varphi_2-\varphi_1$ 为两列相干波在干涉点的相位差。

(2) 波干涉的极值条件

若 $\Delta\varphi=(\varphi_2-\varphi_1)=\pm 2k\pi, k=0,1,\cdots$，则 $A=A_1+A_2$ 为干涉极大点；若 $\Delta\varphi=(\varphi_2-\varphi_1)=\pm(2k+1)\pi, k=0,1,\cdots$，则 $A=|A_1-A_2|$ 为干涉极小点。其中，φ_1 和 φ_2 为两个波源的初相位。

若两个相干源同相，当 $\delta=(r_2-r_1)=\pm k\lambda, k=0,1,\cdots$ 时，$A=A_1+A_2$ 为干涉极大点；当 $\delta=(r_2-r_1)=\pm(k+1/2)\lambda, k=0,1,\cdots$ 时，$A=|A_1-A_2|$ 为干涉极小点。其中，r_1 和 r_2 为两个波源到干涉点的波程。

10. 驻波 半波损失

(1) 驻波是两列同振幅、传播方向相反的相干波叠加的结果。其特点是：有波腹，即干涉极大点，相邻波腹间距 $\Delta x=\lambda/2$；有波节，即干涉静止点，相邻波节间距 $\Delta x=\lambda/2$。相邻的波腹与波节间距为 $\lambda/4$。同段同相，邻段反相。驻波方程为

$$y=2A\cos 2\pi\frac{x}{\lambda}\cos\omega t$$

(2) 波从波疏介质入射到波密介质，在分界面处反射时，反射点有半波损失，即有相位 π 的突变，出现波节；波从波密介质入射到波疏介质，反射点没有半波损失，出现波腹。两固定端之间形成稳定驻波的条件为弦长 L 满足如下关系：

$$L=n\lambda/2,\quad n=1,2,\cdots$$

习题

1. 填空题

1.1　质量为 0.01kg 的小球与轻弹簧组成的系统的振动规律为 $x=0.1\cos 2\pi(t+1/3)$ (SI)，t 以 s 计，则该振动的周期为________，初相位为________；$t=2$s 时的相位为

________；相位为 $32\pi/3$ 对应的时刻 $t=$________。

1.2 两个相同的弹簧各悬一物体 a 和 b，其质量之比为 $m_a:m_b=4:1$。如果它们都在竖直方向做简谐振动，其振幅之比为 $A_a:A_b=1:2$，则两者周期之比 $T_a:T_b=$________，振动能量之比 $E_a:E_b=$________。

1.3 在图 3-45 中，(1)和(2)表示两个同方向、同频率的简谐振动的振动曲线，则(1)和(2)合成振动的振幅为________，初相位为________，周期为________；试在图中画出合振动的振动曲线。

1.4 劲度系数为 k 的轻弹簧一端固定，另一端系一物体 m，构成一个振动系统。将系统按图 3-46 所示的三种情况放置，如果物体做无阻尼简谐振动，则它们的振动周期的关系是：T_1 ________ T_2 ________ T_3。

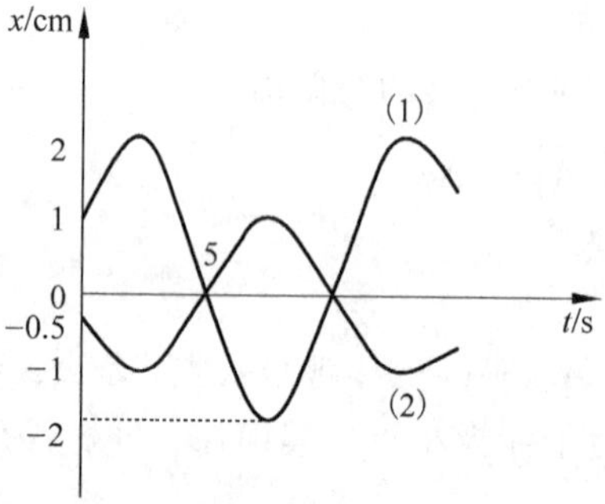

图 3-45 填空题 1.3 用图

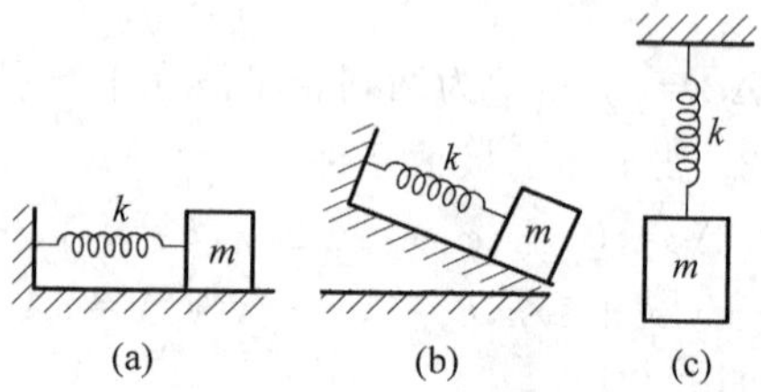

图 3-46 填空题 1.4 用图

1.5 在图 3-47 中画出振动方程为 $x=0.02\cos 2\pi(t+1/3)$(m)的振子在初始时刻及 $t=0.25$s、0.5s、1.0s 时的位置矢量。

1.6 一个简谐振动的振动曲线如图 3-48 所示，此振动的周期为________。

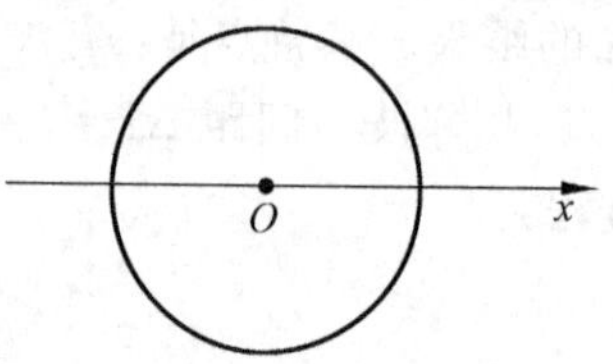

图 3-47 填空题 1.5 用图

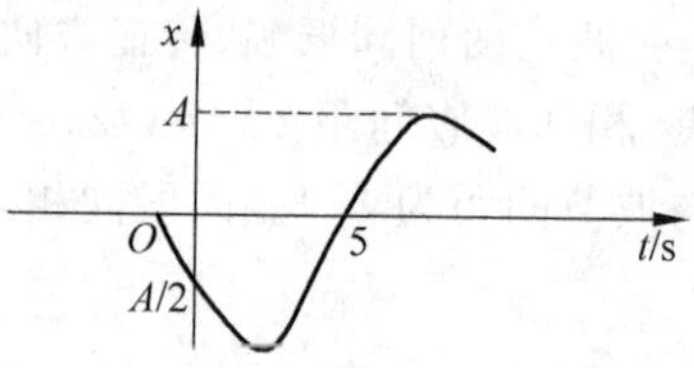

图 3-48 填空题 1.6 用图

1.7 一物体悬挂在弹簧下面做简谐振动，当该物体的位移等于振幅的一半时，其动能是总动量的________倍(设平衡位置处势能为 0)；当这物体处在平衡位置时，弹簧长度比原长长 Δl，这一振动系统的周期为________。

1.8 机械波指的是____________；机械波在弹性介质中传播时，质点并不随波前进，波所传播的只是________或________。

1.9 机械波通过不同煤质时，就波长 λ、频率 ν 和波速 u 而言，其中________要改变，________不改变。

1.10 平面简谐波方程 $y=A\cos\omega(t-x/u)$ 表示____________；式中固定 x 时，$y=f(t)$ 表示____________；固定 t 时，$y=f(x)$ 表示____________。

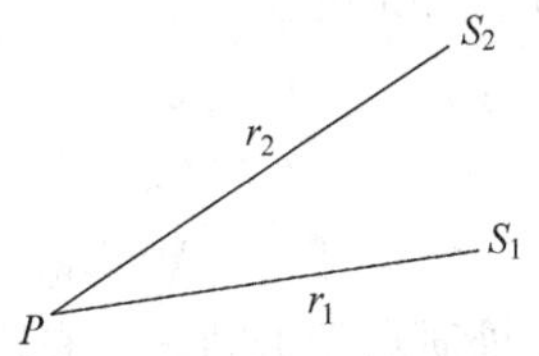

图 3-49　填空题 1.11 用图

1.11　如图 3-49 所示，S_1，S_2 为两个平面波波源，它们的振动方程分别为 $y_1=0.3\cos(2\pi t+\pi/2)$(cm) 和 $y_2=0.4\cos(2\pi t+\pi)$(cm)，它们发出的波在 $\boldsymbol{P}$ 点相遇而叠加，其中 $r_1=40\text{cm}$，$r_2=45\text{cm}$。如果两波波速都为 $c=20\text{cm/s}$，那么两波在 P 点叠加后的合振幅为__________。

1.12　一驻波方程为 $y=2A\cos\dfrac{2\pi x}{\lambda}\cos\omega t$，则在 $x=-\lambda/2$ 处质点的振动方程为______；该质点的振动速度表达式为__________。

1.13　已知一声波在空气中的波长为 λ_1，速度为 v_1，当它进入另一介质时，波长变成 λ_2，则它在这种介质中的传播速度 $v_2=$__________。

1.14　已知波源的周期 $T=2.5\times10^{-3}\text{s}$，振幅 $A=1.0\times10^{-2}\text{m}$，波长 $\lambda=1.0\text{m}$，则它的波动方程为__________。

1.15　在波动方程 $y=A\cos\omega(t-x/u)$ 中，x/u 表示______；若时间 t 一定，则该方程就表示______。

1.16　根据波动方程 $y=A\cos\omega(t-x/u)$ 可知，当 x 一定时，位移 y 是时间 t 的余弦函数，则经过______时间，位移 y 就重复一次。

2. 选择题

2.1　【　　】下列几种运动哪些是简谐振动？

(1) 小球在地面上作完全弹性的上下跳动；

(2) 细绳系一小球在水平面内作匀速圆周运动；

(3) 小物体在半径很大的光滑奥求凹球面底作短距离往返运动；

(4) 浮在水面上的均质长方体木块受扰动后作无阻尼上下浮动。

(A) (1)(2)　　(B) (2)(3)　　(C) (3)(4)　　(D) (4)(1)

2.2　【　　】设质点沿 x 轴做简谐振动(用余弦函数表示)，振幅为 A，当 $t=0$ 时，质点过 $x_0=-A/\sqrt{2}$ 处且向 x 轴正向运动，则其初始相位为

(A) $\pi/4$　　(B) $5\pi/4$　　(C) $-5\pi/4$　　(D) $-\pi/3$

2.3　【　　】当水平面上的一弹簧振子作无阻尼自由振动时，一块胶泥正好竖直落在该振动物体上，设此时刻：① 振动物体正好通过平衡位置；② 振动物体正好在最大位移处。则

(A) ①情况周期变，振幅变；②情况周期变，振幅不变

(B) ①情况周期变，振幅不变；②情况周期变，振幅变

(C) 两种情况周期都变，振幅都不变

(D) 两种情况周期都不变，振幅都变

2.4　【　　】以下关于波速的说法哪些是正确的？

(A) 振动状态传播的速度等于波速　　(B) 质点振动的速度等于波速

(C) 相位传播的速度等于波速

2.5　【　　】机械波的波速为 c、频率为 ν，沿着 x 轴的负方向传播，在 x 轴上有两点 x_1

和 x_2，如果 $x_1>x_2>0$，那么 x_2 和 x_1 处的相位差 $\Delta\varphi=\varphi_2-\varphi_1$ 为

(A) 0 (B) π

(C) $2\pi\nu(x_1-x_2)/c$ (D) $2\pi\nu(x_2-x_1)/c$

2.6 【 】如图 3-50 所示为一简谐波在 $t=0$ 时刻的波形图，波速 $u=200\text{m/s}$，则 P 点处质点的振动速度表达式为

(A) $y=-0.2\pi\cos(\pi t-\pi)$ (B) $y=-0.2\pi\cos(2\pi t-\pi)$

(C) $y=0.2\pi\cos(2\pi t-\pi/2)$ (D) $y=0.2\pi\cos(\pi t-3\pi/2)$

2.7 【 】当机械波在介质中传播时，一介质质元的最大形变量发生在：

(A) 介质质元离开其平衡位置最大位移处

(B) 介质质元离开其平衡位置 $\sqrt{2}A/2$ 处

(C) 介质质元在其平衡位置处

(D) 介质质元离开其平衡位置 $A/2$ 处

2.8 【 】如图 3-51 所示，一余弦波沿 x 轴正方向传播。实线表示 $t=0$ 时刻的波形，虚线表示 $t=0.5\text{s}$ 时刻的波形，则此波的波动方程为

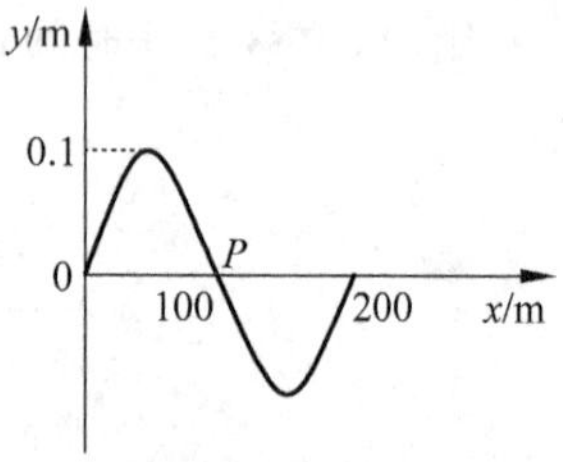

图 3-50 选择题 2.6 用图

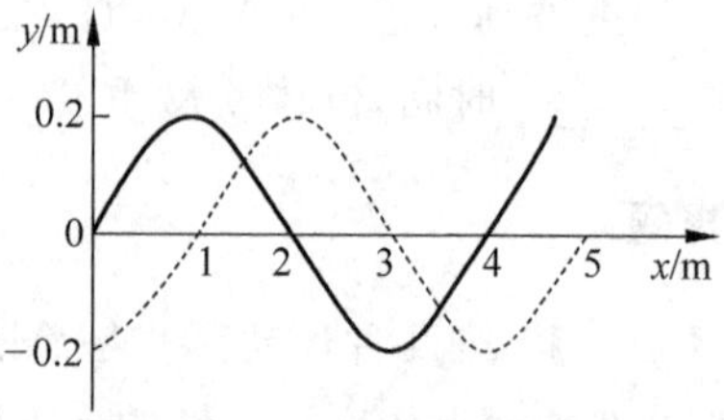

图 3-51 选择题 2.8 用图

(A) $y=0.2\cos[2\pi(t/4-x)]$(m)

(B) $y=0.2\cos[2\pi(t/4-x)+\pi]$(m)

(C) $y=0.2\cos[2\pi(t/2-x/4)+\pi/2]$(m)

(D) $y=0.2\cos[2\pi(t/2-x/4)-\pi/2]$(m)

2.9 【 】在波长为 λ 的驻波中，两相邻波腹之间的距离为

(A) $\lambda/4$ (B) $\lambda/2$ (C) $3\lambda/4$ (D) λ

2.10 【 】一列波从波疏介质垂直入射到波密介质，在界面发生全反射时它会发生哪些变化？

(A) 振幅变化 (B) 波速减少 (C) 相位突变 (D) 频率变化

2.11 【 】一沿 x 轴正向传播的简谐波，波速为 $2\text{m}\cdot\text{s}^{-1}$，采用国际单位制(SI)时，原点 O 的振动方程为 $y=6\times10^{-2}\cos\pi t$(m)，则它的波动方程可表示为

(A) $y=6\times10^{-2}\cos(\pi t-x/2)$ (B) $y=6\times10^{-2}\cos(\pi t-x/4)$

(C) $y=6\times10^{-2}\cos\pi(t-x/2)$ (D) $y=6\times10^{-2}\cos\pi(t-x/4)$

2.12 【 】当机械波从一种介质进入另一种介质时，下列说法哪些正确？

(A) 波长不变，周期和频率改变 (B) 波长不变，周期不变，频率变

(C) 波长改变，周期和频率不变 (D) 以上说法均不正确

2.13 【 】一平面简谐波为 $y=5\cos(8t+3x+\pi/4)$，则该波的传播方向为：

(A) 沿 x 轴正方向传播 (B) 沿 x 轴负方向传播

(C) 沿 Ox、Oy 的分角线传播　　(D) 以上说法均不正确

2.14 【　】两相干波源的振动相位差为 π，它们发出的波，经过相同的距离相遇，其干涉结果为：

(A) 加强　　(B) 减弱

(C) 既不加强也不减弱　　(D) 条件不足无法确定

2.15 【　】两相干波源，振幅分别为 A_1 与 A_2，频率为 100Hz，周期为 π，两者相距 20m，在两波源的中垂线上，距波源为 15m 的点的振幅为

(A) $A=(A_1+A_2)$　　(B) $A=|A_1-A_2|$

(C) $A=(A_1+A_2)/2$　　(D) 以上均不对

3. 思考题

3.1 弹簧的劲度系数 k 是与材料相关的常数吗？

3.2 一弹簧振子，在光滑水平面上做一维简谐振动，如果把这一弹簧振子竖直悬挂，其做何运动？

3.3 若已知简谐振动在某一时刻的位移，能否确定它的相位？

3.4 为什么说简谐振动的相位是描述系统的运动状态的？同一简谐振动能否选择不同时刻当作时间起始点，它们之间的差别在哪？

3.5 在一个单摆装置中，摆动物体是一只装着沙子的漏斗。当摆开始摆动时，让沙从漏斗连续不断地漏出。问在摆动过程中，单摆的周期是否会发生变化？

3.6 简谐振动的速度和加速度在什么情况下是同号的？在什么情况下是异号的？加速度为正值时，振动质点的速率是否一定在增加？反之，加速度为负值时，速率是否一定在减小？

3.7 波形曲线和振动曲线有何不同？

3.8 波动的能量与简谐振动的能量有何特点？

3.9 从下面几个方面简述波动与振动的异同：①振动与波动的曲线；②振动与波动的方程；③振动与波动的能量。

3.10 波动过程中，体积元中的总能量随时间而变化，这与能量守恒定律是否矛盾？为什么？

3.11 已知波动方程 $y=A\cos[\omega(t-x/u)]$，试说明：(1)当 t 一定时，方程的物理意义；(2)当 x 一定时，方程的物理意义。

3.12 在气体中，是否可能传播光频机械波(光频为 $10^{14}\sim10^{15}$ Hz)？为什么？

3.13 叙述惠更斯原理的内容，惠更斯原理可用来解决什么问题？

3.14 两波叠加产生干涉现象的条件是什么？在什么情况下两波相互叠加加强？在什么情况下相互叠加减弱？

3.15 为什么在日常生活中声波的衍射比光波的衍射更显著？

4. 综合计算题

4.1 质量为 0.04kg 的质点做简谐振动，其运动方程为 $x=0.4\sin(5t-\pi/2)$(m)，式中 t 以 s 计。求：(1)质点的初始位移和初始速度；(2)$t=4\pi/3$ 时质点的位移、速度和加速度；

(3)质点的位移大小为振幅的一半处且向 x 轴正向运动这一时刻的速度、加速度和所受的力。

4.2 已知一简谐振动的周期为 1s，振动曲线如图 3-52 所示。求：(1)简谐振动的余弦表达式；(2)a、b、c 各点的相位 φ 及这些状态所对应的时刻。

4.3 三个同方向的简谐振动分别为 $x_1=0.3\cos(8t+3\pi/4)$，$x_2=0.4\cos(8t+\pi/4)$，$x_3=0.3\cos(8t+\varphi_3)$，式中的 x 以 m 计，t 以 s 计。

(1) 在图 3-53 上作旋转矢量图，求出 x_1 和 x_2 合振动的振幅 A_{12} 和初相位 φ_{12}；

(2) 欲使 x_1 和 x_3 合振幅为最大，则 φ_3 应取何值？欲使 x_2 和 x_3 合振幅为最小，则 φ_3 应取何值？

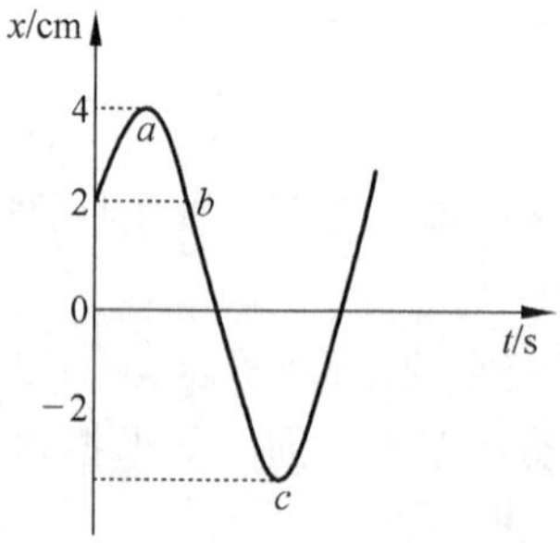

图 3-52 综合计算题 4.2 用图

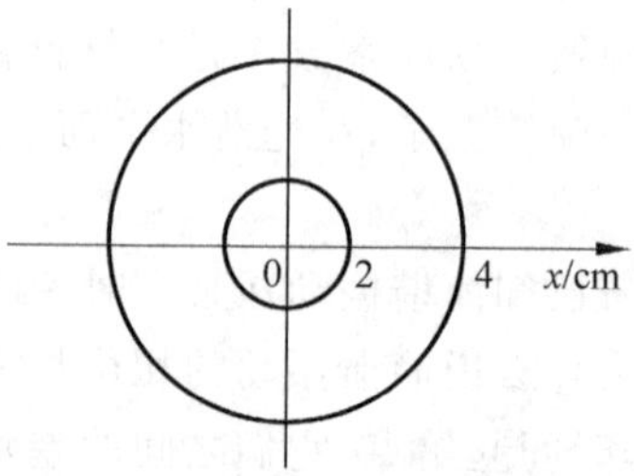

图 3-53 综合计算题 4.3 用图

4.4 一质量为 100g 的物体沿 x 轴做简谐振动，振幅为 1.0cm，加速度的最大值为 4.0cm/s^2，求：(1)通过平衡位置时的动能和总振动能；(2)动能和势能相等时的位置 x。

4.5 定滑轮半径为 R，转动惯量为 J，轻绳绕过滑轮，一端与固定的轻弹簧连接，弹簧的劲度系数为 k；另一端挂一质量为 m 的物体。现将物体 m 从平衡位置向下拉一微小距离后放手，试证物体做简谐振动，并求其振动周期。(设绳与滑轮间无滑动，轴的摩擦及空气阻力忽略不计)。

4.6 设有一水平弹簧振子，弹簧的劲度系数 $k=24\text{N/m}$，重物的质量 $m=6\text{kg}$，重物静止在平衡位置上。设以一水平恒力 $F=10\text{N}$ 向左作用于物体(不计摩擦)，使之由平衡位置向左运动了 0.05m 时撤去力 F。当重物运动到左方最远位置时开始计时，求物体的运动方程。

4.7 已知波源在原点($x=0$)的平面简谐波方程为 $y=A\cos(Bt-Gx)$。式中 A、B、G 为正恒量。试求：(1)波的振幅、波速、频率、周期与波长；(2)写出传播方向上距离波源 l 处一点的振动方程；(3)任一时刻在波传播方向上相距为 D 的两点之间的相位差。

4.8 一横波沿绳子传播时的波动方程为 $y=0.05\cos(10\pi t-4\pi x)$，式中 y、x 以米计，t 以秒计。试求：(1)求绳上各质点振动时的最大速度和最大加速度；(2)求 $x=0.2\text{m}$ 处的质点在 $t=1\text{s}$ 时刻的相位，它是原点处质点在哪一时刻的相位？这一相位所代表的运动状态在 $t=1.25\text{s}$ 时刻到达哪一点？在 $t=1.5\text{s}$ 时刻到达哪一点？

4.9 已知平面余弦波波源的振动周期 $T=0.5\text{s}$，所激起的波的波长 $\lambda=10\text{m}$，振幅 $A=0.1\text{m}$，当 $t=0$ 时，波源处振动位移恰好为正方向的最大值，取波源处为原点并沿 $+x$ 方向传播，求：(1)此波的波动方程；(2)$t=T/4$ 时刻的波形方程并画出波形曲线；(3)$t=$

$T/4$ 时刻与波源相距 $\lambda/2$ 处质点的位移及速度。

4.10　一平面简谐波在介质中以速度 $u=20\text{m/s}$ 沿 $+x$ 轴方向传播。已知在传播的路径上某点 A 的振动方程为 $y=3\cos(4\pi t)$(cm)。(1)试以 A 点为坐标原点写出其波动方程；(2)试以距 A 点 5cm 处的 B 点(在 A 点左边)为坐标原点写出其波动方程；(3)若传播方向为 $-x$ 方向，重新求解(1)和(2)。

4.11　如图 3-54 所示，s_1 和 s_2 是两个相干波源，相距 $\lambda/3$，s_1 比 s_2 的相位超前 $\pi/2$，设两波在 s_1、s_2 连线方向上的强度相同且不随距离变化，并设每个波的强度都为 I，则 s_1、s_2 连线上 s_1 外侧各点的合成波的强度为多少？在 s_2 外侧各点处的强度又为多少？

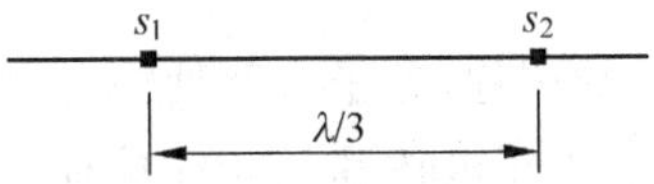

图 3-54　综合计算题 4.11 用图

4.12　设入射波的波动方程为 $y_1=A\cos\left[2\pi\left(\frac{t}{T}+\frac{x}{\lambda}\right)\right]$，在 $x=0$ 处发生全反射，反射点为一自由端，求：(1)反射波的波动方程；(2)合成波的波动方程，并由合成波的波动方程说明哪些点是波腹？哪些点是波节？如果反射点为一固定端时，写出其反射波的波动方程。

4.13　设入射波的表达式为 $y_1=A\cos\left[2\pi\left(\frac{t}{T}+\frac{x}{\lambda}\right)\right]$，在 $x=0$ 处发生反射，反射点为一固定端，求：(1)反射波的表达式；(2)驻波的表达式；(3)波腹、波节的位置。

4.14　一个观测者在铁路边，看到一列火车从远处开来，他测得远处传来的火车汽笛声的频率为 650Hz，当列车从身旁驶过而远离他时，他测得汽笛声频率降低为 540Hz，求火车行驶的速度。已知空气中的声速为 330m/s。

第4章 气体和液体的基本性质

流体是液体和气体两种物态的统称，处于这两种物态的物体中，各部分之间很容易发生相对运动，这种特性称为流动性。由于液体和气体都具有流动性，使得它们在力学性质上有很多相似之处，例如，处于这两种物态的物体之间的内部相互作用可以用相同的形式描述，它们在外力作用下具有相同的运动规律等。

虽然液体和气体都是由大量的分子组成的，需要考虑物体的运动和各部分之间的相互作用，但在任何情况下，它们都是大量分子的集体行为，因此，一般不考虑其微观结构。为了简化对这种连续体的分析和计算，人们引入了理想流体模型，即把液体和气体看作是具有两个特征的理想流体。

(1) 流体的连续性

微观上，流体是由大量分子所组成的，这些分子在不停地做无规则的热运动，因此在分子和分子之间及分子内部中原子与原子之间都存在着一定的空隙，即流体的微观结构是不连续的。为了处理方便，将整个流体分成许多流体微团，每个流体微团当作一个流体质点，并且忽略各流体质点之间的空隙，那么就可以把流体质点看成连续的，这就是流体的连续性。流体质点运动特性可以用各种物理量来描述，如速度、密度、压力等也是连续的。但对极稀薄的空气，连续性就不适用了。

(2) 流体的流动性

流动性是流体与固体的根本区别。流体的流动性并不是指物体能否变形，因为所有物体在外力作用下都会发生形变。固体形变的大小与外加作用力有关，所需力的大小完全决定于形变的要求，而与发生形变的快慢无关。流体形变也会产生阻力，但这种阻力与形变的快慢有关。要使流体迅速形变，需要用很大的力。当用力的时间充分长，任何微小的力也能使流体产生非常大的形变和流动，这种性质称为流体的流动性。

流体的流动性表现在流体没有固定的形状和压强处处相等，但是，液体和气体的流动性呈现不同的特性。在压力及温度不变的环境下，液体的体积是固定不变的，但提升温度或减小压力，一般会使部分液体汽化变成气体，而增加压力或降低温度一般会使液体凝固成为固体。例如将温度降低至0℃水将结成冰。对气体施加压力，当压力超过一定阈值时，部分气体将因为被压缩而转化为液体，但仅加压并不能使所有气体液化，如氧气、氢气、氦气等。另外由于气体具有流动性和扩散性，使其体积不受限制，总是充满整个容器。

研究表明，气体和液体的连续性和流动性等宏观性质主要是由两个基本因素决定的，即物体内分子之间的相互作用和分子的热运动。虽然气体和液体都具有流动性，但两者还存在许多各自的特性，因此，本章将先介绍气体动理论和液体的基本性质，再介绍生物流体力学及其应用。

气体动理论是从物质的微观结构出发来探索物质的热现象及其规律的理论，这个理论认为气体是由大量分子组成，分子之间存在相互作用(吸引和排斥)，称为分子力。分子力使分子聚集在一起，在空间形成某种规则分布；同时，每个分子都在做无规则的热运动，分子的运动规律遵循经典的牛顿力学。利用这个微观模型，采用统计平均的方法来获取大量分子的集体行为，可以进一步推导出气体的宏观规律，建立起宏观量与微观量平均值的关系。气体动理论为压强、温度、状态方程、内能、比热以及输运过程(扩散、热传导、黏滞性)等提供定量的微观解释。由于气体动理论研究的是大量分子集体运动所决定的微观状态的平均结果，宏观实验测量值实际上就是平均值，实验结果已经验证气体动理论是正确的。例如，容器中作用于器壁的宏观压强，是大量气体分子与器壁频繁碰撞的平均结果，它成功解释了微观模型和统计方法的正确性，使人们对气体分子的集体运动和相互作用有了清晰的物理图像，标志着物理学的研究第一次达到了分子水平。

4.1　温度　热力学第零定律

4.1.1　平衡态

气体动理论的研究对象是大量微观粒子(分子、原子等微观粒子)组成的宏观物体，通常称这样的研究对象为热力学系统，简称系统。例如，把装有气体的容器看成一个系统，系统的周围环境统称为外界，显然，系统和环境会发生相互作用，例如，系统与外界之间既有能量交换(如做功、传递热量)，又有物质交换(如蒸发、凝结、扩散、泄漏)。根据系统与外界交换特点，通常把系统分为三种：

(1) 不与外界相互影响的系统，称为孤立系统。孤立系统是与外界既无能量交换，又无物质交换的理想系统。

(2) 封闭系统，是指只与外界交换能量，而没有物质交换的系统。

(3) 开放系统，是指与外界既有能量交换，又有物质交换的系统。

在气体系统中大量分子做杂乱无章的热运动，会导致系统的状态随外界影响不断地变化。对于一个不受外界影响的系统，不论其初始状态如何，经过足够长的时间后，必将达到一个宏观性质不再随时间变化的稳定状态，这样的状态称为热平衡态，简称平衡态。反之，由于受到外界的影响，系统的状态不停地发生变化，则称非平衡态系统。

系统处于平衡态时，必须同时满足两个条件：一是系统与外界在宏观上无能量和物质的交换，例如，孤立系统的确定态就是平衡态；二是系统的宏观性质不随时间变化。当系统处于热平衡态时，系统内部任一体元均处于力学平衡、热平衡(温度处处相同)、相平衡(无物态变化)和化学平衡(无单方向化学反应)状态，因此，系统的宏观性质不随时间变化。平衡态不是孤立系统所特有的。对于封闭系统和开放系统，同样可以出现平衡态，但一旦到达平衡态，系统和外界之间必定停止能量和物质的交换。处在恒定外力场中的系统，在平衡态时粒子数的空间分布、压强分布等也不是均匀的，如地面附近空气分子在重力场中的分布。需要指出的是，每一个运动着的微观粒子(原子、分子等)都有其大小、质量、速度、能量等，这些用来描述个别微观粒子特征的物理量称为微观量。而在实验中观测得到的气体体积、压强、温度、热容量等都是宏观量，即描述大量微观粒子(分子或原子)的集体量称为宏观量。

系统的平衡态仅指系统的宏观性质不随时间变化，从微观的角度来说，组成系统的大量粒子仍在不停地、无规则地运动着，只是大量粒子运动的平均效果不变，使得反映分子激烈运动程度的宏观物理量温度保持不变，因此系统达到的这种平衡态又称为热平衡态。热平衡态是一种理想状态。在实际工作和生活环境中，并不存在孤立系统，但当系统受到外界的影响很小，宏观性质变化可以略去时，可以近似地把系统的状态看作平衡态。

除了平衡态以外，还有一种稳定的状态。例如，把金属棒的一端置入沸水中，另一端放入冰水中，在这样的两个恒定热源之间，经过长时间后，金属棒也能达到一个稳定的状态，称为定态，但不是平衡态，因为在外界影响下，不断地有热量从金属棒高温热源端传递到低温热源端。

对于不能同时满足上述两个平衡态条件的系统统称为非平衡态系统。例如，存在未被平衡的力，则会出现物质流动；存在冷热不一致(温差)，则会出现热量流动；存在未被平衡的相(物态)则会出现相变(物态变化)；存在单方向化学反应，则会出现成分的变化(新物质增加，原物质减少)，即系统中存在任何一种流动或变化时(宏观过程)，系统的状态都不是平衡状态。

在系统中，分子间存在的相互作用力使分子聚集在一起，同时分子的无规则运动将使它们分散开来，这两种相反的因素，使得由大量分子组成的系统(又称为物体)可以处于三种不同的物质状态：气态、液体和固态。系统的状态可以用状态参量加以描述。用来描述热平衡态下各种宏观属性的物理量称为系统的宏观参量。从诸多参量中选出来描述系统热平衡态的一组相互独立的宏观参量称为系统的状态参量。对于给定的气体、液体和固体，常用体积(V)、压强(p)和温度(T)等宏观参量来描述它们的状态。实验表明，这些宏观参量在平衡态下，它们各有确定的值，且不随时间变化。

气体动理论的任务之一就是要揭示气体宏观量的微观本质，即建立宏观量与微观量统计平均值之间的关系。

4.1.2 热力学第零定律 温标

温度的概念比较复杂，从微观角度看，它与物质分子的运动有着本质上的联系。在宏观上，现代物理学家认为温度是表征物质热运动的一个物理量，温度是表示物体冷热程度的物理量，即温度是依赖物质而存在的，离开了物质就无所谓温度了。规定相对热的物体温度高，然而这仅能定性说明物体的冷热程度，却不能明确指出物体温度到底有多高，有多热，即无法定量地表示物体的冷热。其实，在科学上温度是物质里含有能量多少的度量。

为了避免主观上的感性认知带来的错误，必须要定量地描述出系统的温度，因此必须严格地对温度加以定义，才能更好地理解它以及和它密切相关的物理现象。

1. 热力学第零定律

考虑甲、乙、丙三个热学系统，甲、乙两个系统分别与丙系统热接触，经过一段时间以后，甲系统与丙系统一起达到平衡态，乙系统与丙系统也达到平衡态，即甲、乙两个热力学系统中的每一个都与第三个热力学系统(丙)处于热平衡(温度相同)状态。然后将甲、乙两系统与丙系统分离，让甲和乙两系统热接触，则甲、乙两系统彼此间也必定处于平衡状态，不会发生变化，这一结论就是热平衡定律，又称为热力学第零定律。这一定律得到了无数实验结果的验证。热力学第零定律的严格叙述为：在不受外界影响的情况下，只要两个系统同时与另一个系统处于热平衡，即使这两个系统没有热接触，它们仍然处于热平衡状态。

热力学第零定律的重要性在于它给出了温度的定义和测量方法，为建立温度概念提供了实验基础。定律中所描述的热学系统是指由大量分子、原子组成的物体或物体系统，反映了处于同一热平衡状态的所有的热力学系统都具有一个共同的宏观特征，即由这些互为热平衡系统的状态所决定的一个数值相等的状态函数，并把状态函数定义为温度。因此，温度相等是热平衡的必要条件。

热平衡定律表明，互为热平衡的系统之间必然有着相同的特征，也就是说它们的温度是相同的，或温度相同的系统一定处于热平衡，即温度是决定一个系统是否与其他系统处于热平衡的宏观性质。如果一个处于热平衡状态的系统可以看成是由两个或者多个互为热平衡的子系统组成的，那么各个子系统在热平衡状态时温度仅决定于系统本身内部热运动状态。但是，热平衡定律只能定性地说明系统间的温度是否相同，而不能定量地说明尚未达到热平衡的系统的温度高低。

2. 温标

由热力学第零定律我们知道，要比较两个处于热平衡的系统温度高低，必须借助一个中间系统，分别与这两个系统进行热接触，而这个标准系统就是温度计。温度计要能定量表示温度和测量温度，那就需要选定温度的标准点，然后适当地选取间隔划分冷热程度，这样温度就可以量化了，即温标。

在华伦·海特和摄耳修斯等人分别相继提出华氏温标和摄氏温标之后，温度逐渐成为物理学研究中常用的一个参数，但是如何准确地度量温度却成为令实验物理学家头疼的一大问题。这是因为不同温标制定时的参考点和分度值都不一样，而采用不同形式的温度计则各有利弊，导致面对同一个客观温度而言，会有一系列不同的数字来表示它的温度值，这在科学研究上是极其不方便的。为了解决这一混乱的局面，1848 年，英国物理学家威廉·汤姆孙根据热力学第二定律提出了绝对温度和绝对温标的概念。汤姆孙把卡诺循环中的热量作为测定温度的工具，即热量是温度的唯一量度，从而建立了不依赖于任何测温物质的温标——热力学温标（又称绝对温标）。

在热力学温标中，水的三相（气、液、固）点被定义为 273.16K，而在摄氏温标中，它被定义为 0.01℃，因此开尔文温度和人们习惯使用的摄氏温度相差一个常数 273.15。因此，绝对零度 0K 就是 −273.15℃。热力学温标很好地描述了温度这个物理参数。1892 年，汤姆孙因为对热力学做的重要科学贡献而被授予开尔文勋爵称号，热力学温标的单位也命名为“开尔文”，简称“开”，符号为 K。1954 年，国际计量大会确定了热力学温标为标准温标，开尔文成为国际单位制（SI）中 7 个基本单位之一。

用酒精或者水银做测量温度的物质，用液柱高度随温度变化的特性作为测温属性，规定纯水的冰点为 0℃，沸点为 100℃，把冰点至沸点划分为 100 个刻度，每个刻度间隔代表 1℃，这就是摄氏温标。摄氏温标与开尔文温标的定量转换关系为

$$T = t + 273.15 \tag{4.1}$$

其中，0K 称为绝对零度，在此温度下任何物质都处于静止状态。

4.1.3 理想气体状态方程

1. 理想气体

若气体分子的自身体积可忽略不计，且可看成是有质量的几何点，同时分子间没有相互吸引和排斥作用，即不计分子势能，分子与器壁之间发生的碰撞是完全弹性的，不造成动能损失，则这种气体称为理想气体。当气体系统处于热平衡态时，系统内的各个状态参量之间存在一定的函数关系。描述热平衡态时系统内的各个状态参量相互关系的数学方程称为系统的状态方程式。状态方程式的具体形式一般由实验来确定。实验结果表明，在压强(p)不太大(与大气压相比)、温度(T)不太低(与室温比)的条件下，各种气体都遵守三大实验定律。其中，在温度不变的情况下，对于一定质量的理想气体，它的体积跟压强成反比，即$p_1V_1=C$(常量)，称为玻意耳定律；当气体的体积(V)保持不变时，对于一定质量的气体，它的压强p与其绝对温度T成正比，即$\frac{p_1}{T_1}=\frac{p_2}{T_2}=C$(常量)，称为查理定律；对于一定质量的气体，在压强不变的情况下，它的体积跟热力学温度成正比，即$\frac{V_1}{T_1}=\frac{V_2}{T_2}=C$(常量)，称为盖-吕萨克定律。在任何情况下，理想气体都严格遵循上述三个实验定律。

2. 理想气体状态方程

实验结果表明，在相同的温度和压强下，1mol 的任何气体所占据的体积都是相同的。在标准状态下，即压强为一个标准大气压$p_0=1\text{atm}$，温度$T_0=273.16\text{K}$时，1mol 的任何气体的体积均为$V_0=22.4\text{L}$。由理想气体的三个实验定律可以得到一定质量的理想气体由初态(p_0,v_0,T_0)演变为末态(p,v,T)，必须满足以下关系：

$$\frac{p_0V_0}{T_0}=\frac{pV}{T}=C$$

对于摩尔质量为M_{mol}，质量为M的理想气体，其摩尔数为$\nu=\frac{M}{M_{\text{mol}}}$，其满足如下关系：

$$pV=\nu RT=\frac{M}{M_{\text{mol}}}RT \tag{4.2}$$

式中，p为气体压强；T为气体温度的热力学温度；R为气体的普适常数，$R=8.31\text{J/mol}\cdot\text{K}$。方程式(4.2)是一定质量的理想气体状态方程，简称理想气体状态方程。p,V,T是理想气体在某一平衡态下的一组状态参量。在常温常压下，实际气体都可近似地当作理想气体来处理，并且压强越低，温度越高，这种近似的准确度越高。

4.2 气体的压强和温度

4.2.1 理想气体分子的性质和压强

1. 理想气体分子的性质

根据理想气体的定义，可以推断理想气体分子(如图 4-1 所示)具有如下 5 个基本性质：

(1) 分子可以看作质点。在标准状态下,气体分子间的平均距离约为分子有效直径的 50 倍,因此分子体积可以忽略不计,所以,一般情况下,气体分子可视为质点。

(2) 除碰撞外,分子之间的相互作用力可以忽略不计。由于气体分子间距很大,除碰撞瞬间有力的作用外,分子间的相互作用力可以忽略。因此,在两次碰撞之间,分子做匀速直线运动,即自由运动。

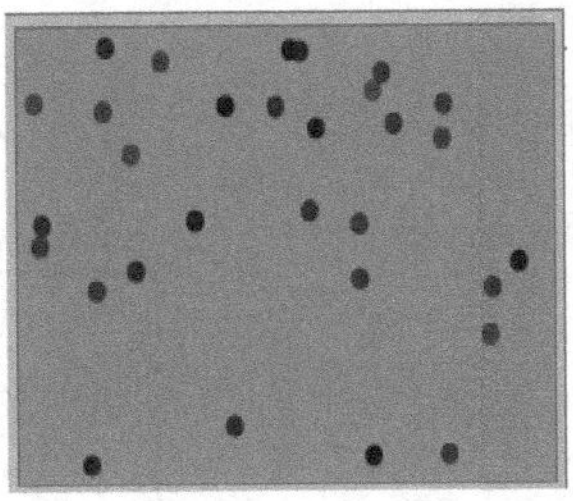

图 4-1　理想气体分子

(3) 分子间的碰撞是完全弹性的。由于处于平衡态下气体的宏观性质不变,这表明系统的能量不因碰撞而损失,因此分子间及分子与器壁之间的碰撞是完全弹性碰撞。

(4) 理想气体在平衡态下,沿各个方向运动的平均分子数相同。

(5) 气体的性质与方向无关,即各个方向上速率的各种平均值均相等,如

$$\bar{v}_x = \bar{v}_y = \bar{v}_z, \quad \overline{v_x^2} = \overline{v_y^2} = \overline{v_z^2} \tag{4.3}$$

不会因碰撞而丢失具有某一速度的分子。并且,由于忽略分子间的相互作用力,因此理想气体的内能是分子动能之和。

2. 理想气体的压强公式

1678 年,胡克提出气体压强是大量气体分子与器壁碰撞的结果。1738 年,伯努利据此导出了压强公式,解释了玻意耳定律。1744 年,罗蒙诺索夫提出热是分子运动的表现,这是气体动理论的萌芽时期。

19 世纪中叶气体动理论有了重大发展,它的奠基者是克劳修斯、麦克斯韦和玻耳兹曼。1858 年,克劳修斯提出气体分子平均自由程的概念并导出相关公式。1860 年麦克斯韦指出,气体分子的频繁碰撞并未使它们的速度趋于一致,而是达到稳定的分布,从而导出了平衡态气体分子的速率分布和速度分布。1868 年,玻耳兹曼在麦克斯韦分布中引入重力场。

伯努利在其 1738 年出版的《流体动力学》一书中,结合前人的思想,提出气体压强来自粒子碰撞器壁所产生的冲量,首次建立了分子运动论的基本概念,来解释玻意耳定律,即气体压强随温度升高而增大与分子的运动密切相关。因为任何宏观可测定量均是所对应的某微观量的统计平均值,所以器壁所受到的气体压强是单位时间内大量分子频繁碰撞器壁所给予单位面积器壁的平均总冲量,同时温度升高,分子的平均动量增加,平均冲量也随之增加,从而导致气体压强上升。我们可以根据这一思路推导出气体压强公式。

假设有一边长分别为 l_1, l_2, l_3 的长方形容器,贮有 N 个质量为 m 的同类气体分子,如图 4-2 所示。在平衡态下器壁各处压强相同,任选器壁的一个面,例如选择与 x 轴垂直的 A_1 面,计算其所受压强。

在大量分子中,任选一个分子 i,设其速度为

$$\boldsymbol{v}_i = v_{ix}\boldsymbol{i} + v_{iy}\boldsymbol{j} + v_{iz}\boldsymbol{k} \tag{4.4}$$

当分子 i 与器壁 A_1 碰撞时,由于是完全弹性碰撞,故该分子沿 x 方向的速度分量由 v_{ix} 变为 $-v_{ix}$,所以在碰撞过程中该分子的 x 方向动量增量为 $\Delta p_{ix} = (-mv_{ix}) - mv_{ix} = -2mv_{ix}$。又由牛顿第三定律可知,分子 i 在每次碰撞时对器壁的冲量为 $2mv_{ix}$。分子 i 在相继两次与 A_1 面碰撞过程中,在 x 轴上移动的距离为 $2l_1$,因此分子 i 相继两次与 A_1 面碰

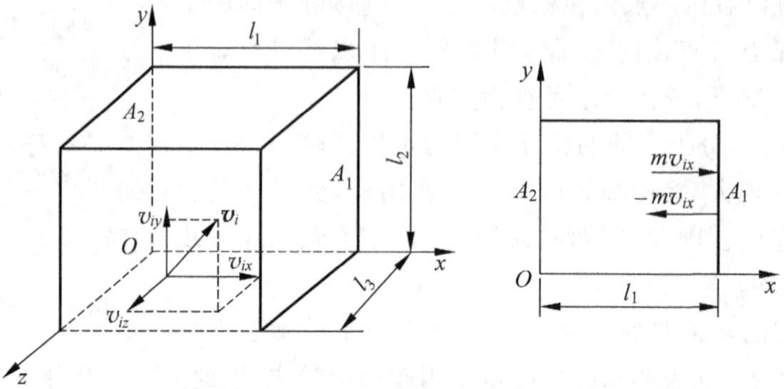

(a) (b)

图 4-2 长方形容器中的气体分子

(a) 长方形气体容器；(b) 分子 A_1 面的动量变化

撞的时间间隔为 $\Delta t=\dfrac{2l_1}{v_{ix}}$，那么单位时间内分子 i 对 A_1 面的碰撞次数 $Z=1/\Delta t$，所以单位时间内 i 分子对 A_1 面的冲量为 $2mv_{ix}\Big/\left(\dfrac{2l_1}{v_{ix}}\right)$。根据动量定理，该冲量就是分子 i 对 A_1 面的平均冲力 $\bar{F}_{ix}$，即

$$\bar{F}_{ix}=2mv_{ix}\frac{v_{ix}}{2l_1}$$

对上式求和，即可求得所有分子对 A_1 面的平均作用力为

$$F_x=\sum_{i=1}^{N}\bar{F}_{ix}=\frac{m}{l_1}\sum_{i=1}^{N}v_{ix}^2=\frac{m}{l_1}N\overline{v_x^2}$$

由于压强是指单位面积所受到的压力大小。对于 A_1 面来讲，其压强为

$$p=\frac{\bar{F}_x}{l_2l_3}=\frac{Nm}{l_1l_2l_3}\overline{v_x^2}$$

由于容器体积 $V=l_1l_2l_3$，所以上式可改写为

$$p=\frac{Nm}{V}\overline{v_x^2}=\frac{1}{3}nm\overline{v^2}$$

式中，$\overline{v_x^2}=\overline{v_y^2}=\overline{v_z^2}=\overline{v^2}/3$ 表示在平衡态下，每个分子的速度具有各向同性，即分子速度按方向的分布是均匀的；$n=N/V$ 为气体分子数密度。分子平均平动动能的平均值可以表示为 $\bar{\varepsilon}=\dfrac{1}{2}m\overline{v^2}$，因此压强 p 就可以表示为

$$p=\frac{2}{3}n\bar{\varepsilon} \tag{4.5}$$

式(4.5)称为理想气体的压强公式。这个公式建立了宏观量 p 与微观量的统计平均值 $\bar{\varepsilon}$ 和 n 之间的相互关系，表明了气体的压强所描述的是大量分子的集体行为的统计结果。离开了大量分子，压强就失去意义。

4.2.2 温度的微观解释

温度是热学中特有的一个物理量，它在宏观上表征物质冷热状态的程度。理想气体的

状态方程 $pV=\frac{M}{M_{mol}}RT=\nu RT$ 可以改写为如下表达式：

$$p=\frac{N}{VN_A}RT=n\frac{R}{N_A}T \tag{4.6}$$

其中，N_A 为阿伏伽德罗常数，$N_A=6.022\times10^{23}\,\text{mol}^{-1}$。令 $k=R/N_A$ 则理想气体状态方程可改写为

$$p=nkT \tag{4.7}$$

其中，k 为玻耳兹曼常数，$k=1.38\times10^{-23}\,\text{J/K}$。现将式(4.5)和式(4.7)的两个压强公式进行比较，消去压强 p，可以得到分子的平均平动动能与温度的关系式为

$$\bar{\varepsilon}=\frac{3}{2}kT \tag{4.8}$$

式(4.8)给出了宏观量温度 T 与微观量的统计平均值 $\bar{\varepsilon}=\frac{1}{2}m\overline{v^2}$ 的关系，揭示了温度的微观本质，即温度是气体分子平均平动动能的量度。

例 4.1　一容器内储有氧气，其压强为 $p=1.01\times10^5\,\text{Pa}$，温度为 $t=27^\circ\text{C}$。求：(1)单位体积内的分子数；(2)氧气的质量密度；(3)氧分子的质量。

解　(1) 单位体积内的分子数为

$$n=\frac{p}{kT}=\frac{1.01\times10^5}{1.38\times10^{-23}\times300}\text{m}^{-3}=2.44\times10^{25}\,\text{m}^{-3}$$

(2) 由式(4.2)的理想气体状态方程 $pV=\frac{M}{M_{mol}}RT$ 可得氧气密度为

$$\rho=\frac{M}{V}=\frac{M_{mol}p}{RT}=\frac{32\times10^{-3}\times1.01\times10^5}{8.31\times300}\text{kg/m}^3=1.30\text{kg/m}^3$$

(3) 氧分子的质量

$$m=\frac{M_{mol}}{N_A}=\frac{32.00\times10^{-3}}{6.02\times10^{23}}\text{kg}=5.31\times10^{-26}\,\text{kg}$$

例 4.2　飞机起飞前机舱中压强计的示数为 $1.013\times10^5\,\text{Pa}$，温度为 27°C。起飞后压强计的示数为 $8.10\times10^4\,\text{Pa}$，温度仍为 27°C，试计算飞机此时距地面的高度。

解　根据玻耳兹曼分子数密度按高度分布公式 $n=n_0\text{e}^{-mgh/kT}$ 和压强公式 $p=nkT$，在高度 h_1 和 h_2 的压强分别为 p_1 和 p_2，则有 $p_1/p_2=\text{e}^{-mg(h_1-h_2)/kT}$，可得

$$\begin{aligned}h_2&=h_1+\frac{kT}{mg}\ln\frac{p_1}{p_2}=\frac{RT}{Mg}\ln\frac{p_1}{p_2}\\&=\left(\frac{8.31\times300}{29\times10^{-3}\times9.8}\times\ln\frac{1.013\times10^5}{8.10\times10^4}\right)\text{m}\approx2.0\times10^3\,\text{m}\end{aligned}$$

根据气体分子平均平动动能与温度的关系式，我们可求出给定气体在一定温度下，分子运动速率平方的平均值。如果把这平方的平均值开方，就可得出气体速率的一种平均值，称为气体分子的方均根速率，用符号 v_{rms} 表示。由 $\bar{\varepsilon}=\frac{1}{2}m\overline{v^2}=\frac{3}{2}kT$，可以得到

$$v_{rms}=\sqrt{\overline{v^2}}=\sqrt{\frac{3kT}{m}}=\sqrt{\frac{3RT}{M_{mol}}} \tag{4.9}$$

对于给定的气体分子，其方均根速率只与温度有关。

例 4.3 一个容器内储有氧气，其压强为 $p=1.01\times10^5\,\text{Pa}$，温度为 $t=27℃$。求：(1)分子间的平均距离(分子所占的空间看作球状)；(2)氧分子的平均平动动能。

解 (1) 单位体积内的分子数 $n=\dfrac{p}{kT}$，由 $V_0=\dfrac{1}{n}=\dfrac{4}{3}\pi\left(\dfrac{\bar{d}}{2}\right)^3$，可得分子间的平均距离

$$\bar{d}=\sqrt[3]{\frac{6}{n\pi}}=\sqrt[3]{\frac{6kT}{\pi p}}=\sqrt[3]{\frac{6\times1.38\times10^{-23}\times300}{3.14\times1.01\times10^5}}\,\text{m}=4.28\times10^{-9}\,\text{m}$$

(2) 分子的平均平动动能为

$$\bar{\varepsilon}_\text{k}=\frac{3}{2}kT=1.5\times1.38\times10^{-23}\times300=6.21\times10^{-21}\,\text{J}$$

4.2.3 实际气体

1. 零点能量

如果各种气体有相同的温度，则它们的分子平均平动动能均相等；如果一种气体的温度高些，则这一种气体分子的平均平动动能要大些。按照这个观点，热力学温度的零度(即绝对零度)将是理想气体分子热运动停止时的温度，然而实际上分子运动是永远不会停息的，因此绝对零度也是永远不可能达到的。理论和实验表明，绝对零度只能无限接近，但不能达到，这一结论称为热力学第三定律。

近代量子理论证实，即使在绝对零度时，组成固体点阵的粒子也保持着某种振动的能量，称为零点能量。至于(实际)气体，则在温度未达到绝对零度以前，已变成液体或固体。

2. 范德瓦耳斯方程

范德瓦耳斯方程(又译为范德华方程)，简称范氏方程，是荷兰物理学家范德瓦耳斯(如图 4-3 所示)于 1873 年提出的一种实际气体状态方程。

图 4-3 范德瓦耳斯

1873 年，范德瓦耳斯针对理想气体模型的两个假定(分子自身不占有体积；分子之间不存在相互作用力)，考虑了分子自身占有的体积和分子间的相互作用力，对理想气体状态方程进行了修正。分子自身占有的体积使其自由活动空间减小，在相同温度下分子撞击容器壁的频率增加，因而压力相应增大。如果用 V 表示每摩尔气体分子自由活动的空间，参照理想气体状态方程，气体压力应为 $p=RT/(V-b)$。另一方面，分子间的相互吸引力使分子撞击容器壁面的力量减弱，从而使气体压力减小。压力减小量与一定体积内撞击器壁的分子数成正比，又与吸引它们的分子数成正比，这两个分子数都与气体的密度成正比。因此，压力减小量应与密度的平方成正比，也就是与摩尔体积的平方成反比。这样考虑上述两种作用后，气体的压力为

$$p=\frac{RT}{(V-b)}-\frac{a}{V^2}$$

对上式进行变换可得

$$\left(p+\frac{a}{V^2}\right)(V-b)=RT \tag{4.10}$$

式(4.10)就是范德瓦耳斯导出的状态方程式，称为范德瓦耳斯状态方程式。它在理想气体状态方程的基础上又引入两个常数 a，b，称为范德瓦耳斯常数，其值可由实验测定的数据确定。

范氏方程对气-液临界温度以上流体性质的描述优于理想气体方程。对温度稍低于临界温度的液体和低压气体也有较合理的描述。但是，当描述对象处于状态参量空间(p，V，T)中的气液相变区(即正在发生气液转变)时，对于固定的温度，气相的压强恒为所在温度下的饱和蒸汽压，即不再随体积 V(严格地说应该是单位质量气体占用的体积，即比容)变化而变化，所以在这种情况下范氏方程不再适用。

4.3　能量均分定理　理想气体的内能

在讨论分子的无规则运动时，通常把分子当作质点来处理，只考虑分子的平动。实际上，除了单原子分子可看作质点外，其他由两个或两个以上原子组成的分子，不仅有平动，而且还存在着转动和原子间的振动。因此，分子运动的能量应该是这些运动形式的能量之和。为了说明分子无规则运动的能量所遵循的统计规律，并以此来计算理想气体的内能，需要引入"自由度"的概念。

4.3.1　自由度

物体的自由度是指决定这一个物体在空间位置所需要的独立坐标数目，用 i 表示。按气体分子结构分类，可以把分子分为单原子分子(如 He、Ne 等)、双原子分子(如 H_2、O_2 等)和多原子分子(由三个或三个以上原子组成的分子，如 H_2O，NH_3 等)。H_2O 分子和 NH_3 分子的结构如图 4-4 所示。

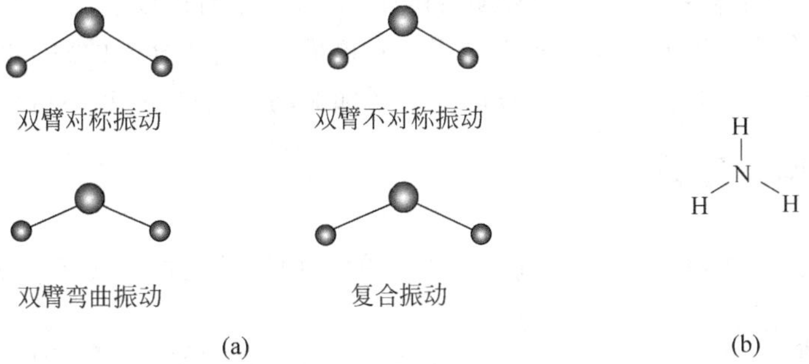

图 4-4　多原子分子的结构

(a) H_2O 分子在不同振动状态下的分子结构；(b) NH_3 分子结构

当分子内原子间距离保持不变时，分子的运动只包含平动和转动，这种分子称为刚性分子。当分子内的原子间存在振动时，除了考虑分子运动的平动和转动外，还要考虑振动的影响，这种分子称为非刚性分子，本节只讨论刚性分子的自由度。

假设刚性分子的总自由度为 i，其中平动自由度为 t，转动自由度为 r，那么就有如下关系式：

$$i=t+r \tag{4.11}$$

对于单原子分子如 He、Ne、Ar 等，都可看作自由运动的质点，如图 4-5(a)所示，在空间中只有 3 个平动自由度，表示为 $t=3$，即 $i=3$。如果这类分子被限制在平面或曲面上运动，则自由度降为 2；如果限制在直线或曲线上运动，则自由度降为 1。

对于双原子分子如 H_2、O_2、CO 等，由于它们的两个原子是通过一个分子键联结合起来的，如图 4-5(b)所示，在把分子键看作刚性(即原子间距保持不变)的情况下，确定其质心在空间的位置要有 3 个坐标(x,y,z)，表示其有 3 个平动自由度，另外，描述两个原子的连线的方向需要 3 个方位角(α,β,γ)，因为 $\cos^2\alpha+\cos^2\beta+\cos^2\gamma=1$，故只有 2 个方位角是独立的，如由 2 个方位角(β,γ)来决定其键联(联结两原子的轴)的方位。因此，刚性双原子分子有 $t=3$ 个平动自由度和 $r=2$ 个转动自由度，总自由度 $i=t+r=5$。

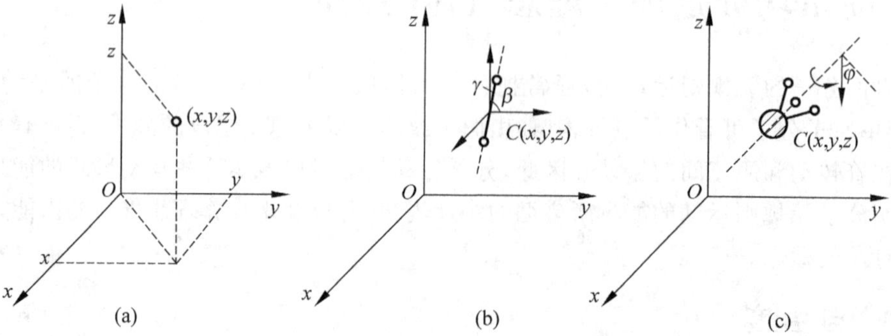

图 4-5　刚性分子的自由度

(a) 单原子分子；(b) 双原子分子；(c) 多原子分子

对于多原子分子，如图 4-5(c)所示，除了具有双原子的 3 个质心平动自由度和 2 个转动自由度外，还有一个绕轴自转的自由度(常用相对于所选参考方位转过的角度表示)，因此刚性多原子分子有 3 个平动自由度，3 个转动自由度，共有 6 个自由度。

在常温下，大多数气体分子属于刚性分子。在高温下，气体分子的原子间会发生振动，则应视为非刚性分子，此时在计算自由度时还需增加振动自由度，这里不再介绍。

4.3.2　能量均分定理

由 4.2.2 节得知，在平衡态下，理想气体分子的平均平动动能为 $\bar{\varepsilon}=\frac{1}{2}m\overline{v^2}=\frac{3}{2}kT$，各分量的速度方均值 $\overline{v_x^2}=\overline{v_y^2}=\overline{v_z^2}=\frac{1}{3}\overline{v^2}$。对于 3 个平动自由度而言，在平衡态下，分子每一个平动自由度具有相同的平均动能，且大小均等于 $\frac{1}{2}kT$。

在平衡态下，气体分子作无规则热运动，任何一种运动形式都应是机会均等的，即没有哪一种运动形式比其他运动形式占优势。因此，可以把平动动能的统计规律推广到其他运动形式上去，即一般来说，不论平动、转动或振动运动形式，在平衡态下，相应于每一个平动自由度、转动自由度或振动自由度，其平均动能都应等于 $\frac{1}{2}kT$。因此，可以得到结论：当气体处于平衡态时，分子的任何一个自由度的平均动能都相等，均为$\frac{1}{2}kT$，这就是能量均分定理。按照这个定理，如果气体分子有 i 个自由度，则分子的平均动能为

$$\bar{\varepsilon}=\frac{i}{2}kT \tag{4.12}$$

上式为对大量分子的统计平均结果。例如，单原子分子 $i=3$，$\bar{\varepsilon}=\frac{3}{2}kT$；刚性双原子分子 $i=5$，$\bar{\varepsilon}=\frac{5}{2}kT$；刚性三原子分子 $i=6$，$\bar{\varepsilon}=3kT$。

能量均分定理也是一个统计规律，是对大量分子统计平均的结果，对于个别分子，它的动能是随着时间而变化的，其平均动能并不等于$\frac{i}{2}kT$，且它的各种形式的动能也不按自由度均分。但对大量分子整体而言，由于分子的无规则热运动及频繁的碰撞，能量可以从一个分子转移到另一个分子，从一种自由度的能量转化成另一种自由度的能量，从而在平衡态时，符合能量按自由度均匀分配的统计规律。

4.3.3　理想气体的内能

由于组成物体的分子或原子除了具有热运动动能外，还存在分子与分子间及分子内原子与原子间相互作用产生的势能，这两部分势能之和称为分子势能。气体内部所有分子的热运动动能与分子势能的总和，称为气体的内能。对于理想气体，因为分子之间的相互作用力可以忽略不计，所以分子之间的相互作用势能可忽略不计，因此，理想气体的内能仅是其所有分子热运动动能的总和。气体的内能与机械能是不相同的。机械能是指气体作为一个整体所具有的动能和势能之和，其值可以为零；而气体的内能则是指分子热运动所具有的动能和势能之和，其值不能为零。

如果每一个分子的平均动能为$\frac{i}{2}kT$，则 1mol 理想气体的内能为

$$E_0=N_A\frac{i}{2}kT=\frac{i}{2}RT$$

对于具有质量为 m 的理想气体，其内能为

$$E=\frac{m}{M_{\mathrm{mol}}}E_0=\nu\frac{i}{2}RT \tag{4.13a}$$

式(4.13a)表明，理想气体的内能与气体的摩尔数 ν 及温度 T 有关，而与气体的体积和压强无关。如果气体的温度发生变化，则会引起的内能变化，其表达式为

$$\Delta E=\frac{m}{M_{\mathrm{mol}}}\frac{i}{2}R\Delta T=\nu\frac{i}{2}R\Delta T \tag{4.13b}$$

式(4.13b)表明，一定量的理想气体，在状态变化过程中，其内能的改变只取决初态的温度 T_1 和终态的温度 T_2，而与具体过程无关。这说明内能是状态量。

例 4.4　一密封房间的体积为 $45\mathrm{m}^3$，已知室内的空气密度为 $\rho=1.29\mathrm{kg/m}^3$，空气的摩尔质量为 $M_{\mathrm{mol}}=2.9\times10^{-2}\mathrm{kg/mol}$，且空气分子可以认为是刚性双原子分子，摩尔气体常量 $R=8.31\mathrm{J/mol\cdot K}$。求：(1)室温为 20℃，室内空气分子热运动的平均平动动能的总和；

(2)如果气体的温度从室温升高 1.0K，而体积不变，则气体的内能变化多少？

(3)在(1)和(2)的条件下气体分子的方均根速率增加多少？

解 (1) 分子的平均平动动能

$$\bar{\varepsilon}_k=\frac{1}{2}m_0\overline{v^2}=\frac{3}{2}kT$$

阿伏伽德罗常数为 N_A，室内空气分子总数 $N=\frac{m}{M_{mol}}N_A=\frac{\rho V}{M_{mol}}N_A$，因此可以得到总的分子平均平动动能为

$$\begin{aligned}E_k=N\bar{\varepsilon}_k&=\frac{\rho V}{M_{mol}}\frac{3}{2}N_AkT=\frac{3}{2}\frac{\rho V}{M_{mol}}RT\\&=\frac{3\times1.29\times45}{2\times2.9\times10^{-2}}\times8.31\times293\text{J}\\&=7.31\times10^6\text{J}\end{aligned}$$

(2) 刚性双原子分子的自由度 $i=5$，气体的内能 $E=\frac{m}{M_{mol}}\frac{i}{2}RT=\frac{\rho V}{M_{mol}}\frac{i}{2}RT$，因此气体内能的增量为

$$\Delta E=\frac{\rho V}{M_{mol}}\frac{i}{2}R\Delta T=\frac{1.29\times45}{2.9\times10^{-2}}\times\frac{5}{2}\times8.31\times1.0\text{J}=4.16\times10^4\text{J}$$

(3) 设 $T_1=293\text{K}$，则 $T_2=294\text{K}$。由方均根速率 $v_{rms}=\sqrt{\overline{v^2}}=\sqrt{\frac{3RT}{m}}$ 得方均根速率增量为

$$\begin{aligned}\Delta v_{rms}=v_{rms2}-v_{rms1}&=\sqrt{\frac{3RT_2}{m}}-\sqrt{\frac{3RT_1}{m}}\\&=\sqrt{\frac{3\times8.31}{29\times10^{-3}}}\times(\sqrt{294}-\sqrt{293})\text{m/s}=0.85\text{m/s}\end{aligned}$$

4.4 麦克斯韦分布　分子输运现象

4.2 节介绍了处于平衡态的气体的宏观参量(p,V,T)是不随时间变化的，并强调这是大量气体分子热运动的集体表现。实际上，当容器中的气体处于平衡态时，各个分子的运动速率大小和方向千差万别，其中的某一分子，在任一时刻的速度具有偶然性，但是大量分子从整体上会出现一些统计规律。麦克斯韦在 1859 年首先用概率论导出了在平衡态下，理想气体分子速度分布的规律。为了纪念他的贡献人们把它称为麦克斯韦速度分布律简称麦克斯韦分布，这个分布律直到 1920 年才由斯特恩-盖拉赫实验加以验证。

4.4.1 气体分子的速率分布　麦克斯韦分布函数

当气体处于平衡状态时，容器中的大量分子各以不同的速率沿各个方向运动着，有的分子速率较大，有的较小。由于分子间不断相互碰撞，对个别分子来说，速度大小和方向因碰撞而不断改变，这种改变完全带有偶然性和不可预测性，但从大量分子的整体来看，在平衡

态下，分子的速率却遵循着一个完全确定且必然的统计分布规律。

与研究一般的分布问题相似，在研究气体分子运动的统计分布时，统计的是分子速率的分布情况。所谓的速率分布，是指具有各种速率的分子数分别占总分子数的比例。为了获取速率分布，需要把速率分成若干相等的间隔 Δv，在某一确定温度下，将一定量的处于平衡态的气体中速率属于各间隔的分子数占总分子数的比例用实验测定，从而列出速率统计表。为了便于比较，可以使各速率区间相等，从而突出分布的意义，所取区间越小，有关分布的知识就越详细，对分布情况的描述也越精确。

1. 气体分子速率的实验测定

1920 年，斯特恩（O. Stern）和盖拉赫（W. Gerlsch）用如图 4-6 所示的分子速度分布测量装置，测量 Hg 蒸汽分子的速率分布。Hg 在加热炉 A 中被加热成蒸汽分子，Hg 蒸汽分子通过狭缝 S 后，形成一条很窄的分子射线。B 和 C 是相距为 l 的两个共轴圆盘，两圆盘狭缝的夹角 θ 约为 2°，D 是接受汞气分子的显示屏。当 B、C 以角速度 ω 转动时，对于以速率 v 通过 B 圆盘中狭缝的分子，经过 $t=\dfrac{l}{v}$时间到达另一狭缝所在的圆盘 C，在 t 时间段 B、C 转过的角度为 $\omega t=\dfrac{\omega l}{v}$，那么根据实验装置结构得知，只有速率 v 满足 $\theta=\omega t=\dfrac{\omega l}{v}$ 的分子才能通过圆盘 C 中的狭缝，而被 D 检测到，即 D 检测到的分子速率满足下列关系：

$$v=\frac{\omega}{\theta}\cdot l \tag{4.14}$$

式(4.11)表明，通过改变 θ 和 ω，可以测量不同速率的分子数。考虑到狭缝有一定的宽度，实际上当 ω 一定时，在 D 上得到的分子数是速率在 $v \sim v+\Delta v$ 的分子数。当 ω 不同时，可测得 D 上沉积的金属层的厚度，对应着不同速率间的分子数。比较这些厚度，即可知道速率在 $v_1 \sim v_1+\Delta v, v_2 \sim v_2+\Delta v, \cdots$ 的相对分子数。

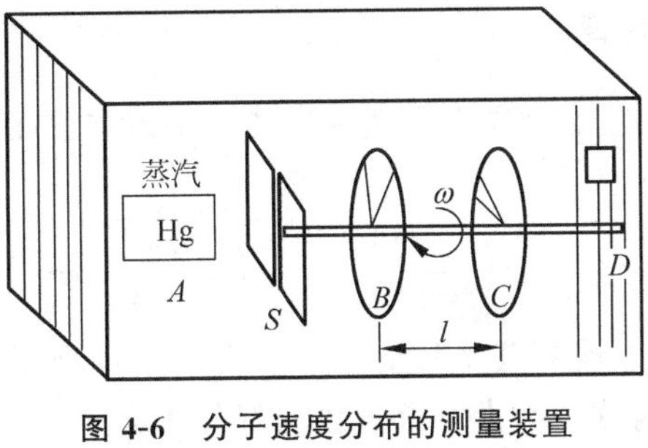

图 4-6　分子速度分布的测量装置

1930—1934 年，蔡特曼（zartman）与我国物理学家葛正权对斯特恩和盖拉赫的实验装置进行改进，改进后的实验装置无须调 ω 即可得到不同速率的分子数，而且实验结果很好。

2. 分子运动速度的统计分析

对于斯特恩-盖拉赫实验的数据，应用数学统计原理进行处理，整个过程如图 4-7 所示。

(1) 根据实验数据列表，画出如图 4-7(a)所示的实验数据分布。

(2) 根据等速率区间的分子数占总分子数的比例，作出如图 4-7(b)所示的分布曲线。

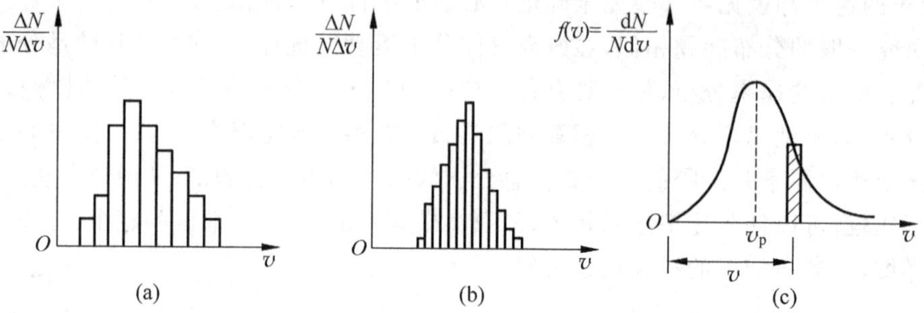

图 4-7 实验数据的统计与拟合

(a) 实验数据分布；(b) 各速率区间的分子数占总分子数的比率；(c) 速率分布曲线

在图 4-7(b)中，以速率 v 为横坐标，以$\frac{\Delta N}{N\Delta v}$为纵坐标，小长条面积为$\frac{1}{N}\frac{\mathrm{d}N}{\mathrm{d}v}\mathrm{d}v=\frac{\mathrm{d}N}{N}$。$\mathrm{d}N$ 的面积大小代表速率在 v 附近 $\mathrm{d}v$ 区间(即速率在 $v-\mathrm{d}v/2\sim v+\mathrm{d}v/2$)内的分子数占总分子数的比例(百分比)。速率分布曲线下的总面积等于 100%(即等于 1)，这是分布曲线必须满足的归一化条件。

(3) 拟合找出函数关系。

在图 4-7(c)中，选取速率 v 附近的 Δv 区间，并令 $\Delta v\to 0$，则可求得速率为 v 的分子数占总分子数的比例为

$$f(v)=\lim_{\Delta v\to 0}\frac{\Delta N}{N\Delta v}=\frac{1}{N}\frac{\mathrm{d}N}{\mathrm{d}v} \tag{4.15}$$

上式称为气体分子的速率分布函数。它表示速率 v 附近的单位速率区间内的分子数占总分子数的比例(百分比)，归一化条件为$\int_0^\infty f(v)\mathrm{d}v=1$。$f(v)$ 的物理意义为某一分子在速率 v 附近的单位速率区间内出现的概率，因此 $f(v)$ 也称为概率密度。

3. 麦克斯韦速率分布定律

麦克斯韦于 1860 年从理论上导出了理想气体在平衡态且无外力场作用时，气体分子按速率分布的分布函数 $f(v)$为

$$f(v)=\left(\frac{m}{2\pi kT}\right)^{3/2}\exp\left(-\frac{mv^2}{2kT}\right)4\pi v^2 \tag{4.16}$$

式中，m 为分子的质量；k 为玻耳兹曼常量。结合式(4.15)，则由式(4.16)可以得出任何一个速率在 $v\sim v+\mathrm{d}v$ 区间内分子数占总分子数的百分比为

$$\frac{\mathrm{d}N}{N}=\left(\frac{m}{2\pi kT}\right)^{3/2}\exp\left(-\frac{mv^2}{2kT}\right)4\pi v^2\mathrm{d}v \tag{4.17}$$

式(4.17)就是麦克斯韦速率分布定律。玻耳兹曼提出在平衡态下，处于能态 ε 的粒子数或粒子处于能态 ε 的概率，与概率因子 $\mathrm{e}^{-\varepsilon/kT}$ 成正比，称为玻耳兹曼能量分布。

4. 麦克斯韦分布曲线的性质

利用麦克斯韦速率分布定律及其归一性质，可以计算气体分子参量的统计值，从而研究分子的各种性质。例如，气体分子速率随温度的变化情况以及相同温度下，不同分子质量的

气体分子速率分布情况等。

（1）温度与分子速率

如图 4-8(a)所示，当温度升高时，对于同种气体分子，气体分子的速率普遍增大，因此速率分布曲线中的极大值点的横坐标向着量值增大的方向迁移，但归一化条件要求曲线下总面积不变，因此，分布曲线宽度增大，高度降低，整个曲线变得较平坦些。

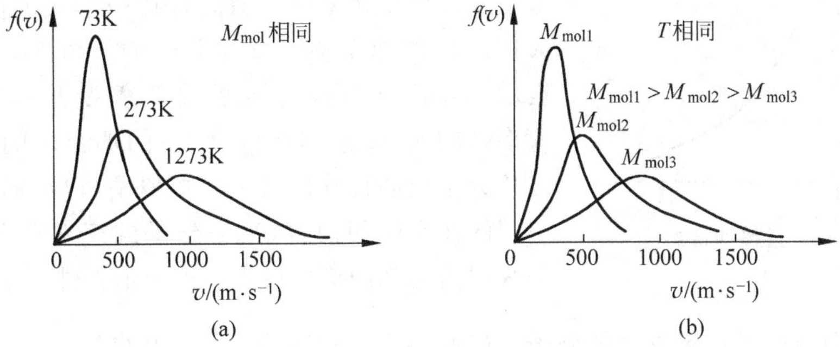

图 4-8　麦克斯韦分布曲线

(a) 分子质量相同的分布曲线；(b) T 相同的分布曲线

（2）质量与分子速率

如图 4-8(b)所示，在相同温度下，对于不同种类的气体，随着分子质量的增大，分子速率分布曲线中的极大值点的横坐标向着量值减小的方向迁移，因总面积不变，所以，分布曲线宽度变窄，高度增大，整个曲线显得更陡些，即曲线随分子质量变大而左移。

例 4.5　若有 N 个假想的气体分子，它们的速率分布如图 4-9 所示。(1)用 N 和 v_0 表示出 a 的值；(2)以 v_0 为间隔将气体分子速率等分为 3 个速率区间，求各区间的分子数占总分子数的比例。

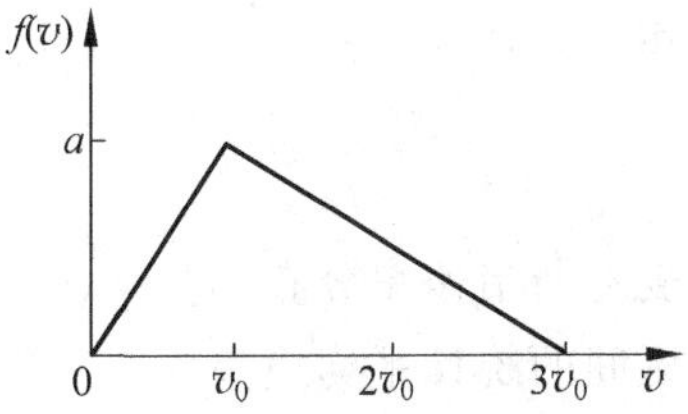

图 4-9　例 4.5 用图

解　(1) 由图 4-9 可知，分布函数曲线围成的面积应等于气体分子总数 N，即

$$N=\int_0^{3v_0} f(v)\mathrm{d}v=\frac{1}{2}av_0+\frac{1}{2}a\cdot 2v_0=\frac{3}{2}av_0$$

则

$$a=\frac{2N}{3v_0}$$

(2) 以 v_0 为间隔将气体分子速率等分为三个速率区间，则三个区间的分子数占总分子数的比例分别为

$$\frac{N_1}{N}=\frac{1}{N}\int_0^{v_0} f(v)\mathrm{d}v=\frac{1}{N}\cdot\frac{1}{2}av_0=\frac{1}{3}=33.3\%$$

$$\frac{N_2}{N}=\frac{1}{N}\int_{v_0}^{2v_0} f(v)\mathrm{d}v=\frac{1}{N}\cdot\frac{3}{4}av_0=\frac{1}{2}=50\%$$

$$\frac{N_3}{N}=\frac{1}{N}\int_{2v_0}^{3v_0} f(v)\mathrm{d}v=\frac{1}{N}\cdot\frac{1}{4}av_0=\frac{1}{6}=16.7\%$$

4.4.2 分子速率的三个统计值

在分子动力学理论中,常用到以下 3 种速率。

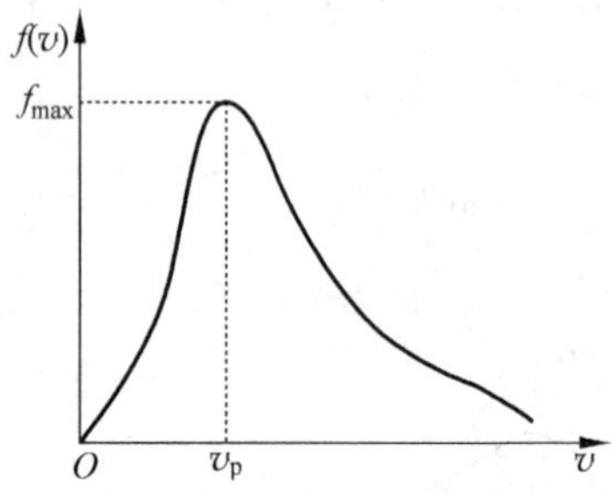

图 4-10 最概然速率

1. 最概然速率 v_p

气体分子速率分布曲线存在一个极大值,与这个极大值对应的速率称为气体分子的最概然速率,常用 v_p 表示,如图 4-10 所示。它的物理意义是:对所有相同的速率区间而言,速率在包含 v_p 的那个区间内的分子数占总分子数的百分比最大。按概率可以表述为,对所有相同的速率区间而言,某一分子的速率在含有 v_p 的那个区间内出现的概率最大。由极值条件可求得满足麦克斯韦速率分布律的平衡态下气体分子的最概然速率,即由 $\frac{\mathrm{d}f(v)}{\mathrm{d}v}=0$ 得到

$$v_p=\sqrt{\frac{2kT}{m}}=1.41\sqrt{\frac{RT}{M_{mol}}} \tag{4.18}$$

2. 平均速率 $\bar{v}$

根据平均值的定义,可得 $\bar{v}=\frac{1}{N}\sum_{i=1}^{t}v_i\Delta N_i$,由于气体是连续分布的,因此求和式变成如下积分式:

$$\bar{v}=\frac{1}{N}\int_0^N v\mathrm{d}N=\int_0^\infty vf(v)\mathrm{d}v \tag{4.19a}$$

将麦克斯韦速率分布函数 $f(v)$(即式(4.16))代入式(4.19a),得理想气体分子从 $0\sim\infty$ 整个区间的统计平均速率为

$$\bar{v}=\sqrt{\frac{8kT}{\pi m}}=1.60\sqrt{\frac{RT}{M_{mol}}} \tag{4.19b}$$

3. 方均根速率 $\sqrt{\overline{v^2}}$

借鉴求平均速率 $\bar{v}$ 的方法,容易得到 $\overline{v^2}$ 的计算公式为

$$\overline{v^2}=\frac{1}{N}\int_0^N v^2\mathrm{d}N=\int_0^N v^2 f(v)\mathrm{d}v \tag{4.20a}$$

将麦克斯韦速率分布函数 $f(v)$(即式(4.16))代入式(4.20a),可得理想气体分子的方均根速率为

$$\sqrt{\overline{v^2}}=\sqrt{\frac{3kT}{m}}=1.73\sqrt{\frac{RT}{M_{mol}}} \tag{4.20b}$$

或

$$\frac{1}{2}m\overline{v^2}=\frac{3}{2}kT \tag{4.20c}$$

式(4.20c)和能量均分定理得到的结果一致,说明它是大量分子的平均统计结果。

上述三个速率在计算气体分子性质时经常用到。其中最概然速率常用于表征气体分子按速率分布的特征;平均速率常用于气体分子的碰撞问题;方均根速率常用于计算分子的平均平动动能。

4.4.3　分子平均碰撞次数和平均自由程

在研究气体分子无规则的碰撞时,通常引入平均分子自由程来描述分子间的碰撞情况。将分子两次相邻碰撞之间自由通过的路程称为分子自由程,单位时间内一个分子与其他分子碰撞的次数称为分子的碰撞频率。分子的自由程有长有短,碰撞频率有大有小,都是随机变化的,但是大量分子无规则热运动的结果,使分子的自由程与碰撞频率服从一定的统计规律。因此,可采用统计平均方法分别计算出平均自由程和平均碰撞次数。

1. 平均碰撞次数 $\bar{Z}$

为了使问题简化,假设每个分子都是有效直径为 d 的弹性小球,并且只有某一个分子 A 以平均速率 $\bar{v}$ 运动,其余分子都静止。在分子 A 的运动过程中,分子 A 的球心的运动轨迹是一条折线。现在设想以分子 A 的球心所经过的轨迹为轴,以分子的有效直径 d 为半径作一圆柱体,如图 4-11 所示。显然,凡是球心位于该圆柱体内的分子都将和分子 A 相碰,球心在圆柱体外的分子就不会与它相碰。在 1s 内,分子 A 平均经过的路程为 $\bar{v}$,则相应的圆柱体体积为 $\pi d^2\bar{v}$。

设分子数密度为 n,平均而言圆柱体内的分子数,那么分子 A 在 1s 内和其他分子发生碰撞的平均次数 $\bar{Z}=n\pi d^2\bar{v}$。这是假定一个分子运动而其他分子都静止所得到的结果。实际上,一切分子都在运动着。因此,考虑所有分子都在运动,必须对上式加以修正。麦克斯韦从理论上得出修正后的碰撞频率为

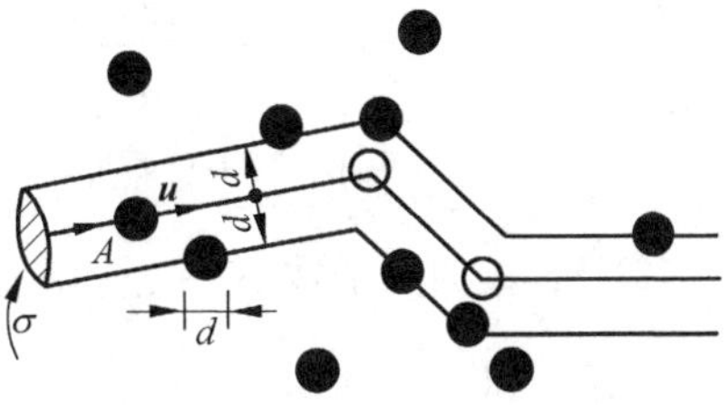

图 4-11　Z 的计算图

$$\bar{Z}=\sqrt{2}\,n\pi d^2\bar{v}=\sqrt{2}\,n\sigma\bar{v} \qquad (4.21)$$

式中,$\sigma=\pi d^2$ 为碰撞截面。式(4.21)表明,碰撞频率除了与平均速率 $\bar{v}$ 有关外,还与分子自身的碰撞截面 σ 和分子密度 n 有关。

2. 平均自由程

由于 1s 内分子平均走过的路程为 $\bar{v}$,一个分子与其他分子的平均碰撞频率为 $\bar{Z}$,因此,平均自由程为

$$\bar{\lambda}=\frac{\bar{v}}{\bar{Z}}=\frac{1}{\sqrt{2}\,\pi d^2 n} \qquad (4.22)$$

由式(4.22)可知分子的平均自由程与分子的有效直径的平方和分子数密度成反比。又因为 $p=nkT$,所以式(4.22)可改写为

$$\bar{\lambda}=\frac{kT}{\sqrt{2}\,\pi d^2 p}$$

这表明，当温度恒定时，平均自由程与气体的压强成反比，即压强越小(空气越稀薄)，平均自由程越长。

例 4.6 在某一粒子加速器中，质子在压强为 1.333×10^{-4}Pa 和温度为 273K 的真空室内沿圆形轨道运动。(1)估计在此压强下 1cm^3 内的气体分子数；(2)如果分子有效直径为 2.0×10^{-8}cm，则在此条件下气体分子的平均自由程为多大？

解 (1) 由理想气体状态方程可得

$$n=\frac{p}{kT}=\frac{1.333\times10^{-4}}{1.38\times10^{-23}\times273}\text{m}^{-3}=3.54\times10^{16}\text{m}^{-3}=3.54\times10^{10}\text{cm}^{-3}$$

(2) 由式(4.22)可得，平均自由程为

$$\bar{\lambda}=\frac{1}{\sqrt{2}\pi nd^2}=\frac{1}{\sqrt{2}\times\pi\times3.54\times10^{10}\times(2\times10^{-8})^2}\text{m}=1.59\times10^4\text{cm}$$

例 4.7 试计算：(1)在标准状态下，一个氮气分子在 1s 内与其他分子的平均碰撞次数；(2)容积为 4 L 的容器，储存有标准状况下的氮气，求 1s 内氮分子间的总碰撞次数。(氮分子的有效直径为 3.76×10^{-8}cm)。

解 (1) 已知平均速率 $\bar{v}=\sqrt{\frac{8RT}{\pi M}}$，在标准状态下 22.4L 氮气中的分子数为 N_A，则平均碰撞次数

$$\begin{aligned}\bar{Z}&=\sqrt{2}\pi d^2n\bar{v}=\sqrt{\frac{16\pi RT}{M}}d^2\,\frac{N_A}{22.4\times10^{-3}}\\&=\sqrt{\frac{16\pi\times8.31\times273}{28\times10^{-3}}}\times(3.76\times10^{-10})^2\times\frac{6.023\times10^{23}}{22.4\times10^{-3}}\text{s}^{-1}\\&=7.67\times10^9\text{s}^{-1}\end{aligned}$$

(2) 4L 氮的分子数 $N=\frac{4}{22.4}N_A$，则分子间的总碰撞次数为

$$\bar{Z}'=\frac{1}{2}N\bar{Z}=\frac{1}{2}\times\frac{4}{22.4}\times6.023\times10^{23}\times7.67\times10^9\text{s}^{-1}=4.125\times10^{32}\text{s}^{-1}$$

4.5 流体的物理性质

第 2 章讨论了物体的形状大小不变的刚体的运动，只有固体才可以近似认为是刚体。本章涉及的气体和液体都是没有一定形状的，容器的形状就是它们的形状。固体的分子虽然可以在它们的平衡位置附近来回振动或旋转，但活动范围很小，但是气体或液体的分子却可以以整体的形式从一个位置流动到另一个位置，这是它们与固体一个不同的特点，即具有流动性，正是因为具有流动性，所以气体和液体统称为流体。流体是一种特殊的质点组，其特殊性主要表现为连续性和流动性，但仍可用质点组的规律来分析处理流体的运动情况。研究静止流体规律的学科称为流体静力学，中学学过的阿基米德定律、帕斯卡定律等都属于流体静力学；研究流体运动的学科称为流体动力学，它的一些基本概念和规律等内容将分别在 4.5 节和 4.6 节加以介绍。

实际流体的运动是很复杂的，为了抓住问题的主要矛盾，将对实际流体的性质提出一些

限制，在此基础上用一个理想化的模型来代替实际流体进行讨论，此理想化的模型称为理想流体。按照上述思路，接下来将首先介绍流体的基本概念和特征，包括理想流体的流管和流线等概念、实际流体的层流、黏滞和湍流等物理现象；然后介绍理想流体的连续性方程和伯努利方程及其应用；最后介绍生物流体力学及其应用。

4.5.1　理想流体

理想流体是不可压缩的，实际流体是可压缩的，但就液体来说，压缩性很小。例如水，每增加 1 个大气压，其体积只减小约 5×10^{-5}，这个数值十分微小，可忽略不计，所以液体可看成是不可压缩的。气体虽然比较容易压缩，但对于流动的气体，很小的压强改变就可导致气体的迅速流动，因而压强差不引起密度的显著改变，所以在研究流动的气体问题时，也可以认为气体是不可压缩的。

理想流体没有黏滞性，但实际流体在流动时都或多或少地具有黏滞性。所谓黏滞性，就是当流体流动时，层与层之间有阻碍相对运动的内摩擦力(黏滞力)。例如瓶中的油，若将油向下倒时，可看到靠近瓶壁的油几乎是黏在瓶壁上，靠近中心的油流速最大，其他部分的流速均小于中心的流速。但有些实际流体的黏滞性很小，例如水和酒精等，气体的黏滞性更小，对于黏滞性小的流体在小范围内流动时，其黏滞性可以忽略不计。

为了突出流体的主要性质——流动性，在上述条件下，忽略它的次要性质——可压缩性和黏滞性，这样就可以得到一个理想化的模型——不可压缩的、没有黏滞性的流体，此流体即为理想流体。

1. 定常流动

在一般情况下，实际流体或理想流体的运动都相当复杂。造成这个的原因是流体各部分之间非常容易发生相对运动，在同一时刻，流体各处的流速可能不同，在不同时刻，流体流经空间某给定点的流速也可能在发生变化。但在有些场合，流体的运动会出现这样的情形，尽管在同一时刻流体各处的流速可能不同，但流体质点流经空间任一给定点的速度是确定的，并且不随时间变化。这种流动称为定常流动。当流速较低时，定常流动的条件是能够得到满足的。例如，沿着管道或渠道缓慢流动的水流，在一段不长的时间内可以认为是定常流动。

2. 流线

流体的流动可看作组成流体的所有质点的运动的总和，在某一时刻，流过空间任一点(对一定参照系如地球而言)的流体质点都有一个确定的速度矢量。一般情况下，这个速度矢量是随时间改变的，但在任一瞬间可以在流体中画出一簇假想的曲线，使这些曲线上任一点的切线方向与流体质点在该点的速度方向一致，则这簇曲线就是这一瞬间的流线，如图 4-12 所示。

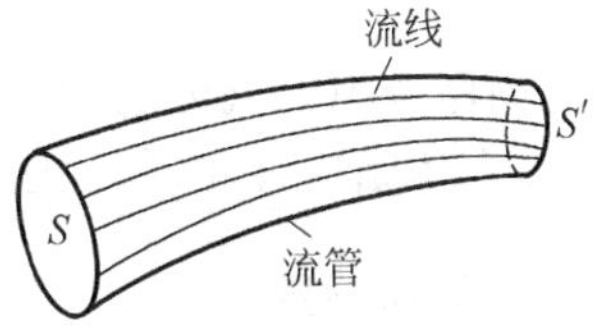

图 4-12　流线和流管

在稳定流动的流体中，流线上各点的速度都不随时间变化，流线的形状也不会发生变化，这时流线就成为流体质点的运动轨迹。例如，在化工生产中，常用管道输运流体物料。

开始时，管内各处的流速都随时间变化，这时物料的流动就不是稳定流动。但在正常工作后，管内各处流速随时间的变化就不显著了，这时物料的流动就可以看作稳定流动。又如水龙头流出的细水、水缓慢地流过堤坝等现象，在不太长的时间内都可以看作稳定流动。

如果在稳定流动的流体中划出一个小截面 S，如图 4-12 所示，并且通过它的周边各点作许多流线，则由这些流线所组成的管状体称为流管，流管是为了讨论问题方便而设想的。因为在稳定流动的流体中，一点只能有一个速度，所以理想流体的流线是不能相交的。又由于速度矢量相切于流线，所以流管内流体不会流出流管外，流管外流体也不可能流入流管内，流管和真实的管道相似。因此，可以把整个流动的流体看成是由许多流管组成的，只要知道每一个流管中流体的运动规律，就可以知道流体的运动规律。

4.5.2 实际流体

在前面的讨论中，我们把流体当作是不可压缩的，没有黏滞性或黏滞性可忽略的理想流体。但是有些液体，例如油类，它的黏滞性较大，内摩擦阻力就必须考虑，即使黏滞性较小，内摩擦较小，但在长距离流动中，内摩擦力所引起的能量损失也不能忽略，所以还需要讨论实际流体。

1. 层流

如果在一支垂直的滴定管中倒入无色甘油，在上面加入一段着色的甘油，然后打开管下端的活塞让甘油流出。从上面着色甘油的形状变化可以看出，甘油流动的速度并不是完全一致的，越靠近管壁，液体的速度越慢，和管壁接触的液粒附着在管壁上，速度为零；在中央轴线上的液粒速度最大，这种现象说明管内的液体是分层流动的，称为层流。

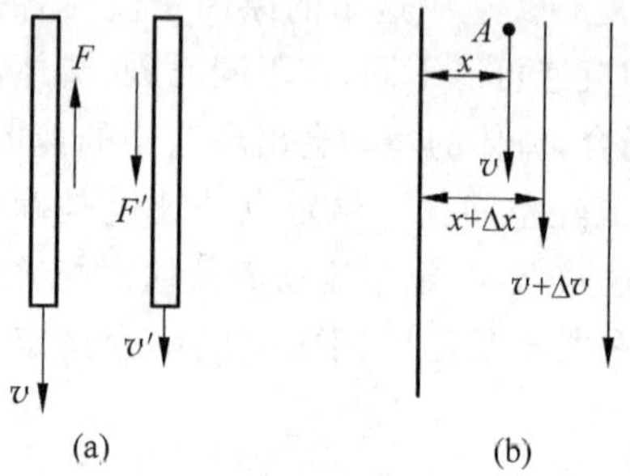

图 4-13 流体的受力

(a) 内摩擦力；(b) 黏滞力

实际液体发生层流时，相邻液层发生相对滑动，因而存在着切向的相互作用力，称为内摩擦力或黏滞力。在图 4-13(a)中，为了更容易理解，将相邻的两个液层画得分开一些，并假设左边的液层流速比右边的液层流速要快，图中 F 是右液层作用于左液层的内摩擦力，F'是左液层作用于右液层的内摩擦力。根据牛顿第三定律，它们的大小相等方向相反，通过内摩擦力作用，流速快的液层对流速慢的相邻液层有推动作用，而流速慢的液层对流速快的相邻液层则有阻止作用。

内摩擦力是由分子间的相互作用力而引起的，液体的内摩擦力比气体的大得多。内摩擦力和温度密切相关，液体的温度越高，内摩擦力越小，而气体则恰好相反，内摩擦力随温度的增加而增加。

2. 黏滞系数

在层流中，内摩擦力的大小与从一层到另一层液体流速变化的快慢程度有密切的关系。如图 4-13(b)所示，相距 Δx 的两个液层，它们的速度差为 Δv，比值 $\Delta v/\Delta x$ 的极限 $\mathrm{d}v/\mathrm{d}x$ 表示在点 A 处流体的速度沿 x 方向的变化率，称为在 x 方向上的速度梯度。实验证明，某点的内摩擦力 F 的大小是和液层的接触面积 S 以及该点的速度梯度成正比的，即

$$F=\eta S\frac{\mathrm{d}v}{\mathrm{d}x} \tag{4.23}$$

式中，比例系数 η 称为液体的黏度，也称为液体的黏滞系数或内摩擦系数。它的值取决于液体的性质，并与液体的温度有关。黏度在国际单位制中的单位是 $\mathrm{N\cdot s\cdot m^{-2}}$ 或 Pa・S。表 4-1 给出了几种常用流体的黏度。

表 4-1　几种常用流体的黏度

流　　体	温度/℃	黏度/(Pa・S)
酒精	20	1.6×10^4
甘油	20	8.3×10^5
水银	20	1.55×10^3
氧	15	19.6
氮	23	17.7
氦	23	19.6

3. 湍流

当流体流动的速度超过一定数值时，流体将不再保持分层流动，外层的流体粒子不断卷入内层，形成漩涡，整个流动显得杂乱而不稳定，这种现象称为湍流。在水管及河流中都可以看到这种现象。在一根管子中，影响湍流出现的因素除速度 v 外，还有流体的密度 ρ、黏度 η 以及流管的半径 r。为了描述这些因素参量的关系，雷诺引入一个参数 Re，即

$$\mathrm{Re}=\frac{\rho vr}{\eta} \tag{4.24}$$

其中，Re 称为雷诺数，它是一个无量纲数，其物理意义在于：①决定了流动由层流转变为湍流的条件；②在几何形状相似的管道中流动的流体，Re 的大小决定了流体的运动状态。实验指出：当流体在圆管中流动时，若 Re＜2000，流体的运动为层流；若 Re＞4000，流体的运动为湍流；若 2000＜Re＜4000，则流体的运动状态可能是层流也可能是湍流。

从式(4.24)可以看出，流体的黏度越小，密度越大则越容易发生湍流；细的管子中不容易出现湍流，流体在发生湍流时所消耗的能量要比发生层流时的多。另外湍流还有一个区别于层流的特点，就是它能发出声音。

4.6　理想流体的流动

4.6.1　流体的连续性方程

如图 4-14(a)所示，在一个流管中任取两个与流管垂直的截面 S_1 和 S_2，设流体在这两个截面处的速度分别是 v_1 和 v_2，则在单位时内流过截面 S_1 和 S_2 的体积分别等于 S_1v_1 和 S_2v_2。对于做稳定流动的理想流体来说，在相同的时间里流过这两个截面的流体体积应该相等，由此得到

$$S_1v_1\Delta t=S_2v_2\Delta t$$

消去上式两边的 Δt，可得

$$S_1 v_1 = S_2 v_2 \tag{4.25}$$

式(4.25)称为流体的连续性方程。它表明：①不可压缩的流体在流管中做稳定流动时，流体的流动速度 v 和流管的横截面积 S 成反比，即粗处流速较慢，细处流速较快。这个关系对任何垂直于流管的截面都成立。②理想流体做稳定流动时，流管的任一截面与该处流速的乘积为一恒量，Sv 表示单位时间流过任一截面的流体体积，称为流量，单位为 m^3/s。③式(4.25)表示"沿一流管的流量守恒"，称为连续性原理。

由于理想流体是不可压缩的，流管内各处的密度也是相同的，所以有如下关系：

$$\rho S_1 v_1 = \rho S_2 v_2 \tag{4.26}$$

式(4.26)表明，单位时间内流过流管中任何截面的流体质量都相同，即进入截面 S_1 的流体质量等于由截面 S_2 流出的流体质量，它是流体动力学中的质量守恒定律。

4.6.2 伯努利方程

伯努利方程是理想流体定常流动的动力学方程。选取如图 4-14(a)所示的一块流体 ab 作为研究对象，当流体由左向右做稳定流动时，取一细流管，设流体在 a 处的截面为 S_1，压强为 p_1，速度为 v_1，高度(距参考面)为 h_1；在 b 处的截面积为 S_2，压强为 p_2，速度为 v_2，高度为 h_2。经过很短的一段时间 Δt，S_1S_2 这一段的流体由位置 ab 移到 $a'b'$，即 $S_1'S_2'$段，如图 4-14(b)所示。

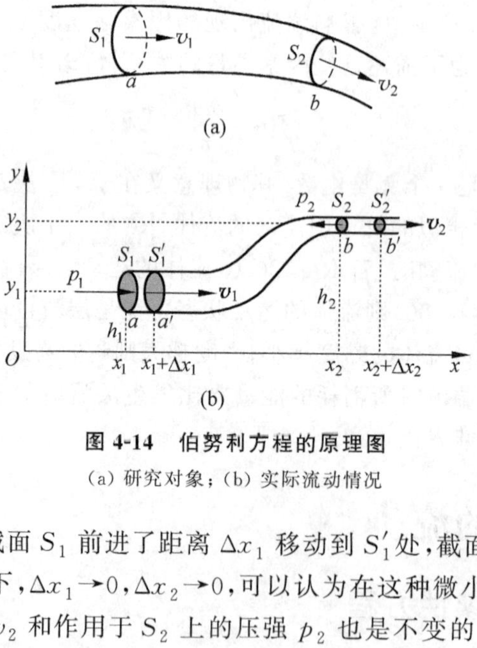

图 4-14 伯努利方程的原理图

(a) 研究对象；(b) 实际流动情况

实际的流动情况是截面 S_1 前进了距离 Δx_1 移动到 S_1'处，截面 S_2 前进了 Δx_2 移动到 S_2'处。在 $\Delta t\to 0$ 的情况下，$\Delta x_1\to 0$，$\Delta x_2\to 0$，可以认为在这种微小距离内 v_1 和作用于 S_1 上的压强 p_1 是不变的；v_2 和作用于 S_2 上的压强 p_2 也是不变的，它们的高度分别为 h_1、h_2。同时假设 S_1 和 S_2 面积都未变，且作用于它们上的压强是均匀的。下面来分析一下在这段时间内各种力对这段流体所做的功以及由此而引起的能量变化。

对这段流体做功的外力就是段外流体对它的压力，则外力所做的净功应为

$$W = p_1 S_1 \Delta x_1 - p_2 S_2 \Delta x_2 = p_1 S_1 v_1 \Delta t - p_2 S_2 v_2 \Delta t$$

利用理想流体的不可压缩性，有 $S_1 v_1 \Delta t = S_2 v_2 \Delta t = V$，因此，可以把上式简化为

$$W = p_1 V - p_2 V \tag{4.27a}$$

根据功能原理，外力对这段流体所做的净功，应等于这段流体机械能的增量，即

$$W=\Delta E_{k}+\Delta E_{p} \tag{4.27b}$$

仔细分析一下流动过程中所发生的变化可知，过程前后 a 与 b 之间的流体状态并未出现任何变化。变化仅仅是表现在截面 a 与 a' 之间流体的消失和截面 b 和 b' 之间流体的出现，显然，这两部分流体的质量是相等的。以 m 表示此段流体的质量，则此段流体的动能和势能的增量分别为

$$\Delta E_{k}=\frac{1}{2}mv_{2}^{2}-\frac{1}{2}mv_{1}^{2}$$

$$\Delta E_{p}=mgh_{2}-\frac{1}{2}mgh_{1}$$

把这两个等式代入式(4.27b)，并联立式(4.27a)可得

$$p_{1}V-p_{2}V=\left(\frac{1}{2}mv_{2}^{2}+mgh_{2}\right)-\left(\frac{1}{2}mv_{1}^{2}+mgh_{1}\right) \tag{4.28}$$

把 $m=\rho V$ 代入式(4.28)，经过计算化简得到如下关系式：

$$p_{1}+\frac{1}{2}\rho v_{1}^{2}+\rho gh_{1}=p_{2}+\frac{1}{2}\rho v_{2}^{2}+\rho gh_{2} \tag{4.29}$$

式中，$\rho=m/V$ 是液体的密度。因为 a 和 b 这两个截面是在流管上任意选取的，可见对同一流管的任一截面来说，均有

$$p+\frac{1}{2}v^{2}+\rho gh=C(\text{常量}) \tag{4.30}$$

式(4.29)和式(4.30)称为伯努利方程，它是由瑞士著名的科学家伯努利于 1738 年提出的，故名。伯努利方程表明，在忽略黏性损失的流动流体中，流线上任意两点的压力势能、动能与重力势能之和保持不变。当理想流体在流管中做稳定流动时，每单位体积的动能和重力势能以及该点的压强之和是一常量。

伯努利方程是流体动力学中一个重要的基本规律，本质上它是质点组的功能原理在流体流动中的应用。这个方程在水利、造船、化工、航空等部门有着广泛的应用。

在工程上伯努利方程常写成

$$\frac{P}{\rho g}+\frac{v^{2}}{2g}+h=C(\text{常量}) \tag{4.31}$$

式中，左端三项依次称为压力头、速度头和高度头，这三项之和称为流体的总压头。于是式(4.31)表明“沿一流线，总压头守恒”。显然，在式(4.31)中压强 p 与单位体积的动能以及单位体积的重力势能 ρgh 的量纲是相同的，从能量的观点出发，有时也把流体的总压头称为单位体积的压强能。这样一来，伯努利方程的意义就成为：理想流体在流管中作稳定流动时，流管中各点单位体积的压强能、动能与重力势能之和保持不变，具有能量守恒的性质。

应用伯努利方程时应注意以下几点：

① 取一流线，在适当地方选取两个点，在这两个点的 v,h,P 或为已知或为所求，根据式(4.31)列出方程。

② 在许多问题上，伯努利方程式常和连续性方程联合使用，这样便有两个方程式，可求解两个未知数。

③ 方程中的压强 p 是流动流体中的压强，不是静止流体中的压强，不能用静止流体中

的公式求解。除与大气接触处的压强近似为大气压外，在一般情况下，p 是未知数，要用伯努利方程去求解。

④ 为了能正确使用这个规律，再次强调，应用伯努利方程时，必须同时满足三个条件：理想流体，稳定流动，同一流线。

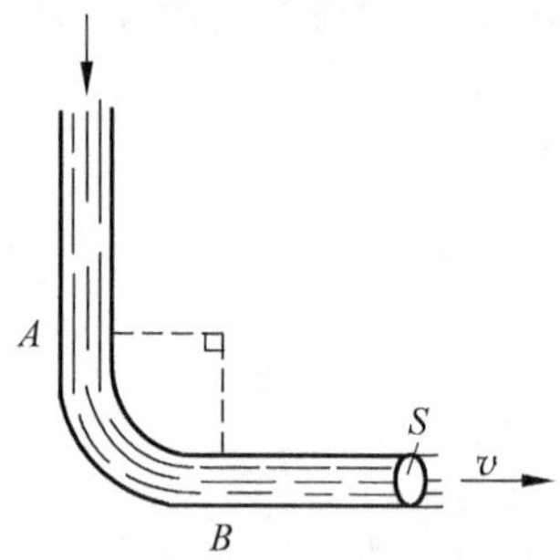

图 4-15 例 4.8 用图

例 4.8 如图 4-15 所示，在水平地面上，有一横截面为 $S=0.20\text{m}^2$ 的直角弯管，管中有流速为 $v=3.0\text{m}\cdot\text{s}^{-1}$ 的水通过，求弯管所受力的大小和方向。

解 在 Δt 时间内，从管一端流入(或流出)水的质量为 $\Delta m=\rho vS\Delta t$，则弯曲部分 AB 的水的动量的增量为

$$\Delta \boldsymbol{p}=\Delta m(\boldsymbol{v}_B-\boldsymbol{v}_A)=\rho vS\Delta t(\boldsymbol{v}_B-\boldsymbol{v}_A)$$

根据动量定理 $\boldsymbol{I}=\Delta\boldsymbol{p}$，得到管壁对这部分水的平均冲力

$$\overline{\boldsymbol{F}}=\frac{\boldsymbol{I}}{\Delta t}=\rho Sv(\boldsymbol{v}_B-\boldsymbol{v}_A)$$

从而可得水流对管壁作用力的大小为

$$\overline{F}'=-\overline{F}=-\sqrt{2}\rho Sv^2=-2.5\times10^3\text{N}$$

作用力的方向沿直角平分线指向弯管外侧。

4.6.3 伯努利方程的应用

1. 水平管($h_1=h_2$)

在许多流体问题中，流体在水平或接近水平的管子中流动。这时，式(4.29)变为

$$p_1+\frac{1}{2}\rho v_1^2=p_2+\frac{1}{2}\rho v_2^2 \tag{4.32}$$

从式(4.32)可以得出，在水平管中流动的流体，流速小处压强大，流速大处压强小。将这个结论和连续性原理(即截面积大处速度小，截面积小处速度大)，联合使用可定性说明许多问题。如图 4-16 所示，因为 $S_1>S_2$，故 $v_1<v_2$，进而可得 $p_1>p_2$。例如，空吸作用、水流抽气机、喷雾器等都是根据这一原理，利用空吸作用制成的。

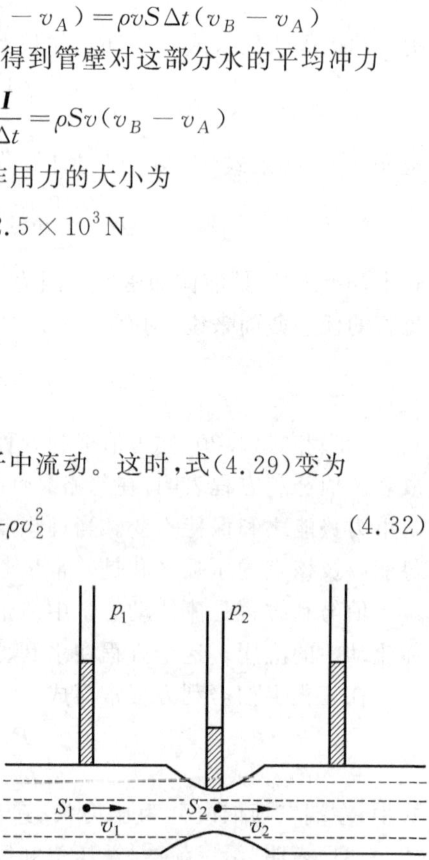

图 4-16 水平管中的流动

2. 流速计

如图 4-17 所示，a、b 两管并排平行放置，小孔 c 在 a 管的侧面，流体平行于管孔流过，这时液体在直管中上升高度为 h_1；小孔 d 在 b 管的一端，正对着流动方向，导致进入管内的流体被阻止，形成流速为零的"滞止区"，这时液体在 b 管中的高度就比 a 管高(设为 h_2)，令 p_1、p_2 分别为与 h_1、h_2 对应点处的压强，根据伯努利方程可得 $p_1+\frac{1}{2}\rho v_1^2=p_2+\frac{1}{2}\rho v_2^2$，化简得到 $p_2-p_1=\frac{1}{2}\rho v^2$，而 $p_2-p_1=\rho' gh$，这样，就可以得到

$$v=\sqrt{\frac{2\rho' gh}{\rho}} \tag{4.33a}$$

在流体力学中，经常用液柱或流体柱高度（高度差）来表示压强（压强差）的大小，所以式（4.33a）就可表示为

$$p_2-p_1=\frac{1}{2}\rho v^2=\rho' gh \tag{4.33b}$$

若表示压强差的流体与管中流体相同，则 $v=\sqrt{2gh}$；若两者是不同的流体，则 $v=\sqrt{\frac{2\rho' gh}{\rho}}$。因此用液柱高度表示流体压强时，必须注意压力计和流管中的流体是否相同。

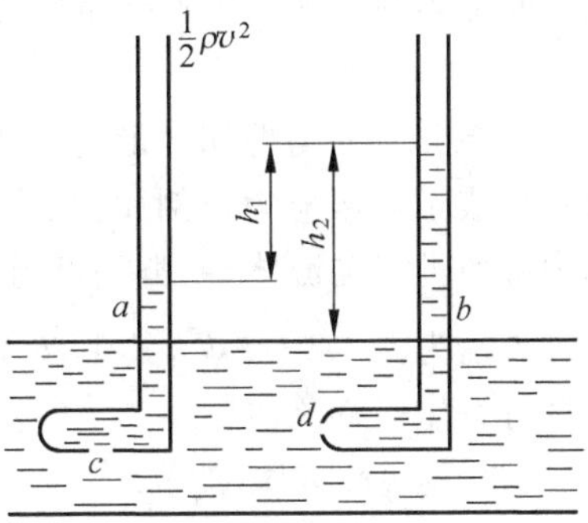

图 4-17　流速计原理

*4.7　生物流体力学

近 40 年来，生物流体力学已经快速发展成为生物力学的重要分支学科，具有十分丰富与多样化的理论基础和研究思路，是生物学、医学、生理学、生物工程、生物医学工程等学科的综合与交叉，尤其是与临床医学及人类心血管疾病的预防、诊治、解理等研究关系极为密切。

生物流体的研究对象主要分成两类，一类指是生物体内流体的流动，如植物体内水和糖分的输运过程，动物体内血液流动、呼吸气流、淋巴循环、胆汁分泌、肠道蠕动、细胞分裂中的流动与形变规律、水生植物细胞内以及黏菌体内原生质的运动等；另一类是指外部流体对生物体运动的影响，如动物泳动及飞行等。

4.7.1　生物流体的分类

1. 牛顿流体

1687 年，牛顿首先做了最简单的剪切流动实验。他在平行平板之间充满黏性流体，平板间距为 d，下板静止不动，上板以速度 v 在平面内等速平移。由于板上流体随平板一起运动，因此附在上板的流体速度为 v，附在下板的流体速度为零。实验指出，两板之间的速度分布 $u(y)$ 服从线性规律。作用在上板的力与板的面积、板的运动速度成正比，与间距 d 成反比，即流体满足牛顿内摩擦定律。由此得出剪切应力 τ 为

$$\tau=\eta\frac{\mathrm{d}u}{\mathrm{d}y}=\eta e \tag{4.34}$$

式中，$e=\mathrm{d}u/\mathrm{d}y$ 为剪切变形速率；η 为流体动力黏滞系数（即黏度）。这就是著名的牛顿黏性定律。凡是符合此定律的流体均为牛顿流体，否则为非牛顿流体。非牛顿流体一般可分为与时间无关的非牛顿流体和与时间有关的非牛顿流体，后者有时称为黏弹性流体。

2. 非牛顿流体

非牛顿流体不满足牛顿内摩擦定律，因此不遵循牛顿黏性定律。其中，与时间无关的非牛顿流体包括塑性流体、假塑性流体和胀塑性流体三类。

(1) 塑性流体

塑性流体与牛顿流体不同之处在于它要有一个屈服应力 τ_0 才能流动，一旦开始流动，其内摩擦力与速度梯度仍保持线性关系，因此可得

$$\tau - \tau_0 = \eta e^n \tag{4.35}$$

式中，$e = du/dy$ 为剪切变形速率；η 为塑性流体的黏滞系数；$n(0<n<1)$为流动特征指数；τ_0 表示屈服应力。例如，泥浆、沥青、油漆、有机胶体、润滑脂等均属此类流体。此类流体中有两类著名流体，一类是可用式(4.35)表示的宾汉体；另一类是卡森体，它的内摩擦定律可表示为$\sqrt{\tau} = b + k\sqrt{e}$，其中，$k$ 为常数，$b = \sqrt{\tau_0}$，$e = du/dy$。在大多数情况下，牛和人的血液可看作卡森流体。

(2) 假塑性流体

假塑性流体的内摩擦定律可表示为

$$\tau = -ke^n \tag{4.36}$$

式中，k 为常数。淀粉浆糊、纤维素脂、玻璃溶液等均属此类流体。

(3) 胀塑性流体

胀塑性流体与假塑性流体的不同之处在于胀塑性流体的 τ 会随着 $e = du/dy$ 的增大而增大。常见的胀塑体有淀粉中加水制成的流体，云母中加水制成的流体等。图 4-18 给出牛顿流体、假塑性流体和胀塑性流体三种生物流体的黏度曲线和流动曲线。

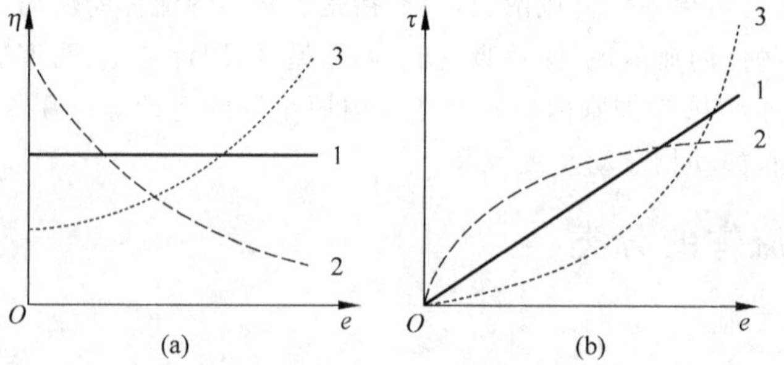

图 4-18 三种生物流体的黏度曲线和流动曲线

(a) 黏度曲线；(b) 流动曲线

1—牛顿流体；2—假塑性流体；3—胀塑性流体

4.7.2 黏性流体的运动

实际流体都具有不同程度的黏性，甚至有的流体的黏性相当大，如生物流体(血液、口腔分泌液等)、甘油、重油和熔融的金属等，这对它们的运动必定产生影响。这种影响主要表现在，流体在远距离输送时，必须考虑由其黏性所引起的能量损耗；当物体在流体中作相对运动时，必须考虑由其黏性所引起的阻力作用等。

在作相对运动的两层流体之间的接触面上，存在一对阻碍两流体层相对运动的大小相等而方向相反的摩擦力，这种摩擦力称为流体的黏力或内摩擦力。这种性质称为流体黏性。在讨论静止流体两部分之间的相互作用时曾介绍过，在任何一点上，流体的一部分对另一部分的作用力都与该点处两部分流体的界面相垂直，而且它们之间不存在切向力。但在作相对运动的两部分黏性流体之间，则既存在沿界面法向的压力，也存在沿界面切向的黏力。

表 4-2 和表 4-3 分别列出了水和几种气体的黏度随温度的变化情况。由表中的数据可以看出，液体和气体的黏度随温度的变化有着相反的变化趋势，说明它们各自具有不同的黏性机制。流体的黏度 h 是流体宏观流动性的反映，h 越大，流动性越小，流体越不容易流动。

表 4-2　水的黏度随温度的变化

温度/℃	0	20	40	60	80	100
黏度 $\eta/(10^{-3}\,\text{Pa}\cdot\text{s})$	1.792	1.0050	0.6560	0.4688	0.3565	0.2838

表 4-3　几种气体的黏度随温度的变化

气　体	空　气			二氧化碳			氢　气		
温度/℃	0	20	671	0	20	302	−1	20	251
黏度 $\eta/(10^{-6}\,\text{Pa}\cdot\text{s})$	18	18.1	42	14	14.8	27	8.3	8.8	13

影响液体和气体流动性的因素是不同的。影响液体流动性的主要因素是液体分子之间的引力作用。随着温度的升高，液体分子的动能增大，使得摆脱分子之间引力束缚的能力增大，因而流动性加强，黏度自然减小。而影响气体流动性的主要因素是气体分子之间的相互碰撞。随着温度的升高，气体分子热运动速率增大，在单位时间内相互碰撞的次数也就增加，因而宏观流动性减弱，黏度自然增大。

在实际工作中，测定流体的黏度是十分重要的，例如，润滑剂的选择必须考虑黏度。因为黏度与分子结构有着密切关系，可以根据黏度来确定高分子物质的分子量；由于人体血液的黏度与病变有关，因此可以根据血液的黏度获得有价值的病理资料。

由于流体黏性的存在，当流体沿固体表面流动时，紧贴固体表面的那层流体实际上是附着在固体表面上保持不动的，它对相邻流体层所施加的黏力，企图使相邻的流体层也静止不动，但这是不可能的，因为流体层同时还受到在其另一侧的流体层所施加的方向相反的黏力的作用，这个力的作用企图使它以更快的速率运动。各层流体之间就是这样彼此牵制，互相制约，从而使各层流体的速率不同，距离固体表面越近的流体层速率越小，距离表面越远的流体层速率越大。当流体沿管道流动时，处于管轴的流体层速率最大，距离管壁越近的流体层速率越小，紧贴管壁的流体层速率为零。由于黏性的存在，在管道中流动的流体自然地出现了分层流动，各层流体只发生相对滑动而彼此不相混合，这种现象称为层流。液体在毛细管中的流动，血液在微血管中的流动，石油在输油管中的流动等，多为层流。

在推导伯努利方程时，只考虑了所取细流管内部的流体对流体块前、后的压力所做的功。当黏性流体做定常流动时，不仅必须考虑由于黏力所引起的能量损耗，还必须考虑细流管周围流体对流体块施加的黏力所做的功。经过修正后，得到黏性流体做稳定流动时所遵循的规律为

$$p_1+\frac{1}{2}\rho v_1^2+\rho g h_1=p_2+\frac{1}{2}\rho v_2^2+\rho g h_2+w \tag{4.37a}$$

其中，w 是单位体积的流体块从截面 S_1 流到截面 S_2 时黏力所做的功，称为黏性损耗。如果黏性流体沿着粗细均匀的管道做定常流动，则沿管道长度方向上流速应处处相等，则式(4.37a)可简化为

$$(p_1-p_2)+\rho g(h_1-h_2)=w \tag{4.37b}$$

式(4.37b)表明，由于黏力的存在，为了维持黏性流体在管道中做定常流动，要么必须保证管道两端的压强差(p_1-p_2)，以外力对流体做功的方式来弥补由黏力所引起的能量损耗；要么必须保证管道两端的高度差(h_1-h_2)，以降低流体重力势能的方式来弥补由黏力所引起的能量损耗；或者两者兼而有之。

由以上分析可见，确定黏性损耗的大小是进行黏性流体远距离输送的关键问题之一。

1. 泊肃叶定律

黏性流体在圆管道中发生层流时，流过管道的流量与管道半径 R 的 4 次方成正比，与流体的黏度 η 成反比，即

$$Q=\frac{\pi(p_1-p_2)}{8\eta L}R^4 \tag{4.38}$$

式(4.38)称为泊肃叶定律。式中，L 为流体元的长度，p_1-p_2 为流体元两端所受压力差。利用式(4.38)可精确测定流体的黏度 η。

2. 斯托克斯定律

当固体物在黏性流体中发生相对运动时，固体物将受到流体的阻力作用。在相对运动速率不大时，阻力主要来自流体的黏力，称为黏性阻力。由于固体物的表面附着一层流体，这层流体将随固体物一起运动，在固体物表面周围的流体中形成一定的速率梯度，从而在各流层之间产生黏力，阻碍固体物发生相对运动。黏性液体相对小球发生层流而速度又较小时，小球所受阻力为 $f=6\pi\eta rv$。当小球受力平衡时，其匀速下降速度(称收尾速度)为

$$v=\frac{2}{9\eta}r^2(\rho-\rho')g \quad \left(\text{或 } \eta=\frac{2}{9v}r^2(\rho-\rho')g\right) \tag{4.39}$$

式(4.39)称为斯托克斯定律。式中，r 为小球半径；ρ'为液体的质量密度；ρ 为小球的质量密度。用此方法可测定小球的半径 r 和流体的黏度 η。

名人堂 奥斯本·雷诺

奥斯本·雷诺(Osborne Reynolds，1842 年 8 月—1912 年 2 月)，英国力学家、物理学家和工程师。雷诺在流体力学方面最主要的贡献是发现流动的相似律，他于 1883 年发表了一篇经典性论文——《决定水流为直线或曲线运动的条件以及在平行水槽中的阻力定律的探讨》。这篇文章以实验结果说明水流分为层流与紊流两种形态，并引入表征流动中流体惯性力和黏性力之比的一个无量纲数，即雷诺数，作为判别两种流态的标准。对于几何条件相似的各个流动。即使它们的尺寸、速度、流体不同，只要雷诺数相同，则这些流动是动力相似的。1851 年，斯托克斯已认识到这个比数的重要性。1883 年雷诺通过管道中平滑流线型流动(层流)向不规则带旋涡的流动(湍流)过渡的实验，阐明了这个比数的作用。在雷诺以后，分析有关的雷诺数成为研究流体流动特别是层流向湍流过渡的一个标准步骤。此外，雷诺还给出平面渠道中的阻力，提出轴承的润滑理论，研究河流中的

波动和潮汐。阐明波动中群速度概念，将许多单摆上端串联且均匀分布在一紧张水平弦线上以演示群速度；指出气流超声速地经管道最小截面时的压力(临界压力)；引进湍流中有关应力的概念。还从分子模型解释了剪胀(ditatancy)的机理等。

1. 家庭环境孕育科学兴趣

雷诺于 1842 年 8 月 23 日出生在北爱尔兰的贝尔法斯特，不久后便随父母移居到英格兰东南部埃塞克斯的小镇戴德姆。他的早期教育是其父亲所承担的，父亲对机械制造有浓厚的兴趣，这也吸引了雷诺对机械问题产生了浓厚的兴趣，并很早地表现出了这方面的天赋。

19 岁时，雷诺在一家造船厂里工作了一年，期间了解到流体动力学的实用性问题，并发现数学知识是研究机械学必不可少的，因此决定到剑桥大学学习数学专业的课程。1868 年，雷诺毕业一年后，他便当选为欧文斯学院(今曼彻斯特大学)的教授，成为英国第一位工程学教授。1869 年 11 月，雷诺成为英国皇家学会会员，同时也积极参与曼彻斯特科学与机械学会的活动。

雷诺在他的整个职业生涯中对热传导和热功率有着极大兴趣。1870 年，焦耳发表的关于“水射流的稳定性”的论文引起了雷诺对这一问题的探究。1871—1874 年，雷诺致力于用科学的方法来研究和解决一些实际问题，包括弹性与断裂，高压蒸汽的使用，如何将钢的属性应用于建筑材料等实际问题。

雷诺对船舶动力学问题有着浓厚的兴趣，特别是带有螺旋桨轮船的驱动装置。1873—1874 年，在“理论和实验中使螺旋桨蒸汽船引擎加速的原因”“蒸汽锅炉受热面的程度”这 2 篇论文中，雷诺解释了蒸汽机驱动的内在原因，推断为确保螺旋桨能够完全淹没，应增大其直径。

1874 年，雷诺研究了“螺钉和螺旋桨转向之间的关系”，并做过许多实验，其中有一个开创性的实验—蒸汽驱动。他制作了 2 个模型，当 2 个模型即将发生碰撞时，可以通过改变螺旋桨方向或使用船舵掉头来应对。在当时，他利用实验证实观点，是很大的突破。

雷诺认为，每个自然现象背后都有其物理学的本质。1875 年，雷诺通过实验表明，雨滴形成后大量水汽聚集在其表面从而对波运动产生了影响。1878 年，他又对雨滴形成冰雹和雪花的方式进行了研究，并借助实验来验证结论。1881 年，雷诺还做过关于“流动的液滴表面上的水仅依赖于表面的纯度”的报告。

雷诺希望自己的研究是完整的、有理可循的，在工程学方面进行很多深入的研究后，在气体、流体与颗粒材料方面开展了一系列的猜想与实验，这些工作虽然在当时没有受到重视，但为后人对流体动力学的研究打下了很好的基础。在刚到欧文学院时，雷诺对气态流体动力学的研究很感兴趣。他发明了一个简单的光度计来表征由热传递产生、在稀薄气体表面的力，还与同事合作进行光磨实验，得出了“使叶片转动的力不直接源于热辐射”的结论。蒸腾的气体也引起了雷诺的注意，雷诺利用气筒通过多孔塞、带孔的薄板以及微小的毛细管来描述气体运动。

1879 年，雷诺在《气态物质的某些维度属性》的论文中阐明，不止压力差，温度差也会引发气流从多孔板一侧流向另一侧；在多孔板两侧压力相同的情况下，温度差异同样能够引发此现象。他将这种现象命名为“热蒸腾”。

雷诺还进行了各种关于气体压力的实验来验证自己的想法，发现气体浓度大小与其通过多孔介质的多少或者光磨中叶片大小有关，并最终证实了气体的尺寸特性。雷诺对于气体蒸腾的研究对之后的热蒸腾动力学理论起到了重要的奠基作用。

雷诺能够把理论和实验结合起来，而经过不断探索，他不再仅凭兴趣去钻研科学问题，而更希望通过研究解决实际问题，由此开始采用力学与工程学相结合的方式进行研究。

雷诺对于流体动力润滑的研究是刺激机械工程学会进行摩擦研究的一个重要原因。他的研究表明，轴承之间可能发生油阻问题，由此产生的压力上升使其足以支撑轴。他发现轴和轴承之间油膜的维护正是基于流体力学，转轴的中心偏离轴承的中心，能够使油膜变厚，从而保护油膜。

在特定的温度下，雷诺通过黏度的变化观测到了压力的数据，并发表了一篇关于润滑理论研究的论文。在论文中，雷诺以力学为基础，观察生活中频繁出现却被人们忽视的润滑问题，发现如果两物体表面之间存在压力，少许润滑油就能够使得二者无法保持相对静止状态。

雷诺能够运用物理知识来解决生产生活中的实际问题，再将物理知识进行梳理和解释后重新加工运用到生产生活当中，从而产生了更有利于人类发展的效果，这是雷诺最擅长也最与众不同的地方。

在研究的鼎盛时期，雷诺通过颗粒介质的特性开始了对液体性质的思考，又由液体引申到对流体力学的研究，从而在流体动力学上做出了极大贡献。

雷诺对于颗粒介质的特性及渗流理论进行了实验总结，为后人进行理论推导奠定了坚实的基础。1885 年，雷诺把这种介质的属性命名为“膨胀性”，即通过大量的颗粒材料中的颗粒排列变化一致改变其体积所拥有的特性。1886 年，雷诺写出了“对由刚性粒子在接触媒体的扩容”的论文，最终获得了大家的认可。

雷诺用一个有着玻璃瓶颈的橡胶瓶子装满水，橡胶瓶将收缩，水会被逼迫到瓶颈；但如果在瓶子里装满粒状材料和水，由于橡胶瓶的压缩会作用在每一个点上，粒状物质会把水从瓶颈压迫到瓶内，这些小的硬颗粒起到了吸收、排列的作用，使瓶内的空隙增加了。

雷诺的许多研究都与流体有关，他首先对流体力学的基础知识——波运动和涡旋运动进行了研究，借助绘制彩色带来描述这种运动。

1883 年，雷诺发表了最为著名的论文《一项关于决定运动的水应该按照平行通道阻力定律以直接的方式还是弯曲的方式通过某一环境的研究》，这是流体力学发展的一个重要里程碑。在这篇论文中，雷诺引入了无量纲雷诺数，研究了从层流到湍流的临界雷诺数。研究真实液体运动主要特征及其之间的联系，引发了雷诺对黏性液体运动的思考；继而通过运动方程的计算及观察实验的结果，发现了在运动中，阻抗完全对应速度比的规律。

随着温度的升高，水的黏度逐渐减弱，而这种物理特性——运动黏度，使大部分物质的物理特性可用距离和速度描述。此时，他开始考虑建立一个运动方程，其中包含两种特性——惯性和黏性，它们的比率与无量纲参量 $U_m \cdot D/n$，U_m 为涡流的平均速度；D 为管道直径，n 为运动黏性。图 4-19 是雷诺做的运动黏度实验图，在这个实验中，雷诺用玻璃管制造了一个彩色的“乐队”。该实验装置四面是玻璃储水箱，里面是一个敞口玻璃管，木质的表面和玻璃管相连，右侧的玻璃管连接一个装有阀门可用长杆控制的铁管，左侧是一个小号。

当浮盘到达一定水位时，水会从玻璃管中排出。可以从这个实验中观察到各个波段美丽的条纹，进一步开启阀门增加流量时，颜料会混着水填充到玻璃管的其余部分，管中颜料的分解就会显现出旋涡。

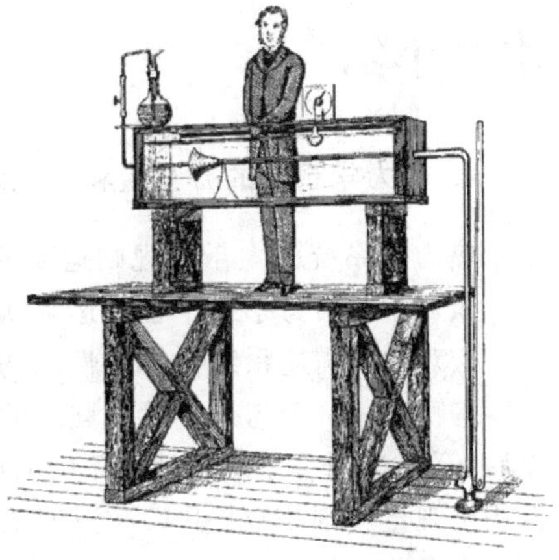

图 4-19　雷诺做的运动黏度实验

2. 雷诺数实验装置

之后，雷诺又改变玻璃管的直径与温度从而测量旋涡的临界速度，发现在较低的速度下，压力与速度成正比，而临界速度又可借助泊肃叶公式计算出。

在整个运动过程中，阻力定律精确地与下式一致：

$$\eta/\rho c$$

其中，η 为流体的黏度系数；ρ 是液体密度；c 是常数。

为了消除干扰，雷诺用不同直径的管子在不同温度下进行测试，用类似的计算方法得出的流速都相等，暗示着雷诺数的临界值是相同的。他引入了一个无量纲数，即“雷诺数”：$\mathrm{Re}=rvl/h$。流速越大，流过物体表面距离越长；密度越大，层流边界层越容易变成湍流边界层。相反，黏性越大，流动起来越稳定，越不容易变成湍流边界层。流体由层流向湍流过渡时转变点的雷诺数，称为临界雷诺数，记作 Re。为了奖励雷诺对力学和工程学做出的贡献，1888 年雷诺获得了皇家奖章，这是当时至高无上的荣誉。

雷诺另一个广为人知的成就是对湍流的研究，即“对黏性流体动力学理论和标准的确定”的论文。他发现，摩尔运动和热运动之间区别的分析方法是成立的，这种分析方法是区分平均摩尔运动和相对摩尔运动是在稳态平均的情况下(湍流)沿管道流动的基础，该理论成为现代湍流研究的基础。

1887 年，“有关河流河口的一定规律，以及对其进行小规模实验的可能性”的论文中，雷诺设计了有着平缓的河床和垂直的边缘，从而在涨潮时可以表现出河口形状的实验模型。

在模型中可以认为，通道中速度的平方可作为垂直尺度的平方根，与周期的比值为水平尺度除以这个速度。这一进展开辟了模拟流动的河流和河口的巨大可能性。

雷诺是一位不折不扣的将力学与工程学相结合的先驱者。雷诺喜欢观察生活，思考科学问题，他想要追求自己感兴趣的问题，而不理会当时科学发展所需要的到底是什么。尽管拥有很多项关于涡轮泵和离心泵的改进专利，但在创新和发明的问题上，雷诺并不看重经济利益。

雷诺兴趣广泛，一生著作很多，其中近 70 篇论文都有很深远的影响。这些论文研究的内容包括力学、热力学、电学、航空学、蒸汽机特性等。雷诺的著作编成《雷诺力学和物理学课题论文集》2 卷。其中重要的有 1893 年关于动力相似律奠基性的论文，1886 年关于润滑理论的论文和 1895 年关于湍流中雷诺应力的论文等。

雷诺在力学与工程学中做出了突出贡献，是将力学与工程学相结合的先驱者，流体力学中被广泛应用的雷诺数便是以他的名字来命名的。

本章小结

1. 热力学系统的微观量和宏观量平衡态

热力学系统由大量无规则运动的粒子组成，简称系统。

微观量：描写系统中粒子运动状态的物理量。

宏观量：描述系统整体特性的物理量。

平衡态：一个与外界没有联系的孤立系统，不管它开始时处于何种状态，经过一段时间以后，都会达到一个宏观性质不随时间变化的状态，这样的状态称为平衡态。平衡态的气体常用宏观量压强 P、体积 V 和温度 T 等状态参量描述。

2. 理想气体的性质

(1) 物态方程：$pV=\nu RT$ 或 $p=nkT$，其中 $n=N/V$ 为分子数密度，$\nu=M/M_{\mathrm{mol}}$ 为摩尔数，$R=8.31\mathrm{J/(mol\cdot K)}$。

(2) 压强公式：$p=\frac{1}{3}nm\overline{v^2}=\frac{2}{3}n\bar{\varepsilon}_{\mathrm{k}}$，其中 $\bar{\varepsilon}_{\mathrm{k}}=\frac{1}{2}m\overline{v^2}$ 为分子平均平动动能。

(3) 能量：分子平均平动动能 $\bar{\varepsilon}_{\mathrm{k}}=\frac{1}{2}m\overline{v^2}=\frac{3}{2}kT$，分子平均动能 $\bar{\varepsilon}_{\mathrm{k}}=\frac{i}{2}kT$；理想气体的内能 $E=\nu\frac{i}{2}RT=\frac{i}{2}pV$。其中，$i=t+r$ 为分子自由度，t 为平动自由度，r 为转动自由度。单原子分子 $r=0,i=3$；双原子分子 $r=2,i=5$；三原子分子 $r=3,i=6$。

3. 统计规律和速率分布函数

(1) 统计规律

存在于大量无规则行为或偶然事件中的群体规律称为统计规律。统计规律随条件变化而变化。

(2) 速率分布函数

速率分布函数 $f(v)=\frac{\mathrm{d}N}{N\mathrm{d}v}$，其必须满足归一化条件 $\int_0^\infty f(v)\mathrm{d}v=1$。它的物理意义是：在平衡态下，速率在 v 值附近单位速率区间内的分子数占总分子数的比例，也表示一个分子的速率出现在 v 值附近单位速率区间的概率。

由速率分布函数 $f(v)$ 和总分子数 N，可得 $\mathrm{d}v$ 区间内的分子数占总分子数的比例为 $\frac{\mathrm{d}N}{N}=f(v)\mathrm{d}v$，以及在 $v_1\sim v_2$ 区间的分子数占总分子数的比例为 $\frac{\Delta N}{N}=\int_{v_1}^{v_2}f(v)\mathrm{d}v$。

理想气体的麦克斯韦速率分布函数 $f(v)=4\pi\left(\frac{m}{2\pi kT}\right)^{3/2}v^2\mathrm{e}^{-mv^2/2kT}$。

玻耳兹曼能量分布：平衡态下，处于能态 ε 的粒子数或粒子处于能态 ε 的概率，正比于概率因子 $\mathrm{e}^{-\varepsilon/kT}$。

最概然速率 $v_{\mathrm{p}}=\sqrt{\frac{2kT}{M_{\mathrm{mol}}}}=\sqrt{\frac{2RT}{M}}=1.41\sqrt{\frac{RT}{M}}$，平均速率 $\bar{v}=\sqrt{\frac{8kT}{\pi M_{\mathrm{mol}}}}=\sqrt{\frac{8RT}{\pi M}}=$

$1.60\sqrt{\frac{RT}{M}}$，方均根速率$\sqrt{\overline{v^2}}=1.73\sqrt{\frac{RT}{M}}$。

4. 流体的物理性质

(1) 一个理想化的模型：不可压缩、没有黏滞性的流体，即为理想流体。实际流体具有黏滞性，可压缩。

(2) 稳定流体的描述：流线、流管。

任一瞬间，可以在流体中画出这样一些线，使这些线上各点的切线方向与流体质点在这一点的速度方向相同，这些线就称为这一时刻的流线。

(3) 实际流体的描述参量有层流、内摩擦力或黏滞力、湍流和雷诺数。液体是分层流动的，称为层流。当流体流动的速度超过一定数值时，流体将不能再保持分层流动。外层的流体粒子不断卷入内层，形成漩涡。整个流动显得杂乱而不稳定，这种现象称为湍流。

雷诺数 $\mathrm{Re}=\frac{\rho v r}{\eta}\begin{cases}<2000, & \text{层流}\\>2000, & \text{湍流}\end{cases}$，一个无量纲数。

(4) 黏度(黏滞系数)和压缩系数。

5. 理想流体的流动

(1) 流体的连续性方程 $S_1v_1=S_2v_2$。

流体动力学中的质量守恒定律 $\rho S_1v_1=\rho S_2v_2$。

(2) 伯努利方程

① 外力所做的净功 $W=p_1V-p_2V=\Delta E_{\mathrm{k}}+\Delta E_{\mathrm{p}}$

② 伯努利方程 $p_1+\frac{1}{2}\rho v_1^2+\rho g h_1=p_2+\frac{1}{2}\rho v_2^2+\rho g h_2=C$(常量)

(3) 伯努利方程的应用

水平管：空吸作用、水流抽气机、喷雾器等都是根据这一原理制成的。

流速计方程 $p_2-p_1=\frac{1}{2}\rho v^2=\rho' g h$。

6. 生物流体力学

(1) 生物流体的分类：牛顿流体、非牛顿流体(黏弹性流体)。

满足牛顿内摩擦定律的流体，称为牛顿流体。

与时间无关的流体属于非牛顿流体，包括塑性流体、假塑性流体和胀塑性流体。

(2) 黏弹性流体的伯努利方程：$(p_1-p_2)+\rho g(h_1-h_2)=w$。

(3) 泊肃叶定律：$Q=\frac{\pi(p_1-p_2)}{8\eta L}R^4$——黏滞流体的流量。

(4) 斯托克斯定律：$v=\frac{2}{9\eta}r^2(\rho-\rho')g$——小球流速；$\eta=\frac{2}{9v}r^2(\rho-\rho')g$——流体的黏滞系数。

习题

1. 填空题

1.1 两瓶不同种类的理想气体，它们的温度和压强都相同，但体积不同，则分子数密度________，气体的质量密度________，单位体积内气体分子的平动动能________(填相同或不同)。

1.2 质量相等的氢气和氦气温度相同，则氢分子和氦分子的平均平动动能之比为________，氢气和氦气的平动动能之比为________，两种气体的内能之比为________。

1.3 已知 $f(v)$是速率分布函数，说明下列各式的意义：

(1) $f(v)\mathrm{d}v$ 表示________________；

(2) $\int_{v_1}^{v_2} vf(v)\mathrm{d}v$ 表示________________；

(3) $\int_{0}^{v_p} f(v)\mathrm{d}v$ 表示________________。

1.4 如图 4-20 所示的曲线为某种理想气体(分子质量为 m_1)在温度为 T 的平衡状态下的速率分布曲线，试在图中定性画出另一种理想气体(分子质量为 m_2)在同温度下的速率分布曲线，图中 v_p 为该气体的分子在该温度下的最概然速率。两种气体分子质量间的关系为 m_1 ____ m_2(填>、<或=)。

1.5 两个相同的容器装着氢气，以一玻璃管相通。管中一水银滴作为活塞，当左边容器的温度为 0℃，而右边容器的温度为 20℃时，水银滴刚好在管的中央而保持平衡，如图 4-21 所示。当左边容器温度由 0℃升到 10℃，而右边温度保持不变时，水银滴会由________向________方向移动；当左边升温到 10℃，而右边升温到 30℃时，水银滴由________向________方向移动。

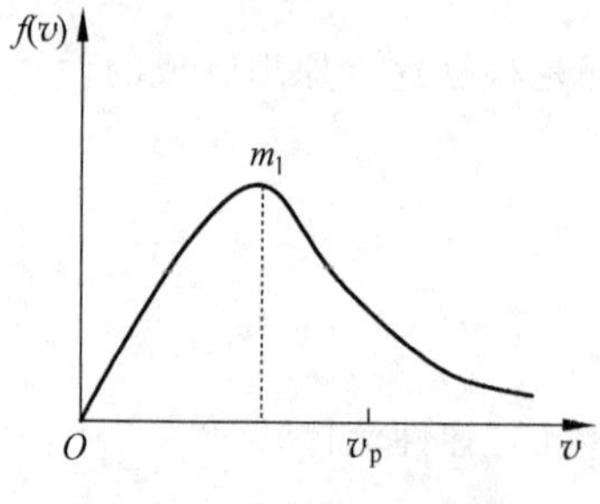

图 4-20 填空题 1.4 用图

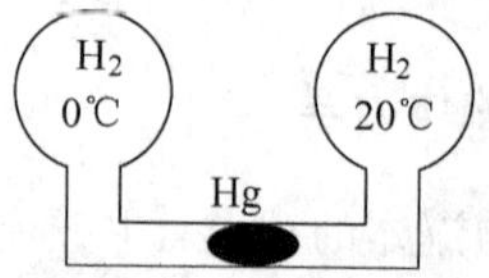

图 4-21 填空题 1.5 用图

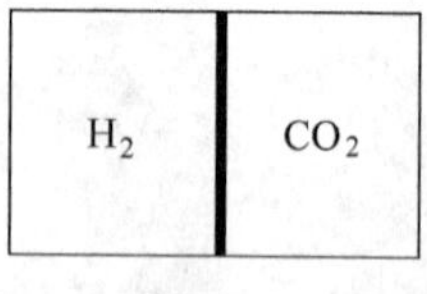

图 4-22 填空题 1.6 用图

1.6 把一长方形容器用一隔板分开为容积相等的两部分，一边装着 CO_2，另一边装着 H_2。两边气体的质量相等，温度相同，如图 4-22 所示。如果隔板与器壁之间无摩擦，则隔板会向________方向移动。

1.7 理想流体是________、________的流体。

1.8 理想流体在稳定流动时，管截面积大处流速________，截面积小处流速________。

1.9　在平衡流体中，静压强相等的各点所组成的面称为________，平衡流体内任一点所受的力与通过该点的________互相垂直。

1.10　温度升高时，液体的黏度________，而气体的黏度________。

1.11　在 101.33kPa 下用 20℃的清水测定某离心泵的抗气蚀性能，在某流量下测得泵内恰好发生气蚀时，泵入口处的压强为 60.1kPa，据此求得此时的允许吸上真空度为________的水柱。

1.12　理想流体的流场中各点的________不随时间变化的流动称为定常流动。

2. 选择题

2.1　【　　】温度、压强相同的氦气和氧气，它们的分子平均动能 $\bar{\varepsilon}$ 和平均平动动能 $\bar{w}$ 有如下关系：

(A) $\bar{\varepsilon}$ 和 $\bar{w}$ 都相等　　(B) $\bar{\varepsilon}$ 相等，而 $\bar{w}$ 不相等

(C) $\bar{w}$ 相等，而 $\bar{\varepsilon}$ 不相等　　(D) $\bar{\varepsilon}$ 和 $\bar{w}$ 都不相等

2.2　【　　】有容积不同的 A、B 两个容器，A 中装有单原子分子的理想气体，B 中装有双原子分子的理想气体。若两种气体的压强相同，那么这两种气体的单位体积内能 $(E/V)_A$ 和 $(E/V)_B$ 的关系是：

(A) $(E/V)_A<(E/V)_B$　　(B) $(E/V)_A>(E/V)_B$

(C) $(E/V)_A=(E/V)_B$　　(D) 不能确定

2.3　【　　】下列各式中哪个表示气体分子的平均平动动能？

(A) $\dfrac{3M}{2M_{\text{mol}}}pV$　　(B) $\dfrac{3}{2}npV$　　(C) $\dfrac{3m}{2M}pV$　　(D) $\dfrac{3M_{\text{mol}}}{2M}N_0pV$

2.4　【　　】$\dfrac{3}{2}RT$ 的物理意义是：

(A) 理想气体的平动动能　　(B) 1mol 理想气体的平动动能

(C) 理想气体的平均动能　　(D) 1mol 理想气体的内能

2.5　【　　】图 4-23 为某种气体分子中速率分布曲线，图中 A、B 两部分的面积相等，则该图表示：

(A) v_0 为最可几速率　　(B) v_0 为平均速率

(C) v_0 为方均根速率　　(D) 速率大于和小于 v_0 的分子数各占一半

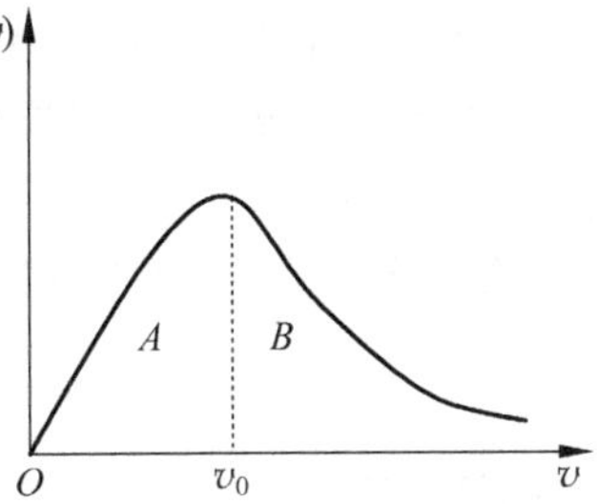

图 4-23　选择题 2.5 用图

2.6　【　　】一定量的理想气体，保持压强不变，则气体分子的平均碰撞频率 $\bar{z}$ 和平均

自由程 $\bar{\lambda}$ 与气体温度 T 的关系为：

(A) $\bar{z}$ 正比于 $1/\sqrt{T}$，$\bar{\lambda}$ 正比于 T　　(B) $\bar{z}$ 正比于 $\sqrt{T}$，$\bar{\lambda}$ 正比于 $1/T$

(C) $\bar{z}$ 正比于 T，$\bar{\lambda}$ 正比于 $1/T$　　(D) $\bar{z}$ 与 T 无关，$\bar{\lambda}$ 正比于 T

2.7 【　】理想液体在一水平管中做稳定流动时，截面积 S、流速 v 与压强 p 间的关系是：

(A) S 大处 v 小 p 小　　(B) S 大处 v 大 p 大

(C) S 小处 v 大 p 大　　(D) S 小处 v 大 p 小

2.8 【　】下列关于流体黏性的说法中，不准确的说法是：

(A) 黏性是实际流体的物性之一

(B) 构成流体黏性的因素是流体分子间的吸引力

(C) 流体黏性具有阻碍流体流动的能力

(D) 流体运动中黏度的国际单位制单位是 m^2/s

2.9 【　】在流体研究的欧拉法中，流体质点的加速度包括当地加速度和迁移加速度，迁移加速度反映：

(A) 由于流体质点运动改变了空间位置而引起的速度变化率

(B) 流体速度场的不稳定性

(C) 流体质点在流场某一固定空间位置上的速度变化率

(D) 流体的膨胀性

2.10 【　】不可压缩实际流体在重力场中的水平等径管道内作稳定流动时，以下陈述错误的是：

(A) 沿流动方向流量逐渐减少

(B) 沿流动方向阻力损失量与流经的长度成正比

(C) 沿流动方向压强逐渐下降

(D) 沿流动方向雷诺数维持不变

3. 思考题

3.1 什么是温度？温度常见的有哪三种标记？给出三者之间的转换公式。

3.2 为什么说温度具有统计意义？讲一个分子具有多少温度，行吗？

3.3 气体在平衡态时有何特征？气体的平衡态与力学中的平衡态有何不同？

3.4 一定量的某种理想气体，当温度不变时，其压强随体积的减小而增大；当体积不变时，其压强随温度的升高而增大，从微观角度看，压强增加的原因是什么？

3.5 简述分子动理论的基本观点。

3.6 速率分布函数的物理意义是什么？试说明下列各式的物理意义：(i) $Nf(v)\mathrm{d}v$；(ii) $\int_{v_1}^{v_2} Nf(v)\mathrm{d}v$。

3.7 能否说速度快的分子温度高，速度慢者温度低。为什么？

3.8 指出以下各式所表示的物理含义。

(1) $ikT/2$；(2) $3kT/2$；(3) $ikT/2$；(4) $iRT/2$；(5) $\nu iRT/2$。

3.9 简述理想气体的微观模型。

3.10　什么是流体的连续性方程？为什么从救火筒里向天空打出的水柱，其水柱截面积随高度的增加而增大？

3.11　什么是流体的连续性方程？用水壶灌水时，水柱的截面积越来越小？

3.12　一定距离内的两船同向并进时，会彼此越驶越靠拢，甚至导致船体相撞，这是为什么？

3.13　为什么在站台上候车或送行的旅客，要站在站台一侧的安全线以内？

4. 计算综合题

4.1　一氧气瓶的容积是 32L，其中氧气的压强是 130atm。规定瓶内氧气压强降到 10atm 时就得充气，以免混入其他气体而需要洗瓶。今有一玻璃室，每天需用 1.0atm 的氧气 400L，问一瓶氧气能用几天？

4.2　一容器内储有氧气，其压强 $p=1.0\text{atm}$，温度 $t=27℃$，求：(1)单位体积内的分子数；(2)氧气的质量密度；(3)氧分子的质量；(4)分子间的平均距离；(5)分子的平均平动能。

4.3　容器内储有某种理想气体，其压强 $p=3\times10^5\text{Pa}$，温度 $t=27℃$，质量密度 $\rho=0.24\text{kg/m}^3$，试判断该气体的种类，并计算其方均根速率。

4.4 三个容器 A、B、C 中装有同种理想气体，其分子数密度 n 相同，而方均根速率之比为 $\sqrt{\overline{v_A^2}}:\sqrt{\overline{v_B^2}}:\sqrt{\overline{v_C^2}}=1:2:4$，求其压强之比。

4.5　体积为 V 的房间与大气相通，开始时室内外温度均为 T_0，压强均为 P_0，现使室内温度降为 T，则房中气体内能的增量是多少？摩尔数的增量是多少？(空气看成理想气体)。

4.6　如图 4-24 所示为氢分子和氧分子在相同温度下的麦克斯韦速率分布曲线，求氢分子和氧分子的最概然速率。

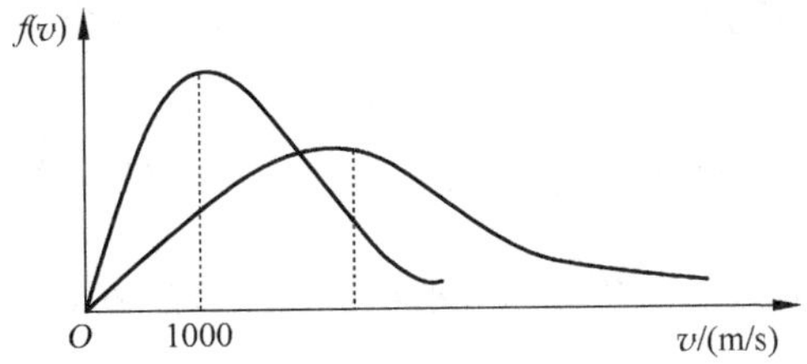

图 4-24　综合计算题 4.6 用图

4.7　利用压缩空气将水从一个密封容器内通过管子压出，如图 4-25 所示。如果管口高出容器内液面 0.65m，并要求管口的流速为 1.5m/s。求容器内空气的压强。

4.8　在一个圆柱状容器的底部有一个小圆孔，两者的直径分别为 D 和 d，并且 $D^4\gg d^4$，容器内液面高度随着水从圆孔流出而下降，试确定液面下降的速度 v 与 h 的函数关系。

4.9　用图 4-26 所示的虹吸管将容器中的水吸出。如果管内液体做定常流动，求：(1)虹吸管内液体的流速；(2)虹吸管最高点 B 的压强；(3)B 点距离液面的最大高度。

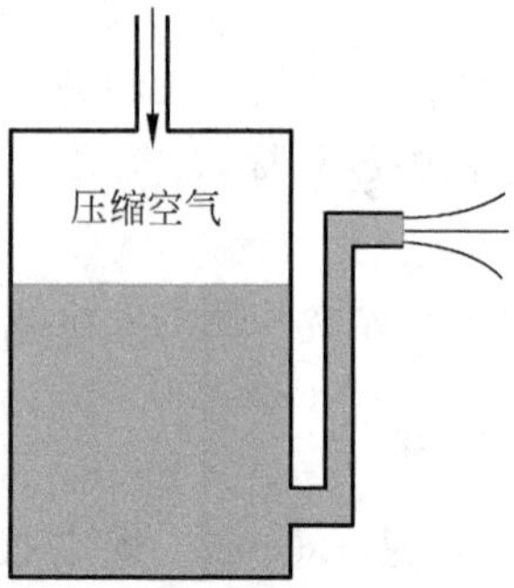

图 4-25 压缩喷水器

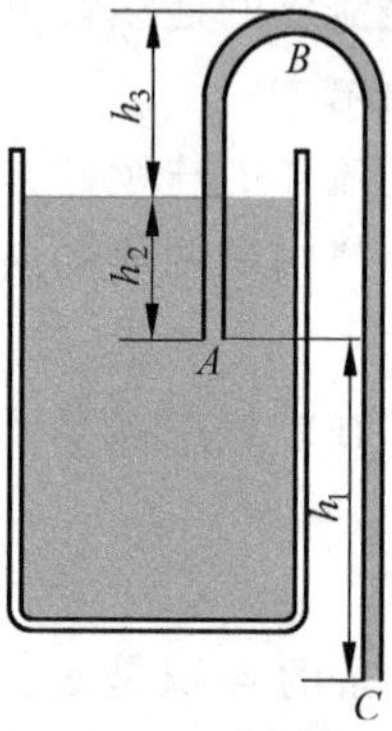

图 4-26 虹吸管

4.10 水平水管粗处的横截面积为 40cm^2，细处的横截面积为 10cm^2，排水的速率为 $3000\text{cm}^3/\text{s}$。试求：(1)粗处和细处的流速；(2)粗细两处的压强差。

4.11 用如图 4-27 所示的装置采集气体。设 U 形管中水柱的高度差为 3cm，水平管的横截面积 S 为 12cm^2，气体的密度为 $2\text{kg}\cdot\text{m}^{-3}$。求 2min 采集的气体的体积。

4.12 皮托管是测定流体流速的仪器，常用来测定气体的流速。图 4-28 是皮托管的结构示意图。它是由两个同轴细管组成，内管的开口在正前方，如图中 A 所示。外管的开口在管壁上，如图中 B 所示。两管分别与 U 形管的两臂相连，在 U 形管中盛有液体(如水银)，构成了一个压强计，试求 U 形管两臂的液面高度差为 h 时，气体的流速。

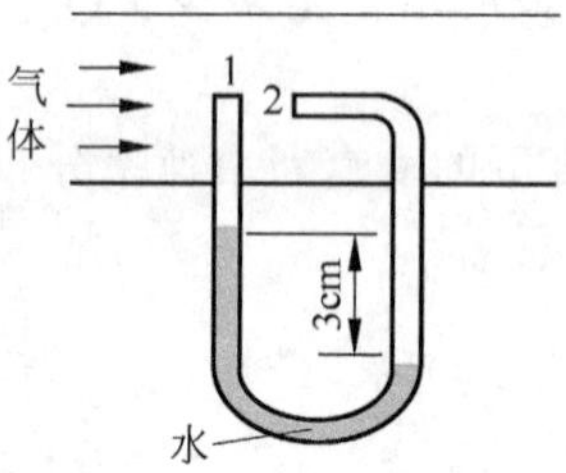

图 4-27 气体采集器

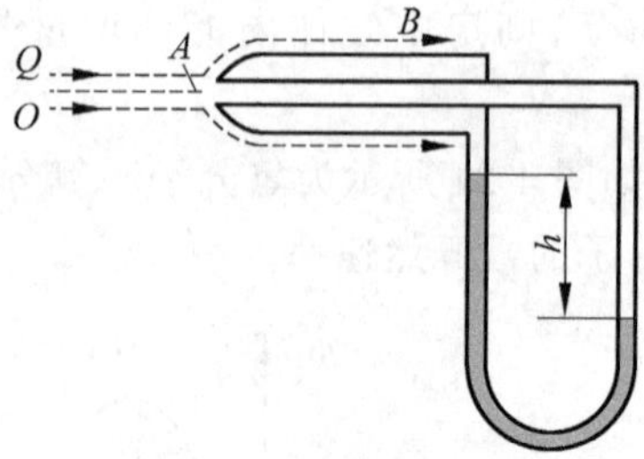

图 4-28 U 形管的两臂相连

4.13 求如图 4-29 所示的水从容器壁小孔中流出时的速率。已知水的密度为 ρ。

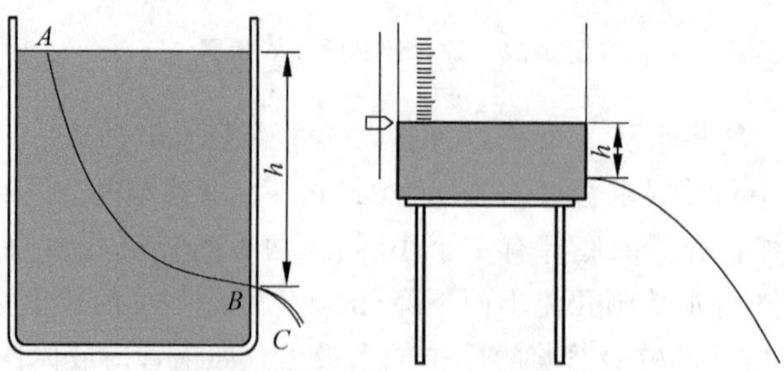

图 4-29 容器壁小孔中流速率测量

第5章 热力学基础

20 世纪以前，人们主要研究了三类自然现象：通过经典力学理论研究了机械运动现象；通过电磁场理论研究了电磁运动现象；通过热学理论研究了热运动（热现象）。其中，热现象是与人的冷热感觉有关的现象，即它是与温度有关的现象。热运动是大量微观粒子的无规则运动。经典的热运动理论强调两点：一是只有大量微观粒子组成的系统（即所谓宏观系统）才有热现象；二是大量微观粒子的定向运动不属于热运动（属于机械运动）。热学的研究方法包括：①宏观的方法，即在实验观测基础上建立理论体系，完全不涉及系统的物质结构；②微观的方法，即在一定物质结构假设基础上建立理论体系的方法。

对于大量微观粒子组成的系统，热学研究其无规则运动部分，而经典力学研究其定向运动部分。19 世纪中叶，科学家建立起能量理论，把整个热运动系统作为一个整体，用能量观点分析、研究在物质状态发生变化过程中有关热功转换的关系和条件，从而建立起热运动的宏观理论——热力学。

19 世纪后半叶，克劳修斯、麦克斯韦、玻耳兹曼、吉布斯等一批物理学家认为，可以从热运动系统的分子原子结构出发，运用力学知识和统计方法对大量微观量求平均值，以说明宏观热现象的规律，这样的理论体系必将更深刻地揭示热现象的本质。按照这一思路，建立起了分子运动论和统计力学。

热力学方法与统计物理学方法相辅相成、相互补充。热力学方法普遍、可靠，但不能解释其微观本质。统计物理学方法能解释微观本质，但采用了某些近似，受到实验的限制。实际上，大量微观粒子的无规则运动，存在两种状态：平衡态和非平衡态。因此，就有（平衡态）热力学和非平衡态热力学以及（平衡态）统计物理学和非平衡态统计物理学。严格来讲，第 4 章中气体动理论介绍的平衡态气体状态方程、平衡态下的气体状态参量（温度和压强），讨论能量均分定理及其与温度和压强的关系，引入内能概念等，都来自统计平均的结果；麦克斯韦分布属于一种统计方法，只是气体动理论的这部分内容是属于平衡态统计物理学的范畴。

能量可以有许多种存在形式，力学现象中物体有动能和势能。物体内部粒子存在运动，因此就有内部能量。19 世纪的实验研究证明，热是物体内部无序运动的能量表现，因此称这种能量为内能（以前称作热能）。19 世纪中期，焦耳等人用实验确定了热量和功之间的定量关系，从而建立了热力学第一定律，即宏观机械运动的能量与内能可以互相转化。对一个孤立的物理系统来讲，不论能量形式怎样相互转化，总能量的数值是不会改变的，因此热力学第一定律就是能量守恒与转换定律的一种表现。热力学是一种唯象的理论。

1824 年法国工程师卡诺研究了一种理想的卡诺热机，并从理论上指出了提高热机效率的途径。克劳修斯等人在卡诺研究结果的基础上，提出了热力学第二定律，阐明了一切涉及热现象的客观过程的发展方向，表达了宏观非平衡过程的不可逆性。例如，一个孤立的物体，其内部各处的温度不尽相同，那么热就从温度较高的地方流向温度较低的地方，最后达到各处温度都相同的状态，也就是热平衡的状态。相反的过程是不可能进行的，即这个孤立的、内部各处温度都相等的物体不可能自动回到各处温度不尽相同的状态。克劳修斯等人应用熵的概念，给出了热力学第二定律的另一种表述：一个孤立的物理系统的熵不会随着时间的变化而减少，只能增加或保持不变。当熵达到最大值时，物理系统就处于热平衡状态。

非平衡热力学和统计力学所研究的问题比较复杂，直到 20 世纪中期以后才取得比较大的进展。处于平衡状态附近的非平衡系统的主要发展趋向是向平衡状态过渡，而平衡态附近的主要非平衡过程是弛豫、输运和涨落。这方面的理论逐步发展，已趋于成熟。近 20～30 年来人们对于远离平衡态的物理系统如耗散结构等进行了广泛的研究，取得了很大的进展，但仍然有很多问题等待解决。

本章介绍的热力学知识是关于热运动的宏观理论，在不涉及物质的微观结构并把物质系统视为连续体的情况下，从由实验和实践总结得到的基本规律：热力学第一定律、热力学第二定律和热力学第三定律出发，运用数学计算和逻辑演绎，研究物质各种宏观性质之间的关系、宏观物理过程的演变方向和限度等内容。本章首先介绍热力学基本定律以及热机的工作原理，并讨论提高热机效率的途径；然后，介绍熵的概念，说明熵增原理。由于上述内容都是以实践规律为依据，因此所得出的结论具有高度的可靠性和普遍性。

5.1 热力学第一定律

5.1.1 准静态过程

1. 弛豫时间

当处于平衡态的气体系统受到外界瞬时的微小扰动后，系统将偏离原先的平衡态，然后通过内部分子间的相互作用恢复到新的平衡态，系统从不平衡态到恢复平衡态所需要的时间称为弛豫时间，相应的过程称为弛豫过程。利用弛豫时间可以把准静态过程需要进行的“足够缓慢”这一条假设解释得更清楚。例如对于活塞压缩气缸中的气体这一过程，若活塞改变气体的任一微量体积所需的时间 Δt 与弛豫时间 τ 相比始终满足

$$\Delta t \geqslant \tau \tag{5.1}$$

那么，就能保证(宏观上认为)气体体积在连续改变过程中的任一中间状态，系统总是能够十分接近(或无限接近)热力学的平衡态，称为已满足热力学平衡条件。

2. 准静态过程

在热力学中，通常将研究对象即由大量微观粒子组成的宏观物体称为热力学系统，简称为系统。当系统在外界影响下，由某一平衡态开始进行变化，那么原来的平衡态就受到破坏，经过一段时间后将建立新的平衡态。系统从一个平衡态过渡到另一个平衡态所经过的变化历程就是一个热力学过程。状态变化过程中的任一时刻，并非平衡态，但是为了能利用

平衡态的性质，研究热力学过程需引入准静态过程的概念。

热力学所要研究的是某个给定系统在从一个状态变化到另一个状态的过程中，所产生的现象和规律。所谓的状态是指平衡态；所谓的过程是指如果一个热力学过程，从某一平衡态开始，经过一系列变化到达另外一个平衡状态，中间的任一状态都可以近似看作平衡态，则这样的热力学过程叫作准静态过程。如果中间状态为非平衡态，这样的过程为非静态过程。

严格来说，准静态过程是无限缓慢的状态变化过程，它是实际过程的近似，是一种理想的物理模型。虽然准静态过程是不可能达到的理想过程，但可以尽量向它趋近。对于实际研究的热力学过程，只要过程中的状态变化足够缓慢，这样的过程就可看作准静态过程。而变化是否足够缓慢的判据是弛豫时间。

准静态过程在热力学理论研究和对实际应用的指导上都有着非常重要的意义。在本章中，如无特殊说明，所讨论的热力学过程都视为准静态过程。

5.1.2　准静态过程的特性

根据准静态过程的定义可以计算系统状态演变前后所做的功。设有一个与外界不发生任何能量交换的密闭容器，用隔板分成左右两部分，如图 5-1(a)所示。其中，密闭容器的左半部分充有气体，右半部分保持真空，这时的状态称为初状态。当把隔板抽掉后，气体将从左半部迅速向右半部扩散，这时容器各处的性质是不均匀的，并随时间而变化。经过一段时间后，容器各处的宏观性质将达到均匀，不再随时间变化，这时的状态称为末状态。要获得这个气体系统从初状态过渡到末状态所经历的过程，就需要研究系统的状态变化过程。显然，在上述状态变化过程中，所经历的许多中间状态都不是平衡态，而是非平衡态，这种变化过程称为非静态过程。

如果不是迅速地抽掉隔板，而是让图 5-1(a)中的隔板无限缓慢地向右半部移动，这时状态转变过程所经历的中间状态都接近于平衡态。如果在变化过程中的每一瞬间，系统都近似看成平衡态，这种过程就是准静态过程。虽然实际过程不可能无限缓慢地进行，系统在过程的每一瞬间也不可能真正处于平衡态。但在很多情况下，可以近似地将它们当作准静态过程来处理。

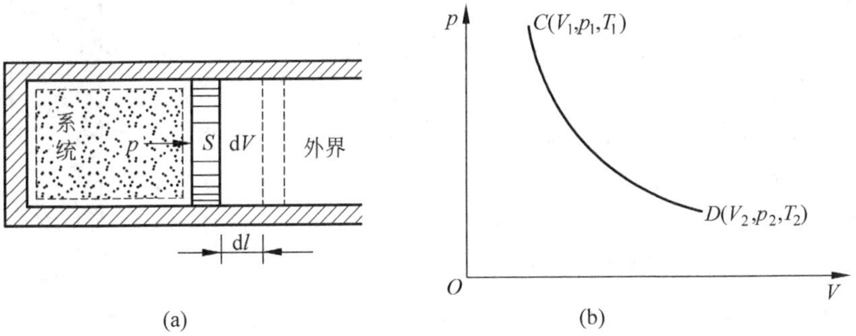

图 5-1　准静态过程

(a) 容器两部分的准静态过程；(b) 准静态过程的 p-V 曲线

一个既定的均匀系统，在没有外场作用的情况下，可以用两个独立的物态参量(如 p 和

V)完全确定它所处的任何一个平衡态。若以 p 为纵坐标，以 V 为横坐标，可以做出 p-V 曲线图。p-V 图中任意一点都代表系统的一个平衡态，如图 5-1(b)所示的点 C 和点 D；p-V 图中任意一条曲线都代表系统的一种准静态过程，如图 5-1(b)所示的曲线 CD 表示系统从状态(p_1,V_1,T_1)到状态(p_2,V_2,T_2)的一种准静态变化过程。

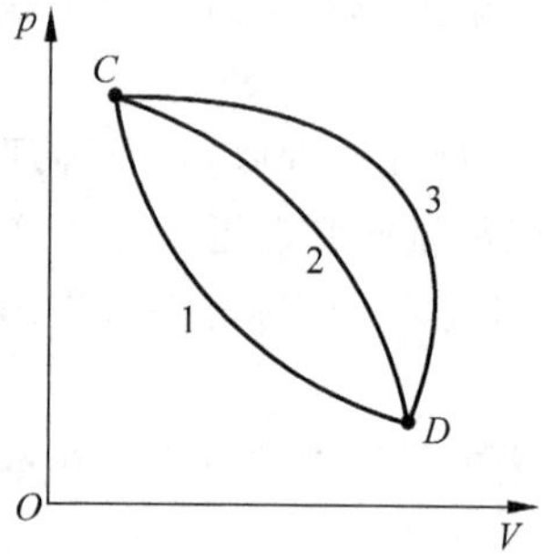

图 5-2　系统的内能变化与过程无关

1. 系统的内能变化与过程无关

系统内部所具有的能量称为内能，它是由其热学状态决定的。无数的实验表明，对于任何一个给定系统，由状态 C 转变为状态 D，无论沿着什么过程，如图 5-2 所示的过程 1，或过程 2，或过程 3，系统内能的变化都是相等的。这表明，系统内能的改变只决定于其初、末两个状态，而与所经历的中间过程无关。在热学中，将具有这种性质的量称为态函数，即该宏观量是状态的函数。外界可以通过对系统做功或传递热量来改变系统所处的状态，从而也就改变了系统的内能。

2. 功与内能的关系

在力学中，对于功和能及其二者之间的关系，可以用功能定理来描述，即当力对一个物体(可看成一个力学系统)做功时，物体的运动状态将发生变化，从而改变了系统的机械能。这一概念可以推广到机械运动以外的物质运动形态中去。对于热力学系统而言，外力对系统做功，同样将使系统的状态发生变化，从而改变系统的内能。这就把机械功拓展到了广义的功，不再局限于机械做功，电场力、磁场力等同样可以做功。因此，相应的力也推广到广义力，相应的位移推广到广义位移。所以，可以把除热传递的形式以外的各种传递能量的形式都归结为做功。因此，由上述被推广了的功与能的关系可以得到结论：做功是改变系统内能的一个途径，外力对系统做功，可使系统的内能增加，系统对外界做功，可使系统的内能降低。

现在来分析一个气体系统做功的情形。在 4.1 节中曾指出，一个均匀的气体系统在没有外场作用的情况下，常用 p、V 和 T 三个态参量来描述系统的平衡态，这三个态参量满足气体物态方程，彼此相互联系，所以只有两个量是独立的。设有一个盛有一定量气体的截面积为 S 的柱状容器，容器内装有一个可以自由移动的活塞，如图 5-3 所示。初始时刻，系统处于平衡态 $C(p_1,V_1)$，由于气体膨胀，状态发生变化，系统达到了一个新的平衡态 $D(p_2,V_2)$。当活塞移动一微小距离 $\mathrm{d}l$ 时，外界对系统做的元功为

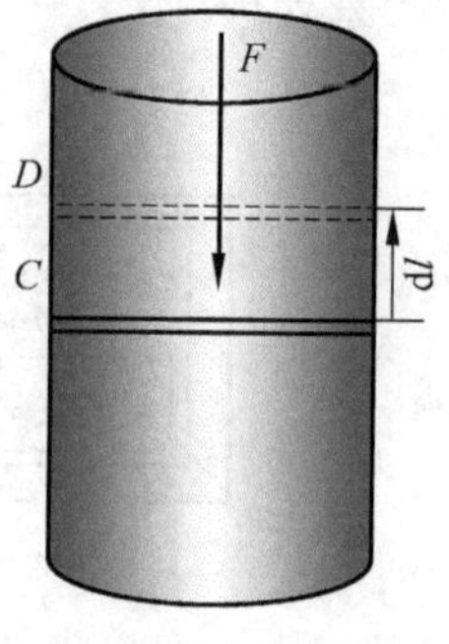

图 5-3　自由活塞运动

$$\mathrm{d}A_{外}=\boldsymbol{F}\cdot\mathrm{d}\boldsymbol{l}=-F\mathrm{d}l=-pS\mathrm{d}l=-p\mathrm{d}V$$

故从初态到末态外界对系统所做的总功为

$$A_{外}=-\int_{V_1}^{V_2}p\mathrm{d}V \tag{5.2}$$

如果系统从初态变化到末态的具体过程是已知的，即已知压强 p 随体积 V 变化的函数

关系，便可以由式(5.2)求得系统在这个过程中对外界所做的功。

在如图5-4所示的 p-V 图中，初态用点 C 表示，末态用点 D 表示，连接点 C 和点 D 的曲线，表示系统状态变化的过程。显然，系统对外界所做的元功 $-dA=p\,dV$ 在 p-V 图上就是曲线下画斜线的小长方形的面积。所以，曲线下在 V_1 和 V_2 之间的面积，就是在这个具体过程中系统对外界所做的总功 $-A$。

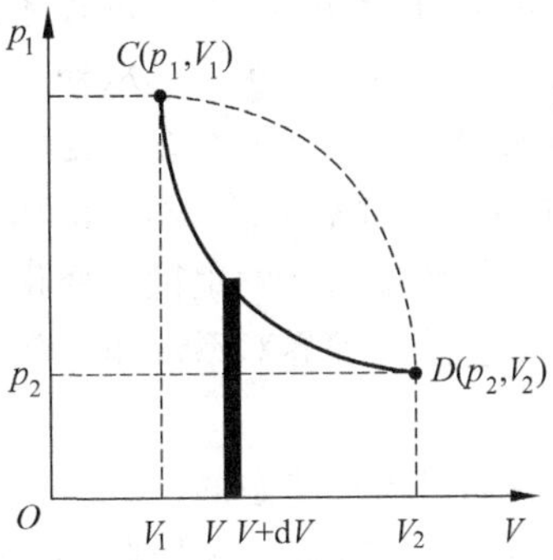

图5-4 系统做功与过程的关系

由图5-4可以看出，系统由状态 C 到达状态 D，可以经历实线所示的过程，也可以经历虚线所示的过程，显然在这两个过程中外界对系统所做的功是不同的。这说明系统所做功不仅与初、末状态有关，而且与过程有关。

3. 传热与内能的关系

当两个存在一定温度差的系统发生热接触时，将有热量从高温系统向低温系统传递，结果使两个系统的内能都发生了变化。可见，热量传递和做功一样也是改变系统内能的一个途径。当外界把热量传递给系统时，系统的内能将增大；当系统向外界释放出热量时，系统的内能将减小。

系统获得的(或释放的)热量 Q 可由下式得出：

$$Q=\int_{T_1}^{T_2} C\,dT=\int_{T_1}^{T_2} mc\,dT \tag{5.3}$$

其中，C 为系统的热容量，c 为系统中物质的比热。实验表明，系统从一个状态变化到另一个状态所获得的(或释放的)热量不仅决定于初、末状态，而且与经历的过程有关。

由此可见，一个系统可以通过做功来改变其内能，也可以通过热传递(传热)来改变其内能，还可以通过既做功又热传递来改变其内能。

传热和做功都是改变系统内能的途径，也都是系统内能变化的量度，但是它们都不能与系统的内能变化相等同。因为内能是系统状态的函数(即态函数)，而做功和传热不仅取决于初、末状态，而且与经历的过程有关，即反映了过程的特征。既然做功和传热都能改变系统的内能，都可用来量度系统内能的变化，那么它们之间一定存在等效性。

热量以卡为单位时与功的单位之间的数量关系，相当于单位热量的功的数量，称为热功当量。焦耳于1843年首先用实验测定了热功当量，并将这种关系表示为1热化学卡＝4.1840焦耳。在国际单位制中，热量和功的单位都是J(焦耳)。

尽管如此，做功和传热毕竟是改变系统内能的两种不同的方式。做功是通过系统在广义力的作用下产生广义位移来实现的，传热则是通过分子之间的相互作用来实现的。

5.1.3 热力学第一定律

如果外界对系统做功 A，同时系统从外界吸收热量 Q，那么系统的状态将发生变化，即从一个平衡态变化到另一个平衡态，由做功和传热对系统提供能量使系统的内能增大了 ΔU，那么根据能量守恒定律，可以得到关系式

$$\Delta U=Q+A \tag{5.4}$$

式(5.4)称为热力学第一定律。式中，Q 和 A 都不是态函数，但两者之和 $Q+A(=\Delta U)$ 却只决定于初、末状态，而与过程无关。应该指出，在式(5.4)中，Q、ΔU 和 A 都可以为正值，也可以为负值。约定系统从外界获得热量，Q 为正值，向外界释放热量，Q 为负值；系统内能增大，ΔU 为正值，系统内能减小，ΔU 为负值；外界对系统做功，A 为正值，系统对外界做功，A 为负值。注意，本章沿用热力学的习惯，把气体内能用 U 表示。

若系统状态发生微小变化，系统内能改变量为 dU，在此过程中，系统从外界吸收微量热量 δQ，并且外界对系统作元功 δA，这时热力学第一定律可用以下形式表示：

$$dU = \delta Q + \delta A \tag{5.5}$$

如果系统状态的这一微小变化过程是准静态过程，则外界对系统所做的元功可表示为 $\delta A = -p\,dV$，那么热力学第一定律可改写为

$$dU = \delta Q - p\,dV \tag{5.6}$$

由于 Q 和 A 都不是态函数，都与过程有关，所以用 δQ 和 δA 表示无限小过程的无限小量，而不同于态函数的全微分 dU，dV 等的表示。

热力学第一定律是能量守恒定律在涉及宏观热现象过程时的表现形式，它是在长期生产实践和大量科学实验的基础上总结出来的，适用于自然界中在平衡态之间进行的一切过程。历史上曾有不少人幻想制造一种机械，该机械不需要消耗任何形式的能量而能够持续对外界做功，在热力学中把这种机械称为第一类永动机。显然，第一类永动机因为违背热力学第一定律，是不可能实现的。所以热力学第一定律也可以表述为，第一类永动机不可能实现。

5.2 热力学过程

热力学第一定律确定了系统在状态变化过程中被传递的热量、功和内能之间的相互关系，对气体、液体或固体的系统都适用。作为热力学第一定律的应用，本节将介绍理想气体的几种典型的准静态过程，讨论系统的功、热量和内能变化的计算方法以及它们之间的相互转换关系。

理想气体是热学里最简单的模型，其状态方程 $pV=\nu RT$ 和内能与体积无关，基于理想气体模型，所有热学性质都可以具体地推导出来。在本节中，我们将把热力学第一定律运用到理想气体这个模型上，推导出各种热力学过程中状态参量、功、热量和内能之间的关系。

5.2.1 等体过程

理想气体的等体过程是指在整个过程中系统的体积保持不变，即在整个热力学过程中 V 为恒量，$dV=0$，如图 5-5 所示。

等体过程可以通过下面的方法实现。设封闭气缸内有一定质量的理想气体，为确保气体的体积在热力学过程中保持不变，将活塞固定，让气缸与一系列有微小温差的恒温热源接触，这样气缸中的理想气体将经历一个升温过程。这样的过程是一个准静态的等体过程。

等体过程中 $dV=0$，所以 $dA=0$。根据热力学第一定律可知，吸收的热量完全用于内能的增加，用数学语言描述为

$$\delta Q = dU \tag{5.7}$$

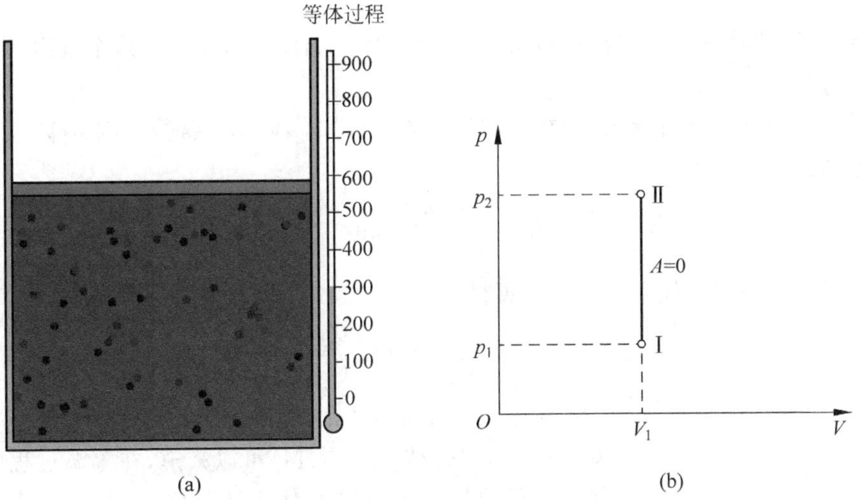

图 5-5　等体过程

(a) 等体过程的实现；(b) p-V 曲线

图 5-5(b)中给出了不同温度下，等体过程的 p-V 曲线。

5.2.2　等压过程

理想气体等压过程的特征是在整个过程中系统的压强保持不变，即在整个热力学过程中 p 为恒量，$dp=0$。任取一微小的变化过程，气体所做的功为 $dA=pSdl=pdV$，其中，dV 是气体的体积的微小增量，S 为活塞的面积。当气体的体积由 V_1 增大到 V_2 时，系统对外界做的总功为

$$A=\int_{V_1}^{V_2} p\,dV=p(V_2-V_1) \tag{5.8a}$$

等压过程的 p-V 曲线如图 5-6 所示。由图可知，实线及虚线与 V 轴围成的面积就是气体对外做的功。结合理想气体的物态方程，可将式(5.8a)改写为

$$A=\frac{M}{M_{\mathrm{mol}}}R(T_2-T_1) \tag{5.8b}$$

由热力学第一定律得知，在整个等压过程中，系统吸收的热量是

$$Q=\Delta U+\frac{M}{M_{\mathrm{mol}}}R(T_2-T_1) \tag{5.9}$$

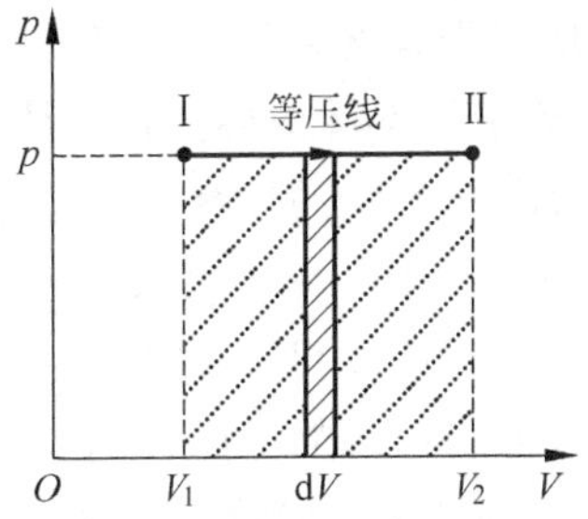

图 5-6　等压过程

也就是说，等压过程中吸收的热量一部分用来增加系统的内能，另外一部分用来对外做功。

5.2.3　等温过程

理想气体等温过程的特征是在整个过程中，系统的温度保持不变，即 $dT=0$。由于理想气体的内能仅取决于温度，所以等温过程中理想气体的内能保持不变，即 $dU=0$。

等温过程可以通过下面的方法实现。设有一气缸，其壁是绝对不导热的，而底部则是绝对导热的；气缸底部与一恒温热源相接触。当作用于活塞上的外界压强无限缓慢地降低时，随着理想气体的膨胀，气体对外做功，系统温度相应地缓慢下降。然而，由于气缸与恒温

热源相接触，因此就有微量的热量传给气体，使气体的温度保持不变。这个过程是一个准静态的等温过程。

对等温过程进行分析，结合理想气体物态方程可知，$pV=C$（常数），则 $p_1V_1=p_2V_2$，系统对外做功为

$$A=\int_{V_1}^{V_2} p\,\mathrm{d}V=\int_{V_1}^{V_2}\frac{p_1V_1}{V}\mathrm{d}V=p_1V_1\ln\frac{V_2}{V_1} \tag{5.10}$$

把理想气体的物态方程代入式(5.10)可得

$$A=\frac{M}{M_{\mathrm{mol}}}RT\ln\frac{V_2}{V_1} \tag{5.11}$$

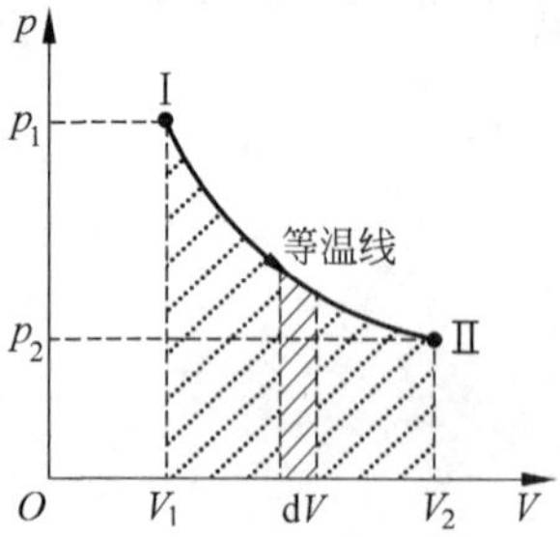

图 5-7 等温过程

图 5-7 是等温过程的 p-V 曲线。根据热力学第一定律可知，$Q=A$，同时结合式(5.11)可以知道，在等温过程中理想气体吸收的热量全部都用来对外界做功，因此可以认为整个热力学过程中，理想气体系统的内能不变。

5.2.4 绝热过程

在不与外界进行热量交换的条件下，系统的状态变化过程称为绝热过程。除了被良好绝热材料包围的系统内发生的过程是绝热过程外，通常还把一些因进行较快（仍可以看作准静态过程）而来不及与外界交换热量的过程，近似看作绝热过程。

1. 热容量 摩尔热容

系统的温度升高 1K 时所吸收的热量，称为该系统的热容量，简称热容。我们知道，系统从一个状态变化到另一个状态所获得的（或释放的）热量不仅决定于初、末状态，而且与经历的过程有关。所以系统的热容是与过程相关的。在涉及热容时，必须指明是何种过程的热容，其中等体热容是指保持系统体积不变的过程中的热容，而等压热容是指维持系统压强不变的过程中的热容。另外，热容还与物质的量有关，其中，单位质量的物质的热容(称为该物质的比热；1mol 物质的热容，称为该物质的摩尔热容。

在等体过程中，外界对系统不做功，根据热力学第一定律，系统从外界吸收的热量全部用于自身内能的增加，即 $\mathrm{d}U=\delta Q$。在一般情况下系统的内能 U 是 T 和 V 的函数，所以 U 对 T 的微商用偏微商表示。于是系统的等体热容可以表示为

$$C_V=\left(\frac{\delta Q}{\mathrm{d}T}\right)_V=\left(\frac{\partial U}{\partial T}\right)_V \tag{5.12}$$

式中，下标 V 表示系统在吸热（或放热）过程中保持体积不变。

在等压过程中，系统从外界吸收的热量

$$\delta Q=\mathrm{d}U+p\,\mathrm{d}V \tag{5.13}$$

则系统的等压热容可以表示为

$$C_p=\left(\frac{\mathrm{d}Q}{\mathrm{d}T}\right)_p=\left(\frac{\partial U}{\partial T}\right)_p+p\,\frac{\mathrm{d}V}{\mathrm{d}T} \tag{5.14}$$

根据理想气体状态方程 $pV=\nu RT$，可以求得等压条件下的微分关系式 $p\,\mathrm{d}V=\nu R\,\mathrm{d}T$，

代入式(5.14),可以得到等压热容与等体热容的关系为

$$C_p = C_V + \nu R \tag{5.15}$$

根据 4.1 节的结论,一定量的理想气体的内能,只决定于分子的自由度和系统的温度,而与系统的体积和压强无关。如果分子的自由度为 i,气体的摩尔数是 ν,则理想气体的内能可以表示为

$$U = \frac{\nu}{2}(i + s)RT \tag{5.16}$$

式中,s 是分子的振动自由度。则系统的等体热容量和等压热容分别为

$$C_V = \left(\frac{\partial U}{\partial T}\right)_V = \frac{\nu}{2}(i + s)R \tag{5.17}$$

$$C_p = C_V + \nu R = \frac{\nu}{2}(i + s + 2)R \tag{5.18}$$

对于单原子分子气体,$i=3$,$s=0$,则等体热容 $C_V=\frac{3}{2}\nu R$,等压热容 $C_p=\frac{5}{2}\nu R$,等压热容与等体热容之比 $\gamma=C_p/C_V=1.67$,这与实验结果符合得很好;对于双原子分子气体,$i=5$,若不考虑振动自由度,则等体热容量 $C_V=\frac{5}{2}\nu R$,等压热容量 $C_p=\frac{7}{2}\nu R$,$\gamma=1.40$,此结论除了在低温下的氢气以外,也与实验结果相符。若考虑振动自由度,理论结果与实验结果有较大出入。

大量的实验表明,经典的热容理论只能近似地反映客观事实。对于分子结构较为复杂的气体,即三原子以上的气体,经典热容理论给出的 C_V、C_p、γ 的相关数据和实验值有明显的差别,同时,实验还指出,热容量与温度也有关系,因此上述理论只是近似的理论,只有用量子理论才能更好地解决热容的问题。表 5-1 给出不同气体摩尔热容量的实验数据。

表 5-1 气体摩尔热容的实验数据

原子数	气体的种类	C_p/ (J·mol^{-1}·K^{-1})	C_V/ (J·mol^{-1}·K^{-1})	C_p-C_V/ (J·mol^{-1}·K^{-1})	$\gamma=C_p/C_V$
单原子	氦	20.9	12.5	8.4	1.67
	氩	21.2	12.5	8.7	1.65
双原子	氢	28.8	20.4	8.4	1.41
	氮	28.6	20.4	8.2	1.41
多原子	水蒸气	36.2	27.8	8.4	1.31
	甲烷	35.6	27.2	8.4	1.30

许多物态变化和化学反应都是在地球上的恒定大气压下进行的,同时由于在与热现象有关的许多过程中,维持体积恒定是很困难的,而维持压强恒定相对容易些,所以等压热容量更有实际意义。

2. 绝热过程

对理想气体系统的绝热压缩或者绝热膨胀进行分析,不难发现绝热过程的三个状态参量压强、体积、温度都在变化。下面讨论在绝热的准静态过程中,p、V、T 三个状态参量之间

的依赖关系。

在绝热过程中，因为 $dQ=0$，所以由热力学第一定律可得

$$\delta A=-dU=-\nu C_V dT \tag{5.19}$$

式(5.19)表明，在绝热的准静态过程中，系统所做的功完全来自内能的变化。考虑系统无限小的状态变化过程，对理想气体的状态方程 $pV=\nu RT$ 微分，可以得到

$$p dV+V dp=\nu R dT \tag{5.20}$$

联立式(5.19)和式(55.20)，并消去 dT，可以得到

$$(C_V+R)p dV=-C_V V dp$$

因 $C_p=C_V+R$，$\gamma=C_p/C_V$，所以有

$$\frac{dp}{p}+\gamma\frac{dV}{V}=0$$

对上式两边进行积分，得到

$$pV^{\gamma}=C(\text{常量}) \tag{5.21}$$

利用理想气体的状态方程，可将式(5.21)变换得到其他状态参量之间的关系，这里仅给出这些结论，即

$$TV^{\gamma-1}=C(\text{常量})\quad\left(\text{或者：}\frac{p^{\gamma-1}}{T^{\gamma}}=C(\text{常量})\right) \tag{5.22}$$

式(5.20)～式(5.22)三个方程组成了理想气体的全部绝热过程方程。经过计算得到准静态绝热过程所做的功为

$$A=\frac{p_2V_2-p_1V_1}{\gamma-1} \tag{5.23}$$

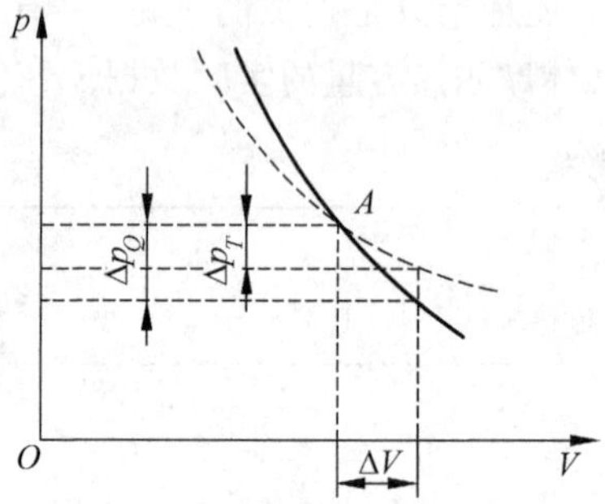

图 5-8 绝热过程

图 5-8 给出了绝热过程的 p-V 曲线。其中，实线和虚线分别是绝热过程和等温过程的 p-V 曲线，A 点是两条曲线的交点。从图中可以看出，绝热线比等温线陡些，这可从以下两方面加以解释。

从数学角度看，等温线的方程是 $pV=C$(常量)，所以等温线于 A 点的斜率是

$$\left(\frac{dp}{dV}\right)_T=-\frac{p}{V}$$

绝热线的方程是 $pV^{\gamma}=C'$(常量)，所以绝热线在 A 点的斜率是

$$\left(\frac{dp}{dV}\right)_Q=-\gamma\frac{p}{V}$$

因为 $\gamma>1$，表明在交点 A 处绝热线的斜率的绝对值大于等温线的斜率的绝对值，也就是说，绝热线比等温线陡些。

从物理方面来看，假设从状态 A 开始，令气体体积增加 ΔV。不论气体做等温膨胀或绝热膨胀，其压强 p 都要降低。因为当气体做等温膨胀时，引起压强降低的因素只有一个，即体积的增加；而当气体做绝热膨胀时，会同时出现体积的增加和温度的降低，导致气体做绝热膨胀时引起的压强降低比气体做等温膨胀时降低的多些，即图中 Δp_Q 比 Δp_T 大些，所以绝热线比等温线陡些。

例 5.1　设质量为 8g 氧气，体积为 $0.41\times10^{-3}\mathrm{m}^3$，温度为 300K。如果氧气做绝热膨胀，膨胀后的体积为 $4.10\times10^{-3}\mathrm{m}^3$，问气体做功多少？如果氧气做等温膨胀，膨胀后的体积也是 $4.10\times10^{-3}\mathrm{m}^3$，问这时气体做功多少？

解　氧气做绝热膨胀时内能减少用于对外做功，而氧气做等温膨胀时内能不变，所吸收的热量完全用于对外做功。

氧气的质量是 $m=0.008\mathrm{kg}$，摩尔质量 $M=0.032\mathrm{kg}$。原来温度 $T_1=300\mathrm{K}$，令 T_2 为氧气绝热膨胀后的温度，则由热力学第一定律以及绝热过程的特点 $\mathrm{d}Q=0$，可以得到

$$A=\frac{m}{M}C_V(T_2-T_1)$$

由绝热方程中 T 与 V 的关系式可得 $T_2=T_1\left(\frac{V_1}{V_2}\right)^{\gamma-1}$，将相关常量代入上式，可得

$$T_2=119\mathrm{K}$$

又因为氧气是双原子分子，$i=5$，$C_V=20.8\mathrm{J/(mol\cdot K)}$，于是有

$$A=\frac{m}{M}C_V(T_2-T_1)=941\mathrm{J}$$

如果氧气做等温膨胀，根据式(5.10)可得气体所做的功为

$$A=\frac{m}{M}RT_1\ln\frac{V_2}{V_1}=1.44\times10^3\mathrm{J}$$

例 5.2　标准状态下质量为 0.014kg 氮气，分别经过(1)等温过程、(2)绝热过程、(3)等压过程，体积被压缩为原来的一半，试计算在这些过程中气体内能的改变、传递的热量和外界对气体所做的功。(把氮气可看作理想气体)

分析　理想气体经历等温过程、绝热过程、等压过程所做的功、热量的变化、内能的变化可直接利用相应的公式计算。在末态的状态参量没有直接给定的情况下，应运用理想气体状态方程或过程方程确定系统的状态参量。氮气的摩尔热容量可直接用表 5-1 中的数据。

解　(1) 等温过程

理想气体内能仅是温度的函数，等温过程中温度不变，故

$$\Delta U=0 \tag{Ⅰ}$$

外界对系统做的功等于系统对外界做功的负值，则

$$A_{外}=-A=-\int_{V_1}^{V_2}p\,\mathrm{d}V=-\frac{m}{M}RT\int_{V_1}^{V_2}\frac{\mathrm{d}V}{V}=-\frac{m}{M}RT\ln\frac{V_2}{V_1} \tag{Ⅱ}$$

将数据代入上式，可得

$$A_{外}=-\frac{14}{28}\times8.31\times273\times\ln\frac{1}{2}\mathrm{J}=-786\mathrm{J}$$

根据热力学第一定律 $Q=\Delta U+A$ 计算得到

$$Q=A=-786\mathrm{J}$$

结果表明，在该过程中，系统放热。

(2) 绝热过程

系统不与外部交换热量，因此有 $\delta Q=0$。由绝热过程方程 $p_1V_1^\gamma=p_2V_2^\gamma$，可得

$$p_2=p_1\left(\frac{V_1}{V_2}\right)^\gamma=p_1\left(\frac{V_1}{V_1/2}\right)^\gamma=2^\gamma p_1 \tag{Ⅲ}$$

绝热过程外界做功为

$$A_{外}=\frac{1}{\gamma-1}(p_2V_2-p_1V_1)=\frac{1}{\gamma-1}\left(2^{\gamma}p_1\times\frac{1}{2}V_1-p_1V_1\right)$$

$$=\frac{1}{\gamma-1}p_1V_1(2^{\gamma-1}-1)=\frac{1}{\gamma-1}\frac{m}{M}RT_1(2^{\gamma-1}-1) \tag{Ⅳ}$$

所以有

$$A_{外}=\frac{1}{1.40-1}\times\frac{14}{28}\times 8.31\times 273\times(2^{1.40-1}-1)\text{J}=906\text{J}$$

而

$$\Delta U=A_{外}=906\text{J}$$

(3) 等压过程

在整个过程中,系统的压强保持不变。根据等压过程方程,有 $V_1/T_1=V_2/T_2$,则

$$T_2=\frac{V_2}{V_1}T_1=\frac{1}{2}T_1 \tag{Ⅴ}$$

而定压摩尔热容 $C_p=C_V+R=7R/2$,则系统吸收的热量为

$$Q_p=\frac{m}{M}C_p(T_2-T_1)=\frac{m}{M}C_p\times\left(-\frac{T_1}{2}\right)=-1985\text{J} \tag{Ⅵ}$$

外界对系统做功为

$$A_{外}=-A=-p_1(V_2-V_1)=567\text{J}$$

根据热力学第一定律,系统内能的变化为

$$\Delta U=Q-A=[-1985-(-567)]\text{J}=-1418\text{J}$$

*5.2.5 热力学多方过程

气体的很多实际过程既不是等值过程,也不是绝热过程,尤其在实际过程中很难做到严格的等温或严格的绝热。对于理想气体来说,它的过程方程可能既非 $pV=C$(常量),也不满足 $pV^{\gamma}=C$(常量),因此,理想气体的热力学过程常用以下公式来表示:

$$pV^n=C(常量) \tag{5.24}$$

式中,n 为常量,称为多方指数。凡是满足式(5.24)的过程均称为多方过程。由式(5.24)可以看出:

(1) 当 $n=\gamma$ 时,式(5.24)即为理想气体绝热过程方程;

(2) 当 $n=1$ 时,式(5.24)为理想气体等温过程方程;

(3) 当 $n=0$ 时,式(5.24)为理想气体等压过程方程。

(4) 式(5.24)可写成 $p^{1/n}V=C$(常量),则当 $n\to\infty$ 时,有 $V=C$(常量),这就是理想气体等体过程方程。

例 5.3 一个理想气体系统由状态 1(T_1)经绝热过程到达状态 2(T_2),由状态 2 经等体过程到达状态 3(T_3),再由状态 3 经绝热过程到达状态 4(T_4),最后由等体过程回到状态 1,如图 5-9 所示。求系统在整个过程中吸收和放出的热量,系统对外界做的净功以及内能的变化。

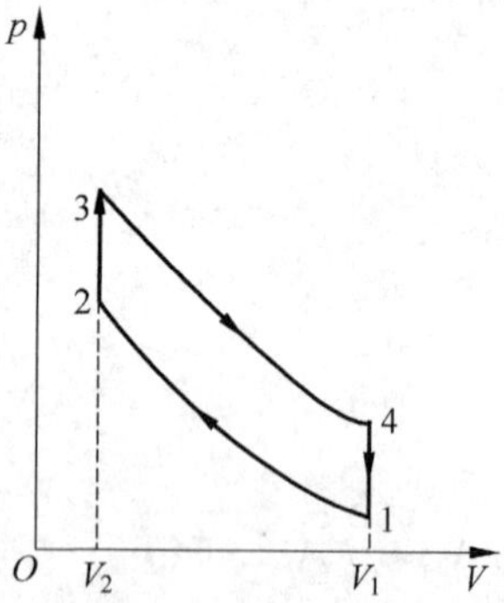

图 5-9 例 5.3 用图

解　由图 5-9 可见，整个过程构成一闭合曲线，从状态 1 出发，最后又回到状态 1，所以系统的内能不变。

过程 1→2 和过程 3→4 都是绝热过程，系统与外界不发生热交换；过程 2→3 是等体过程，系统的体积不变，不做功。根据热力学第一定律，系统从外界吸收的热量 Q_1 全部用于内能的增加，因而系统的温度升高，压强增大，因此有

$$Q_1 = U_3 - U_2 = C_V(T_3 - T_2)$$

过程 4→1 也是等体过程，不做功，向外界释放的热量 Q_2 是以内能的降低为代价的，所以系统温度降低，压强减小。这样，可以得到

$$Q_2 = U_1 - U_4 = C_V(T_1 - T_4)$$

在上式中，$T_1 < T_4$，$Q_2 < 0$，系统向外界释放热量。

过程 1→2 是绝热压缩过程，根据热力学第一定律，外界对系统所做的功 A_1 就等于系统内能的增加，因此有如下关系：

$$A_1 = U_2 - U_1 = C_V(T_2 - T_1)$$

同样，在过程 3→4 中，外界对系统所做的功 A_2 应表示为

$$A_2 = U_4 - U_3 = C_V(T_4 - T_3)$$

在整个过程中系统对外界所做的功为

$$-A = -(A_1 + A_2) = C_V[(T_3 - T_2) - (T_4 - T_1)] \tag{Ⅰ}$$

与理想气体的绝热过程相似，理想气体多方过程方程除了式(5.24)外，还有以下两式：

$$TV^{n-1} = C(\text{常量}),\quad p^{n-1}T^{-n} = C(\text{常量}) \tag{Ⅱ}$$

与式(5.23)相似，多方过程中系统对外所做的功为

$$A = \frac{p_1V_1 - p_2V_2}{n-1} \tag{Ⅲ}$$

内能的增量为

$$\Delta U = \nu C_{V,\mathrm{m}}(T_2 - T_1) \tag{Ⅳ}$$

式中，$C_{V,\mathrm{m}}$ 为等体摩尔热容。因为理想气体内能的改变仅与其初末状态有关，与过程无关，所以在多方过程中气体吸收的热量为

$$Q = \nu C_n(T_2 - T_1)$$

式中，C_n 为理想气体多方过程的摩尔热容，可以证明它满足的关系为

$$C_n = \frac{n-\gamma}{n-1}C_{V,\mathrm{m}} \tag{Ⅴ}$$

实际上，因为有无穷多种不同过程，气体的热容也有无穷多个。当 $1 < n < \gamma$ 时，C_n 为负值，因为气体沿多方过程曲线变化时，对外所做的功大于它所吸收的热量，其自身内能必须减小，故系统虽然吸热但温度仍然降低。各过程的热容和多方指数的分布情况如图 5-10 所示。

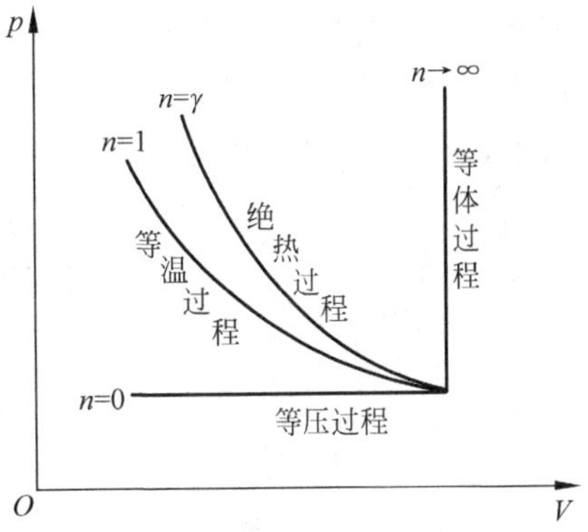

图 5-10　各过程的热容和多方指数的分布

例 5.4　求理想气体在多方过程中的摩尔热容 C_n。

解 将热力学第一定律写为

$$\delta Q = C_{V,\mathrm{m}}\mathrm{d}T + p\mathrm{d}V_{\mathrm{m}} \tag{Ⅰ}$$

式中,$C_{V,\mathrm{m}}$ 等体摩尔热容;V_{m} 是摩尔体积。多方过程的摩尔热容可以表示为 $C_n = \left(\frac{\delta Q}{\mathrm{d}T}\right)_n$,将式(Ⅰ)代入上式,可得

$$C_n = C_{V,\mathrm{m}} + p\frac{\mathrm{d}V_{\mathrm{m}}}{\mathrm{d}T} \tag{Ⅱ}$$

由多方过程方程 $p(V_{\mathrm{m}})^n = C$(常量),可得

$$\ln p + m\ln V_{\mathrm{m}} = C(常量)$$

对上式求微分,得

$$\frac{\mathrm{d}p}{p} + n\frac{\mathrm{d}V_{\mathrm{m}}}{V_{\mathrm{m}}} = 0 \quad \left(或者\frac{\mathrm{d}p}{\mathrm{d}V_{\mathrm{m}}} = -n\frac{p}{V_{\mathrm{m}}}\right) \tag{Ⅲ}$$

对 1mol 理想气体的物态方程求微分,可得

$$V_{\mathrm{m}}\mathrm{d}p + p\mathrm{d}V_{\mathrm{m}} = R\mathrm{d}T \quad \left(或改写成 p + V_{\mathrm{m}}\frac{\mathrm{d}p}{\mathrm{d}V_{\mathrm{m}}} = R\frac{\mathrm{d}T}{\mathrm{d}V_{\mathrm{m}}}\right) \tag{Ⅳ}$$

将式(Ⅲ)代入式(Ⅳ),可得

$$\frac{\mathrm{d}V_{\mathrm{m}}}{\mathrm{d}T} = -\frac{R}{p(n-1)} \tag{Ⅴ}$$

将式(Ⅴ)代入式(Ⅱ),可得到多方过程的摩尔热容

$$C_n = C_{V,\mathrm{m}} - \frac{R}{n-1}$$

5.3 卡诺循环 热机效率

5.3.1 循环过程

1. 热机及其效率

如果一个热力学系统从某一状态出发,经一系列任意的过程以后,又回到原来的状态,那么这一系列过程就组成一个循环,这种循环称为热力学循环,简称循环。构成系统的物质称为工作物质。在经历一个循环后系统的内能没有变化,这是循环的重要特征。如图 5-11 所示,准静态循环可以在 p-V 图像上表示出来,图中 $abcda$ 为闭合曲线。若循环是沿顺时针方向进行,称为正循环;若循环是沿逆时针方向进行,称为逆循环。按照通常的做法,在用 A 和 Q 分别表示功和热量时,均指其数值的大小(或绝对值)。

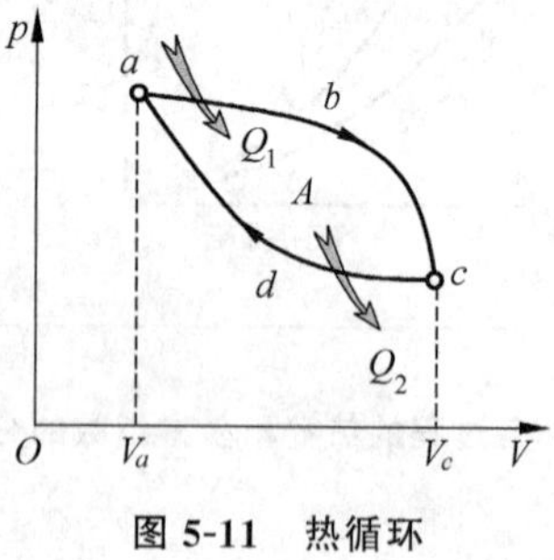

图 5-11 热循环

现在来分析正循环中能量的转换情况。图 5-11 中箭头所表示的方向就是正循环的方向。系统由状态 a 出发,沿过程 abc 到达状态 c,这是膨胀过程,系统对外界做功 A_1,显然 A_1 等于 $abcV_cV_aa$ 围成的面积。系统由状态 c 出发,沿过程 cda 回到状态 a,这是压缩过程,外界对系统做功 A_2,A_2 等

于 $cdaV_aV_cc$ 围成的面积。所以，完成一个正循环系统对外界做的功应为

$$A = A_1 - A_2 \tag{5.25}$$

功 A 必定等于闭合曲线 $abcda$ 所围成的面积。系统在完成一个正循环回到原状态时，内能不变。而系统从外界吸收的热量 Q_1 必定大于释放的热量 Q_2，根据热力学第一定律，两者之差 Q_1-Q_2 就等于系统对外界所做的功 A。结果是，系统在正循环中从高温热源吸收热量，对外界做功，同时还必须向低温热源释放热量；系统对外界所做的功等于系统吸收的热量与释放的热量之差。

在技术上往往要求工作物质能连续不断地把热转变为功，能满足这一要求的装置称为热机。正循环所表示的能量转换关系就反映了热机能量转换的基本过程。

效率是热机性能的一个重要标志，定义为

$$\eta = \frac{A}{Q_1} = \frac{Q_1 - Q_2}{Q_1} = 1 - \frac{Q_2}{Q_1} \tag{5.26}$$

由式(5.26)可见，热机效率的高低表示热机由外界吸收来的热量 Q_1 中有多少被转变为有用的功 A。若 Q_2 越小，则 η 越大；但因为 Q_2 不能为零，所以，热机的效率都是小于 1。也就是说，热机不可能把从高温热源吸收的热量全部转化为有用功。实际的热机的效率都不高。例如，现代蒸汽机的效率大约 15%，内燃机的效率约为 25%。

2. 制冷剂及其制冷系数

再考察逆循环中能量的转换情况。图 5-11 中箭头的反方向，即逆时针方向就是逆循环的方向。在逆循环中，热量传递和做功的方向都与正循环中的相反。所以，在逆循环中外界对系统做功 A，使系统从低温热源吸收热量 Q_2，同时还必须向高温热源释放热量 Q_1；系统释放的热量 Q_1 等于系统吸收的热量与外界对系统所做功之和，即 Q_2+A。

技术上利用对工作物质连续不断地做功以获得低温的装置，称为制冷机。逆循环所表示的能量转换情况，反映了制冷机能量转换的基本过程。

制冷系数是制冷机性能的一个重要标志，定义为

$$\varepsilon = \frac{Q_2}{A}$$

制冷机制冷系数的大小，表示外界对制冷机做单位功时制冷机可从低温物体所吸取热量的多少。

5.3.2　卡诺循环

卡诺循环是一种重要的循环，它是由法国工程师卡诺(N. L. S. Carnot，1796 年 6 月—1832 年 8 月)于 1824 年首先进行研究的。他提出了一种理想的热机。这种热机的工作物质只在两个恒温源(即高温热源和低温热源)之间交换能量，不存在散热、漏气等情况，人们把这种热机称为卡诺热机。卡诺热机的循环确定了热转变为功的最大限度。下面以理想气体为工作物质来讨论这种循环。

卡诺循环是由两条等温线和两条绝热线构成的循环，其过程曲线如图 5-12 所示。1→2 和 3→4 是两条温度分别为 T_1 和 T_2 的等温线，在这两个过程中，系统将分别与温度为 T_1 的高温热源和温度为 T_2 的低温热源做热接触，并进行热传递。2→3 和 4→1 是两条绝热

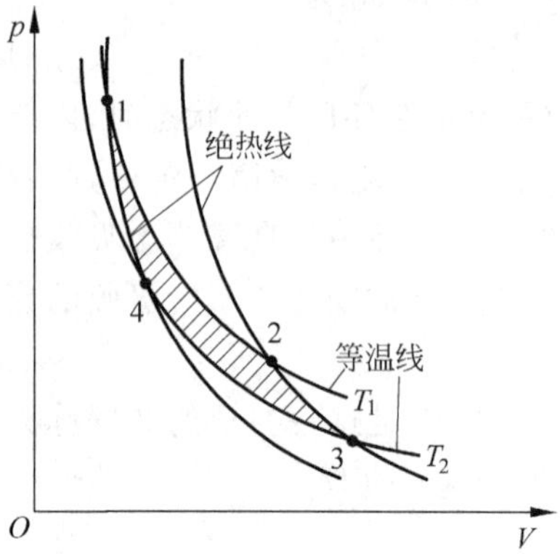

图 5-12 卡诺循环

线，在这两个过程中，系统不再与任何热源进行热接触，与外界没有热量的交往。

先分析正卡诺循环的效率。如果系统的理想气体最初处于状态 1(V_1, p_1, T_1)，按等温膨胀过程缓慢地到达状态 2(V_2, p_2, T_1)。在此过程中，系统与高温热源做热接触，从中吸收热量 Q_1。根据等温过程的特征，Q_1 的数值可以表示为

$$Q_1 = \nu R T_1 \ln \frac{V_2}{V_1} \tag{5.27a}$$

系统由状态 3 按等温压缩过程到达状态 4(V_4, p_4, T_2)。在此过程中，系统与低温热源做热接触，系统向外界释放热量 Q_2，其数值可表示为

$$Q_2 = \nu R T_2 \ln \frac{V_3}{V_4} \tag{5.27b}$$

根据热机效率的定义，卡诺循环的效率可表示为

$$\eta = \frac{Q_1 - Q_2}{Q_1} = 1 - \frac{Q_2}{Q_1} = \frac{T_1 \ln(V_2/V_1) - T_2 \ln(V_3/V_4)}{T_1 \ln(V_2/V_1)} \tag{5.28}$$

根据绝热方程，可以得到 $V_2/V_1 = V_3/V_4$，代入式(5.28)，就得到卡诺循环效率的表达式为

$$\eta = \frac{T_1 - T_2}{T_1} = 1 - \frac{T_2}{T_1} \tag{5.29}$$

由式(5.29)可见，理想气体卡诺循环的效率，只取决于高温热源的温度 T_1 和低温热源的温度 T_2。当高温热源的温度 T_1 越高、低温热源的温度 T_2 越低时，卡诺循环的效率越高。

5.3.3 卡诺制冷机及其制冷系数

鉴于热机和制冷机两个工作原理上的相似性，有关制冷机及其效率的讨论，这里只简略给出相关结论。

卡诺机逆循环一次，卡诺制冷机就完成一次制冷过程，从 p-V 图上看，热机和制冷机工作的方向恰好相反。制冷机的效率通常用从低温热源中所吸收的热量 Q_2 和所消耗的外功 A 的比值来衡量，这一比值称为制冷系数，用符号 ε 表示。Q_1 则为制冷机向高温热源放出的热量，$Q_1 = Q_2 + A$。经简单计算可得卡诺制冷机的制冷系数为

$$\varepsilon = \frac{Q_2}{A} = \frac{Q_2}{Q_1 - Q_2} = \frac{T_2}{T_1 - T_2} \tag{5.30}$$

式(5.30)表明，T_2 越小，制冷系数 ε 越小，即要从温度很低的低温热源中吸取热量，所消耗的外功也很多。

例 5.5 一卡诺制冷机，从 0℃的水中吸取热量，向 27℃的房间放热，假定 50kg 的 0℃水变成了 0℃的冰。试问：(1)给房间释放的热量为多少？(2)使制冷机运转所需的机械功为多少？(3)若此机从 −10℃的冷库中吸取相同的热量，要做多少机械功？(冰的溶解热为 $3.35 \times 10^5 \mathrm{J \cdot kg^{-1}}$)。

解 (1) 由于 $\varepsilon = \dfrac{T_2}{T_1 - T_2} = \dfrac{273}{300-273} = 10.1$

而 $\varepsilon=\dfrac{Q_2}{A}$，$Q_2=3.35\times10^5\times50\text{J}=1.665\times10^7\text{J}$，则可得机械功为

$$A=\frac{Q_2}{\varepsilon}=\frac{1.665\times10^7}{10.1}=1.65\times10^6\text{J}$$

故给房间释放的热量为

$$Q_1=Q_2+A=1.83\times10^7\text{J}$$

(2) 若从 -10℃的冷库中吸取相同的热量 Q_2，此时所做的功为 $A'=\dfrac{Q_2}{\varepsilon'_{卡}}$，因此可以得到

$$\varepsilon'_{卡}=\frac{T'_2}{T_1-T'_2}=\frac{263}{300-263}=7.11$$

$$A'=\frac{1.665\times10^7}{7.11}\text{J}=2.34\times10^6\text{J}$$

经比较发现，$A'>A$，即从温度越低的低温热源中吸取热量，所需做的功越多。

5.4　热力学第二定律

5.4.1　可逆过程和不可逆过程

在热力学中，引入可逆过程和不可逆过程是为了方便说明宏观过程的方向性。设在一个热学系统中，若由状态 1 出发经过某一过程到达状态 2，当系统再由状态 2 返回状态 1 时，原过程对外界产生的一切影响也同时消除，则由状态 1 到达状态 2 的过程，就称为可逆过程，否则就是不可逆过程。例如，一个理想气体系统由状态 $1(V_1,p_1,T)$ 出发，按准静态等温膨胀过程到达状态 $2(V_2,p_2,T)$，如图 5-13 中 1→2 形成的曲线所示。假如在此过程中，不存在诸如摩擦力、黏性力等引起耗散效应的因素，那么过程 1→2 就是可逆过程。在此过程中，系统从外界吸收的热量 Q_T 全部用于对外界做功 A，它们数值相等，并满足：

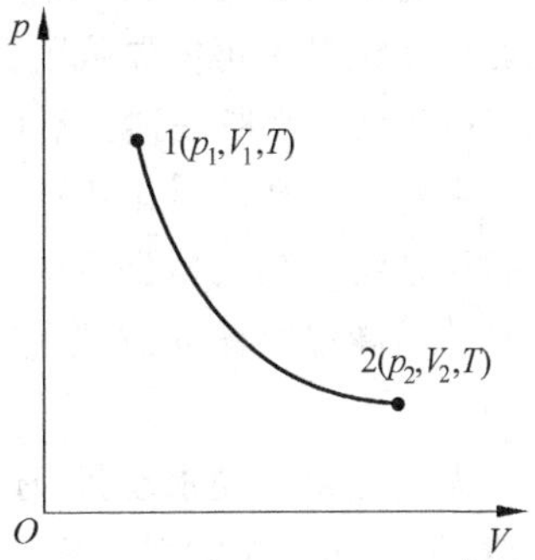

图 5-13　等温膨胀 p-V 曲线

$$Q_T=A=\nu RT\ln\frac{V_2}{V_1}\tag{5.31}$$

若系统由状态 2 返回状态 1，经历了与过程 1→2 相同的中间状态，即过程 2→1，那么过程 2→1 一定是准静态等温压缩过程。在过程 2→1 中，外界对系统做的功 A' 全部转变为系统向外界释放的热量 Q'_T，数值为 $Q'_T=A'=\nu RT\ln\dfrac{V_2}{V_1}$，所以得到

$$\begin{cases}Q'_T=Q_T,\\A'=A\end{cases}$$

这表示，当系统由状态 2 返回状态 1 时，在原过程 1→2 中，系统从外界吸收的热量，又释放给了外界，系统对外界所做的功，外界又以等量的功归还给了系统。系统和外界都恢复了原状，因此过程 1→2 是可逆过程。

综上所述,可逆过程只要求在系统又回到初态时,原过程对外界产生的一切影响也同时消除,但并不要求必须沿原过程的相同路径反向返回。可逆过程必须是准静态过程,而且还必须是无耗散效应的过程。

准静态过程是一种进行得无限缓慢的过程,以致过程所经历的每一个中间状态都接近于平衡态。在实际工程场合,严格的准静态过程是不存在的,它只是一种理想状况。另外,无耗散效应的过程实际上也是不存在的。例如,当活塞移动时,必须克服气缸壁对活塞的摩擦力而做功,这部分功将以热能的形式散发到周围的空气中。因此,无耗散效应的过程也是一种理想状况。总之,严格的可逆过程实际上是不存在的。自然界中发生的一切与热现象有关的过程都是不可逆过程,热力学第二定律正是这种不可逆性的反映。

5.4.2 热力学第二定律的两种表述

为了表述一切自发的热学过程的不可逆性,人们根据大量实验事实,总结出热力学第二定律,阐明了热力学过程的方向。这一定律有多种等价的不同表述,这里只介绍其中的两种表述:开尔文表述和克劳修斯表述。

(1) 开尔文表述:不可能从单一热源吸收热量,使之全部转变为有用功而不引起其他变化。长期以来,人们曾幻想制造一种热机,只从单一热源(如海洋、大气等)吸收热量,并将它全部转变为功,即在式(5.28)中 $Q_2=0$,$\eta=1$。显然这种热机是违背热力学第二定律的开尔文表述的,这种热机称为第二类永动机。热力学第二定律的开尔文表述也可以表示为,第二类永动机是不可能制成的。

(2) 克劳修斯表述:不可能使热量自动地从低温物体传向高温物体而不引起其他变化。在对逆循环的讨论中已经知道,系统从低温物体吸收热量而向高温物体释放热量,外界必须对系统做功。根据克劳修斯表述,假如外界不对系统做功,系统不可能从低温物体吸取热量并向高温物体释放热量,从而达到使低温物体制冷的目的。换句话说,热传导是不可逆的。

无论是第二类永动机,还是热量自动地从低温物体传向高温物体,都不违背热力学第一定律,可是都不能实现。这表明,自然界中过程的进行,除必须遵从能量守恒定律外,还必须受到方向性的限制,即沿某一方向的过程可以实现,而沿另一方向的过程则不可能实现。

热力学第二定律的两种表述看上去似乎没有什么联系,然而,它们是等效的,即由其中一个可以推导出另一个。现在用反证法来证明这两种表述的等效性。

图 5-14 是第二类永动机不能制成的一种论证。假如开尔文表述不成立,即存在一种循环只从单一热源吸取热量并将它全部转变为功,那么可以利用这种循环制作一个热机 R,只从高温热源 T_1 吸取热量 Q,并全部转变为功 A。如果利用功 A 去推动一个制冷机 S,这个制冷机在一个逆循环中将从低温热源 T_2 吸取热量 Q_2,并向高温热源 T_1 释放热量 $Q_2+A=Q_2+Q$,如图 5-14(a)所示。如果将热机 R 和制冷机 S 组合起来,那么这个组合体将从低温热源 T_2 吸取热量 Q_2,并向高温热源 T_1 释放热量 $Q+Q_2-Q=Q_2$,除此之外不发生任何其他变化,如图 5-14(b)所示。这就是说克劳修斯表述也不成立了,即热量 Q_2 自动地从低温热源 T_2 传向了高温热源 T_1。

假如克劳修斯表述不成立,即热量可以自动地从低温热源传向高温热源,那么总可以制作一个装置 Z,通过这个装置,低温热源的热量 Q 自动地传向高温热源。同时在高温热源

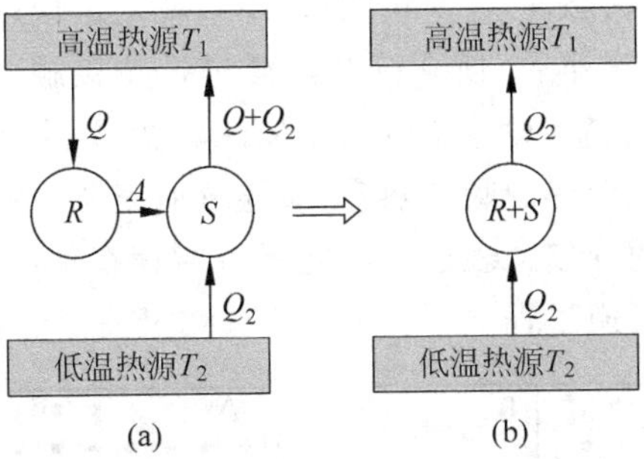

图 5-14　第二类永动机不能制成的一种论证

(a) 热机 R 和制冷机 S 分开；(b) 热机 R 和制冷机 S 组合在一起

T_1 和低温热源 T_2 之间设计一个卡诺热机 K，它在一个循环中从高温热源 T_1 吸取热量 Q，一部分用于对外界做功 A，另一部分 Q_2 被释放到低温热源 T_2，如图 5-15(a)所示。如果将 Z 和 K 组合起来，那么这个组合体将只从低温热源 T_2 吸取热量 $Q-Q_2$，并完全转变为对外界做功 A，如图 5-15(b)所示。这就是说开尔文表述也不成立了，即存在一种循环(这种循环可由 ZK 组合体来完成)，只从单一热源吸取热量并全部转变为功。

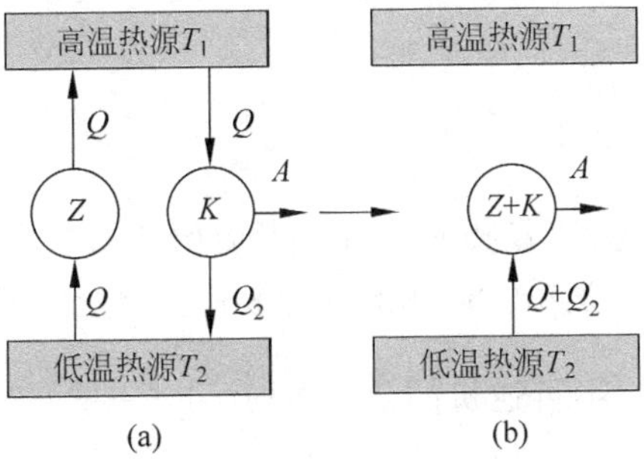

图 5-15　第二类永动机不能制成的另一种论证

(a) Z 和 K 分开；(b) Z 和 K 组合在一起

上文证明了热力学第二定律的两种表述是完全等效的，如果其中一个不成立，另一个也必定不能成立。

热力学第二定律的每一种表述都表明了一种过程的不可逆性。开尔文表述表明了功转变为热的过程的不可逆性，克劳修斯表述表明了热量从高温物体传向低温物体的过程的不可逆性。上文已经证明了这两种表述的等效性，这也就是说这两种不可逆过程是互相联系的，只要其中一个过程是不可逆的，另一个过程也必定是不可逆的。实际上自然界中的一切与热现象有关的过程都是互相联系的，热力学第二定律既指出了两种过程的不可逆性，也可推广成自然界中的一切与热现象有关的过程的不可逆性。

下面进一步用气体自由膨胀的例子来说明这种联系。设一个容器被隔板分为 A 和 B 两部分，A 部分充有理想气体，B 部分是真空，如图 5-16(a)所示。当把隔板抽掉，A 部分的气体将迅速地向真空的 B 部分膨胀，这就是气体的自由膨胀。经过一段时间后，气体将均匀地分布于整个容器，如图 5-16(b)所示。现在用热力学第二定律证明，气体的这种自由膨胀过程是不可逆过程。假如这种过程是可逆的，则必然存在某种过程，通过这种过程，气体可以自动地由状态(b)返回状态(a)。所谓“自动地”,就是这种过程不引起外界的任何变化。设计一种装置,当气体自动收缩后,使系统与热源进行热接触,气体吸取热量 Q,做等温膨胀,从而对外界做功 A,显然 $A=Q$。然后气体又自动收缩,并重复上述过程。于是,这样的气体系统就可以连续地从一个热源吸取热量,又连续地完全转变为对外界所做的功。但是,这违背了热力学第二定律的开尔文表述。因此不可能存在使气体自动收缩的过程,而气体的自由膨胀过程必定是不可逆过程。

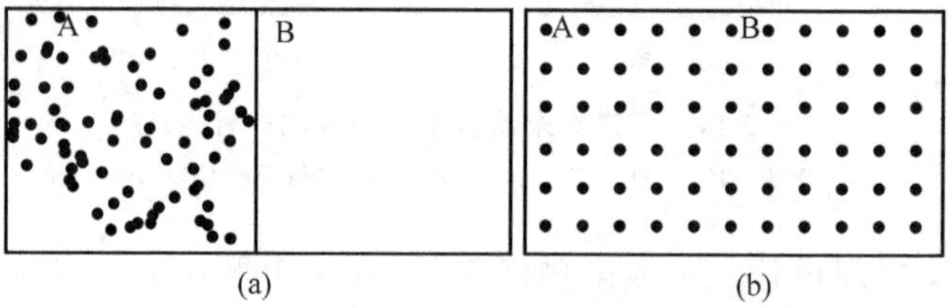

图 5-16　气体自由膨胀

(a) 气体在 A 部分;(b) 气体均匀分布

利用热力学第二定律还可以证明更多的例子是不可逆过程。总之,热力学第二定律的实质,在于揭示自然界中的一切与热现象有关过程的不可逆性。

*5.5　卡诺定理

在 5.3 节中以理想气体为工作物质分析了卡诺循环的效率,在 5.4 节中引入了可逆过程和不可逆过程,介绍了热力学第二定律的两种表述。综合这两节的分析和讨论,可以得到可逆机的效率为 $\eta=1-\dfrac{T_2}{T_1}$,不可逆机的效率为 $\eta\leqslant 1-\dfrac{T_2}{T_1}$。经过严格的理论分析证明,可以得到卡诺定理:工作于高温和低温热源之间的一切循环过程,卡诺循环的效率最高。卡诺定理还可以表述为:

(1) 在相同的高温热源和相同的低温热源之间工作的一切可逆热机,无论使用什么工作物质,其效率都相等,并可表示为 η。

(2) 在相同的高温热源和相同的低温热源之间工作的一切不可逆热机,其效率都不可能超过可逆热机的效率,即 $\eta'\leqslant\eta$。

定理中所说的可逆热机,是从某个一定温度(T_1)的热源吸热,对外界做功,同时又向另一个一定温度(T_2)的热源放热。这样的热机必定是在由两条等温线和两条绝热线所组成的循环中工作,所以必定是卡诺热机。为了证明卡诺定理,假定有两部可逆卡诺热机 K 和 K',都在高温热源 T_1 和低温热源 T_2 之间工作,在一个循环中分别从高温热源吸收热量 Q_1 和 Q_1',向低温热源释放热量 Q_2 和 Q_2',并分别对外界做功 A 和 A',其效率分别为 η 和 η'。假设 $\eta>\eta'$,这时可令 K'热机做逆循环,因为 K'热机是可逆的,所以在一次逆循环中,外界对它做功 A',它将从低温热源吸热 Q_2',并向高温热源放热 Q_1'。如果 K 热机做 N 周正循环对外界做功 NA,正好等于 K'热机做 N' 逆循环外界所做的功 $N'A'$,那么应有下面的关系式成立:

$$\begin{cases} N'Q'_1 = N'Q'_2 + N'A' \\ NQ_1 = NQ_2 + NA \end{cases}$$

考虑到 $\eta > \eta'$，就有 $\frac{NA}{NQ_1} > \frac{N'A'}{N'Q'_1}$。由于 $NA = N'A'$，必定有 $N'Q'_1 > NQ_1$，因此

$$N'Q'_1 - NQ_1 = N'Q'_2 - NQ_2 > 0$$

这表明，在 K 热机运行 N 周和 K' 热机运行 N' 周的情况下，热量（$N'Q'_1 - NQ_1$）自动地从低温热源传向了高温热源。这显然违背了热力学第二定律的克劳修斯表述，所以上述假设 $\eta > \eta'$ 不能成立，只可能有 $\eta' \geqslant \eta$。用同样的方法可以证明 $\eta' \leqslant \eta$。这样就只能有 $\eta = \eta'$。在上面的分析中，K 和 K' 是任意的可逆卡诺热机，其中包括以理想气体为工作物质的可逆卡诺热机，既然已经证明了它们的效率都相等，当然就与工作物质无关。这就证明了卡诺定理的第(1)条表述。

下面证明卡诺定理的第(2)条表述。取 K 为可逆热机，而 K' 为不可逆热机，并假设 $\eta' > \eta$。这时令 K' 做正循环，K 做逆循环，用与上述相同的方法可以证得 $\eta' \leqslant \eta$（由于 K' 为不可逆热机，不能让它做逆循环，所以不能证得 $\eta' \geqslant \eta$）。已知可逆热机 K 的效率 η 可由式(5.29)表示，所以

$$\eta' \leqslant 1 - \frac{T_2}{T_1} \tag{5.32}$$

卡诺定理得证。

卡诺定理给出了热机效率的极限值。由以上讨论可以得出，高温热源的温度 T_1 越高、低温热源的温度 T_2 越低，热机的效率就越高。而低温热源的温度一般取环境温度最为经济。另外，还应使循环尽量接近卡诺循环，减少过程的不可逆性，如减少散热损失、气体泄漏和摩擦等。

附加读物　热机发明　造福人类

所谓的热机是一种将热能转化为机械能的机器。在18世纪以来人类300多年的快速发展中，热机发挥了非常重要的作用——被称为第一次工业革命动力源的蒸汽机属于热机的外燃发动机，而汽车中广泛使用的汽油机和柴油机属于热机的内燃发动机。

1764年，英国人瓦特在修理一台纽科门蒸汽机时，对这种机器发生了兴趣。对纽科门机进行了非常重要改进，制成了第一台有实用价值的蒸汽机。1775年瓦特同一个非常能干的商人、工程师布尔顿合股成立了一个瓦特-布尔顿公司。该公司生产了大量的蒸汽机，两个股东都成了富翁。

由于蒸汽机的发明，工业革命在欧洲逐步兴盛起来了。蒸汽机正在使法国和蒸汽机的故乡——英国日益工业化，为它们增加了国力和财力。作为法国人的卡诺亲身经历了这场蒸汽机革命的冲击，亲眼看到了蒸汽机是怎样促进人类文明向前发展的。然而，他也看到：人们知道怎样制造和使用蒸汽机，而对蒸汽机的理论却了解不够。

在对热机效率缺乏理论认识的情况下，工程师只能就事论事，从热机的适用性、安全性和燃料的经济性几个方面来改进热机。有些工程师盲目地采用空气、二氧化碳，甚至采用酒精来代替蒸汽，试图找到一种最佳的工作物质。这种研究只具有针对性，而不具备普遍性；

从某一热机上获得的最佳数据不能套用于另一热机。这就是当时热机理论研究的状况。卡诺采用了截然不同的途径,他不是研究个别热机,而是要寻一种可以作为一般热机的比较标准的理想热机。1824 年,卡诺发表了热力发动机的经典理论——卡诺循环原理。

1876 年,德国人奥托发明了四冲程煤气机。由于内燃机具有效率高、马力大、容易使用,因此,内燃机在汽车、轮船和飞机上广泛应用。

热机是热力学的典型应用范例之一,推动人类社会发展的动力设备,有必要介绍热机的发明、改进和应用。

1. 单缸活塞蒸汽机的发明与改进

用蒸汽作为动力的设想,最早出现在公元前 130 年,埃及人希龙制作了一种“原始小涡轮”的玩具,首次将蒸汽作为动力,但在此后 1000 多年并没有蒸汽动力出现。

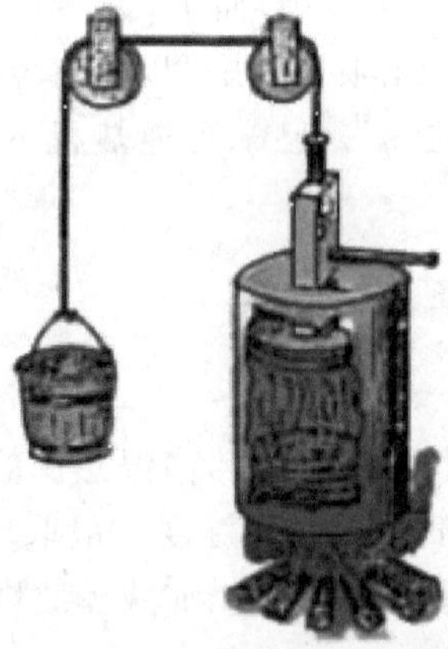

(a)

(b)

附图　蒸汽机

(a) 巴本单缸活塞式蒸汽机;(b) 纽科门蒸汽机

17 世纪上半叶,大气压力和真空概念已广为人知。在“蒸汽机之父”瓦特之前,早已有人发明了多种形式的实用蒸汽机。法国工程师巴本发明第一台单缸活塞式蒸汽机,使蒸汽动力向实用化迈出了一大步。巴本 1671 年在巴黎结识荷兰物理学家惠更斯,并协助惠更斯做大气压力和真空实验,1674 年他改进了波意耳的空气泵。波意耳听到这个消息,便邀请巴本当他的助手。1675 年,巴本来到伦敦跟随波意耳系统学习气体力学知识,1679 年,巴本研制出了一种“蒸煮器”,就是现代人们常用的高压锅。为此,他于 1680 年当选为英国皇家学会会员。巴本在“蒸煮器”的基础上制成了第一台带活塞的蒸汽机,写下题为《一种获取廉价大动力的新方法》的文章,于 1690 年发表。文章中介绍了如上图(a)所示的单缸活塞式蒸汽机,它的气缸底部放有少量的水,对气缸加热时,所产生的蒸汽会推动活塞至顶端,然后将热源撤除,里面的蒸汽必定冷凝形成真空,于是活塞在大气压力作用下下落,这个过程可以提供动力,用于提水和推磨。

17 世纪末,英国工程师萨弗里进行蒸汽泵的研制。蒸汽泵在结构上去掉巴本活塞式蒸汽机的活塞,直接依靠真空把水吸上来,再用蒸汽压力把水挤出去。1698 年他取得这项发明的专利。萨弗里蒸汽泵在一些矿井、私人供水和磨坊里的工作上得到应用。但是应为蒸汽压力不够，用于排除深井积水时遇到了困难，而且容易引起锅炉爆炸，因此不能在矿山上普遍推广。然而萨弗里蒸汽机是人类历史上第一部可以实际应用的蒸汽机。

英国铁匠纽科门综合了萨弗里和巴本机的优点，发明了空气蒸汽机。纽可门蒸汽机(如上图(b))的工作原理是首先让低压蒸汽进入气缸，推动气缸中的活塞上升，然后向气缸中喷水冷却，使气缸内形成局部真空，活塞在大气压力的作用下向下运动，从而带动抽水泵。纽可门蒸汽机的优点是把动力部分的抽水唧筒分开，纽可门蒸汽机是一具广义上的把热变为机械力的原动机，但是和萨弗里的蒸汽机一样，都有耗煤量大、效率低、只能作往复直线运动的缺点。

2. "蒸汽机之父"瓦特

詹姆斯·瓦特(James Watt，1736 年 1 月—1819 年 8 月)是英国著名的发明家，是第一次工业革命的重要人物。他是当时英国皇家学会会员和法兰西科学院外籍院士。他对当时已出现的蒸汽机原始雏形作了一系列的重大改进，发明了单缸单动式和单缸双动式蒸汽机，提高了蒸汽机的热效率和运行可靠性，对当时社会生产力的发展做出了杰出贡献。除了改良蒸汽机外，他还发明了气压表、汽动锤。后人为了纪念他，将"瓦特"作为国际单位制中功率和辐射通量的计量单位，用符号"W"表示。

瓦特在 1736 年 1 月 19 日生于苏格兰格拉斯哥附近，克莱德河湾上的港口小镇格林诺克。瓦特从小身体虚弱，过了入学年龄好几年，他才到镇上的学校学习。13 岁那年，他对几何学发生了兴趣，15 岁就读完了《几何学原理》这样艰深的书籍。后来他进入文法学校，数学成绩特别优秀。由于身体不好，他没到毕业就退学了。但是，他在家里坚持自学了天文学、化学、物理学和解剖学等多学科知识，并自学了好几种外语。受家庭状况影响，瓦特 17 岁逼迫到格拉斯哥的一家钟表店里当学徒，他在业余时间刻苦学习，掌握了许多科技知识，并动手制造出技术要求较高的罗盘、经纬仪等。21 岁那年，他来到了格拉斯哥大学当教具实验员，负责修理和制造仪器，在这一工作中，进一步掌握了当时一些较先进的机械技术。

1757 年，格拉斯哥大学的教授允许瓦特在大学里开设小修理店，帮助瓦特走出经济困境。其中物理学家兼化学家布莱克更是成了瓦特的朋友与导师。

1764 年瓦特在修理一台纽科门蒸汽机时，对这种机器发生了兴趣，投入近 20 年时间对原有的蒸汽机进行一系列的重大技术革新、发明了一套齿轮，使蒸汽机的往复运动变换成为旋转运动，增加了蒸汽机的功能。瓦特还发明了自动调节蒸汽机运转速度的离心式调速器、压力计、计数器、示功器、节流阀以及其他许多仪器来改造提升蒸汽机的效率和功能，使蒸汽机的效率至少提高 4 倍，让一台华而不实的纽科门蒸汽机变成具有巨大工业价值的机械。

瓦特本人没有很好的经商头脑，好在 1775 年他同一个非常能干的商人兼工程师布尔顿合股成立了一个公司，该公司生产了大量的蒸汽机，两个股东也都成了富翁。

3. 瓦特对蒸汽机的重大改进

1705 年，苏格兰铁匠纽科门通过利用蒸汽压力、大气压力、真空间的相互作用，推动活塞作动力，制造了能较大规模利用热能转换为机械能运动的蒸汽机，使当时蒸汽机的利用形成了一定的规模。

1764年，格拉斯哥大学请瓦特修理一台纽科门式蒸汽机，在修理的过程中，瓦特熟悉了蒸汽机的构造和原理，并且发现了这种蒸汽机的两大缺点：活塞动作不连续而且慢；蒸汽利用率低，浪费原料。随后，瓦特开始思考改进纽科门蒸汽机的办法。经过大量实验，瓦特发现它效率低的原因是由于活塞每推动一次，气缸里的蒸汽都要先冷凝，然后再加热进行下一次推动，从而使80%的热量都耗费在反复加热气缸上面。1765年，瓦特取得了关键性的进展，他想到将冷凝器与气缸分离开来，使得气缸温度可以保持为注入的蒸汽的温度，并在此基础上很快建造了一个可以运转的模型。

从1766年开始，在罗巴克的赞助下，瓦特克服了在材料和工艺等各方面的困难，到1769年终于发明了高效能蒸汽机。蒸汽机的发明和改进，涉及不少力学和热力学知识，如热机效率、热和功之间的关系以及水、蒸汽和其他物质的热力学性质等。同年，瓦特因发明冷凝器而获得他在革新纽科门蒸汽机的过程中的第一项专利。第一台带有冷凝器的蒸汽机虽然试制成功了，但它同纽科门蒸汽机相比，除了热效率有显著提高外，在作为动力机来带动其他工作机的性能方面仍未取得实质性进展。也就是说，瓦特的这种蒸汽机还是无法作为真正的动力机投入使用。

瓦特发明的高效能蒸汽机

蒸汽机模型

当瓦特继续进行探索时，罗巴克本人已濒于破产，他把瓦特介绍给了自己的朋友、工程师兼企业家布尔顿。布尔顿对瓦特的创新精神表示赞赏并愿意赞助瓦特。在与布尔顿合作之后，瓦特又生产了两台带分离冷凝器的蒸汽机，由于没有显著的改进，这两台蒸汽机并没有得到社会的关注。这两台蒸汽机耗资巨大，使布尔顿也濒临破产，但他仍然给瓦特以慷慨的赞助。在他的支持下，瓦特以百折不挠的毅力继续研究。自1769年试制出带有分离冷凝器的蒸汽机样机之后，瓦特看出热效率低已不是他的蒸汽机的主要弊病，而活塞只能作往复直线运动才是它的根本局限。同年，他研制出了一套被称为"太阳和行星"的齿轮联动装置，终于把活塞的往复直线运动转变为齿轮的旋转运动。为了增加轮轴的旋轴转动惯性，使圆周运动更加均匀，瓦特还在轮轴上加装了一个大飞轮。由于对传动机构的这一重大革新，瓦特的这种蒸汽机才真正成为能带动一切工作机的动力机。1781年年底，瓦特以发明带有齿轮和拉杆的机械联动装置获得第二个专利。

为了进一步提高蒸汽机的效率，瓦特在发明齿轮和拉杆的联动装置之后，对气缸本身进行了研究。他发现，虽然他把纽科门蒸汽机的内部冷凝变成了外部冷凝，使蒸汽机的热效率有了显著提高，但他的蒸汽机中蒸汽推动活塞的冲程工艺与纽科门蒸汽机没有不同。两者的蒸汽都进行单向运动，从一端进入、再从另一端出来。他想，如果让蒸汽能够从两端进入和排出，就可以让蒸汽既能推动活塞向上运动又能推动活塞向下运动。那么，它的效率就可以提高一倍。1782 年，瓦特根据这一设想，试制出了一种带有双向装置的新气缸。由此瓦特获得了他的第三项专利。把原来的单向气缸装置改装成双向气缸，并首次把引入气缸的蒸汽由低压蒸汽变为高压蒸汽，这是瓦特在改进纽科门蒸汽机的过程中的第三次飞跃，蒸汽机的性能和效率显著提高。通过这三次技术飞跃，纽科门蒸汽机完全演变为了瓦特蒸汽机。

从最初接触蒸汽技术到瓦特蒸汽机研制成功，瓦特走过了 20 多年的艰难历程。瓦特虽然多次受挫、屡遭失败，但他仍然坚持不懈、百折不回，终于完成了对纽科门蒸汽机的三次革新，使蒸汽机得到了更广泛的应用，成为改造世界的动力。

瓦特发明蒸汽机的实验室

4. 内燃机的发明与改进

为了提高蒸汽机效率，卡诺建立起热机的卡诺定理，指出热效率由两个热源的温差所决定。19 世纪中期，焦耳、亥姆霍兹、开尔文、克劳修斯等人建立了热力学第一定律和第二定律，这是热机工作的基本理论。蒸汽机将热量转化为机械能是通过外燃的方式，即热量主要在气缸外流通，锅炉和烟囱几乎将大部分热量都散发出去了，这样它的热效率非常之低。当时的蒸汽机一般都在 5%～8%。此外，为了得到高温高压蒸汽，起动之前还需要一段时间的预热，使用起来很不方便。

限制热效率提高的根本原因是热源在外，只有热源在内部才能解决热效率不高的问题；其研究结论成为发明“内燃机”的思路。

18 世纪末，在蒸馏煤炭中生成的煤气成了一种廉价的燃料，发明家们马上注意到这是一种可以用来作为内燃材料的新燃料。1799 年，法国工程师勒朋设计了一种以煤气作燃料，用电火花作点火装置的内燃机；1820 年，英国工程师西塞尔勾画了更完整的设计蓝图，他试图让煤气在气缸内燃烧产生高温气体，尔后冷却形成真空，由大气对活塞做功。这种设计思想还局限于大气机的框架。1833 年，英国另一位工程师赖特提出了单靠燃烧气体的压力推动活塞做功的爆发式内燃机设计蓝图。这些设计思想最后在法国发明家莱努瓦的手里得以首次实现。1860 年，莱努瓦首次造出了一台用煤气作燃料、用电火花作点火装置的内燃机。世界历史上的这第一台内燃机完全可以投入使用,莱努瓦用它装了一辆车子,还装了一只汽船,效果很好。但它的燃料消耗量很大,热效率只有4%,体积也很大。

1862年,法国工程师德罗夏总结卡诺的热机理论和内燃机的研制实践,提出了内燃机的四冲程理论。该理论指出,通过如下四个冲程(快速往复的过程)内燃热机可取得最大的热效率:第一冲程是外冲程也即吸收冲程,它通过气缸的向外运动造成的真空将混合气体燃料吸入气缸;第二冲程是内冲程也即压缩冲程,它通过气缸的向内运动对进入气缸里的燃料进行压缩,并在最后的瞬间点火,产生最大的爆发力;第三冲程是外冲程称为爆发冲程,它是由高压燃烧气体产生的巨大爆发力做功的过程;第四冲程是内冲程称为排气冲程,它将已经燃烧的废气从气缸中排出去,为下一次第一冲程做准备。德罗夏的四冲程理论未引起当时的重视。

1876年年初,德国工程师奥托偶然在刊物上看到德罗夏登载的四冲程理论,受到很大启发,决心以此理论为基础进行内燃机的研制。奥托从1854年就开始研制内燃机,但屡遭失败。1876年年底,奥托造出了一台新的以四冲程理论为依据的煤气内燃机。他发现,利用飞轮的惯性可以使四冲程自动实现循环往复,这就成功地将德罗夏的四冲程理论付诸实践。这台内燃机的热效率一下子提高到了14%。

奥托继续试验和改进,内燃机的性能更趋稳定和完善,到1880年,机器功率已由原来的4马力提高到20马力。他的公司生产的内燃机成了热门货,直到1890年,世界各地已到处是奥托公司的内燃机,大有取代蒸汽机之势。由于奥托声名大振,人们往往认为他就是四冲程理论的创始人,把四冲程循环称为奥托循环,而德罗夏往往不为人提及。

奥托内燃机采用的是煤气作为燃料,而煤气必须由煤气发生炉这样大的装置提供,这就产生了许多不便之处,例如,这种内燃机无法用在车、船这种远程移动性机械上。

然而,19世纪中叶以来,燃料工业已经在发生着巨大的变革。1854年,美国工程师西里曼成功地发明了石油的分馏方法,汽油、煤油、柴油等优质燃油投入应用。1859年,美国人在宾夕法尼亚州打出了世界上第一口油井,从此开始了对石油的大量开采和利用。1883年,德国工程师、发明家戴姆勒研制成功了第一台以汽油为燃料的内燃机,由于汽油的燃烧值远远高于煤气,所产生的动力也远大于煤气内燃机。1885年,戴姆勒和德国工程师、发明家本茨两人以汽油机为动力,分别独立地研制出最早的可供实用的汽车。1892年德国机械工程师狄塞尔发明了柴油机,它是一种结构更简单燃料更便宜的内燃机;这种机器由于增加了压缩过程,使热效率进一步提高,达到27%~32%。狄塞尔机的问世,标志着往复式活塞内燃机的发明已基本完成,被广泛地运用于卡车、拖拉机、公共汽车、船舶及机车等,成为重型运输工具中无可争议的原动机。

内燃机的问世还使人类飞上天空的美梦成真,飞机使人类进入了航空运输时代,这已经是20世纪的事情了。

5. 热机的历史意义

当蒸汽机应用到在采矿、冶炼和许多工业机械等方面时,大大提高了这些行业的生产效率。除了蒸汽机外,还出现了许多其他发明,其中,如飞梭和珍妮纺纱机皆出现在瓦特蒸汽机之前。这些发明中的大多数只代表了小改小革,没有哪一项能单独地对工业革命起到举足轻重的作用。然而蒸汽机则不同,它起着关键性的作用,直接带来了一次工业革命。在它之前,虽然风车和水轮有一定的作用,但主要的动力源是人力,这个因素严重地阻碍了工业生产力发展。随着蒸汽机的发明,这个阻碍消失了。有了可供生产使用的巨大动力,生产力也就随之有了巨大的增长。

蒸汽机除了作为工厂动力来源外,还有许多其他重要的应用。1783 年达班斯成功地使用蒸汽机驱动船的航行。1804 年特里维西克制造出第一台蒸汽机车。当时这两种机型从经济上来看都并不成功,然而数十年之间,轮船和铁路使水陆交通都发生了革命。

在历史上,工业革命与美国革命和法国革命几乎是同一时期发生的。当时人们似乎对工业革命并没有足够的认识,今天人们已经认识到工业革命对人类日常生活的意义要比那两场伟大的政治革命都重要得多。因此,瓦特是历史上最有影响的人物之一。

瓦特蒸汽机发明的重要性是难以估量的,它被广泛地应用在工厂,成为几乎所有机器的动力,改变了人们的工作生产方式,极大地推动了技术进步并拉开了工业革命的序幕。它使得工厂的选址不必再依赖于煤矿而可以建立在更经济更有效的地方,也不必依赖于水能从而能常年地运转,这进一步促进了规模化经济的发展,大大提高了生产率的同时也使得商业投资更有效率。

正像蒸汽机的发明及其实用化构成了第一次技术革命的主要内容一样,内燃机作为一种新的动力机械与电动机一起掀起第二次技术革命的高潮。

内燃机的发明终于使农业生产技术发生了重大的革命。在资本主义发展史上,农业生产发展曾比较缓慢。当城市工业普遍使用蒸汽机时,农作物的耕种和收割仍主要依靠畜力,因为蒸汽机过于笨重。甚至在 19 世纪中叶已发明了收割卷轧机和收割机,但动力仍为畜力。而内燃机一出现,立即就成为农业生产的动力机而取代了畜力。1892 年,由汽油机驱动的拖拉机奔驰在田野上;1901 年,拖拉机开始批量生产。拖拉机的使用又促进了农用工作机的大量制造,使长期处于落后状态的农业面貌大为改观,完成了农业机械化进程,极大地提高了农业劳动生产率。从 1890—1930 年,美国农业劳动生产率增长了 4 倍,农村人口由约占总人口的 60%降低到 36%。

内燃机的广泛应用使石油需求量大大增加,石油工业的发展又使燃料化学工业与合成化学工业大大发展起来。

5.6　熵增加原理

5.6.1　熵的概念

根据卡诺定理,一切可逆热机的效率都可以表示为 $\eta=1-\frac{Q_2}{Q_1}=1-\frac{T_2}{T_1}$,由此式可以得到

$$\frac{Q_2}{Q_1}=\frac{T_2}{T_1}\quad\left(\text{或者}\frac{Q_2}{Q_1}-\frac{T_2}{T_1}=0\right)\tag{5.33}$$

式中,Q_1 是工作物质从温度为 T_1 的高温热源吸收的热量;Q_2 是工作物质向温度为 T_2 的

低温热源释放的热量。根据热力学第一定律对热量符号的规定，当系统放热时，对系统而言，此热量应以负值表示，所以 Q_2 应以 $-Q_2$ 代替，于是式(5.33)成为

$$\frac{Q_1}{T_1}+\frac{Q_2}{T_2}=0 \tag{5.34a}$$

这是在一次可逆卡诺循环中必须遵从的规律。

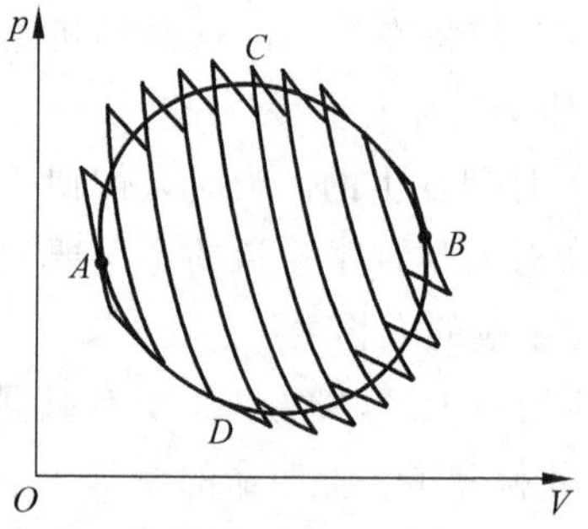

图 5-17 可逆卡诺循环的叠加

一个任意的可逆循环 $ACBDA$，总可以用大量微小的可逆卡诺循环去代替它，如图 5-17 所示。而对于其中的每一个卡诺循环，都可以列出相应的关系式(5.34a)，将所有这些关系式叠加起来，可以得到

$$\sum_i \frac{Q_i}{T_i}=0 \tag{5.34b}$$

当无限缩小每一个小循环时，上式中的 Q_1 可用 δQ 代替，求和号可用沿环路 $ACBDA$ 的积分代替，于是上式可以写为

$$\oint \frac{\delta Q}{T}=0 \tag{5.35}$$

式(5.35)称为克劳修斯等式。对于任意可逆循环，克劳修斯等式都成立。

在图 5-17 中，我们可以将点 A 看作初状态，将点 B 看作末状态，由初状态 A 到达末状态 B 可以沿过程 ACB 进行，也可以沿过程 ADB 进行。根据式(5.35)，应有

$$\int_{ACB}\frac{\delta Q}{T}+\int_{BDA}\frac{\delta Q}{T}=0 \quad \left(\text{或者}\int_{ACB}\frac{\delta Q}{T}=\int_{ADB}\frac{\delta Q}{T}\right) \tag{5.36}$$

上式表示，沿不同路径从初态 A 到末态 B，$\frac{\delta Q}{T}$的积分值都相等，或者说$\frac{\delta Q}{T}$的积分值只决定于初、末状态而与过程无关。可见，$\frac{\delta Q}{T}$的积分值必定是一个态函数，这个态函数就称为熵，常用 S 表示。从初态 A 到末态 B，熵的变化 ΔS 可以表示为

$$\Delta S=S_B-S_A=\int_A^B\frac{\delta Q}{T} \tag{5.37a}$$

对于无限小的过程可以写为

$$\mathrm{d}S=\frac{\delta Q}{T} \tag{5.37b}$$

上式给出了在无限小可逆过程中，系统的熵变 $\mathrm{d}S$ 与其温度 T 和系统在该过程中吸收的热量 δQ 的关系。

在热力学中常把均匀系统的态参量和态函数分成两类：一类是强度量，与系统的总质量无关，如压强、温度和密度等；而内能、焓和热容量等却属于另一类量，这类量称为广延量，是与系统的总质量成正比的。熵也属于广延量，与系统所包含物质的量成正比。

熵是态函数，完全由状态所决定，也就是完全由描述状态的态参量所决定，所以只要系统所处的平衡态确定了，这个系统的熵也就完全确定了，与通过什么过程到达的这个平衡态无关。在由式(5.37)计算的熵值中总包含了一个任意常量，这可以从式(5.37)的积分式

$$S-S_0=\int_A^B\frac{\delta Q}{T}\quad\left(\text{或者 }S=\int_A^B\frac{\delta Q}{T}+S_0\right)\tag{5.38}$$

中看到，式中的 S_0 就是这个任意常量。这与力学中求势能的情形很相似，力学中为了消除或确定这个包含在势能中的常量，总是要选择势能零点。在这里，为了消除或确定包含在熵值中的常量也需要选择熵值为零或为某定值的参考态。

既然态函数熵完全由状态所决定，那么从初态 A 到末态 B 熵的变化 S_B-S_A，就完全由 A、B 两个状态所决定，而与从初态到末态经历怎样的过程无关。但是要计算熵变 S_B-S_A，却必须沿一条可逆过程从 A 到 B 对 $\frac{\delta Q}{T}$ 积分，也就是说，在由式(5.37a)计算熵变时，积分路径代表连接初、末两态的任一可逆过程。所以在计算熵变时，总是在初、末两态之间设计一个可逆过程，或者在 p-V 图上寻找一条便于积分的路径，或者计算出熵作为态参量的函数关系，再将初、末两态的态参量代入。

5.6.2 熵增加原理和热力学基本关系式

以上我们从可逆过程得出了熵的概念。对于不可逆热机，根据卡诺定理，其效率都不会超过可逆热机，即 $\eta'\leqslant 1-\frac{T_2}{T_1}$，也就是 $\eta'=1-\frac{Q_2}{Q_1}\leqslant 1-\frac{T_2}{T_1}$。于是，对于不可逆过程，克劳修斯等式(5.35)应由克劳修斯不等式

$$\oint\frac{\delta Q}{T}\leqslant 0\tag{5.39}$$

代替。其中，$\frac{\delta Q}{T}$ 表示工作物质从温度为 T 的热源吸收的热量。熵的变化则可表示为

$$\Delta S\geqslant\int_A^B\frac{\delta Q}{T}$$

或者

$$\mathrm{d}S\geqslant\frac{\delta Q}{T}\tag{5.40}$$

式(5.39)或式(5.40)可以作为热力学第二定律的普遍表达式，它们反映了热力学第二定律对过程的限制，违背此不等式的过程是不可能实现的。因此可以根据此表达式研究在各种约束条件下系统可能发生的变化。

对于一个孤立系统，因为它与外界不进行热量交换，所以无论发生什么过程，总有 $\delta Q=0$，根据式(5.39)和式(5.40)，必定有

$$\Delta S\geqslant 0,\quad \mathrm{d}S\geqslant 0\tag{5.41}$$

这表明孤立系统的熵永远不会减小：对于可逆过程，熵保持不变；对于不可逆过程，熵总是增加的。这就是熵增加原理。热力学第二定律指出了一切与热现象有关的宏观过程的不可逆性，假如发生这种过程的系统是孤立系统，那么根据熵增加原理，这个系统的熵必定是增加的。所以热力学第二定律有时也称为熵增加原理。

熵增加原理可以指导我们判明一个孤立系统发生某过程的可能性，计算系统的熵的变化，如果熵增加，说明该过程能够进行，如果熵减小，说明该过程不能发生。假如系统不是孤立的，在某过程中与外界发生热量交换，这时可以将系统和与之发生热交换的外界一起作为

孤立系统,从而应用熵增加原理。

热力学第一定律可以表示为 $\delta Q=\mathrm{d}U-\delta A$,将热力学第二定律的数学表达式(5.37b)代入该式,可得

$$T\mathrm{d}S \geqslant \mathrm{d}U-\delta A \tag{5.42}$$

其中,δA 为外界做的微功。式(5.42)称为热力学基本关系式。式中不等号与不可逆过程相对应,此时 T 表示热源的温度,等号与可逆过程相对应,此时 T 既是热源的温度,也是系统的温度。对于可逆过程并且只存在膨胀功的情况下,热力学基本关系式可以写为

$$T\mathrm{d}S=\mathrm{d}U+p\mathrm{d}V \tag{5.43}$$

式(5.43)虽然是从可逆过程得到的,但应该把它理解为在两相邻平衡态的态参量 U、S、V 的增量之间的关系,态参量的增量只决定于两平衡态,而与联结两态的过程无关。以后我们将会看到这个关系式的重要作用。

例 5.6 在等压条件下将 1.00kg 的水从 $T_1=273\mathrm{K}$ 加热到 $T_2=373\mathrm{K}$,求熵的变化。已知水的等压比热 $c=4.20\mathrm{J/(g\cdot K)}$。

解 在等压条件下将水从 T_1 加热到 T_2 一般是不可逆过程,为了利用式(5.38)计算熵变,可以设计这样的可逆过程使水升温:将温度为 $T_1=273\mathrm{K}$ 的水与温度为 $T_1+\mathrm{d}T$ 的热源做热接触,因两者温度差 $\mathrm{d}T$ 为无限小量,热传递进行得无限缓慢,经过相当长的时间,水从热源中吸收热量

$$\delta Q=mc\mathrm{d}T$$

水温上升至 $T_1+\mathrm{d}T$。式中,m 是水的质量。再将温度为 $T_1+\mathrm{d}T$ 的水与第二个热源做热接触,这个热源的温度为 $T_1+2\mathrm{d}T$,以后过程以此类推,直至水温达到 $T_2=373\mathrm{K}$ 为止。这样的整个过程可以看作可逆过程,于是熵变可表示为

$$\Delta S=\int_{T_1}^{T_2}\frac{mc\mathrm{d}T}{T}=mc\ln\frac{T_2}{T_1}\approx 1.31\times 10^3\mathrm{J/K}$$

例 5.7 将质量都为 m、温度分别为 T_1 和 T_2 的两桶水在等压、绝热条件下混合,求它们的熵变。

解 温度不同的两桶水在等压、绝热条件下相混合的过程一般是不可逆过程,但为了计算熵变,应设计一个可逆过程。两桶水混合后的温度为

$$T=(T_1+T_2)/2$$

采用与例 5.6 相同的方法,在 T_1 到 T 之间设想存在温度有微小差别的一系列热源,让初始温度为 T_1 的水依次与这些热源做热接触,使其温度缓慢变为 T。同样,在 T_2 到 T 之间也设想存在温度有微小差别的一系列热源,让初始温度为 T_2 的水依次与这些热源做热接触,使其温度缓慢变为 T,然后将两桶相同状态(T,p)的水混合在一起。根据这个可逆过程,可以利用式(5.37a)分别计算两桶水的熵变,则

$$\Delta S_1=\int_{T_1}^{T}\frac{mc\mathrm{d}T}{T}=mc\ln\frac{T_1+T_2}{2T_1} \tag{Ⅰ}$$

$$\Delta S_2=\int_{T_2}^{T}\frac{mc\mathrm{d}T}{T}=mc\ln\frac{T_1+T_2}{2T_2} \tag{Ⅱ}$$

式中,c 是水的等压比热,在温度范围不太大时可看作常量。总的熵变等于两者熵变之和,即

$$\Delta S=\Delta S_1+\Delta S_2=mc\ln\frac{(T_1+T_2)^2}{4T_1T_2} \tag{Ⅲ}$$

根据初等数学关系$(T_1+T_2)^2=T_1^2+T_2^2+2T_1T_2\geqslant 4T_1T_2$，故式(Ⅲ)所示表示的熵变$\Delta S>0$，这表明两桶水在等压绝热条件下混合的过程是不可逆过程。

此题还可以用另一种方法求解。对于从初态到末态的可逆过程，热力学基本关系式可以表示为 $T\mathrm{d}S=\mathrm{d}U+p\mathrm{d}V$，在等压条件下，上式可化为

$$\mathrm{d}S=\frac{\mathrm{d}(U+pV)}{T}=\frac{mc}{T}$$

后面的计算步骤与上面的相同。

5.7　热力学第三定律

1906 年，能斯特(W. F. H. Nernst，1864 年 6 月—1941 年 11 月)在研究各种化学反应处于低温下的性质时，得到了这样的结论：凝聚系统的熵在等温过程中的改变，随着绝对零度的趋近而趋于零，即

$$\lim_{T\to 0}(\Delta S)_T=0 \tag{5.44}$$

这个结论称为能斯特热定理。6 年之后能斯特根据他的定理又推导出绝对零度不能到达的原理：不可能通过有限次的循环使一个物体的温度降到绝对零度。现在普遍认为，能斯特定理和绝对零度不能到达原理是热力学第三定律的两种表述。

下面来讨论如何从能斯特定理导出绝对零度是不能达到的。如果取 T 和 γ(如在绝热去磁法中的磁场强度 H)为两个独立态参量，那么式(5.44)可以表示为

$$S(0,\gamma_1)=S(0,\gamma_2) \tag{5.45}$$

这说明，当 $T\to 0$ 时，系统的熵值是与态参量 γ 无关的绝对常量。若以 γ 为参变量画出系统的 S-T 曲线，根据能斯特定理，我们可以肯定，态参量为 γ_1 的 S-T 曲线与态参量为 γ_2 的 S-T 曲线相交于纵轴($T=0$)上的某一点。这个交点应处于纵轴的什么位置呢？既然 γ 可以是任何态参量，当温度趋于绝对零度时熵都有相同的值，那么这个所谓零点熵值就应该具有普适常量的性质。

1911 年普朗克提出了绝对熵的概念，就是以绝对零度时的熵值为零作为熵常量的基准点，由此计算得到的熵称为绝对熵。这就是说，如图 5-18 所示的两条 S-T 曲线的交点应处于坐标原点，图中态参量 γ 是磁场强度 H，两条曲线分别对应于 $H=0$ 和 $H=H_i$。系统从初态 $A(T_1,H=0)$出发，在等温条件下加磁场 H_i，系统到达状态 $B(T_1,H)$，然后绝热去磁，熵不变，温度下降至 T_2，到达状态 $C(T_2,H=0)$，以后继续重复等温加磁和绝热去磁的过程，系统的温度将逐渐下降至 T_3、T_4 等。由图 5-18 可以看到，如果这样的过程无限次地进行下去，系统的温度才会逐渐接近绝对零度。

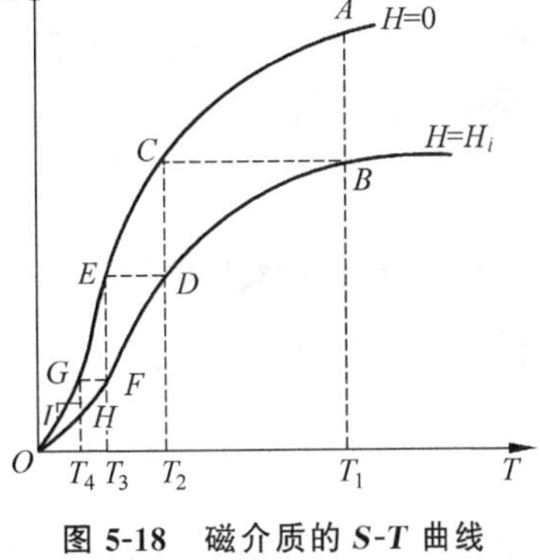

图 5-18　磁介质的 S-T 曲线

显然，假如能斯特定理不成立，即凝聚系统的熵在等温过程中的改变，随着绝对零度的趋近并不趋于零，即 $S(0,H)\neq S(0,H=0)$，那么图 5-19 上的两条 S-T 曲线不相交于纵轴的一点上。在这种情况下，经过有限次等温加磁和绝热去磁就可以使物体系统达到绝对零度。图 5-19 画出了经过三次等温加磁和绝热去磁手续就使系统的温度降至绝对零度的情形。这表明，假如能斯特定理不成立，绝对零度不能达到也不正确了。上面定性地说明了能斯特定理与绝对零度不能达到具有一致性。

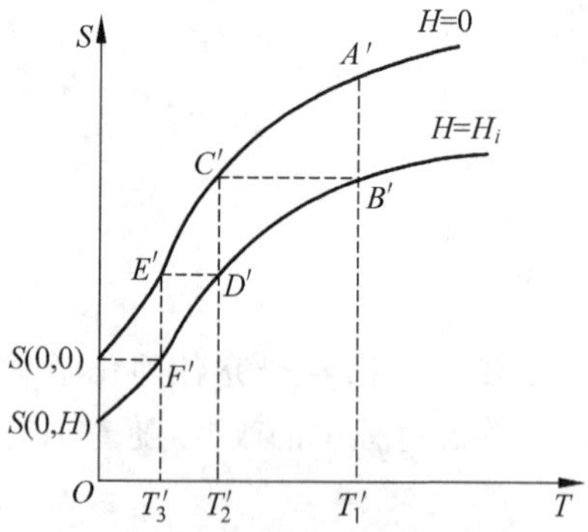

图 5-19 等温加磁和绝热去磁的 S-T 曲线

大量研究结果和实验事实都与能斯特定理的推论相一致，确认了定理的正确性。

根据卡诺循环的规律，如果低温热源的温度 $T_2=0$，就有 $Q_2=0$，就可实现从单一热源吸收热量并全部转变为功的循环过程，这显然违背了热力学第二定律的开尔文表述。因此，有人会认为绝对零度不能到达原理已经包含在热力学第二定律中了。实际上，热力学第二定律是在 $T>0$ 的实验和实践结论的基础上建立起来的，它的正确性也只能在 $T>0$ 的温度范围内表现出来，而热力学第三定律则是在 $T\to 0$ 的大量实验事实基础上总结出来的，所以它是适用于 $T\to 0$ 的极限情况下的热力学规律，是独立于热力学第二定律之外的另一条热力学定律。下面介绍获得超低温的有效方法。

这里所要讨论的系统是均匀的各向同性的顺磁介质，在匀强磁场的作用下，介质被均匀磁化。根据 7.4 节所得到的结论，外界为使体积为 V 的磁介质磁化，所做的元功为 $VH\mathrm{d}B$，利用关系式 $B=\mu_0(H+M)$，该元功可以表示为

$$VH\mathrm{d}B=\mu_0 VH\mathrm{d}H+\mu_0 VH\mathrm{d}M$$

式中，右边第一项是外界为在磁介质中激发磁场所做的功，第二项是外界为使整个磁介质产生磁化强度 M 所做的功，令人感兴趣的正是这后一部分功，所以

$$\delta A=\mu_0 VH\mathrm{d}M \tag{5.46}$$

式中，VM 代表系统的总磁矩。根据电磁学知识有，

$$M=\chi H$$

其中，χ 是磁化率。如果忽略磁介质在温度变化和磁化过程中体积的变化，于是热力学基本方程可以表示为

$$\mathrm{d}U=T\mathrm{d}S+\mu_0 VH\mathrm{d}M=T\mathrm{d}S+\mu_0 V\chi H\mathrm{d}H \tag{5.47}$$

引入 C_H 表示磁场不变时，磁介质系统的热容，则 $C_H=T\left(\frac{\partial S}{\partial T}\right)_H$。对于顺磁介质，其磁化率遵从居里定律

$$\chi=\frac{C}{T}$$

其中，C 是居里常量。对于各向同性的顺磁质存在以下的电磁学关系：

$$m=\frac{VM}{T}=\frac{V\chi H}{T}=\frac{CV}{T}H \tag{5.48}$$

式(5.48)是热力学中顺磁质系统的物态方程。在绝热条件下，可以导出以下重要公式：

$$\left(\frac{\partial T}{\partial H}\right)_S=\frac{\mu_0 CV}{C_H T}H \tag{5.49}$$

式中，下标 S 表示绝热过程。由于式(5.49)的右边均为正值，则左边也必定为正值，所以在绝热条件下减小或撤除磁场时，顺磁介质系统的温度必定相应地下降。这种降温的方法称为绝热去磁法，它是获得 1K 以下超低温的有效的和基本的方法。20 世纪 90 年代初，科学家用这种方法获得了$(0.8\sim2)\times10^{-9}$K 的超低温。

熵最初是根据热力学第二定律引出的一个反映自发过程不可逆性的物质状态参量。热力学第二定律是根据大量观察结果总结出来的规律：在孤立系统中，体系与环境没有能量交换，体系总是自发地向混乱度增大的方向变化，总使整个系统的熵值增大，此即熵增原理。但熵的绝对值不能由热力学第二定律确定。根据量热数据由热力学第三定律确定熵的绝对值，称为规定熵或量热法。

1877 年，统计热力学的创始人玻耳兹曼，提出了熵 S 的另一种定义：对于含有 N 个分子的热力学系统，其处于某一宏观状态，总有一个确定的微观态数目与之对应，即热力学概率 Ω，而且热力学系统的熵 S 和热力学概率 Ω 满足以下关系

$$S=k\ln\Omega \tag{5.50}$$

式中，k 为玻耳兹曼常数，它是为匹配克劳修斯熵而引入的。这种熵称为玻耳兹曼熵。

玻耳兹曼熵有准确的物理意义，一个系统的热力学概率越大，意味着系统微观分布的无序度越高，对应的熵值越大。这种熵符合系统的宏观条件(观察到的宏观状态)，例如温度、压力、能量，因此熵是描述系统热运动无序性的一个状态参量，也称为态函数。

在信息论中，根据香农的信息熵理论，熵是接收的每条消息中包含的信息的平均量，故又被称为信息熵、信源熵、平均自信息量。1957 年，杰恩斯将信息熵引入统计力学中，并定义为

$$S=-k\sum_i p_i\ln p_i \tag{5.51}$$

式中，p_i 是信息源中第 i 个信息元出现的概率。

总之，熵的概念被推广到很多领域加以应用。常见的应用场合有：有序-无序状态转换、平衡态-非平衡态转换、判断转换的发展趋势等。同学们在今后实际工作和生活中可以留意。

本章小结

1. 准静态过程

(1) 准静态过程：系统的状态变化时，每一个中间态都无限接近于平衡态的过程。

(2) 理想气体常用准静态过程的过程方程(系统质量 M 不变时适用)：

① 等体过程：$\mathrm{d}V=0$，$p/T=C$；

② 等压过程：$\mathrm{d}p=0$，$V/T=C$；

③ 等温过程：$\mathrm{d}T=0$，$pV=C$；

④ 绝热过程：$\mathrm{d}Q=0$，$pV^\gamma=C$，$V^{\gamma-1}T=C$，$p^{\gamma-1}T^{-\gamma}=C$(泊松过程)，$V^{\gamma-1}T=C$，

$p^{\gamma-1}T^{-\gamma}=C$。

其中，$\gamma=(i+2)/i$ 为绝热指数。

2. 热力学第一定律

热力学第一定律是热学范围内的能量守恒定律，其表达式为

$$Q=\Delta E+A \quad 或 \quad \delta Q=\mathrm{d}E+\delta A$$

(1) 功：在准静态过程中，$A=\int_{V_1}^{V_2}p\,\mathrm{d}V$，也等于 p-V 图上 $V_1\sim V_2$ 之间过程曲线围成的面积。

(2) 热量：$Q=\int_{T_1}^{T_2}\nu C_{V,\mathrm{m}}\mathrm{d}T$，其中 $C_{V,\mathrm{m}}=\dfrac{1}{\nu}\dfrac{\mathrm{d}Q}{\mathrm{d}T}$ 为摩尔热容。

当 $C_{V,\mathrm{m}}$ 为常量时，$Q=\nu C_{V,\mathrm{m}}(T_2-T_1)$。

在准静态过程中，摩尔热容可以表示为 $C_{\mathrm{m}}=C_{V,\mathrm{m}}+\dfrac{1}{\nu}\dfrac{p\,\mathrm{d}V}{\mathrm{d}T}$

理想气体的等体摩尔热容 $C_{V,\mathrm{m}}=\dfrac{i}{2}R$，等压摩尔热容 $C_{p,\mathrm{m}}=C_{V,\mathrm{m}}+R$（迈耶公式）或 $C_{p,\mathrm{m}}=\gamma C_{V,\mathrm{m}}=\dfrac{i+2}{i}R$。其中，$\gamma=C_{p,\mathrm{m}}/C_{V,\mathrm{m}}=(i+2)/i$ 称为比热容比，亦称绝热指数。

(3) 热力学第一定律在理想气体常见过程中的应用。

3. 热机循环

循环特征 $\Delta U=0$，$Q_{净}=A_{净}$，$|A_{净}|$ 等于 p-V 图像上循环曲线所包围的面积。

热循环：从高温热库吸热 Q_1，向低温热库放热 Q_2，对外做净功 $A=Q_1-Q_2$，热机效率 $\eta=\dfrac{A}{Q_1}=1-\dfrac{Q_2}{Q_1}$。

制冷循环：通过外界做功 A，从低温热库吸热 Q_2，向高温热库放热 $Q_1=Q_2-A$，制冷系数 $\varepsilon=\dfrac{Q_2}{|A|}=\dfrac{Q_2}{Q_1-Q_2}$。

卡诺循环：由两个等温过程和两个绝热过程组成的准静态循环。卡诺热机效率 $\eta_{\mathrm{c}}=1-\dfrac{T_2}{T_1}$，卡诺制冷机制冷系数 $\varepsilon_{\mathrm{c}}=\dfrac{T_2}{T_1-T_2}$。

4. 热力学第二定律

热力学第二定律是判断自然界宏观热力学过程进行方向的普遍规律，指出一切自发宏观过程都不可逆。

(1) 开尔文表述：热不可能全部转变为功而不产生其他影响。其等效的说法是，单热源热机或 $\eta=100\%$ 的热机不可能制成。它指明了自发功热转换不可逆。

(2) 克劳修斯表述：热量不可能自动地从低温物体传向高温物体。它指出了自发热传导不可逆。

凡是涉及功热转换或摩擦力做功、有限温差下的热传导和非准静态变化的热力学过程，

都是不可逆过程。实际过程都是不可逆过程。

(3) 热力学第二定律的统计意义：孤立系统发生的过程，总是由包含微观态数目少的宏观态向着包含微观态数目多的宏观态方向变化。或者说，任何自发发生的过程，都是沿着无序性增大的方向进行。

5. 熵增加原理——热力学第二定律的数学表示

(1) 热力学概率 Ω：热力学系统宏观态所包含的微观态数。

(2) 在可逆过程中，系统从状态 A 改变到状态 B，其热温比的积分是一态函数熵的增量，即

$$\Delta S = S_B - S_A = \int_A^B \frac{\delta Q}{T} \quad \left(\text{或 } \mathrm{d}S = \frac{\delta Q}{T}\right)$$

熵：$S = k\ln\Omega$，它是系统无序性或混乱度大小的量度。

(3) 熵增加原理：孤立系统和绝热系统内部发生的过程，总是沿着熵增加的方向，即 $\Delta S \geqslant 0$。其中，等号和不等号分别对应于可逆过程和不可逆过程。

习题

1. 填空题

1.1 一定量的理想气体处于热动平衡状态时，此热力学系统的不随时间变化的三个宏观量是________，而随时间不断变化的微观量是________。

1.2 在热力学中，“做功”和“传递热量”有着本质的区别，“做功”是通过________来完成的；“传递热量”是通过________ 来完成的。

1.3 某理想气体等温压缩到给定体积时外界对气体做功 $|A_1|$，又经绝热膨胀恢复原来体积时气体对外做功 $|A_2|$，则整个过程中气体①从外界吸收的热量 $Q=$________；②内能增加了 $\Delta U=$________。

1.4 理想气体内能从 U_1 变到 U_2，对等压、等体两过程，其温度变化________，吸热量________。(填相同或不相同)

1.5 若理想气体的压强依照 $p=a/V^2$ 的规律变化，其中 a 为常数，则气体体积由 V_1 膨胀到 V_2 所做的功为________。

1.6 质量为 0.02kg 的氦气(视为理想气体)，温度由 17℃升到 27℃，若在升温过程中，①体积保持不变；②压强保持不变；③不与外界交换热量，在这三种情况下，气体内能的改变、吸收的热量、外界对气体所做的功分别为：

① ________；________；________。

② ________；________；________。

③ ________；________；________。

1.7 图 5-20 为 1mol 理想气体的 T-V 图，ab 为直线，其延长线通过 O 点，则 ab 过程是________过程，气体对外做功________。

1.8 如图 5-21 所示，一定量的理想气体，沿着图中直线从状态 a(压强 $p_1=4\text{atm}$，体

积 $V_1=2L$)变到状态 b(压强 $p_2=2atm$,体积 $V_2=4L$),则在此过程中,气体对外界做________功,向外界________热。

1.9 一定量的某种理想气体在等压过程中对外做功为 200J;若此种气体为单原子分子气体,则该过程中需吸热________ J;若为双原子分子气体,则需吸热________ J。

1.10 2mol 单原子分子理想气体,经一等体过程后,温度从 200K 上升到 500K,若该过程为准静态过程,气体吸收的热量为________;若为不平衡过程,气体吸收的热量为________。

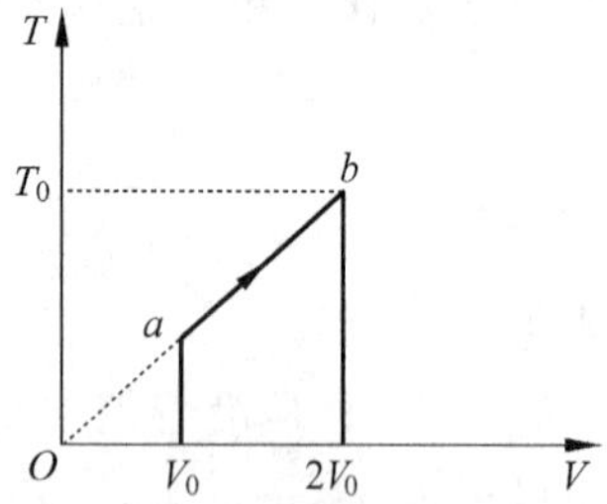

图 5-20 填空题 1.7 用图

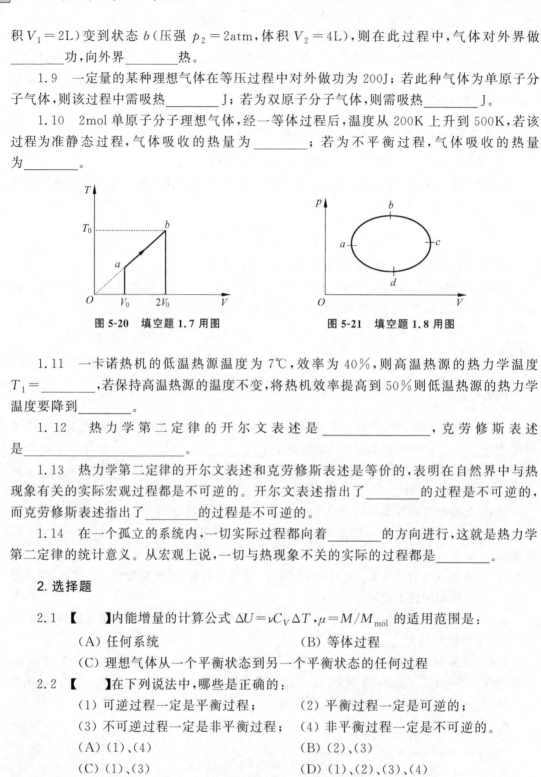

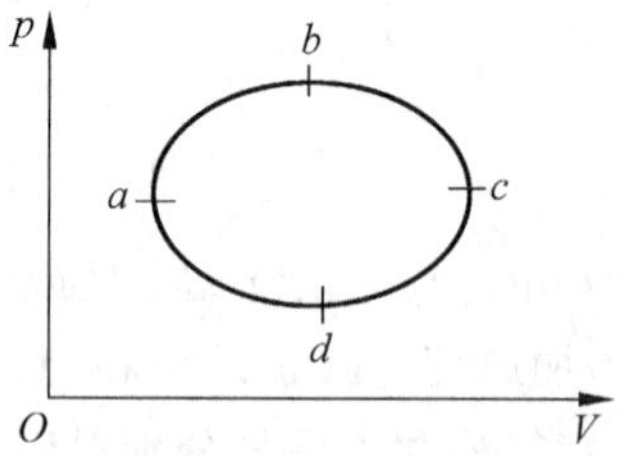

图 5-21 填空题 1.8 用图

1.11 一卡诺热机的低温热源温度为 7℃,效率为 40%,则高温热源的热力学温度 $T_1=$________,若保持高温热源的温度不变,将热机效率提高到 50%则低温热源的热力学温度要降到________。

1.12 热力学第二定律的开尔文表述是________________,克劳修斯表述是____________________。

1.13 热力学第二定律的开尔文表述和克劳修斯表述是等价的,表明在自然界中与热现象有关的实际宏观过程都是不可逆的。开尔文表述指出了________的过程是不可逆的,而克劳修斯表述指出了________的过程是不可逆的。

1.14 在一个孤立的系统内,一切实际过程都向着________的方向进行,这就是热力学第二定律的统计意义。从宏观上说,一切与热现象不关的实际的过程都是________。

2. 选择题

2.1 【 】内能增量的计算公式 $\Delta U=\nu C_V\Delta T$,$\mu=M/M_{mol}$ 的适用范围是:

(A) 任何系统　　(B) 等体过程

(C) 理想气体从一个平衡状态到另一个平衡状态的任何过程

2.2 【 】在下列说法中,哪些是正确的:

(1) 可逆过程一定是平衡过程;　　(2) 平衡过程一定是可逆的;

(3) 不可逆过程一定是非平衡过程;　　(4) 非平衡过程一定是不可逆的。

(A) (1)、(4)　　(B) (2)、(3)

(C) (1)、(3)　　(D) (1)、(2)、(3)、(4)

2.3 【 】一个绝热容器,用质量可忽略的绝热板分成体积相等的两部分。两边分别装入质量相等、温度相同的 H_2 和 O_2,如图 5-22 所示。开始时绝热板 P 固定然后释放,板 P 将发生移动(绝热板与容器壁之间不漏气且摩擦可以忽略不计),在达到新的平衡位置后，若比较两边温度的高低，则结果是：

(A) H_2 和 O_2 温度高

(B) O_2 比 H_2 温度高

(C) 两边温度相等且等于原来的温度

(D) 两边温度相等但比原来的温度降低了

2.4 【　　】如图 5-23 所示，一定量理想气体从体积 V_1 膨胀到 V_2 分别经历的过程是：①等压过程 $A\to B$；②等温过程 $A\to C$；③绝热过程 $A\to D$，其中吸热最多的过程：

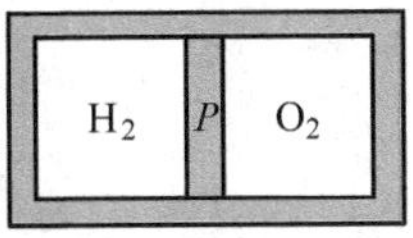

图 5-22　选择题 2.3 用图

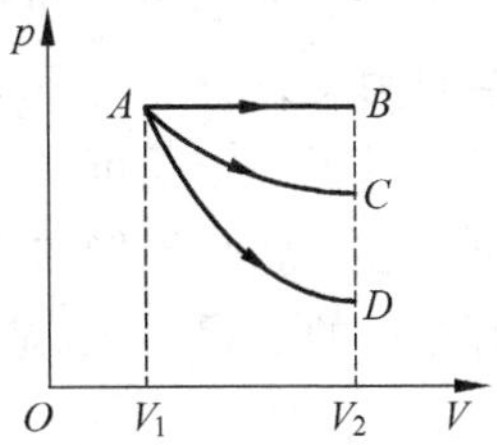

图 5-23　选择题 2.4 用图

(A) 是 $A\to B$

(B) 是 $A\to C$

(C) 是 $A\to D$

(D) 既是 $A\to B$，也是 $A\to C$，两过程吸热一样多

2.5 【　　】关于热量和功的概念，下列说法正确的是：

(A) 气体的温度越高，则它做功和传递的热量越多

(B) 做功和传递的热量都可以改变系统的内能，从这一点来说，它们是等效的

(C) 做功和传递热量没有本质的区别

(D) 理想气体处于不同的状态，所含的热量和能做的功都不同

2.6 【　　】1mol 理想气体从同一状态出发，分别经历绝热、等压、等温三过程，体积从 V_1 增大到 V_2，则内能增加的过程是：

(A) 绝热过程　　(B) 等压过程　　(C) 等温过程　　(D) 等体过程

2.7 【　　】下列结论正确的是：

(A) 功可以全部转化为热，但热不能全部转化为功

(B) 热量能自动地从高温物体传向低温物体，但不能自动地从低温物体传向高温物体

(C) 不可逆过程就是不能反向进行的过程

(D) 绝热过程一定是可逆过程

2.8 【　　】根据热力学第二定律判断下列哪种说法是正确的？

(A) 热量能从高温物体传到低温物体，但不能从低温物体传到高温物体

(B) 功可以全部变为热，但热不能全部变为功

(C) 气体能够自由膨胀，但不能自动收缩

(D) 有规则运动的能量能够变为无规则运动的能量，但无规则运动的能量不能变为有规则运动的能量

2.9 【 】一绝热容器被隔板分成两半,一半是真空,另一半是理想气体,若把隔板抽出,气体将进行自由膨胀,达到平衡后:

(A) 温度不变,熵增加　　(B) 温度升高,熵增加

(C) 温度降低,熵增加　　(D) 温度不变,熵不变

2.10 【 】在温度分别为 327℃和 27℃的高温热源和低温热源之间工作的热机理论上的最大效率为:

(A) 25%　　(B) 50%　　(C) 75%　　(D) 91.74%

2.11 【 】关于可逆过程和不可逆过程的判断,正确的是:

(1) 可逆热力学过程一定是准静态过程;

(2) 准静态过程一定是可逆过程;

(3) 不可逆过程就是不能向反方向进行的过程;

(4) 凡有摩擦的过程,一定是不可逆过程。

(A) (1)、(2)、(3)　　(B) (1)、(2)、(4)

(C) (2)、(4)　　(D) (1)、(4)

3. 思考题

3.1 试说明为什么气体热容的数值可以有无穷多个?什么情况下气体的热容为零?什么情况下气体的热容是无穷大?什么情况下是正值?什么情况下是负值?

3.2 某理想气体按 $pV^2=C$(常量)的规律膨胀,此理想气体的温度是升高了,还是降低了?

3.3 什么是准静态过程?

3.4 卡诺循环的效率与哪些因素有关?试写出其效率表达式。

3.5 一卡诺机,将它作为热机使用时,如果工作的两热源的温度差越大,则对做功就越有利;如将它当作制冷机使用时,如果两热源的温度差越大,对于制冷机是否也越有利?为什么?

3.6 对于卡诺循环 1、2,如图 5-24 所示,若包围面积相同,功、效率是否相同?

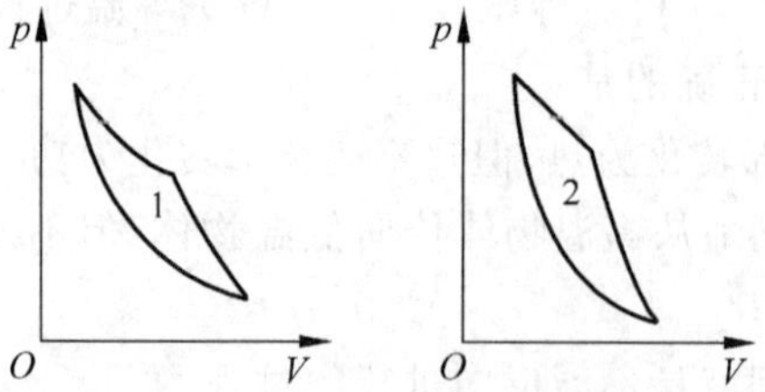

图 5-24 思考题 3.6 用图

3.7 一条等温线和一条绝热线有可能相交两次吗?为什么?

3.8 两条绝热线和一条等温线是否可能构成一个循环?为什么?

3.9 一定量理想气体,从同一状态开始将其体积由 V_0 压缩到 $V_0/2$,分别经历以下三种过程:①等压过程;②等温过程;③绝热过程。试问:三种过程,什么过程外界对气体做功最多?什么过程气体内能减小最多?什么过程气体放热最多?为什么?

3.10 所谓第二类永动机是指什么?它不可能制成是因为违背了什么关系?

3.11　在日常生活中，经常遇到一些单方向的过程，如①桌子热餐变凉；②无支持的物体自由下落；③木头或其他燃料的燃烧。它们是否都与热力学第二定律有关？在这些过程中熵变是否存在？如果存在，是增大还是减小？

3.12　一杯热水放在空气中，它总是冷却到与周围环境相同的温度，因为处于比周围温度高或低的概率都较小，而与周围同温度的平衡却是最概然状态，但是这杯水的熵却是减小了，这与熵增加原理有无矛盾？

3.13　什么是可逆过程？条件是什么？

3.14　比较摩尔等体热容和摩尔等压热容的异同。

3.15　简述热力学第二定律两种表述的等效性。

3.16　从理论上讲，提高卡诺热机的效率有哪些途径？在实际中常采用什么方法？

4. 综合计算题

4.1　某理想气体经历过程 $a \to b \to c$，如图 5-25 所示，试判断在此过程中，A、Q、ΔU 的正负。

4.2　一系统由图 5-26 中的 a 态沿着 abc 到达 c 态，吸热 385J，同时对外做功 126J。(1)若沿 adc 到达 c 态，则系统做功 42J，这时系统吸收了多少热量？(2)当系统由 c 态沿曲线 ca 返回 a 态时，若外界对系统做功 90J，这时系统是吸热还是放热？传递的热量是多少？

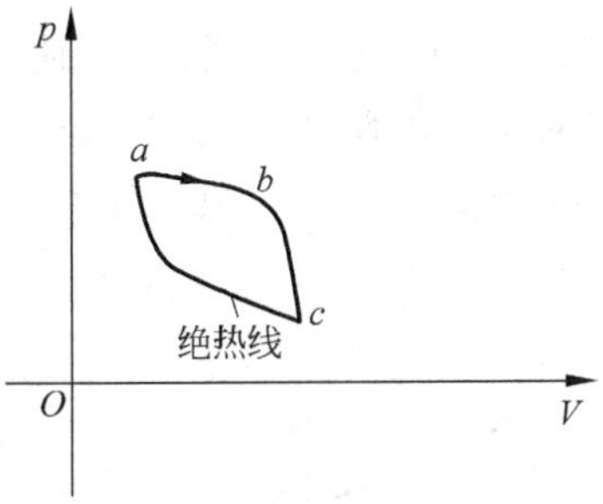

图 5-25　综合计算题 4.1 用图

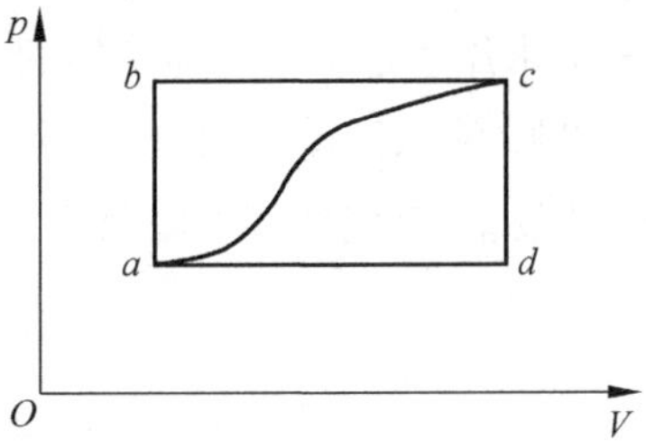

图 5-26　综合计算题 4.2 用图

4.3　1mol 氢气在压强 1 为 1atm，温度为 20℃时，其体积为 V_1，今使其经以下两种过程到同一状态：(1)先保持体积不变，加热使其温度升高到 80℃，然后令其做等温膨胀，体积变为原来的两倍；(2)先使其等温膨胀至原体积的两倍，然后保持体积不变，加热到 80℃。试分别计算上述两种过程中气体吸收的热量、对外所做的功和气体内能的增量，并在图 5-27 上画出 p-V 图。

4.4　1mol 氧气，温度为 300K 时体积为 $2\times10^{-3}\,\text{m}^3$，试计算下列两过程中氧气所做的功：(1)绝热膨胀至体积为 $20\times10^{-3}\,\text{m}^3$；(2)等温膨胀至体积为 $20\times10^{-3}\,\text{m}^3$，然后再等体冷却，直到温度等于绝热膨胀后所达到的温度为止；(3)将上述两过程的 p-V 图画在图 5-28 上，并简述两种过程中数值不等的原因。

4.5　理想气体由初态 (p_0, V_0) 经绝热膨胀至末态 (p, V)，试证明这一过程中气体所做的功为 $A=(p_0V_0-pV)/(\gamma-1)$。

4.6　某热机做如图 5-29 所示的循环，试填下表中的空白格（Q，A，ΔU 均为国际制单位）。

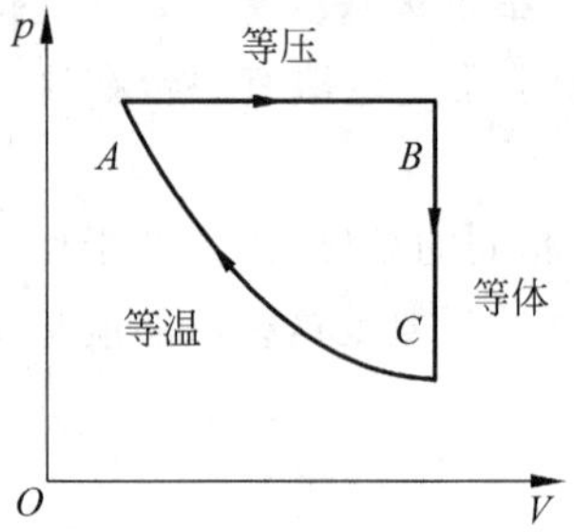

图 5-27 综合计算题 4.3 用图

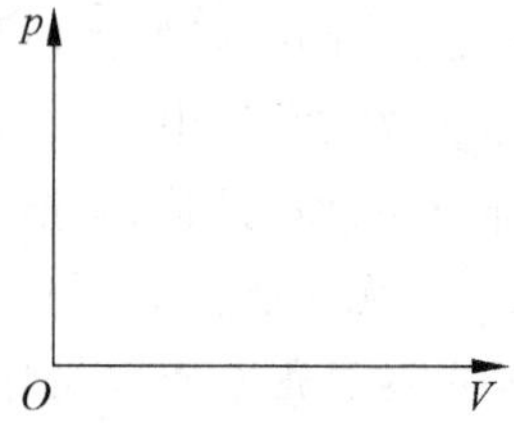

图 5-28 综合计算题 4.4 用图

过程	Q/J	A/J	ΔU/J
$A\to B$	252		151
$B\to C$			
$C\to A$		−42	
$\eta=$			

4.7 0.1kg 的水蒸汽自 120℃加热升温至 140℃。问：(1)在等体过程中，吸收了多少热量？(2)在等压过程中，吸收了多少热量？

4.8 将体积为 $1.0\times10^{-4}\,\mathrm{m}^3$、压强为 $1.01\times10^5\,\mathrm{Pa}$ 的氢气绝热压缩，使其体积变为 $2.0\times10^{-5}\,\mathrm{m}^3$，求压缩过程中气体所做的功。(氢气的摩尔热容比 $\gamma=1.41$)。

4.9 0.32kg 的氧气做如图 5-30 所示的 $ABCDA$ 循环，设 $V_2=2V_1$，$T_1=300\mathrm{K}$，$T_2=200\mathrm{K}$。求循环效率(氧气的等体摩尔热容的实验值为 $C_{V,\mathrm{m}}=21.1\mathrm{J\cdot mol^{-1}\cdot K^{-1}}$)。

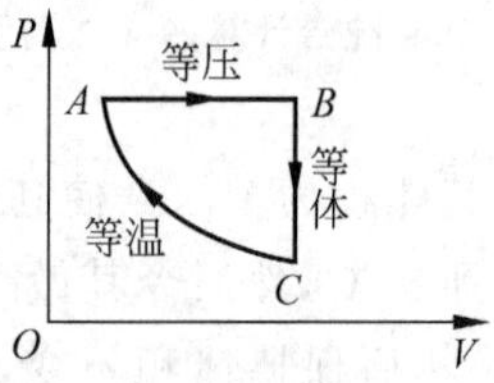

图 5-29 综合计算题 4.6 用图

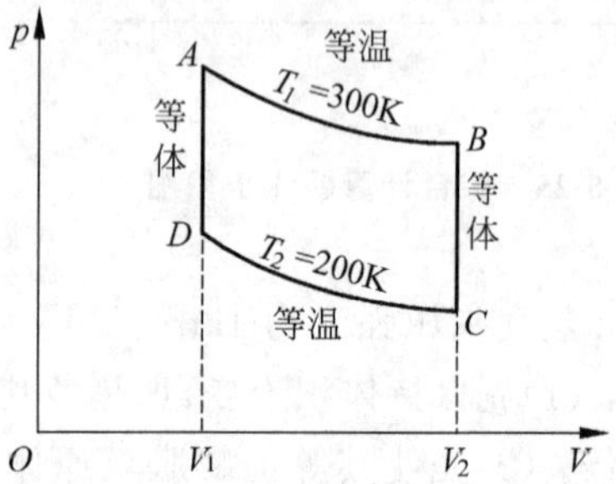

图 5-30 综合计算题 4.9 用图

4.10 如图 5-31 所示，一定量双原子理想气体做卡诺循环，热源温度 $T_1=400\mathrm{K}$，冷却器温度 $T_2=280\mathrm{K}$，设 $p_1=10\mathrm{atm}$，$V_1=10\times10^{-3}\,\mathrm{m}^3$，$V_2=20\times10^{-3}\,\mathrm{m}^3$。求：(1)$p_2$、$p_3$ 及 V_3；(2)一个循环中气体所做的净功；(3)循环效率。

4.11 图 5-32 为 1mol 单原子理想气体的循环过程，求：(1)循环过程中气体从外界吸收的热量；(2)经历一次循环过程，系统对外做的净功；(3)循环效率。

4.12 一定量的理想气体，经历如图 5-33 所示的循环过程。其中 AB 和 CD 是等压过程，BC 和 DA 是绝热过程。已知 B 点温度 $T_B=T_1$，C 点温度 $T_C=T_2$。(1)证明该热机的效率 $\eta=1-T_2/T_1$；(2)这个循环是卡诺循环吗？

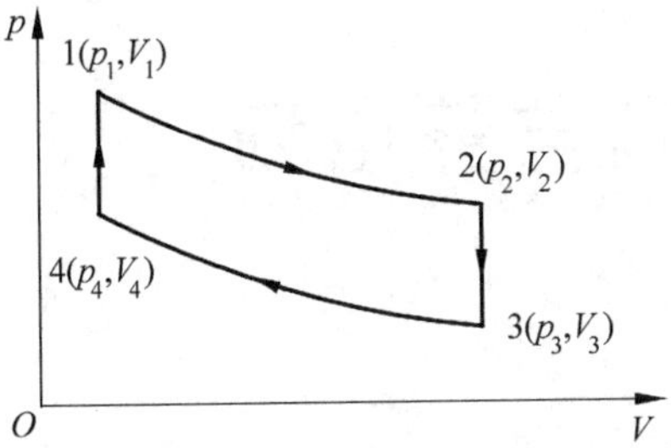

图 5-31　综合计算题 4.10 用图

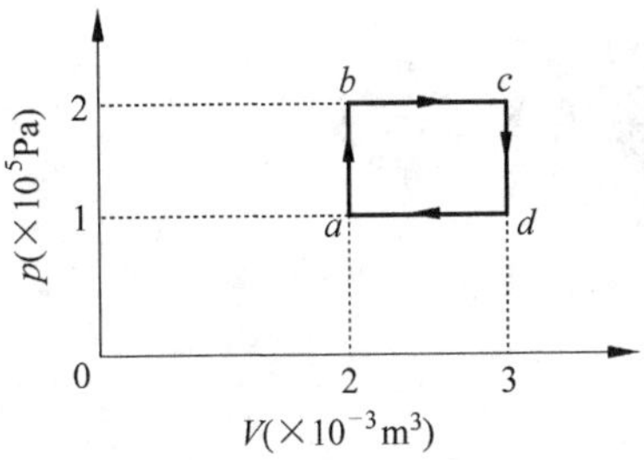

图 5-32　综合计算题 4.11 用图

4.13　一小型热电厂内，一台利用地热发电的热机工作于温度为 227℃ 的地下热源和温度为 27℃的地表之间。假定该热机每小时能从地下热源获取 1.8×10^{11} J 的热量。试从理论上计算其最大功率为多少？

4.14　有一以理想气体为工作物质的热机，其循环如图 5-34 所示，试证明热机效率为

$$\eta=1-\gamma\frac{(V_1/V_2)-1}{(p_1/p_2)-1}$$

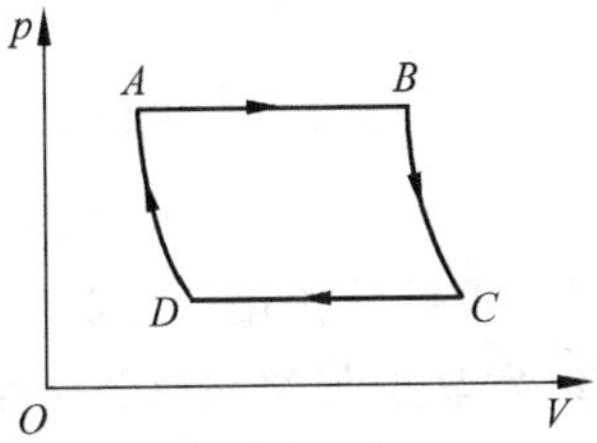

图 5-33　综合计算题 4.12 用图

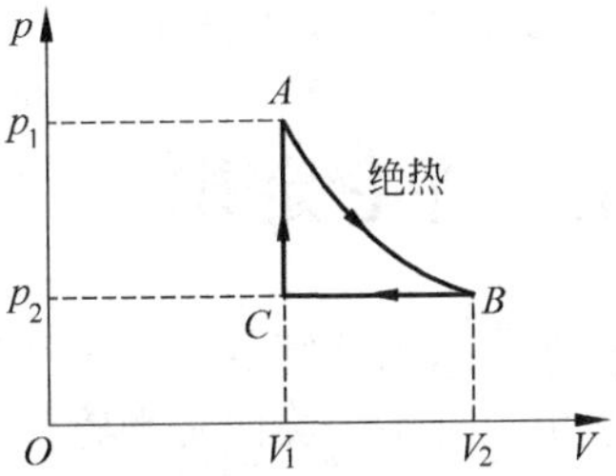

图 5-34　综合计算题 4.14 用图

4.15　如图 5-35 所示为理想的狄赛尔(Diesel)内燃机循环过程。它由两绝热线 AB、CD，等压线 BC 及等体线 DA 组成。试证明此内燃机的效率为

$$\eta=1-\frac{(V_3/V_2)^{\gamma}}{\gamma(V_1/V_2)^{\gamma-1}}\left(\frac{V_3}{V_2}-1\right)$$

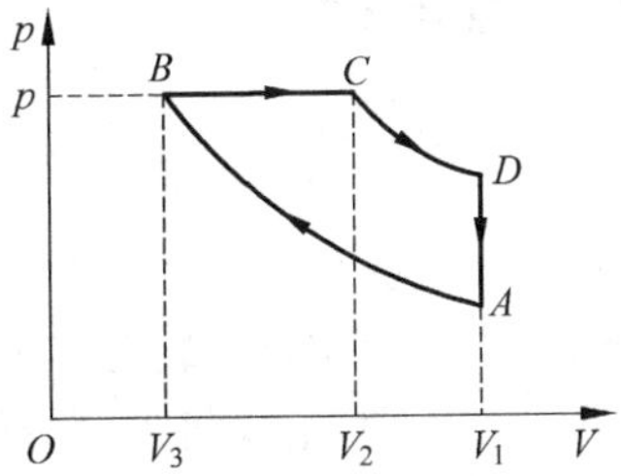

图 5-35　综合计算题 4.15 用图

第6章 电荷与静电场

在第2～5章介绍了经典力学、热学现象中的基本性质和基本规律后，接下来的第6～8章主要介绍经典的电磁学相关内容。电磁学是物理学的一个分支，电学与磁学领域有着紧密关系，从广义上来说电磁学包含电学和磁学，但从狭义来说是一门探讨电性与磁性交互关系的学科，其主要研究电磁波、电磁场以及有关电荷、带电物体的动力学等。本书的电磁学部分主要介绍电荷、电流、电场与磁场的基本性质和基本规律以及相互联系，先介绍电荷及其产生的静电场的电现象，然后介绍稳恒电流产生恒定磁场的磁现象，最后介绍变化的电场与变化磁场相互转化，相互依存，共同形成的统一不可分割的电磁场。本章主要介绍静电荷之间的相互作用和静电场的基本性质。

6.1 电荷 库仑定律

摩擦生电，对于人类认知静电现象和它的本质起着重要的作用。自发现琥珀棒与猫毛摩擦，琥珀会吸引像羽毛一类的轻微物体后，人们相继发现了与丝绸相互摩擦的玻璃棒、梳头的塑料梳子，都会处于带电状态，即带有了电荷。因此，人们逐渐认识到电荷具有实物的属性，不能离开电子和质子而存在，使物体带电的实质是获得或失去电子的过程。也就是说，起电的本质是将正、负电荷分开，使电荷发生转移。准确地说，该过程是电子的转移，并不创造电荷。带电是物质的一种固有属性。电荷有两种：正电荷和负电荷。物体由于摩擦、加热、射线照射、化学变化等原因，失去部分电子时带正电，获得部分电子时物体带负电。带有多余正电荷或负电荷的物体称为带电体，习惯上有时也称为电荷。

6.1.1 电荷 电荷分布 点电荷

1. 电荷

从微观上看，电荷是以离散的方式出现在空间的。物体所带电荷数量的多少称为电荷量，电荷量的基本单元是电子电荷 e，单位是库仑，用符号 C 表示，$1e=1.602\times10^{-19}$C。一个电子所带电量为$-e$。实验表明，电荷既不能被创造，也不能被消灭，它们只能从一个物体转移到另一个物体，或者从物体的一个区域转移到另一区域，这种性质称为电荷守恒定律。因此在任何的物理过程中，电荷的代数和都是守恒的。在宏观世界里，用玻璃棒摩擦丝绸，能发现二者会带上相反的电荷，这就是一种电荷转移的过程。实际上在微观世界里，当正电子和负电子撞击以后，电荷也会湮灭，释放出不带电荷的高能光子，这个过程也遵守电荷守恒定律。

大量事实证明，电荷的电荷量是与其运动状态无关的，例如加速器中的将电子或质子加速后，随着粒子速度的变化，其所带电荷量并没有发生改变，所以，在不同的参考系下同一带电粒子的带电量不变，这一性质称为电荷的相对论不变性。

另外，实验还表明任何带电体的电荷量 q 都是以 e 的整数倍出现的，这表明电荷只能取分立的、不连续的量值，这个性质称为电荷的量子化。在研究宏观电磁现象时，所涉及的电荷量通常远远大于 1e，从而忽略了电荷的量子性，在这种情况下可以把带电体当作电荷连续分布的物体进行研究，并认为电荷的变化是连续的。

2. 电荷分布

在讨论宏观电磁现象时，通常认为电荷是连续分布的，并引入电荷密度对电荷的分布进行描述。图 6-1 为连续电荷的三种分布。

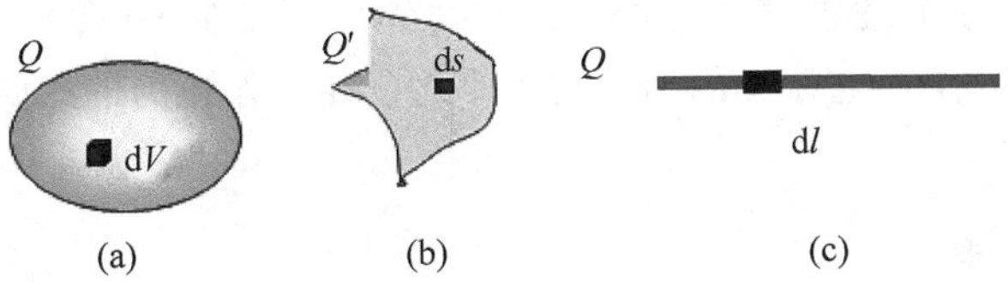

图 6-1　电荷分布

(a) 体电荷分布；(b) 面电荷分布；(c) 线电荷分布

(1) 体电荷

如果电荷分布在某一几何空间或几何体内，如图 6-1(a)所示，则将这样的电荷称为体电荷。体电荷密度定义为单位体积内所具有的电荷量，记为

$$\rho(\boldsymbol{r})=\lim_{\Delta V\to 0}\frac{\Delta q}{\Delta V} \tag{6.1a}$$

其单位为 C/m^3。它主要描述电荷在空间中的分布，通常是空间位置的连续函数，为标量场。体积 V 内所具有的电荷总量为

$$q=\iiint_V \rho(\boldsymbol{r})\mathrm{d}V \tag{6.1b}$$

(2) 面电荷

如果电荷分布在某一几何曲面上，如图 6-1(b)所示，则将这样的电荷称为面电荷。面电荷密度定义为单位面积上所具有的电荷量，记为

$$\sigma(\boldsymbol{r})=\lim_{\Delta S\to 0}\frac{\Delta q}{\Delta S} \tag{6.2a}$$

其单位为 C/m^2。面积 S 上所具有的电荷总量为

$$q=\iint_S \sigma(r)\mathrm{d}S \tag{6.2b}$$

(3) 线电荷

如果电荷分布在某一几何直线上，如图 6-1(c)所示，则将这样的电荷称为线电荷。线电荷密度定义为单位直线长度上所具有的电荷量，记为

$$\lambda(\boldsymbol{r})=\lim_{\Delta l\to 0}\frac{\Delta q}{\Delta l} \tag{6.3a}$$

其单位为 C/m。直线段 l 上所具有的电荷总量为

$$q=\int_l \lambda(\boldsymbol{r})\mathrm{d}l \tag{6.3b}$$

3. 点电荷

如果带电体的几何线度比起它与其他带电体的距离小得多,且带电体的形状和电荷分布已无关紧要,那么理论上可以把它抽象成一个几何点,则将这样的带电体称为点电荷。在数学上,认为其体电荷密度为

$$\rho(\boldsymbol{r}_0)=\lim_{\Delta V\to 0}\frac{q}{\Delta V}\to\infty \tag{6.4}$$

式(6.4)表示体电荷密度函数值在 $\boldsymbol{r}=\boldsymbol{r}_0$ 时无限大,故在该点有一个点电荷 q。同时,在进行分析时也可以将连续分布于体、面、线的电荷看作无穷多个点电荷之和。

点电荷是带电粒子的理想模型。真正的点电荷并不存在,只有当带电粒子之间的距离远大于粒子的尺寸,或是带电粒子的形状与大小对于相互作用力的影响足以忽略时,此带电体才能称为"点电荷"。

6.1.2 库仑定律

1. 两个点电荷的作用力

电荷的最基本性质是具有相互作用力,并具有同种电荷相互排斥,异种电荷相互吸引的特点。为了定量地研究电荷之间的相互作用力,1785 年,法国物理学家库仑发明了库仑扭秤。如图 6-2 所示,库仑扭秤的两个小金属球位于杆的两端,并通过悬丝悬挂,当把带电小球 C 靠近 A 时它们会一起旋转,通过刻度盘就可算出它们之间作用力的大小。库仑通过大量实验的总结,得到了两个点电荷相互作用力的库仑定律。

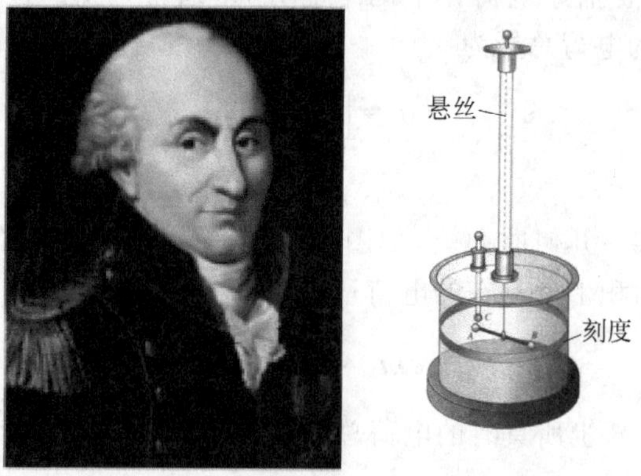

(a) (b)

图 6-2 库仑及库仑扭秤

(a) 库仑;(b) 库仑扭秤

如图 6-3 所示,选择 O 为坐标原点,真空中有两个分别位于 $\boldsymbol{r}'$ 和 $\boldsymbol{r}$ 的点电荷 q_1 和 q_2,它们之间的距离为 R,那么 q_1 受到 q_2 的作用力可表示为

$$\boldsymbol{F}_{12}=\frac{q_1q_2}{4\pi\varepsilon_0R^2}\boldsymbol{e}_R \tag{6.5a}$$

式中，$\boldsymbol{R}=\boldsymbol{r}-\boldsymbol{r}'$；$\varepsilon_0=\frac{10^{-9}}{4\pi\times9}=8.854\times10^{-12}\mathrm{C}^2\cdot\mathrm{N}^{-1}\cdot\mathrm{m}^{-2}$，称为真空中的介电常量。式(6.5a)就是库仑定律的数学表达式，它表明，在真空中，两个相对静止的点电荷之间相互作用力的大小与两点电荷电荷量之积成正比，与它们距离的平方成反比，力的方向沿它们之间的连线。两点电荷之间的作用力符合牛顿第三定律，因此点电荷 q_1 对 q_2 的作用力 $\boldsymbol{F}_{21}=-\boldsymbol{F}_{12}$。

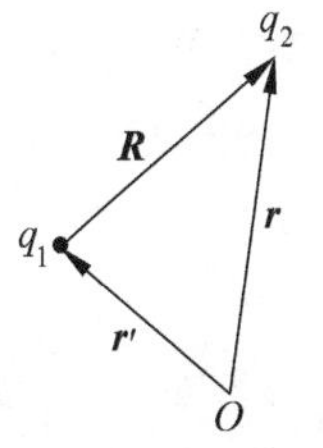

图 6-3　点电荷之间的作用力

库仑定律是电学发展史上的第一个定量规律，它不仅是电磁学的基本定律之一，也是物理学的基本定律之一。库仑定律阐明了带电体相互作用的规律，决定了静电场的性质，也为整个电磁学奠定了基础。后来，拉普拉斯把一切物理现象都简化为粒子间相互吸引或排斥的现象，将电或磁的运动简化为荷电粒子或荷磁粒子之间的吸引力和排斥力产生的效应。这种简化便于把数学分析的方法运用于物理学。为了纪念库仑对电学做出的突出贡献，人们将电荷的单位以他的名字命名(单位为库仑，符号为 C)

2. 库仑力的叠加原理

如果有多个电荷离散分布在空间，那么电荷 q 与其他电荷之间的相互作用是怎样的？下面利用库仑定律进行考察。

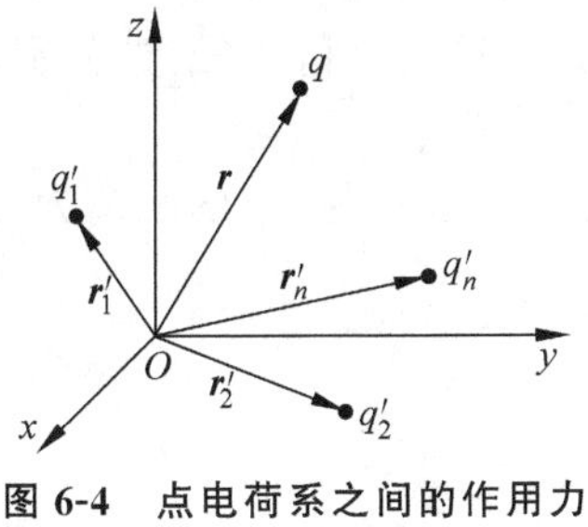

图 6-4　点电荷系之间的作用力

设真空中有 n 个点电荷 $q_1',q_2',\cdots,q_n'$，分别位于点 $\boldsymbol{r}_1,\boldsymbol{r}_2,\cdots,\boldsymbol{r}_n$，如图 6-4 所示，则位于 r 处的点电荷 q 所受到的力应等于各个点电荷 $q_i'(i=1,2,\cdots,n)$ 单独存在时对 q 的作用力 $\boldsymbol{F}_i$ 的矢量和。这就是库仑力的叠加原理，在数学上表示为

$$\boldsymbol{F}=\frac{q}{4\pi\varepsilon_0}\sum_{i=1}^{n}q_i'\frac{\boldsymbol{e}_{R_i}}{R_i^2} \tag{6.5b}$$

其中，$\boldsymbol{e}_{R_i}=\frac{\boldsymbol{r}-\boldsymbol{r}_i'}{|\boldsymbol{r}-\boldsymbol{r}_i'|}$；$R_i=|\boldsymbol{r}-\boldsymbol{r}_i|$。

3. 连续分布电荷的作用力

如果在空间中电荷连续分布，则可以利用微积分中的微元法来计算库仑力。下面介绍三种连续分布电荷的作用力。

(1) 体分布

如果在空间某一体积 V' 内有连续分布的体电荷，其体电荷密度为 ρ，则 $\boldsymbol{r}'$ 处体电荷微分元 $\mathrm{d}V'$(图 6-5(a))所带电荷量 $\mathrm{d}q=\rho\mathrm{d}V'$，该微分元对 $\boldsymbol{r}$ 处点电荷 q 的作用力为

$$\mathrm{d}\boldsymbol{F}_q=\frac{q}{4\pi\varepsilon_0}\frac{\rho(\boldsymbol{r}')\boldsymbol{R}}{R^3}\mathrm{d}V'$$

其中，$\boldsymbol{R}=\boldsymbol{r}-\boldsymbol{r}'$。体电荷对 $\boldsymbol{r}$ 处点电荷 q 的作用力为各处体电荷微分元对点电荷 q 的作用力

之和。根据积分的概念，连续求和可用积分表示，则在 $\boldsymbol{r}$ 处的点电荷 q 受到的作用力为

$$\boldsymbol{F}_q=\frac{q}{4\pi\varepsilon_0}\iiint_{V'}\frac{\rho(\boldsymbol{r}')\boldsymbol{R}}{R^3}\mathrm{d}V' \tag{6.6}$$

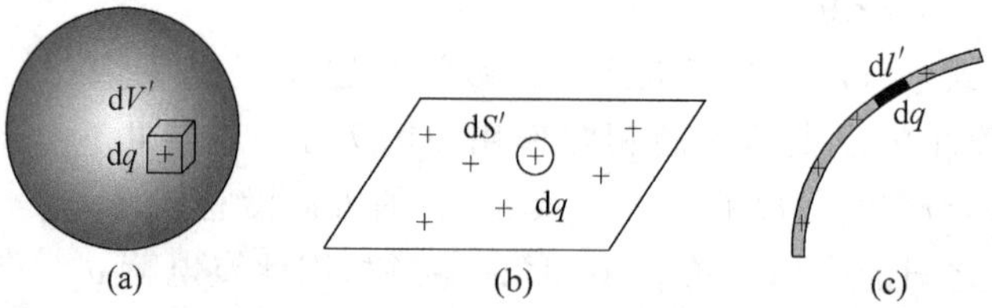

图 6-5 连续分布电荷微分元及电量

(a) 体电荷元；(b) 面电荷元；(c) 线电荷元

(2) 面分布

如果在空间某一面 S' 内有连续分布的面电荷，其面电荷密度为 σ，则 $\boldsymbol{r}'$ 处面电荷微分元 $\mathrm{d}S'$（图 6-5(b)）所带电荷量 $\mathrm{d}q=\sigma\mathrm{d}S'$，则在 $\boldsymbol{r}$ 处的点电荷 q 受到的作用力为

$$\boldsymbol{F}_q=\frac{q}{4\pi\varepsilon_0}\iint_{S'}\frac{\sigma(\boldsymbol{r}')\boldsymbol{R}}{R^3}\mathrm{d}S' \tag{6.7}$$

(3) 线分布

如果在空间某一线 l' 上有连续分布的线电荷，其线密度为 λ，则 $\boldsymbol{r}'$ 处线电荷微分元 $\mathrm{d}l'$（图 6-5(c)）所带电荷量 $\mathrm{d}q=\lambda\mathrm{d}l'$，则在 $\boldsymbol{r}$ 处的点电荷 q 受到的作用力为

$$\boldsymbol{F}_q=\frac{q}{4\pi\varepsilon_0}\iint_{l'}\frac{\lambda(\boldsymbol{r}')\boldsymbol{R}}{R^3}\mathrm{d}l' \tag{6.8}$$

综上所述，如果知道空间的电荷分布，就可以求出空间任一点的电荷所受的作用力。

例 6.1 两个点电荷 q_1 和 q_2 相距为 l。若(1)两电荷同号；(2)两电荷异号，试分别求它们连线上电场强度为零的点的位置。

解 (1) 若两电荷同号，电场为零的点在 q_1 与 q_2 的连线上，设该点与 q_1 的距离为 x，则有

$$\frac{q_1}{4\pi\varepsilon_0x^2}=\frac{q_2}{4\pi\varepsilon_0(l-x)^2}$$

由此得

$$\frac{q_1}{x^2}=\frac{q_2}{(l-x)^2}$$

整理得

$$(q_2-q_1)x^2+2q_1lx-q_1l^2=0$$

解得

$$x=\frac{q_1-\sqrt{q_1q_2}}{q_1-q_2}l\text{(舍去了负根)}$$

(2) 若两电荷异号，电场为零的点在 q_1 与 q_2 的延长线上，且处在电荷量较小的电荷一边。若 $q_1<q_2$，设电场为零的点在 q_1 外且与 q_1 的距离为 x，则有

$$\frac{q_1}{4\pi\varepsilon_0x^2}=\frac{q_2}{4\pi\varepsilon_0(l+x)^2}$$

即

$$\frac{q_1}{x^2}=\frac{q_2}{(l+x)^2}$$

整理得

$$(q_2-q_1)x^2-2q_1lx-q_1l^2=0$$

解得

$$x=\frac{1+\sqrt{q_2/q_1}}{q_2/q_1-1}l$$

若 $q_1>q_2$，则该点在 q_2 外且与 q_2 的距离为(同上计算)

$$x=\frac{1+\sqrt{q_1/q_2}}{q_1/q_2-1}l$$

6.2　电场强度　电通量

为了解释电荷之间力的作用，19 世纪初英国科学家法拉第由电极化现象和磁化现象，提出“场”的概念。他指出电荷会在其周围空间产生场，场对其他电荷产生力的作用，从而使得电荷之间产生相互作用力。场是一种特殊的物质，是物质的一种特殊存在形式。

6.2.1　电场强度

库仑力的作用可以用场的方法来研究。即任何电荷都会在自己周围空间产生电场，而电场对处在其中的任何其他电荷都有力的作用，这种力称为电场力，电荷之间的相互作用正是通过电场传递的，如图 6-6 所示。

图 6-6　电荷间的相互作用

电场的大小和方向用电场强度(矢量)$\boldsymbol{E}$ 表示。在电场中某点 r 处的电场强度 $\boldsymbol{E}(r)$定义为单位试验电荷在该点所受的力，其数学表达式为

$$\boldsymbol{E}=\boldsymbol{F}/q \tag{6.9}$$

电场强度的单位为伏/米(V/m)或牛/库仑(N/C)。

需要说明的是，试验电荷自身也会产生电场，为避免该电场对被测电场的影响，假设试验电荷 q_0 带电量很小，它的引入不影响原电场的分布。

1. 点电荷电场

设真空中有一点电荷 q 为源点电荷，q_0 为试验电荷，由库仑定律可得，与点电荷 q 距离为 R 的试验电荷受到的电场力为

$$\boldsymbol{F}=\frac{qq_0}{4\pi\varepsilon_0R^2}\boldsymbol{e}_R$$

根据电场强度的定义，可得点电荷 q 在与其距离为 R 的试验电荷处产生的电场强度为

$$\boldsymbol{E}=\frac{\boldsymbol{F}}{q_0}=\frac{q}{4\pi\varepsilon_0R^2}\boldsymbol{e}_R \tag{6.10}$$

式(6.10)表明，点电荷周围的电场，其强度与距离的平方成反比，与源点电荷的电荷量成正比。

2. 点电荷系电场

当真空中有 n 个点电荷共同存在时，则位于场点 $\boldsymbol{r}(x,y,z)$ 处的试验电荷所受的力满足力的叠加原理，即

$$\boldsymbol{F}=\boldsymbol{F}_1+\boldsymbol{F}_2+\cdots+\boldsymbol{F}_n$$

$$\boldsymbol{F}=\frac{q}{4\pi\varepsilon_0}\sum_{i=1}^{n}q_i'\frac{\boldsymbol{e}_{R_i}}{R_i^2}$$

根据电场强度的定义，得到场点 $\boldsymbol{r}$ 处的电场强度为

$$\boldsymbol{E}(\boldsymbol{r})=\sum_{i=1}^{n}\frac{q_i}{4\pi\varepsilon_0 R_i^2}\boldsymbol{e}_R \tag{6.11a}$$

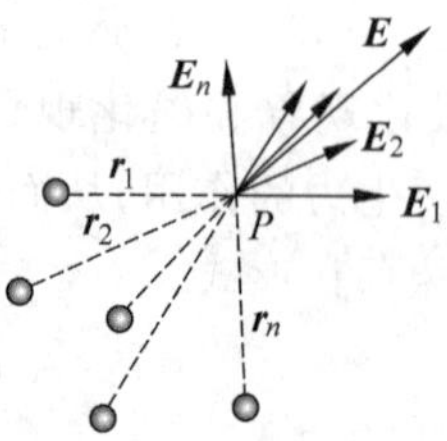

图 6-7 点电荷系电场

式中，R_i 是点电荷 q_i 到场点 $\boldsymbol{r}(x,y,z)$ 的距离；$\boldsymbol{e}_{R_i}$ 是沿 $\boldsymbol{R}_i=\boldsymbol{r}-\boldsymbol{r}_i'$ 方向的单位矢量。由式(6.11a)可见，此时的电场强度为各电荷独自存在时在该点形成的场强的矢量和，如图 6-7 所示，即

$$\frac{\boldsymbol{F}}{\boldsymbol{q}_0}=\frac{\boldsymbol{F}_1}{\boldsymbol{q}_0}+\frac{\boldsymbol{F}_2}{\boldsymbol{q}_0}+\cdots+\frac{\boldsymbol{F}_n}{\boldsymbol{q}_0}$$

也即

$$\boldsymbol{E}=\boldsymbol{E}_1+\boldsymbol{E}_2+\cdots+\boldsymbol{E}_n=\sum_{i=1}^{n}\boldsymbol{E}_i \tag{6.11b}$$

式(6.11b)称为电场强度叠加原理。任何带电体都可以看成许多点电荷的集合，由电场强度叠加原理可计算任意带电体在空间产生的电场强度。

说明 ① 电场强度 $\boldsymbol{E}$ 的定义来源于库仑定律并反映了电场的基本性质，是静电场的基本物理量。

② 电场强度 $\boldsymbol{E}$ 是一个矢量。空间某点电场强度(简称场强)的大小等于单位点电荷在该点所受电场力的大小，方向与正电荷在该点所受电场力的方向一致。

③ 电场强度的大小与产生电场的点电荷的电荷量成正比，场与源的这种关系使我们可利用电场强度叠加原理来计算任意个点电荷产生的电场强度。对于真空中连续分布电荷的电场，可利用电场的叠加性，并结合微积分的知识进行计算。

3. 连续分布带电体的电场

当真空中的电荷以连续形式分布时，先把带电体分割成无限个电荷微元 $\mathrm{d}q$，每个带电体在空间中的 P 点产生的电场为 $\mathrm{d}\boldsymbol{E}$，如图 6-8 所示，则有

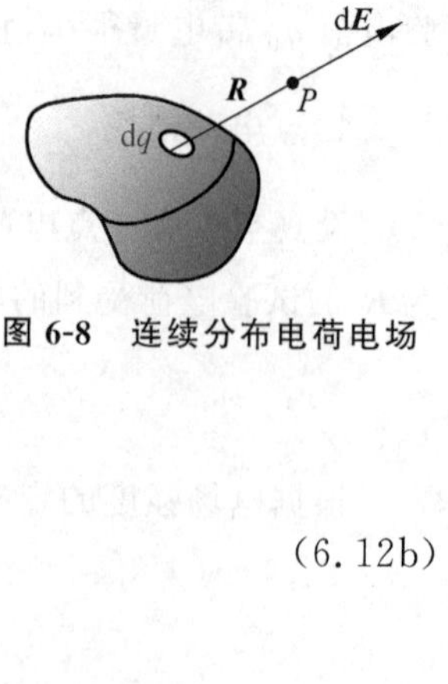

图 6-8 连续分布电荷电场

$$\mathrm{d}\boldsymbol{E}=\frac{\mathrm{d}q}{4\pi\varepsilon_0 R^2}\boldsymbol{R} \tag{6.12a}$$

根据电场强度的叠加原理，在 P 点产生的总电场为

$$\boldsymbol{E}=\int\mathrm{d}\boldsymbol{E}=\int\frac{\mathrm{d}q}{4\pi\varepsilon_0 R^2}\boldsymbol{R} \tag{6.12b}$$

对于电荷为体分布、面分布以及线分布的情况，分别取 $\mathrm{d}q=\rho\mathrm{d}V$，$\mathrm{d}q=\sigma\mathrm{d}S$，$\mathrm{d}q=\lambda\mathrm{d}l$，它们产生的电场强度的计算公式分别如下。

① 对于体电荷分布，产生的电场强度为

$$\boldsymbol{E}(\boldsymbol{r})=\frac{1}{4\pi\varepsilon_0}\iiint_V\frac{\rho(\boldsymbol{r}')}{R^3}\boldsymbol{R}\mathrm{d}V \tag{6.13a}$$

② 对于面电荷分布，产生的电场强度为

$$\boldsymbol{E}(\boldsymbol{r})=\frac{1}{4\pi\varepsilon_0}\iint_S\frac{\sigma(\boldsymbol{r}')}{R^3}\boldsymbol{R}\mathrm{d}S \tag{6.13b}$$

③ 对于线电荷分布，产生的电场强度为

$$\boldsymbol{E}(\boldsymbol{r})=\frac{1}{4\pi\varepsilon_0}\int_l\frac{\lambda(\boldsymbol{r}')}{R^3}\boldsymbol{R}\mathrm{d}l \tag{6.13c}$$

其中，$\boldsymbol{R}=\boldsymbol{r}-\boldsymbol{r}'$。一般情况下，$\lambda,\sigma,\rho$ 是与位置相关的变量，如果电荷均匀分布，则 λ,σ,ρ 为常数。

例 6.2　一个半径为 a 的带电圆环，均匀带有电荷 Q，求轴线上的电场强度？

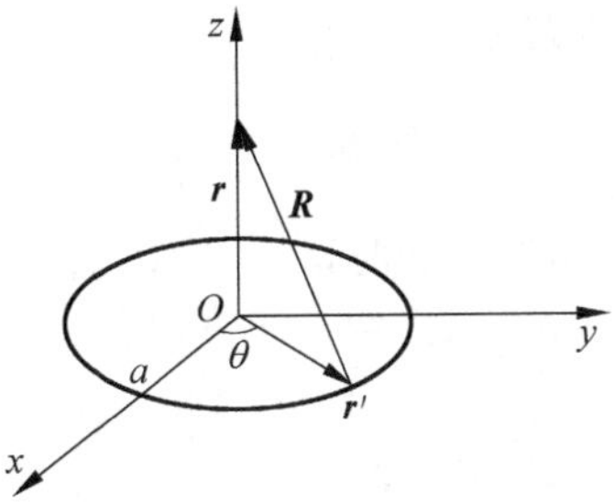

图 6-9　带电圆环

解　假设电荷线密度为 λ，取如图 6-9 所示的坐标系，圆环位于 Oxy 平面，圆环中心与坐标原点 O 重合，则有

$$\boldsymbol{r}=z\boldsymbol{e}_z,\quad \boldsymbol{r}'=a\cos\theta\boldsymbol{e}_x+a\sin\theta\boldsymbol{e}_y,$$

$$|\boldsymbol{r}-\boldsymbol{r}'|=\sqrt{a^2+z^2},\quad \mathrm{d}l'=a\mathrm{d}\theta$$

根据线电荷分布电场强度计算公式(6.14c)，则

$$\begin{aligned}\boldsymbol{E}(r)&=\frac{1}{4\pi\varepsilon_0}\int_0^{2\pi}\frac{(\boldsymbol{r}-\boldsymbol{r}')}{|\boldsymbol{r}-\boldsymbol{r}'|^3}\lambda\mathrm{d}l'\\&=\frac{\lambda}{4\pi\varepsilon_0}\int_0^{2\pi}\frac{(z\boldsymbol{e}_z-a\cos\theta\boldsymbol{e}_x-a\sin\theta\boldsymbol{e}_y)}{(a^2+z^2)^{\frac{3}{2}}}a\mathrm{d}\theta\end{aligned}$$

由于圆环的电荷量 $Q=2\pi a\lambda$，因此经过计算可得

$$\boldsymbol{E}(r)=\frac{Q}{4\pi\varepsilon_0}\frac{z}{(a^2+z^2)^{3/2}}\boldsymbol{e}_z \tag{6.14}$$

在式(6.14)中，当 $z=0$ 时，$\boldsymbol{E}(r)=0$，表示线电荷对电场的贡献在环心互相抵消。当 $z\gg a$ 时，半径 a 可以忽略不计，场强与 z 的平方成反比，相当于带电量为 $Q=2\pi a\lambda$ 的点电荷产生的电场强度。

例 6.3　半径为 a 的圆盘均匀带电，设电荷面密度为 σ，试求：

(1) 轴线上离圆心为 z 处的场强？

(2) 在保持 σ 不变的情况下，当 $a\to0$ 和 $a\to\infty$ 时结果如何？

(3) 当 z 趋于无穷大时结果又如何？

解　(1) 建立坐标系，使圆盘位于 Oxy 平面，圆盘轴线与 z 轴重合，如图 6-10 所示。在圆盘上取半径为 r'，宽度为 $\mathrm{d}r'$ 的圆环，其电荷线密度为 $\lambda=\sigma\mathrm{d}r'$。

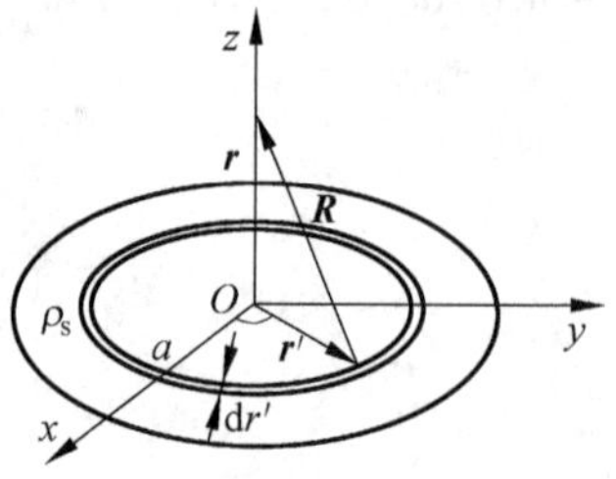

图 6-10 带电圆面

首先计算线密度为 λ 的带电圆环对轴线上距离圆心为 z 处(位置矢量为 $\boldsymbol{r}=z\boldsymbol{e}_z$)的场强,可得

$$\mathrm{d}\boldsymbol{E}=\int_0^{2\pi}\frac{\lambda\cdot r'\cdot z}{4\pi\varepsilon_0(z^2+r'^2)^{\frac{3}{2}}}\mathrm{d}\theta\cdot\boldsymbol{e}_z=\frac{\lambda\cdot r'\cdot z}{4\pi\varepsilon_0(z^2+r'^2)^{\frac{3}{2}}}\cdot 2\pi\cdot\boldsymbol{e}_z$$

由此可知,可将圆盘看成是由无数小圆环构成的,对 r' 积分可得圆盘在轴线上距离圆心为 z 处的电场强度为

$$\boldsymbol{E}=\int_0^{a}\frac{\sigma\cdot z\cdot 2\pi}{4\pi\varepsilon_0(z^2+r'^2)^{\frac{3}{2}}}\mathrm{d}r'\cdot\boldsymbol{e}_z$$

对上式进行积分计算,可以得到

$$\boldsymbol{E}=\frac{\sigma}{2\varepsilon_0}z\left[\frac{1}{|z|}-(a^2+z^2)^{-\frac{1}{2}}\right]\boldsymbol{e}_z \tag{6.15}$$

(2) 当 σ 不变时,若 $a\to 0$,则

$$\boldsymbol{E}=0$$

若 $a\to\infty$,则

$$\boldsymbol{E}=\frac{\sigma}{2\varepsilon_0}z\cdot\frac{1}{|z|}\boldsymbol{e}_z$$

当 $z>0$ 时,

$$\boldsymbol{E}=\frac{\sigma}{2\varepsilon_0}\boldsymbol{e}_z$$

当 $z<0$ 时,

$$\boldsymbol{E}=-\frac{\sigma}{2\varepsilon_0}\boldsymbol{e}_z$$

这表明,在薄圆盘的两侧,场强大小相等但方向相反,这完全是圆盘上的面电荷引起的结果。

(3) 当 $z\to\infty$ 时,对式(6.15)

$$\boldsymbol{E}=\boldsymbol{e}_z\cdot\frac{\sigma}{2\varepsilon_0}z\left[\frac{1}{|z|}-(a^2+z^2)^{-\frac{1}{2}}\right]$$

加以近似处理,其中 $\left[\frac{1}{|z|}-(a^2+z^2)^{-\frac{1}{2}}\right]\to\frac{a^2}{2z^3}$,$E\to\frac{\sigma a^2}{4\varepsilon_0 z^2}\to\frac{q}{4\pi\varepsilon_0 z^2}$,则可得

$$\boldsymbol{E}=\frac{q}{4\pi\varepsilon_0 z^2}$$

由上式可见,在距离圆盘特别远的地方,难以察觉带电圆盘的存在,因此其产生的电场强度效果等价于电量全部集中到盘心位置的一个点电荷 q 在 z 处产生的电场强度。

6.2.2 电通量

1. 电场线

电场线是为了更形象地描述电场分布,人为引入的概念。如图 6-11 所示,电场线有如下特点:

① 曲线上每一点的切线方向表示该点处电场强度 $\boldsymbol{E}$ 的方向。

② 垂直通过单位面积的电场线条数,在数值上就等于该点处电场强度的大小,即曲线的疏密表示该点处电场强度的大小。

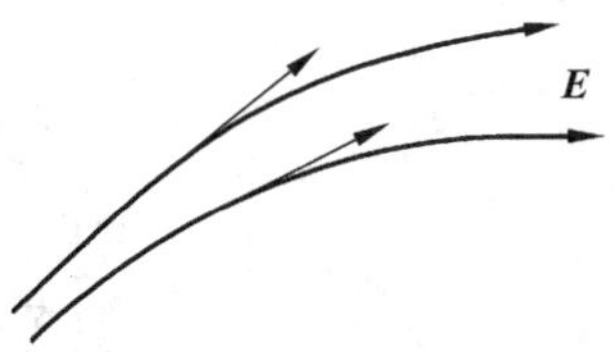

图 6-11　电场线

利用电场线可以比较直观地描绘出电场中各点的场强分布情况。为了进一步反映电场强度的大小分布情况,定义电场线密度为在电场中任一点,穿过与该点场强方向垂直的单位面积的电场线条数。若通过 $\mathrm{d}S$ 面的电场线条数为 $\mathrm{d}\Phi$,则电场线密度为

$$E=\frac{\mathrm{d}\Phi}{\mathrm{d}S_{\perp}} \tag{6.16}$$

式中,$\mathrm{d}S_{\perp}$ 是 $\mathrm{d}S$ 垂直于场强 E 的有效面积。

电场线虽然是假设的,但可以通过实验方法模拟出来,图 6-12 给出了几种常见的电场线。

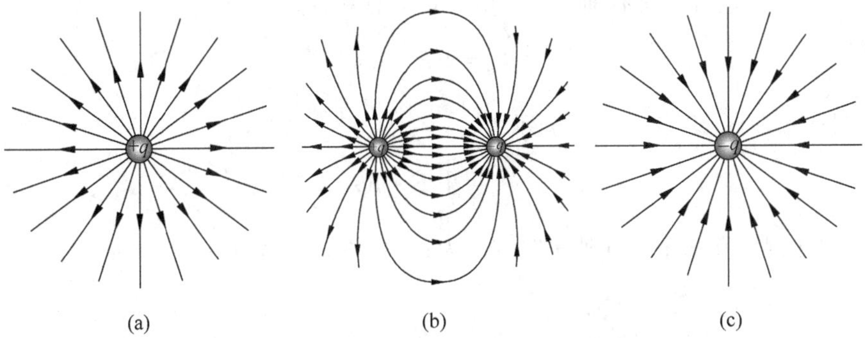

图 6-12　常见电荷的电场线分布

(a) 正电荷;(b) 正电荷和负电荷;(c) 负电荷

静电场中电场线的特点为:①电场线起始于正电荷,终止于负电荷;②电场线不闭合,不相交;③电场线密集处电场强,电场线稀疏处电场弱。

2. 电通量

通过电场中任一曲面的电场线条数称为电场强度通量(简称电通量),用符号 Φ_{e} 表示。下面给出三种情况下电通量的计算公式。

(1) 均匀电场 $\boldsymbol{E}$ 通过垂直平面 $\boldsymbol{S}$ 的电通量

如图 6-13(a)所示,电场 $\boldsymbol{E}$ 与平面 $\boldsymbol{S}$ 垂直,且其方向与平面 $\boldsymbol{S}$ 的法向量 $\boldsymbol{n}_0$ 方向一致,则通过平面 $\boldsymbol{S}$ 的电通量 Φ_{e} 大小为

$$\Phi_{\mathrm{e}}=ES \tag{6.17a}$$

(2) 均匀电场 $\boldsymbol{E}$ 与平面 $\boldsymbol{S}$ 夹角为 θ 时的电通量

如图 6-13(b)所示,当电场 $\boldsymbol{E}$ 与平面 $\boldsymbol{S}$ 的法向量 $\boldsymbol{n}_0$ 的夹角为 θ,平面 S 在垂直于电场方向的投影面积 $S_{\perp}=S\cos\theta$,则通过平面 $\boldsymbol{S}$ 的电通量可表示为

$$\Phi_{\mathrm{e}}=ES_{\perp}=ES\cos\theta=\boldsymbol{E}\cdot\boldsymbol{S} \tag{6.17b}$$

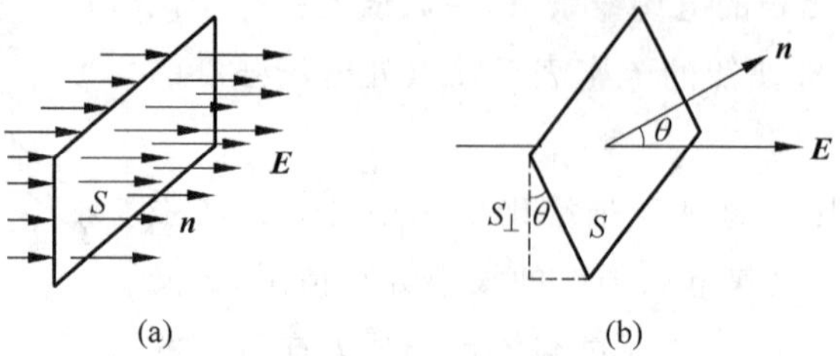

图 6-13　电通量的计算

(a) 电场与平面垂直；(b) 电场与平面有夹角

(3) 非均匀电场 $\boldsymbol{E}$ 通过任意曲面 $\boldsymbol{S}$ 的电通量

如图 6-14 所示，计算非均匀电场 $\boldsymbol{E}$ 通过曲面 $\boldsymbol{S}$ 的电通量时，可以先将曲面 $\boldsymbol{S}$ 分割成无数个小的面积微元 $\mathrm{d}\boldsymbol{S}$，其法向方向与电场方向夹角为 θ，由于面积微元非常小，在该区域的电场可以近似认为是均匀的，因此，电场通过面积微元的电通量为 $\mathrm{d}\Phi_{\mathrm{e}}=\boldsymbol{E}\cdot\mathrm{d}\boldsymbol{S}$，通过整个曲面 S 的总电通量就等于所有面积微元电通量的总和，即

$$\Phi_{\mathrm{e}}=\iint_{S}\boldsymbol{E}\cdot\mathrm{d}\boldsymbol{S} \tag{6.17c}$$

对于封闭曲面 $\boldsymbol{S}$，式(6.17c)可表示为

$$\Phi_{\mathrm{e}}=\oint\!\!\!\oint_{S}\boldsymbol{E}\cdot\mathrm{d}\boldsymbol{S} \tag{6.18}$$

上式规定，对于封闭曲面来讲其外法线方向为正，如图 6-15 所示。

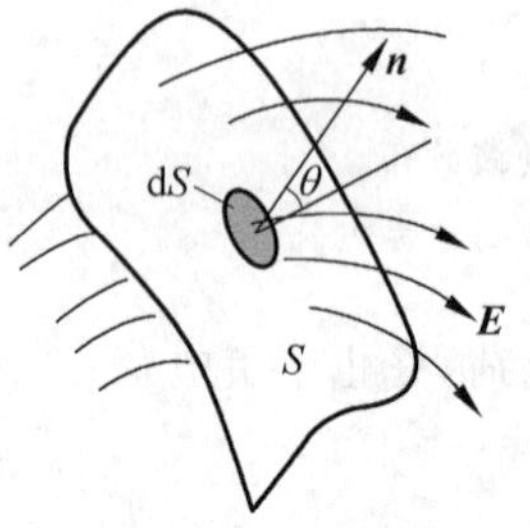

图 6.14　非均匀电场与任意曲面

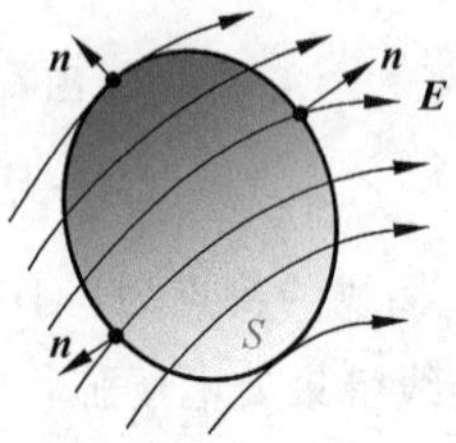

图 6-15　封闭面外法线方向

若电场与曲面法向的夹角为 θ，则有：①当 $\theta<90°$ 时，$\Phi_{\mathrm{e}}>0$，此时电场线穿出闭合曲面；②当 $\theta>90°$ 时，$\Phi_{\mathrm{e}}<0$，此时电场线穿进闭合曲面；③当 $\theta=90°$ 时，$\Phi_{\mathrm{e}}=0$，此时电场线与曲面相切。通过电通量的符号，即可了解电场是穿入闭合曲面还是穿出闭合曲面。

6.3　高斯定理及应用

6.3.1　高斯定理

高斯定理是关于通过电场中任一闭合曲面电通量与场源电荷间的关系的定理。下面通过一简单例子对其进行阐述。设空间有点电荷 q，求下列情况下穿过闭合曲面的电通量。

1. 曲面为以电荷为中心的球面

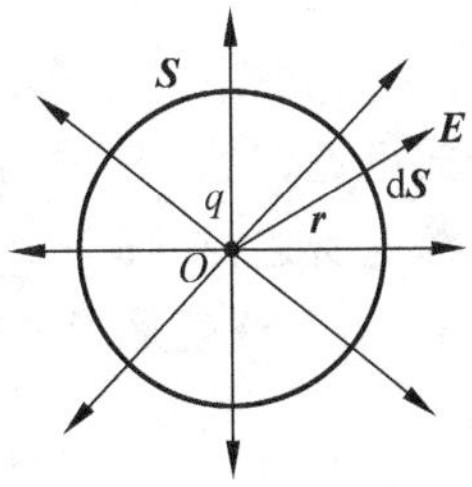

图 6-16　点电荷的球面电通量

如图 6-16 所示，以点电荷 q 为中心，任意长度 r 为半径作封闭球面 S，在球面上取面积微元 $\mathrm{d}S$，法线 $\boldsymbol{n}$ 的方向与面元处电场强度 $\boldsymbol{E}$ 方向相同，所以通过面元的电通量为

$$\mathrm{d}\Phi_{\mathrm{e}}=\boldsymbol{E}\cdot\mathrm{d}\boldsymbol{S}=E\,\mathrm{d}S\cos 0^{\circ}=\frac{q}{4\pi\varepsilon_0 r^2}\mathrm{d}S$$

因此，通过整个球面的电通量为

$$\Phi_{\mathrm{e}}=\oint_S\boldsymbol{E}\cdot\mathrm{d}\boldsymbol{S}=\oint_S\frac{q\boldsymbol{r}\cdot\mathrm{d}\boldsymbol{S}}{4\pi\varepsilon_0 r^3}=\frac{q}{4\pi\varepsilon_0 r^2}\oint_S\mathrm{d}S=\frac{q}{\varepsilon_0}\tag{6.19}$$

由上式可见，真空中点电荷 q 通过整个球面的电通量与包围它的球面的半径 r 无关，只与被球面包围的电荷量 q 有关。

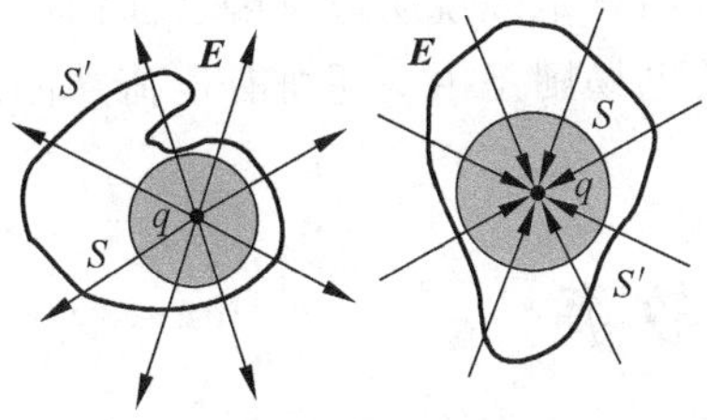

图 6-17　点电荷通过任意封闭面的电通量

2. 曲面为包围电荷的任意封闭曲面

如果包围电荷的是任意封闭曲面，如图 6-17 所示，可以在其内部引入一个标准的以点电荷为中心的封闭球面，由第一种情况已经知道，通过球面的电场线条数与球面的大小无关，由于球面位于任意封闭曲面内部，因此，不论点电荷为正电荷还是为负电荷，穿出和穿入球面的电场线同样会穿出和穿入任意封闭曲面，这样在任意封闭曲面上的电通量就与球面上的电通量相同仍为

$$\Phi_{\mathrm{e}}=\frac{q}{\varepsilon_0}$$

3. 曲面为不包围电荷的任意封闭曲面

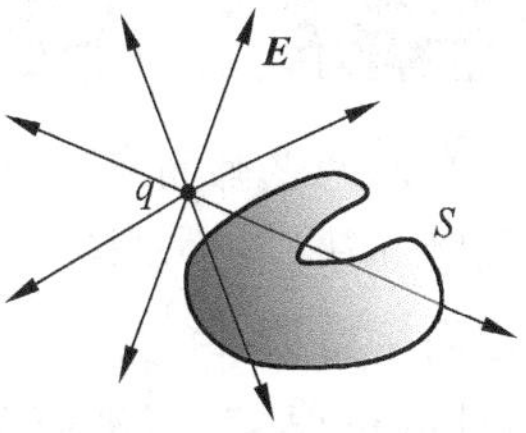

图 6-18　点电荷的任意封闭面的电通量

最后，讨论点电荷不在封闭曲面中的情况。假设点电荷为正电荷，如图 6-18 所示，电场线与封闭曲面 S 的关系只有两种，一种是相交，由于封闭曲面大小是有限的，因此此时穿入封闭面的电场线一定会穿出封闭面，在封闭面上的电通量贡献相互抵消，另外一种就是相切，此时 $\boldsymbol{E}\cdot\mathrm{d}\boldsymbol{S}=\mathbf{0}$，因此总的电通量为零。如果将公式 $\Phi_{\mathrm{e}}=\dfrac{q}{\varepsilon_0}$ 中的 q 规定为封闭曲面内的电荷数，则此时该公式仍然成立，因为此时封闭曲面内包围的电荷为零。

对于空间中的点电荷系 $q_1,q_2,\cdots,q_n$，它在空间中任意封闭曲面 S 上各点处的电场强度为

$$\boldsymbol{E}=\boldsymbol{E}_1+\boldsymbol{E}_2+\cdots+\boldsymbol{E}_n$$

其中，$\boldsymbol{E}$ 包括了 S 内和 S 外所有电荷的贡献。因此，穿过 S 的电通量为

$$\Phi_{\mathrm{e}}=\oint_s\boldsymbol{E}\cdot\mathrm{d}\boldsymbol{S}=\oint_S\boldsymbol{E}_1\cdot\mathrm{d}\boldsymbol{S}+\oint_S\boldsymbol{E}_2\cdot\mathrm{d}\boldsymbol{S}+\cdots+\oint_S\boldsymbol{E}_n\cdot\mathrm{d}\boldsymbol{S}$$

$$=\Phi_{e1}+\Phi_{e2}+\cdots+\Phi_{en}=\frac{1}{\varepsilon_0}\sum q_{内} \tag{6.20}$$

由上式可见，只有 S 内的电荷对穿过 S 的电通量有贡献。

综上所述，在真空中通过任一闭合曲面的电通量等于该曲面所包围的所有电荷代数和的 $1/\varepsilon_0$ 倍。这就是静电场的高斯定理，用公式表示为

$$\Phi_e=\oint_S \boldsymbol{E}\cdot \mathrm{d}\boldsymbol{S}=\frac{1}{\varepsilon_0}\sum_{i=1}^{n} q_i \tag{6.21}$$

式中，$\sum_{i=1}^{n} q_i$ 表示高斯面内所有电荷的代数和。

高斯定理揭示了静电场中“场”和“源”的关系，指出了电场线是有头有尾的。其中，正电荷 $+q$ 发出 q/ε_0 条电场线，是电场线的“头”；负电荷 $-q$ 吸收 q/ε_0 条电场线，是电场线的“尾”。

高斯定理对任意静电场都成立。需要注意的是，虽然高斯定理说明通过闭合面的电通量只与该闭合面所包围的电荷有关，但闭合面上任一点的电场则是由空间所有电荷共同产生的。

名人堂　卡尔·弗里德里希·高斯的故事

卡尔·弗里德里希·高斯(Carl Friedrich Gauss，1777 年 4 月—1855 年 2 月)，1777 年 4 月 30 日出生于德国的不伦瑞克。小时候，高斯家里很穷，且他父亲不认为学问有何用，但高斯依旧喜欢看书，话说在小时候，冬天吃完饭后他父亲就会要他上床睡觉，以节省燃油，但当他上床睡觉时，他会将芜菁的内部挖空，里面塞入棉布卷，当成灯来使用，以继续读书。高斯 12 岁时，已经开始怀疑元素几何学中的基础证明。他 16 岁时，预测在欧氏几何之外必然会产生一门完全不同的几何学，即非欧几里得几何学。他导出了二项式定的一般形式，将其成功地运用在无穷级数，并发展了数学分析的理论。

高斯的老师布吕特纳与他助手马丁·巴特尔斯很早就认识到了高斯在数学上异乎寻常的天赋，同时卡尔·威廉·费迪南德布伦瑞克公爵也对这个天才儿童留下了深刻印象。于是他们从高斯 14 岁起便资助其学习与生活。这也使高斯能够在公元 1792—1795 年在 Carolinum 学院(布伦瑞克工业大学的前身)学习。18 岁时，高斯转入哥廷根大学学习。在他 19 岁时，第一个成功地证明了正十七边形可以用尺规作图。

17 岁的高斯发现了质数分布定理和最小二乘法。通过对足够多的测量数据的处理后，可以得到一个新的、概率性质的测量结果。在这些基础之上，高斯随后专注于曲面与曲线的计算，并成功得到高斯钟形曲线(正态分布曲线)。其函数被命名为标准正态分布(或高斯分布)，并在概率计算中大量使用。

次年，证明出仅用尺规便可以构造出 17 边形。并为流传了 2000 年的欧几里得几何提供了自古希腊时代以来的第一次重要补充。

高斯总结了复数的应用，并且严格证明了每一个 n 阶的代数方程必有 n 个实数或者复

数解。在他的第一本著名的著作《算术研究》中，做出了二次互反律的证明，成为数论继续发展的重要基础。在这部著作的第一章，导出了三角形全等定理的概念。

高斯在最小二乘法基础上创立的测量平差理论的帮助下，测算天体的运行轨迹。他用这种方法，测算出了小行星谷神星的运行轨迹。

出于对实际应用的兴趣，高斯发明了日光反射仪。日光反射仪可以将光束反射至大约450km 外的地方。高斯后来不止一次地为原先的设计做出改进，试制成功了后来被广泛应用于大地测量的镜式六分仪。

19 世纪 30 年代，高斯发明了磁强计。他辞去了天文台的工作，而转向物理的研究。他与韦伯在电磁学领域共同工作。他比韦伯年长 27 岁，以亦师亦友的身份与其合作。1833年，通过受电磁影响的罗盘指针，他向韦伯发送出电报。这不仅是从韦伯的实验室与天文台之间的第一个电话电报系统，也是世界第一个电话电报系统。尽管线路才 8km 长。

1840 年，他和韦伯画出了世界第一张地球磁场图，并且次年，这些位置得到美国科学家的证实。

高斯在数个领域进行研究，但只把他认为已经成熟的理论发表出来。他经常对他的同事表示，该同事的结论已经被自己以前证明过了，只是因为基础理论的不完备而没有发表。批评者说他这样做是因为喜欢抢出风头。事实上高斯把他的研究结果都记录起来了。他死后，他的 20 部记录着他的研究结果和想法的笔记被发现，证明高斯所说的是事实。一般人认为，20 部笔记并非高斯笔记的全部。

6.3.2　高斯定理的应用

高斯定理的一个重要应用就是计算带电体周围的电场强度。虽然高斯定理的适用范围很广，但用它求带电体的电场分布时有很大的局限性，只有对那些电荷分布高度对称的带电体，才能使用高斯定理通过人工计算方式求电场强度。

例 6.4　如图 6-19(a)所示，有一个半径为 R 的球体，内部均匀分布着电荷，总电荷量为 q，求各点的电场分布？

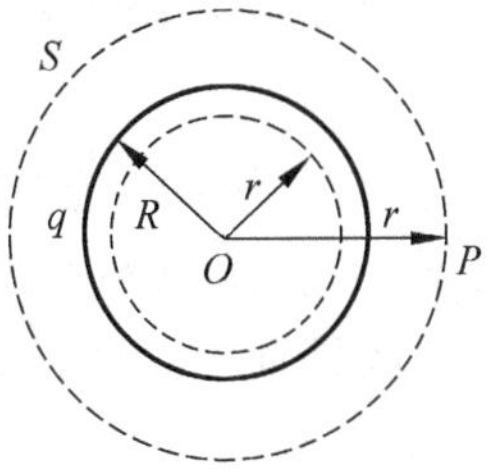

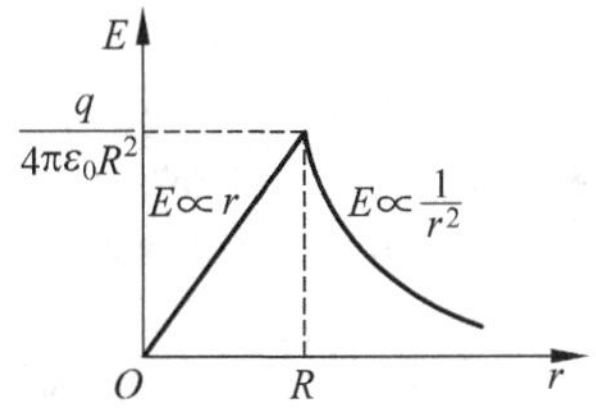

图 6-19　例 6.4 用图

(a) 高斯面 S；(b) 电场分布曲线

解　如图 6-19(a)所示，作以 O 为中心，r 为半径的高斯面 S，根据对称性可知，S 面上各点的电场彼此等价，即电场 $\boldsymbol{E}$ 的大小都相等，方向沿径向。

由高斯定理可得

$$\oint \boldsymbol{E} \cdot \mathrm{d}\boldsymbol{S} = E \cdot S = \frac{1}{\varepsilon_0} \sum q_{内}$$

当 $r \leqslant R$ 时，高斯面位于球体内部，则有

$$\oint_S \boldsymbol{E}_{内} \cdot \mathrm{d}\boldsymbol{S} = \oint_S E_{内} \cos 0^\circ \mathrm{d}S = E_{内} \cdot 4\pi r^2$$

$$\sum q_{内} = \frac{q}{\frac{4}{3}\pi R^3} \cdot \frac{4}{3}\pi r^3$$

求得球内电场大小为

$$E_{内} = \frac{qr}{4\pi\varepsilon_0 R^3}$$

当 $r > R$ 时，高斯面位于球体外部，包围着整个球体，则有

$$\oint_S \boldsymbol{E}_{外} \cdot \mathrm{d}\boldsymbol{S} = \oint_S E_{外} \cos 0^\circ \mathrm{d}S = E_{外} \cdot 4\pi r^2$$

求得球外电场大小为

$$E_{外} = \frac{q}{4\pi\varepsilon_0 r^2}$$

综上可得空间中各点的电场分布为

$$\boldsymbol{E} = \begin{cases} \dfrac{q\boldsymbol{r}}{4\pi\varepsilon_0 R^3}, & r \leqslant R \\ \dfrac{q\boldsymbol{r}}{4\pi\varepsilon_0 r^3}, & r > R \end{cases}$$

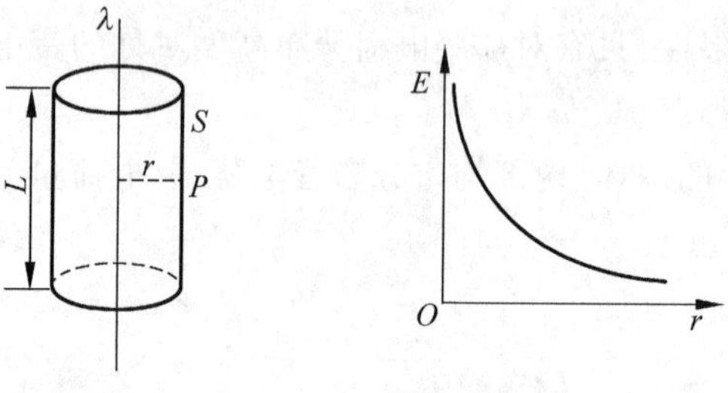

(a) (b)

图 6-20 例 6.5 用图

(a) 高斯面 S；(b) 电场分布曲线

由上式可知，在球体内 $E \propto r$，球体外的电场 $\boldsymbol{E}$ 相当于电荷集中于球心的点电荷产生的电场。因此，可画出电场强度 $\boldsymbol{E}$ 沿径向 $\boldsymbol{r}$ 的分布曲线，如图 6-19(b)所示。

例 6.5 如图 6-20(a)所示，无限长均匀带电直线的电荷线密度为 λ，求直线外一点 P 的电场强度。

解 根据对称性可知，P 点处合场强 $\boldsymbol{E}$ 垂直于带电直线，与 P 点等价的点的集合构成以带电直线为轴的圆柱面。因此，以带电直线为中心，在距离为 r 处取长度为 L 的圆柱面，加上底、下底构成高斯面 S。

由高斯定理 $\oint \boldsymbol{E} \cdot \mathrm{d}\boldsymbol{S} = E \cdot S = \frac{1}{\varepsilon_0} \sum q_{内}$ 出发，方程的左侧满足：

$$\begin{aligned} \oint_S \boldsymbol{E} \cdot \mathrm{d}\boldsymbol{S} &= \int_{上} \boldsymbol{E} \cdot \mathrm{d}\boldsymbol{S} + \int_{下} \boldsymbol{E} \cdot \mathrm{d}\boldsymbol{S} + \int_{侧} \boldsymbol{E} \cdot \mathrm{d}\boldsymbol{S} \\ &= \int_{上} E \cos \frac{\pi}{2} \mathrm{d}S + \int_{下} E \cos \frac{\pi}{2} \mathrm{d}S + \int_{侧} E \cos 0^\circ \mathrm{d}S \\ &= E \cdot 2\pi r L \end{aligned}$$

方程的右侧满足：

$$\frac{1}{\varepsilon_0}\sum q_{内}=\frac{\lambda L}{\varepsilon_0}$$

综上，求得与带电直线距离为 r 的 P 点处的电场强度大小为

$$E=\frac{\lambda}{2\pi\varepsilon_0 r}$$

方向垂直于带电直线，其空间分布如图 6-20(b)所示。

例 6.6　如图 6-21 所示，无限大均匀带电平面的电荷面密度为 σ，求与带电平面的距离为 r 处的电场强度。

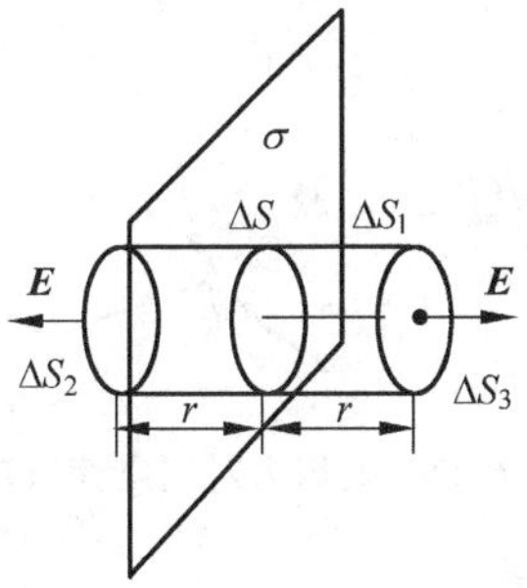

图 6-21　例 6.6 用图

解　根据对称性可知，电场方向垂直于带电平面，与带电平面距离相等的点处的电场彼此等价。取如图 6-21 所示的圆柱形高斯面，两个底面距离平面距离都为 r。

由高斯定理 $\oint \boldsymbol{E}\cdot \mathrm{d}\boldsymbol{S}=E\cdot S=\frac{1}{\varepsilon_0}\sum q_{内}$ 出发，方程的左侧满足：

$$\oint_S \boldsymbol{E}\cdot \mathrm{d}\boldsymbol{S}=\int_{\Delta S_1}\boldsymbol{E}\cdot \mathrm{d}\boldsymbol{S}+\int_{\Delta S_2}\boldsymbol{E}\cdot \mathrm{d}\boldsymbol{S}+\int_{\Delta S_3}\boldsymbol{E}\cdot \mathrm{d}\boldsymbol{S}$$
$$=\Delta S_2E+\Delta S_3E=2\Delta SE$$

方程的右侧满足：

$$\frac{1}{\varepsilon_0}\sum q_{内}=\frac{\sigma\Delta S}{\varepsilon_0}$$

经过计算得到，与带电平面的距离为 r 处的电场强度大小为

$$E=\frac{\sigma}{2\varepsilon_0}$$

方向垂直于带电平面。

利用高斯定理计算场强的适用条件为：①带电体的电场强度分布要具有高度的对称性；②高斯面上的电场强度大小处处相等；③面积元 $\mathrm{d}S$ 的法线方向与该处电场强度的方向一致。

应用高斯定理求电场 $\boldsymbol{E}$ 时除对电场分布有要求外，关键是选取合适的高斯面。高斯面的选取原则为：①高斯面必须经过所求场点；②在求电场 $\boldsymbol{E}$ 的高斯面部分上，要求该面上各点电场 $\boldsymbol{E}$ 的大小、方向处处相同(通常使 $\boldsymbol{E}/\!/\boldsymbol{n}$，或 $\cos\theta=1$)，这样做的目的是可以把 E 从积分号内提出来；③在不求电场 $\boldsymbol{E}$ 的高斯面部分上，$\boldsymbol{E}\perp\boldsymbol{n}$，从而使 $\boldsymbol{E}\cdot \mathrm{d}\boldsymbol{S}=\boldsymbol{0}$；④按①～③的要求所作的高斯面，要容易计算它的面积，因而通常选取柱面、球面等形状的高斯面。

6.4　电场力的功　电势能　电势

6.4.1　电场力的功

1. 静电场做功

如图 6-22 所示，在点电荷 q 的电场中，将另一点电荷 q_0 由 a 点移至 b 点(沿路径 L)，

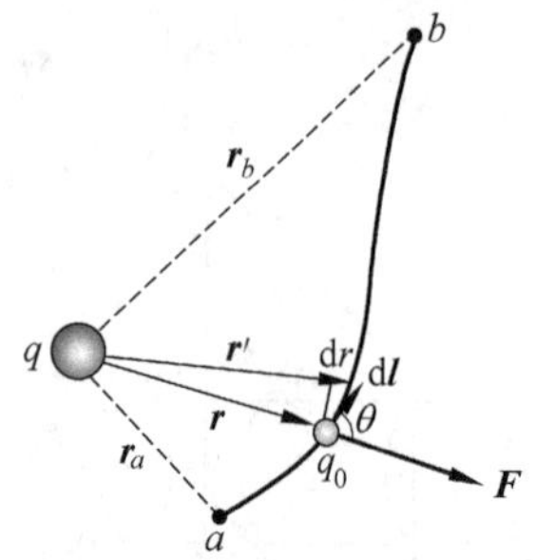

图 6-22 电场力对点电荷做功

在此过程中电场力做的功为多少？点电荷在电场中移动，电场力对点电荷做功，经过微元 d$\boldsymbol{l}$，电场力做功的微元为

$$\mathrm{d}W = q_0 \boldsymbol{E} \cdot \mathrm{d}\boldsymbol{l} = q_0 \boldsymbol{E} \cos\theta \mathrm{d}\boldsymbol{l} \tag{6.22}$$

其中，$\boldsymbol{r} \cdot \mathrm{d}\boldsymbol{l} = r\mathrm{d}l\cos\theta = r\mathrm{d}r$；$E = \dfrac{q}{4\pi\varepsilon_0 r^2}$，则有

$$\mathrm{d}W = \frac{q_0 q}{4\pi\varepsilon_0 r^2}\mathrm{d}r$$

对上式两边积分，得到整个过程电场力做功为

$$W_{ab} = \frac{q_0 q}{4\pi\varepsilon_0}\int_{r_a}^{r_b}\frac{\mathrm{d}r}{r^2} = \frac{q_0 q}{4\pi\varepsilon_0}\left(\frac{1}{r_a} - \frac{1}{r_b}\right) \tag{6.23a}$$

由上式可见，电场力做的功 W_{ab} 只取决于被移动电荷 q_0 的起点和终点的位置，与 q_0 移动的路径无关。这种做功与路径无关的场，称为保守场。

在点电荷系 $q_1, q_2, \cdots, q_n$ 的电场中，$E = \sum\limits_{i=1}^{n} E_i$，将点电荷 q_0 由 a 点移至 b 点，则电场力所做的功可表示为

$$W_{ab} = \int_a^b q_0 \boldsymbol{E} \cdot \mathrm{d}\boldsymbol{l} = \sum_{i=1}^{n}\frac{q_0 q_i}{4\pi\varepsilon_0}\left(\frac{1}{r_{ai}} - \frac{1}{r_{bi}}\right) \tag{6.23b}$$

其中，每一项均与路径无关，所以在点电荷系中，电场力做功也与路径无关。

对于任意连续的带电体，由于其可看成是许多点电荷的集合，因此，其做功也与路径无关。

通过上面的分析，可以得出结论：试验电荷在任何静电场中移动时，静电场力所做的功，只与电场的性质、试验电荷的电量大小及路径起点和终点的位置有关，而与路径无关。

2. 静电场的环路定理

在静电场中，电场沿闭合路径 $acbda$ 对电荷 q_0 做功 W，如图 6-23 所示，则有

$$\begin{aligned} W &= \oint_l q_0 \boldsymbol{E} \cdot \mathrm{d}\boldsymbol{l} \\ &= \int_{acb} q_0 \boldsymbol{E} \cdot \mathrm{d}\boldsymbol{l} + \int_{bda} q_0 \boldsymbol{E} \cdot \mathrm{d}\boldsymbol{l} \\ &= \int_{acb} q_0 \boldsymbol{E} \cdot \mathrm{d}\boldsymbol{l} - \int_{adb} q_0 \boldsymbol{E} \cdot \mathrm{d}\boldsymbol{l} \\ &= 0 \end{aligned}$$

即

$$\oint_l \boldsymbol{E} \cdot \mathrm{d}\boldsymbol{l} = \boldsymbol{0} \tag{6.24}$$

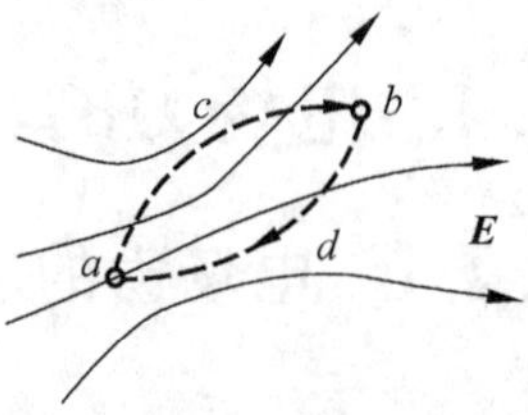

图 6-23 保守场做功

式(6.24)就是静电场的环路定理，即静电场强沿任意闭合路径的线积分为零。这反映了静电场是保守力场。环路定理是静电场的另一重要定理，可应用环路定理检验一个电场是不是静电场。

6.4.2　电势能

凡是保守力都有与其相关的势能，静电场是有势场，对应的势能称为电势能 W_p。点电荷 q_0 在电场中某点 a 处具有的电势能记作 W_{pa}。根据保守力做功等于势能增量的负值这一关系，点电荷 q_0 从静电场的 a 点移动到 b 点，电场力做功为

$$W_{ab}=q_0\int_a^b \boldsymbol{E}\cdot\mathrm{d}\boldsymbol{l}=-(W_{pb}-W_{pa})=W_{pa}-W_{pb} \tag{6.25a}$$

如果假设 b 点的电势能为 0，即 $W_{pb}=0$，那么 a 点的电势能可表示为

$$W_{pa}=W_{ab}=\int_a^b q_0\boldsymbol{E}\cdot\mathrm{d}\boldsymbol{l} \tag{6.25b}$$

如果取无穷远处的电势能为 0，即 $W_{p\infty}=0$，则 a 点的电势能可表示为

$$W_{pa}=W_{a\infty}=\int_a^\infty q_0\boldsymbol{E}\cdot\mathrm{d}\boldsymbol{l} \tag{6.25c}$$

式(6.25a)～式(6.25c)表明，点电荷 q_0 在空间任意 a 点的电势能在数值上等于将点电荷从该处移动到电势能为零的点处电场力所做的功。电势能属于点电荷 q_0 和产生电场的源电荷系统共有。势能零点的选择原则上是任意的，但为了计算分析的方便，通常的选取原则是：当源电荷分布在有限范围内时，势能零点一般选在无穷远处。在处理实际问题中，常选择地球作为势能零点。

6.4.3　电势　电势差　等势面

1. 电势　电势差

电场中某点的电势等于把单位正电荷从该点移动到电势能为零的点处电场力所做的功，也可以理解为单位正电荷在该点所具有的电势能。若将电场中 a 点的电势记为 U_a，则有

$$U_a=\frac{W_{pa}}{q_0} \tag{6.26a}$$

如果取无穷远处为势能零点，则

$$U_a=\frac{W_{pa}}{q_0}=\frac{W_{a\infty}}{q_0}=\int_a^\infty \boldsymbol{E}\cdot\mathrm{d}\boldsymbol{l} \tag{6.26b}$$

式(6.26b)表明，空间中 a 点的电势可表示为单位正电荷从该点移动到无穷远处(电势为零)电场力所做的功。电场中任意 a，b 两点的电势之差称为电势差或者电压差(电压)，其表达式为

$$U_{ab}=U_a-U_b=\int_a^\infty \boldsymbol{E}\cdot\mathrm{d}\boldsymbol{l}-\int_b^\infty \boldsymbol{E}\cdot\mathrm{d}\boldsymbol{l}=\int_a^b \boldsymbol{E}\cdot\mathrm{d}\boldsymbol{l} \tag{6.27}$$

有了电势的概念，在计算电场力对点电荷做功时，就可以利用电势差进行计算，即

$$W_{ab}=q_0\int_a^b \boldsymbol{E}\cdot\mathrm{d}\boldsymbol{l}=q_0(U_a-U_b)=q_0U_{ab} \tag{6.28}$$

虽然电势零点的选择是任意的，但两点间的电势差与电势零点的选择无关。

2. 电势的计算

(1) 点电荷在空间的电势分布

点电荷在周围空间产生的电场 $\boldsymbol{E}=\dfrac{q}{4\pi\varepsilon_0}\dfrac{\boldsymbol{r}_0}{r^2}$，取无穷远处为电势零点，即令 $U_\infty=0$，则空

间中 a 点的电势为

$$U_a=\int_r^{\infty}\frac{1}{4\pi\varepsilon_0}\frac{q}{r^2}\mathrm{d}r \tag{6.29a}$$

积分可得

$$U_a=\frac{q}{4\pi\varepsilon_0 r} \tag{6.29b}$$

这就是点电荷 q 在空间某一位置 r 处所具有的电势，即点电荷在空间的电势分布。

(2) 点电荷系在空间的电势分布

根据电场的叠加原理，点电荷系在空间中的 a 点处产生的电场为每一个点电荷在 a 点产生的电场的叠加，即

$$\boldsymbol{E}=\sum_{i=1}^{n}\frac{1}{4\pi\varepsilon_0}\frac{q_i}{r_i^2}\boldsymbol{r}_{i0}$$

根据电势的计算公式 $U_a=\int_a^{\infty}\boldsymbol{E}\cdot\mathrm{d}\boldsymbol{l}$，可得

$$U_a=\sum_{i=1}^{n}\frac{q_i}{4\pi\varepsilon_0 r_i} \tag{6.30}$$

这表明，电场中某点的电势等于各电荷单独在该点产生的电势的叠加(代数和)，这就是电势叠加原理。

(3) 电荷连续分布的带电体在空间的电势分布

对于任意电荷连续分布的带电体，可以先取电荷微元 $\mathrm{d}q$，计算其在空间中的 a 点产生的电势 $\mathrm{d}U=\frac{\mathrm{d}q}{4\pi\varepsilon_0 r}$，然后进行积分得到整个带电体产生的电势为

$$U=\int_V \mathrm{d}U=\int_V\frac{\mathrm{d}q}{4\pi\varepsilon_0 r} \tag{6.31}$$

其中，对于电荷为体分布、面分布以及线分布的情况，$\mathrm{d}q$ 分别取 $\mathrm{d}q=\rho\mathrm{d}V$，$\mathrm{d}q=\sigma\mathrm{d}S$，$\mathrm{d}q=\lambda\mathrm{d}l$，则它们的电势可分别计算如下。

① 对于体电荷分布，其电势为

$$U=\int_V\frac{\rho}{4\pi\varepsilon_0 r}\mathrm{d}V \tag{6.32a}$$

② 对于面电荷分布，其电势为

$$U=\int_S\frac{\sigma}{4\pi\varepsilon_0 r}\mathrm{d}S \tag{6.32b}$$

③ 对于线电荷分布，其电势为

$$U=\int_l\frac{\lambda}{4\pi\varepsilon_0 r}\mathrm{d}l \tag{6.32c}$$

例 6.7 有一点电荷 $q=-3\times10^{-6}\mathrm{C}$，从电场中的 A 点移动到 B 点时，克服电场力做功为 $6\times10^{-4}\mathrm{J}$，从 B 点移动到 C 点电场力做功为 $9\times10^{-4}\mathrm{J}$。问：

(1) AB、BC、CA 间的电势差分别为多少？

(2) A、C 两点哪一点的电势高？

(3) 如果 B 点的电势为零，则 A、C 两点的电势各为多少？

解　法一　先求电势差的绝对值再判断它的正负。其中，Q、W、q 都为绝对值。

(1) A、B 两点电势差的绝对值为

$$|U_{AB}|=\frac{W_{AB}}{q}=\frac{6\times10^{-4}}{3\times10^{-6}}\mathrm{V}=200\mathrm{V}$$

因为负电荷从 A 移动到 B 时要克服电场力做功，因此它必定是从高电势点移动到低电势点，即 $U_A>U_B$，故 $U_{AB}=200\mathrm{V}$。

B、C 两点电势差的绝对值为

$$|U_{BC}|=\frac{W_{BC}}{q}=\frac{9\times10^{-4}}{3\times10^{-6}}\mathrm{V}=300\mathrm{V}$$

因负电荷从 B 移动到 C 时电场力做正功，因此它必定是从低电势点移动到高电势点，即 $U_B<U_C$，故 $U_{BC}=-300\mathrm{V}$。

因此，C、A 两点的电势差

$$U_{CA}=U_{CB}+U_{BA}=-U_{BC}+(-U_{AB})=300\mathrm{V}-200\mathrm{V}=100\mathrm{V}$$

(2) 因 $U_{CA}=100\mathrm{V}>0$，所以 $U_C>U_A$，即 C 点的电势高。

法二　直接代入数值法，可求得

$$U_{AB}=\frac{W_{AB}}{q}=\frac{-6\times10^{-4}}{-3\times10^{-6}}\mathrm{V}=200\mathrm{V}$$

$$U_{BC}=\frac{W_{BC}}{q}=\frac{9\times10^{-4}}{-3\times10^{-6}}\mathrm{V}=-300\mathrm{V}$$

以下解法相同。

(3) 若 $U_B=0$，则 $U_A=U_{AB}=200\mathrm{V}$。由 $U_{BC}=U_B-U_C$ 得

$$U_C=U_B-U_{BC}=[0-(-300)]\mathrm{V}=300\mathrm{V}$$

通过例 6.7，可将电势计算方法总结如下：

① 由公式 $U_{AB}=\dfrac{W_{AB}}{q}$ 计算电势差有两种处理方法：①先求出电势差的绝对值，再根据做正功或做负功判断电势差的符号；②先判断做功的正负，再将带符号的数值代入进行求解。

② 判断电势的高低有两种方法：①沿电场线的方向电势降低；②由 U_{AB} 的符号判断。

③ 规定了电势零点，计算电势实质是计算该点与零电势点的电势差。

④ 计算电势差要注意下标的排列顺序。

3. 等势面

在电场中电势相等的点组成的面称为等势面。等势面是为了形象描述电场中各点电势而引入的假想曲面。用等势面来表示电场中电势的高低，类似于在地图上用等高线表示地形的高低。

以点电荷为例，点电荷电势为 $U=\dfrac{q}{4\pi\varepsilon_0 r}$，其等电势面方程为 $U=C$，即 $\dfrac{q}{4\pi\varepsilon_0 r}=C$，从而求得点电荷等势面方程为 $r=C'$（常量），说明其等势面是球面，而点电荷的电场线沿径向，所以电场线与等势面处处正交。同理，还可以证明在任意静电场中，等势面与电场线总是处

处正交。

几种典型带电体的电场线和等势面分布如图 6-24 所示。

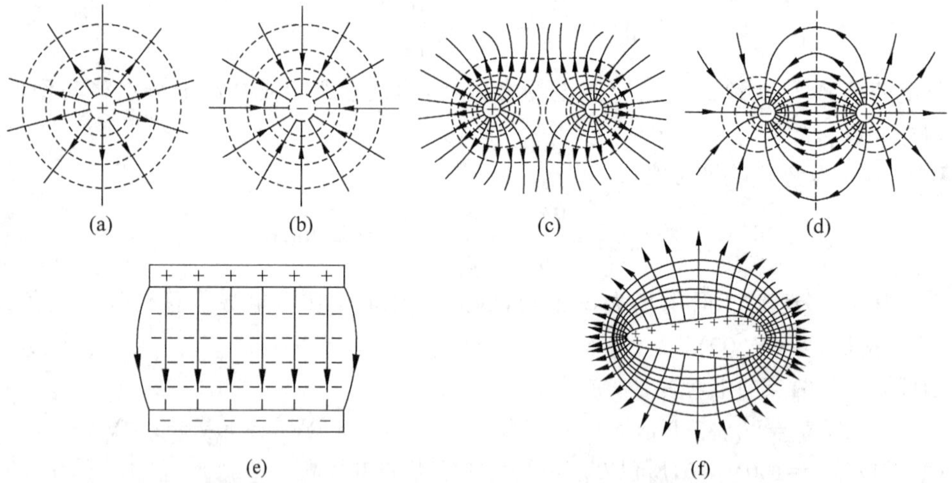

图 6-24 常见带电体电场线与等势面

(a) 正点电荷；(b) 负点电荷；(c) 等量同种点电荷；(d) 等量异种点电荷；(e) 平行板电容器；(f) 形状不规则的带电导体

等势面具有如下基本性质：

① 等势面密处场强大。为了使等势面能反应电场的强弱，在画等势面时，规定电场中任意两个相邻的等势面间的电势差都相等，则电场强度较强的区域，等势面较密；电场强度较弱的区域，等势面就稀疏。

② 电场线从高电势处指向低电势处。如果让一正电荷 q_0 沿着任意电场线方向从 a 点移动位移微元 $\mathrm{d}\boldsymbol{l}$ 到 b 点，则在此过程中电场力做的元功为 $\mathrm{d}W=q_0\boldsymbol{E}\cdot\mathrm{d}\boldsymbol{l}=q_0E\cos0°\mathrm{d}l=q_0E\mathrm{d}l$；又因为电场力做的功等于电势能增量的负值，即 $\Delta W=-(q_0U_b-q_0U_a)$，可得 $U_a-U_b>0$，说明电场线总是指向电势降低的方向，即沿着电场线电势越来越低。

③ 将电荷在同一等势面上的任意两点间移动，电场力不做功。这是因为等势面上各点电势相等，电荷在同一等势面上各点具有相同的电势能，所以在同一等势面上移动电荷电势能不变，即电场力不做功。

④ 等势面与电场线处处垂直。假设等势面与电场线不处处垂直，电场就有一个沿等势面的分量，于是在等势面上移动电荷时电场力就要做功。但这是不可能的，因为在等势面上各点电势相等，所以沿着等势面移动电荷时电场力是不做功的。所以，电场线一定跟等势面处处垂直。

由于实际中测定电势比测定电场要容易得多，因此常用等势面来研究电场，即先描绘出等势面的形状和分布，再根据电场线与等势面间的关系描绘出电场线的分布。

4. 电场强度与电势梯度的关系

电场强度和电势都是描述电场的物理量，即它们是同一事物的两个不同侧面，因此它们之间应存在一定关系。实际上，式(6.26b)已经反映了这种关系，通过这个关系可以由电场强度的分布求得电势的分布。前面已经介绍过，在实际问题中往往需要由测得的电势(或等势面)分布情况去估计电场强度的分布情况。因此,在理论上建立一个由电势分布求电场强度分布的关系式,就变得十分重要了。

一个在电场中缓慢移动的电荷,电场力若做正功,该电荷的电势能必定降低,电场力若做负功,该电荷的电势能必定升高。现有一试探电荷 q_0 在电场强度为 $\boldsymbol{E}$ 的电场中发生位移 $\mathrm{d}\boldsymbol{l}$,由于 $\mathrm{d}l$ 很小,因此在 $\mathrm{d}l$ 的范围内可以认为电场是均匀分布的。若 q_0 完成了位移 $\mathrm{d}\boldsymbol{l}$ 后,电势增大了 $\mathrm{d}V$,则其电势能的增量为 $q_0\mathrm{d}V$,这时电场力必定做负功,因而有

$$q_0\mathrm{d}V = -q_0\boldsymbol{E}\cdot\mathrm{d}\boldsymbol{l}$$

即

$$\mathrm{d}V = -E\mathrm{d}l\cos\theta$$

式中,θ 是电场强度 $\boldsymbol{E}$ 与位移 $\mathrm{d}\boldsymbol{l}$ 之间的夹角。由此,可以得到

$$E\cos\theta = -\frac{\mathrm{d}V}{\mathrm{d}l}$$

上式等号左边 $E\cos\theta$ 就是电场强度 $\boldsymbol{E}$ 在位移 $\mathrm{d}\boldsymbol{l}$ 方向的分量,用 E_l 表示;等号右边是电势沿位移方向的变化率,即 **V** 沿 $\mathrm{d}\boldsymbol{l}$ 方向的方向微商,而方向微商是偏微商,负号表示指向电势降低的方向。于是上面的关系可以写为

$$E_l = -\frac{\partial V}{\partial l} \tag{6.33}$$

此式表示,电场强度在任意方向的分量,等于电势沿该方向的变化率的负值。根据式(6.33),在直角坐标系中 $\boldsymbol{E}$ 的三个分量应为

$$E_x = -\frac{\partial V}{\partial x},\quad E_y = -\frac{\partial V}{\partial y},\quad E_z = -\frac{\partial V}{\partial z} \tag{6.34}$$

则电场强度矢量可以表示为

$$\boldsymbol{E} = -\left(\frac{\partial V}{\partial x}\boldsymbol{i} + \frac{\partial V}{\partial y}\boldsymbol{j} + \frac{\partial V}{\partial z}\boldsymbol{k}\right) = -\boldsymbol{\nabla}V \tag{6.35}$$

式中,$\boldsymbol{\nabla}=\frac{\partial}{\partial x}\boldsymbol{i}+\frac{\partial}{\partial y}\boldsymbol{j}+\frac{\partial}{\partial z}\boldsymbol{k}$ 是梯度算符;$\boldsymbol{\nabla}V=\frac{\partial V}{\partial x}\boldsymbol{i}+\frac{\partial V}{\partial y}\boldsymbol{j}+\frac{\partial V}{\partial z}\boldsymbol{k}$ 是电势梯度。

若已知空间各点的电势分布,则可根据式(6.34)计算电场强度 $\boldsymbol{E}$ 的三个分量,并由式(6.35)得出电场强度矢量 $\boldsymbol{E}(x,y,z)$。

为弄清电势梯度的物理意义,先看一下图 6-25。图中所画曲面是等势面,其法线方向的单位矢量用 $\boldsymbol{n}$ 表示,指向电势增大的方向。电场强度 $\boldsymbol{E}$ 的方向沿着 $\boldsymbol{n}_0$ 的反方向。根据式(6.33),电场强度的大小可以表示为 $E=\frac{\partial V}{\partial n}$,则电场强度矢量必定可表示为

$$\boldsymbol{E} = -\frac{\partial V}{\partial n}\boldsymbol{n}_0 \tag{6.36}$$

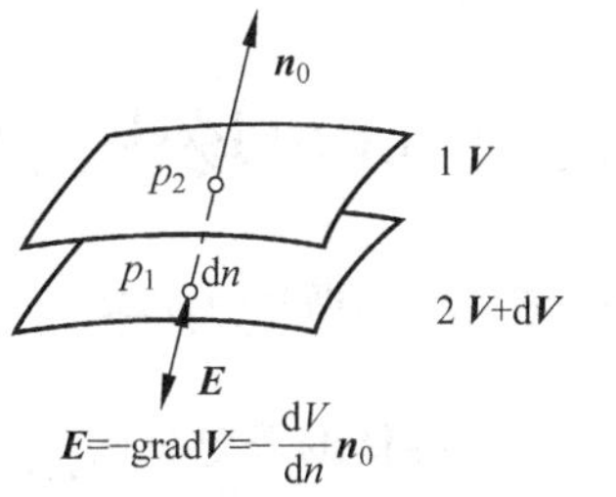

图 6-25　电势梯度

比较式(6.36)和式(6.35),可以得到

$$\frac{\partial V}{\partial n}\boldsymbol{n}_0 = \boldsymbol{\nabla}V \tag{6.37}$$

由此可见,电势梯度是一个矢量,它的大小等于电势沿等势面法线方向的变化率,它的方向

沿着电势增大的方向。

对于具有一定对称性,并可用高斯定理方便地求得电场强度分布的问题,可以通过式(6.26)由电场强度分布求得电势分布。但对于一般问题,却往往采取相反的步骤:先根据电荷的分布由式(6.30)求得电势的分布,然后再由式(6.35)求出电场强度的分布。

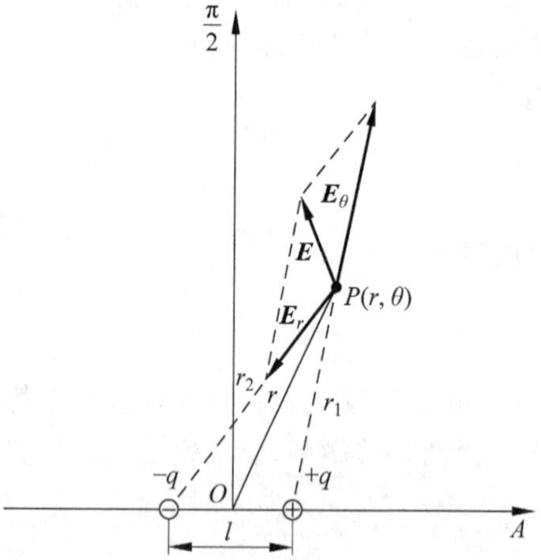

图 6-26 电偶极子电场 E 的矢量合成

例 6.8 计算电偶极子的电场中任意一点 P 的电场强度。

解 两个电量相等、符号相反并相距 l 的点电荷 $+q$ 和 $-q$,构成一个电偶极子。设点 P 到 $+q$ 和 $-q$ 的距离分别是 r_1 和 r_2,而点 P 到电偶极子轴心的距离为 r,如图 6-26 所示。以电偶极子的轴心 O 为坐标原点,建立极坐标系,点 P 的坐标为 (r,θ),则点 P 的电势可写为

$$U=\frac{q}{4\pi\varepsilon_0 r_1}-\frac{q}{4\pi\varepsilon_0 r_2}$$

在一般情况下,r_1、r_2 和 r 都比 l 大得多,可近似地认为

$$r_1 r_2=r^2,\quad r_2-r_1=l\cos\theta$$

其中,θ 是 r 与 l 之间的夹角。利用上面的两个近似关系,点 P 的电势可表示为

$$U=\frac{q(r_2-r_1)}{4\pi\varepsilon_0 r_1 r_2}-\frac{ql\cos\theta}{4\pi\varepsilon_0 r_1 r_2}=\frac{p\cos\theta}{4\pi\varepsilon_0 r^2}=\frac{\boldsymbol{p}\cdot\boldsymbol{r}}{4\pi\varepsilon_0 r^3}$$

式中,$\boldsymbol{p}=q\boldsymbol{l}$ 是电偶极子的电矩。

在极坐标中,电偶极子电场强度的两个分量应分别表示为

$$E_r=-\frac{\partial U}{\partial r}=\frac{2p\cos\theta}{4\pi\varepsilon_0 r^3}$$

$$E_\theta=-\frac{1}{r}\frac{\partial U}{\partial\theta}=\frac{p\sin\theta}{4\pi\varepsilon_0 r^3}$$

在电偶极子轴的中垂面上,$\theta=\pi/2$,$E_r=0$,所以电场强度为 $E=E_\theta=\dfrac{p}{4\pi\varepsilon_0 r^3}$。

6.5 静电场中的导体和电介质

6.5.1 静电场中的导体

1. 导体的静电平衡

金属导体是由大量的带负电的自由电子和带正电的晶体点阵构成的。无论对整个导体或对导体中的某一小部分来说,自由电子的负电荷和晶体点阵的正电荷的总量都是相等的,因而导体呈现电中性。

若把金属导体放在静电场中,导体中的自由电子除了作无规则热运动外,还将在电场力作用下作宏观定向运动,从而使导体中的电荷重新分布。在外电场作用下,引起导体中电荷

重新分布而呈现出的带电现象,称为静电感应现象。

图 6-27 为导体在外电场作用下静电感应过程。在外电场作用下,导体两侧电荷不断堆积,内部感应电场 $\boldsymbol{E}'$ 不断增大,当感应电场 $\boldsymbol{E}'=\boldsymbol{E}_0$ 时,金属内部电子不再受电场力作用而停止移动,此时金属导体处于电平衡状态,称为导体的静电平衡,即导体内部和表面都没有电荷做宏观定向运动的状态。

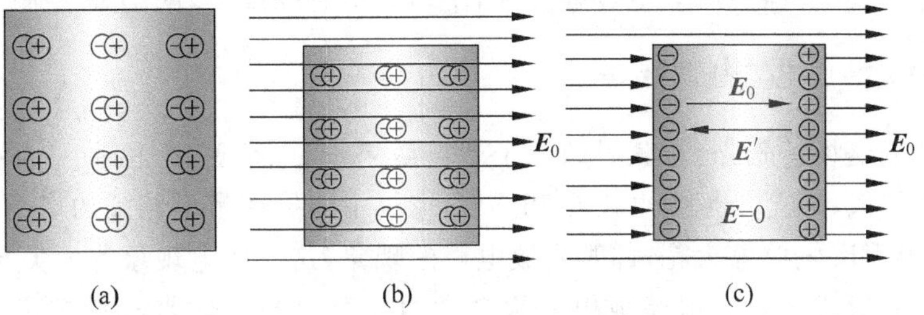

图 6-27 导体在静电场中静电感应

(a) 未加电场;(b) 加电场后,电荷向两侧移动;(c) 静电平衡

静电平衡状态的导体特征是:①导体内部 $\boldsymbol{E}=\boldsymbol{0}$,此时感应电场 $\boldsymbol{E}'$ 与外加电场 $\boldsymbol{E}_0$,大小相等方向相反,矢量和为零,导体内部无电场线。②整个导体为一个等势体,导体表面为等势面;若导体不是等势体,导体任意两点间存在电势差,则两点之间电场就不为零,其中的自由电子就会受到电场力的作用而产生定向移动,直到总的电场为零为止,而此时两点就不再存在电势差,电势处处相等,整个导体为一个等势体,表面为一个等势面。③导体内部没有未被抵消的净电荷,净电荷只分布在导体表面上。④导体表面 $\boldsymbol{E}\neq\boldsymbol{0}$,且 $\boldsymbol{E}$ 只有垂直于导体表面的分量,电场强度的大小与导体表面在该处分布的面电荷密度 σ 有关,且有以下关系式成立:

$$E=\frac{\sigma}{\varepsilon_0} \tag{6.38}$$

下面来证明式(6.38)。取导体表面任意一点 P,附近的场强沿 P 点法线方向,如图 6-28 所示,做一个圆柱形高斯面穿过导体表面,圆柱高度和横切面趋近为零,在该高斯面上应用高斯定理 $\oint \boldsymbol{E}\cdot \mathrm{d}\boldsymbol{S}=\frac{1}{\varepsilon_0}\sum q_{内}$。

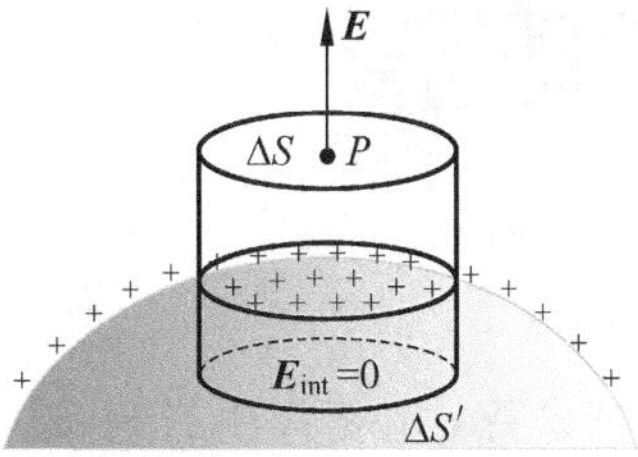

图 6-28 导体表面圆柱高斯面

圆柱面的一个面在导体内,导体内部场强为零,圆柱面的一个面在导体外,表面电场为 $\boldsymbol{E}$,穿过侧面的电通量为零,而横截面 ΔS 很小,该区域表面电荷分布近似为均匀分布,面电荷密度为 σ,则可得

$$\oint_S \boldsymbol{E}\cdot \mathrm{d}\boldsymbol{S}=E\Delta S=\frac{\sigma\cdot\Delta S}{\varepsilon_0}$$

因此可得

$$E=\frac{\sigma}{\varepsilon_0}$$

当 $\sigma>0$ 时,电场 $\boldsymbol{E}$ 垂直于导体表面向外;当 $\sigma<0$ 时,电场 $\boldsymbol{E}$ 垂直于导体表面向内,面电荷

密度 σ 与电场 $\boldsymbol{E}$ 同步改变，但满足的关系 $E=\dfrac{\sigma}{\varepsilon_0}$ 保持不变。

对导体表面电荷具体分布这个问题进行定量研究比较复杂，实验表明导体表面电荷分布与导体形状以及周围环境有关，若排除环境的因素，则导体表面任一点的曲率越大，该处表面电荷分布越密，电场也就越强，反之，曲率越小的地方，电荷分布越疏，场强就小。对于一个不规则导体，其表面尖端处电场强度大，平坦处电场强度小，凹陷处场强最弱。

2. 导体的尖端放电与避雷针

导体尖端的电场特别强，这就导致一个严重后果，当电荷密度达到一定的量值后，电荷产生的电场会很大，以至于把空气击穿(电离)，空气中与导体带电相反的离子会与导体的电荷中和，从而出现产生放电火花，并听到放电声的现象，这一放电现象称为尖端放电现象。

尖端放电的形式主要有电晕放电和火花放电两种。当导体带电量较小而尖端又较尖时，尖端放电多为电晕放电。这种放电只在尖端附近局部区域内进行，使这部分区域的空气电离，并伴有微弱的荧光和嘶嘶声。因放电能量较小，这种放电一般不会成为易燃易爆物品的引火源，但可引起其他危害。当导体带电量较大、电位较高时，尖端放电多为火花放电。这种放电现象伴有强烈的发光和破坏声响，其电离区域由尖端扩展至接地体(或放电体)，在两者之间形成放电通道。由于这种放电的能量较大，所以极易引燃引爆易燃易爆物体或对人体造成较大的危害。

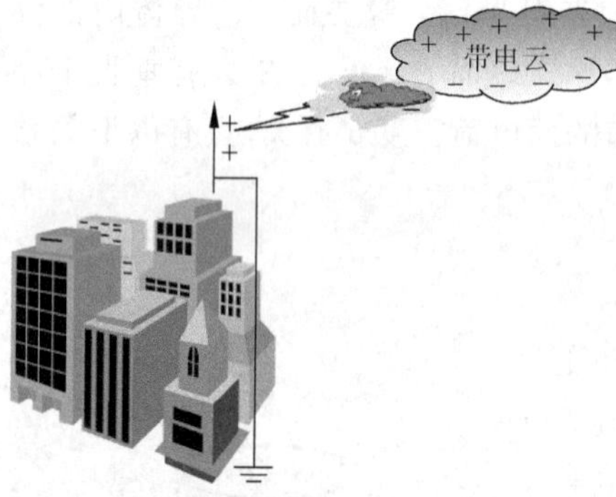

图 6-29 避雷针的工作原理

如图 6-29 所示，在高大建筑物上都会安装避雷针，当带电云层靠近建筑物时，建筑物会感应出与云层相反的电荷，这些电荷会聚集到避雷针的尖端，达到一定的量后便开始放电，不停地将建筑物上的电荷中和掉，从而永远达不到会使建筑物遭到损坏的强烈放电所需要的电荷。

3. 静电屏蔽

为了避免外电场对仪器设备产生影响，或者为了避免电器设备的电场对外界产生影响，用一个空腔导体将外电场屏蔽，使其内部不受影响，也不使电器设备对外界产生影响，这就称为静电屏蔽。

若空腔导体内有带电体，在静电平衡时，它的内表面将产生等量异号的感生电荷。如果外壳不接地则外表面会产生与内部带电体等量而同号的感生电荷，此时感应电荷的电场将对外界产生影响，这时空腔导体只能屏蔽外电场屏蔽，却不能屏蔽内部带电体对外界的影响，所以称为外屏蔽。如果外壳接地，即使内部有带电体存在，这时内表面感应的电荷与带电体所带的电荷的代数和为零，而外表面产生的感应电荷通过接地线流入大地。外界对壳内无法产生影响，内部带电体对外界的影响也随之而消除，所以称为全屏蔽。为了防止外界信号的干扰，静电屏蔽被广泛地应用于科学技术工作中。例如电子仪器设备外面的金属罩，通信电缆外面包的铅皮等，都是用来防止外界电场干扰的屏蔽措施。

在静电平衡状态下，不论是空心导体还是实心导体；不论导体本身带电多少，或者导体是否处于外电场中，导体必定为等势体，其内部场强为零，这是静电屏蔽的理论基础。

因为封闭导体壳内的电场具有典型意义和实际意义，下面以封闭导体壳内的电场为例对静电屏蔽做一些讨论。

(1) 封闭导体壳内部电场不受壳外电荷或电场影响。

如图 6-30 所示，空腔导体在外电场中处于静电平衡状态，其内部的场强总等于零。所以外电场不可能对其内部空间产生任何影响。如空腔内无带电体而空腔外有电场，则静电感应使空腔外壁带电。静电平衡时空腔内无电场，这不是说空腔外电场不在空腔内产生电场，是因为空腔外壁感应出异号电荷，它们产生的感应电场与外电场在空腔内任一点的合场强为零，因而导体空腔内部不会受到外电场的影响。空腔外壁的感应电荷起了自动调节作用。

如果把上述空腔导体外壳接地，则外壳上感应正电荷将沿接地线流入地下。静电平衡后空腔导体与大地等势，空腔内场强仍然为零。

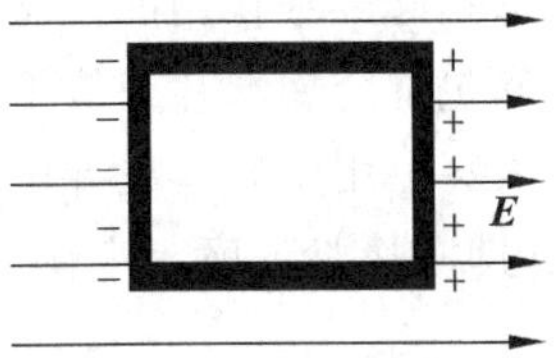

图 6-30　空腔导体对外电场的屏蔽

如图 6-31(a)所示，如果空腔内有电荷，则空腔导体仍与大地等势，导体内无电场。这时因空腔内壁有异号感应电荷，所以空腔内有电场。此电场由壳内电荷产生，壳外电荷对壳内电场仍无影响。由以上讨论可知，封闭导体壳不论接地与否，内部电场不受壳外电荷影响。

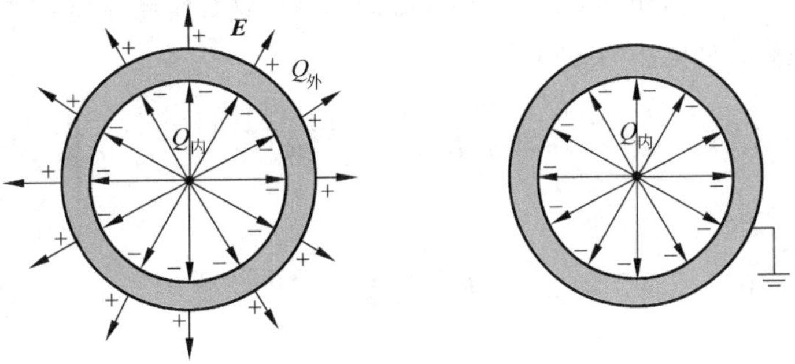

图 6-31　空腔的导电情况

(a) 内有电荷不接地；(b) 内有电荷接地

(2) 接地封闭导体壳外部电场不受壳内电荷的影响。

如图 6-31(b)所示，如果壳内空腔有电荷 $Q_内$，因为静电感应，壳内壁带有等量异号电荷，壳外壁带有等量同号电荷，壳外空间有电场存在，此电场可以说是由壳内电荷 $Q_内$ 间接产生，也可以说是由壳外感应电荷直接产生的。此时，内部电场对外部是有影响的。

但如果将外壳接地，则壳外电荷将消失，壳内电荷 $Q_内$ 与内壁感应电荷在壳外产生电场为零。可见，如果要使壳内电荷对壳外电场无影响，必须将外壳接地。这与第一种情况不同。这里还须注意：

① 我们说接地将消除壳外电荷，但并不是说在任何情况壳外壁都一定不带电。假如壳外有带电体，则壳外壁仍可能带电，而不论壳内是否有电荷。

② 实际应用中金属外壳不必严格完全封闭，用金属网罩代替金属壳体也可达到类似的静电屏蔽效果，虽然这种屏蔽并不是完全的、彻底的。

③ 在静电平衡时，接地线中是无电荷流动的，但是如果被屏蔽的壳内电荷随时间变化，或者是壳外附近带电体的电荷随时间而变化，就会使接地线中有电流。屏蔽罩也可能出现剩余电荷，这时屏蔽作用又将是不完全的和不彻底的。

综上所述，封闭导体壳不论接地与否，内部电场不受壳外电荷与电场的影响；接地封闭导体壳外电场不受壳内电荷的影响。

静电屏蔽有两方面的意义：其一是实际意义。屏蔽使金属导体壳内的仪器或工作环境不受外部电场影响，也不对外部电场产生影响。有些电子器件或测量设备为了免除干扰，都要实行静电屏蔽，如室内高压设备罩上接地的金属罩或较密的金属网罩，电子管上的金属管壳都是起屏蔽作用的。又如做全波整流或桥式整流的电源变压器，在初级绕组和次级绕组之间包上金属薄片或绕上一层漆包线并使之接地，从而达到屏蔽作用。在高压带电作业中，工人穿上用金属丝或导电纤维织成的均压服，能够对人体起屏蔽保护作用。其二是理论意义，即间接验证库仑定律。

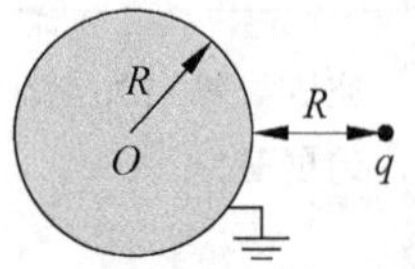

图 6-32 例 6.9 用图

例 6.9 如图 6-32 所示，有一个半径为 R 的金属球与大地相连接，在与球心相距 $d=2R$ 处有一点电荷 $q(q>0)$，试求金属球上的感应电荷 q'。

解 由于金属球是等势球体且各处电势均为 $U=0$，球心处电势也为 $U_O=0$，而球心的电势可以看作球外部电荷在球心处的电势与球表面电荷在球心处电势的叠加，即

$$\int_0^{q'}\frac{\mathrm{d}q'}{4\pi\varepsilon_0 R}+\frac{q}{4\pi\varepsilon_0(2R)}=0$$

可得

$$\frac{q'}{4\pi\varepsilon_0 R}=-\frac{q}{4\pi\varepsilon_0(2R)}$$

因此

$$q'=-\frac{q}{2}$$

6.5.2 静电场中的电介质

电介质是指在通常条件下导电性极差的物质，即绝缘体。电介质的种类繁多，正常状态下的气体、纯水、油类、玻璃、云母、塑料、橡胶、陶瓷等都是常见的电介质。

电介质的原子或分子中的电子和原子核的结合力很强，电子处于束缚状态，导致电介质内几乎没有自由电荷，所以导电能力很差。在处理静电问题时，常忽略电介质的微弱导电性，而把它看作理想的绝缘体。

1. 电介质的结构与分类

(1) 微观结构

电介质内几乎不存在自由电荷；当电介质处于外电场中时，电介质中的带电粒子在电

场力作用下只能发生微观的相对位移而产生极化电荷；当达到静电平衡时，电介质内的场强不为零。这些是电介质和导体在静电场中表现的不同之处。

(2) 微观模型

对于中性分子，由于其正电荷和负电荷的电荷量相等，所以一个分子就可以看成是一个由相隔一定距离的正、负点电荷所组成的结构。如图 6-33 所示，两个相距很近而且等值异号的点电荷组成的系统称为电偶极子。电偶极子的主要参数有：电荷电量 q、异号电荷之间的距离矢量 $\boldsymbol{l}$（方向由负电荷指向正电荷）以及人为定义的物理量电偶极矩 $\boldsymbol{p}=q\boldsymbol{l}$。

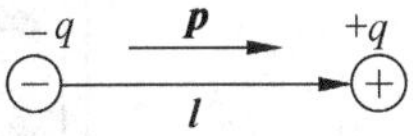

图 6-33　电偶极子

在讨论电场中电介质的行为时，可认为电介质是由大量的微小的电偶极子所组成的。

(3) 电介质的分类

按照电介质的分子内部电结构的不同，可以把电介质分子分为两大类：无极分子和有极分子。

① 无极分子：分子正、负电荷中心在无外电场时是重合的，如氢气、甲烷、石蜡、聚苯乙烯、氮气、氧气、氦气、二氧化碳等。这种分子没有固有的电偶极矩或者说等效电偶极矩为零，如图 6-34 所示。

② 有极分子：分子正、负电荷中心在无外电场时也不是重合的，如水、有机玻璃、纤维素、聚氯乙烯、二氧化硫、一氧化碳等。有极分子等效于一个电偶极子，其固有电偶极矩不为零，如图 6-35 所示。

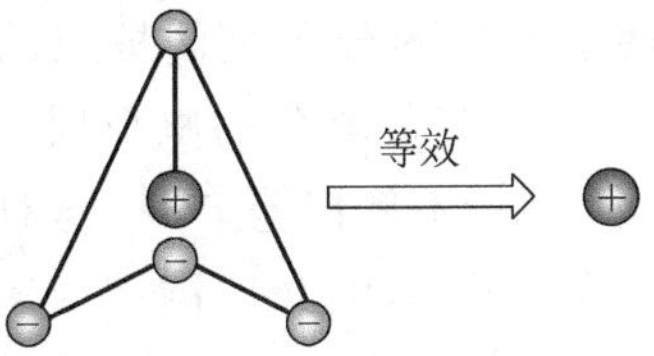

图 6-34　无极分子

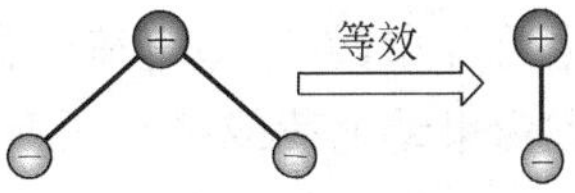

图 6-35　有极分子

实际上，所有分子均可等效为一电偶极子模型。它们的区别在于，无外电场时单个无极分子的电偶极矩为零，而有极分子的电偶极矩不为零。

2. 电介质的极化

电介质被引入电场后，将产生极化现象，即在外电场的作用下，介质内或介质表面上将出现极化电荷。

(1) 无极分子的位移极化

如图 6-36 所示，当无极分子电介质放在静电场时，在电场力的作用下，分子的正负中心将发生相对位移，形成电偶极子，电偶极子在介质内部沿外电场方向有序排列，使介质在和外电场垂直的两表面层出现正、负极化电荷，这种极化称为位移极化。

(2) 有极分子的取向极化

如图 6-37 所示，当有极分子电介质放在静电场时，分子的固有电偶极矩在外电场的力矩作用下，试图转到与外电场一致的方向，这种极化称为取向极化。由于分子的热运动，取向极化的程度决定于外电场的强弱和温度。

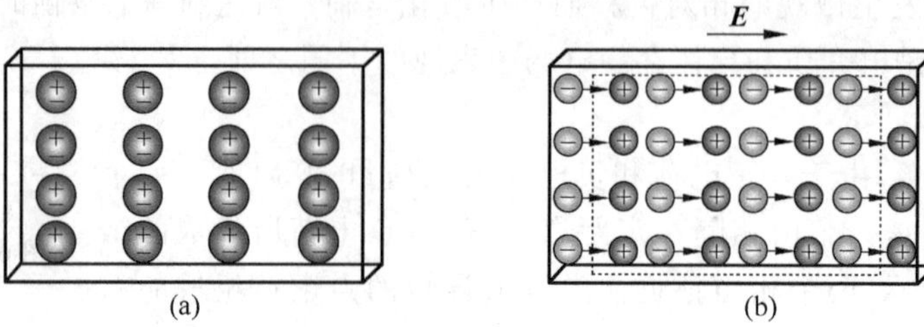

图 6-36　外加电场作用下无极分子的极化

(a) 无外电场时；(b) 处于外电场中时

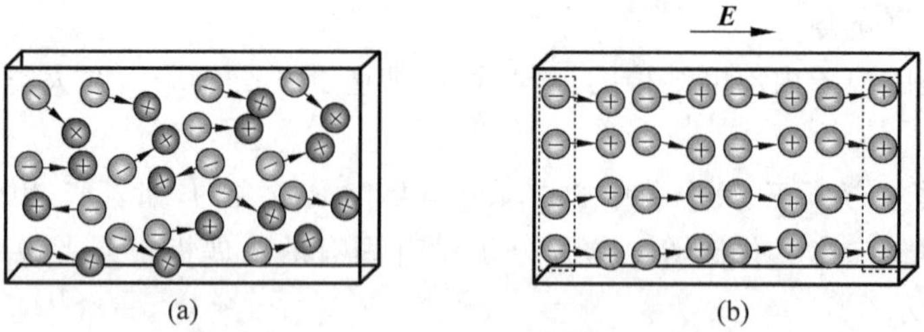

图 6-37　外加电场作用下有极分子的极化

(a) 无外电场时；(b) 处于外电场中时

(3) 极化及束缚电荷

虽然两种电介质受外电场作用的效果都是使电介质内分子电偶极矩的矢量和不再为零,同时在电介质左右两个端面上出现只有正电荷或只有负电荷的电荷层。虽然在电介质表面出现了净电荷分布,但这些电荷仍被束缚在分子中,不能随意转移,这种由极化产生并被束缚的电荷称为束缚电荷或极化电荷。在外电场作用下,电介质内部或表面上出现束缚电荷的现象统称为电介质的极化。

极化电荷有以下几个特点:①极化电荷受到附近原子的束缚,只能在原子尺度内发生微小位移。所以这种极化电荷又称为束缚电荷;②均匀介质极化时只在介质表面出现极化电荷,而非均匀介质极化时,介质的表面及内部均可出现极化电荷;③外电场越强,极化越厉害。

一般将不是由极化引起的宏观电荷称为自由电荷。例如电介质由于摩擦或与其他带电体接触而呈现的宏观电荷以及导体由于失去或得到自由电子而呈现的宏观电荷都属于自由电荷。无论是极化电荷还是自由电荷,都按库仑定律激发电场。

本章以 q',q_0 分别代表极化电荷和自由电荷;而以 ρ',σ' 和 ρ_0,σ_0 分别代表极化电荷密度和自由电荷密度。

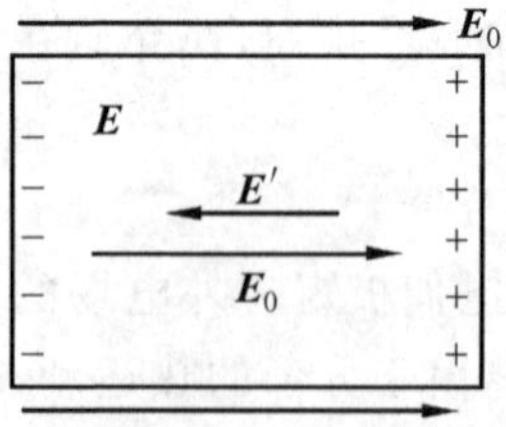

图 6-38　电介质内部电场分布

3. 极化规律

将各向同性的电介质放入真空中电场强度为 $\boldsymbol{E}_0$(称为外电场)的均匀电场中,电介质被极化,极化电荷激发的电场为 $\boldsymbol{E}'$,如图 6-38 所示,则电介质内部的电场强度为

$$\boldsymbol{E}=\boldsymbol{E}_0+\boldsymbol{E}' \tag{6.39}$$

与导体中感应电荷的电场将完全抵消导体中的外电场不同，极化电荷所产生的极化电场不足以将介质中的外电场完全抵消。极化电荷的场又称退极化场，这是因为 $\boldsymbol{E}'$ 总是会削弱总场 $\boldsymbol{E}$，所以也总是起到减弱极化的作用，故称为退极化场。

(1) 极化强度

为表示电介质的极化程度，在电介质中任取一宏观小体积 ΔV，在没有外电场时，电介质未被极化，此小体积内总的电偶极矩 $\sum \boldsymbol{p}=0$；当存在外电场时，电介质将被极化，此小体积内 $\sum \boldsymbol{p}\neq 0$。外电场越强，$\sum \boldsymbol{p}$ 越大。

电介质中某无限小体积内所有分子偶极矩矢量和与该体积 ΔV 之比称为该点的极化强度 $\boldsymbol{P}$，即

$$\boldsymbol{P}=\frac{\sum \boldsymbol{p}}{\Delta V} \tag{6.40}$$

极化强度的单位为库仑/米^2($\mathrm{C/m^2}$)。极化强度 $\boldsymbol{P}$ 反映了电介质的极化程度。如果电介质中电极化强度处处相同，则称这种极化为均匀极化。

(2) 极化强度与场强的关系

实验表明，在各向同性的电介质中，任意点的极化强度 $\boldsymbol{P}$ 与该点处总场强 $\boldsymbol{E}$ 的方向相同，且大小与总场强的大小成正比，即

$$\boldsymbol{P}=\chi\varepsilon_0\boldsymbol{E}$$

其中，χ 是正数，称为介质的极化率，它是描述电介质特性的物理量，由物质的性质决定，与电场无关。对各向同性均匀介质，电介质中各点的 χ 值相同，χ 是一个常数；对于不均匀电介质，则 χ 是电介质各点位置的函数，电介质中的不同点，χ 值也不同。

(3) 电极化强度与极化电荷面密度的关系

电介质极化时，极化的程度越高(即 $\boldsymbol{P}$ 越大)，电介质表面上的极化电荷面密度 σ' 也越大。

① 均匀介质极化时，q' 集中在介质的表面，其表面上某点的极化电荷面密度，等于该处电极化强度在外法线上的分量，即

$$\sigma'=\boldsymbol{P}\cdot\boldsymbol{n}=P_n \tag{6.41}$$

② 在电场中，穿过任意闭合曲面的极化强度通量等于该闭合曲面内极化电荷总量的负值。即极化强度与极化电荷分布间的普遍关系可表示为

$$\oint_S \boldsymbol{P}\cdot\mathrm{d}\boldsymbol{S}=-\sum_S q'_i \tag{6.42}$$

式中，$\sum\limits_S q'_i$ 为 S 面内包围的极化电荷总和。上式表明，电介质内部任何体积 V 内的极化电荷等于极化强度对包围 V 的表面 S 的通量的负值。

6.5.3　电介质中的高斯定理

在电介质中，存在两种电荷：自由电荷和极化电荷，因此，有必要把真空中的高斯定理推广到电介质中。有电介质时，空间任一点的电场 $\boldsymbol{E}$ 是自由电荷激发的电场 $\boldsymbol{E}_0$ 和极化电荷激发的附加电场 $\boldsymbol{E}'$ 的矢量和，则介质内的总场强 $\boldsymbol{E}=\boldsymbol{E}_0+\boldsymbol{E}'$。在介质内取一封闭高斯面 S，在 S 上应用高斯定理，则

$$\oint_S \boldsymbol{E} \cdot \mathrm{d}\boldsymbol{S} = \frac{1}{\varepsilon_0}\sum q_i = \frac{1}{\varepsilon_0}\left(\sum q + \sum q'_i\right) = \frac{1}{\varepsilon_0}\sum q + \frac{1}{\varepsilon_0}\sum q'_i$$

因为极化电荷与极化强度的关系为

$$\oint_S \boldsymbol{P} \cdot \mathrm{d}\boldsymbol{S} = -\sum_S q'_i$$

所以有

$$\varepsilon_0 \oint_S \boldsymbol{E} \cdot \mathrm{d}\boldsymbol{S} + \oint_S \boldsymbol{P} \cdot \mathrm{d}\boldsymbol{S} = \sum q$$

即

$$\oint_S (\varepsilon_0 \boldsymbol{E} + \boldsymbol{P}) \cdot \mathrm{d}\boldsymbol{S} = \sum q \tag{6.43a}$$

引入一个辅助性矢量 $\boldsymbol{D}$，令 $\boldsymbol{D} = \varepsilon_0 \boldsymbol{E} + \boldsymbol{P}$，则式(6.43a)可改写为

$$\oint_S \boldsymbol{D} \cdot \mathrm{d}\boldsymbol{S} = \sum q \tag{6.43b}$$

式(6.43b)为有电介质时的高斯定理的表达形式。它表明，在静电场中通过任意闭合曲面的电位移通量等于闭合曲面内自由电荷的代数和。

上文引入的辅助性矢量 $\boldsymbol{D}$，称为电位移矢量，其定义式为

$$\boldsymbol{D} = \varepsilon_0 \boldsymbol{E} + \boldsymbol{P} \tag{6.44}$$

下面对其进行几点说明：

① 电位移矢量的国际单位是库仑·米$^{-2}$，符号为 $\mathrm{C \cdot m^{-2}}$，与电荷面密度的单位相同；②$\boldsymbol{D}$ 只是一个辅助物理量，真正有物理意义的物理量是电场强度 $\boldsymbol{E}$，设 q_0 为电场中的一个电荷，决定它受力的是 $\boldsymbol{E}$ 而不是 $\boldsymbol{D}$；③对各向同性均匀电介质有 $\boldsymbol{P} = \chi\varepsilon_0 \boldsymbol{E}$，则 $\boldsymbol{D}$ 可表示为

$$\boldsymbol{D} = \varepsilon_0 \boldsymbol{E} + \chi\varepsilon_0 \boldsymbol{E} = (1+\chi)\varepsilon_0 \boldsymbol{E} = \varepsilon_r \varepsilon_0 \boldsymbol{E}$$

其中，$\varepsilon_r = 1+\chi$，称为介质的相对介电常数。令 $\varepsilon = \varepsilon_0 \varepsilon_r$，则可得

$$\boldsymbol{D} = \varepsilon \boldsymbol{E} \tag{6.45}$$

其中，ε 为介质的介电常数，$\varepsilon = \varepsilon_0 \varepsilon_r$。

6.6 电容 电容器

电容是描述导体或导体系统容纳电荷性能的物理量。对于孤立导体，排除外界干扰，当把电荷 Q 充到孤立导体上，它的电势(电位)U 与 Q 成正比，并且 Q/U 与 Q 无关，仅取决于孤立导体的形状和大小，它反映了孤立导体容纳电荷的能力，因而定义为孤立导体的电容 C，表示为

$$C = \frac{Q}{U} \tag{6.46}$$

电容的国际单位为法拉，简称法，用符号 F 表示。法拉是一个非常大的单位，在实际中通常采用微法($1\mu\mathrm{F} = 10^{-6}\mathrm{F}$)或皮法 $1\mathrm{pF} = 10^{-12}\mathrm{F}$ 为单位。

如果把另一个带负电的导体移近孤立导体，后者的电位就会下降，可见非孤立导体的电位不仅与其所带电量的多少有关，还取决于周围其他导体的相对位置。

如果带电导体 A 被一封闭导体空腔 B 所包围，则因空腔的屏蔽作用，AB 之间的电位

差不受腔外带电体的影响，A 所带的电量同 A 与 B 的电位差成正比。实际上，腔体密封的限制并不太高，即使 A、B 两导体为间距不大的一对导体板（同轴圆柱或平行平面板），如果 Q 为导体 A 上与导体 B 相对的侧面上的电量，则上述正比关系仍保持不变。这对互相绝缘的导体构成的装置称为电容器，这对导体称为电容器的一对极板。由两块相互平行、靠得很近、彼此绝缘的金属板所组成的电容器，称为平行板电容器，它是一种最简单的电容器。图 6-39 给出了平板电容器的示意图。

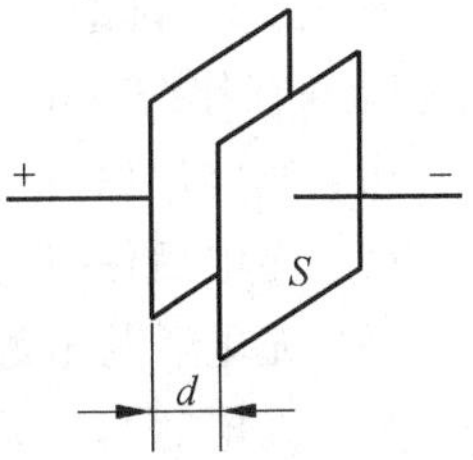

图 6-39　平行板电容器

实验表明，平行板电容器的电容 C，与两板间填充物质的介电常数 ε 成正比，与两极板正对的面积 S 成正比，与极板间的距离成 d 反比，即

$$C=\frac{\varepsilon S}{d}=\varepsilon_r\varepsilon_0\frac{S}{d} \tag{6.47}$$

其中，介电常数 ε 由介质的性质决定，单位是 F/m。某种介质的介电常数 ε 与真空介电常数 ε_0 之比，称为该介质的**相对介电常数**，用 ε_r 表示，$\varepsilon_r=\varepsilon/\varepsilon_0$。表 6-1 给出了几种常用介质的相对介电常数。

表 6-1　几种常用介质的相对介电常数

介质名称	相对介电常数 ε_r	介质名称	相对介电常数 ε_r
石英	4.2	聚苯乙烯	2.2
空气	1.0	三氧化二铝	8.5
硬橡胶	3.5	无线电瓷	6～6.5
酒精	35	超高频瓷	7～8.5
纯水	80	五氧化二钽	11.6
云母	7.0		

例 6.10　将一个电容为 6.8μF 的电容器接到电动势为 1000V 的直流电源上，充电结束后，求电容器极板上所带的电量。

解　根据电容定义式 $C=\frac{Q}{U}$，则

$$Q=CU=6.8\times10^{-6}\times1000\text{C}=0.0068\text{C}$$

例 6.11　有一真空电容器，在其电容是 8.2μF，若将两极板间的距离增大一倍后，在其间充满云母介质，云母的相对介电常数 $\varepsilon_r=7$，求该电容器的电容。

解　真空电容器的电容为

$$C_1=\varepsilon_0\frac{S}{d}=8.2\mu\text{F}$$

将两极板间的距离增大一倍后，并充满云母介质，则电容器的电容为

$$C_2=\varepsilon_r\varepsilon_0\frac{S}{2d}=\frac{\varepsilon_r}{2}C_1$$

比较两式可得，

$$C_2=\frac{\varepsilon_r}{2}C_1=\left(\frac{7}{2}\times8.2\right)\mu\text{F}=28.7\mu\text{F}$$

例 6.12 讨论：在下列情况下，空气平行板电容器的电容、两极板间电压、电容器的带电荷量各有什么变化？

(1) 充电后保持与电源相连，将极板面积增大一倍；

(2) 充电后保持与电源相连，将极板间距增大一倍；

(3) 充电后与电源断开，再将两极板间距增大一倍；

(4) 充电后与电源断开，再将两极板面积缩小一半；

(5) 充电后与电源断开，再在将两极板间插入相对介电常数 $\varepsilon_r=4$ 的电介质。

解 (1) U 不变，S 变为 $2S$，根据公式 $C=\dfrac{\varepsilon S}{d}$ 和 $C=\dfrac{Q}{U}$ 可得，空气平行板电容器的电容 C 变为原来的 2 倍，电容器的带电荷量变为原来的 2 倍；

(2) U 不变，d 变为 $2d$，根据公式 $C=\dfrac{\varepsilon S}{d}$ 和 $C=\dfrac{Q}{U}$ 可得，空气平行板电容器的电容 C 减小为原来的 1/2，电容器的带电荷量 Q 减小为原来的 1/2。

(3) Q 不变，d 变为 $2d$，根据公式 $C=\dfrac{\varepsilon S}{d}$ 和 $C=\dfrac{Q}{U}$ 可得，空气平行板电容器的电容 C 减小为原来的 1/2、两极板间电压变为原来的 2 倍。

(4) Q 不变，S 变为 $S/2$，根据公式 $C=\dfrac{\varepsilon S}{d}$ 和 $C=\dfrac{Q}{U}$ 可得，空气平行板电容器的电容 C 减小为原来的 1/2、两极板间电压变为原来的 2 倍。

(5) Q 不变，ε 由 ε_0 变为 $\varepsilon_0\varepsilon_r$，根据公式 $C=\dfrac{\varepsilon S}{d}$ 和 $C=\dfrac{Q}{U}$ 可得，空气平行板电容器的电容 C 变为原来的 4 倍，两极板间电压减小为原来的 1/4。

如图 6-40(a)所示，n 个电容器串联，每个电容器充有相等的电荷 Q，电压则分别为 u_1，u_2，…，u_n。此串联组合的总电压 $u=u_1+u_2+\cdots+u_n$，且电压与电容成反比地分配在各个电容器上，即 $u_1=Q/C_1$，$u_2=Q/C_2$，…$u_n=Q/C_n$，因此可得串联电容器组总电容的倒数等于各电容倒数的总和，即

$$\frac{1}{C}=\frac{U}{Q}=\frac{1}{C_1}+\frac{1}{C_2}+\frac{1}{C_3}+\cdots+\frac{1}{C_n} \tag{6.48}$$

如图 6-40(b)所示，n 个电容器并联，它们的电压都等于 u，充有的电荷分别为 q_1，q_2，…，q_n。此并联组合得到的总电荷为 $q=q_1+q_2+\cdots+q_n$，则并联电容器组的总电容等于各电容的总和，即

$$C=\frac{q}{U}=C_1+C_2+C_3+\cdots+C_n \tag{6.49}$$

电容是电容器的主要性能参数之一，实际电容器的性能参数还有耐压（或工作电压）、损耗和频率响应，它们分别取决于所充电介质的击穿场强、介质损耗和对频率的响应。电容器的种类繁多、用途各异。大型的电力电容器主要用于提高用电设备的功率因数，以减少输电损失和充分发挥电力设备的效率。电子学中广泛使用各种电容器，如用于提供交流旁路稳定电压，或用在作级间交流耦合以及用在滤波器、移相器、振荡器等电路中。

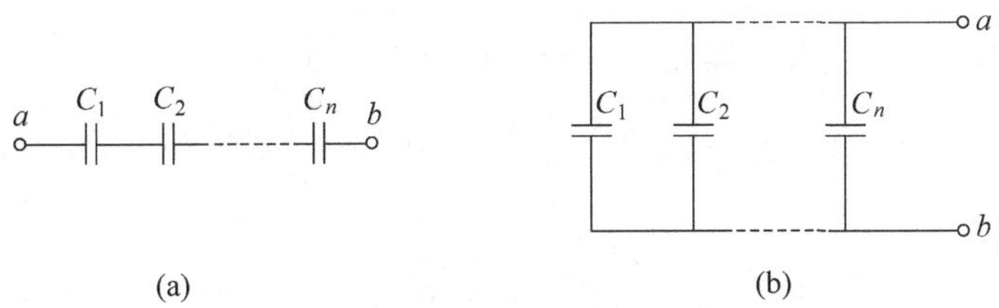

图 6-40　电容的串并联示意图

(a) 电容的串联；(b) 电容的并联

6.7　静电场的能量

静电场是一种特殊物质，其物质属性的主要表现就是具有能量。例如，电容器经过充电后，在电容内部产生电场，即在电容器中存储了电能；当电容器放电时，电容器存储的电能可以转化为其他形式的能量。常见的电容器短路放电，除了产生放电火花，还有发出响声、发热等现象，说明电能可以转化为光能、声能和热能。

1. 电容器的储能

下面从电容器具有能量来说明电场的能量的来源。电容器在充电过程中，可看成将电荷从一个极板移动到另一个极板，在此过程中，外力需克服电场力做功，外力的功转化为电能，储存在电容器中。

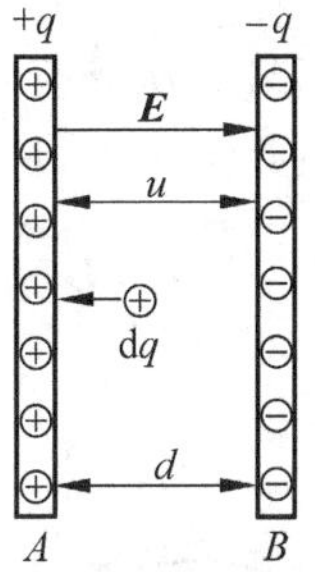

图 6-41　电容器移动电荷

如图 6-41 所示，设充电过程中某一时刻，电容器所带电量为 q，极板间的电势差为 u，再移动 $\mathrm{d}q$ 时，外力需克服电场力做功为

$$\mathrm{d}W=\mathrm{d}qE\cdot d=u\,\mathrm{d}q=\frac{q}{C}\mathrm{d}q$$

当电容器所带电荷从零增加到 Q 时，外力所做的总功为

$$W_{外力}=\int \mathrm{d}W=\int_0^Q \frac{q}{C}\mathrm{d}q=\frac{Q^2}{2C} \tag{6.50}$$

外力所做的功全部转化为电能，储存在电容器中。此时，电容器中储存的电能 W_e 为

$$W_e=\frac{1}{2}\frac{Q^2}{C}$$

由电容的定义式 $C=\dfrac{Q}{U}$，电能也可表示为

$$W_e=\frac{1}{2}QU=\frac{1}{2}CU^2 \tag{6.51}$$

电容器中的电能实际上是由内部电场所携带的，即此电能是电容器内部电场所具有的能量，因为在实际应用中特别是在电磁波的传播中，关注更多的是电场所具有的能量。下面讨论静电场中电场所具有的能量。

2. 静电场的能量　能量密度

对于极板面积为 S，间距为 d 的平板电容器，假设不计边缘效应，那么电场所占有的空

间体积为 $V_体=Sd$，于是此电容器储存的能量也可以写成

$$W_e=\frac{1}{2}CU^2=\frac{1}{2}\frac{\varepsilon S}{d}(Ed)^2=\frac{1}{2}\varepsilon E^2Sd$$

即

$$W_e=\frac{1}{2}\varepsilon E^2V_体$$

说明：在外力做功的情况下，原来没有电场的电容器的两极板间建立了有确定电场强度的静电场。再由 $\boldsymbol{D}=\varepsilon E$，可得电场的能量为

$$W_e=\frac{1}{2}DEV_体 \tag{6.52}$$

上式说明，电容器所具有的能量与极板间电场 $\boldsymbol{E}$ 和 $\boldsymbol{D}$ 有关，$\boldsymbol{E}$ 和 $\boldsymbol{D}$ 是表征极板间每一点电场强度大小的物理量，所以能量与电场存在的整个空间有关，电场是能量的携带者。

电容器所具有的能量还与极板间的体积成正比，于是可定义能量密度表示单位体积内的电场能量，其表达式为

$$w_e=\frac{1}{2}\boldsymbol{D}\cdot\boldsymbol{E} \tag{6.53}$$

式(6.53)是从具有均匀电场的电容器推导而来，但可推广应用于任意非均匀电场，具有普遍性。在此情况下，$\boldsymbol{E}$ 和 $\boldsymbol{D}$ 可以不同向，能量密度可以逐点变化，上式推广为任意电场的能量密度为 $w_e=\frac{1}{2}\boldsymbol{D}\cdot\boldsymbol{E}$，则任意电场的总能量可表示为

$$W_e=\int_V w_e\mathrm{d}V=\int_V\frac{1}{2}\boldsymbol{D}\cdot\boldsymbol{E}\mathrm{d}V \tag{6.54}$$

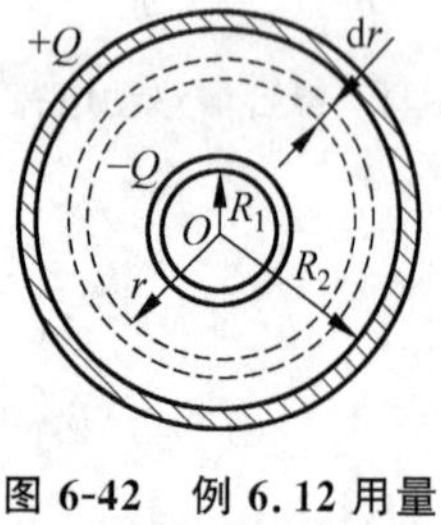

图 6-42 例 6.12 用量

例 6.13 如图 6-42 所示，一个球形电容器的内、外半径分别为 R_1 和 R_2，所带电荷分别为 $-Q$ 和 $+Q$。若在两球壳间充以介电常数为 ε 的电介质，则此电容器储存的电场能量为多少？

解 假设球形电容器极板上的电荷是均匀分布的，那么球壳间的电场亦是对称分布的。由高斯定理可求得球壳间的电场强度为

$$E=\frac{D}{\varepsilon}=\frac{1}{4\pi\varepsilon}\frac{Q}{r^2}\quad(R_2>r>R_1)$$

能量密度为

$$w_e=\frac{1}{2}\varepsilon E^2=\frac{Q^2}{32\pi^2\varepsilon r^4}$$

取半径为 r，厚度为 $\mathrm{d}r$ 的球壳，其体积元为 $\mathrm{d}V=4\pi r^2\mathrm{d}r$。所以，在此体积元内电场的能量为

$$\mathrm{d}W_e=w_e\mathrm{d}V=\frac{Q^2}{8\pi\varepsilon r^2}\mathrm{d}r$$

电场总能量为

$$W_e=\int\mathrm{d}W_e=\frac{Q^2}{8\pi\varepsilon}\int_{R_1}^{R_2}\frac{\mathrm{d}r}{r^2}=\frac{Q^2}{8\pi\varepsilon}\left(\frac{1}{R_1}-\frac{1}{R_2}\right)=\frac{1}{2}\frac{Q^2}{4\pi\varepsilon\dfrac{R_2R_1}{R_2-R_1}}$$

此外，球形电容器的电容为 $C=4\pi\varepsilon\dfrac{R_2R_1}{R_2-R_1}$，所以由电容器所储存电能的公式 $W_e=\dfrac{1}{2}\dfrac{Q^2}{C}$，也能得到相同结果。

本章小结

1. 库仑力与电场

（1）库仑定律：$\boldsymbol{F}=\dfrac{q_1q_2}{4\pi\varepsilon_0r^2}\boldsymbol{e}_r$

（2）电场强度 $\boldsymbol{E}=\dfrac{\boldsymbol{F}}{q_0}$，点电荷电场强度 $\boldsymbol{E}=\dfrac{q}{4\pi\varepsilon_0r^2}\boldsymbol{e}_r$

场强叠加原理：$\boldsymbol{E}=\sum\limits_i\boldsymbol{E}_i$

对于点电荷系，$\boldsymbol{E}=\sum\limits_i\boldsymbol{E}_i=\sum\limits_i\dfrac{q_i}{4\pi\varepsilon_0r_i^2}\boldsymbol{e}_r$；对于连续带电体，$\boldsymbol{E}=\int\dfrac{\mathrm{d}q}{4\pi\varepsilon_0r^2}\boldsymbol{e}_r$

2. 静电场高斯定理

真空中：$\Phi_e=\oint_S\boldsymbol{E}\cdot\mathrm{d}\boldsymbol{S}=\dfrac{1}{\varepsilon_0}\sum q_{内}$。

电介质中：$\oint_S\boldsymbol{D}\cdot\mathrm{d}\boldsymbol{S}=\dfrac{1}{\varepsilon_0}\sum q_{内,自由}$，$\boldsymbol{D}=\varepsilon\boldsymbol{E}=\varepsilon_0\varepsilon_r\boldsymbol{E}$

介质中的高斯定理：静电场中任一闭合曲面上的电位移(D)通量等于曲面内的净自由电荷。

几种典型电荷分布的电场强度：

球面电场 $\boldsymbol{E}=\begin{cases}\dfrac{q}{4\pi\varepsilon_0r^2}\boldsymbol{e}_r, & r>R\\ 0, & r<R\end{cases}$，

球体电场 $\boldsymbol{E}=\begin{cases}\dfrac{Q}{4\pi\varepsilon_0R^2}\boldsymbol{e}_r, & r>R\\ \dfrac{Qr}{4\pi\varepsilon_0R^3}\boldsymbol{e}_r, & r\leqslant R\end{cases}$

圆柱体电场 $\boldsymbol{E}=\begin{cases}\dfrac{\lambda}{2\pi\varepsilon_0r}\boldsymbol{e}_r, & r>R\\ \dfrac{\lambda r}{2\pi\varepsilon_0R^2}\boldsymbol{e}_r, & r\leqslant R\end{cases}$

3. 电势

电势表达式 $U_p=\dfrac{W_a}{q_0}=\int_p^{(0)}\boldsymbol{E}\cdot\mathrm{d}\boldsymbol{r}$，点电荷电势 $U_p=\dfrac{q}{4\pi\varepsilon_0r}$

对有限大小的带电体,取无穷远处为零势能点,则 $U_p=\int_p^{\infty}\boldsymbol{E}\cdot d\boldsymbol{l}$。

(1) 静电场的环流定理

$$\oint_L \boldsymbol{E}\cdot d\boldsymbol{l}=0$$

(2) 电势的叠加原理

分立点电荷系电势 $U_p=\sum_i U_{pi}=\sum_i \frac{q_i}{4\pi\varepsilon_0 r_i}$,连续带电体电势 $U_p=\int dU_p=\int \frac{dq}{4\pi\varepsilon_0 r}$

球面电势 $U_p=\begin{cases}\frac{Q}{4\pi\varepsilon_0 r}, & r>R\\ \frac{Q}{4\pi\varepsilon_0 R}, & r\leqslant R\end{cases}$,无限长直线电势 $U_p=-\frac{\lambda}{2\pi\varepsilon_0}\ln r+C$

(3) 场强与电势梯度的关系

$$\boldsymbol{E}=-\nabla U=-\left(\frac{\partial U}{\partial x}\boldsymbol{i}+\frac{\partial U}{\partial y}\boldsymbol{j}+\frac{\partial U}{\partial z}\boldsymbol{k}\right)$$

(4) 电场线、等势面

电场线是为了直观形象地描述电场分布而在电场中引入的一些假想曲线。等势面是指静电场中电势相等的各点构成的面。

(5) 电势能

电荷 q 在外电场中的电势能为

$$w_a=qU_a$$

移动电荷时电场力的功

$$A_{ab}=q(U_a-U_b)$$

4. 导体

(1) 导体静电平衡条件:①导体内电场强度为零 $\boldsymbol{E}_{内}=0$;导体表面附近场强与表面垂直 $\boldsymbol{E}_{内}\perp\boldsymbol{S}$。②导体是一个等势体,表面是一个等势面。

(2) 电荷只分布于导体表面。导体表面附近场强与表面电荷密度关系为 $E_{表面}=\frac{\sigma}{\varepsilon_0}$。

(3) 静电屏蔽:导体空腔能屏蔽空腔内、外电荷的相互影响,即空腔外(包括外表面)的电荷在空腔内的场强为零,空腔内(包括内表面)的电荷在空腔外的场强为零。

5. 电容和电场能

(1) 电容器的电容:$C=\frac{Q}{U}$。

平行板电容器 $C=\frac{\varepsilon_0\varepsilon_r S}{d}$;圆柱形电容器 $C=\frac{2\pi\varepsilon_0\varepsilon_r l}{\ln(R_B/R_A)}$;

球形电容器 $C=\frac{4\pi\varepsilon_0\varepsilon_r R_A R_B}{R_B-R_A}$;孤立导体球 $C=4\pi\varepsilon_0 R$。

电容器并联,$C=\sum C_i$(各电容器上电压相等);电容器串联,$\frac{1}{C}=\sum\frac{1}{C_i}$(各电容器上

电量相等)。

(2) 电场的能量

电容器的能量 $W_e=\frac{1}{2}\frac{Q^2}{C}=\frac{1}{2}CU^2$；电场的能量密度 $w_e=\frac{1}{2}\varepsilon E^2=\frac{1}{2}ED$

电场的能量 $W_e=\int w_e \mathrm{d}V=\int \frac{1}{2}\varepsilon E^2 \mathrm{d}V$

习题

1. 填空题

1.1　在真空中,两个等值同号的点电荷相距 0.01m 时的作用力为 10^{-5}N,它们相距 0.1m 时的作用力为________；两点电荷所带的电荷量是________。

1.2　四个点电荷到坐标原点 O 的距离均为 d,如图 6-43 所示,则 O 点场强 $E=$________；方向________。

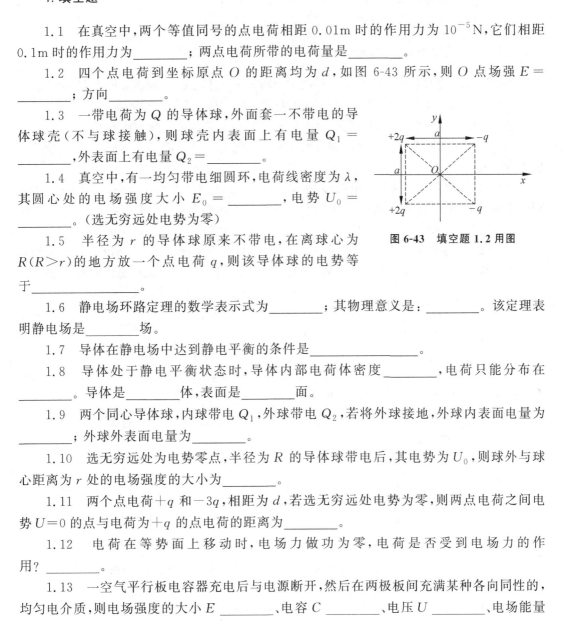

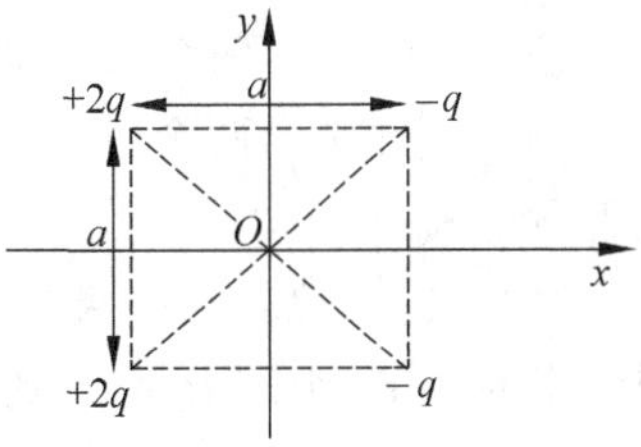

图 6-43　填空题 1.2 用图

1.3　一带电荷为 Q 的导体球,外面套一不带电的导体球壳(不与球接触),则球壳内表面上有电量 $Q_1=$________,外表面上有电量 $Q_2=$________。

1.4　真空中,有一均匀带电细圆环,电荷线密度为 λ,其圆心处的电场强度大小 $E_0=$________,电势 $U_0=$________。(选无穷远处电势为零)

1.5　半径为 r 的导体球原来不带电,在离球心为 $R(R>r)$的地方放一个点电荷 q,则该导体球的电势等于____________。

1.6　静电场环路定理的数学表示式为________；其物理意义是：________。该定理表明静电场是________场。

1.7　导体在静电场中达到静电平衡的条件是____________。

1.8　导体处于静电平衡状态时,导体内部电荷体密度________,电荷只能分布在________。导体是________体,表面是________面。

1.9　两个同心导体球,内球带电 Q_1,外球带电 Q_2,若将外球接地,外球内表面电量为________；外球外表面电量为________。

1.10　选无穷远处为电势零点,半径为 R 的导体球带电后,其电势为 U_0,则球外与球心距离为 r 处的电场强度的大小为________。

1.11　两个点电荷 $+q$ 和 $-3q$,相距为 d,若选无穷远处电势为零,则两点电荷之间电势 $U=0$ 的点与电荷为 $+q$ 的点电荷的距离为________。

1.12　电荷在等势面上移动时,电场力做功为零,电荷是否受到电场力的作用？________。

1.13　一空气平行板电容器充电后与电源断开,然后在两极板间充满某种各向同性的,均匀电介质,则电场强度的大小 E ________、电容 C ________、电压 U ________、电场能量

W ________。(填“增大”或“减小”)

1.14 一空气平行板电容器,两极板间距为 d,极板上带电量分别为 $+q$ 和 $-q$,板间电势差为 U,在忽略边缘效应的情况下,板间场强大小为________,若在两板间平行地插入一厚度为 $t(t<d)$ 的金属板,则板间电势差变为________,此时电容值等于________。

2. 选择题

2.1 【 】下列关于点电荷的说法,正确的是:

(A) 点电荷一定是电量很小的电荷

(B) 点电荷是一种理想化模型,实际不存在

(C) 只有体积很小的带电体才能作为点电荷

(D) 体积很大的带电体一定不能看成点电荷

2.2 【 】关于库仑定律公式 $\boldsymbol{F}=\dfrac{q_1q_2}{4\pi\varepsilon_0R^2}\boldsymbol{e}_R$,下列说法中正确的是:

(A) 当真空中的两个点电荷间的距离 $r\to\infty$ 时,它们之间的静电力 $F\to 0$

(B) 当真空中的两个点电荷间的距离 $r\to 0$ 时,它们之间的静电力 $F\to\infty$

(C) 当两个点电荷之间的距离 $r\to\infty$ 时,库仑定律公式就不适用了

(D) 当两个点电荷之间的距离 $r\to 0$ 时,电荷不能看成是点电荷,库仑定律公式就不适用

2.3 【 】真空中两个点电荷 Q_1、Q_2,距离为 R,当 Q_1 增大到原来的 3 倍,Q_2 增大到原来的 3 倍,距离 R 增大到原来的 3 倍时,电荷间的库仑力变为原来的:

(A) 1 倍　　(B) 3 倍　　(C) 6 倍　　(D) 9 倍

2.4 【 】如图 6-44 所示,在坐标 $(a,0)$ 处放置一点电荷 $+q$,在坐标 $(-a,0)$ 处放置另一点电荷 $-q$。P 点是 y 轴上的一点,坐标为 $(0,y)$,当 $y\gg a$ 时,该点场强的大小为:

(A) $\dfrac{q}{4\pi\varepsilon_0y^2}$　　(B) $\dfrac{q}{2\pi\varepsilon_0y^2}$

(C) $\dfrac{qa}{2\pi\varepsilon_0y^3}$　　(D) $\dfrac{qa}{4\pi\varepsilon_0y^3}$

2.5 【 】有一边长为 a 的正方形平面,在其中垂线上距中心 O 点 $a/2$ 处,有一电荷为 q 的正点电荷,如图 6-45 所示,则通过该平面的电场强度通量为:

(A) $\dfrac{q}{3\varepsilon_0}$　　(B) $\dfrac{q}{4\pi\varepsilon_0}$　　(C) $\dfrac{q}{3\pi\varepsilon_0}$　　(D) $\dfrac{q}{6\varepsilon_0}$

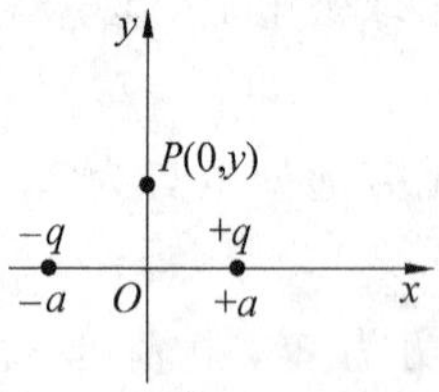

图 6-44 选择题 2.4 用图

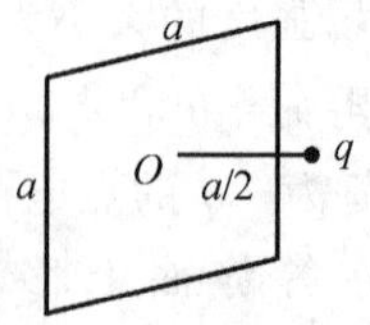

图 6-45 选择题 2.5 用图

2.6 【 】在点电荷 $+q$ 的电场中,若取图 6-46 中 P 点处为电势零点,则 M 点的电

势为：

(A) $\dfrac{q}{4\pi\varepsilon_0 a}$　　(B) $\dfrac{q}{8\pi\varepsilon_0 a}$　　(C) $\dfrac{-q}{4\pi\varepsilon_0 a}$　　(D) $\dfrac{-q}{8\pi\varepsilon_0 a}$

2.7 【　　】一个带正电的点电荷飞入如图 6-47 所示的电场中，它在电场中的运动轨迹为：

(A) 沿 a　　(B) 沿 b　　(C) 沿 c　　(D) 沿 d

2.8 【　　】如图 6-48 所示，金属球 A 与同心球壳 B 组成电容器，球 A、B 上分别带有电荷 Q、q，测得球面与球壳间电势差为 U_{AB}，则该电容器的电容值为：

(A) $\dfrac{q}{U_{AB}}$　　(B) $\dfrac{Q}{U_{AB}}$　　(C) $\dfrac{(Q+q)}{U_{AB}}$　　(D) $\dfrac{(Q+q)}{2U_{AB}}$

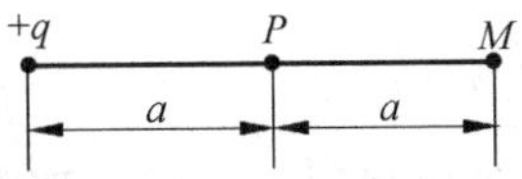

图 6-46　选择题 2.6 用图

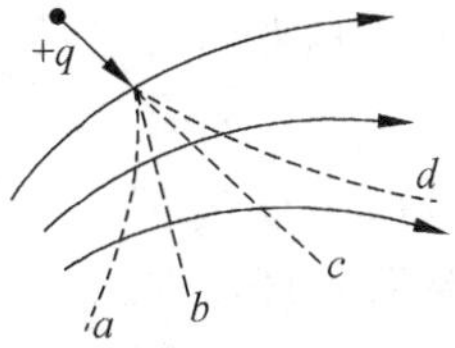

图 6-47　选择题 2.7 用图

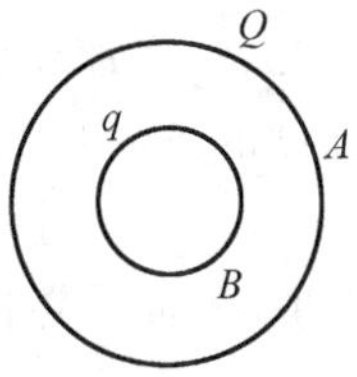

图 6-48　选择题 2.8 用图

2.9 【　　】当一个带电导体达到静电平衡时：

(A) 表面上电荷密度较大处电势较高

(B) 表面曲率较大处电势

(C) 导体内部的电势比导体表面的电势高

(D) 导体内任一点与其表面上任一点的电势差等于零

2.10 【　　】平行板电容器两极板(可看作无限大平板)间的相互作用力 F 与两极板间电压 U 的关系是：

(A) $F\propto\Delta U$　　(B) $F\propto\dfrac{1}{\Delta U}$　　(C) $F\propto\Delta U^2$　　(D) $F\propto\dfrac{1}{\Delta U^2}$

2.11 【　　】空气平板电容器与电源相连接，现将极板间充满油液，比较充油前后电容器的电容 C、电压 U 和电场能量 W 的变化为：

(A) C 增大，U 减小，W 减小　　(B) C 增大，U 不变，W 增大

(C) C 减小，U 不变，W 减小　　(D) C 减小，U 减小，W 减小

2.12 【　　】一空气平行板电容器充电后与电源断开，然后在两极间充满某种各向同性均匀电介质，比较充入电介质前后的情形，以下四个物理量的变化情况为：

(A) $\boldsymbol{E}$ 增大，C 增大，U 增大，W 增大　(B) $\boldsymbol{E}$ 减小，C 增大，U 减小，W 减小

(C) $\boldsymbol{E}$ 减小，C 增大，U 增大，W 减小　(D) $\boldsymbol{E}$ 增大，C 减小，U 减小，W 增大

2.13 【　　】下面关于静电场中导体的描述不正确的是：

(A) 导体处于静电平衡状态　　(B) 导体内部电场处处为零

(C) 电荷分布在导体内部　　(D) 导体表面的电场垂直于导体表面

2.14 【　　】点电荷 q 置于与无限大导电平面的距离为 d 处，若将导电平面接地，则导电平面上的总电量为：

(A) $\dfrac{-q}{2}$　　(B) $-q$　　(C) $-2q$　　(D) $\dfrac{-q}{d}$

2.15 【 】一个空气平行板电容器，充电后把电源断开，这时电容器中储存的能量为 W_0，然后在两极板间充满相对介电常数为 ε_r 的各向同性均匀电介质，则该电容器中储存的能量为：

(A) $\varepsilon_r W_0$　　(B) W_0/ε_r　　(C) $(1+\varepsilon_r)W_0$　　(D) W_0

3. 思考题

3.1 给你两个金属球，装在可以搬动的绝缘支架上，试指出使这两个球带等量异号电荷的方向。你可以用丝绸摩擦过的玻璃棒，但不使它和两球接触。你所用的方法是否要求两球大小相等？

3.2 请简述静电场高斯定理的内容及数学表达式。

3.3 在地球表面上通常有一竖直方向的电场，电子在此电场中受到一个向上的力，电场强度的方向朝上还是朝下？

3.4 请简述静电场环路定理的内容及数学表达式。

3.5 简述导体达到静电平衡的条件及性质。

3.6 两个点电荷相距一定距离，已知在这两点电荷连线中点处电场强度为零。那么对这两个点电荷的电荷量和符号可做什么判断？

3.7 电场线是点电荷在电场中运动的轨迹吗？

3.8 静电场的电场线能相交吗？

3.9 简述有极分子电介质的极化过程。

3.10 简述无极分子电介质的极化过程。

3.11 电容 $C=Q/U$，所以电容器与其所带的电荷量成正比，与其电势差成反比，这种说法对吗？

3.12 微波炉为何能快速加热食物，其基本原理是什么？

4. 综合计算题

4.1 两小球的质量都是 m，都用长为 l 的细绳挂在同一点，它们带有相同电量，静止时两线夹角为 2θ，如图 6-49 所示。设小球的半径和线的质量都可以忽略不计，求每个小球所带的电量。

4.2 如图 6-50 所示，三个电荷量都是 q 的点电荷，分别放在正三角形的三个顶点。试问：(1)在这三角形的中心放一个什么样的电荷，就可以使这四个电荷都达到平衡(即每个电荷受其他三个电荷的库仑力之和都为零)？(2)这种平衡与三角形的边长有无关系？

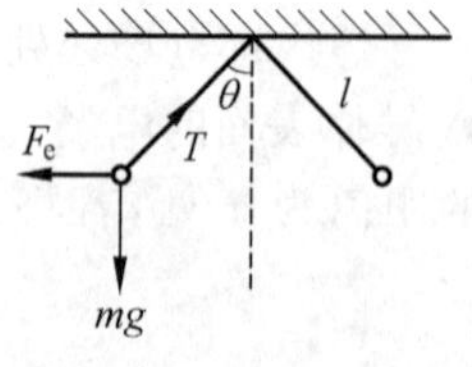

图 6-49 综合计算题 4.1 用图

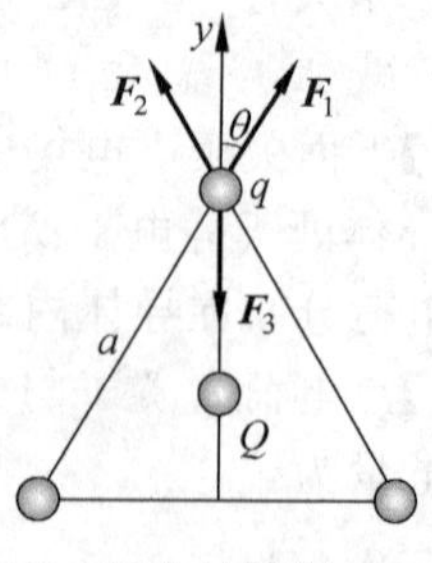

图 6-50 综合计算题 4.2 用图

4.3　一个内外半径分别为 R_1 和 R_2 的均匀带电球壳，总电荷为 Q_1，球壳外同心罩一个半径为 R_3 的均匀带电球面，球面带电荷为 Q_2，求电场分布。

4.4　在一半径为 R_1 的金属球 A 外面套有一个同心的金属球壳 B。已知球壳 B 的内、外半径分别为 R_2，R_3。设球 A 带有总电荷 Q_A，球壳 B 带有总电荷 Q_B。(1)求球壳 B 内、外表面上所带的电荷以及球 A 和球壳 B 的电势；(2)将球壳 B 接地后断开，再把金属球 A 接地，求金属球 A 和球壳 B 内、外表面上所带的电荷以及球 A 和球壳 B 的电势。

4.5　点电荷 q 处在中性导体球壳的中心，球壳的内外径分别为 R_1 和 R_2，求场强和电势的分布，并画出 E-r 和 U-r 曲线。

4.6　如图 6-51 所示，一个电容为 C，极板间距为 d 的平行板电容器的两个极板竖直放置，在两板之间有一个质量为 m 的带电小球，小球用绝缘细线连接悬挂于 O 点。现给电容器缓慢充电，使两极板所带电量分别为 $+Q$ 和 $-Q$，此时悬线与竖直方向的夹角为 30°。小球所带电量是多少？

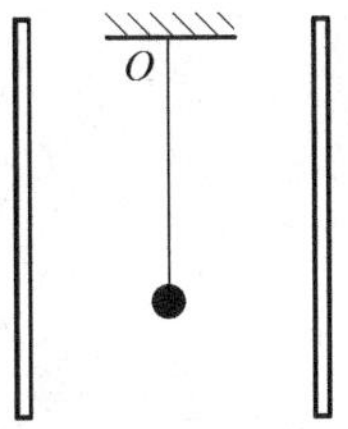

图 6-51　综合计算题 4.6 用图

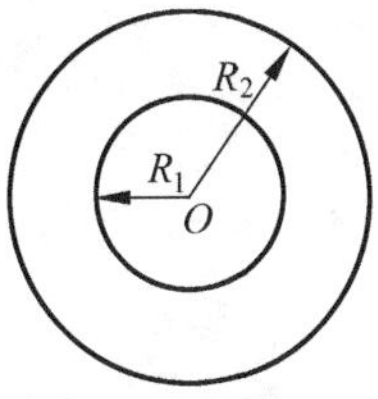

图 6-52　综合计算题 4.7 用图

4.7　如图 6-52 所示，真空中一个球形电容器，内球壳半径为 R_1，外球壳半径 R_2，设两球壳间电势差为 U，求：(1)内球壳带电多少？(2)外球壳的内表面带电多少？(3)电容器内部的场强如何分布？(4)电容器的电容为多少？

4.8　半径为 R 的无限长圆柱形带电体，体电荷密度为 $\rho=Ar^3$ ($r\leqslant R$，A 为常数)，求圆柱体内外各点的场强分布。

4.9　如图 6-53 所示，一段半径为 a 的细圆弧，对圆心的张角为 θ_0，其上均匀分布有正电荷 q。试以 a，q，θ_0 表示出圆心 O 处的电场强度。

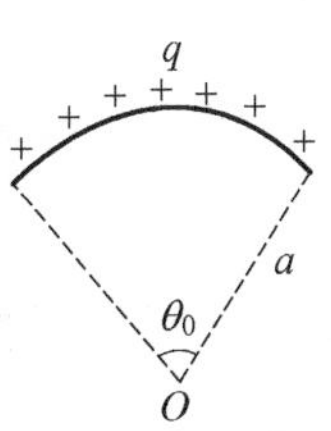

图 6-53　综合计算题 4.9 用图

4.10　一半径为 R 的带电球体，其电荷体密度分布为

$$\begin{cases}\rho=\dfrac{qr}{\pi R^4}, & r\leqslant R\\ \rho=0, & r>R\end{cases}$$

其中，q 为正常量。试求：(1)带电球体的总电荷；(2)球内、外各点的电场强度；(3)球内、外各点的电势。

4.11　真空中一带电的导体球 A 半径为 R，现将一点电荷 q 移至与导体球 A 的中心距离为 r 处，测得此时导体球的电势为零。求此导体球所带的电荷量。

4.12　设匀强电场的电场强度 E 与半径为 R 的半球面的对称轴平行，试计算通过此半球面的电场强度通量。

4.13　如图 6-54 所示，在电荷体密度为 ρ 的均匀带电球体中，存在一个球形空腔，若将

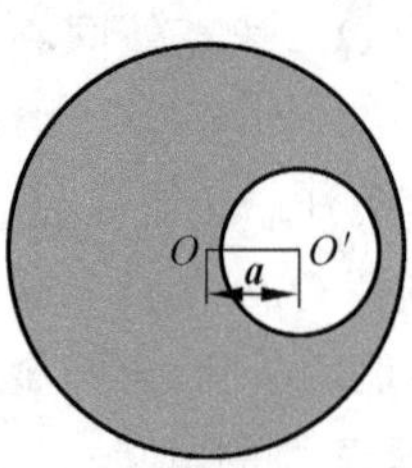

图 6-54 综合计算题 4.13 用图

带电体球心 O 指向球形空腔球心 O' 的矢量用 $\boldsymbol{a}$ 表示，试证明球形空腔中任一点的电场强度为 $\boldsymbol{E}=\frac{\rho}{3\varepsilon_0}\boldsymbol{a}$。

4.14 半径为 R_1 的金属球外包有一层外半径为 R_2 的均匀电介质球壳，介质相对介电常数为 ε_r，金属球带电 Q。试求：(1)电介质内、外的场强；(2)电介质层内、外的电势；(3)金属球的电势。

4.15 半径为 l 的长直导线，外面套有内半径为 r 的共轴导体圆筒，导线与圆筒间为空气(已知空气的击穿电场强度 $E_b=\times10^6\ \mathrm{V/m}$)，略去边缘效应。求：(1)导线表面最大电荷面密度；(2)沿轴线单位长度的最大电场能量。

第7章 稳恒电流与稳恒磁场

在静电场中,我们首先介绍了真空中静电场的基本性质和静电场高斯方程,强调电场对电荷的作用力、电荷在电场中移动时电场力将对其做功,引入了描述电场的两个基本物理量:电场强度和电势,介绍了反映静电场特性的两个重要定理:电场环路定理和高斯定理,并讨论了电场强度和电势之间的关系及这两个物理量的计算方法;然后讨论了静电场在导体和电介质中的性质,分析了电场和导体、电介质的相互作用及影响。静电场理论不仅有重要的物理意义,还在科技领域得到广泛应用。

本章将首先介绍运动电荷除了能产生电场以外,还存在另一种性质,即产生磁场。磁场与电场和万有引力场一样,也是物质的一种形态。当电荷运动形成恒定电流时,其周围会激发不随时间变化的稳恒磁场。然后介绍稳恒磁场的性质和规律、磁场对电流和运动电荷的作用、磁介质的性质及其与磁场的相互作用。

7.1 基本磁现象

自然界中存在很多磁现象,例如常见的天然磁石(Fe_3O_4)能够吸引铁砂,使铁砂呈现线状排列;磁体之间存在着相互吸引或者排斥等现象,为人类认识磁现象、探索磁性质提供了自然条件,帮助人类认识地球这个大磁体。因此,人类对磁现象的认识比对电现象的认识要早很长时间。受到小磁体在地磁场作用下会发生定向偏转的启发,早在战国时我国古人就发明了用天然磁石磨制成的指南针,后来指南针作为航海上的导航器和探险家的方向仪。

自然界的诸多磁现象,激励着人们深入地探索磁材料的宏观性质及其内在规律,从而挖掘新的应用价值。图 7-1(a)是地磁线分布,磁性材料的 N 极和 S 极是根据地磁的南北极来标定的,同时规定磁感应线的方向是从 N 极出发返回 S 极(见图 7-1(b)(c)),指南针的 N 极指向磁感应线的方向。

18 世纪以前,电学和磁学都是独立发展的,直到 1820 年才出现转折点。1820 年 4 月,丹麦科学家奥斯特发现电流的磁效应,即在载流导线附近指南针会发生偏转。电流的磁效应的发现扩大了人们的视野,改变了以前电学和磁学独立发展的现象。同年秋,法国科学家阿拉果报告了奥斯特的重要发现并演示了其实验,从而开启了电磁学的新纪元。

图 7-2 给出了目前能够获得磁场的常用方法:载流导线产生磁场、天然磁体存在的永久磁场和地球的地磁场。

磁性来自于运动电荷,磁场是电流的场。1932 年,英国物理学家狄拉克预言存在"磁单极",至今为止科学家还没有找到其存在的证据。

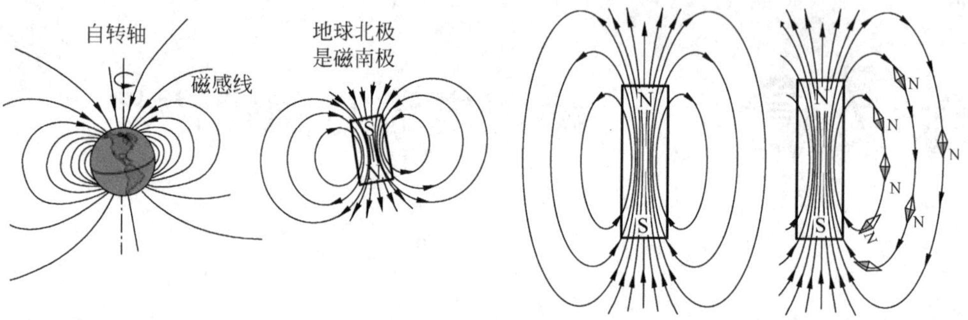

图 7-1 地磁极及其磁感应线的方向标定

(a) 地磁极；(b) 地磁场的南北极；(c) 磁感应线的方向

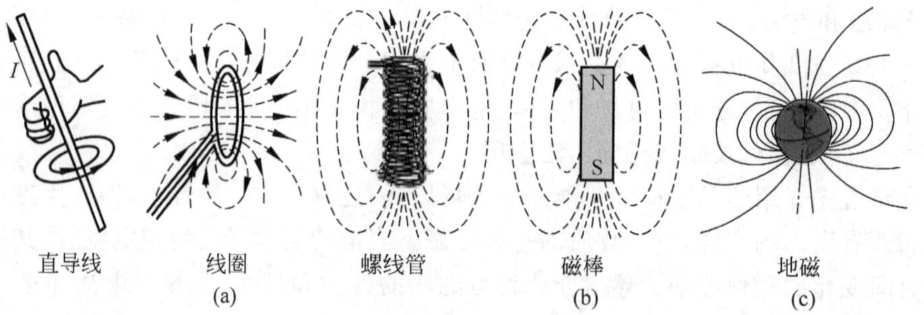

图 7-2 产生磁场的各种来源

由于载流导线产生磁场可以人为地加以控制，并且已经得到广泛应用，所以，把这方面的内容作为本章的重点，同时也简要地介绍磁介质的基本特性。

7.2 稳恒电流 电动势

在导体中存在大量可以自由运动的带电粒子，在外电场的作用下，带电粒子的定向运动就形成电流，提供电流的带电粒子就称为载流子。外电场是由于导体中存在着电势差而产生的，这个电势差是由电动势(又称电源)提供的。在金属导体中载流子是自由电子，在电解液导体中载流子是正、负离子，在电离的气体中载流子是正、负离子和电子。本章主要涉及金属中的稳恒电流。

7.2.1 稳恒电流

实验表明，处于正常状态下的导体都具有一定的电阻。如果在导体两端施加的电势差为 U，导体中产生的电流为 I，则把 U 与 I 之比定义为该段导体的电阻，以 R 表示，即 $R=U/I$，这个公式是适用于一切导电物体的电阻的普遍定义式。对于金属来讲，在一定的温度下，电阻基本保持不变，因此，当 U 为直流电动势时，电流不随时间变化，称为稳恒电流。

1. 电流密度与电流

单位时间内通过导体横截面 S 的电荷量称为电流，即

$$I=\frac{\mathrm{d}q}{\mathrm{d}t} \tag{7.1}$$

当电流在大块导体中流动时,导体内各处的电流分布可能是不均匀的,如图 7-3 所示的一段载流导线,由于它的横截面积不均匀,它的电流分布就不是均匀的,为了详细地描述导体内各点电流分布的情况,需要引入电流密度的概念。电流密度 $\boldsymbol{j}$ 定义为

$$\boldsymbol{j}=\frac{\mathrm{d}I}{\mathrm{d}S}\boldsymbol{n} \tag{7.2}$$

式中,$\boldsymbol{j}$ 为导体中某处的电流密度;$\mathrm{d}S$ 为在该点取的面积元;$\boldsymbol{n}$ 为 $\mathrm{d}S$ 的法线单位矢量;$\mathrm{d}I$ 为通过 $\mathrm{d}S$ 的电流强度。由式(7.2)可知,电流密度等于通过与该点场强方向垂直的单位截面积的电流强度。对于导体内的任一截面积 S,则有

$$I=\int_S \boldsymbol{j}\cdot\mathrm{d}\boldsymbol{S}=\int_S j\cos\theta\mathrm{d}\boldsymbol{S}$$

式中,θ 为截面积 $\mathrm{d}S$ 的法线方向与电流密度 $\boldsymbol{j}$ 的夹角。

在如图 7-4 所示的闭合曲面 S 中,从曲面内向外流出的电荷,即通过闭合曲面向外的总电流为

$$\frac{\mathrm{d}Q}{\mathrm{d}t}=I=\int\boldsymbol{j}\cdot\mathrm{d}\boldsymbol{S}$$

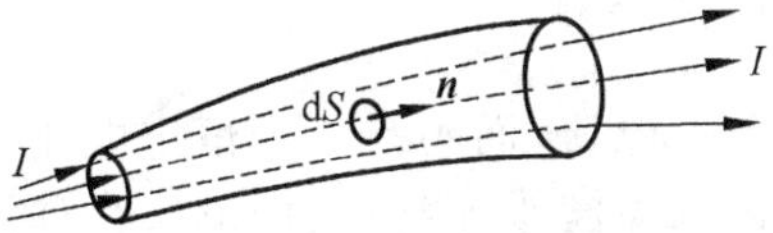

图 7-3　一段载流导线的电流分布图

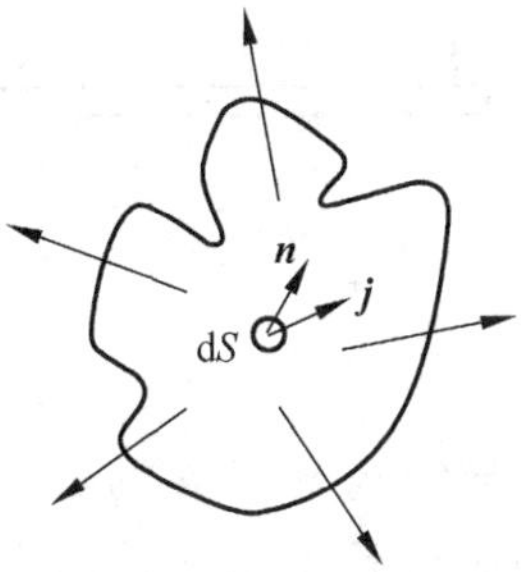

图 7-4　面元电流

根据电荷守恒定律,它应等于曲面内单位时间内减少的电荷,即

$$\frac{-\mathrm{d}Q_{\mathrm{i}}}{\mathrm{d}t}=-\frac{\mathrm{d}}{\mathrm{d}t}\int\rho\mathrm{d}V$$

式中,ρ 为电荷体密度。则有

$$\oint_S \boldsymbol{j}\cdot\mathrm{d}\boldsymbol{S}=-\frac{\mathrm{d}}{\mathrm{d}t}\int\rho\mathrm{d}V \tag{7.3}$$

式(7.3)称为电流的连续性方程。它表示电流密度对一个闭合曲面的面积分等于该曲面内电荷的减少量。

2. 稳恒电流条件

对式(7.3)两边积分,当曲面内的电荷不随时间变化时,即从闭合曲面上流入与流出的电荷相等,曲面内无电荷积累,则通过闭合曲面的电流是恒定的,因此,可得

$$\oint_S \boldsymbol{j}\cdot\mathrm{d}\boldsymbol{S}=0 \tag{7.4}$$

式(7.4)称为稳恒电流的条件。

7.2.2 电动势

电动势是指能够克服导体电阻对电流的阻力，使电荷在闭合的导体回路中流动所引起的电势差的一种作用。这种作用来源于相关的物理效应或化学效应，通常伴随着能量的转换，因为电流在导体中(超导体除外)流动时要消耗能量，这个能量必须由产生电动势的能源补偿。如果电动势只发生在导体回路的一部分区域中，就称这部分区域为电源区。

1. 电源

静电感应中产生的电流由静电力驱动，通常只能流动一段短暂的时间，很快就达到静电平衡。下面通过如图 7-5 所示的一个装置来说明。设有两个导体 a 和 b，分别带有电荷 $+q$ 和 $-q$，a 称为正极，b 称为负极。

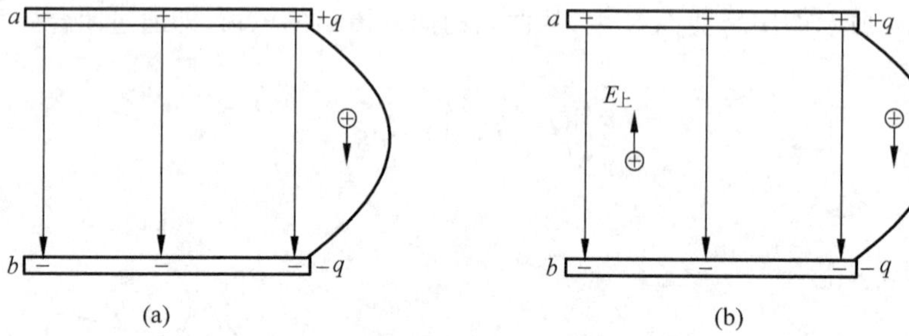

图 7-5 暂态电流和稳恒电流的形成

(a) 暂态电流；(b) 稳恒电流

如果用导线连接正、负两极，就可获得一个暂态电流，而不是一个恒定电流。其原因是在静电场的驱动下，随着电流的生成，两极的电荷迅速减少而耗竭，即电压降低，电场衰减，最后达到静电平衡，电流停止，如图 7-5(a)所示。如果想获得一个恒定电流，就必须维持恒定的电荷分布，基本的做法是：当载流子是正电荷时，在载流子不断地通过导线由正极流到负极时，同时需要把载流子由负极输运回正极，从而形成一个恒定的电荷分布和电场分布，实现一个恒定的电流循环，如图 7-5(b)所示。

把载流子由负极输运回正极，需要外力做功，自然界中能用的外力有很多，但唯独不能用静电力，因为这种外力的作用是要克服静电力，把载流子由负极输运回到正极。通常称这种力为非静电力，记作 F_K。在载流子由负极输运到正极的过程中，非静电力要克服静电力做功，把其他形式的能量转化为电能。这种能依靠非静电力做功而维持一定电流的装置，或在电路中提供非静电力的装置称为电源。比如，利用电磁感应原理制造的发电机就是一个电源，它所依靠的非静电力就是磁场力。在发电机的工作过程中，通过洛伦兹力的作用，把机械能转化成电能。

除了发电机以外，常见的电源还有把化学能转化为电能的化学电池，把光能转化为电能的光电池，等等。

在一个电路中，电源内部的电路称为内电路，电源外部的电路称为外电路。在内电路中，电源把其他形式的能量转化为电能，在外电路中，各种用途的电器把电能转化为其他形式的能量如光能、热能、机械能、声能等。人类之所以偏爱电能，一方面是电能的传输很方便，另一方面是将电能转化为其他形式的能量也很方便。

2. 非静电力场及其场强

在非静电力存在的区域中，定义一个非静电力场。所谓非静电力场是指一个能施力于电荷的力场，但它对电荷的作用力所遵从的规律和静电场中的不同。为了描述方便，通常类比静电场定义，将非静电力场的力学性质用非静电力场来描述，并且定义非静电力场的场强为

$$E_{\mathrm{K}}=\frac{F_{\mathrm{K}}}{q} \tag{7.5}$$

即单位正电荷所受到的非静电力，如图 7-5(b)所示，E_{K} 的方向由负极指向正极。

3. 电动势

一个电源通过非静电力做功的本领可用电源电动势来描述。电源电动势定义为单位正电荷由电源负极经电源内部输运到电源正极时，非静电力所需做的功，即

$$A=\oint \boldsymbol{E}_{\mathrm{K}}\cdot \mathrm{d}\boldsymbol{l} \tag{7.6}$$

式中，$\boldsymbol{E}_{\mathrm{K}}$ 为单位正电荷在电源中受的非静电力。电荷 q 受到的非静电力为 $\boldsymbol{F}_{\mathrm{K}}=q\boldsymbol{E}_{\mathrm{K}}$，则在输运载流子的过程中，非静电力对其做功为

$$A_{ab}=\int_{-}^{+}\boldsymbol{F}_{\mathrm{K}}\cdot \mathrm{d}\boldsymbol{l}=q\int_{-}^{+}\boldsymbol{E}_{\mathrm{K}}\cdot \mathrm{d}\boldsymbol{l}$$

因此有

$$\varepsilon=\frac{A_{ab}}{q}=\int_{-}^{+}\boldsymbol{E}_{\mathrm{K}}\cdot \mathrm{d}\boldsymbol{l} \tag{7.7}$$

即电源电动势为非静电力场的场强由电源负极到正极的线积分。式(7.7)也常作为电源电动势的定义。电源电动势只有大小，没有方向。在实际工作中常提到电动势的方向，通常是指非静电力做正功的方向，即由电源负极指向正极。电源电动势的大小只取决于电源本身的性质，与工作状态无关。

4. 基尔霍夫定律

电路中 i 条或 i 条以上导线的会合点称为节点或支点。因为 $I=\int \boldsymbol{j}\cdot \mathrm{d}\boldsymbol{S}$，所以有 $\sum\limits_{i} I_i=0$，这表明在电路的一个节点上，流入的电流等于流出的电流，因此节点的总电流等于零。这就是电路中的基尔霍夫第一定律。即在任一节点处，流向节点的电流之和等于流出节点的电流之和，其电流方程为 $\sum I=0$。一般把流向节点的电流取为负值，从节点流出的电流取为正值，当然，也可以采用相反的规定。

稳恒条件下的电场称为稳恒电场，它满足环流定理 $\oint \boldsymbol{E}\cdot \mathrm{d}\boldsymbol{l}=0$，在电路中可引出电压方程组，称为基尔霍夫第二定律。它表示沿任一闭合回路的电势增量的代数和等于零，其电压方程为 $\sum E+\sum IR=0$。

计算电势增量的约定如下：

(1) 如果电阻中电流的方向与选定的顺序方向相同，则电势增量为$-IR$，反之，电势增量为$+IR$。

(2) 如果电动势方向与选定的顺序方向相同，则电势增量为$+E$，反之，电势增量为$-E$。

在应用基尔霍夫定律时，需注意以下几点：

(1) 若电路中有n个节点，那么只有$(n-1)$个节点的电流方程是独立的。

(2) 新选定的回路至少有一个支路未曾被选过。

(3)电流方向可任意假定，若解得的结果为负，说明实际电流方向与假定的电流方向相反。

下面通过一个实例介绍基尔霍夫定律的应用。

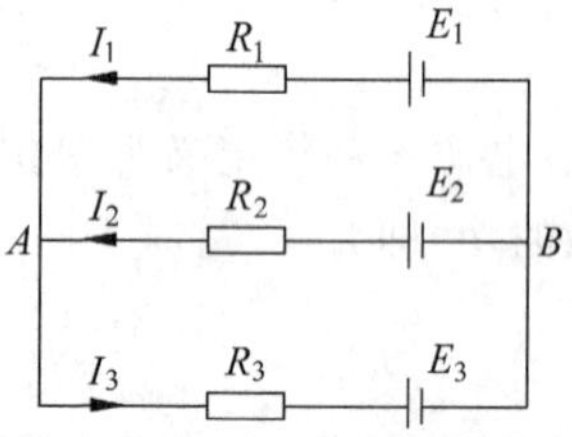

图 7-6　例 7.1 用图

例 7.1　在如图 7-6 所示的电路中，电源的电动势分别为$E_1=1.0\mathrm{V}$，$E_2=2.0\mathrm{V}$和$E_3=3.0\mathrm{V}$，内阻都忽略不计；各电阻的阻值分别为$R_1=3.0\Omega$，$R_2=2.0\Omega$和$R_3=1.0\Omega$。试求各支路的电流。

解　选择各支路上电流的标定方向，如图 7-6 所示。列出节点B的节点电流方程式

$$I_1+I_2+I_3=0 \tag{Ⅰ}$$

列出两个回路的回路电压方程式

$$E_1-E_2=I_1R_1-I_2R_2 \tag{Ⅱ}$$

$$E_2-E_3=I_2R_2+I_3R_3 \tag{Ⅲ}$$

联立式(Ⅰ)～式(Ⅲ)三个方程式，可解得

$$I_1=-3\mathrm{A},\quad I_2=-4\mathrm{A},\quad I_3=7\mathrm{A}$$

结果为负值，表示在该支路上电流的实际方向与所选的标定方向相反。

5. 焦耳-楞次定律的微分形式

焦耳-楞次定律$Q=I^2Rt$是能量转化与守恒定律的充分体现。热功率密度q定义为单位体积导体在单位时间内所放出的热量，即

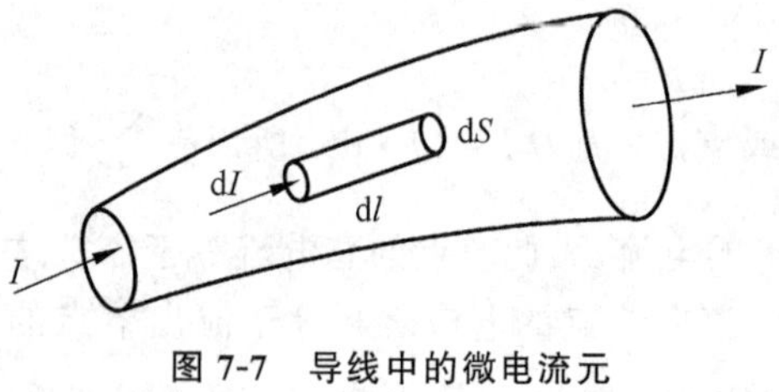

图 7-7　导线中的微电流元

$$q=\frac{\mathrm{d}Q}{\mathrm{d}V\cdot\mathrm{d}t}$$

如图 7-7 所示，在导线中选取长度为$\mathrm{d}l$、横截面为$\mathrm{d}S$的导体元，则微电流元为$\mathrm{d}I$。假设导体的电阻率为ρ，则导体元的电阻为$R=\rho\dfrac{\mathrm{d}l}{\mathrm{d}S}$，所释放的热量为$\mathrm{d}Q=(\mathrm{d}I)^2R\cdot\mathrm{d}t$，因此热功率密度为

$$q=\frac{\mathrm{d}Q}{\mathrm{d}V\cdot\mathrm{d}t}=\frac{\mathrm{d}Q}{\mathrm{d}l\cdot\mathrm{d}S\mathrm{d}t}=\frac{(\mathrm{d}I)^2\cdot\rho\dfrac{\mathrm{d}l}{\mathrm{d}S}\cdot\mathrm{d}t}{\mathrm{d}l\cdot\mathrm{d}S\cdot\mathrm{d}t}=\rho\left(\frac{\mathrm{d}I}{\mathrm{d}S}\right)^2=\rho j^2$$

其中，j为导体的电流密度。理论上可以证明，电流密度j和电场强度E的关系为

$$\boldsymbol{j}=\sigma \boldsymbol{E}$$

式中，σ 为导体的电导率。由于 $\sigma=\frac{1}{\rho}$，则上式可改写为

$$q=\sigma E^{2} \tag{7.8}$$

式(7.8)说明，焦耳热的热功率密度与电场强度的平方成正比。

7.3　磁感应强度　毕奥-萨伐尔定律

据传说，世界上最早注意到磁现象的人是古希腊的自然哲学家、史称“科学元祖”的泰勒斯。在古希腊，人们把磁铁矿石称作“马格尼斯”。当时，古希腊人都是万物有灵论者，他们对磁铁矿石能吸引铁粉的现象，感到迷惑不解。泰勒斯曾留下了这样一种断言：“万物充满了神的意志，马格尼斯之所以吸引铁是因为它有灵魂的缘故。”在泰勒斯以后的漫长岁月中，人们发现了更多的磁现象。

英国医生吉尔伯特(W. Gilbert，1544 年 5 月—1603 年 12 月)是英国女王伊丽莎白一世的御医，也是一位有代表性的科学家。他在科学方面的兴趣，远远超出了医学范畴，在化学和天文学方面有渊博的知识，但其主要研究领域集中在物理学。他发现用摩擦的方法不但可以使琥珀具有吸引轻小物体的性质，还可以使不少别的物体如玻璃棒、硫黄、瓷、松香等具有吸引轻小物体的性质。他把这种吸引力称为“电力”。他用观察、实验等科学方法研究了磁与电的现象，并把多年的研究成果写成《论磁》，于 1600 年在伦敦出版(图 7-8)。

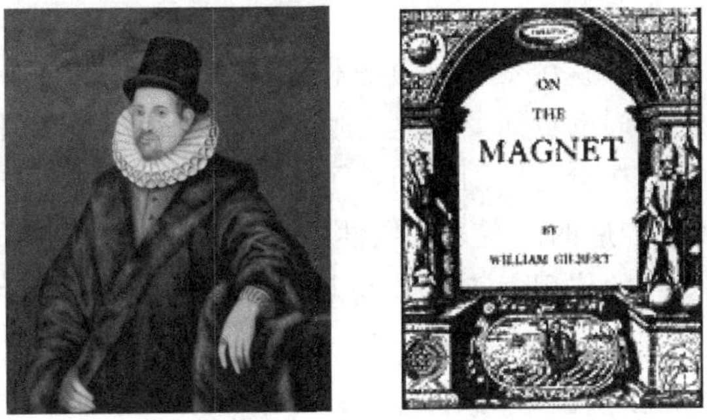

(a)　　(b)

图 7-8　吉尔伯特及其著作

(a) 英国医生吉尔伯特；(b)《论磁》封面

吉尔伯特的《论磁》共有六卷，书中记录了磁石的吸引与推斥；磁针指向南北等性质；烧热的磁铁磁性消失；用铁片遮住磁石，它的磁性将减弱。他研究了磁针与球形磁体间的相互作用，发现磁针在球形磁体上的指向和磁针在地面上不同位置的指向相仿，还发现了球形磁体的磁极，断定地球本身是一个大磁体，提出了“磁轴”“磁子午线”等概念。在磁现象的研究领域，吉尔伯特取得了辉煌成就，贡献巨大。遗憾的是《论磁》直到 19 世纪末还很少为人所了解，吉尔伯特的其他作品、先进的科学思想在英国也很少有人知道。因为他的作品都是仅用拉丁文出版的。1889 年成立的吉尔伯特俱乐部于 1900 年根据汤姆孙的倡议，出版了吉尔伯特名著的英译本。

吉尔伯特用实验证明了表面不规则的磁石球的磁子午线也是不规则的，由此设想罗盘

针在地球上和正北方的偏离是由大块陆地所致。他发现两极装上铁帽的磁石，磁力大大增加，他还研究了某一给定的铁块同磁石的大小和它的吸引力的关系，发现这是一种正比关系。他相信地球在自己轴上作周日运转；他说，地球这个巨大的磁石"由于磁力亦即其主要的特性而有自身的运转"。

吉尔伯特批评当时的一些传统的学者是"盲目信仰权威，……"，也赞扬发明了"航海者和远途旅行者所需要的磁力仪器和方便的观察方法，并公之于世"的诺曼是"航海专家和天才的技师"。

18 世纪以前，电学和磁学都是独立发展的，直到 1820 年才出现转折点。1820 年 4 月，丹麦著名物理学家和化学家奥斯特通过实验发现了电流的磁效应，终于揭开了磁现象的本质，从而破除了泰勒斯的灵魂论神话。

通过历史回顾，让大家对磁的产生和电流的磁效应有一个初步的认识，下面介绍磁场、磁感应强度和磁感应线。

7.3.1 磁感应强度

电流或运动电荷之间相互作用的磁力是通过磁场而作用的。因此，磁力也称为磁场力。用物理量磁感应强度描述磁场的强弱。磁场能够对任何置于其中的其他磁极或电流施加作用力。磁场来自载流导线或者磁体，能够产生磁场的客体（磁铁和电流）之间通过磁场发生相互作用。

1. 磁场

磁场起着传递磁力的作用，这是继引力场和电场之后，又一个以场的形式存在的物质。众所周知，静止的电荷在其周围空间要产生电场，静止电荷间的相互作用是通过电场来传递的。实验表明，运动的电荷在自己周围空间除了会产生电场外还会产生磁场，运动电荷之间的相互作用是通过磁场来传递的。在某一惯性系中，若有一个运动电荷在另外的运动电荷或电流周围运动时，它受到的作用力 $\boldsymbol{F}$ 将是电场力和磁场力的矢量和，即

$$\boldsymbol{F}=\boldsymbol{F}_{\mathrm{C}}+\boldsymbol{F}_{\mathrm{L}} \tag{7.9}$$

式中，$\boldsymbol{F}_{\mathrm{C}}=q\boldsymbol{E}$ 为电场力，它与电荷 q 的运动无关；$\boldsymbol{F}_{\mathrm{L}}$ 为磁场对运动电荷 q 的作用力，典型的有洛伦兹力。磁场对电流、运动电荷和磁体的作用力统称为磁场力或磁力，它与电荷 q 相对于参照系的运动速度有关。宏观上，条形磁铁或载流线之间的相互作用力是这种微观磁力之和。因此，可以说磁场就是运动电荷激发或产生的一种物质，它对其他运动电荷或电流有作用力。运动电荷与磁场关系可以用图 7-9 的框图来表示。

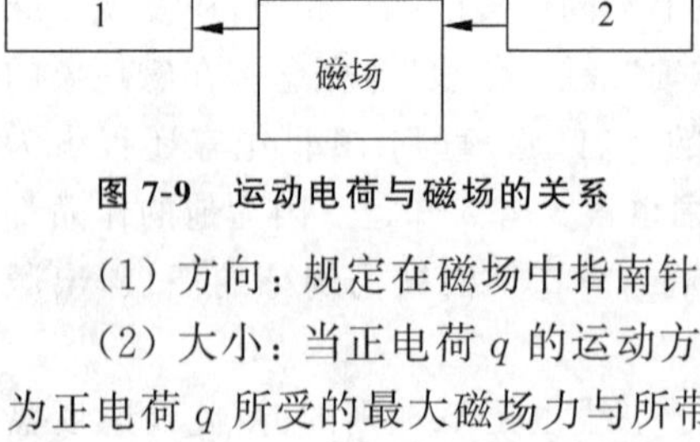

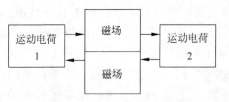

图 7-9 运动电荷与磁场的关系

2. 磁感应强度

根据电荷 q 在磁场中的运动特征可知，磁感应强度 $\boldsymbol{B}$ 的方向和大小满足：

（1）方向：规定在磁场中指南针（小磁针）N 极的指向为该点磁感应强度 $\boldsymbol{B}$ 的方向。

（2）大小：当正电荷 q 的运动方向与磁感应强度 $\boldsymbol{B}$ 垂直时，某点磁感强度的大小规定为正电荷 q 所受的最大磁场力与所带电荷量及运动速度的比值，即

$$B=\frac{F_{\max}}{qv} \tag{7.10}$$

磁感应强度 $\boldsymbol{B}$ 是描述磁场性质的基本物理量。它的国际单位为特斯拉(T)，$1\mathrm{T}=10^4\mathrm{G}$(高斯)。

在自然界中存在两种特殊磁场，一种是空间各点 $\boldsymbol{B}$ 的大小和方向均相等的均匀磁场；另一种是空间各点 $\boldsymbol{B}$ 的大小和方向不随时间改变的稳恒磁场。

3. 磁感(应)线(磁感应线)

类似于用电场线来描述电场的分布，可以用磁感线来描述磁场分布，如图 7-10 所示，磁感线具有如下特征：

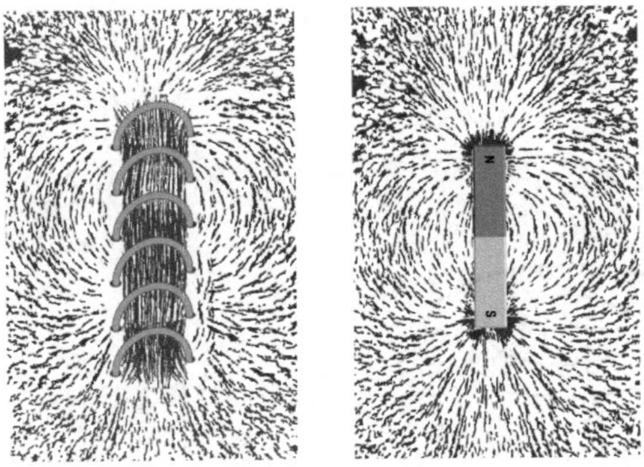

(a)　(b)

图 7-10　磁感线分布

(a) 磁芯螺线管磁感线；(b) 棒型磁体磁感线

(1) 磁感线都是一些无头无尾的闭合曲线，说明磁场为涡旋场，这与静电场的情况是截然不同的；(2)磁感应线不能相交，因为各个点处 $\boldsymbol{B}$ 的方向唯一。(3)磁感线总是与电流相套链(套连)。

7.3.2　毕奥-萨伐尔定律

奥斯特(H. C. Oersted，1777 年 8 月—1851 年 3 月)是丹麦物理学家、化学家和文学家。1806 年，奥斯特受母校的聘请，担任哥本哈根大学物理、化学教授。他开始积极从事电学和声学的研究。经过奥斯特坚持不懈的努力，他终于在 1820 年发现了电流的磁效应。1820 年 7 月，奥斯特发表关于电流磁效应的论文，为电磁场理论的建立做出了重大的贡献。奥斯特的电流磁效应的实验规律为：长直载流导线对磁极的作用力是横向力。为了揭示电流对磁极作用力的普遍定量规律，毕奥和萨伐尔认为电流元对磁极的作用力也应垂直于电流元与磁极构成的平面，即也是横向力，他们通过实验得出了作用力与距离和弯折角的关系。在拉普拉斯的帮助下，他们经过适当的分析，得到了电流元对磁极作用力的规律。

1. 毕奥-萨伐尔实验

法国科学家毕奥(Biot)和萨伐尔(Savart)专注于研究电流元与磁极相互作用的定量描述，他们的研究所面临的最大问题是如何找到一个孤立的电流元来进行实验。下面介绍毕奥和萨伐尔是如何解决电流元问题的，从而拓展大家实验的思路。

毕奥-萨伐尔实验的直导线实验装置如图 7-11(a)所示，一根长直导线穿过一个可转动的圆盘，在圆盘两端上放着两根磁棒来检测电流产生的磁场。

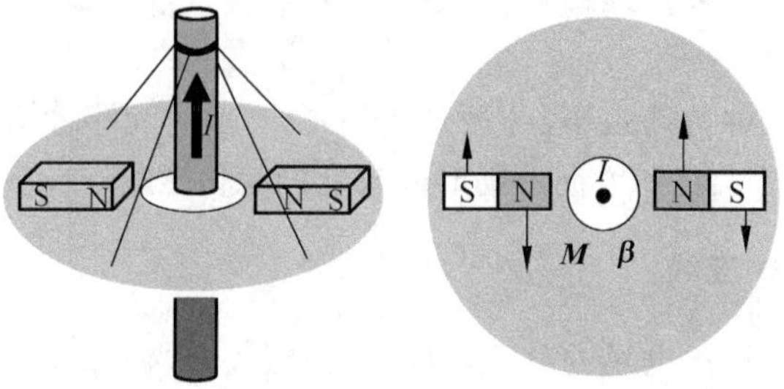

(a)

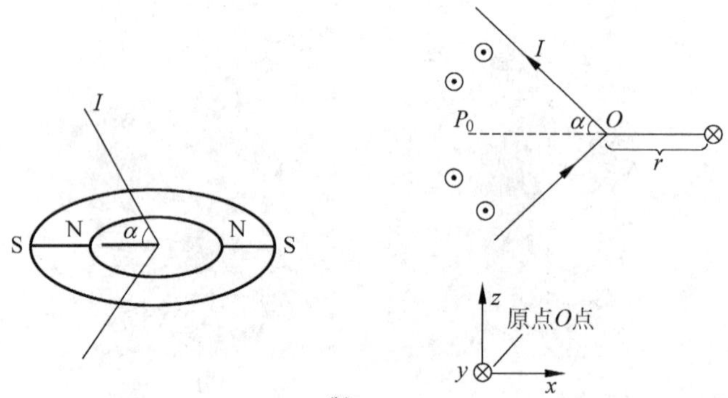

(b)

图 7-11　毕奥-萨伐尔的载流直导线和弯折导线实验

(a) 载流直导线的立体图和俯视图；(b) 折导线实验的示意图和几何图

毕奥和萨伐尔根据实验结果推断，假如载流直导线对磁棒的作用力与距离成反比，即 $f \propto r^{-1}$，那么，磁力矩 $M=rf \propto C$(常量)。由于 N 极和 S 极受力方向相反，因此力矩是大小相等方向相反的，故合力矩为零，这样圆盘应该保持平衡状态，否则将发生扭转。毕奥和萨伐尔依据这一思想进行实验观测，结果发现圆盘没有转动，这证明力与距离成反比，且长直载流导线对磁极的作用力是横向力。于是，他们得到长直导线对磁棒的作用力为

$$F=k\frac{I}{r} \tag{7.11}$$

这里 F 表示长直导线对单位磁极的作用力。但由于长直导线忽略了角度的影响，因此，他们在另一个实验中将长直导线改成弯折导线，如图 7-11(b)所示。他们选择三个特殊折角，记录了三组数据：①$\alpha=0, F=0$；②$\alpha=\frac{\pi}{2}, F=F_{\max}$；③$\alpha=\frac{\pi}{4}, F=\tan\frac{\pi}{8}F_{\max}$；

凭借这三组数据，他们猜想导线弯折时导线对单位磁极的作用力 F 满足：

$$F=k\frac{I}{r}\tan\frac{\alpha}{2} \tag{7.12}$$

通常在做实验可不允许采取这样不严谨的做法，因为电流元不能孤立地存在。但当时他们只能依据这个猜测的结果继续深入研究下去。假设式(7.12)成立，接下来的目标则是求得 $\mathrm{d}F$ 的关系式。这部分内容由拉普拉斯完成，步骤如下：

*(1) 在弯折导线上取一段 $\mathrm{d}\boldsymbol{l}$，其中 $\boldsymbol{l}=\boldsymbol{l}(r,\alpha)$，利用多元函数的全微分可求得：

$$\mathrm{d}F=\frac{\mathrm{d}F}{\mathrm{d}l}\mathrm{d}l=\left(\frac{\partial F}{\partial \alpha}\frac{\mathrm{d}\alpha}{\mathrm{d}l}+\frac{\partial F}{\partial r}\frac{\mathrm{d}r}{\mathrm{d}l}\right)\mathrm{d}l$$

*(2) 进一步利用几何关系求得 $\frac{\partial F}{\partial \alpha}$ 和 $\frac{\partial F}{\partial r}$。根据图 7-12 所示的几何关系及正弦定理求得 $\frac{\mathrm{d}l}{\mathrm{d}\alpha}$、$\frac{\mathrm{d}l}{\mathrm{d}r}$，经过计算化简得到 $\mathrm{d}F$ 的表达式为

$$\mathrm{d}F=k\,\frac{I\mathrm{d}\boldsymbol{l}\times\boldsymbol{e}_r}{r^2} \tag{7.13a}$$

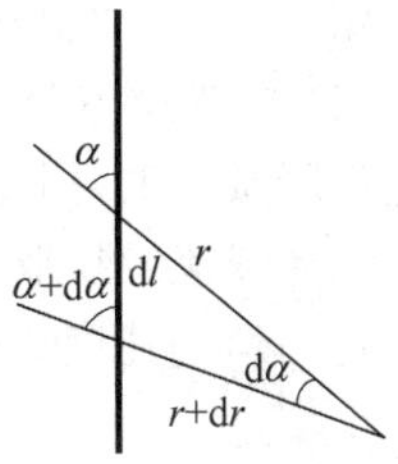

图 7-12　线元的几何示意图

式(7.13a)称为毕奥-萨伐尔-拉普拉斯定律，简称毕奥-萨伐尔定律。

讨论　(1) 毕奥-萨伐尔定律是一条实验定律。猜想公式仅依赖三组实验数据，但公式的推导过程比较严谨，然而将一个弯折导线产生磁场的公式随意推广到任意情况，这是不严谨的，但为了发现规律，这样做却是必要的。因为新的自然规律往往只能通过猜测来寻找，这是大家需要学习的思维方法。

(2) 电流元产生的磁感应强度：如图 7-13(a)所示，选择电流元 $I\mathrm{d}\boldsymbol{l}$ 的方向沿电流流向，则在 $\boldsymbol{r}$ 处产生的磁感应强度为

$$\mathrm{d}\boldsymbol{B}=\frac{\mu_0}{4\pi}\frac{I\mathrm{d}\boldsymbol{l}\times\boldsymbol{r}}{r^3}=\frac{\mu_0}{4\pi}\frac{I\mathrm{d}l}{r^2}\sin(\mathrm{d}\boldsymbol{l},\boldsymbol{r})\boldsymbol{e}_B \tag{7.13b}$$

其中，$k=\frac{\mu_0}{4\pi}$。另外，在电流元的延长线上 $\mathrm{d}\boldsymbol{B}=0$。

(3) 实验表明，叠加原理也适用于磁感应强度。因此，对于一段有限长度 L 的导线，其在 P 点产生的磁感应强度 $\boldsymbol{B}$ 为

$$\boldsymbol{B}=\int_L\mathrm{d}\boldsymbol{B}=\int_L\frac{\mu_0}{4\pi}\frac{I\mathrm{d}\boldsymbol{l}\times\boldsymbol{r}}{r^3}=\int_L\frac{\mu_0}{4\pi}\frac{I\mathrm{d}l}{r^2}\sin(\mathrm{d}\boldsymbol{l},\boldsymbol{r})\boldsymbol{e}_B \tag{7.14}$$

式中，$\mu_0=4\pi\times10^{-7}\,\mathrm{N/A^2}$ 是真空中的磁导率。根据叉积的意义可知，$\mathrm{d}\boldsymbol{B}$ 总是垂直于 $I\mathrm{d}\boldsymbol{l}$ 与 $\boldsymbol{r}$ 组成的平面，并与它们构成右手螺旋关系。因此，根据电流元 $I\mathrm{d}\boldsymbol{l}$ 和 $\boldsymbol{r}$ 的方向，利用右手螺旋定则就可以判断出 $\mathrm{d}\boldsymbol{B}$ 的方向，如图 7-13(b)所示。

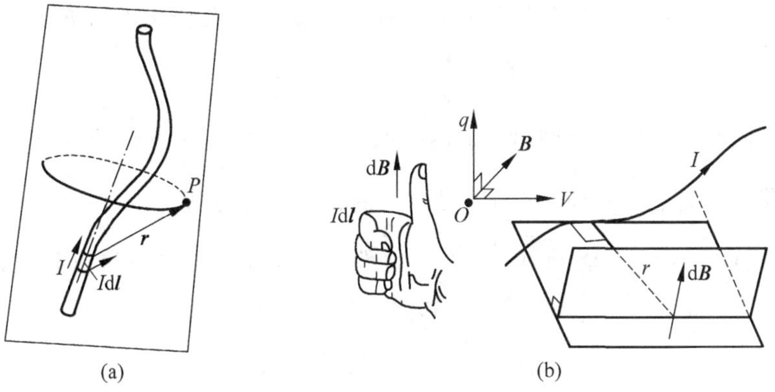

图 7-13　电流元的磁感应强度方向

(a) 俯视图；(b) 磁场方向

通过上面的实验、推理和讨论，可以总结得到毕奥-萨伐尔定律：电流元 $I\mathrm{d}\boldsymbol{l}$ 在空间某点 P 处产生的磁感应强度 $\mathrm{d}\boldsymbol{B}$ 的大小与电流元 $I\mathrm{d}\boldsymbol{l}$ 的大小成正比，与电流元 $I\mathrm{d}\boldsymbol{l}$ 到 P 点的位置矢量 $\boldsymbol{r}$ 和电流元 $I\mathrm{d}\boldsymbol{l}$ 之间夹角的正弦成正比，而与电流元 $I\mathrm{d}\boldsymbol{l}$ 到 P 点的距离 $\boldsymbol{r}$ 的平方成反比。式(7.13b)和式(7.14)分别是 $\mathrm{d}\boldsymbol{B}$ 和 $\boldsymbol{B}$ 的计算公式。

(4) 因为电流是由自由电子定向运动形成的，可以认为电流所激发的磁场其实是由运动电荷所激发的，因此一个运动电荷所激发的磁感应强度，也可以由毕奥-萨伐尔定律导出。

设在载流导线取一电流元 $I\mathrm{d}\boldsymbol{l}$，导线截面积为 S，电荷数密度为 n，每个电荷的带电量为 q，且定向运动速度为 $\boldsymbol{v}$，可知其电流密度为

$$\boldsymbol{j}=nq\boldsymbol{v}$$

$$I=jS$$

则

$$I\mathrm{d}\boldsymbol{l}=\boldsymbol{j}S\mathrm{d}l=nq\boldsymbol{v}S\mathrm{d}l$$

其中，$\boldsymbol{v}$ 的方向即为 $\mathrm{d}\boldsymbol{l}$ 方向。将上式代入式(7.13b)，则

$$\mathrm{d}\boldsymbol{B}=\frac{\mu_0 I\mathrm{d}\boldsymbol{l}\times\boldsymbol{r}}{4\pi r^3}=\frac{\mu_0 nqS\mathrm{d}l\,\boldsymbol{v}\times\boldsymbol{r}}{4\pi r^3}=\frac{\mu_0}{4\pi}\frac{q\boldsymbol{v}\times\boldsymbol{r}}{r^3}\mathrm{d}N$$

其中，$\mathrm{d}N=n\cdot S\mathrm{d}l$ 为电流元中做定向运动的电荷数，于是可得一个运动电荷在场点 P 处产生的磁感应强度为

$$\boldsymbol{B}=\frac{\mathrm{d}\boldsymbol{B}}{\mathrm{d}N}=\frac{\mu_0}{4\pi}\frac{q\boldsymbol{v}\times\boldsymbol{r}}{r^3} \tag{7.15}$$

由式(7.15)可知，运动的正电荷和负电荷所激发的磁场方向不同，如图 7-14 所示。

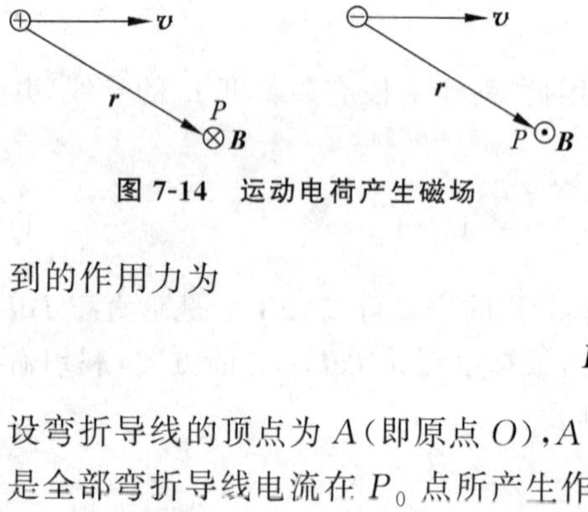

图 7-14　运动电荷产生磁场

*2. 拉普拉斯关于式(7.13)的推导

如图 7-15(b)所示，根据式(7.12)可知 P_0 点受到的作用力为

$$\boldsymbol{F}=k\frac{I}{r}\tan\frac{\alpha}{2}$$

设弯折导线的顶点为 A(即原点 O)，A 点以上部分的电流 I 在 P_0 点所产生的作用力正好是全部弯折导线电流在 P_0 点所产生作用力的一半，记这部分作用力为 F'，则有

$$\boldsymbol{F}'=\frac{\boldsymbol{F}}{2}=k\frac{I}{2r}\tan\frac{\alpha}{2}\boldsymbol{e}_r \tag{Ⅰ}$$

式(Ⅰ)成立是因为以 AP_0 为轴将弯折导线旋转 180°，则与下半截导线重合，由这个特点就能推出下半截导线与上半截导线在 P_0 处产生的作用力是相等的，都是 $\frac{F}{2}$。现在 A 点附近取一点 A_1，令 $AA_1=\mathrm{d}l$，考虑到 A_1 点以上这段半直线导线的电流可以看成以 A_1 为顶点的弯折导线电流的上半段，因此它在 P_0 点产生的作用力为

$$F''=\frac{F_1}{2}=k\frac{I}{2r_1}\tan\frac{\alpha_1}{2}\boldsymbol{e}_{r_1} \tag{Ⅱ}$$

从图 7-15 可看到 $P_0A_1=r_1\approx r+\mathrm{d}r$，而 α_1 是上半段载流导线与 P_0A_1 的夹角，则 $\alpha_1=\alpha-\mathrm{d}\alpha$。$\mathrm{d}r$ 及 $\mathrm{d}\alpha$ 都随着 $\mathrm{d}l\to 0$ 而趋于 0，并且 $\mathrm{d}r$ 及 $\mathrm{d}\alpha$ 均是正的极小量，现在找出 $\mathrm{d}r$、$\mathrm{d}\alpha$ 与 $\mathrm{d}l$

的关系。

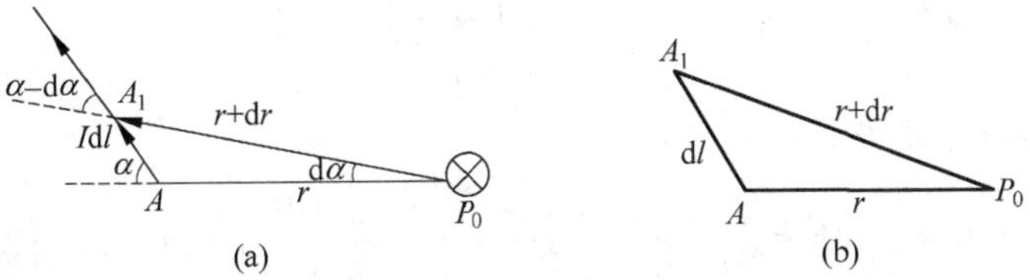

图 7-15　α 角的几何关系

在$\triangle P_0AA_1$中，$\angle A_1=\alpha-\mathrm{d}\alpha$，$\angle A=\pi-\alpha$，$\angle P_0=\mathrm{d}\alpha$，利用余弦定理得到$\dfrac{\mathrm{d}l}{\sin\angle P_0}=\dfrac{r}{\sin(\alpha-\mathrm{d}\alpha)}$，这样就可以导出

$$\mathrm{d}\alpha=\frac{\mathrm{d}l\sin\alpha}{r}\tag{Ⅲ}$$

由折线A_1AP_0在A_1P_0上的投影可得$\mathrm{d}l\cos(\alpha-\mathrm{d}\alpha)+r\cos\mathrm{d}\alpha=r+\mathrm{d}r$，保留到$\mathrm{d}l$的一阶项，有

$$\mathrm{d}r=\mathrm{d}l\cos\alpha\tag{Ⅳ}$$

从叠加原理可知，电流元$I\mathrm{d}\boldsymbol{l}$在$P_0$点所产生的作用力$\mathrm{d}F$为

$$\mathrm{d}F=F'-F''=\frac{kI}{2}\left(\frac{\tan\frac{\alpha}{2}}{r}-\frac{\tan\frac{\alpha_1}{2}}{r_1}\right)\tag{Ⅴ}$$

其中，F'表示A以上部分导线中的电流在距A的距离为r处的P_0点产生的作用力，F''则表示A_1以上部分导线中的电流在距A的距离为r_1处的P_0点产生的作用力。注意到小量展开保留到$\mathrm{d}l$的一阶项，则有

$$\frac{1}{r_1}=\frac{1}{r+\mathrm{d}r}=\frac{1}{r}-\frac{1}{r^2\mathrm{d}r}$$

和

$$\tan\frac{\alpha_1}{2}=\tan\frac{\alpha-\mathrm{d}\alpha}{2}=\tan\frac{\alpha}{2}+\frac{1}{2}\sec^2\frac{\alpha}{2}\mathrm{d}\alpha\tag{Ⅵ}$$

将式（Ⅴ）代入式（Ⅵ），保留到$\mathrm{d}l$的一阶项，有

$$\mathrm{d}F=\frac{kI}{2}\left(\frac{\tan\frac{\alpha}{2}}{r}-\frac{\tan\frac{\alpha_1}{2}}{r_1}\right)=\frac{kI}{2r}f\tag{Ⅶ}$$

其中，因子$f=\dfrac{\mathrm{d}r}{r}\tan\dfrac{\alpha}{2}+\dfrac{1}{2}\sec^2\dfrac{\alpha}{2}\mathrm{d}\alpha$，将式（Ⅲ）和式（Ⅳ）代入此式，可得

$$\begin{aligned}f&=\frac{\mathrm{d}l}{r}\left(\cos\alpha\cdot\tan\frac{\alpha}{2}+\frac{1}{2}\sec^2\frac{\alpha}{2}\sin\alpha\right)=\frac{\mathrm{d}l}{r}\left(\cos\alpha\cdot\tan\frac{\alpha}{2}+\tan\frac{\alpha}{2}\right)\\&=\frac{\mathrm{d}l}{r}\tan\frac{\alpha}{2}(\cos\alpha+1)=\frac{\mathrm{d}l}{r}\tan\frac{\alpha}{2}2\cos^2\frac{\alpha}{2}\\&=\frac{\mathrm{d}l}{r}\sin\alpha\end{aligned}$$

将所得到的关系式代入式(Ⅶ),可以得到式(7.13a):

$$\mathrm{d}F = k\,\frac{I\,\mathrm{d}\boldsymbol{l} \times \boldsymbol{r}}{r^3}$$

在此基础上,可以进一步推导出式(7.14):

$$\boldsymbol{B} = \int_L \mathrm{d}\boldsymbol{B} = \int_L \frac{\mu_0}{4\pi}\frac{I\,\mathrm{d}\boldsymbol{l} \times \boldsymbol{r}}{r^3} = \int_L \frac{\mu_0}{4\pi}\frac{I\,\mathrm{d}l}{r^2}\sin(\mathrm{d}\boldsymbol{l},\boldsymbol{r})\boldsymbol{e}_B$$

以上推导是由法国数学家、物理学家拉普拉斯完成的。

3. 毕奥-萨伐尔定律的应用

由于式(7.14)是一个矢量函数的线积分,在大多数情况下难以获得解析解,需要采用数值方法求解。下面介绍几种典型的解析结果。

例 7.2 求载流有限长直导线在 P 点产生的磁感应强度 B。

解 设长直载流导线 l 的电流强度为 I,那么在距导线为 a 的 P 点处,电流元 $I\mathrm{d}l$ 与 P 点的几何关系如图 7-16(a)所示。根据图中几何关系,可得

$$r = \frac{a}{\sin\theta},\quad l = a \cdot \cot\theta$$

因此有 $\mathrm{d}l = a \cdot \dfrac{\mathrm{d}\theta}{\sin^2\theta}$。将 r 和 $\mathrm{d}l$ 代入式(7.14)的积分表达式,经过计算可得

$$B = \frac{\mu_0 I}{4\pi}\int_{\theta_1}^{\theta_2} \frac{a\,\mathrm{d}\theta}{\sin^2\theta} \cdot \sin\theta \cdot \frac{\sin^2\theta}{a^2} = \frac{\mu_0 I}{4\pi a}\int_{\theta_1}^{\theta_2} \sin\theta\,\mathrm{d}\theta$$

所以

$$B = \frac{\mu_0 I}{4\pi a}(\cos\theta_1 - \cos\theta_2) \tag{7.16}$$

方向为垂直纸面向里。

讨论 (1) 对于"无限长"导线,$\theta_1 = 0$,$\theta_2 = 180°$,因此 $B = \dfrac{\mu_0}{2\pi}\dfrac{I}{a}$;

(2) 对于半"无限长"导线,$\theta_1 = 90°$,$\theta_2 = 180°$,因此 $\boldsymbol{B} = \dfrac{1}{2}\dfrac{\mu_0}{2\pi}\dfrac{I}{a} = \dfrac{\mu_0}{4\pi}\dfrac{I}{a}$。

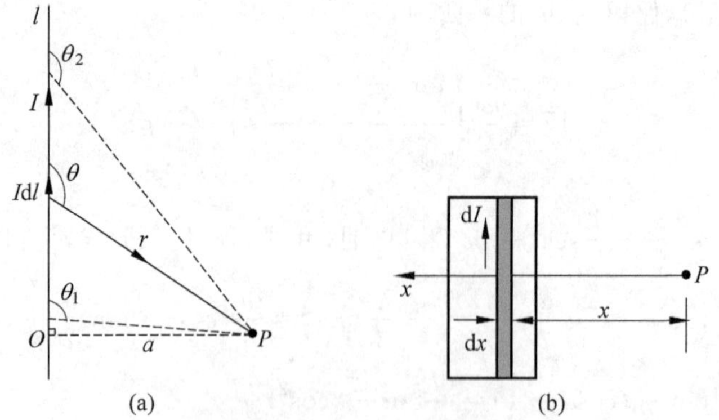

图 7-16 例 7.2 用图

拓展 进一步把例题 7.2 拓展为一宽为 a 的无限长薄金属板,其电流强度为 I 并均匀

分布。试求在板平面内距板一边为 b 的 P 点的磁感应强度。

解　建立如图 7-16(b)所示的几何图，取 P 点为原点，x 轴过平板所在平面且与板边垂直，在 x 处取窄条 $\mathrm{d}x$，视为载流 $\mathrm{d}I$ 的无限长载流导线，由于电流均匀分布，$\mathrm{d}I=\frac{I}{a}\mathrm{d}x$，所以它在 P 点产生 $\mathrm{d}\boldsymbol{B}$ 的大小为

$$\mathrm{d}\boldsymbol{B}=\frac{\mu_0}{2\pi}\frac{\mathrm{d}I}{x}=\frac{\mu_0}{2\pi}\frac{(I/a)\mathrm{d}x}{x}$$

所以

$$B=\frac{\mu_0 I}{2\pi a}\int_b^{a+b}\frac{1}{x}\mathrm{d}x=\frac{\mu_0 I}{2\pi a}\ln\frac{a+b}{b}$$

方向为垂直纸面向里。

例 7.3　求圆电流在轴线上的磁感应强度。

解　画出如图 7-17 所示的几何结构图建立直角坐标系，其中把 $\mathrm{d}\boldsymbol{B}$ 分解为垂直于 x 轴的 $\mathrm{d}B_{\perp}$ 和沿 x 轴方向的 $\mathrm{d}B_{//}$。根据对称性可知，所有电流元产生的垂直于 x 轴的分量 $\mathrm{d}B_{\perp}$ 互相抵消，因此磁场只有沿 x 轴方向的分量，故有

$$B=\int\mathrm{d}B_{//}=\int\mathrm{d}B\cdot\sin\varphi=\int\frac{\mu_0}{4\pi}\frac{I\mathrm{d}l}{r^2}\cdot\sin\varphi=\int\frac{\mu_0}{4\pi}\frac{IR}{r^3}\mathrm{d}l$$

$$=\frac{\mu_0}{4\pi}\frac{IR}{r^3}\cdot\int\mathrm{d}l=\frac{\mu_0}{4\pi}\frac{IR}{r^3}\cdot 2\pi R=\frac{\mu_0 IR^2}{2r^3}$$

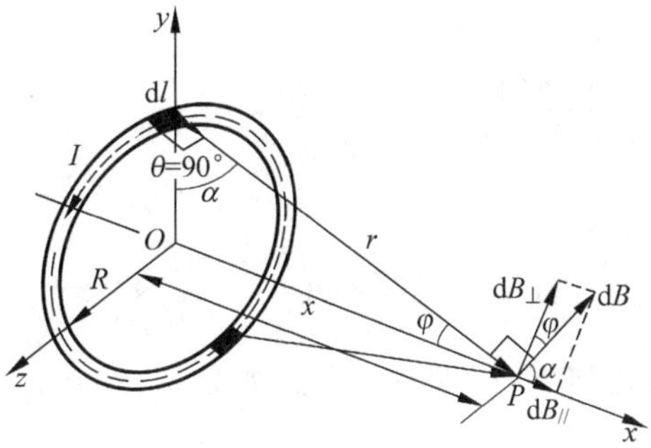

图 7-17　环形电流轴线上的磁场

根据几何关系可得 $r^2=\sqrt{R^2+x^2}$，因此可以得到圆电流轴线上磁场分布为

$$B=\frac{\mu_0}{2}\frac{IR^2}{(R^2+x^2)^{3/2}}\tag{7.17a}$$

对圆心角为 θ 的一段圆弧电流，在其圆心产生的磁感应强度为

$$B=\frac{\mu_0 I}{2R}\frac{\theta}{360^\circ}\tag{7.17b}$$

讨论　(1) 圆心处的磁场：$x=0, B=\frac{\mu_0}{2}\frac{I}{R}$；

(2) 半圆圆心处的磁场：$B=\frac{1}{2}\frac{\mu_0}{2}\frac{I}{R}=\frac{\mu_0}{4}\frac{I}{R}$；

(3) 远场：$x \gg R$，$B=\frac{\mu_0}{2}\frac{IR^2}{x^3}=\frac{\mu_0}{2\pi}\frac{I\pi R^2}{x^3}$；

引进新概念：磁矩 $\boldsymbol{m}=I\boldsymbol{S}$，$\boldsymbol{S}=\pi r^2\boldsymbol{n}$，则上式可改写为

$$\boldsymbol{B}=\frac{\mu_0}{2\pi}\frac{\boldsymbol{m}}{x^3} \tag{7.18}$$

例 7.4 载流直螺线管轴线上的磁场。设长为 l、半径为 R、总匝数为 N、流有电流 I 的长直螺线管，求管内轴线上任一点的磁感应强度。

解 建立如图 7-18 的几何关系图，取轴线上 P 点为坐标原点 O，P 点的磁场可视为无限多个宽度为 $\mathrm{d}x$ 的圆电流产生的叠加场，对宽度为 $\mathrm{d}x$ 的圆电流有

$$\mathrm{d}I=\frac{NI}{l}\mathrm{d}x=In\mathrm{d}x$$

式中，$n=N/l$ 为单位长度线圈的匝数。由式(7.17b)可得

$$\mathrm{d}B=\frac{\mu_0}{2}\frac{R^2In\mathrm{d}x}{(R^2+x^2)^{3/2}}$$

对此微分式两边积分得到

$$B=\int\mathrm{d}B=\frac{\mu_0 nI}{2}\int_{x_1}^{x_2}\frac{R^2\mathrm{d}x}{(R^2+x^2)^{3/2}}$$

为便于积分，作变量变换，用 β 代替 x，$x=R\cot\beta$，$(x^2+R^2)=R^2(1+\cot^2\beta)=R^2\csc^2\beta$，$\mathrm{d}x=-R\csc^2\beta\mathrm{d}\beta$，则

$$B=-\frac{\mu_0 nI}{2}\int_{\beta_1}^{\beta_2}\frac{R^3\csc^2\beta\mathrm{d}\beta}{R^2\csc^3\beta}=-\frac{\mu_0 nI}{2}\int_{\beta_1}^{\beta_2}\sin\beta\mathrm{d}\beta$$

即

$$B=-\frac{\mu_0 nI}{2}(\cos\beta_2-\cos\beta_1) \tag{7.19}$$

要注意式(7.19)β_1、β_2 的几何意义(即取法)。如果取 $\beta_1=\pi-\theta_1$，$\beta_2=\pi+\theta_2$，则 $B=\frac{\mu_0 nI}{2}(\cos\theta_1-\cos\theta_2)$。

讨论 (1) 对于轴线上的中点，此时 $\beta_1=\pi-\beta_2$，$\cos\beta_1=-\cos\beta_2$，而 $\cos\beta_2=\frac{l/2}{\sqrt{(l/2)^2+R^2}}$，则

$$B=\mu_0 nI\cos\beta_2=\frac{\mu_0 nI}{2}\frac{l}{(l^2/4+R^2)^{1/2}}$$

若 $l\gg R$，即螺线管无限长的，则

$$B=\frac{\mu_0 nI}{2}\cdot 2=\mu_0 nI$$

因此，管内是均匀的磁场。

(2) 若 P 点处于半无限长螺线管的一端，即 $\beta_1=\frac{\pi}{2}$，$\beta_2=0$ 或 $\beta_1=\pi$，$\beta_2=\pi/2$，则

$$B=\frac{1}{2}\mu_0 nI$$

(3) 长直螺线管内轴线上的磁感应分布如图 7-19 所示，中部附近的磁场完全可视为均匀磁场。

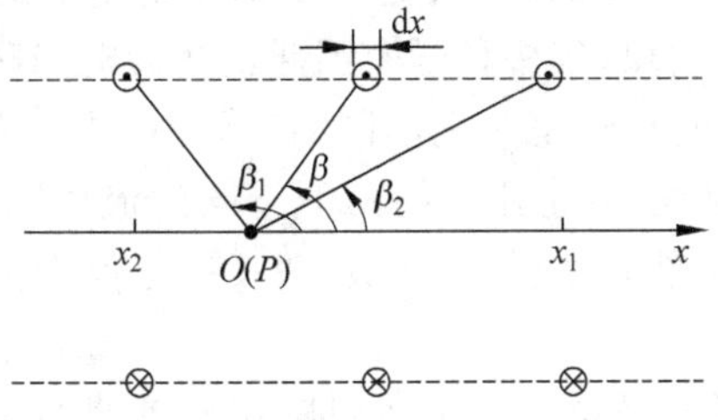

图 7-18　例 7.4 用图

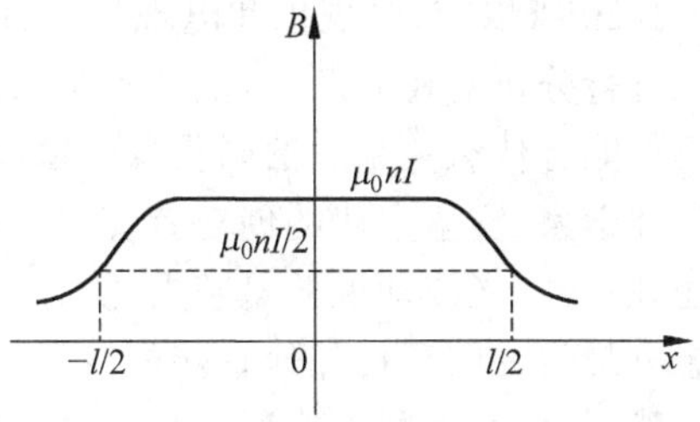

图 7-19　螺线管磁场分布

例 7.5　如图 7-20(a)所示，在纸面上有一闭合回路，它由半径为 R_1、R_2 的半圆及在直径上的两直线段组成，电流为 I。(1)求圆心 O 处的磁感应强度 B。(2)若小半圆绕 AB 转 180°，如图 7-20(b)所示，求此时 O 处的磁感应强度 B'。

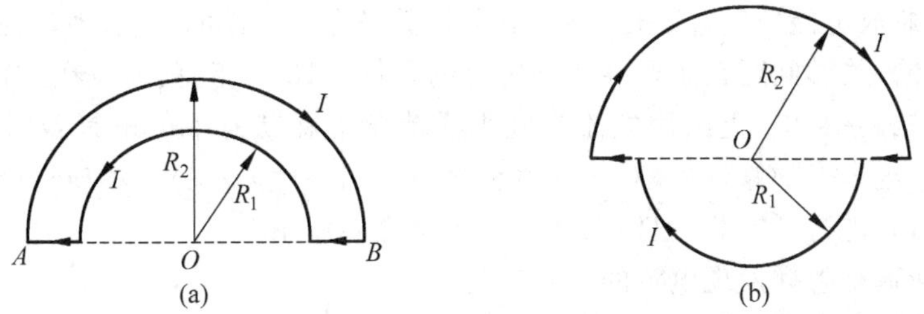

图 7-20(b)　例 7.5 用图

解　由磁场的叠加性可知，任一点处的磁感应强度是由两半圆及直线段部分在该点产生的磁感应强度矢量之和。因为 O 在直线段延长线上，故两直线段在 O 处不产生磁场。

(1) 小线圈在 O 处产生的磁场大小为

$$B_1=\frac{1}{2}\frac{\mu_0}{2}\frac{I}{R_1}=\frac{\mu_0}{4}\frac{I}{R_1}$$

方向为垂直纸面向外。大线圈在 O 处产生的磁场大小为

$$B_2=\frac{\mu_0}{4}\frac{I}{R_2}$$

方向为垂直纸面向里。所以磁场的大小为

$$B=B_1-B_2=\frac{\mu_0 I}{4}\left(\frac{1}{R_1}-\frac{1}{R_2}\right)$$

方向为垂直纸面向外。

(2) 如图 7-20(b)所示，利用右手螺旋定则判定小线圈和大线圈产生的磁感应强度均垂直纸面向里。因此，磁感应强度大小为

$$B=B_1+B_2=\frac{\mu_0 I}{4}\left(\frac{1}{R_1}+\frac{1}{R_2}\right)$$

方向为垂直纸面向里。

科学家的故事　通力合作的典范——电流磁效应研究

1820年以前，磁现象和电现象一直是被分别加以研究的，特别是吉尔伯特对电和磁的现象进行分析对比后断言，电和磁是两种截然不同的现象，很多科学家因此也认为电和磁之间不可能有什么关系。法国物理学家库仑曾证明："电与磁是完全不同的实体"；另一位法国物理学家，安培定律的创立者安培也说过："电和磁是相互独立的两种不同的流体"；英国物理学家、光波动说的奠基人托马斯·杨在他的《自然哲学讲义》中说："没有任何理由去设想电与磁之间存在任何直接的联系。"

然而，也有一些人猜测电与磁之间可能存在着某种联系。一位名叫威克菲尔德的小商人，就曾描述过雷电使他箱子中的刀、叉、钢针磁化现象。1751年，富兰克林发现莱顿瓶放电可以使焊条、钢针磁化或退磁。1774年，德国巴伐利亚电学研究院为了激励科学家们深入研究电和磁之间的关系问题，提出了一个有奖征文题目《电力和磁力是否存在着实际的和物理的相似性呢?》不少人去努力探索，但都没有取得什么成果。

丹麦物理学家奥斯特一直坚信电、磁、光、热等现象存在着内在的联系。尤其是当富兰克林发现莱顿瓶放电能使钢针磁化以后，奥斯特更坚定了自己的观点，他认为电可以转化为磁是不成问题的，关键问题在于要寻找到转化的条件。1811年，奥斯特在《对新发现的化学自然定律的看法》一文中，提出用电流实验来弄清楚潜在状态下的电是否对磁具有什么作用。第二年，在这本书的修订本《对化学力和电力的同一性》一文中，奥斯特进一步论述了电流与磁的关系，并进行了实验，但仍未能发现电对磁的作用。

那么，奥斯特是怎样发现电流的磁效应的呢?

奥斯特深受康德、谢林等人关于各种自然力相互转化的哲学思想的影响，在自然科学研究中，始终坚持自然界各种现象相互联系的观点。早在1803年，他就指出：物理学将不再是关于运动、热、空气、光、电、磁以及我们所知道的任何其他现象的零散罗列，而是将整个宇宙容纳在一个体系之中。奥斯特正是从自然现象相互联系的观点出发，去研究和探索电与磁之间的关系的。

困难和挫折并未使奥斯特畏缩，他毫不气馁，继续不断思考，反复进行实验，探究电与磁的关系。化学家佛克哈默曾担任过奥斯特的抄写员，他非常钦佩奥斯特坚韧不拔的精神。在奥斯特逝世一周年纪念会上，他深情地怀念道："奥斯特一直在探索这两种巨大的自然力之间的关系。他过去的著作都证明了这一点，我在1818年到1819年每天跟随在他左右，可以用自己的经历说明，发现至今仍然很神秘的电和磁联系的想法一直萦绕在他的心中。"

1819年冬至1820年春，奥斯特在哥本哈根开办了一个讲座，专门讲授电、电流及磁方面的知识，讲座吸引了许多物理知识的爱好者。

1820年4月的一天，在哥本哈根的一个讲演厅里，座无虚席。大家聚精会神地倾听着奥斯特的演讲。奥斯特深入浅出地讲解着电学知识，为了让听众较容易地理解那些深奥的电学原理，奥斯特边讲边做演示实验。

在讲课过程中，奥斯特突然想到一个问题：过去许多科学家在电流方向上寻找电流对磁体的效应都没有获得成功，很可能电流对磁体的作用不是"纵"向的，而是"横"向的。于是，奥斯特把导线和磁针平行放置进行实验。当时，他用的电源是伏特电池，导线是一根细铂丝。当他把与伏特电池两端连接的导线平放，并与一枚支在支架上的小磁针平行时，他惊奇地发现：靠近铂丝的小磁针突然摆动起来，小磁针向垂直于导线的方向偏转了。小磁针发生偏转的现象，对听众来说，几乎是无动于衷，并没有引起任何一位听众的注意，然而，这一不显眼的现象却使奥斯特兴奋异常，多年盼望出现的现象，终于看到了，这个重要的发现，使奥斯特欣喜若狂；这是电磁之间相互关系的一个确定的实验证据。从 1820 年 4 月起，一直到 7 月，奥斯特研究小组整整耗费了 3 个月的时间，做了 60 多个实验。奥斯特分别将磁针放在导线的上方和下方，考察电流对磁针作用的方向。他先将导线的一端和伏特电池连接，然后把导线沿南北方向平行地放在小磁针的上方，当导线的另一端接通伏特电池的负极时，小磁针立即指向东西方向；如果将导线放在磁针的下方，小磁针就向相反的方向偏转。奥斯特还把磁针放在距导线远近不同的距离处，检验电流对磁针作用的强弱；他把玻璃板、木板或石块等非磁性物体放在导线和磁针之间。如果导线沿东西方向放置，无论将导线放在磁针的上方，还是下方，磁针始终保持静止，丝毫没有偏转现象。考察电流对磁针的影响，甚至把小磁针浸在盛水的铜盆中，小磁针都照样偏转。奥斯特在题为《关于磁针上电流碰撞的实验》的论文中其简洁的语言论述了他多次实验的结果，最后，他总结出：电流的作用仅存在于载流导线的周围；沿着螺纹方向垂直于导线；电流对磁针的作用可以穿过各种不同的介质；作用的强弱决定于介质，也决定于导线到磁针的距离和电流的强弱；铜和其他一些材料做的针不受电流作用；通电的环形导体相当于一个磁针，具有两个磁极等。

其实，这一现象早在 1802 年就曾被意大利法学家罗曼诺西发现，但未引起人们的注意。演讲一结束，奥斯特立即回到自己的实验室，开始对这种现象进行深入细致的研究。在奥斯特研究电流磁效应的过程中，一位法国医生萨伐尔于 1819 年决意将其开设的诊所关闭，去巴黎找任职为法兰西公学院教授的让-巴蒂斯特·毕奥，两人开始合作继续开展电流的磁效应实验研究。

在反复实验的基础上，1820 年 7 月 21 日，奥斯特正式宣布他发现了电流的磁效应，并在《关于磁针上电流碰撞的实验》一文中，详细论证和解释了他的发现。这篇论文发表在法国《化学与物理学年鉴》杂志上。这份杂志在当时很有影响，在刊登奥斯特的论文时，特别作了如下的说明："《年鉴》的读者都知道，本刊从不轻易地支持宣称有惊人发现的报告……但是，至于说到奥斯特先生的文章，则其所得的结果无论显得多么奇特，都有极详细的记录为证，以至无任何怀疑其谬误的余地。"可见奥斯特的实验是多么具有说服力。

当时，奥斯特把电流对磁体的作用称为"电流碰撞"，或"电流冲击"，从实验中总结出了这种作用的基本特点。他认为这种"电流冲击"只能作用在磁性粒子上，对非磁性物体是可以穿过的，磁性物质或磁性粒子受到"电流冲击"时，就发生了偏转现象。奥斯特成功地解释了通电铂丝附近磁针发生偏转的现象，证明了电可以转化为磁。

奥斯特的重大发现，揭示了电与磁之间的联系，为以后法拉第发现电磁感应定律，麦克斯韦建立统一的电磁场理论奠定了基础。法拉第后来在评价奥斯特的发现时说：它猛然打开了一个科学领域的大门，那里过去是一片漆黑，如今充满了光明。

奥斯特在科学研究中的贡献是多方面的。1820 年，他发现了胡椒中刺激性成分之一的胡椒碱。1822 年，他第一次相当精确地测得了水的压缩系数。

1825 年，他首次分离出金属铝。现在，铝在航空、电力等工业，以及日常生活中的广泛作用已众所周知。

由于奥斯特在物理和化学的多个领域都做出了杰出的贡献，特别是电流磁效应的发现，使他名声大振。1821 年，被选为伦敦皇家学会会员，1823 年又当选为法国科学院院士。

7.4 磁场的高斯定理和安培环路定理

7.4.1 磁场的高斯定理

1. 磁通量

在静电场中，常用电场线来描述电场，并用其密度来表示电场强度，同时引入了电场强度通量和高斯定理来描述电场性质。用类比的方法，通过引入磁场线即磁感线可以形象地描述磁场。把通过磁场中某一曲面(元)的磁感线数目称为通过该曲面的磁通量，用 Φ_m 表示。对于一个微小面元 dS，其磁通量为

$$d\Phi_m = \boldsymbol{B} \cdot d\boldsymbol{S}$$

因此，穿过曲面 S 的磁通量为

$$\Phi_m = \int_S \boldsymbol{B} \cdot d\boldsymbol{S} \tag{7.20}$$

在式(7.20)中，面元 $d\boldsymbol{S}$ 的方向就是其法方向，如图 7-21 所示。磁通量 Φ_m 是标量，其大小等于穿过给定曲面 $\boldsymbol{S}$ 的磁感线数目，国际单位为韦伯(Wb)。

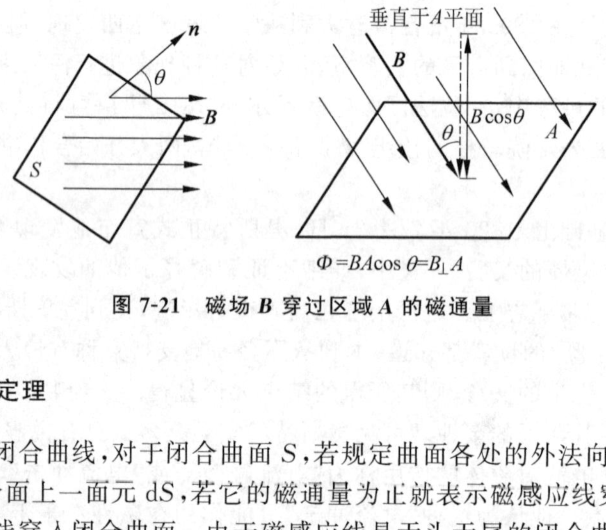

图 7-21 磁场 $\boldsymbol{B}$ 穿过区域 $\boldsymbol{A}$ 的磁通量

2. 磁场的高斯定理

由于磁感线是闭合曲线，对于闭合曲面 S，若规定曲面各处的外法向为该处面元矢量的正方向，则对于闭合面上一面元 dS，若它的磁通量为正就表示磁感应线穿出闭合曲面，磁通量为负表示磁感应线穿入闭合曲面。由于磁感应线是无头无尾的闭合曲线，凡是从 S 某处穿入的磁感线，必定从 S 的另一处穿出，即穿入和穿出闭合曲面 S 的净条数必定等于零，所以通过任意闭合曲面 S 的磁通量为零，即

$$\oint_S \boldsymbol{B} \cdot d\boldsymbol{S} = 0 \tag{7.21}$$

这说明，通过任意闭合曲面的磁通量必为零，这一结论称为磁场的高斯定理。因此磁场是无源场或称其为涡旋场。磁场的高斯定理否定了“磁荷”的存在，是电磁场基本方程之一。

7.4.2 安培环路定理

在 1820 年奥斯特发现电流能以力作用于磁针后不久，法国科学家安培报告了他进行的载流导线实验的结果：①通电的线圈与磁铁相似会产生磁场；②作用力的方向和导线所通

电流的方向以及磁针偏转的方向相互垂直。并且，他用严格的数学推导出电流环路定理。

1. 真空中的安培环路定理

为简便起见，分析由无限长直电流产生磁场的情形。在这种情况下，在所有与电流垂直的平面内磁场的性质都是相同的，可以讨论其中任意一个平面内磁场的性质。如图 7-22 所示是一个垂直于直流导线的平面电流 I 与该平面相交于点 O，电流的方向垂直平面向外，在此平面内任取一闭合环路 L，沿 L 计算磁感应强度 $\boldsymbol{B}$ 的环路积分。

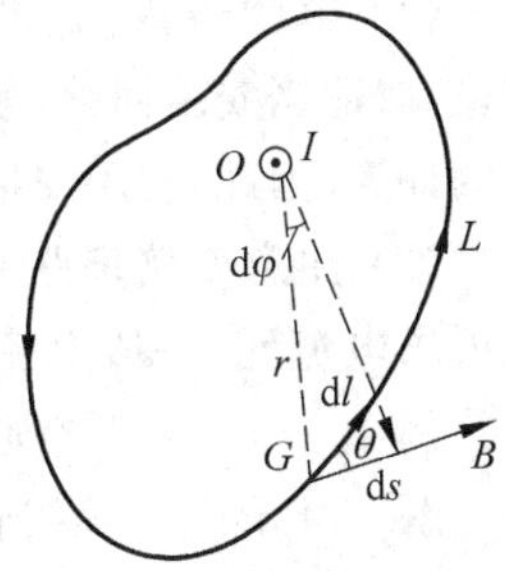

图 7-22　垂直于直流导线的闭合回路

在环路的任意一点 G 附近沿环路取位移元 $\mathrm{d}\boldsymbol{l}$，该处的磁感应强度为 $B=\frac{\mu_0}{4\pi}\frac{I}{2r}$。式中，$r$ 是点 G 到直电流的垂直距离，即图中的 OG。磁感应强度 $\boldsymbol{B}$ 的方向垂直于 OG，并与位移元 $\mathrm{d}\boldsymbol{l}$ 成 θ 角。由图中的几何关系可得

$$\boldsymbol{B}\cdot\mathrm{d}\boldsymbol{l}=B\,\mathrm{d}l\cos\theta=B\,\mathrm{d}s$$

又由于 $\mathrm{d}s=r\tan(\mathrm{d}\varphi)$，$\mathrm{d}\varphi$ 很小，可近似认为 $\tan(\mathrm{d}\varphi)\approx\mathrm{d}\varphi$，因此

$$\boldsymbol{B}\cdot\mathrm{d}\boldsymbol{l}=Br\,\mathrm{d}\varphi$$

式中，$\mathrm{d}\varphi$ 是位移元 $\mathrm{d}\boldsymbol{l}$ 对点 O 的张角。因此，磁感应强度 $\boldsymbol{B}$ 沿任意闭合环路 L 的积分为

$$\oint_L\boldsymbol{B}\cdot\mathrm{d}\boldsymbol{l}=\oint_L Br\,\mathrm{d}\varphi=\frac{\mu_0 2I}{4\pi}\oint_L\mathrm{d}\varphi=\mu_0 I$$

即在真空稳恒磁场内，磁感强度的环流等于穿过闭合回路的所有传导电流代数和的 μ_0 倍，这就是安培环路定理，用一般形式表示为

$$\oint_L\boldsymbol{B}\cdot\mathrm{d}\boldsymbol{l}=\mu_0\sum_i I_i \tag{7.22}$$

在式(7.22)中，等号右边的电流有正有负，即应包括所有穿过闭合回路电流的贡献。若某一载流导体与积分回路有 N 次套链，则有 $\oint_L\boldsymbol{B}\cdot\mathrm{d}\boldsymbol{l}=\mu_0 NI$。“穿过回路的电流”是指穿过一个以闭合回路为边界的任意曲面上的电流，即如果环路 $\boldsymbol{L}$ 不是平面曲线，载流导线不是直导线，式(7.22) 也成立。

安培环路定理表明：稳恒磁场不是保守场。

2. 安培环路定理的应用

利用安培环路定理，容易确定“无限长”均匀载流圆柱导体的磁感应强度为

$$\begin{cases}B=\dfrac{\mu_0 I}{2\pi r}, & r>R\\[2ex] B=\dfrac{\mu_0 Ir}{2\pi R^2}, & r<R\end{cases}$$

细环形螺线管内的磁感应强度为

$$B=\mu_0 nI$$

在利用安培环路求解问题时，应该注意以下几个问题：

(1) 解题步骤：①根据电流对称性分析磁场分布的对称性；②对具有对称性的磁场分布，选取适当安培回路，使 $\boldsymbol{B}$ 能以标量形式从积分号内脱出，从而避开叉积、投影、积分等比较难的计算，因此，利用安培环路定理进行计算相对容易，但它不能求一段或部分电流的磁场。

(2) 注意安培环路定理与毕奥-萨伐尔定律的区别。毕奥-萨伐尔定律具有普适性，原则上可求电流元、一段电流、整个电流等任意电流的磁场。

例 7.6 求环形空心螺线管内部的磁感应强度 $\boldsymbol{B}$。

解 环形空心螺线管如图 7-23(a)所示，在螺线管内部取一半径为 R 的闭合环路。假设线圈总匝数为 N，电流为 I，方向如图 7-23(b)所示。根据安培定律可得

$$\oint_L \boldsymbol{B} \cdot \mathrm{d}\boldsymbol{l} = B \cdot 2\pi R = \mu_0 NI$$

结果为

$$B = \frac{\mu_0 NI}{2\pi R} \tag{7.23}$$

上式表明，当 R 不同时，B 的值是不同的。若以 L 表示中心线的长度，则中心线上的 B 值为 $B=\frac{\mu_0 NI}{L}=\mu_0 nI$。其中，$n=N/L$ 是单位长度的线圈数，称为线圈密度。

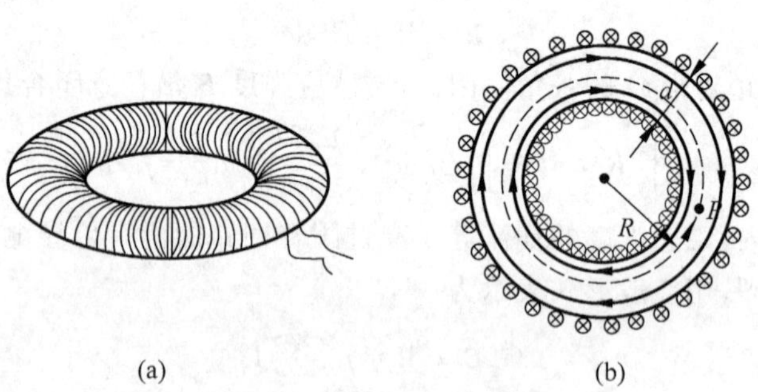

图 7-23 环形空心螺线管

(a) 环形螺线管的外形；(b) 环形螺线管内的磁场

对实际问题，当 $2R \gg d$ 时，管内的磁场可以看成是均匀分布的，则任一点的 $\boldsymbol{B}$ 均可由式(7.23)来表示。

例 7.7 有一同轴电缆，其尺寸如图 7-24(a)所示，两导体中的电流均为 I，但电流的流向相反，导体间材料可不考虑。试计算不同半径 r 处的磁感强度：(1)$r<R_1$；(2)$R_1<r<R_2$；(3)$R_2<r<R_3$；(4)$r>R_3$。画出 B-r 图像。

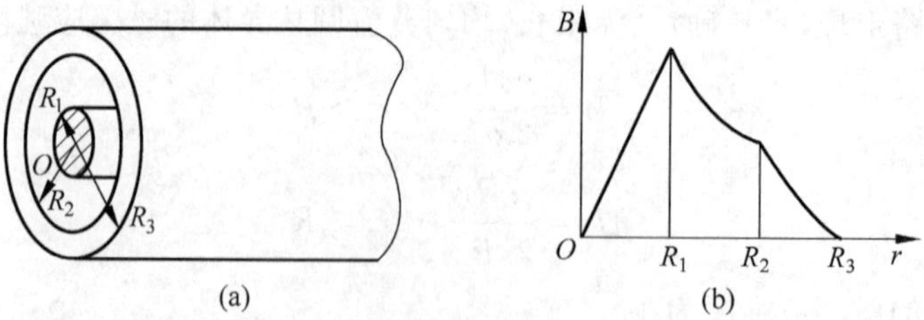

图 7-24 例 7.6 用图及磁场分布

(a) 电流分布图；(b) 磁场分布

解　由安培环路定理$\oint \boldsymbol{B} \cdot \mathrm{d}\boldsymbol{l} = \mu_0 \sum I$，作半径为 r 的环路，得

(1) 当 $r < R_1$ 时，

$$B_1 \cdot 2\pi r = \mu_0 \frac{I}{\pi R_1^2} \pi r^2$$

可求得

$$B_1 = \frac{\mu_0 I r}{2\pi R_1^2}$$

(2) 当 $R_1 < r < R_2$ 时，

$$B_2 \cdot 2\pi r = \mu_0 I$$

可求得

$$B_2 = \frac{\mu_0 I}{2\pi r}$$

(3) 当 $R_2 < r < R_3$ 时，

$$B_3 \cdot 2\pi r = \mu_0 \left[I - \frac{\pi(r^2 - R_2^2)}{\pi(R_3^2 - R_2^2)} I \right]$$

可以求得

$$B_3 = \frac{\mu_0 I}{2\pi r} \cdot \frac{R_3^2 - r^2}{R_3^2 - R_2^2}$$

(4) 当 $r > R_3$ 时，

$$B_4 \cdot 2\pi r = \mu_0 (I - I) = 0$$

可以求得

$$B_4 = 0$$

磁感应强度 $B(r)$的分布曲线如图 7-24(b)所示。

7.5　安培力　载流线圈磁矩

1820 年 9 月 25 日，法国科学家安培向法国科学院报告了他的实验结果：两根载流导线存在相互影响，电流方向相同的平行载流导线彼此相吸，电流方向相反的平行电流彼此相斥。同时，他对两个线圈之间的吸引和排斥作用也做了讨论。通过一系列经典的简单实验，他认识到磁场是由运动电荷产生的。

7.5.1　安培力

1. 安培定律

法国科学家安培根据实验结果，总结得到磁场对载流导线作用力的基本定律，称为安培(力)定律。图 7-25(a)是电流方向不同时，载流导线在磁场中的受力情况。图 7-25(b)是安培力的产生机理分析。导线中定向漂移的载流子在外磁场的作用下，受到一个向上的洛伦兹力 $\boldsymbol{f}_l = q(\boldsymbol{v} \times \boldsymbol{B})$作用而往上偏移，在导线边界受到限制，从而把洛伦兹力 $\boldsymbol{f}_l$ 传递给导

线，由于导线中存在大量载流子，因此它们会集体把 f_l 传递给导线，致使导线受力弯曲。因此，安培力的实质是金属导体中自由电子受到洛伦兹力的作用而表现出的力。

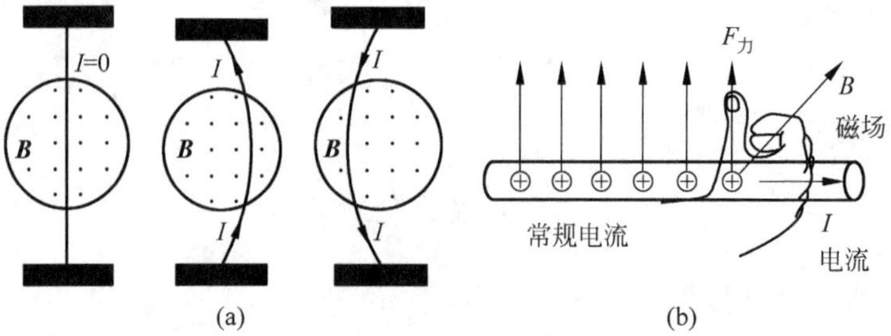

图 7-25 安培力的实验和载流导线受力分析

(a) 导线受力；(b) 机理分析

对于一段电流元 $I\mathrm{d}\boldsymbol{l}$，它在磁场 $\boldsymbol{B}$ 中的受力可以表示为

$$\mathrm{d}\boldsymbol{F}=I\mathrm{d}\boldsymbol{l}\times\boldsymbol{B} \tag{7.24a}$$

即磁场对电流元 $I\mathrm{d}\boldsymbol{l}$ 的作用力在数值上等于电流元的大小、电流元所在处磁感强度 $\boldsymbol{B}$ 的大小及电流元 $I\mathrm{d}l$ 与 $\boldsymbol{B}$ 之间夹角正弦的乘积，其方向由矢积 $I\mathrm{d}\boldsymbol{l}\times\boldsymbol{B}$ 决定。式(7.24a)称为安培力定律，简称安培定律。这种力称为安培力。

对于一段有限长载流导线，其所受安培力为

$$\boldsymbol{F}=\int_L I\mathrm{d}\boldsymbol{l}\times\boldsymbol{B} \tag{7.24b}$$

在磁场中运动电荷所受到的磁场力称为洛伦兹力，通电导线所受到的磁场力称为安培力，外力推动导线运动切割磁场产生电动势。图 7-26 给出了三种磁场力的示意图，大家只要严格按照各种磁场力的定义，不难发现它们的区别。

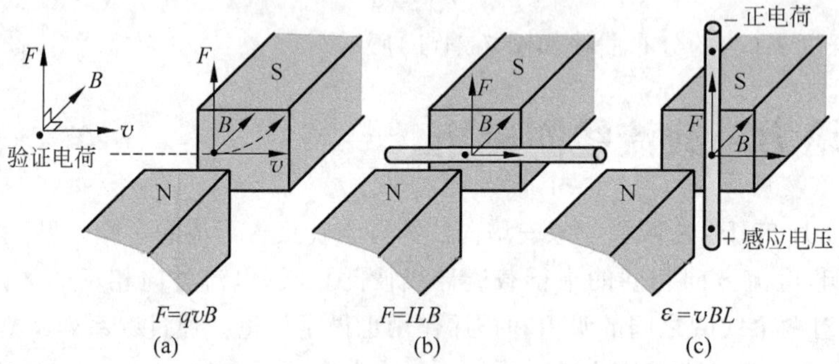

图 7-26 洛伦兹力、安培力、电动势

(a) 洛伦兹力；(b) 安培力；(c) 电动势

说明 (1) 安培定律无法用实验直接验证。因此，安培设计了四个示零实验，分别对其进行验证(详见本节附录)。

(2) 在均匀磁场中，任意载流导线受到的磁场力与连接导线起点和终点的载流直导线所受到的磁场力相等。

(3) 若非均匀磁场，则 B 不可从积分号内提出；矢量积分只有在各电流元受力方向一致时才可退化为标量积分；

(4) 在均匀磁场中,一段长为 l 的载流直导线与 $\boldsymbol{B}$ 的夹角为 θ,则 $F=IlB\sin\theta$ 的方向由右手螺旋定则确定。若 $\theta=0$ 或 180°,则安培力为零;若 $\theta=90°$,则 $F=F_{\max}=IlB$。

2. 载流导线之间的磁相互作用力

安培假设式(7.24a)中的磁感应强度 B 是由两条直导线产生的,那么,就可以研究两条无限长平行载流直导线间的相互作用力。

下面分析平行导线间产生的磁相互作用力的大小。设导线 1 产生磁场 $\boldsymbol{B}_1$ 作用在导线 2 上;反过来,导线 2 产生的磁场 $\boldsymbol{B}_2$ 作用在导线 1 上,如图 7-27 所示。这是一种相互作用力,平衡时,两条导线的相互作用力为

$$\mathrm{d}F=I_2B\mathrm{d}l=\frac{\mu_0 I_1 I_2 \mathrm{d}l}{2\pi a}\quad\left(\text{或者 } f=\frac{\mathrm{d}F}{\mathrm{d}l}=\frac{\mu_0 I_1 I_2}{2\pi a}\right)\tag{7.25}$$

两根导线电流同向,相互吸引;反向,相互排斥。

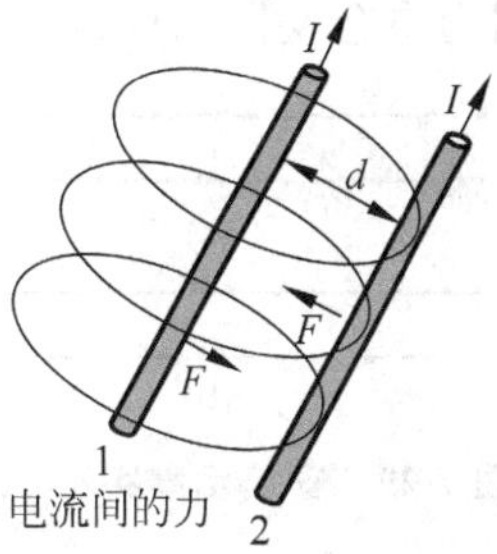

图 7-27 平行导线间的磁力

例 7.8 一直流变电站将电压为 500kV 的直流电,通过两条截面不计的平行输电线输向远方,已知两输电导线间单位长度的电容为 $3.0\times10^{-11}\mathrm{F\cdot m^{-1}}$,若导线间的静电力与安培力正好抵消,求:(1)通过输电线的电流;(2)输送的功率。

解 (1) 线电荷 $\lambda=CU$,围绕输电导线作一个高度为 l,半径为 d 的圆柱体高斯面,利用电场高斯定理求出输电线的电场为 $E=\dfrac{\lambda}{2\pi\varepsilon_0 d}$。因此,可求得单位长度导线所受的安培力和静电力分别为

$$F_B=BI=\frac{\mu_0 I^2}{2\pi d},\quad F_E=E\lambda=\frac{\lambda^2}{2\pi\varepsilon_0 d}=\frac{(CU)^2}{2\pi\varepsilon_0 d}$$

由 $F_B+F_E=0$ 可得

$$\frac{\mu_0 I^2}{2\pi d}=\frac{C^2U^2}{2\pi\varepsilon_0 d}$$

解得

$$I=\frac{CU}{\sqrt{\varepsilon_0\mu_0}}=4.5\times10^3\,\mathrm{A}$$

(2) 根据输出功率的定义式 $P=UI$,可得

$$P=IU=2.25\times10^9\,\mathrm{W}$$

*7.5.2 四个安培示零实验

为了验证通电导线之间存在磁相互作用力,安培在 1821—1825 年设计了四个关于电流相互作用的精巧实验,并根据这四个实验导出了两个电流元之间的相互作用力公式。1827 年,安培将他对电磁现象的研究凝聚于《完全从实验推得的关于电动力学现象的数学理论》和《电流间的作用》中,这是电磁学史上重要的经典论著,对以后电磁学的发展起了深远的影响。为了纪念安培在电学上的杰出贡献,人们将电流的单位以他的姓氏命名。

安培首先设计制作了如图 7-28 所示的装置并将它取名为无定向秤。他用一条硬导线弯成两个共面的大小相等的矩形线框,线框的两个端点 AB 通过水银槽和固定支架相连,接通电源时两个线框中的电流方向正好相反。整个线框可以以水银槽为支点自由转动,在均匀磁场(如地磁场)中它所受到的合力和合力矩为零处于平衡状态但在非均匀磁场中它会发生转动。

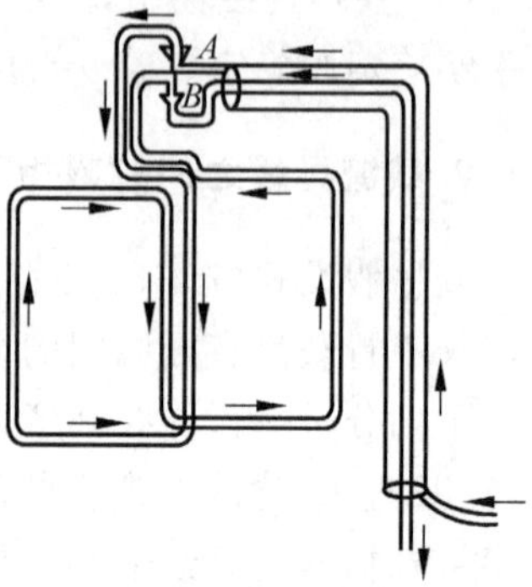

图 7-28 无定向秤

1. 实验 1

安培将一对折的通电导线(图 7-29(a))移近无定向秤以检验对折导线对无定向秤有无作用力。结果是否定的,这说明当电流反向时电流产生的作用力也会反向,且大小相等的电流产生的作用力的大小相等。

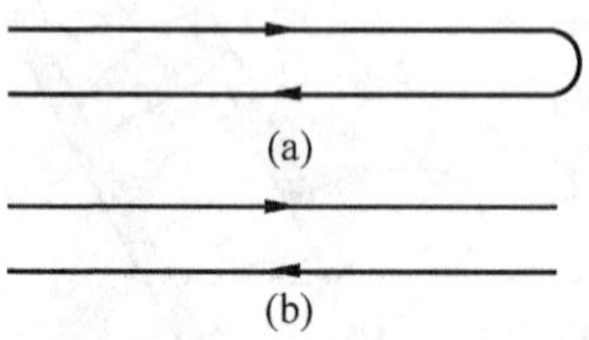

图 7-29 安培示零实验 1:回路

随后,他又选取两条长直导线,并在其中通入大小相等、方向相反的电流,如图 7-29(b)所示。将它们移近无定向秤附近的不同部位,观察无定向秤的反应。实验结果显示,无定向秤不动。这充分说明,当电流反向时,它产生的作用力也反向。用数学语言可描述为 $\mathrm{d}E_{12}$ 与 $I_1\mathrm{d}l_1$,$I_2\mathrm{d}l_2$ 呈线性关系。

2. 实验 2

将对折导线中的一段绕在另一段上使其成螺旋形,如图 7-30(a)所示。通电后将它移近无定向秤,结果表明无定向秤仍无任何反应。这表明一段螺旋状导线的作用效果与一段直长导线的作用效果相同,从而证明电流元具有矢量性,即许多电流元的合作用是各单个电流元作用的矢量叠加。

用如图 7-30(b)所示的载流曲折导线对无定向秤作用,所得到的实验结果表明它的作用效果与载流直导线的作用效果一样,这充分说明电流元具有矢量性,用数学语言可描述为 $I_1\mathrm{d}\boldsymbol{l}_1$,$I_2\mathrm{d}\boldsymbol{l}_2$。

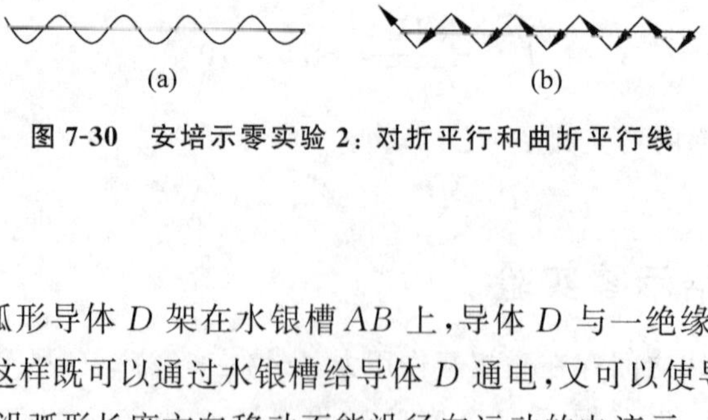

图 7-30 安培示零实验 2:对折平行和曲折平行线

3. 实验 3

如图 7-31 所示,弧形导体 D 架在水银槽 AB 上,导体 D 与一绝缘棒固接棒的另一端架在圆心 C 处的支点上这样既可以通过水银槽给导体 D 通电,又可以使导体 D 能绕圆心 C 移动,从而构成一个只能沿弧形长度方向移动不能沿径向运动的电流元。安培用这个装置检验各种载流线圈对它产生的作用力,结果发现弧形导体 D 不运动,这表明作用在电流元上的力与它垂直即这种作用力具有横向性。用数学表达式可表示为 $\mathrm{d}\boldsymbol{F}_{12} \perp I_2\mathrm{d}\boldsymbol{l}_2$ 或 $\oint \mathrm{d}\boldsymbol{F}_{12} \cdot \mathrm{d}\boldsymbol{l}_2 = 0$。

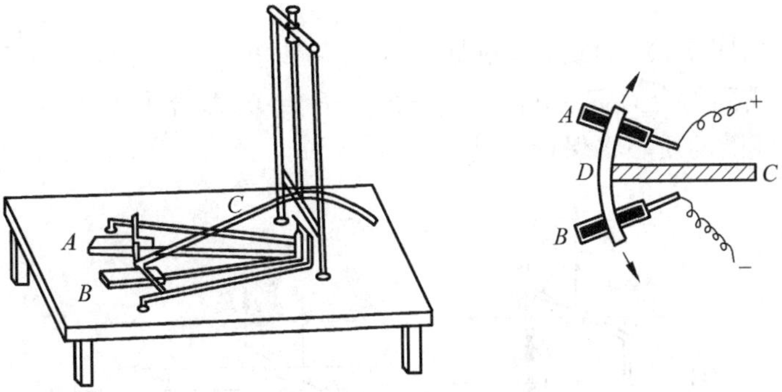

图 7-31　安培示零实验 3：圆弧形导体实验图

4. 实验 4

如图 7-32 所示，A、B、C 是用导线弯成的三个几何形状相似的线圈，其周长比为 $\frac{1}{n}:1:n$。A、C 两线圈相互串联、位置固定，通入电流 I_1；线圈 B 可以活动，通入电流 I_2。实验发现，只有当 A、B 的间距与 B、C 间距之比为 $1/n$ 时，线圈 B 才不受力即此时 A 对 B 的作用力与 C 对 B 的作用力大小相等方向相反。这表明，电流元的长度及相互距离增加同一倍数时，相互作用力不变。

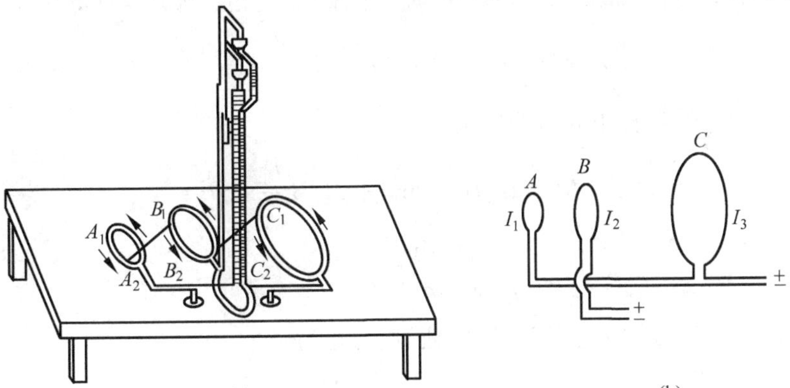

图 7-32　安培示零实验四：圆线圈实验图

在以上实验的基础上，安培假设两个电流元之间的相互作用力沿它们的连线，由此可推导出两电流元之间的相互作用力为

$$\mathrm{d}F_{12} \propto \frac{I_1 \mathrm{d}l_1 I_2 \mathrm{d}l_2}{r^2}$$

对上式积分，即可得到安培定律的表达式。

上述四个示零实验需要一定的逻辑推理和实验方案设计能力，对学生具有启迪作用。

7.5.3　载流线圈的磁矩

1. 均匀磁场中的载流线圈力矩

把一个通有电流 I 的矩形线圈放置在磁感应强度为 B 的均匀磁场中，则矩形线圈四条边所受的安培力如图 7-33(a)所示，根据几何关系和电流的方向，可得 $F_1=-F_2$，$F_3=-F_4$，因此，线圈受到的合力 $F=F_1+F_2+F_3+F_4=0$，即合力等于零。如果线圈的初始速度为零，那么，线圈的质心将保持不动。

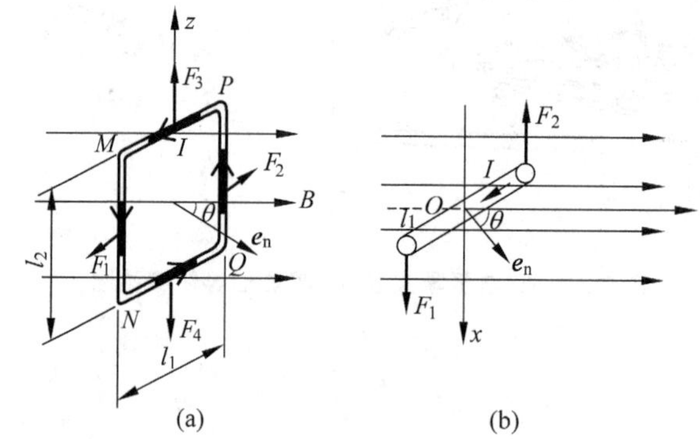

图 7-33 矩形载流线圈在均匀磁场中的磁力矩

接下来计算匀强磁场对载流线圈作用的磁力矩。根据力矩的定义 $\boldsymbol{M}=\boldsymbol{r}\times\boldsymbol{F}$，由于导线 PM 和导线 NQ 所受安培力 F_3 与 F_4 方向相反，且在同一直线上，所以相互抵消。而导线 MN 和导线 PQ 虽然受到的安培力大小也相等，但不在同一直线上，因此，磁场对矩形线圈有来自 $\boldsymbol{F}_1$ 和 $\boldsymbol{F}_2$ 的力矩作用，如图 7-33(b)所示，所产生的力矩称为磁力矩。磁力矩的大小 M 计算如下

$$M=F_1 l_1/2\cdot\sin\theta+F_2\frac{l_1}{2}\sin\theta$$

由于 $F_1=F_2=Il_2B$，因此上式可改写为

$$\begin{aligned}M&=Il_2B\frac{l_1}{2}\sin\theta+Il_2B\frac{l_1}{2}\sin\theta\\&=BIl_1l_2\sin\theta\\&=BIS\sin\theta\end{aligned}$$

式中，$S=l_1l_2$ 为线圈面积。若线圈为 N 匝，则力矩为

$$M=NBIS\sin\theta \tag{7.26}$$

引入物理量 $\boldsymbol{P}_\mathrm{m}=NIS\boldsymbol{e}_\mathrm{n}$ 表示线圈的磁矩，则矩形载流线圈在均匀磁场中的所受的磁力矩表示为

$$\boldsymbol{M}=\boldsymbol{P}_\mathrm{m}\times\boldsymbol{B} \tag{7.27}$$

说明 (1) 式(7.27)适用任意形状的平面线圈，大大简化了磁矩计算。

(2) 磁力矩总是力图使磁矩方向与外磁场方向一致；

(3) 它的适用条件是均匀磁场和平面线圈。

式(7.27)表明，均匀磁场作用在任意形状导线上的磁力等于连接导线始端与终端的一段直导线上受的安培力。

2. 非均匀磁场对载流线圈的作用

在非均匀磁场中，平面载流线圈上各个点的磁感应强度和方向都会发生变化，处于载流线圈中的各个电流元所受到的作用力大小和方向一般都不会相同，故合力和合力矩一般都

不会为零。结果导致线圈除产生转动外还要产生平动，受力分析如下：

$B_{\perp}$ 对电流元的作用为 df_2，方向沿半径向外，只能使线圈发生形变而不能使线圈平动或转动，$B_{/\!/}$对电流元的作用力 df_1 向左，故在合力作用下线圈将向磁场较强处移动，可以证明：合力的大小与线圈的磁矩和磁感应强度的梯度成正比，即

$$f_{合} \propto P_m \frac{\partial B}{\partial x} \tag{7.28}$$

例 7.9　对于一个 50 匝、边长为 0.2m 的正方形线圈，通以电流为 2A，处在 $B=0.5$T 的均匀磁场中，试问线圈在哪个方位产生的力矩最大，并计算此时的力矩。

解　由 $\boldsymbol{M}=\boldsymbol{P}_m\times\boldsymbol{B}$ 知，当 $\boldsymbol{P}_m$ 与 $\boldsymbol{B}$ 垂直时，$\sin(\boldsymbol{P}_m,\boldsymbol{B})=1$ 为最大，此时

$$M=P_mB=NSI\cdot B=(50\times 0.2^2\times 2\times 0.5)\text{N}\cdot\text{m}=2\text{N}\cdot\text{m}$$

例 7.10　如图 7-34 所示，已知 $I=20$A，$B=0.08$T，$R=0.20$m，线圈立在磁场中，c 点为接触点，试分析线圈的受力情况。

解　**法一**　分析图 7-34 不难发现，线圈受力可分为以 y 轴为中心的两部分：y 轴左边的力垂直纸面向外，y 轴右边的力垂直纸面向里，两个力大小应相等，方向相反。因此对于整个线圈来说，受力为 0。但两边力的作用点不在一个点上，因此线圈的力矩不为 0。

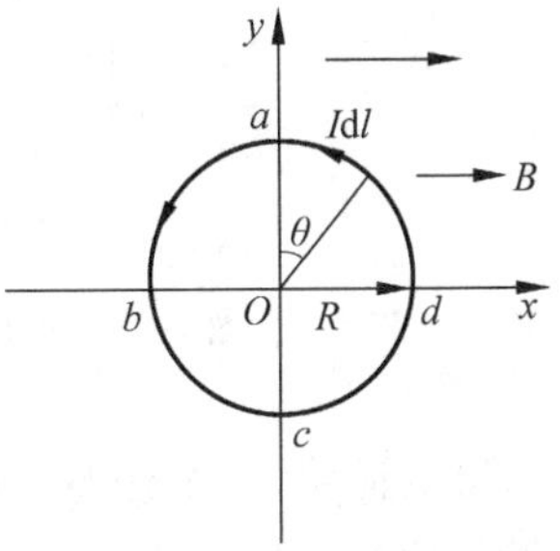

图 7-34　例 7.10 用图

由 $\boldsymbol{M}=\boldsymbol{P}_m\times\boldsymbol{B}$ 出发，利用 $\boldsymbol{P}_m=IS\boldsymbol{e}_n=I\cdot\pi R^2\boldsymbol{e}_n$，$\boldsymbol{B}=\boldsymbol{B}_i$，计算得到

$$\boldsymbol{M}=P_mB\sin\theta=I\cdot\pi R^2B\sin 90^\circ=0.2\text{N}\cdot\text{m}$$

接下来介绍线圈受到力矩的实际应用。在磁场中线圈转动有两种情况：(1)由机械转动带动线圈在磁场中转动时需要克服磁场作用力，导致磁通量发生变化，线圈产生动生电动势，在动生电动势的驱动下线圈向外回路输送电流。因此，磁场和转动的线圈构成一个电源，实质上是机械能做功，将机械能转换为电能，这种系统称为直流发电机。(2)通电的线圈在磁场中会受到磁场力的作用，形成磁力矩推动线圈转动，这样就把电能转换为转动的机械能，转动的线圈会带动外部机械装置转动。这就是直流电动机。

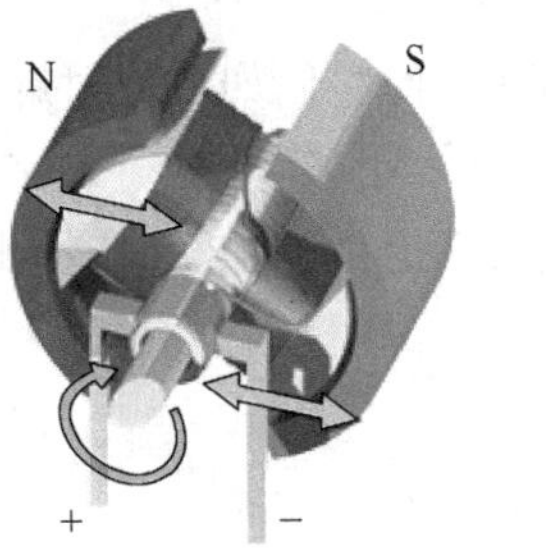

图 7-35　电动机结构及其线圈

图 7-35 是一个直流电动机，除了具有上面介绍的线圈和磁极套外，还附加了电刷和换向片。虽然向直流电动机施加的是直流电，但是在电刷和换向片的作用下，线圈中流过的电流却是交流的，因此产生的力矩方向保持不变。

3. 磁场力对载流导线及线圈所做的功

(1) 载流直导线运动时磁场力所做的功

如图 7-36 所示，长度为 l 的载流导线所受的磁场力 F 为 $F=BIl$，它从 ab 处移动到 $a'b'$处磁力 F 所做的功为

$$A=Faa'=BIlaa'=I\Delta\Phi$$

其中，$\Delta\Phi=Blaa'$为回路中磁通量的增量。这一关系式说明：当载流导线在磁场中运动时，如果电流保持不变，磁力所做的功，等于电流强度与通过回路所环绕的面积内磁通量增量

的积。

(2) 载流线圈在磁场内转动时磁场力所做的功

如图7-37所示,设载流线圈转过极小的角度 $d\varphi$,$\boldsymbol{n}$ 与 $\boldsymbol{B}$ 的夹角由 φ 增加为 $\varphi+d\varphi$,由于磁力矩 $M=BIS\sin\varphi$,因此在这个过程中磁场力所做的功为

$$dA=-Md\varphi=-BIS\sin\varphi d\varphi=Id(BS\cos\varphi)=Id\Phi$$

式中,负号表示磁力矩做正功时将使 φ 减小。当上述载流线圈从 φ_1 转到 φ_2 时,磁力矩所做的总功为

$$A=\int_{\varphi_1}^{\varphi_2} Id\Phi=I\Delta\Phi$$

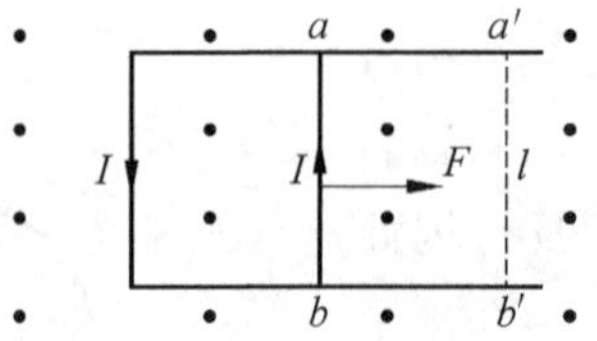

图 7-36 运动直导线切割磁场

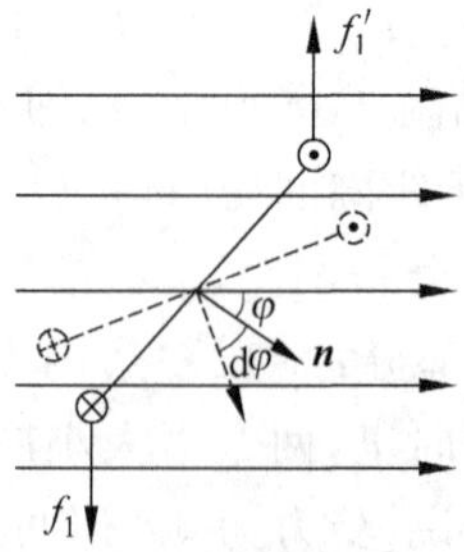

图 7-37 载流线圈转动力矩

可以证明,一个任意的闭合电流回路在磁场中改变位置或改变形状时,磁场力或磁力矩所做的功都可根据公式 $A=I\Delta\Phi$ 计算。若电流是随时间改变的,磁场力所做的总功要由积分来计算,即

$$A=\int_{\Phi_1}^{\Phi_2} Id\Phi \tag{7.29}$$

这是磁场力或磁力矩做功的一般表达式。

7.6 洛伦兹力 霍耳效应

7.6.1 洛伦兹力

在没有外磁场时,由电子枪射出的准直电子束是沿直线运动的,但它们如果经过蹄形磁铁的两极间,荧光屏上显示的电子束的运动径迹就发生了弯曲。这表明,运动电荷确实受到了磁场的作用力,这个力通常叫作洛伦兹力,它是由荷兰物理学家洛伦兹于1895年提出的。洛伦兹力是指运动电荷在磁场中受到的磁场力,其表达式为

$$\boldsymbol{F}_L=q\boldsymbol{v}\times\boldsymbol{B} \tag{7.30}$$

说明 (1) 若 $q<0$,则 $\boldsymbol{F}_L$ 方向为 $(-\boldsymbol{v})\times\boldsymbol{B}$;

(2) 若空间既存在磁场,又存在电场,则运动电荷所受的力应该是洛伦兹力和库仑力的合力,即

$$\boldsymbol{f}=q(\boldsymbol{E}+\boldsymbol{v}\times\boldsymbol{B}) \tag{7.31}$$

图7-38给出了库仑力和洛伦兹力的产生机理。洛伦兹力具有以下两个特点:(1)静止电荷不受洛伦兹力作用;(2)洛伦兹力对运动电荷不做功。接下来讨论讨论带电粒子在均

匀磁场中的运动性质，并说明洛伦兹力与安培力的关系。

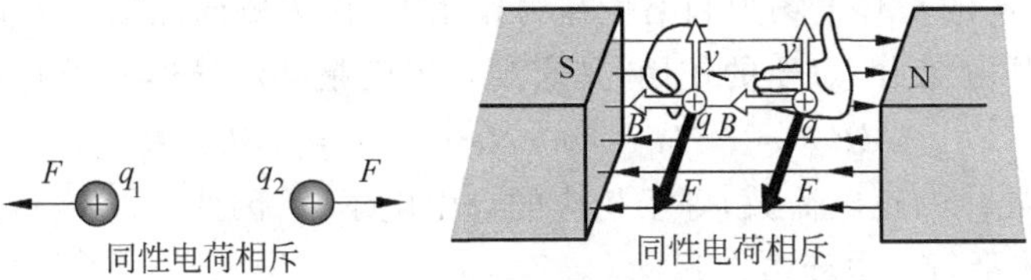

(a)　(b)

图 7-38　库仑力和洛伦兹力

(a) 库仑力；(b) 洛伦兹力

1. 带电粒子在均匀磁场中的运动

带电粒子在均匀磁场中的运动可以分为下面三种情况：

(1) 若$\boldsymbol{v} /\!/ \boldsymbol{B}$，$\boldsymbol{F}_{\mathrm{L}}=0$，则粒子保持原来匀速直线运动的状态。

(2) 若$\boldsymbol{v} \perp \boldsymbol{B}$，$\boldsymbol{F}_{\mathrm{L}}$ 为向心力，使粒子作匀速圆周运动。此时，轨道半径 $R=\dfrac{mv}{qB}$；回旋周期 $T=\dfrac{2\pi R}{v}=\dfrac{2\pi m}{qB}$；回旋角频率 $\omega=\dfrac{2\pi}{T}=\dfrac{qB}{m}$。

(3) 若$\boldsymbol{v}$ 与 $\boldsymbol{B}$ 斜交(夹角为 θ)，则利用 $v_{\perp}=v\sin\theta$，容易计算得到轨道半径为 $R=\dfrac{mv\sin\theta}{qB}$，这说明 $v_{\perp}$ 使得运动电荷绕磁场 B 作圆周运动，回旋周期为 $T=\dfrac{2\pi m}{qB}$；$v_{/\!/}$使运动电荷沿 B 方向作直线运动，因此粒子的运动是圆周运动与直线运动的合成，故粒子的运动轨迹为螺旋运动，螺距 $d=\dfrac{2\pi mv\cos\theta}{qB}$。

2. 安培力与洛伦兹力的关系

洛伦兹首先从安培力推出洛伦兹力，也就是说，历史上人们最早认识的是安培力。从这个意义上说，安培力是实验基础，洛伦兹力是它的推论，但洛伦兹力也可从实验验证。

1) 安培力的微观机制

安培力与洛伦兹力存在着明显区别，或者说利用洛伦兹力无法圆满解释安培力。首先，洛伦兹力不改变电子动量的大小，不会传递给晶格动量；其次，如果电子与晶格碰撞会使导体受到宏观力的作用，那么在任何导体中，由于电阻的存在，定向运动的电子会不断与晶格碰撞，沿电流方向就应有一个宏观力作用在导体上，但实验证实并不存在这样的力。因此，碰撞机制是不成立的。

电子所受洛伦兹力产生的宏观效果，是建立横向霍耳电场，结合霍耳效应进行分析，才能较圆满地给出对安培力的微观解释，下面分几种具体情况说明。

(1) 载流导体静止

如图 7-39(a)所示，自由电子以平均速度$\boldsymbol{v}_1$ 向右定向移动，受到洛伦兹力 $\boldsymbol{f}_{\mathrm{L}}=-e\boldsymbol{v}_1\times\boldsymbol{B}$ 的作用，以圆周运动的方式作侧向漂移。下侧堆积负电荷，上侧堆积正电荷，其间形成一横向霍耳电场 $\boldsymbol{E}_{\mathrm{H}}$，阻碍电子的侧向漂移运动。当电场力 $\boldsymbol{f}_{\mathrm{H}}$ 与洛伦兹力 $\boldsymbol{f}_{\mathrm{L}}$ 平衡，即

$$\boldsymbol{E}_{\mathrm{H}}=-\boldsymbol{v}_1\times\boldsymbol{B}$$

时，电子在等大反向的霍耳电场力和洛伦兹力作用下，作无侧向漂移的定向移动。而晶格中的正电荷只受霍耳电场力$-\boldsymbol{f}_{\mathrm{H}}$的作用，其宏观效果就是载流导体所受的安培力

$$\mathrm{d}\boldsymbol{F}_{\mathrm{A}}=-N\boldsymbol{f}_{\mathrm{H}}=-Ne\boldsymbol{v}_1\times\boldsymbol{B}=I\mathrm{d}\boldsymbol{l}\times\boldsymbol{B}$$

其中，N 是 $\mathrm{d}l$ 段导体的正电荷数，等于相应的自由电子数，因此$-Nev_1=I\mathrm{d}l$。

(2) 载流导体平行于电流方向运动

如图 7-39(b)所示，自由电子相对于导体仍然以平均速度$\boldsymbol{v}_1$ 向右定向移动，同时导体相对于观察者以速度$\boldsymbol{v}_2$ 向右运动。这时，自由电子相对于观察者的速度是$\boldsymbol{v}_1+\boldsymbol{v}_2$，受到的洛仑兹力为

$$\boldsymbol{f}_{\mathrm{L}}=-e(\boldsymbol{v}_1+\boldsymbol{v}_2)\times\boldsymbol{B}$$

因此平衡时的霍耳电场为

$$E_{\mathrm{H}}-(\boldsymbol{v}_1+\boldsymbol{v}_2)\times\boldsymbol{B}$$

自由电子仍然在平衡力的作用下定向运动。而晶格中的正电荷，这时要受两个力：一是霍耳电场力

$$\boldsymbol{f}=-e(\boldsymbol{v}_1+\boldsymbol{v}_2)\times\boldsymbol{B}$$

二是导体牵连运动引起的洛伦兹力

$$f_2=e\boldsymbol{v}_2\times\boldsymbol{B}$$

晶格中所有正电荷所受的合力，其宏观效果就是作用在载流导体上的安培力为

$$\mathrm{d}\boldsymbol{F}_{\mathrm{A}}=N(\boldsymbol{f}_1+\boldsymbol{f}_2)=-Ne\boldsymbol{v}_1\times\boldsymbol{B}=I\mathrm{d}\boldsymbol{l}\times\boldsymbol{B}$$

注意，上述解释中安培力只与电子相对于导体的定向移动速度$\boldsymbol{v}_1$ 有关，说明这种理论解释与实验上安培力取决于载流导体中的电流强度 I 是符合的。因为导体中的电流强度 I 依赖于电子相对于导体的定向速度$\boldsymbol{v}_1$ 而不是电子相对于观察者的速度$\boldsymbol{v}_1+\boldsymbol{v}_2$。

(3) 载流导体垂直于电流方向运动

如图 7-39(c)所示，自由电子相对于导体以速度$\boldsymbol{v}_1$ 向右定向移动，同时导体相对于观察者以速度$\boldsymbol{v}_2$ 在垂直于电流的方向上运动。每个电子受到的洛伦兹力包括两部分：一是定向运动引起的 $f_{1\mathrm{L}}=-e\boldsymbol{v}_1\times\boldsymbol{B}$；二是牵连运动引起的 $f_{2\mathrm{L}}=-e\boldsymbol{v}_2\times\boldsymbol{B}$。$\boldsymbol{f}_{1\mathrm{L}}$ 的效果是导致横向电场 $\boldsymbol{E}_{\mathrm{H}}$ 的建立(霍耳效应)，$f_{2\mathrm{L}}$ 的效果是导致纵向电场 $\boldsymbol{E}_{\mathrm{i}}$ 的建立(电磁感应)。平衡时，

$$\boldsymbol{E}_{\mathrm{H}}=-\boldsymbol{v}_1\times\boldsymbol{B}$$

$$\boldsymbol{E}_{\mathrm{i}}=-\boldsymbol{v}_2\times\boldsymbol{B}$$

电子在两对等大反向的洛仑兹力和电场力的作用下，沿着导线定向运动。这时，晶格中的正电荷，在与导线平行的方向受两个力：一是导体牵连运动引起的洛伦兹力$-\boldsymbol{f}_{2\mathrm{L}}=e\boldsymbol{v}_2\times\boldsymbol{B}$，二是 $\boldsymbol{E}_{\mathrm{i}}$ 的纵向电场力$-\boldsymbol{f}_{\mathrm{i}}=e\boldsymbol{v}_2\times\boldsymbol{B}$，二者等大反向，对整个导体受力没有贡献。但在与导体垂直的方向上，只受一个力，即霍耳电场 $\boldsymbol{E}_{\mathrm{H}}$ 的作用力$-\boldsymbol{f}_{\mathrm{H}}=-e\boldsymbol{v}_1\times\boldsymbol{B}$，其宏观效果就是载流导体所受的安培力为

$$\mathrm{d}\boldsymbol{F}_{\mathrm{A}}=-N\boldsymbol{f}_{\mathrm{H}}=-Ne\boldsymbol{v}_1\times\boldsymbol{B}=I\mathrm{d}\boldsymbol{l}\times\boldsymbol{B}$$

归纳起来，一般金属导体中，安培力的经典微观机制是：由于洛仑兹力的作用，导体中的电荷重新分布，平衡时，晶格中的正电荷所受净力不为零，其合力就是载流导体在宏观上受到的安培力。当导体静止时，安培力等于电子所受洛伦兹力的合力(方向相同，大小相

等)；当导体平行于电流运动时，安培力等于电子所受洛仑兹力的一部分(方向相同，大小不等)；当导体垂直于电流运动时，安培力等于电子所受洛仑兹力的一个分力(方向不同，大小不等)。在任何情形下，安培力只与电子相对于导体的运动速度有关，与导体本身的运动无关，而电子所受洛仑兹力则与导体的运动密切相关。

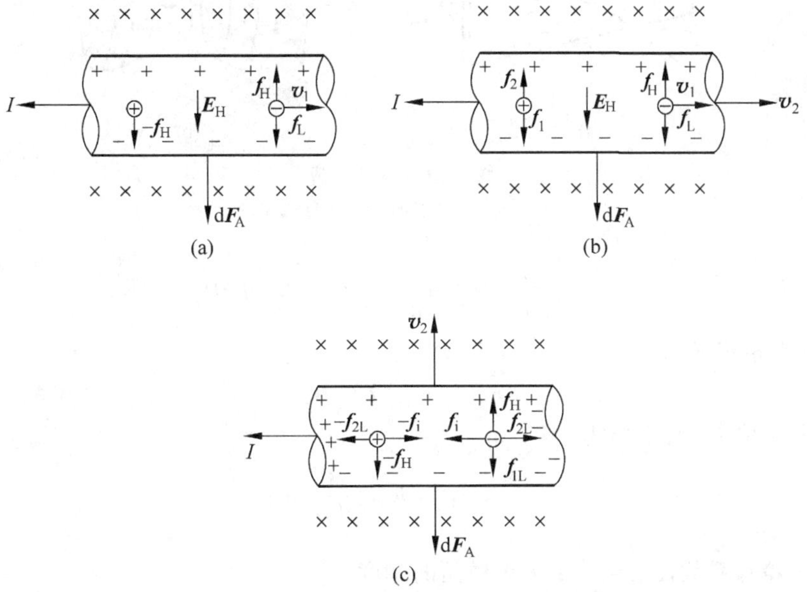

图 7-39　洛伦兹力与霍耳电场力的关系

(a) 导体静止；(b) 导体平行于电流方向运动；(c) 导体垂直于电流方向运动

2）动生电动势中的洛伦兹力

图 7-40 给出了载流导线切割磁感线时，导体中的运动电荷的受力分析。其中，

$$\boldsymbol{f}_1 = -e\boldsymbol{v}_1 \times \boldsymbol{B}, \quad \boldsymbol{f}_2 = -e\boldsymbol{v}_2 \times \boldsymbol{B}$$

$$\boldsymbol{F} = \boldsymbol{f}_1 + \boldsymbol{f}_2 = -e(\boldsymbol{v}_1 + \boldsymbol{v}_2) \times \boldsymbol{B} = -e\boldsymbol{v} \times \boldsymbol{B}$$

f_1 与 v_2 方向一致做正功，f_2 与 v_1 方向相反做负功，其和为 0，即合力 $\boldsymbol{F}$ 与 $\boldsymbol{v}$ 相垂直，总的效果是不做功。在动生电动势中，洛伦兹力的作用是通过一个分力做负功迫使外界提高能量，这部分能量，通过另一个分力做正功转化为感应电流的能量，因此洛伦兹力充当的是一个能量传递者的角色。

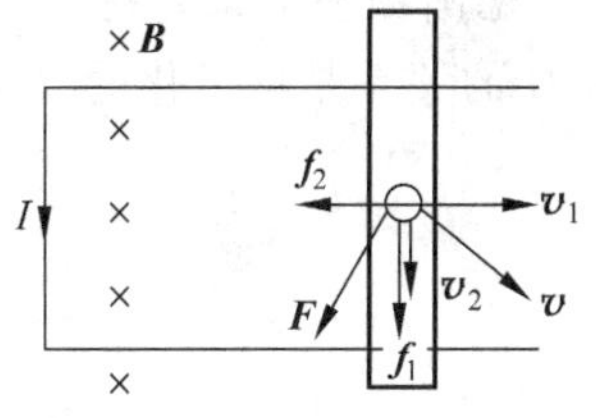

图 7-40　霍耳电场提供安培力

7.6.2　霍耳效应

如图 7-41(a)所示，电荷在导体中定向运动，由于受到磁场力的作用，其运动轨迹产生偏转导致部分电荷 q 积累在某一侧面，在对偶侧面产生等量感应电荷 $-q$，从而形成横向霍耳电场，阻止定向运动的电荷偏转，直至达到平衡。

当达到稳态时，作用在运动电荷上的霍耳电场力与洛伦兹力大小相等，方向相反，合力为零，即

$$qE_z - qv_dB_y = 0 \quad (\text{或者} \quad E_z = v_dB_y)$$

将电流密度 $j_x = qnv_d$ 代入上面关系式，得到

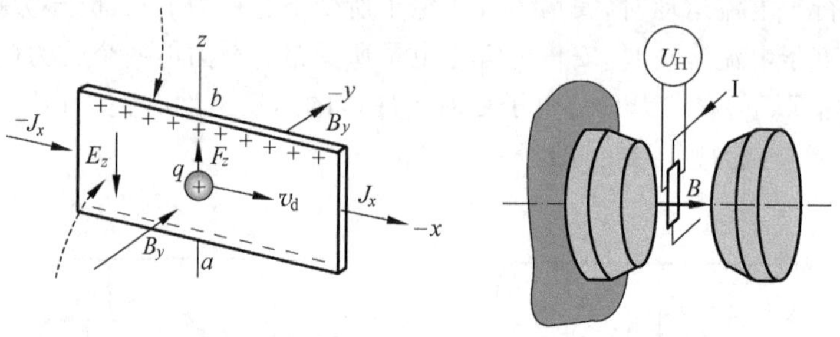

(a)　　　　(b)

图 7-41　霍耳效应

(a) 产生机理示意图；(b) 测量原理图

$$E_z = \frac{qn}{qn} v_d B_y = \frac{1}{qn} J_x B_y = R_H J_x B_y \tag{7.32a}$$

霍耳电场的严格定义为

$$\boldsymbol{E}_H = R_H (\boldsymbol{j} \times \boldsymbol{B})$$

经过简单推导可得霍耳电压为

$$U_H = R_H \frac{IB}{d} \tag{7.32b}$$

式中，R_H 为霍耳系数，$R_H = \frac{1}{qn}$；d 为样品的厚度。

霍耳效应的应用十分广泛。它不仅可以用于制造测量磁场的高斯计、大电流计、磁流体发电机等，还可用于各类仪器设备，如判断半导体材料是电子还是空穴导电类型。

德国物理学家克利青于 1980 年在研究低温和强磁场下半导体的霍耳效应时，发现 U_H 与 B 的关系是量子化的，如图 7-42 所示。根据霍耳效应的量子理论，霍耳电阻

$$R_H = h/ne^2 = 25812.806/n\,(\Omega)$$

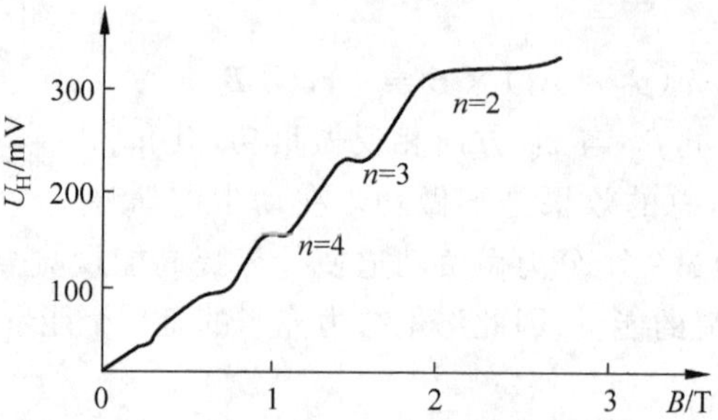

图 7-42　量子霍耳效应 U_H-B 曲线

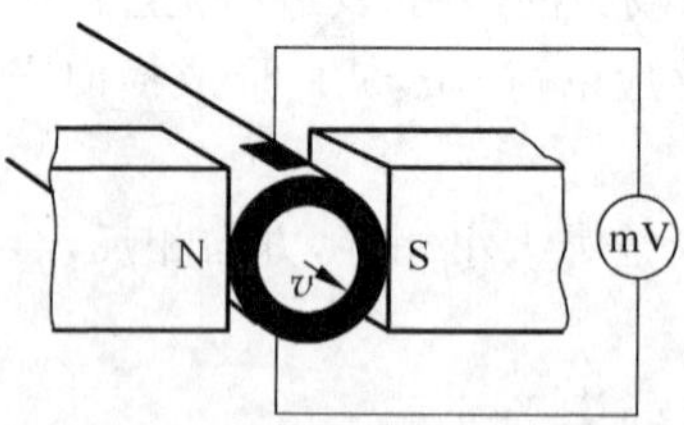

图 7-43　例 7.11 用图

当 $n=1$ 时，$R_H = 25812.806\Omega$。由于量子霍耳电阻可以精确的测定，故人们将量子霍耳效应所确定的电阻 25812.806Ω 作为标准电阻。克利青也因发现量子霍耳效应而荣获 1985 年的诺贝尔物理学奖。

例 7.11　霍耳效应可用来测量血流的速度，其原理如图 7-43 所示，即在动脉血管两侧分别安装电极并加以

磁场。设血管直径为 $d=3.0\mathrm{mm}$，磁场为 $B=0.080\mathrm{T}$，毫伏表测出血管上下两端的电压为 $U_H=0.10\mathrm{mV}$，血流的流速为多大？

解　血流稳定时，有 $qvB=qE_H$，利用已知条件可以解得血流的速度为

$$v=\frac{E_H}{B}=\frac{U_H}{dB}=0.417\mathrm{m/s}$$

*7.6.3　磁场力的应用

1. 电子的发现和电子荷质比(e/m,比荷)的测定

英国剑桥大学有个卡文迪许实验室，是为了纪念 1810 年去世的著名科学家卡文迪许而建立的，它创建于 1874 年。这个实验室的第一任主任是伟大的物理学家麦克斯韦，他创建了电磁场理论，并指出光是电磁波；第二任主任是瑞利，他和拉姆赛一起发现了空气中的惰性气体。1884 年，汤姆孙成了第三任实验室主任，在获悉伦琴、贝克勒尔等人发现 X 射线后，他立即着手研究阴极射线。早前普吕克、希托夫、古德斯坦以及克鲁克斯发现在低压气体放电管中除了气体在发光以外，正对着阴极（负极）的玻璃壁也在隐约发出黄绿色的荧光并且用磁铁在管外晃动，荧光也跟着晃动，好像能被磁铁吸引似的。汤姆孙在研究了普吕克等人的工作后，认为既然阴极射线是带电的粒子，又能够被磁场和电场偏转，那么就可以利用这个特点测定阴极射线的速度、质量和电荷。

汤姆孙设计了一个阴极射线管，在管子一端装上阴极和阳极，在阳极上开了一条细缝，这样一来，通电后阴极射出的阴极射线就穿过阳极的细缝成为细细的一束，一直射到玻璃管的另一端。这一端的管壁上涂有荧光物质，或者装上照相底片。在射线管的中部装有两个电极板，通上电压后就产生电场，电压越强，阴极射线通过电场后偏转就越大。电场强度和偏转程度都可以测量出来。这时，在射线管外面又加上一个磁场，这个磁场能使阴极射线向相反的方向偏转。调节电场和磁场的强度可以使它们对阴极射线的作用正好相互抵消，使得阴极射线不发生偏转。

汤姆孙测量了在这种情况下的电场和磁场的强度，并利用物理学定律计算出了阴极射线的速度。他发现，阴极射线的速度非常快，大约为每秒三万千米（相当于光速的 1/10）。

接着他又测量了组成阴极射线的带电粒子的电荷和质量的比值，发现这种带电粒子的质量非常小，大约是氢原子质量的 1/2000。

汤姆孙还做了许多实验，包括选择不同的金属（Au、Ag、Cu、Ni 等元素）作为阴极，把不同的气体如氢气、氧气、氮气等充到管内。大量实验的测量结果表明：阴极上射出的带电粒子的电荷和质量的比值是一样的。1897 年 4 月 30 日，汤姆孙在英国皇家学会演讲时指出：阴极射线是从烧热的阴极放出的带负电粒子，并被吸至阳极，这些粒子能被电场所偏移，并能被磁场弯折成曲线轨道。这就是第一次用物理实验强有力地证实了物质的粒子学说。

电子荷质比 e/m 是由汤姆孙于 1897 年测定的，而电子电量则是 12 年后由密立根测定的。图 7-44 给出了电子荷质比 e/m 测试仪的组成结构，实验过程如下：从阴极 K 射出的电子在 KA_1 间加速，A_1、A_2 为各有一个小孔的准直系统，保证电子束沿直线方向运动。X_1、Y_1 为平行板电容器，在此区域中存在垂直向里的磁场，故电场、磁场和电子速度三者是互相垂直的，调节 E 和 B，使电场力 eE 和磁场力 ev_0B 相等，则电子所受合外力为零，即

$$ev_0B = eE$$

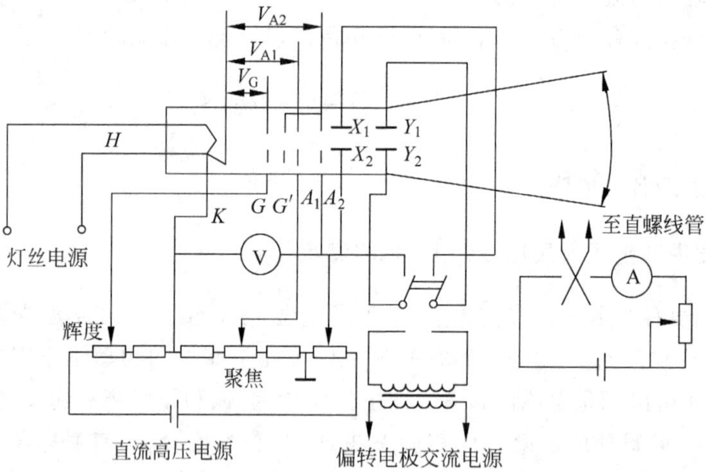

图 7-44　荷质比 e/m 测试仪的组成结构

即

$$v_0 = \frac{E}{B}$$

显然，只有满足此速度的电子才能平行地通过 X_1、Y_1，故称为速度选择器(其他速度的电子将打在 X_1 或 Y_1 板上)。下面给出测定 e/m 的公式推导过程。

首先确定 v_0，当电子束水平打在 F 点时，有 $eE = ev_0B$，则得 $v_0 = \frac{E}{B}$。具有速度 v_0 的电子，若不受磁场作用(即此时撤掉磁场)，首先在极板间偏转电场的作用下作平抛运动，因此可得电子射出极板时竖直方向的偏转距离为

$$y_1 = \frac{1}{2}at^2 = \frac{1}{2}\frac{eE}{m_0}\left(\frac{L}{v_0}\right)^2$$

式中，L 为极板的长度。然后，电子离开极板间电场后，以与水平方向成 θ 角的速度作匀速直线运动，因此可得电子在这段时间内在竖直方向的偏转距离为

$$y_2 = D \cdot \tan\theta$$

式中，D 为极板右端与荧光屏间的距离。由于 $\theta = \arctan\frac{v_y}{v_0}$，而 $v_y = at = \frac{eE}{m_0} \cdot \frac{L}{v_0}$

则

$$\tan\theta = \frac{v_y}{v_0} = \frac{eE}{m_0} \cdot \frac{L}{v_0^2}$$

所以，可得

$$y_2 = D\tan\theta = \frac{eE}{m_0}\frac{LD}{v_0^2}$$

因此可得出电子在竖直方向上的总偏移距离为

$$y = y_1 + y_2 = \frac{e}{m_0}\frac{E}{v_0^2}\left(LD + \frac{L^2}{L}\right)$$

进而可求出

$$\frac{e}{m}=\frac{E}{B^2}y\left(LD+\frac{L^2}{2}\right)^{-1} \tag{7.33}$$

对于速度不太大的电子，可测得$\frac{e}{m}=1.759\times10^{11}\,\mathrm{C/kg}$。当电子速度很大时，由于相对论效应，电子的荷质比并无定值，它是随电子的速度而变化的，但在许多的实际应用中，电子的运动仍属于低速范畴。

2. 质谱仪

通常来说，不同粒子有不同的荷质比，在磁场中具有不同的运动轨迹。利用这个原理可以设计用于研究和分析各种元素的同位素及其质量与成分的仪器，称为质谱仪。质谱仪由阿斯顿在 1919 年发明，目前广泛应用在材料分析、化学药品检测和食品检测、环境监测与鉴定等领域。图 7-45 是由静电加速与磁偏转单元构成的速度选择器，只有入射的粒子速度 v 满足 $qE=qvB$ 即 $v=\frac{E}{B}$的粒子才能通过小孔，粒子进入磁场后作圆周运动，因此有

$$qvB'=M\frac{v^2}{R}$$

所以

$$M=qB'R/v \tag{7.34}$$

式中，M 为粒子的质量；q 为粒子的电荷量；B'为磁场的强度；R 为粒子运动轨迹的半径。

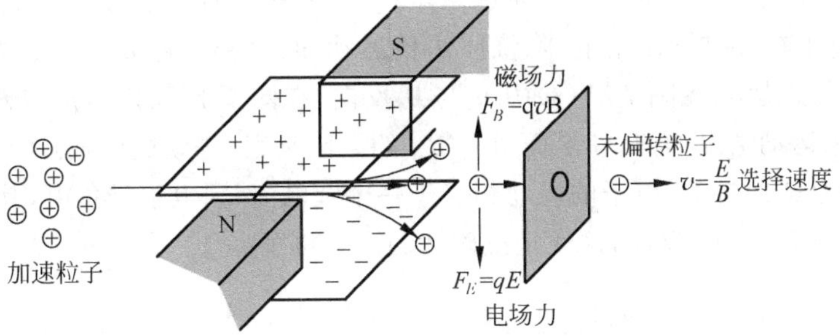

图 7-45　静电与磁偏转单元工作原理

由式(7.34)可知，不同的粒子运动轨迹半径则反映着不同的粒子质量，在底片上形成线状谱线。图 7-46(a)是离子质谱仪的工作原理图。它首先把同位素原子电离入射到电压区加速，然后经过速度选择器选择出符合式 $v=\frac{E}{B}$的离子进入磁回旋区分离，由于不同荷质比的离子具有不同的半径 r，采用收集装置即可测出同位素的成分和质量，即可绘出如图 7-46(b)所示的质谱图。质谱仪不但可以测定同位素的百分比，而且还可从同位素中分离特别的同位素产品。

分析　(1) 电离产生的带电离子经过静电场 U 加速后，带电离子的速度为 $v=\sqrt{\frac{2qU}{m}}$。

(2) 选择速度满足 $qvB=qE$，即 $v=\frac{E}{B}$的离子进入磁场并在磁场区进行质量分离；由

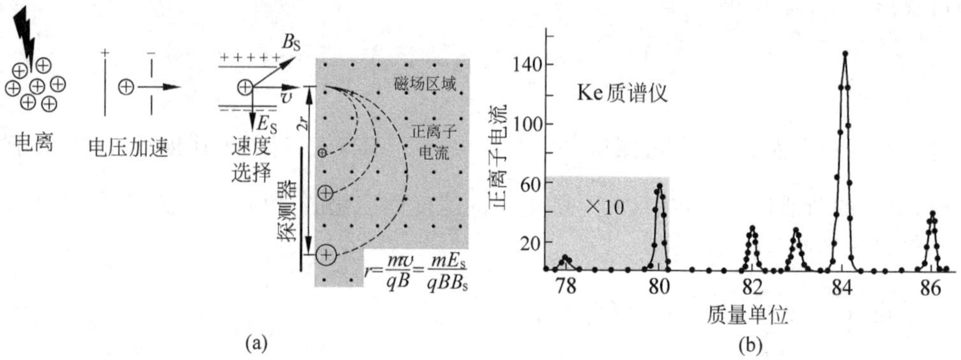

图 7-46 质谱仪

(a) 质谱仪的工作原理；(b) 质谱图

于回旋半径 $r=\frac{mv}{qB}$，而同位素离子 q 相等，m 不同，因此可推出 r 不同，r 与 m 成正比。

7.7 磁场中的磁介质

7.7.1 抗磁性和顺磁性的产生机理

1. 抗磁性

抗磁性是分子或原子内部的电子轨道磁矩产生的，抗磁性存在于一切磁介质当中。如图 7-47 所示，电子在外磁场作用下，除绕原子核运动和自旋外，还要以外场方向为轴转动，称为电子的进动。其中，在图 7-47(a)中 $\boldsymbol{p}$ 与 $\boldsymbol{B}$ 反向，在图 7-47(b)中，$\boldsymbol{p}$ 与 $\boldsymbol{B}$ 同向，结果是不论电子的原来运动情况如何，如果面对着 $\boldsymbol{B}_0$ 的方向观察，进动的转向(电子动量 $\boldsymbol{p}$ 绕 $\boldsymbol{B}_0$ 转动的方向)总是逆时针的，电子的进动相当于一个圆电流，因电子带负电，其产生的附加磁矩 $\Delta\boldsymbol{p}_m$ 的方向永远与 $\boldsymbol{B}_0$ 反向，这便是抗磁性的产生机理。

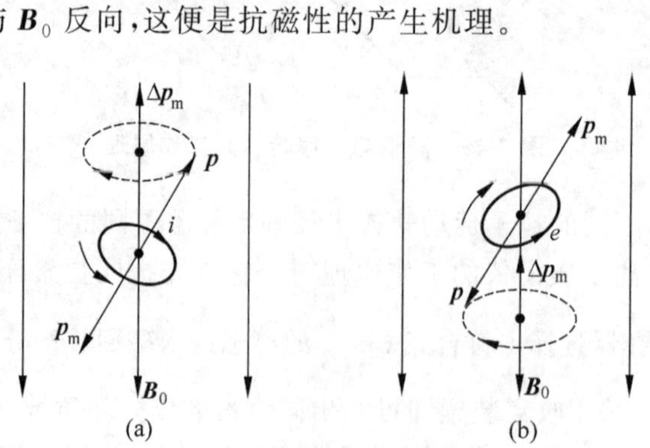

图 7-47 在外磁场中电子的进动和附加磁矩

(a) $\boldsymbol{p}$ 与 $\boldsymbol{B}$ 反向；(b) $\boldsymbol{p}$ 与 $\boldsymbol{B}$ 同向

2. 顺磁性

在分子或原子中运动电子对外磁效应的总和可以用一个等效的圆电流表示，称为分子电流，其磁矩称为分子磁矩 $\boldsymbol{p}_{\mathrm{m}}$。

如图 7-48 所示，对于顺磁性物质，因为其每个分子具有一不定向的固有磁矩，当在外磁场作用时，各分子磁矩受到磁力矩的作用，固有磁矩将力图转至外磁场方向，这样，其产生的 $\boldsymbol{B}'$ 与外场 $\boldsymbol{B}_0$ 方向相同，故总磁场为 $\boldsymbol{B}=\boldsymbol{B}_0+\boldsymbol{B}'$，这便是顺磁性的机制。

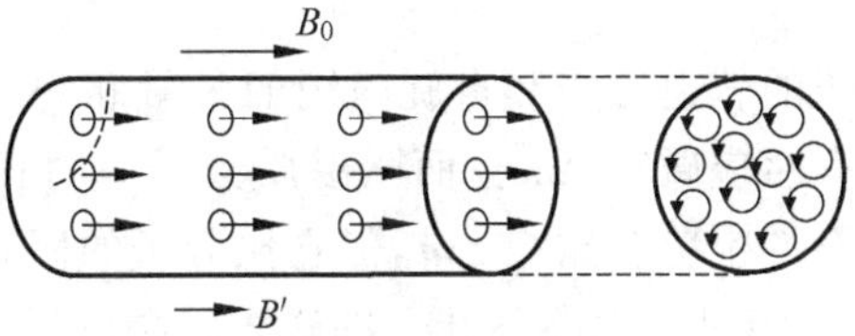

图 7-48　在外场作用下顺磁质的磁化

当分子的固有磁矩为零时，物质显示为抗磁性，当分子的固有磁矩不为零时，因为 $\boldsymbol{p}_{\mathrm{m}} \gg \Delta \boldsymbol{p}_{\mathrm{m}}$（固有磁矩远大于附加磁矩），虽然有抗磁性存在，但其作用太小，因而显示为顺磁性，所以说，抗磁性存在于一切磁介质中。

7.7.2　磁介质的分类与磁化

宏观上，磁介质对磁场的影响可以通过图 7-49 的实验样品测得。图 7-49(a)是一长直螺线管，先让管内是真空(或空气)，并在导线中通电流 I，测出管内的磁感应强度，然后保持电流 I 不变，将管内均匀充满某种磁介质，如图 7-49(b)所示，再测出管内磁感应强度。若以 $\boldsymbol{B}_0$ 和 $\boldsymbol{B}$ 分别表示管内为真空和充满磁介质时的磁感应强度，则实验结果表明二者之间的关系为 $B=\mu_{\mathrm{r}} B_0$，即在传导电流不变的前提下，磁介质中的磁感应强度是没有磁介质时的磁感应强度的 μ_{r} 倍，这是普遍成立的公式。其中，μ_{r} 称为磁介质的相对磁导率，它与磁介质的种类有关。

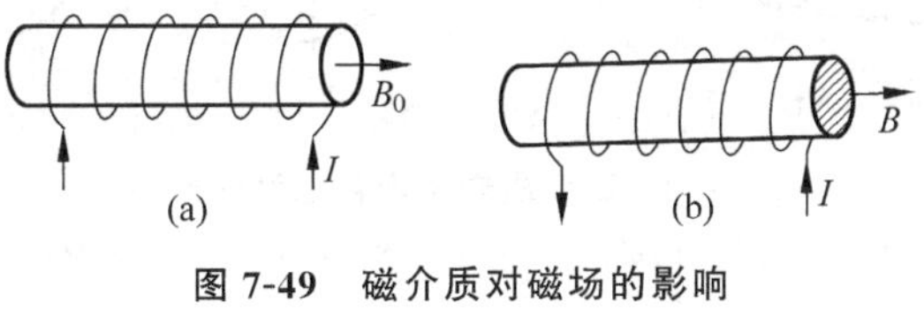

图 7-49　磁介质对磁场的影响

(a) 管内为真空；(b) 管内均匀充满磁介质

根据 μ_{r} 的大小可将磁介质分为：①顺磁质($\mu_{\mathrm{r}}>1$)；②抗磁质($\mu_{\mathrm{r}}<1$)；③铁磁质($\mu_{\mathrm{r}} \gg 1$)。顺磁质和抗磁质的相对磁导率 μ_{r} 只是分别略大于或小于 1，且为常数，它们对磁场的影响很小，属于弱磁性物质。而铁磁质对磁场的影响很大，属于强磁性物质。

磁介质对磁场的影响，涉及磁介质磁化的微观机理。在任何物质的分子中，每一个电子都同时参与两种运动，即绕原子核运动和自旋运动，它们都将形成微小的圆电流，具有一定的磁矩，分别称为轨道磁矩和自旋磁矩。一个分子中全部电子的轨道磁矩和自旋磁矩的矢量和称为分子的固有磁矩，简称分子磁矩，用符号 $\boldsymbol{m}$ 表示。分子磁矩可用一个等效的圆电流表示，称为分子电流。法国物理学家安培用他的这一观点来说明地磁场的成因和物质的磁性，提出分子电流假说：电流从分子的一端流出，通过分子周围空间由另一端注入；非磁化分子的电流呈均匀对称分布，对外不显示磁性；当受外界磁体或电流影响时，对称性分布受到破坏，显示出宏观磁性，这时分子就被磁化了。在科学高度发展的今天，安培的分子电流假说有了实质的内容，已成为认识物质磁性的重要依据。

在外磁场作用下，分子会附加一种以外磁场方向为轴线的转动，产生一个附加磁矩，其方向总是与外磁场的方向相反。分子在磁场中所产生的感应磁矩 $\Delta\boldsymbol{m}$ 是一个分子内所有电子附加磁矩的矢量和。

抗磁质分子中所有电子的轨道磁矩和自旋磁矩的矢量和为零，即分子的固有磁矩 $\boldsymbol{m}=0$，只有在外磁场作用时才有感应磁矩 $\Delta\boldsymbol{m}$。而顺磁质分子的固有磁矩 $\boldsymbol{m}$ 不为零，虽然顺磁质分子在外磁场作用下也要产生感应磁矩 $\Delta\boldsymbol{m}$，但它比分子的固有磁矩 $\boldsymbol{m}$ 小得多，即对顺磁质而言，$\Delta\boldsymbol{m}\ll\boldsymbol{m}$，因而感应磁矩可以忽略不计。铁磁质是顺磁质的一种特殊情况，其产生的感应磁矩与固有磁矩满足的关系为 $\Delta\boldsymbol{m}\gg\boldsymbol{m}$。

没有外磁场时，由于分子的热运动使顺磁质的各分子固有磁矩取向杂乱无章，相互抵消，因而宏观上不呈现磁性。有外磁场存在时，这些固有磁矩将受到外磁场的力矩作用，各分子磁矩将在一定程度上沿着外磁场方向排列。抗磁质分子只有在外磁场作用下，才产生与外磁场方向相反的分子感应磁矩。

无论是哪一种磁介质的磁化，其宏观效果都是在磁介质的表面出现等效的磁化电流，如图 7-50 所示。磁化电流和传导电流一样会激发磁场，顺磁质的磁化电流方向与磁介质中外磁场的方向成右手螺旋关系，激发的磁场与外磁场方向相同，因而使磁介质中的磁场加强。抗磁质的磁化电流方向与外磁场方向成左手螺旋关系，激发的磁场与外磁场方向相反，因而使磁介质中的磁场减弱。

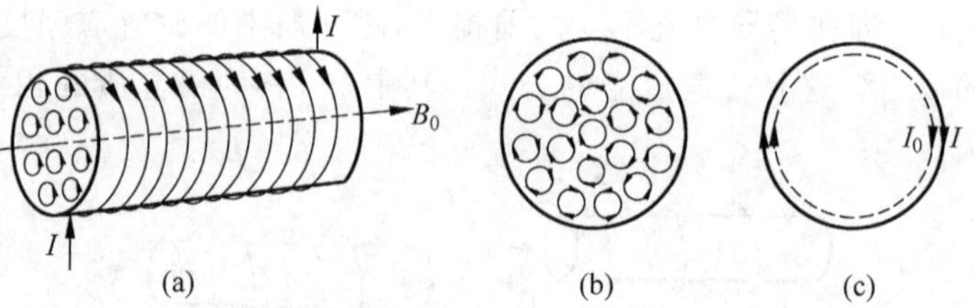

图 7-50 磁介质表面磁化电流的产生

(a) 载流线圈中的磁介质；(b) 被磁化的介质；(c) 磁化电流

7.7.3 磁化强度与磁介质中的安培环路定理

1. 磁场强度

磁介质磁化后有磁化电流。磁介质被磁化的程度可以用一个物理量——磁化强度来描述。磁化强度定义为单位体积内分子磁矩的矢量和，即

$$\boldsymbol{M}=\frac{\sum\limits_{m\in\Delta V}\boldsymbol{m}}{\Delta V}=\frac{\sum\limits_{m\in\Delta V}\Delta\boldsymbol{m}}{\Delta V} \tag{7.35}$$

式中，$\boldsymbol{m}$ 表示分子磁矩(对顺磁介质磁化后总的磁矩)；$\Delta\boldsymbol{m}$ 表示附加分子磁矩。可以证明，一个闭合回路的磁化电流强度为 $I_S=\oint_L\boldsymbol{M}\cdot\mathrm{d}\boldsymbol{l}$。为计算方便，在介绍磁介质中的磁场时引入一个辅助矢量 $\boldsymbol{H}$，称为磁场强度，定义为

$$H=\frac{B}{\mu}=\frac{B}{\mu_0\mu_r} \tag{7.36}$$

式中，$\mu=\mu_0\mu_r$ 称为磁介质的磁导率。对于真空或空气，$\mu_r=1$，故 $\mu=\mu_0$。在国际单位制中，H 的单位是安/米(A/m)。

为了能形象地表示磁场中 $\boldsymbol{H}$ 的分布，可以用磁感线来描绘磁场，规定磁感线与 $\boldsymbol{H}$ 的关系如下：

① 磁感线上任一点的切线方向为该点 $\boldsymbol{H}$ 的方向；

② 通过某点处 $\boldsymbol{H}$ 线的密度，即垂直于 $\boldsymbol{H}$ 方向的单位面积的 $\boldsymbol{H}$ 线数目等于该点处 $\boldsymbol{H}$ 的量值。在各向同性的均匀磁介质中，通过任一截面的磁感应线的数目是通过同一截面 $\boldsymbol{H}$ 线的 μ 倍。磁导率 μ 与相对磁导率 μ_r 都是描述磁介质特性的物理量，通常通过实验来测量。

2. 磁介质中的安培环路定理

如图 7-51 所示，当磁场中有磁介质存在时，由于磁介质表面因磁化而出现磁化电流，所以在磁介质内外任一点处的总磁应强度 $\boldsymbol{B}$ 应是导体中传导电流激发的磁场 $\boldsymbol{B}_0$ 和磁化电流激发的磁场 $\boldsymbol{B}'$ 的矢量和，即

$$\boldsymbol{B}=\boldsymbol{B}_0+\boldsymbol{B}' \tag{7.37}$$

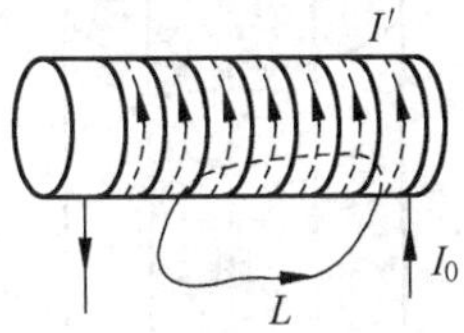

图 7-51　有磁介质的安培环路定理

在处理磁介质中磁场问题时，只要考虑磁化电流的情况，都可以当成真空来处理。根据安培环路定理，应用这一基本技术路线，可以得到以下安培环路公式：

$$\oint_L \boldsymbol{B}\cdot \mathrm{d}\boldsymbol{l}=\mu_0\sum_L(I_0+I') \tag{7.38}$$

式中，$\sum\limits_L I_0$ 和 $\sum\limits_L I'$ 分别表示穿过环路 L 的传导电流和磁化电流。由于磁化电流本身也是一个未知量，所以由式(7.38)难以确定 B。下面通过一个例子来说明这类问题的处理方法。

仍考虑一长直螺线管，其管内均匀充满相对磁导率为 μ_r 的磁介质。设导线中通以传导电流 I_0，它在螺线管内产生的磁感应强度为 $\boldsymbol{B}_0$，$\boldsymbol{B}_0$ 也就是管内为真空时的磁场。对图中的任意回路 L，应用安培环路定理得

$$\oint_L \boldsymbol{B}_0\cdot \mathrm{d}\boldsymbol{l}=\mu_0\sum_L I_0$$

式中，$\sum\limits_L I_0$ 是穿过 L 的传导电流。考虑到 $\boldsymbol{B}=\mu_r\boldsymbol{B}_0$，则可得

$$\oint_L \frac{\boldsymbol{B}}{\mu_0\mu_r}\cdot \mathrm{d}\boldsymbol{l}=\sum_L I_0 \tag{7.39}$$

这就是有磁介质存在时磁感应强度与传导电流的关系。虽然式(7.37)中磁化电流没有出现，但磁介质对磁场的影响通过介质的相对磁导率 μ_r 反映出来了。可以证明，它是有磁介质存在时磁场的一条普遍规律。

根据磁场强度的定义，式(7.39)可以表示为

$$\oint_L \boldsymbol{H}\cdot \mathrm{d}\boldsymbol{l}=\sum_L I_0 \tag{7.40}$$

上式称为磁介质中的安培环路定理(或 $\boldsymbol{H}$ 的安培环路定理)。它表明，在磁场中沿任一闭合

路径，$\boldsymbol{H}$ 的环流等于穿过该闭合路径的传导电流的代数和，即 $\boldsymbol{H}$ 的环流与磁化电流无关。因此引入 $\boldsymbol{H}$ 这个辅助矢量后，在磁场及磁介质的分布具有某些特殊对称性时，可以根据传导电流的分布先求出 $\boldsymbol{H}$ 的分布，再由磁感应强度与磁场强度的关系求出 $\boldsymbol{B}$ 的分布。$\boldsymbol{H}$ 作为辅助量 $\boldsymbol{H}$，无直接的物理意义，有意义的是 d$\boldsymbol{l}$。

因此，用安培环路定律解题时，要注意：在真空中，用 $\oint_L \boldsymbol{B}\cdot \mathrm{d}\boldsymbol{l}=\mu_0\sum_i I_i$ 直接求 $\boldsymbol{B}$ 的分布；在磁介质中，先用 $\oint_L \boldsymbol{H}\cdot \mathrm{d}\boldsymbol{l}=\sum_i I_i$ 求 $\boldsymbol{H}$ 的分布，然后根据 $\boldsymbol{B}=\mu_0\mu_r\boldsymbol{H}$ 求 $\boldsymbol{B}$ 的分布。

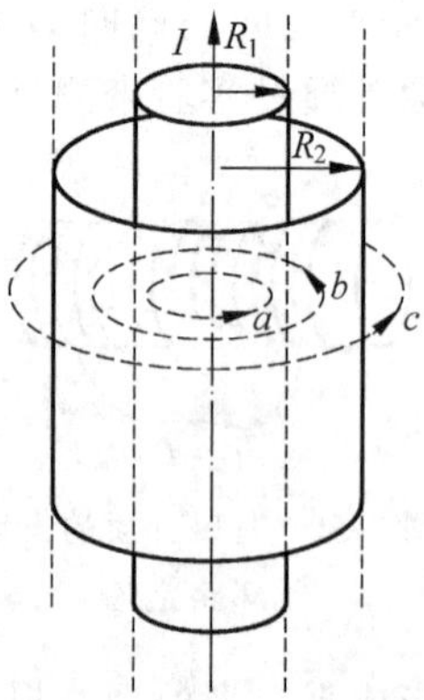

图 7-52　例 7.12 用图

例 7.12　如图 7-52 所示，半径为 R_1 的无限长圆柱体导线外有一层同轴圆筒状磁介质，圆筒外半径为 R_2，介质是均匀的，其相对磁导率为 μ_r，电流 I 在导线中均匀流过。试求各个区域的磁场分布。

解　圆柱体电流所产生的 $\boldsymbol{B}$ 和 $\boldsymbol{H}$ 的分布均具有轴对称性。设 a、b、c 分别为导线内、磁介质中及磁介质外的任意点，它们到圆柱体轴线的垂直距离用 r 表示，分别以 r 为半径作圆周环路。

对过 a 点的圆周环路应用 $\boldsymbol{H}$ 的安培环路定理，得

$$\oint_L \boldsymbol{H}\cdot \mathrm{d}\boldsymbol{l}=H\oint_L \mathrm{d}\boldsymbol{l}=2\pi rH=\frac{I}{\pi R_1^2}\pi r^2$$

化简得到

$$H=\frac{Ir}{2\pi R_1^2}$$

再由 $B=\mu H=\mu_0 H$，得导线内的磁感应强度为

$$B=\frac{\mu_0 Ir}{2\pi R_1^2}\quad (0<r<R_1)$$

对过 b 点的圆周环路应用 $\boldsymbol{H}$ 的安培环路定理得

$$\oint_L \boldsymbol{H}\cdot \mathrm{d}\boldsymbol{l}=2\pi rH=I$$

$$H=\frac{I}{2\pi r}$$

由此得磁介质中的磁感应强度为

$$B=\frac{\mu_0\mu_r I}{2\pi r}\quad (R_1<r<R_2)$$

将 H 的安培环路定理应用于过 c 点的圆周环路，仍然有

$$H=\frac{I}{2\pi r}$$

于是得磁介质外面的磁感应强度为

$$B=\frac{\mu_0 I}{2\pi r}\quad (r>R_2)$$

磁场强度和磁感应强度的方向均与电流的方向成右手螺旋关系。

例 7.13　在密绕螺绕环内充满均匀磁介质，已知螺绕环上线圈总匝数为 N，通有电流

I,环的横截面半径远小于环的平均半径,磁介质的相磁导率为 μ_r。求磁介质中的磁感应强度。

解　由于电流和磁介质的分布关于环的中心轴对称,所以与螺绕环共轴的圆周上各点 $\boldsymbol{H}$ 的大小相等,方向沿圆周的切线。如图 7-53 所示,在环管内取与环共轴的半径为 r 的圆周为安培环路 L,应用 $\boldsymbol{H}$ 的安培环路定理得

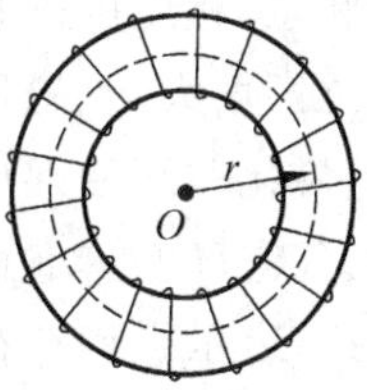

图 7-53　例 7.13 用图

$$\oint_L \boldsymbol{H} \cdot \mathrm{d}\boldsymbol{l} = 2\pi r H = NI$$

化简可得

$$H = \frac{NI}{2\pi r}$$

再由 $B=\mu_0\mu_r H$ 得环管内的磁感应强度为

$$B = \frac{\mu_0\mu_r NI}{2\pi r}$$

磁感应强度的方向与电流流动方向成右手螺旋关系。

7.7.4　铁磁质

1. 磁滞现象

铁磁质的相对磁导率 μ_r 很大,且 μ_r 不是常数,会随磁场强度 $\boldsymbol{H}$ 而变化,能产生很强的与外磁场同方向的附加磁场 B',并使得铁磁质在外磁场撤除后仍能保持一定的磁性。

铁磁质的磁化特性通常用 B-H 曲线来描述。B 和 H 的关系可用以下实验测定:如图 7-54 所示,把待测的铁磁质材料做成环状,外面均匀地绕上 N 匝线圈。线圈中通入电流后,铁磁质就被磁化。当线圈中电流为 I 时(称为励磁电流),环中的磁场强度 $H=\dfrac{NI}{2\pi r}$,式中 r 为环的平均半径。环中的磁感应强度 B 可用磁通计测出,于是可得一组对应的 B 和 H 值。改变电流 I,可依次测得 B 随 H 变化的函数关系,然后绘出一条 B-H 关系曲线,这样的曲线称为磁化曲线。

如果从铁磁质完全没有被磁化开始,逐渐增大线圈中电流 I,得到的磁化曲线称为起始磁化曲线,如图 7-54(a)所示。可以看出,当 H 较小时,B 随 H 近似成正比地增大;当 H 稍大后,B 便开始急剧增大,随后增大变得缓慢;当 H 达到某一值后,B 几乎不随 H 的增大而增大,这时,铁磁质达到磁饱和状态。根据 $\mu_r=B/\mu_0 H$,还可求出不同 H 对应的 μ_r 值,于是可绘出 μ_r 随 H 变化的 μ_r-H 曲线。实验表明,各种铁磁质的磁化曲线都是不可逆的,即达到饱和后,如果逐渐减小电流 I,B 并不沿起始磁化曲线逆向地随 H 的减小而减小,而是减小速率比原来增加时缓慢,而且当 $I=0$,外磁场 $H=0$ 时,磁感应强度 B 并不为零,而是保持一定的值 B_r,称为剩余磁感应强度,简称剩磁(即 $H=0$ 时,$B=B_r$)如图 7-54(b)中 ab 段所示。这种现象称为磁滞效应。

要完全消除剩磁 B_r,需要让电流 I 反向,只有当反向电流增大到一定值从而使反向的磁场强度增大到一定值时,铁磁质才完全退磁,即 $B=0$,见图 7-54(b)中 bc 段。使铁磁质完全退磁所需的反向磁场强度的大小叫作铁磁质的矫顽力,用 H_c 表示。铁磁质的矫顽力越

大，退磁所需的反向磁场也越大。继续增大反向电流以增大反向的 H，可以使铁磁质达到反向饱和状态，见图 7-54(b)中 cd 段。再将反向电流逐渐减小到零，铁磁质又会达到反向剩磁状态，相应的磁感应强度为 $-B_r$，见图 7-54(b)中 de 段。最后将电流又改回原来的方向并逐渐增大，铁磁质又会经 H_c 表示的状态回到原来的饱和状态，见图 7-54(b)中 efb 段。这样，磁化曲线便形成一闭合的 B-H 曲线，称为磁滞回线。由磁滞回线可看出，铁磁质中的 B 不是 H 的单值函数，它取决于铁磁质的磁化历史。不同的铁磁质具有不同宽窄的磁滞回线，表示它们存在不同的矫顽力。实验指出，当铁磁质在周期性变化的外磁场作用下反复磁化时，介质会发热。这种因反复磁化发热而引起的能量损耗，称为磁滞损耗。实验和理论证明，单位体积的铁磁质反复磁化一次，因发热而损耗的能量，与铁磁质材料的磁滞回线所包围的面积成正比，即磁滞回线所包围的面积越大，磁滞损耗也越大。

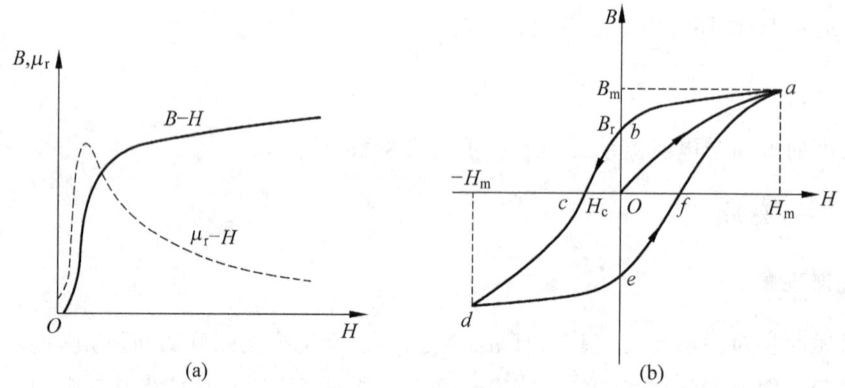

图 7-54　铁磁质中

(a) B 和随 H 变化的曲线；(b) 磁滞回线

* 2. 磁畴

在铁磁质内部，原子间的相互作用是非常强烈的，内部自发磁化形成一些小区域，称为磁畴，如图 7-55(a)所示。在磁畴中，原子的磁矩排列得很整齐，因此它具有很强的磁性，称为自发磁化，当加上外场时，各磁畴中的磁矩沿外场取向，显示出很强的磁性，其形状如图 7-55(b)所示。根据实验观察，磁畴的体积约为 $10^{-12}\,\mathrm{m}^3$，其中含有 $10^{12}\sim10^{15}$ 个原子。

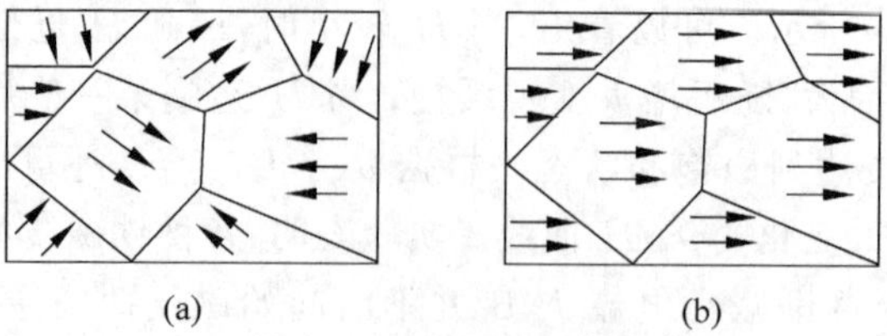

图 7-55　磁畴中磁矩的取向

(a) 无外磁场对外不显磁性；(b) 有外磁场对外显强磁性

对于顺磁质(抗磁质)，μ 为常数，B 与 H 呈线性关系，如图 7-56(a)所示，其磁化曲线为直线，即 $\boldsymbol{B}=\mu\boldsymbol{H}$，$\tan\theta=\dfrac{B}{H}=\mu$；但对于铁磁质，其线性关系就不存在了，图 7-56(b)为铁磁质的磁化曲线，也称为初始磁化曲线，其变化规律为：B 随 H 逐渐增大，到达 1 后，B 迅速增大，这是因为磁畴沿外磁场方向迅速排列的缘故，到达 2 以后，B 增加得较缓慢了，而到达 4 后，再增加 H，B 也几乎不变了，此时的磁感应强度 B_{max} 称为饱和磁感强度。这说明，此时几乎所有的磁畴都已趋于外磁场方向了。

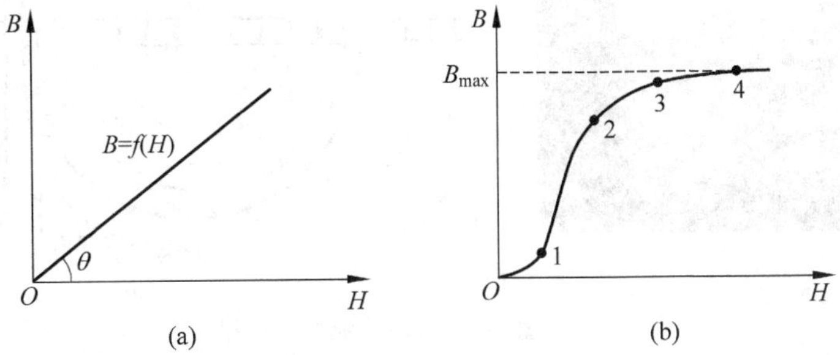

图 7-56　不同材料的 *B*-*H* 曲线

(a) 顺磁材料；(b) 铁磁材料

由实验可知，铁磁质的磁化和温度有关，磁化能力随温度的升高而减小，当达到某一温度时，铁磁质就转化为顺磁质，这个温度称为居里温度或居里点，这是因为剧烈的分子热运动破坏了磁畴。

7.7.5　磁屏蔽

在两种介质的交界面上，磁感应强度 $\boldsymbol{B}$ 经折射发生变化，即发生磁感线（B 线）折射，从而可能发生磁屏蔽。在如图 7-57 所示的磁屏蔽系统中，A 为一个由磁导率很大的软磁材料制成的罩，由于 A 的 $\mu \gg \mu_0$，所以绝大部分磁感线从罩壳中通过，而罩内空腔中的磁感线是很少的，从而达到磁屏蔽的目的。值得一提的是，在静电屏蔽中，内腔完全不存在电场；而在静磁屏蔽中，内腔中还是存在很弱的磁场。

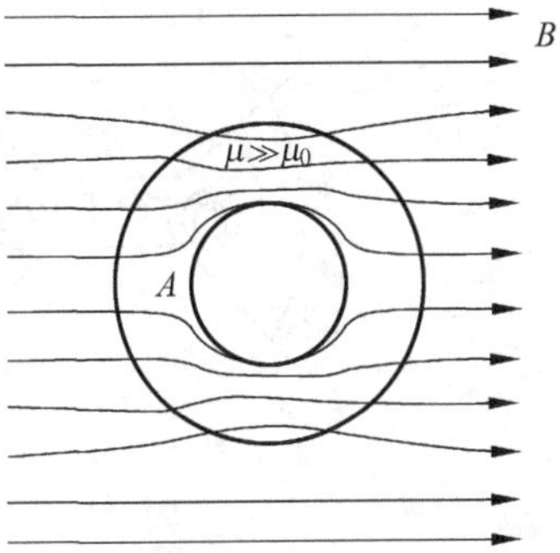

图 7-57　磁屏蔽系统

*7.8　电子回旋加速器

电子回旋加速器是一种利用高频电场加速电子或离子的环形加速器装置。垂直磁场 B 使带电粒子路径产生弯曲，在加速区施加直流脉冲电压 U 提高粒子势能 qU 并使粒子加速，导致回旋半径跳变，粒子的路径呈螺旋状轨迹，不会产生碰撞。同步加速器中磁场强度随被加速粒子能量的增加而增加，从而保持粒子回旋频率与高频加速电场同步。

电子回旋加速器的立体图如图 7-58(a)所示，其由两个大的 D 型 N 极电磁铁和两块大的 D 型 S 极电磁铁组成，磁极板之间是处于真空状态的平行缝隙，注入的电子在缝隙中绕磁场回旋。电子回旋加速器俯视图如图 7-58(b)所示。根据电子回旋速度，施加相应的磁场，使回旋周期保持不变。

电子回旋加速器是利用变化的磁场激发的电场来加速电子的。图 7.59(a)是交变磁场激发电场的激励装置，图 7-59(b)是环形管中的电子轨迹。放在真空中的磁极是可以提供

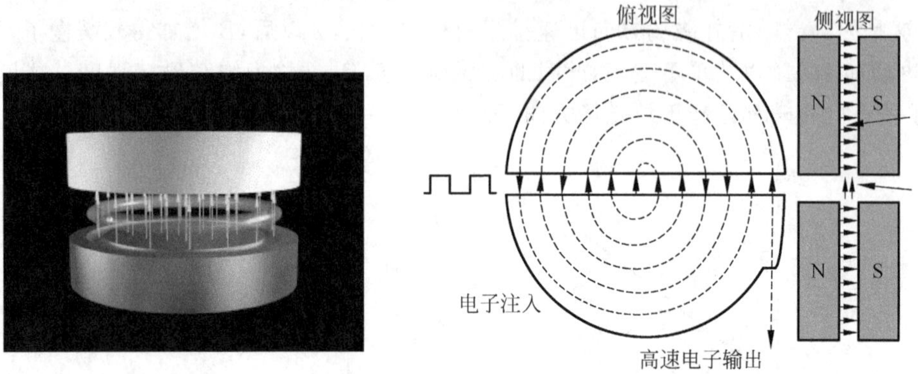

(a) (b)

图 7-58 电子回旋

(a) 电子回旋加速器的实物图；(b) 工作原理图

频率为几十赫兹的交变磁铁，电子沿回路方向被注入真空室后，电子回旋通过两块 D 型磁铁缝隙时，在感生电场作用下被加速，改变入射速度，当电子进入 N-S 极缝隙时，电子受到磁场的洛伦兹力作用，从而改变回旋半径，继续沿着环形室内的圆形轨道运动。下面分别对电子回旋加速器中的几个物理量进行说明。

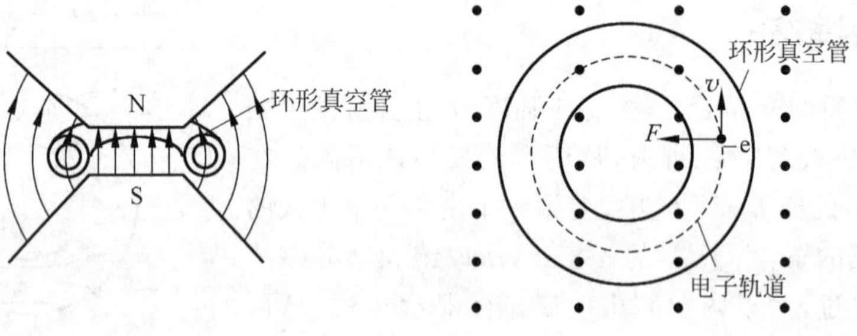

(a) (b)

图 7-59 电子回旋加速器的激励装置及管中的电子轨迹

(a) 磁场激励装置；(b) 环形管中的电子轨迹

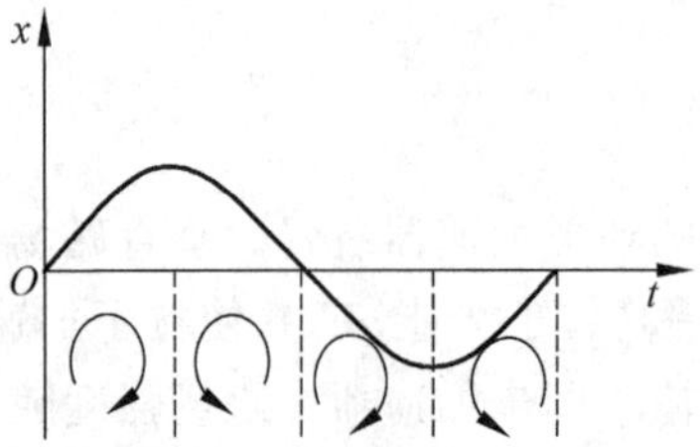

图 7-60 涡旋电场方向

(1) 加速时间

由图 7-60 可知，电子只有在第一个和第四个 1/4 周期被加速，另外，为使电子不断被加速，应使电子沿圆形轨道运动。电子受磁场的洛伦兹力应指向圆心。考虑如上两个因素，只有在第一个 1/4 周期内电子被加速(第四个 1/4 周期洛伦兹力沿径向向外)。因此，在加速器中，在每个第一 1/4 周期末，利用特殊装置将电子束引离轨道射在靶上，因 E_t 非常大，即使在如此短的时间内，电子的动能还能达到几兆电子伏特以上。

(2) 回旋周期

电子的回旋周期为

$$T=\frac{\pi R}{v}=\frac{\pi m}{qB}$$

式中，m 为电子的质量；q 为电子的电荷量；B 为磁感应强度。其与 v 和 R 无关。

(3) 引出速度和动能

电子的引出速度和动能分别为

$$v' = \frac{R_0 qB}{m}$$

$$E_k = \frac{1}{2}mv'^2 = \frac{(R_0 qB)^2}{2m}$$

式中，v' 为电子的引出速度；R_0 为 D 形盒的半径。

电子回旋加速器主要用于高能粒子碰撞实验、产生同步辐射（光源）、作为医用质子/重粒子辐射源和粒子束积累。

本章小结

1. 稳恒电流

(1) 电流稳恒的条件：当曲面内的电荷不随时间变化时，从闭合曲面上流入、流出的电流相等，曲面内无电荷积累，则通过闭合曲面的电流是恒定的，即 $\oint_s \boldsymbol{j} \cdot \mathrm{d}\boldsymbol{S} = 0$。

(2) 电源和电动势

依靠非静电力做功而维持一定电流的装置，或在电路中提供非静电力的装置称为电源。

非静电力场强是指一个能施力于电荷的力场，但它对电荷的作用力所遵从的规律和静电场不同。非静电力场强 $E_K = \frac{F_K}{q}$，其中，F_K 是非静电力。

把单位正电荷绕闭合回路一周，电源（或称非静电力）所做的功称为电源的电动势，即 $\varepsilon = q\int_-^+ \boldsymbol{E}_K \cdot \mathrm{d}\boldsymbol{l}$。

(3) 基尔霍夫定律

基尔霍夫第一定律：在任一节点处，流向节点的电流之和等于流出节点的电流之和，即 $\sum I = 0$。

基尔霍夫第二定律：沿任一闭合回路的电势增量的代数和等于零，即 $\sum E + \sum IR = 0$。

2. 磁场和磁感应强度的定义

磁感应强度的表达式为

$$B = \frac{F_{max}}{qv}$$

3. 毕奥-萨伐尔定律

载流导线会产生磁场，称为电流的磁效应，进一步推广到运动的电荷会产生磁场。引入电流元概念，推导电流的磁效应公式。

微分形式：$\mathrm{d}\boldsymbol{B}=\frac{\mu_0}{4\pi}\frac{I\mathrm{d}\boldsymbol{l}\times\boldsymbol{r}}{r^3}=\frac{\mu_0}{4\pi}\frac{I\mathrm{d}l}{r^2}\sin(\mathrm{d}\boldsymbol{l},\boldsymbol{r})\boldsymbol{e}_B$

积分形式：$\boldsymbol{B}=\int_L \mathrm{d}\boldsymbol{B}=\int_L \frac{\mu_0}{4\pi}\frac{I\mathrm{d}\boldsymbol{l}\times\boldsymbol{r}}{r^3}=\int_L \frac{\mu_0}{4\pi}\frac{I\mathrm{d}l}{r^2}\sin(\mathrm{d}\boldsymbol{l},\boldsymbol{r})\boldsymbol{e}_B$

用右手螺旋定则确定磁场方向。

典型应用：计算具有对称性载流导线（如载流长直导线、载流长圆导线）和直螺线管内部的磁感应强度。

- 载流直导线的磁场：$B=\frac{\mu_0 I}{4\pi a}(\cos\theta_1-\cos\theta_2)$；讨论：无限长、半无限长和延长情况下直导线的磁感应强度。
- 圆电流轴线上的磁场：$B=\frac{\mu_0 IR^2}{2(R^2+z^2)^{3/2}}$；讨论：圆心处的磁感应强度。
- 直螺线管轴线上的磁场：$B=\frac{\mu_0 nI}{2}(\cos\beta_2-\cos\beta_1)$；讨论：无限长和半无限长情况下直螺线管轴线上的磁感应强度。

4. 磁场的高斯定理和安培环路定理

（1）磁通量的定义：$\mathrm{d}\Phi_\mathrm{m}=\boldsymbol{B}\cdot\mathrm{d}\boldsymbol{S}$，　$\Phi_\mathrm{m}=\int_S \boldsymbol{B}\cdot\mathrm{d}\boldsymbol{S}$

真空磁场的高斯定理：对于闭合曲面，因为磁感线是闭合的，所以穿入闭合面和穿出闭合面的磁感线条数相等，故 $\Phi_\mathrm{m}=0$，即闭合曲面$\oint_S \boldsymbol{B}\cdot\mathrm{d}\boldsymbol{S}=0$，否定了磁荷的存在。

（2）安培环路定理

在真空稳恒磁场内，磁感应强度的环流等于穿过积分回路的所有传导电流代数和的 μ_0 倍，用公式表示为$\oint_L \boldsymbol{B}\cdot\mathrm{d}\boldsymbol{l}=\mu_0\sum_i I_i$。它是计算电流产生磁场大小的常用方法。

5. 安培力与安培定律

磁场对电流元 $I\mathrm{d}\boldsymbol{l}$ 的作用力在数值上等于电流元的大小、电流元所在处磁感强度 $\boldsymbol{B}$ 的大小及电流元$I\mathrm{d}\boldsymbol{l}$ 与$\boldsymbol{B}$之间夹角的正弦的乘积，其方向由矢积 $I\mathrm{d}\boldsymbol{l}\times\boldsymbol{B}$ 决定。一段有限长电流受安培力 $\boldsymbol{F}=\int_L I\mathrm{d}\boldsymbol{l}\times\boldsymbol{B}$。

推理：平行载流导线存在磁相互作用力，当电流同向时，导线相互吸引，当电流反向时，导线相互排斥。

相关内容：线圈的磁矩、磁力矩，磁场力对载流导线的做功及其应用。

6. 洛伦兹力

运动电荷在磁场中受到的磁场力 $\boldsymbol{F}_\mathrm{L}=q\boldsymbol{v}\times\boldsymbol{B}$。

讨论：安培力与洛伦兹力的关系。

7. 磁场中的磁介质

（1）磁介质的分类：顺磁质、抗磁质和铁磁质。
（2）磁场强度，极化机理分析，安培分子电流论。
（3）磁介质中的磁场高斯定理、安培环路定理。
（4）铁磁材料特性：磁畴、磁滞回线。

8. 应用实例

（1）霍耳效应原理分析及应用领域。
（2）质谱仪结构与原理分析及应用领域。
（3）电子回旋加速器结构与原理分析及应用领域。

习题

1. 填空题

1.1　一磁场的磁感应强度为 $\boldsymbol{B}=a\boldsymbol{i}+b\boldsymbol{j}+c\boldsymbol{k}$（SI），则通过一半径为 R，开口向 z 轴正方向的半球壳表面的磁通量的大小为________ Wb。

1.2　真空中有一载有稳恒电流 I 的细线圈，则通过包围该线圈的封闭曲面 S 的磁通量 $\Phi=$________。若通过 S 面上某面元 $\mathrm{d}\boldsymbol{S}$ 的元磁通为 $\mathrm{d}\Phi$，而线圈中的电流增加为 $2I$ 时，通过同一面元的元磁通为 $\mathrm{d}\Phi'$，则 $\mathrm{d}\Phi:\mathrm{d}\Phi'=$________。

1.3　在非均匀磁场中，有一电荷为 q 的运动电荷，当电荷运动至某点时，其速率为 v，运动方向与磁场方向间的夹角为 α，此时测出它所受的磁力为 f_m，则该运动电荷所在处的磁感强度的大小为________，磁力 f_m 的方向一定垂直________________。

1.4　有一个圆形回路 1 及一个正方形回路 2，圆直径和正方形的边长相等，二者中均通有大小相等的电流，它们在各自中心产生的磁感强度的大小之比 B_1/B_2 为________。

1.5　弯成直角的无限长直导线中通有电流 $I=10\mathrm{A}$。在直角所决定的平面内，距两段导线的距离都是 $a=20\mathrm{cm}$ 处的磁感强度 $B=$________。

1.6　在一平面内，有两条垂直交叉但相互绝缘的导线，流过每条导线的电流 i 的大小相等，其方向如图 7-61 所示。问哪些区域中有某些点的磁感强度 B 可能为零？（________）

1.7　电流由长直导线 1 沿切向经 a 点流入一由电阻均匀的导线构成的圆环，再由 b 点沿切线流出，经长直导线 2 返回电源，如图 7-62 所示。已知直导线上的电流强度为 I，圆环的半径为 R，且 a、b 和圆心 O 在同一直线上，则 O 点的磁感强度的大小为________。

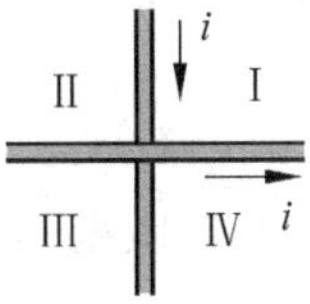

图 7-61　填空题 1.6 用图

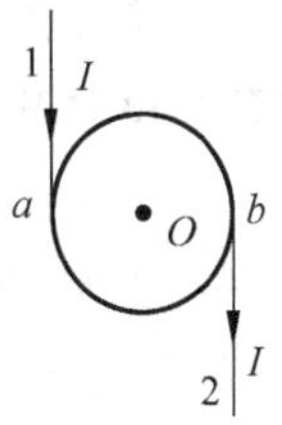

图 7-62　填空题 1.7 用图

1.8 如图 7-63 所示，在无限长直载流导线的右侧有面积为 S_1 和 S_2 的两个矩形回路。两个回路与长直载流导线在同一平面，且矩形回路的一边与长直载流导线平行，则通过面积为 S_1 的矩形回路的磁通量与通过面积为 S_2 的矩形回路的磁通量之比为________。

1.9 两条长直导线通有电流 I，如图 7-64 所示有三种环路，则在每种情况下，$\oint_L \boldsymbol{B} \cdot \mathrm{d}\boldsymbol{l}$ 等于________（对环路 a），________（对环路 b），________（对环路 c）。

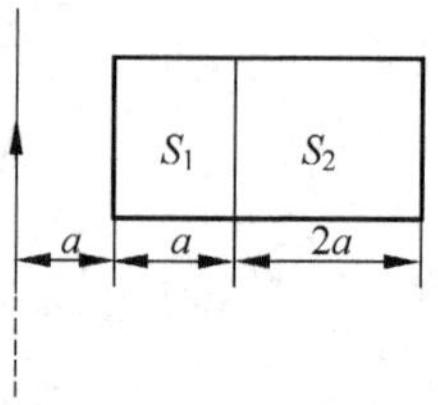

图 7-63 填空题 1.8 用图

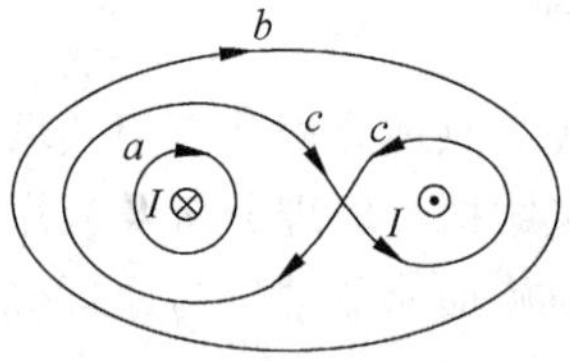

图 7-64 填空题 1.9 用图

1.10 两个带电粒子，以相同的速度垂直磁感线飞入均匀磁场，它们的质量之比是 1∶4，电荷之比是 1∶2，则它们所受的磁场力之比是________，运动轨迹半径之比是________。

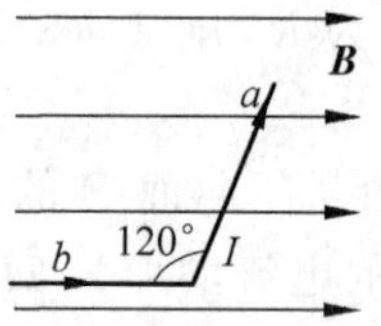

图 7-65 填空题 1.11 用图

1.11 如图 7-65 所示，一条通电流 I 的导线，被折成长度分别为 a、b，夹角为 120°的两段，并置于均匀磁场 $\boldsymbol{B}$ 中，若导线长度为 b 的一段与 $\boldsymbol{B}$ 平行，则 a，b 两段载流导线所受的合磁力的大小为________。

1.12 有两个线圈 1 和 2，面积分别为 S_1 和 S_2 且 $S_2=2S_1$，将两线圈分别置于不同的均匀磁场中并通过相同的电流，若两线圈受到相同的最大磁力矩，则通过两线圈的最大磁通量 $\Phi_{1\max}$ 和 $\Phi_{2\max}$ 的关系为________；两均匀磁场的磁感强度大小 B_1 和 B_2 的关系为________。

1.13 在磁感应强度为 $\boldsymbol{B}$ 的均匀磁场中做一半径为 r 的半球面 S，如图 7-66 所示，S 边线所在平面的法线方向单位矢量 $\boldsymbol{n}$ 与 $\boldsymbol{B}$ 的夹角为 α，则通过半球面 S 的磁通量（取弯面向外为正）为________。

1.14 通有电流 I 的无限长直导线有如图 7-67 三种形状，则 P，Q，O 各点磁感强度的大小 B_P，B_Q，B_O 间的关系为________。

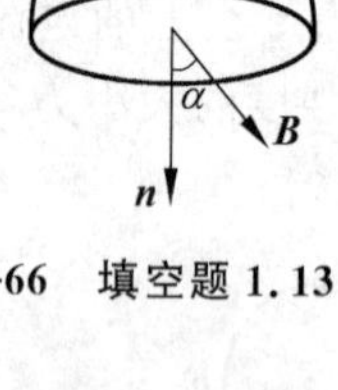

图 7-66 填空题 1.13 用图

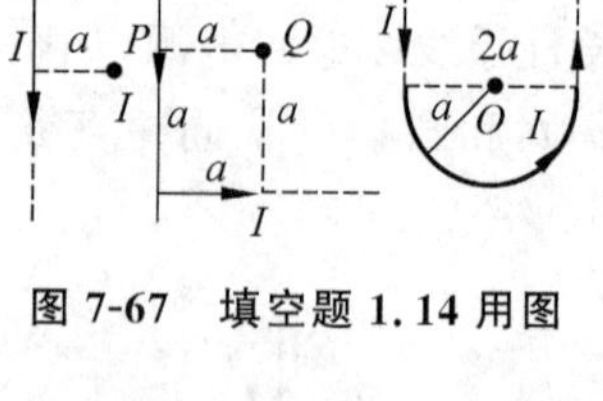

图 7-67 填空题 1.14 用图

1.15 一带电粒子，垂直射入均匀磁场，如果粒子质量增大到 2 倍，入射速度增大到 2 倍，磁场的磁感应强度增大到 4 倍，则通过粒子运动轨道包围范围内的磁通量增大到原来的________。

1.16 一面积为 S，载有电流 I 的平面闭合线圈置于磁感强度为 $\boldsymbol{B}$ 的均匀磁场中，此线圈受到的最大磁力矩的大小为________,此时通过线圈的磁通量为________。

1.17 如图 7-68 所示,在纸面上的直角坐标系中,有一根载流导线 AC 置于垂直于纸面的均匀磁场 $\boldsymbol{B}$ 中,若 $I=1\text{A}$,$B=0.1\text{T}$,则 AC 导线所受的磁力大小为________。

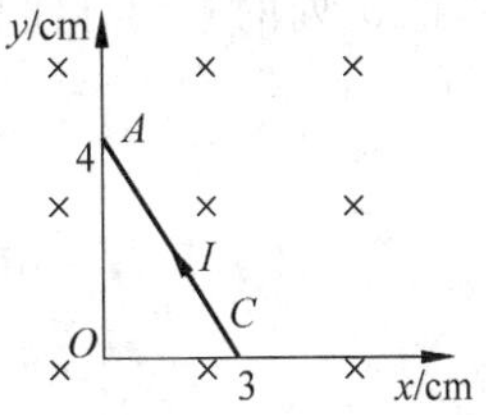

图 7-68 填空题 1.17 用图

1.18 有一个由 N 匝细导线绕成的平面正三角形线圈,边长为 a,通有电流 I,置于均匀外磁场 $\boldsymbol{B}$ 中,当线圈平面的法向与外磁场同向时,该线圈所受的磁力矩 M_m 的值为________。

1.19 利用霍耳元件可以测量磁场的磁感强度,设一霍耳元件用金属材料制成,其厚度为 0.15mm,载流子数密度为 $1.0\times10^{24}\text{m}^{-3}$。将霍耳元件放入待测磁场中,测得霍耳电压为 $42\mu\text{V}$,通过霍耳元件的电流为 10mA。求此时待测磁场的磁感应强度为________。

2. 选择题

2.1 【 】如图 7-69 所示,两个半径为 R 的相同的金属环,在 a、b 两点接触(ab 连线为环的直径),并互相垂直放置。电流 I 沿 ab 边线方向由 a 端流入,b 端流出,则环中心 O 点的磁感应强度的大小为

(A) 0 (B) $\dfrac{\mu_0 I}{4R}$ (C) $\dfrac{\sqrt{2}\mu_0 I}{4R}$ (D) $\dfrac{\mu_0 I}{R}$

(E) $\dfrac{\sqrt{2}\mu_0 I}{8R}$

2.2 【 】如图 7-70 所示,在无限长载流导线附近有一球形封闭曲面 S,当面 S 向直导线靠近的过程中,穿过面 S 的磁通量 ϕ 及面上任一点 P 的磁感应强度大小 B 的变化为

(A) ϕ 增大,B 增大 (B) ϕ 不变,B 不变

(C) ϕ 增大,B 不变 (D) ϕ 不变,B 增大

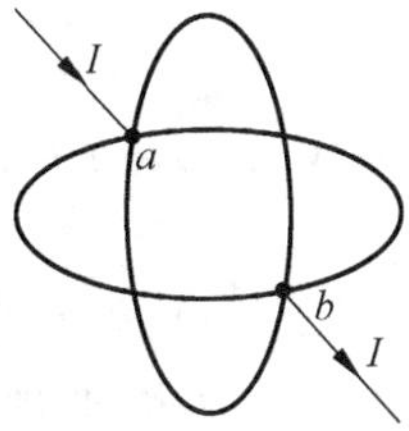

图 7-69 选择题 2.1 用图

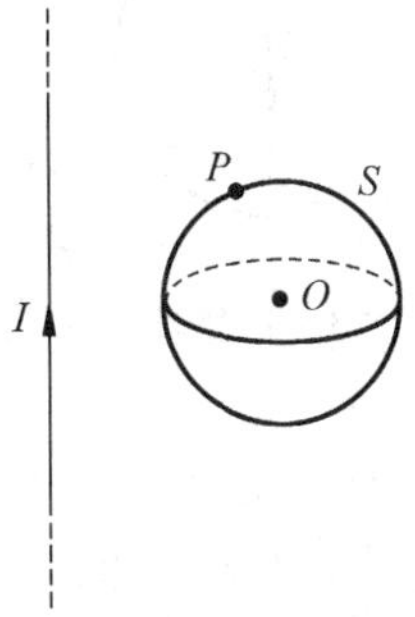

图 7-70 选择题 2.2 用图

2.3 【 】真空中有两条平行的长直载流导线,所通电流分别为 I_1 和 I_2,方向如图 7-71 所示,则磁感应强度 $\boldsymbol{B}$ 沿图示的回路 L 的环流为

(A) $\mu_0(I_1+I_2)$ (B) $\mu_0(I_1-I_2)$

(C) $\mu_0(I_2-I_1)$ (D) $-\mu_0(I_1+I_2)$

2.4 【　　】如图 7-72 所示，a、c 处分别放置无限长直载流导线，P 为环路 L 上任一点，若把 a 处的载流导线移至 b 处，则：

(A) $\oint_L \boldsymbol{H}\cdot \mathrm{d}\boldsymbol{L}$ 变，$\boldsymbol{B}_p$ 变　　(B) $\oint_L \boldsymbol{H}\cdot \mathrm{d}\boldsymbol{L}$ 变，$\boldsymbol{B}_p$ 不变

(C) $\oint_L \boldsymbol{H}\cdot \mathrm{d}\boldsymbol{L}$ 不变，$\boldsymbol{B}_p$ 不变　　(D) $\oint_L \boldsymbol{H}\cdot \mathrm{d}\boldsymbol{L}$ 不变，$\boldsymbol{B}_p$ 变

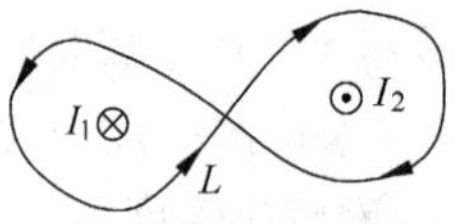

图 7-71　选择题 2.3 用图

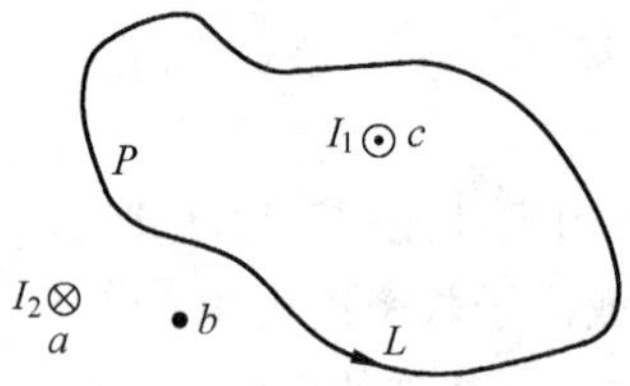

图 7-72　选择题 2.4 用图

2.5 【　　】如图 7-73 所示，半圆形线圈半径为 R，通有电流 I，在磁场 $\boldsymbol{B}$ 的作用下从图示位置转过 30°时，它所受磁力矩的大小和方向分别为

(A) $\pi R^2 IB/4$，沿图面竖直向下　　(B) $\pi R^2 IB/4$，沿图面竖直向上

(C) $\sqrt{3}\pi R^2 IB/4$，沿图面竖直向下　　(D) $\sqrt{3}\pi R^2 IB/4$，沿图面竖直向上

2.6 【　　】如图 7-74 所示，载流为 I_2 的圆线圈与载流为 I_1 的长直导线共面，设长直导线固定，则圆线圈在磁场力作用下将：

(A) 向左平移　　(B) 向右平移　　(C) 向上平移　　(D) 向下平移

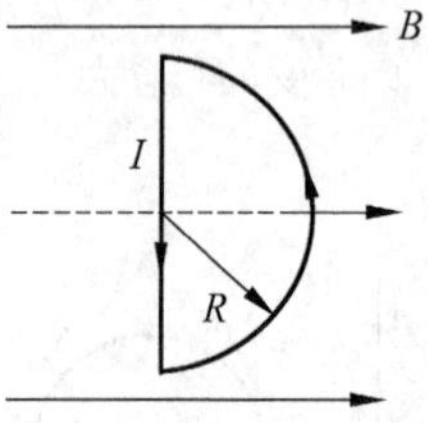

图 7-73　选择题 2.5 用图

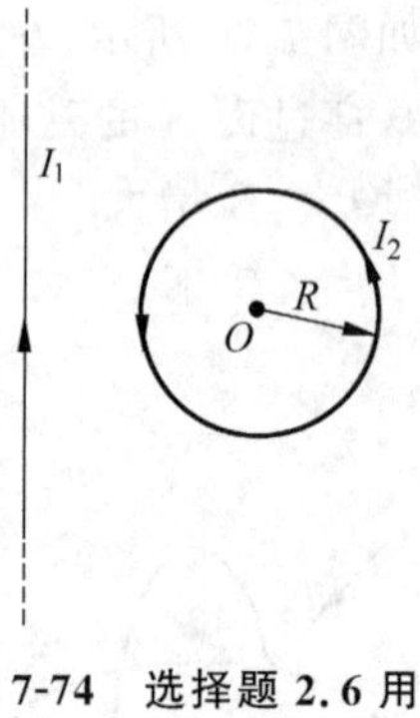

图 7-74　选择题 2.6 用图

2.7 【　　】按玻尔的氢原子理论，电子在以质子为中心，半径为 r 的圆形轨道上运动，如果把这样一个电子放在均匀的外磁场中，使电子轨道平面与 $\boldsymbol{B}$ 垂直（$\boldsymbol{B}$ 垂直于纸面向里），如图 7-75 所示，在 r 不变的情况下，电子运动的角速度将：

(A) 增加　　(B) 减小　　(C) 不变　　(D) 改变方向

2.8 【　　】如图 7-76 所示，I 是稳定的直线电流，在它下方有一电子射线管，欲使图中阴极所发射的电子束不偏转，可加上一电场，该电场的方向应是：

(A) 竖直向上　　(B) 竖直向下

(C) 垂直纸面向里　　(D) 垂直纸面向外

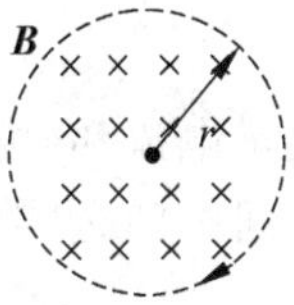

图 7-75　选择题 2.7 用图

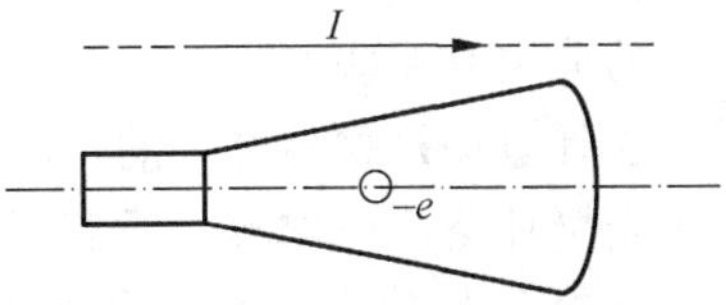

图 7-76　选择题 2.8 用图

2.9 【　　】一质量为 m，电荷量为 q 的粒子，以速度 $\boldsymbol{v}$ 垂直射入磁感应强度为 $\boldsymbol{B}$ 的均匀磁场内，则粒子运动所包围范围内的磁通量 Φ_m 与磁感应强度 $\boldsymbol{B}$ 的大小的关系曲线是图 7-77 所示的哪幅图？

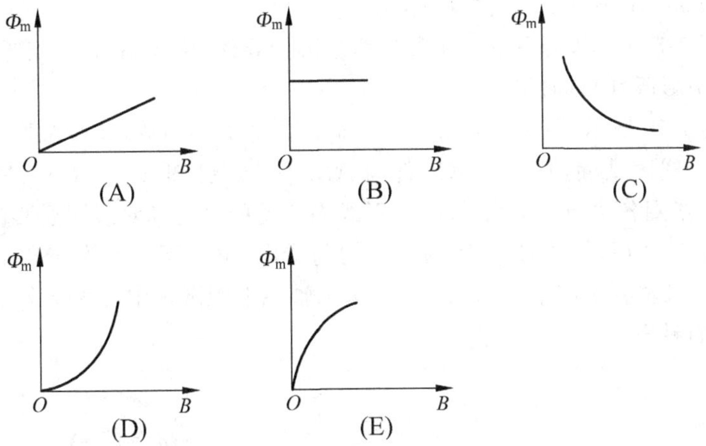

图 7-77　选择题 2.9 用图

2.10 【　　】下列说法中，正确的是：

(A) H 的大小仅与传导电流有关

(B) 不论在什么介质中，B 总是与 H 同向的

(C) 若闭合回路不包围电流，则回路上各点的 H 必定为零

(D) 若闭合回路上各点的 H 为零，则回路包围的传导电流的代数和必定为零

2.11 【　　】氢原子处在基态(正常状态)时，它的电子可看作是在半径为 $a=0.53\times10^{-8}$ cm 的轨道作匀速圆周运动，若速率为 2.2×10^{8} cm/s，则在轨道中心 B 的大小为：

(A) 8.5×10^{-6} T　　(B) 13T

(C) 8.5×10^{-4} T　　(D) 8.5×10^{-5} T

3. 简答题

3.1　静电场力和非静电力场都可以对自由电荷做功，两者的区别是什么？

3.2　简述毕奥-萨伐尔定律的内容及其定义式。

3.3　简述安培环路定理的内容及其公式。

3.4　安培环路定理中，磁感应强度 B 仅与闭合回路所包围的电流有关吗？

3.5　如果一个电子在通过空间某一区域时，电子运动的路径不发生偏转，能否说这个区域没有磁场？

3.6 磁介质的分类有哪些?

3.7 请解释霍耳电场是如何产生的?利用霍耳器件如何测量电流和磁感应强度 B?

3.8 能否用安培环路定理求解一段有限长载流直导线在空间中的磁感应强度 $\boldsymbol{B}$?

3.9 为什么洛伦兹力不做功,而安培力却做功?

3.10 介绍质谱仪的工作原理和用途。

3.11 介绍直流发电机和直流电动机的异同点。

4. 计算题

4.1 一个塑料圆盘,半径为 R,电荷 q 均匀分布于表面,圆盘绕通过圆心垂直盘面的轴转动,角速度为 ω。求圆盘中心处的磁感应强度。

4.2 如图 7-78 所示,真空中一无限长圆柱形铜导体,磁导率为 μ_0,半径为 R,I 均匀分布,求通过 S(阴影区)的磁通量。

4.3 如图 7-79 所示,在长直导线 AB 内通以电流 $I_1=20\text{A}$,又在矩形线圈中通以电流 $I_1=10\text{A}$,AB 与线圈共面,且 CD、EF 都与 AB 平行。已知 $a=9.0\text{cm}$,$b=20.0\text{cm}$,$d=1.0\text{cm}$,求:(1)线圈各边所受的力;(2)矩形线圈所受的合力和对线圈质心的合力矩。

4.4 如图 7-80 所示,半径为 R 的圆片均匀带电,电荷面密度为 σ,令该圆片以角速度 ω 绕通过其中心且垂直于圆平面的轴旋转。求:轴线上距圆片中心为 x 处的点 P 的磁感强度和旋转圆片的磁矩。

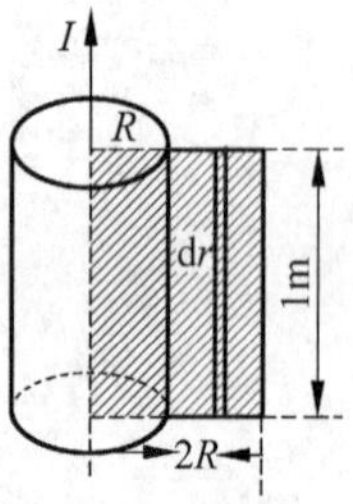

图 7-78 综合计算题 4.2 用图

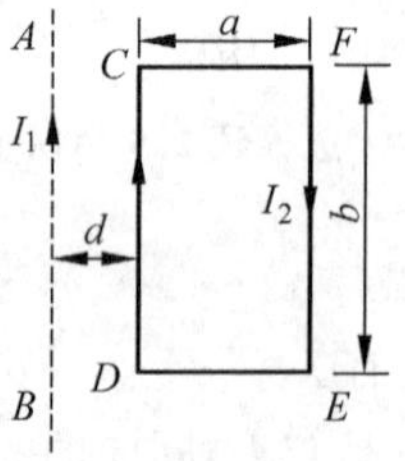

图 7-79 综合计算题 4.3 用图

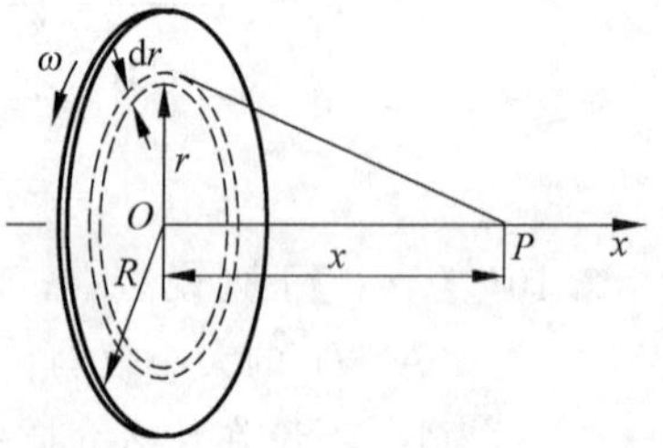

图 7-80 综合计算题 4.4 用图

4.5 一直流变电站将电压为 500kV 的直流电,通过两条截面不计的平行输电线输向远方,已知两输电导线间单位长度的电容为 $3.0\times10^{-11}\text{F}\cdot\text{m}^{-1}$,若导线间的静电力与安培力正好抵消,求:(1)通过输电线的电流;(2)输送的功率。

4.6 真空中,一无限长直导线 $abcde$ 弯成如图 7-81 所示的形状,并通有电流 I,直线 bc 在 Oxy 平面内,cd 是半径为 R 的 1/4 圆弧,ab、de 分别在 x 轴和 z 轴上,$ab=Oc=Od=R$。求:O 点处的磁感应强度 $\boldsymbol{B}$。

4.7 一通有电流为 I 的导线,弯成如图 7-82 所示的形状,放在磁感强度为 $\boldsymbol{B}$ 的均匀磁场中,$\boldsymbol{B}$ 的方向垂直纸面向里,求此导线受到的安培力为多少?

4.8 已知地面上空某处地磁场的磁感强度 $B=0.4\times10^{-4}\text{T}$,方向向北。若宇宙射线中有一速率 $v=5.0\times10^{7}\text{m}\cdot\text{s}^{-1}$ 的质子,垂直地通过该处,如图 7-83 所示。(1)判断洛伦兹力的方向;(2)求洛伦兹力的大小,并与该质子受到的万有引力相比较。

4.9 利用霍耳元件可以测量磁场的磁感强度,设一霍耳元件用金属材料制成,其厚度为 0.15mm,载流子数密度为 $1.0\times10^{24}\text{m}^{-3}$。将霍耳元件放入待测磁场中,测得霍耳电压为 42$\mu$V,电流为 10mA。求此时待测磁场的磁感应强度。

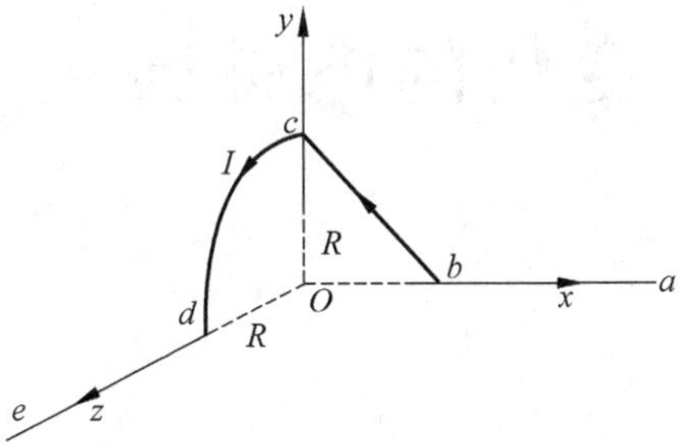

图 7-81　综合计算题 4.6 用图

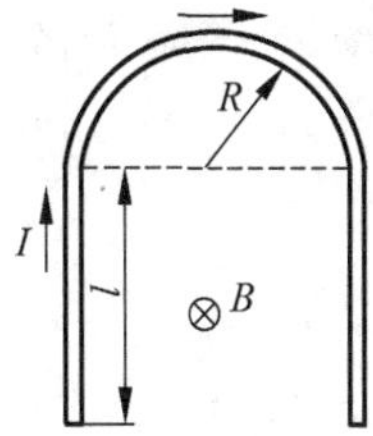

图 7-82　综合计算题 4.7 用图

4.10　如图 7-84 所示的电磁铁有许多 C 形的硅钢片重叠而成,铁芯外绕有 N 匝载流线圈,硅钢片的相对磁导率为 μ_r,铁芯的截面积为 S,空隙的宽度为 b,C 形铁芯的平均周长为 $4l$,求空隙中磁感应强度的值。

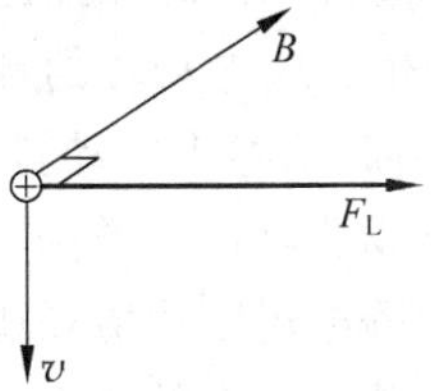

图 7-83　综合计算题 4.8 用图

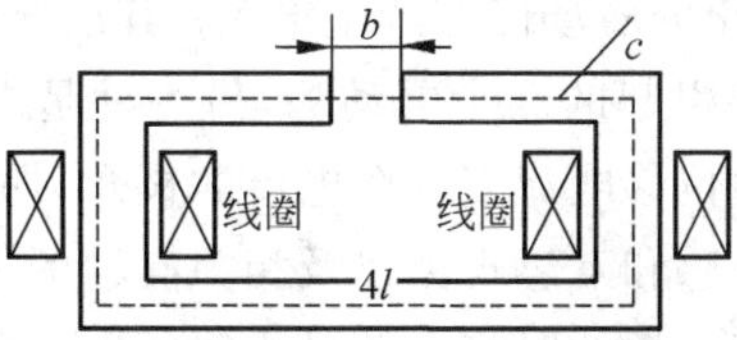

图 7-84　综合计算题 4.10 用图

4.11　一铁芯螺绕环由表面绝缘的导线在铁环上密绕 1000 匝而成,环的中心线 $L=500$mm,横截面积 $S=1.0\times10^3\text{mm}^2$。若要在环内产生 $B=1.0$T 的磁感应强度,并由铁的 B-H 曲线查得此时铁的相对磁导率 $\mu_r=796$。导线中需要多大的电流?若在铁环上开一间隙($d=2.0$mm),则导线中的电流又需多大?

第8章 变化的电磁场

第 6～7 章研究了静电场和稳恒磁场的基本规律，由此可知，静电场和稳恒磁场是各自独立、互不相关的。但是，应该注意到激发电场和磁场的场源——电荷和运动的电荷(电流属于电荷集体定向运动)都与电荷有关，这让我们联想到电场和磁场应该也存在着相互联系和制约的关系。本章将从运动的角度和变化的趋势来探索电场与磁场的关系，研究电动势的产生。依据历史发展的脉络，本章首先介绍由电磁感应现象总结得到的法拉第电磁感应定律，揭示变化的磁场能够产生电场；其次介绍两种单独产生感应电动势的计算方法，一种是由相对运动引起的动生电动势，另一种是由磁场的变化引起的感生电动势；再次介绍麦克斯韦提出的位移电流以及全电流的概念，揭示出变化的电场能够产生磁场，并讨论工程技术中常见的自感和互感现象以及相关问题的求解，同时对比静电场阐述磁场所具有的能量；最后给出高度概括的时变电磁场规律的麦克斯韦方程组，以及它具有的物理含义。

8.1 电磁感应定律

1831 年，英国物理学家法拉第在进行电磁感应实验时发现，当将磁棒插入导线圈时，导线圈中就产生电流。实验表明，在电磁之间存在着密切的联系。当时，法拉第在软铁环两侧分别绕两个线圈，一个为闭合回路，在导线下端附近平行放置一磁针，另一个与电池组相连并接上开关，形成有电源的闭合回路。实验发现，合上开关，磁针偏转；切断开关，磁针反向偏转，这表明在无电池组的线圈中出现了感应电流。法拉第立即意识到，这是一种非恒定的暂态效应。然后，他做了几十个实验，把产生感应电流的情形概括为 5 类：变化的电流、变化的磁场、运动的恒定电流、运动的磁铁、在磁场中运动的导体，并把这些现象称为电磁感应。

电磁感应现象的发现，是电磁学领域中最伟大的成就之一。它不仅揭示了电与磁之间的内在联系，而且为电与磁之间的相互转化奠定了实验基础，为人类获取巨大而廉价的电能开辟了道路，在应用上有重大意义。电磁感应现象的发现，标志着一场重大的工业和技术革命的到来。事实证明，电磁感应在电工、电子技术、电气化、自动化等方面的广泛应用对推动社会生产力和科学技术的发展发挥了重要的作用。

8.1.1 法拉第电磁感应定律

图 8-1 是两种典型的电磁感应实验。其中，在图 8-1(a)中，通过左右移动磁铁，来改变闭合回路线圈的磁通量，发现检流计的指针摆动，说明回路有电流流动，而且流动方向会发

生改变；在图 8-1(b)中，通过移动导线切割磁感应线，来改变闭合回路线圈的磁通量，同样发现检流计的指针摆动，说明回路有电流流动。电流在流动，说明电路中存在电动势，这种由于磁通量随时间变化产生的电动势称为磁感应电动势。

法拉第通过总结大量实验结果后发现，不论用什么方法，只要穿过闭合电路的磁通量发生变化，闭合电路中就有感应电动势产生。同时，他给出电磁感应定律：导体回路中感应电动势的大小，与穿过导体回路的磁通量的变化率的负值成正比，用数学表达式表示为

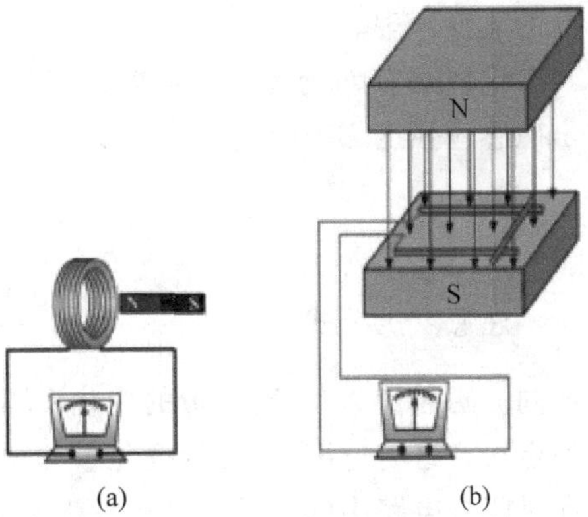

图 8-1　两种典型的电磁感应实验

$$\varepsilon_i = -K\frac{d\Phi_m}{dt} \tag{8.1a}$$

其中，ε_i 为感应电动势；K 为比例系数，取决于各个物理量采用的单位，在国际单位制中，ε_i 的单位为伏特(V)，Φ_m 的单位为韦伯(Wb)，时间 t 的单位为秒(s)，则 $K=1$，此时式(8.1a)变为

$$\varepsilon_i = -\frac{d\Phi_m}{dt} \tag{8.1b}$$

若回路是由 N 个线圈叠加构成的，则

$$\varepsilon_i = -\left(\frac{d\Phi_{m1}}{dt} + \frac{d\Phi_{m2}}{dt} + \cdots + \frac{d\Phi_{mN}}{dt}\right)$$

根据微分的性质，上式可改写为

$$\varepsilon_i = -\frac{d}{dt}\left(\sum_j \Phi_{mj}\right) = -\frac{d}{dt}\Psi_m$$

式中，$\Psi_m = \sum_j \Phi_{mj}$，称为线圈磁通链。对于相同的 N 匝线圈，$\Psi_m = N\Phi_m$，因此可得

$$\varepsilon_i = -\frac{d\Psi_m}{dt} = -N\frac{d\Phi_m}{dt} \tag{8.2}$$

如果闭合回路为纯电阻 R 回路时，则闭合回路中感应电流为

$$I_i = \frac{\varepsilon_i}{R} = -\frac{1}{R}\frac{d\Phi_m}{dt} \tag{8.3}$$

可见，感应电流的方向与感应电动势的方向总是一致的。因此，$t_1 \sim t_2$ 时间内通过导线上任一截面的电荷为

$$Q = \int_{t_1}^{t_2} I_i dt = \frac{1}{R}\int_{t_1}^{t_2} \varepsilon_i dt \tag{8.4}$$

将 $\varepsilon_i = -\frac{d\Phi_m}{dt}$ 代入，可得

$$Q = -\frac{1}{R}\int_{\Phi_{m1}}^{\Phi_{m2}} \frac{d\Phi_m}{dt} \cdot dt = -\frac{1}{R}(\Phi_{m2} - \Phi_{m1}) = -\frac{\Delta\Phi_m}{R} \tag{8.5}$$

在实际工程应用中，通过测量电荷 Q 的值，就可以确定磁通量的变化量 $\Delta\Phi_m$，这就是磁通

计的测量原理。

设回路有 N 匝线圈，则 $\Psi_m = NSB$。如果已知回路面积 S，只要测出 R 和 Q，就可以算出磁感应强度 B 的大小为

$$B = \frac{QR}{2NS} \tag{8.6}$$

注意 ①公式 $\varepsilon_i = -\frac{d\Phi_m}{dt}$ 中的 $\frac{d\Phi_m}{dt}$ 指的是磁通量的变化率，和磁通量、磁通量的变化量不同。磁通量为零，磁通量的变化率不一定为零；磁通量的变化量大，磁通量的变化率也不一定大。这与速度、速度的变化量和加速度的关系类似；②感应电动势的有无，完全取决于穿过闭合电路中的磁通量是否发生变化，与电路的通断、电路的组成是无关的。

8.1.2 楞次定律

楞次定律可以表述为：闭合回路中感应电流(或感应电动势)的方向，总是使感应电流自身所产生的通过闭合回路的磁通量去补偿或反抗引起感应电流的磁通量的变化。注意，"补偿或反抗"的是磁通量的变化，而不是磁通量。

楞次定律是电磁学中的一条基本定律，可以用来判断由电磁感应而产生的感应电动势(或感应电流)的方向。它是由俄国物理学家楞次(H. F. Lenz，1804 年 2 月—1865 年 2 月)在 1834 年发现的。图 8-2 给出了感应电流产生的两种方式。

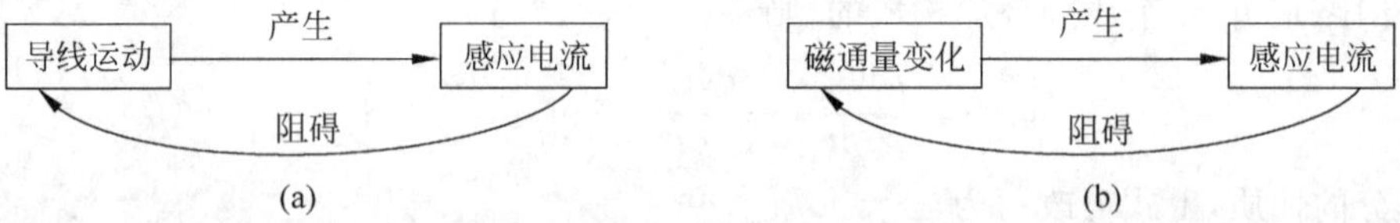

图 8-2 感应电流的两种产生方式

楞次定律还可以表述为电磁感应的"效果"总是抵消引起电磁感应的"原因"。它是能量守恒定律在电磁感应现象上的具体体现。

如图 8-2 所示，在均匀磁场 $\boldsymbol{B}$ 中有一金属光滑轨道，金属棒 ab 从左向右移动，此时由轨道和金属棒构成的闭合回路磁通量变大，根据楞次定律可知，回路产生逆时针方向的感应电流。

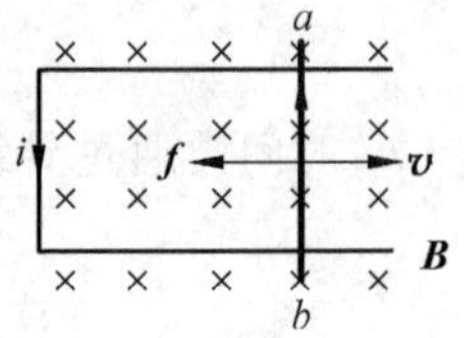

图 8-3 运动的导线切割磁场产生感应电流

由图 8-3 可见，一方面，逆时针方向的电流会在回路中产生一个垂直纸面向外的磁通量，刚好与原来的磁通量方向相反，起到阻止回路磁通量增加的效果；另一方面，逆时针方向的电流流经金属棒时，会使得金属棒受到一个方向向左的(磁场)安培力的作用，其效果是阻碍金属棒向右侧移动，阻止回路磁通量进一步变化，要维持金属棒运动必须外加一力，此过程为外力克服安培力做功并转化为焦耳热。这两方面都符合楞次定律的描述和能量守恒定律。

这是在测定电流方向以后进行分析得到的结果；反之，如果不知道电流方向时，亦可以通过楞次定律来判断感应电流的方向。

例 8.1　一无限长的直导线载有交变电流 $i=i_0\sin\omega t$，旁边有一个和它共面的矩形线圈 $abcd$，如图 8-4 所示。求线圈中的感应电动势。

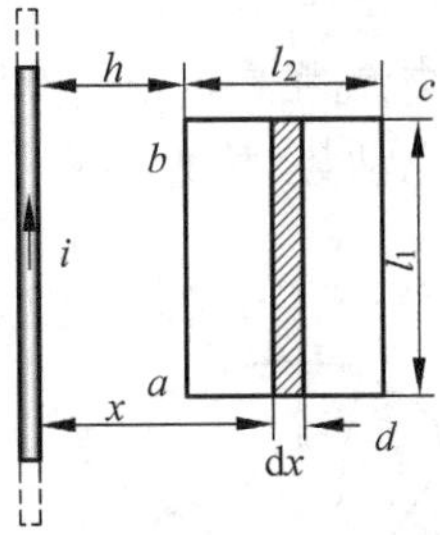

图 8-4　矩形线圈中的感应电动势

解　取矩形线圈沿顺时针 $abcda$ 方向为回路正绕向，则

$$\Phi_m=\int \boldsymbol{B}\cdot d\boldsymbol{S}=\int_h^{h+l_2}\frac{\mu_0 i}{2\pi x}l_1\,dx$$

$$=\frac{\mu_0 i_0 l_1}{2\pi}\ln\frac{h+l_2}{h}\sin\omega t$$

所以，线圈中感应电动势为

$$\varepsilon_i=-\frac{d\Phi_m}{dt}=-\frac{\mu_0 i_0 l_1}{2\pi}\ln\frac{h+l_2}{h}\cos\omega t$$

由上式可见，ε_i 也是随时间周期性变化的，当 $0<\omega t<\pi/2, 3\pi/2<\omega t<2\pi$ 时，$\cos\omega t>0$，$\varepsilon_i<0$ 表示矩形线圈中感应电动势的方向为逆时针方向。当 $\pi/2<\omega t<3\pi/2$ 时，$\cos\omega t<0$，$\varepsilon_i>0$ 表示矩形线圈中感应电动势的方向为顺时针方向。

ε_i 的方向还可由楞次定律直接判断。因为电流 $i=i_0\sin\omega t$，线圈不变，所以回路磁通量的变化是由电流的变化引起的，当 $0<\omega t<\pi/2$ 时，电流沿竖直向上的方向增加，回路中垂直纸面向内的磁通量增加，根据楞次定律，此时感应电流方向要抵消磁通量的增加，因此感应电动势的方向为逆时针；当 $\pi/2<\omega t<\pi$ 时，电流沿竖直向上的方向减少，回路中垂直纸面向内的磁通量减少，根据楞次定律，此时感应电流方向要抵消磁通量的减少，因此感应电动势的方向为顺时针方向；同理，当 $\pi<\omega t<3\pi/2$ 时，电流沿竖直向下的方向增加，回路中垂直纸面向外的磁通量增加，根据楞次定律，此时感应电流方向要抵消磁通量的增加，因此感应电动势的方向为顺时针方向；当 $3\pi/2<\omega t<2\pi$ 时，电流沿竖直向下的方向减少，回路中垂直纸面向外的磁通量减少，根据楞次定律，此时感应电流方向要抵消磁通量的减少，因此感应电动势的方向为逆时针方向。

8.2　感应电动势

在电磁感应现象里，磁通量的变化形式多种多样，法拉第把它们分成 5 类，其中两种电磁感应现象最有代表性：一种是磁场恒定不变，但导体回路或回路上的一部分导体在磁场中运动，这种情况产生的电动势称为动生电动势；另一种是导体回路固定不动，磁场发生变化，由此产生的电动势称为感生电动势。电源是通过非静电力做功把其他形式能转化为电能的装置。如果电源移送电荷 q 时非静电力所做的功为 A，那么 A 与 q 的比值 A/q 就称为电源的电动势。若用 E 表示电动势，则 $E=A/q$。在电磁感应现象中，要产生电流，必须有感应电动势。

8.2.1　感生电场与感生电动势

如图 8-5 所示，当穿过闭合回路的磁场增强时，在回路中会产生感应电流。是什么力充当非静电力使得自由电荷发生定向运动呢？英国物理学家麦克斯韦认为，磁场变化时会在空间激发出一种电场，这种电场对自由电荷产生作用力，使自由电荷运动起来，形成电流，或者说产生电动势。这种由磁场的变化而激发的电场称为感生电场,感生电场对自由电荷的作用力充当了非静电力。由感生电场产生的感应电动势,也可以描述为由磁场变化引起的感应电动势,称为感生电动势。

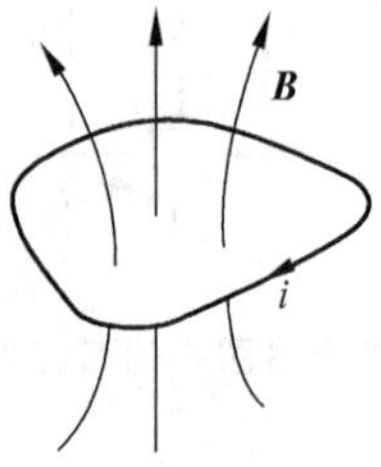

图 8-5 磁场增加回路产生感应电动势

根据感生电动势的定义,可知感生电动势为

$$\varepsilon_i = \int_a^b \boldsymbol{E}_r \cdot d\boldsymbol{l} \tag{8.7}$$

式中,$\boldsymbol{E}_r$ 是感生电场。对于闭合回路,可得

$$\varepsilon_i = \oint_L \boldsymbol{E}_r \cdot d\boldsymbol{l} = -\frac{d\Phi_m}{dt} = -\frac{d}{dt}\int_S \boldsymbol{B} \cdot d\boldsymbol{S}$$

进一步可得感生电场与变化磁场之间的关系为

$$\oint_L \boldsymbol{E}_r \cdot d\boldsymbol{l} = -\int_S \frac{\partial \boldsymbol{B}}{\partial t} \cdot d\boldsymbol{S} \tag{8.8}$$

式(8.8)表示感生电场与磁场的变化率构成左手螺旋关系,如图 8-6 所示。利用楞次定律,可以判定感生电动势、感生电流和感生电场的方向是一致的。

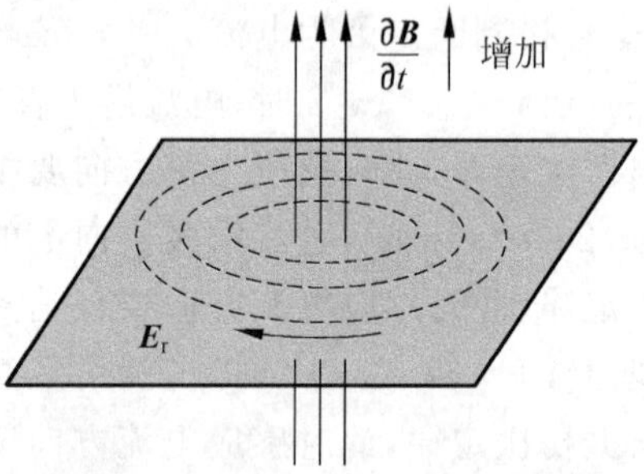

图 8-6 感生电场与磁场的变化率成左手螺旋关系

例 8.2 如图 8-7 所示,一个半径为 R 的长直载流螺线管,内部磁场强度为 $\boldsymbol{B}$,且$\partial \boldsymbol{B}/\partial t$ 为大于零的恒量,求管内外的感生电场。

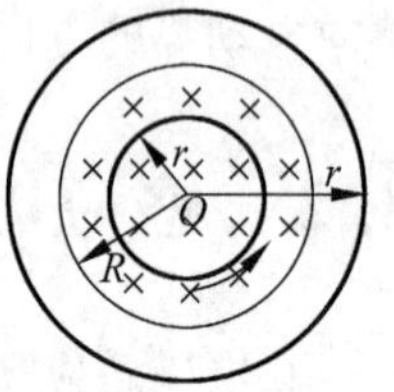

图 8-7 例 8.2 用图

解 在管内和管外分别作半径为 r 的圆形闭合回路。

当 $r<R$ 时,

$$\varepsilon_i = \oint_L \boldsymbol{E}_r \cdot d\boldsymbol{l} = E_r \oint_L dl$$

$$= E_r 2\pi r = -\frac{\partial B}{\partial t}\pi r^2 \cos\pi = \frac{\partial B}{\partial t}\pi r^2$$

因此,得到

$$E_r = \frac{r}{2}\frac{\partial B}{\partial t}$$

当 $r>R$ 时,

$$\varepsilon_i = \oint_L \boldsymbol{E}_r \cdot d\boldsymbol{l} = E_r 2\pi r = -\frac{\partial B}{\partial t}\pi R^2 \cos\pi$$

因此可得

$$E_r = \frac{R^2}{2r}\frac{\partial B}{\partial t}$$

例 8.3 如图 8-8 所示，在两根无限长的平行载流直导线的平面内有一矩形线圈。两导线中的电流方向相反、大小相等，且电流以$\frac{dI}{dt}$的变化率增大，求：(1)任一时刻线圈内所通过的磁通量；(2)线圈中的感应电动势。

解 取垂直纸面向外为正方向。

(1) 根据磁通量的定义可知，线圈内所通过的磁通量为两导线共同作用的结果，故任一时刻线圈内所通过的磁通量为

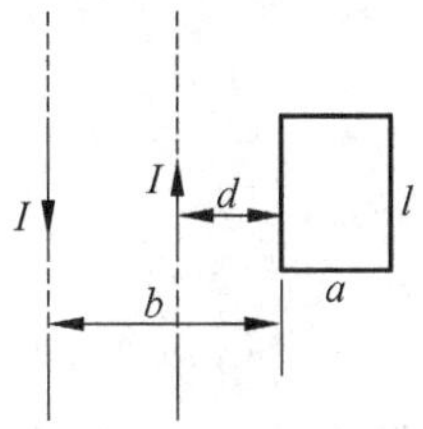

图 8-8 例 8.3 用图

$$\Phi_m = \int_b^{b+a} \frac{\mu_0 I}{2\pi r} l\,dr - \int_d^{d+a} \frac{\mu_0 I}{2\pi r} l\,dr$$
$$= \frac{\mu_0 I l}{2\pi}\left(\ln\frac{b+a}{b} - \ln\frac{d+a}{d}\right)$$

(2) 根据感应电动势的定义式可得，线圈中的感应电动势为

$$\varepsilon_i = -\frac{d\Phi_m}{dt} = \frac{\mu_0 l}{2\pi}\left(\ln\frac{d+a}{d} - \ln\frac{b+a}{b}\right)\frac{dI}{dt}$$

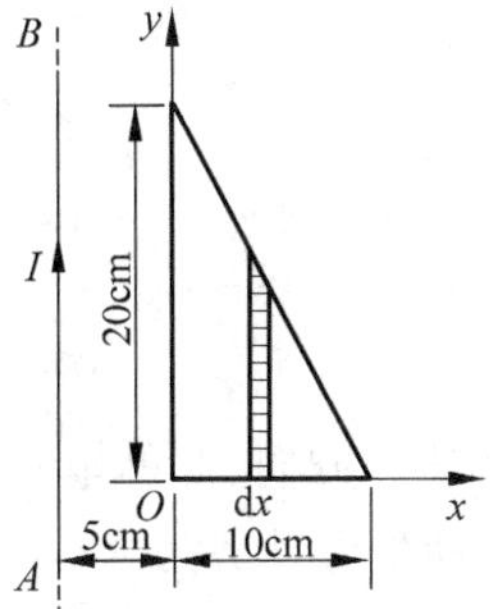

图 8-9 例 8.4 用图

例 8.4 如图 8-9 所示，长直导线 AB 中的电流 I 沿导线向上，并以$\frac{dI}{dt}=2A\cdot s^{-1}$ 的变化率均匀增大。导线附近放一个与之共面的直角三角形线框，其一边与导线平行，放置的位置及线框尺寸如图 8-9 所示。求此线框中产生的感应电动势的大小和方向。

解 建立如图 8-9 所示的坐标系，在直角三角形线框上 x 处取平行于 y 轴的宽度为 dx、高度为 y 的窄条。由几何关系得到

$$y = -2x + 0.2(\text{SI})$$

因此，通过此窄条的磁通量为

$$d\Phi = \boldsymbol{B}\cdot d\boldsymbol{S} = \frac{\mu_0 I}{2\pi(x+0.05)} y\,dx = \frac{\mu_0 I(-2x+0.2)}{2\pi(x+0.05)}dx$$

通过直角三角形线框的磁通量为

$$\Phi = \int d\Phi = \frac{\mu_0 I}{2\pi}\int_0^{0.1}\left(\frac{-2x+0.2}{x+0.05}\right)dx$$
$$= -\frac{0.1\mu_0 I}{\pi} + \frac{0.15\mu_0 I}{\pi}\ln\frac{0.1+0.05}{0.05} = 2.59\times10^{-8} I(\text{SI})$$

则三角形线框中产生的感应电动势为

$$\varepsilon = -\frac{d\Phi}{dt} = -2.59\times10^{-8}\frac{dI}{dt} = -5.18\times10^{-8}\text{V}$$

因此，感应电动势大小为 5.18×10^{-8}V，方向为逆时针方向。

8.2.2 动生电动势

对于感生电动势，我们已经知道了充当非静电力的是感生电场。如图 8-10 所示，金属棒在光滑的金属轨道上向右以速度$\boldsymbol{v}$移动，根据法拉第电磁感应定律，金属棒与轨道构成的闭合回路中会产生感应电动势，此时金属棒等效于一个电源，如图 8-10(b)所示，那么在这

个电源中充当非静电力是什么力呢？

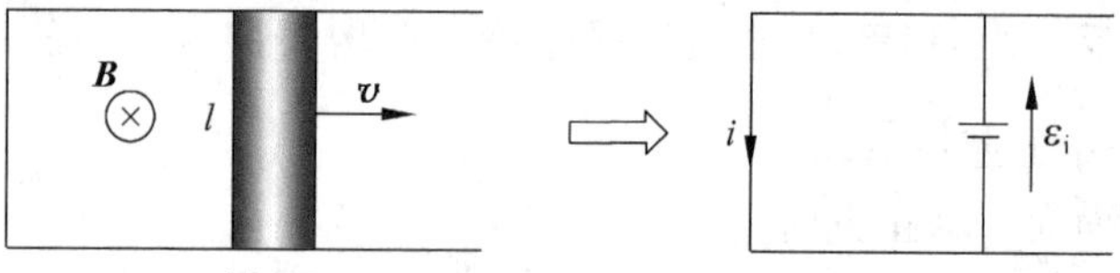

图 8-10 金属棒向右移动回路产生感应电动势

(a) 金属棒向右移动；(b) 等效电路

为了解决这个问题，我们分析金属棒中的一个电子在整个过程中的受力情况。电子在磁场中移动时，会受到磁场的洛伦兹力作用，则

$$\boldsymbol{f}=(-e)\,\boldsymbol{v}\times\boldsymbol{B}$$

因此，可求得非静电场强为

$$\boldsymbol{E}_{\mathrm{K}}=\frac{\boldsymbol{f}}{-e}=\boldsymbol{v}\times\boldsymbol{B}$$

进而可求得动生电动势为

$$\varepsilon_{\mathrm{i}}=\int_{-}^{+}\boldsymbol{E}_{\mathrm{K}}\cdot\mathrm{d}\boldsymbol{l}=\int_{-}^{+}(\boldsymbol{v}\times\boldsymbol{B})\cdot\mathrm{d}\boldsymbol{l}\tag{8.9}$$

假设金属棒长度为 l，下端点为 a，上端点为 b，则可得

$$\varepsilon_{\mathrm{i}}=\int_{-}^{+}(\boldsymbol{v}\times\boldsymbol{B})\cdot\mathrm{d}\boldsymbol{l}=\int_{a}^{b}vB\,\mathrm{d}l=vBl\tag{8.10}$$

可见，磁场中的运动金属棒成为电源，非静电力是洛伦兹力。动生电动势方向、非静电场强与感应电流方向一致，可用楞次定律来判定，整个线圈 L 中所产生的动生电动势为

$$\varepsilon_{\mathrm{i}}=\oint_{L}(\boldsymbol{v}\times\boldsymbol{B})\cdot\mathrm{d}\boldsymbol{l}\tag{8.11}$$

例 8.5 如图 8-11 所示，一矩形线圈与载有电流 $I=I_0\cos\omega t$ 的长直导线共面。设线圈的长为 b，宽为 a，当 $t=0$ 时，线圈的 AD 边与长直导线重合；线圈以匀速度 $\boldsymbol{v}$ 垂直离开导线。求任一时刻线圈中的感应电动势大小。

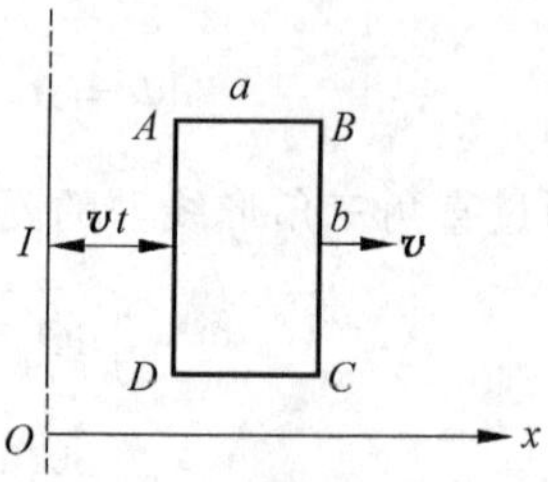

图 8-11 例 8.5 用图

解 建立如图 8-11 所示的坐标系，长直导线在右边产生的磁感应强度大小为

$$B=\frac{\mu_0 I}{2\pi x}$$

t 时刻通过线圈平面的磁通量为

$$\Phi=\iint_S\boldsymbol{B}\cdot\mathrm{d}\boldsymbol{S}=\int_{vt}^{vt+a}\frac{\mu_0 I}{2\pi x}b\,\mathrm{d}x=\frac{\mu_0 Ib}{2\pi}\ln\frac{vt+a}{vt}$$

$$=\frac{\mu_0 I_0 b}{2\pi}\cos\omega t\ln\frac{vt+a}{vt}$$

那么，任一时刻线圈中的感应电动势为

$$\varepsilon_{\mathrm{i}}=-\frac{\mathrm{d}\Phi}{\mathrm{d}t}=\frac{\mu_0 I_0 b}{2\pi}\left[\frac{a\cos\omega t}{(vt+a)t}+\omega\sin\omega t\ln\frac{vt+a}{vt}\right]$$

例 8.6　如图 8-12 所示，长直导线通以电流 I，在其右方放一长方形线圈，两者共面。线圈长为 b，宽为 a，并以速率 v 垂直远离导线。求线圈与长直导线距离为 d 时，线圈中感应电动势的大小和方向。

解　AB、CD 的运动速度 $\boldsymbol{v}$ 方向与磁感线平行，不产生感应电动势，故只需考虑 DA、BC 产生的感应电动势。

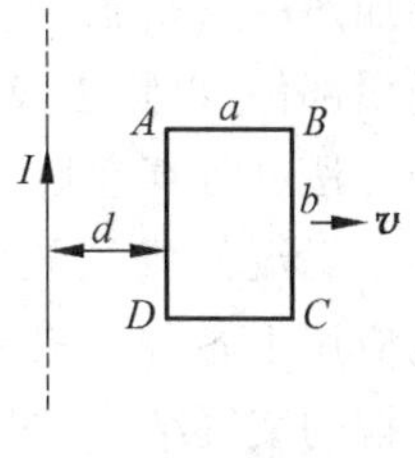

图 8-12　例 8.6 用图

DA 产生的动生电动势为

$$\varepsilon_1 = \int_D^A (\boldsymbol{v} \times \boldsymbol{B}) \cdot \mathrm{d}\boldsymbol{l} = vBb = vb\,\frac{\mu_0 I}{2\pi d}$$

BC 产生的电动势为

$$\varepsilon_2 = \int_B^C (\boldsymbol{v} \times \boldsymbol{B}) \cdot \mathrm{d}\boldsymbol{l} = -vb\,\frac{\mu_0 I}{2\pi(a+d)}$$

因此，回路中总感应电动势为

$$\varepsilon = \varepsilon_1 + \varepsilon_2 = \frac{\mu_0 Ibv}{2\pi}\left(\frac{1}{d} - \frac{1}{d+a}\right)$$

方向为顺时针方向。

8.3　涡流和趋肤效应

8.3.1　涡流

当大块导体处于迅速变化的磁场中或在磁场中运动时，会在导体内部产生感应电流，由于感应电流呈涡旋状，故称为涡电流，简称涡流。

让我们看一下当在圆柱状铁芯外绕有线圈并在线圈中通以交变电流 I 时，铁芯中产生涡流的情形。当线圈中电流 I 沿箭头方向增大时，铁芯横截面内的磁通量增大，因而环绕轴线产生了感应电流，如图 8-13(a)所示。图 8-13(b)中的圆环是在铁芯横截面上出现的感应电流，这些环状感应电流就是涡流，涡流的方向可根据楞次定律来确定。由于大块导体的电阻很小，涡流的强度会很大，因而会把大量的电能转变为热能，造成能量的损失，这种能量损失称为涡流损耗。

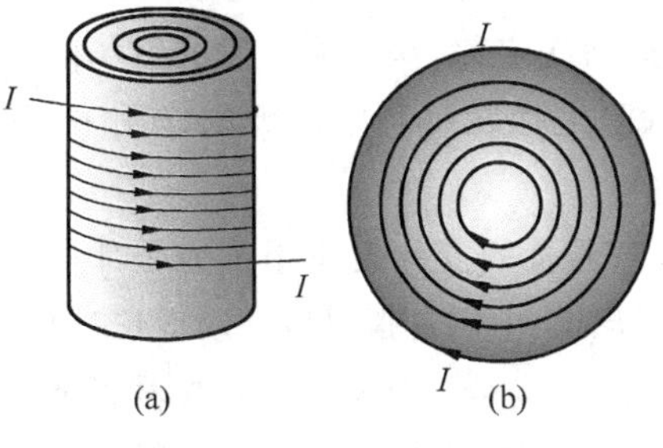

图 8-13　绕导线的圆柱状铁芯

(a) 立体图；(b) 俯视图

如果不是有意利用涡流产生的热能，则需要设法抑制或减小涡流。为了抑制涡流，在必须使用铁芯的情况下，总是把铁芯制成片状，并在片与片之间涂敷绝缘材料，如低频变压器铁芯就是这样制成的。线圈所通电流的频率越高，感应电动势就越大，涡流就越强，每层铁芯片应做得越薄。当电流的频率再提高时，叠片铁芯的涡流损耗也变得很大了，这时必须使用电阻率很大的铁氧体芯。

涡流可以应用于实际生活和工业加工。图 8-14 是电磁炉利用电磁感应加热的工作原理。电流通过线圈产生磁场，当磁场的磁感线穿过铁锅底部的磁条形成闭环时，会产生无数的小涡流，使铁锅内的铁分子高速运动产生热量，进而将锅内的食物加热。

中频或高频感应炉是利用涡流的热效应来熔炼金属的。这种熔炼方法不需另外的热源，热源就是被加热金属中产生的涡流。所以这种方法被广泛地应用于无法直接加热的真空器件。例如，用这种方法加热真空管中的金属部件，以除去吸附在金属部件中的气体。又如，用这种方法进行真空熔炼和提纯，可以避免空气杂质的掺入。

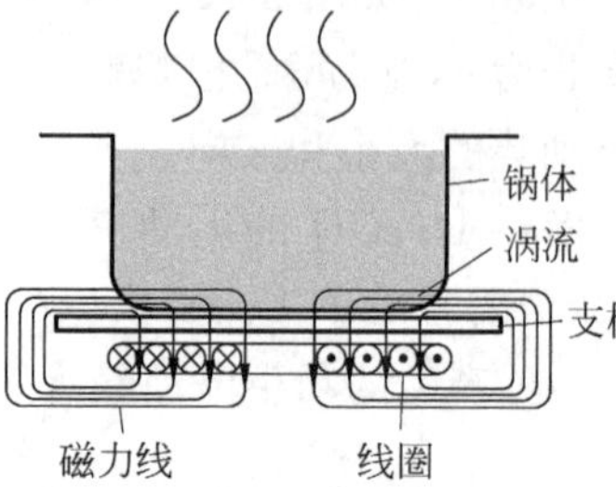

图 8-14 电磁炉工作原理

涡流的机械效应可用作电磁驱动或电磁阻尼，广泛地应用于各种仪表和测量系统中。图 8-15(a)是电磁阻尼摆的装置结构，图 8-15(b)是其工作原理图。

在线圈不通电的情况下，两摆仅受重力和杆的拉力作用，受力情况相似，运动情况基本相同。

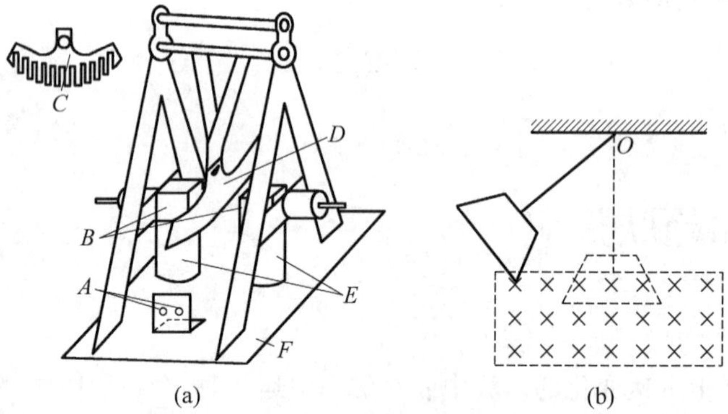

图 8-15 电磁阻尼摆

(a) 装置结构；(b) 原理图

A—直流电源接线柱；B—矩形磁轭；C—非阻尼摆；D—阻尼摆；E—电磁线圈；F—底座

在线圈通电的情况下，磁轭两极间将产生磁场。阻尼摆在磁场中摆动时，其运动过程可分为三个阶段，当阻尼摆进入磁场时，通过阻尼摆的磁通量增加，从而在阻尼摆上产生涡电流，根据楞次定律，涡电流激发的磁场同磁轭两极间的磁场方向相反，阻止阻尼摆进入磁场；当阻尼摆进入磁场后，通过阻尼摆的磁通量保持不变，没有涡电流产生；当阻尼摆离开磁场后，通过它的磁通量减少，在阻尼摆上也会产生涡电流，据楞次定律，涡电流激发的磁场同磁轭两极间的磁场方向相同，阻碍阻尼摆离开磁场。因此，阻尼摆在这种阻尼力的作用下，很快停下来，这种阻尼起源于电磁感应，因此称为电磁阻尼。

对于开有隔槽的非阻尼摆，当它进入或离开磁场时，磁通量的变化仅作用于一小部分铝片，产生的涡电流很小，对摆的阻碍作用不明显。相对于阻尼摆，非阻尼摆可以摆动很长时间。

电磁阻尼作用广泛应用于需要稳定摩擦力以及制动力的场合。例如，使用电学测量仪表时，为了便于读数，希望指针能迅速稳定在应指的位置上而不左右摇摆，为此，一般电学测量仪表都装有电磁阻尼器。此外，电磁阻尼作用还常用于电气机车的电磁制动器中，甚至应用于磁悬浮列车等。

有些电机的转子在转动过程中会产生共振而破坏系统的稳定性，你能否利用电磁阻尼的原理有效地抑制共振？

课堂讨论　1. 线圈通电后,运动中的阻尼摆能迅速停止摆动,线圈是否能长时间通电?为什么?

2. 开有隔槽的非阻尼摆为什么在磁场中能长时间摆动?

8.3.2　趋肤效应

1. 趋肤效应的定义

当导体中有交流电或者交变电磁场时,电流密度在导线横截面上的分布将是不均匀的(见图 8-16),并且随着电流变化频率的升高,电流将越来越集中于导线的表面附近,导体内部的电流却越来越小,这种现象称为趋肤效应。趋肤效应使得导体的电阻随着交流电的频率的增大而增加,并导致导线传输电流时效率降低,耗费金属资源。趋肤效应是否显著可以由导体尺寸与其中电磁波波长的比较来判断。如果导体的厚度比导体中的电磁波的波长大,趋肤效应就显著。

趋肤效应最早在 1883 年兰姆的一份论文中提及,只限于球壳状的导体。1885 年,赫维赛德将其推广到任何形状的导体。在无线电频率的设计、微波线路和电力传输系统等方面都要考虑到趋肤效应的影响。

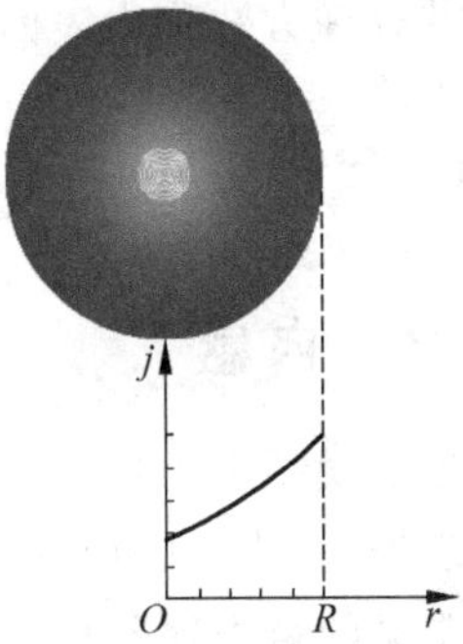

图 8-16　不同频率下,横截面上电流密度分布

2. 趋肤效应的解释

引起趋肤效应的原因就是涡流。当交变电流 I 通过导线时,在它的内部和周围空间就产生环状的交变磁场 B,而在导线内部的交变磁场激发了涡流 i,如图 8-17(a)所示。根据楞次定律,感应电流的效果总是反抗引起感应电流的原因,所以涡流 i 的方向在导体内部总是与电流 I 的变化趋势相反,即阻碍 I 的变化,而在导体表面附近,却与 I 的变化趋势相同。于是,交变电流不易在导体内部流动,而易于在导体表面附近流动,这就形成了趋肤效应。

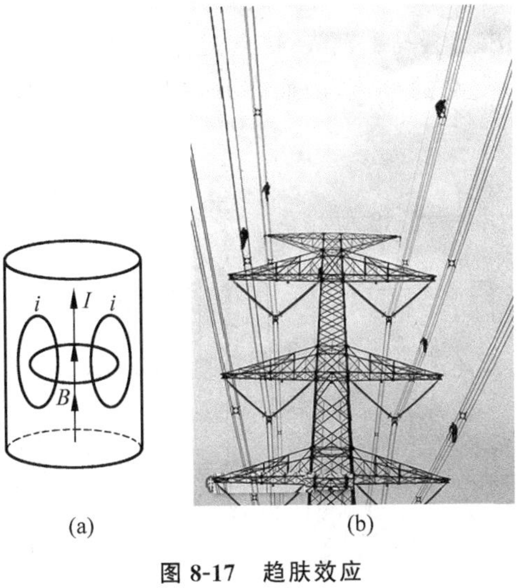

(a)　(b)

图 8-17　趋肤效应

(a) 导体表面趋肤效应;(b) 应用在超高压线路

趋肤效应的产生,使导线通过交变电流的有效截面积减小了,从而导致导线的电阻增大了。为改善涡流所造成的这种不利情形,通常采用两种方法:一种方法是采用相互绝缘的细导线束来代替总截面积与其相等的实心导线,这种方法实际上是抑制涡流,例如,图 8-17(b)所示,为了抑制趋肤效应产生的热损耗,高压输电线路常使用多根导线;另一种方法是在导线表面镀银,这种方法实际上是降低导线表面的电阻率。

3. 趋肤效应的应用

利用趋肤效应,在高频电路中可用空心铜导线代替实心铜导线以节约铜材,而架空输电线中心部分改用抗拉强度大的钢丝。虽然输电线中心部分的电阻率大一些,但是并不影响输电性能,又可增大输电线的抗拉强度。

趋肤效应可用于对金属表面的热处理。若使高频强电流通过金属导体,或将金属导体置于交变磁场中,由于趋肤效应,导体表面温度上升,当升至淬火温度时,迅速冷却,则可使导体表面的硬度增大。而导体内部的温度还远低于淬火温度,在迅速冷却后仍保持韧性。这种热处理方法称为表面淬火。

8.4 自感与互感

8.4.1 自感

通电线圈由于自身电流的变化而引起本线圈磁通量的变化,并在回路中激起感应电动势的现象,称为自感现象,自感线圈产生的电动势 ε_i 称为自感电动势。

常见的自感现象有通电自感与断电自感。如图 8-18(a)所示,当开关闭合时,灯泡 A 立即点亮,而灯泡 B 则是逐渐变亮,最后与灯泡 A 的亮度相同。这是由于通过线圈 L 中的电流在通电后增加导致磁通量增大,从而产生电磁感应效应,产生一个反向的电流,造成灯泡 B 不会马上达到最亮;如图 8-18(b)所示,当开关断开瞬间,灯泡 A 不会马上熄灭,而是突然更亮一下,然后逐渐熄灭,这是因为开关断开时,线圈与电源断开,电流从有到无,内部磁通量减少,从而产生电磁感应效应,产生一个正向的电流来阻碍磁通量的减少,从而使得与线圈和灯泡构成的回路中电流不会马上消失,因此灯泡 A 不会马上熄灭而在开关闭合时流过线圈的电流大于流过灯泡支路的电流,因而在开关断开瞬间,线圈的电流瞬间作用在灯泡上,使得灯泡突然更亮一些。

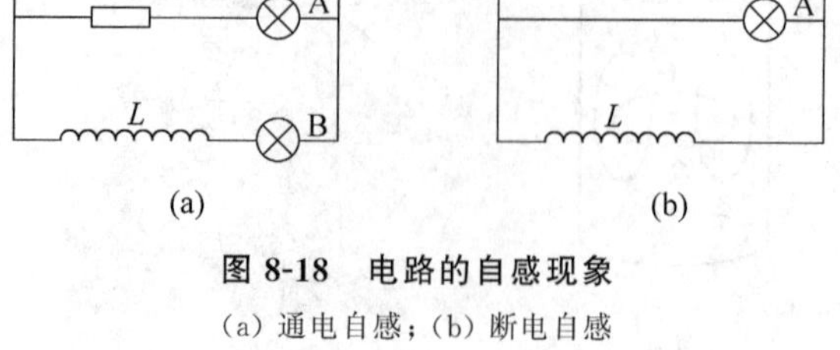

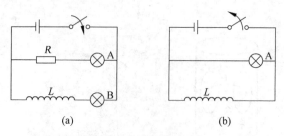

图 8-18 电路的自感现象

(a) 通电自感;(b) 断电自感

不同线圈产生的自感现象的能力不同，因此引入物理量自感系数（简称自感）L 来表征它们的这种能力。将线圈中电流激发地穿过每匝的磁通量，称为自感磁通量，记作 $\Phi_{自}$。若穿过每匝线圈的自感磁通量近似相等，则自感磁链为 $\Psi_{自}=N\Phi_{自}$，因此整个线圈的自感电动势为

$$\varepsilon_{自}=-\frac{\mathrm{d}\Psi_{自}}{\mathrm{d}t} \tag{8.12}$$

考虑无铁磁质、线圈不变形、周围介质的磁导率不变的理想情况下，自感磁链与电流成正比例，则有 $\Psi_{自}\propto I$，若将两者的比例系数定义为自感系数 L，则得

$$L=\frac{\Psi}{I} \tag{8.13}$$

其中，自感系数 L 的国际单位为亨利(H)。实验表明，自感系数只依赖线圈本身的形状、大小以及介质的磁导率而与电流大小无关，进而得到自感电动势的表达式为

$$\varepsilon_{自}=-L\frac{\mathrm{d}I}{\mathrm{d}t} \tag{8.14}$$

由式(8.14)可知，自感电动势的方向与电流变化率息息相关。若电流在增大，则自感电动势的方向与原电流的方向相反；反之，则与原电流的方向相同。

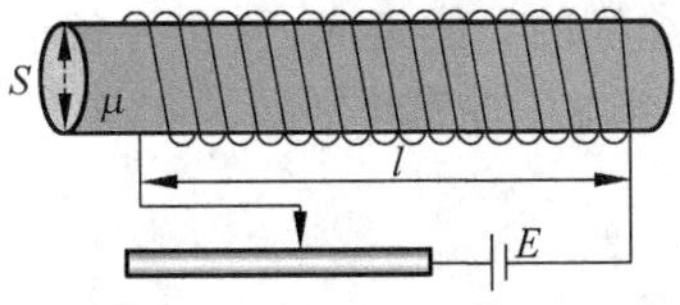

图 8-19　例 8.7 用图

例 8.7　如图 8-19 所示，有一长直密绕螺线管，已知其匝数为 N，长度为 l，横截面积为 S，磁导率为 μ。求其自感 L（忽略边缘效应）。

解　设线圈中的电流为 I，单位长度上的匝数为 $n=N/l$。

根据安培环路定理可得磁场为

$$B=\mu H=\mu nI$$

磁通链为

$$\Psi=N\Phi=NBS=N\mu\frac{N}{l}IS$$

根据定义，自感系数为

$$L=\frac{\Psi}{I}=\mu\frac{N^2}{l}S$$

一般情况可用公式 $\varepsilon_{自}=-L\frac{\mathrm{d}I}{\mathrm{d}t}$ 测量得到自感系数的大小。

8.4.2　互感

如图 8-20 所示，两个邻近的线圈，当其中一个线圈的电流发生变化时，会在另一个线圈中产生感生电动势，这种因一个载流线圈中电流发生变化而在另一个线圈中激起感应电动势的现象称为互感现象。

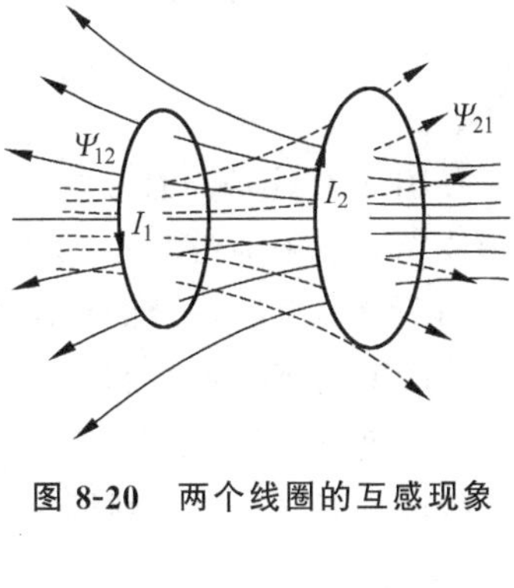

图 8-20　两个线圈的互感现象

当两线圈的形状、相互位置不变时，根据安培定律，一个线圈的电流在空间中产生的磁感应强度与其电流成正比，因此该磁场穿过另一个线圈的磁通量也与这个电流成正比，即 I_1 在电流 I_2 回路中所产生的磁通链为

$$\Psi_{21}=M_{21}I_1 \tag{8.15a}$$

同理，I_2 在电流 I_1 回路中所产生的磁通链为

$$\Psi_{12}=M_{12}I_2 \tag{8.15b}$$

式中，M_{21} 和 M_{12} 是两个比例系数。实验与理论均证明有以下关系成立：

$$M_{21}=M_{12} \tag{8.16}$$

用 M 统一来表示两个线圈的互感系数，简称互感。因此，电流 I_1 在电流 I_2 回路中所产生的互感电动势可表示为

$$\varepsilon_{21}=-M\frac{\mathrm{d}I_1}{\mathrm{d}t} \tag{8.17a}$$

电流 I_2 在电流 I_1 回路中所产生的互感电动势可表示为

$$\varepsilon_{12}=-M\frac{\mathrm{d}I_2}{\mathrm{d}t} \tag{8.17b}$$

在已知互感电动势的情况下，互感系数表示为

$$M=-\frac{\varepsilon_{21}}{\mathrm{d}I_1/\mathrm{d}t}=-\frac{\varepsilon_{12}}{\mathrm{d}I_2/\mathrm{d}t} \tag{8.18}$$

例 8.8 有一个矩形线圈长为 a，宽为 b，由 100 匝表面绝缘的导线组成，放在一条很长的导线旁边并与之共面。求在图 8-21(a)、(b)两种情况下线圈与长直导线之间的互感。

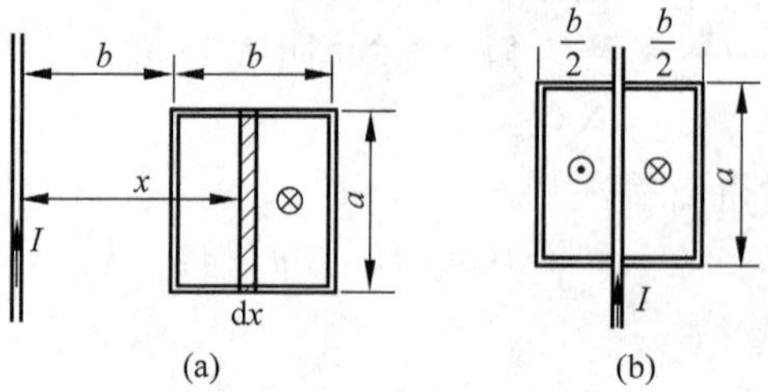

图 8-21 例 8.8 用图

解 如图 8-21(a)所示，已知长导线在矩形线圈 x 处的磁感应强度为 $B=\dfrac{\mu_0 I}{2\pi x}$，通过线圈的磁通链为

$$\Psi=\int_b^{2b}\frac{N\mu_0 I}{2\pi x}a\,\mathrm{d}x=\frac{N\mu_0 Ia}{2\pi}\ln\frac{2b}{b}$$

故线圈与长导线的互感为

$$M=\frac{\Psi}{I}=\frac{N\mu_0 a}{2\pi}\ln 2$$

在图 8-21(b)中，直导线两边的磁感应强度方向相反且以导线为轴对称分布，因此通过矩形线圈的总磁通链为零，所以 $M=0$。这是消除互感的方法之一。

当两个有互感耦合的线圈串联后，可以等效一个自感线圈，但其等效自感系数不等于原来两线圈的自感系数之和。下面分两种连接方式讨论等效自感系数。

(1) 如图 8-22(a)所示，两线圈串联后，电流在两个线圈中的流向不变，这种连接方式称为顺接或顺串联。对于线圈 1，自感磁通为 $\Psi_{11}=L_1I_1$，互感磁通为 $\Psi_{12}=M_{12}I_2$，总磁通为

$\Psi_1=\Psi_{11}+\Psi_{12}=L_1I_1+M_{12}I_2$；对于线圈 2，自感磁通为 $\Psi_{22}=L_2I_2$，互感磁通为 $\Psi_{21}=M_{21}I_1$，总磁通为 $\Psi_2=\Psi_{22}+\Psi_{21}=L_2I_2+M_{21}I_1$，顺接后等效为一个线圈的总磁通为 $\Psi=\Psi_1+\Psi_2=L_1I_1+M_{12}I_2+L_2I_2+M_{21}I_1$。因为串联电路的电流相等，则有 $I_1=I_2=I$，$M_{12}=M_{21}=M$，因此，可得总的等效自感系数为

$$L=L_1+L_2+2M \tag{8.19}$$

(2) 如图 8-22(b)所示，两线圈串联后，电流在两个线圈中的流向发生变化，这种连接方式称为逆接或逆串联。同理可得，其连接后的等效自感系数 L 为

$$L=L_1+L_2-2M \tag{8.20}$$

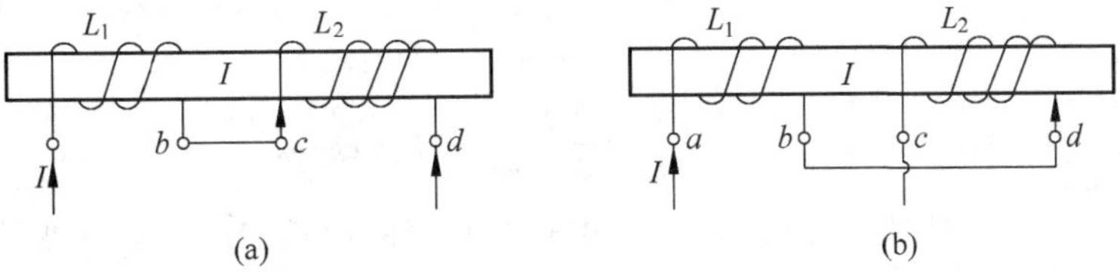

图 8-22 串联线圈的自感

(a) 顺接；(b) 逆接

由式(8.19)和式(8.20)可知，当一个自感线圈截成相等的两部分后，每一部分的自感均小于原线圈自感的$\frac{1}{2}$，在无磁漏的情况下可以证明其满足如下关系式：

$$M=\sqrt{L_1L_2}$$

在考虑磁漏的情况下，$M=K\sqrt{L_1L_2}$，且 $K\leqslant 1$，K 称为耦合系数。

例 8.9 如图 8-23 所示，有一同轴电缆由两个同轴圆筒构成，内筒半径为 1.00mm，外筒半径为 7.00mm，求该同轴电缆单位长度的自感系数(两筒的厚度可忽略)。

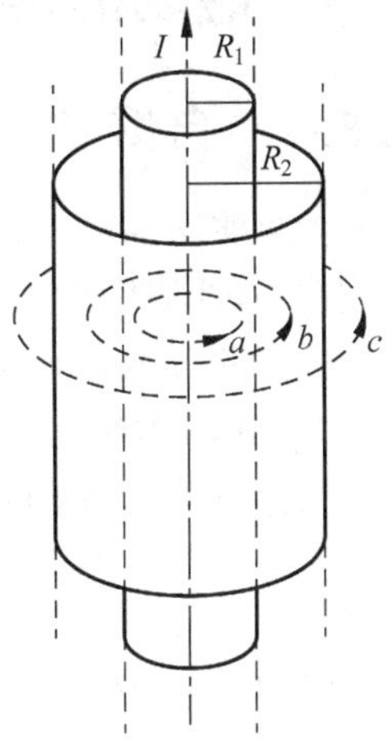

图 8-23 例 8.9 用图

解 设电流 I 由内筒流出、外筒流回，由安培环路定理$\oint \boldsymbol{B}\cdot \mathrm{d}\boldsymbol{l}=B\cdot 2\pi r=\mu_0\sum I_i$，且内、外筒之间的电流满足$\sum I_i=I$，因此距离中心轴 r 处的磁感应强度为

$$B=\frac{\mu_0 I}{2\pi r}$$

电磁通量定义式 $\Phi=\int_S \boldsymbol{B}\cdot \mathrm{d}\boldsymbol{S}$，则内、外筒之间单位长度所通过的磁通量为

$$\Phi'=\int_{0.001}^{0.007}B\,\mathrm{d}r=\int_{0.001}^{0.007}\frac{\mu_0 I}{2\pi r}\mathrm{d}r=\frac{\mu_0 I}{2\pi}\ln 7$$

因此，单位长度同轴电缆的自感系数为

$$L=\frac{\Phi'}{I}=\frac{\mu_0}{2\pi}\ln 7$$

例 8.10 如图 8-24 所示，一无限长导线通有电流 $I=I_0\sin\omega t$，现有一矩形线框与长直导线共面，求互感系数和互感电动势。

解 由安培环路定理可得磁感应强度为

$$B=\frac{\mu_0 I}{2\pi r}$$

其磁场通过正方形线圈的互感磁通量为

$$\Phi=\int_{a/2}^{3a/2} B\,\mathrm{d}S=\frac{\mu_0 I a}{2\pi}\ln 3$$

因此,可得互感系数为

$$M=\frac{\Phi}{I}=\frac{\mu_0 a}{2\pi}\ln 3$$

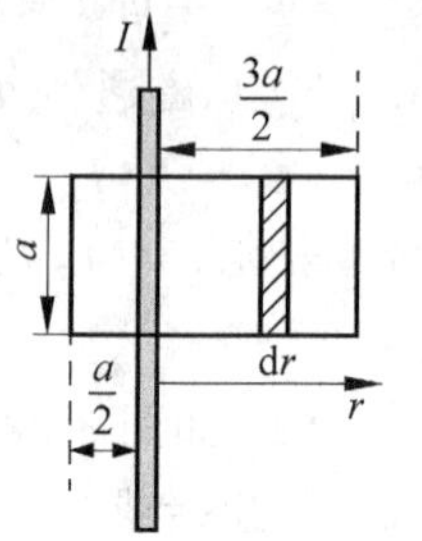

图 8-24 例 8.10 用图

互感电动势为

$$\varepsilon=-M\frac{\mathrm{d}I}{\mathrm{d}t}=-\frac{\mu_0 a}{2\pi}\ln 3 I_0\omega\cos\omega t$$

例 8.11 两线圈顺串联后总自感为 1.0H,在它们的形状和位置都不变的情况下,逆串联后总自感为 0.4H,试求它们之间的互感。

解 因为顺串联时 $L=L_1+L_2+2M$,逆串联时 $L'=L_1+L_2-2M$,所以

$$L-L'=4M$$

故可得

$$M=\frac{L-L'}{4}=0.15\mathrm{H}$$

8.5 磁场的能量

8.5.1 自感磁能

如果将图 8-18(b)中的电路与电源接通,线圈中的电流 i 将由零增加到恒定值 I,在这个过程中,线圈中会产生自感电动势,自感电动势与电流的方向相反,起到阻碍电流增大的作用。因此自感电动势做负功,而电源要克服自感电动势所做的功,最后转化为线圈中的能量,称为自感磁能。

根据自感电动势的定义,可得

$$\varepsilon_{自}=-L\frac{\mathrm{d}i}{\mathrm{d}t}$$

则在时间 $\mathrm{d}t$ 内自感电动势所做的功为

$$\mathrm{d}W=\varepsilon_{自}\, i\,\mathrm{d}t=-L\frac{\mathrm{d}i}{\mathrm{d}t}\cdot i\,\mathrm{d}t=-Li\,\mathrm{d}i$$

电流由零增加到 I,自感电动势所做的总功为

$$W=\int \mathrm{d}W=-\int_0^I Li\,\mathrm{d}i=\frac{1}{2}LI^2$$

由于自感电动势所做的功全部转化为线圈中的能量,因此此时线圈中存储的自感磁能为

$$W_{\mathrm{m}}=W=\frac{1}{2}LI^2 \tag{8.21}$$

8.5.2 磁场的能量

与电能一样，磁能也是存在于整个磁场分布的空间中。以通电长直螺线管为例，其自感系数为

$$L = \mu n^2 V$$

式中，n 为单位长度线圈的匝数；μ 为内部介质磁导率；V 为螺线管内的空间体积，则其内部存储的磁能为

$$W_m = \frac{1}{2}LI^2 = \frac{1}{2}\mu n^2 I^2 V \tag{8.22}$$

在长直螺线管内部，$B = \mu n I$，则有 $I = \frac{B}{\mu n}$。所以

$$W_m = \frac{1}{2}\mu n^2 \left(\frac{B}{\mu n}\right)^2 V = \frac{1}{2}\frac{B^2}{\mu}V = \frac{1}{2}BHV$$

由于全部的磁场能量分布在整个螺旋管内部空间，可得磁场能量的体密度 w_m 为

$$w_m = \frac{W_m}{V} = \frac{1}{2}\frac{B^2}{\mu} = \frac{1}{2}\boldsymbol{B} \cdot \boldsymbol{H} \tag{8.23}$$

可以证明，式(8.23)对于一般情况的磁感应系统也成立。在整个磁场中，磁场能量为

$$W_m = \int_V w_m \mathrm{d}V = \int_V \frac{1}{2}\boldsymbol{B} \cdot \boldsymbol{H}\mathrm{d}V \tag{8.24}$$

式中，积分区间为整个磁场分布的空间。结合静电场能量的相关知识点，我们对电场能量与磁场能量进行对比，对比结果如表 8-1 所示。

表 8-1　电场能量与磁场能量对比

电场能量	磁场能量
电容器储能 $\frac{1}{2}CU^2 = \frac{1}{2}QU = \frac{Q^2}{2C}$	自感线圈储能 $\frac{1}{2}LI^2$
电场能量密度 $w_e = \frac{1}{2}ED = \frac{1}{2}\varepsilon_0\varepsilon_r E^2$	磁场能量密度 $w_m = \frac{1}{2}BH = \frac{B^2}{2\mu_0\mu_r}$
电场能 $W_e = \int_V w_e \mathrm{d}V$	磁场能 $W_m = \int_V w_m \mathrm{d}V$
能量法求 C	能量法求 L

研究表明，各种情形下电磁能量的传输都是以电磁场能流的形式传输的。坡印亭(J. H. Poynting，1852—1914)在推导电磁能量公式时，引入能流密度矢量(坡印亭矢量)，即单位时间内电磁场通过边界单位表面积向外传递电磁能的能流密度矢量，来描述电磁能的大小，其表达式为

$$\boldsymbol{S} = \frac{1}{\mu_0}(\boldsymbol{E} \times \boldsymbol{B}) \tag{8.25}$$

式(8.25)所表示的是电磁波的瞬时能流密度。但在处理实际问题时，常使用一个周期内的平均值，即平均能流密度(也称为波的强度)。对于平面简谐波，平均能流密度可以表示为

$$\bar{S}=\frac{1}{2}E_0H_0 \tag{8.26}$$

式中，E_0 和 H_0 分别是电磁波电矢量和磁矢量的峰值。

在电磁场系统中，电磁场能量密度是电场能量密度和磁场能量的总和，表示为

$$w_m=\frac{1}{2}\varepsilon E^2+\frac{1}{2}\mu H^2=\frac{1}{2}ED+\frac{1}{2}HB \tag{8.27}$$

8.6 麦克斯韦电磁场方程组

8.6.1 位移电流

先看一个例子。如图 8-25 所示，一个中间填充理想介质的电容器接在交流电源的两端，l 为一个与导线交链的闭合回路，若取一个以 l 为边界的曲面 S_1，且使其满足与导线相交，则由安培环路定律可得

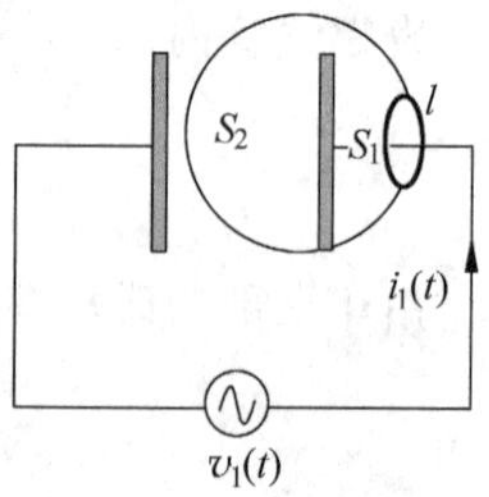

图 8-25 电容板附近的高斯闭合面

$$\oint_l \boldsymbol{H}\cdot d\boldsymbol{l}=\int_{S_1}\boldsymbol{J}\cdot d\boldsymbol{S}=i$$

式中，i 是导线中的传导电流。若取一个曲面 S_2，且使其满足不与导线相交而通过两极板之间，由于极板间没有传导电流流过，则有

$$\oint_l \boldsymbol{H}\cdot d\boldsymbol{l}=0$$

由上述两式可知，磁场强度沿同一闭合路径的线积分出现了两种结果，这说明将安培环路定律应用于时变场时会产生矛盾。

麦克斯韦首先注意到这一矛盾，并分析了这一矛盾的实质。他认为这实际上是恒定电流条件下的安培环路定律与时变条件下的电流连续性方程之间的矛盾。

根据安培环路定律，有如下关系式

$$\oint_l \boldsymbol{H}\cdot d\boldsymbol{l}=\int_{S_1}\boldsymbol{J}\cdot d\boldsymbol{S}=i$$

这是在电流恒定不变的情况下得到的，即$\int_S \boldsymbol{J}\cdot d\boldsymbol{S}=0$。但在时变场中，电流连续性方程为

$$\int_S \boldsymbol{J}\cdot d\boldsymbol{S}=-\frac{dq}{dt}$$

这二者是矛盾的。我们知道，电荷守恒定律是普遍正确的，因此安培环路定律在时变场的情况下必须加以修正。麦克斯韦认为，在时变场的情况下，高斯定理和磁通连续性原理仍然适用。即

$$\begin{cases}\oint_S \boldsymbol{D}\cdot d\boldsymbol{S}=q\\ \oint_S \boldsymbol{B}\cdot d\boldsymbol{S}=0\end{cases}$$

这样，电流连续性方程可写为$\int_S \boldsymbol{J}\cdot d\boldsymbol{S}=-\int_S \frac{\partial \boldsymbol{D}}{\partial t}\cdot d\boldsymbol{S}$，也可以表示如下

$$\int_S \left(\boldsymbol{J}+\frac{\partial \boldsymbol{D}}{\partial t}\right)\cdot \mathrm{d}\boldsymbol{S}=0 \tag{8.28}$$

式(8.28)表明，在时变场中，尽管传导电流密度 $\boldsymbol{J}$ 不一定连续，但矢量 $\boldsymbol{J}+\frac{\partial \boldsymbol{D}}{\partial t}$ 永远是连续的。这样，它就与电流连续性方程相容。其中，$\frac{\partial \boldsymbol{D}}{\partial t}$ 项具有电流密度的性质，麦克斯韦把它称为位移电流密度，记为 $\boldsymbol{J}_{\mathrm{d}}$，因此

$$\boldsymbol{J}_{\mathrm{d}}=\frac{\partial \boldsymbol{D}}{\partial t}$$

位移电流密度的国际单位为 $\mathrm{A/m^2}$。因此，位移电流强度为

$$I_{\mathrm{d}}=\int_S \boldsymbol{J}_{\mathrm{d}}\cdot \mathrm{d}\boldsymbol{S} \tag{8.29}$$

引入位移电流之后，上例中电流不连续的矛盾也就不复存在，因为

$$\oint_l \boldsymbol{H}\cdot \mathrm{d}\boldsymbol{l}=\int_S \left(\boldsymbol{J}+\frac{\partial \boldsymbol{D}}{\partial t}\right)\cdot \mathrm{d}\boldsymbol{S}=\int_S \frac{\partial \boldsymbol{D}}{\partial t}\cdot \mathrm{d}\boldsymbol{S}=i_{\mathrm{d}}$$

在两极板之间，电流以位移电流的形式存在，从而保持了电流的连续性。于是麦克斯韦把安培环路定律修改为

$$\oint_l \boldsymbol{H}\cdot \mathrm{d}\boldsymbol{l}=\iint_S \left(\boldsymbol{J}+\frac{\partial \boldsymbol{D}}{\partial t}\right)\cdot \mathrm{d}\boldsymbol{S} \tag{8.30}$$

全安培环路定理表明，变化的电场也将激发磁场。因此，磁场可以由电流来产生，也可以由变化的电场产生。

8.6.2　麦克斯韦方程组

1. 麦克斯韦方程组

麦克斯韦推广了法拉第电磁感应定律，得出时变的磁场能产生电场的结论；又于 1862 年提出了位移电流的假说，说明时变的电场也能产生磁场。这表明了电场与磁场之间存在紧密联系，二者相互依存，又相互制约，成为统一的电磁场的两个方面，即

$$\begin{cases}\oint_l \boldsymbol{E}\cdot \mathrm{d}\boldsymbol{l}=-\int_S \frac{\partial \boldsymbol{B}}{\partial t}\cdot \mathrm{d}\boldsymbol{S}\\ \oint_l \boldsymbol{H}\cdot \mathrm{d}\boldsymbol{l}=\iint_S \left(\boldsymbol{J}+\frac{\partial \boldsymbol{D}}{\partial t}\right)\cdot \mathrm{d}\boldsymbol{S}\end{cases}$$

上述两个方程构成了麦克斯韦方程组的核心。同时，麦克斯韦认为高斯定理和磁通连续性原理在时变情况下都是成立的，它们和上述两个方程组成表征电磁场性质的麦克斯韦方程组，对应的积分形式为

$$\begin{cases}\oint_S \boldsymbol{D}\cdot \mathrm{d}\boldsymbol{S}=\int_V \rho \mathrm{d}V=Q\\ \oint_l \boldsymbol{E}\cdot \mathrm{d}\boldsymbol{l}=-\int_S \frac{\partial \boldsymbol{B}}{\partial t}\cdot \mathrm{d}\boldsymbol{S}\\ \oint_S \boldsymbol{B}\cdot \mathrm{d}\boldsymbol{S}=0\\ \oint_l \boldsymbol{H}\cdot \mathrm{d}\boldsymbol{l}=\int_S \left(\boldsymbol{j}+\frac{\partial \boldsymbol{D}}{\partial t}\right)\cdot \mathrm{d}\boldsymbol{S}\end{cases} \tag{8.31}$$

这四个方程一起构成麦克斯韦电磁理论的基础。利用这些方程便可以解释和预测所有的宏观电磁现象。积分形式的麦克斯韦方程组反映电磁运动在某一局部区域的平均性质,而微分形式的麦克斯韦方程反映场在空间每一点的性质,它是积分形式的麦克斯韦方程在积分域缩小到一个点时的极限。对电磁问题的分析一般都从微分形式的麦克斯韦方程出发。

从以上方程不难看出,前面讨论过的静电场、恒定电场和恒定磁场的基本方程都不过是麦克斯韦方程组在$\frac{\partial D}{\partial t}=0$和$\frac{\partial B}{\partial t}=0$时的特例。

2. 麦克斯韦方程组的物理意义

方程组(8.31)的四个方程分别称为麦克斯韦方程组的第一、第二、第三和第四方程。其中,第四方程是修正后的安培环路定律,表明电流和时变电场可以激发磁场。第二方程是法拉第电磁感应定律,表明时变磁场能产生电场这一重要事实。这两个方程是麦克斯韦方程的核心,其蕴含了深刻的物理意义:

(1) 第四、第二方程的左边物理量为磁学量(或电学量),而右边物理量则为电学量(或磁学量)。中间的等号深刻揭示了电与磁的相互转化、相互依赖、相互对立,共存于统一的电磁波中。正是由于电不断转换为磁,而磁又不断转换成电,才会发生能量交换和能量储存。

(2) 从物理学角度来讲,运算反映一种作用。进一步研究麦克斯韦第二、第四方程两边的运算可发现,方程的左边是空间的运算(旋度),方程的右边是时间的运算(导数),中间用等号连接。它深刻揭示了电(或磁)场任一空间的变化会转化成磁(或电)场时间的变化;反过来,电(或磁)场的时间变化也会转化成磁(或电)场的空间变化,从而构成时空变换的四维空间。正是这种空间和时间的相互转化构成了波动的外在形式,即某一空间出现过的电磁变换,过了一段时间又在另一空间出现了。

麦克斯韦方程组表明时变磁场和时变磁场互相激发,时空不断变化,并可以脱离场源而独立存在。根据这一结论,麦克斯韦进一步预言了电磁波的存在。

*8.7 电磁波的产生和传播

8.7.1 从电磁振荡到电磁波

根据麦克斯韦对涡旋电场和位移电流的预言,可以得到这样的结论,即周期性变化的磁场必定会激发周期性变化的电场,而周期性变化的电场也会激发周期性变化的磁场。变化的电场和变化的磁场互相依存又互相激发,并以有限的速度在空间传播,就是电磁波。图 8-26 是电磁波沿一维空间传播的示意图。

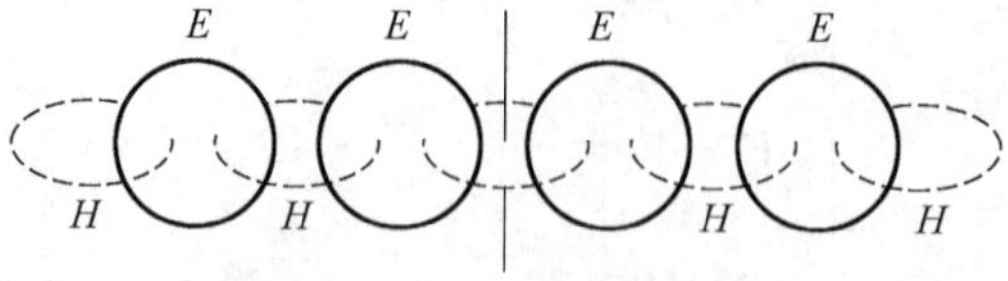

图 8-26 电磁波激励传播的过程

在 3.3 节中,我们曾讨论过机械振动的共振现象,在交流电路中也有类似的现象,在电路中的共振现象常称为谐振。

将一个电容为 C 的电容器与一个自感为 L 的线圈串联起来接在输出电压为 $u(t)=U_0\cos\omega t$ 的电源两端，组成如图 8-27 所示的 RLC 串联共振电路。其中，电阻 R 就是包括电容器的介电损耗、电感线圈导线的焦耳损耗，以及磁芯的涡流损耗和磁滞损耗等在内的有功电阻，而无须另外串接电阻；电感的感抗为 $j\omega L$；电容的容抗为 $1/j\omega C$。这样，就得到 RLC 串联电路的复阻抗为 $\widetilde{Z}=R+j\omega L+\dfrac{1}{j\omega C}$，即可求得电路的阻抗为

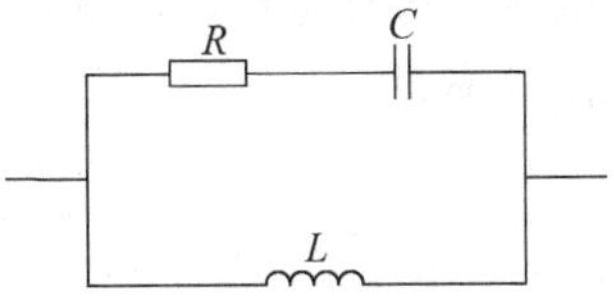

图 8-27　*RLC* 串联共振电路

$$Z=\sqrt{R^2+\left(\omega L-\frac{1}{\omega C}\right)^2} \tag{8.32}$$

当连续改变电源的频率时，由于电路阻抗的改变，电路的电流也将随之发生连续变化。当电源的角频率满足

$$\omega L=1/\omega C$$

时，电路的阻抗出现极小值，而电流达到极大值，如图 8-28 所示，这种现象就称为共振。共振时的频率称为共振频率，用 f_0 表示，即

$$f_0=\frac{\omega_0}{2\pi}=\frac{1}{2\pi\sqrt{LC}} \tag{8.33}$$

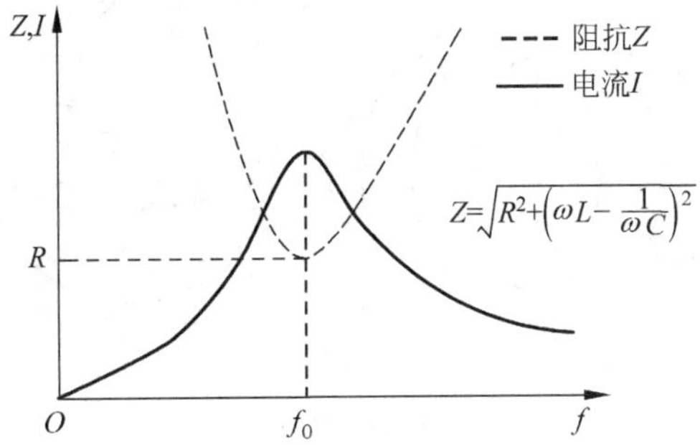

图 8-28　*RLC* 串联电路共振曲线

式中，ω_0 是共振角频率。由电路的复阻抗可以求得串联共振电路的相位差为

$$\varphi=\arctan\frac{\omega^2 LC-1}{\omega RC}$$

一个 LC 振荡电路原则上可以作为发射电磁波的波源。当已充电的电容器通过电感线圈放电时，由于线圈自感电动势的产生，电路上的电流只能逐渐上升，电容器极板间的电场能量逐渐转变为线圈内的磁场能量。当电容器的电荷减少到零时，线圈中的电流达到最大值，电场能量全部转变为磁场能量。这时，虽然电容器没有电荷了，但电流并不立即消失，因为线圈产生了与刚才方向相反的自感电动势，使电路上的电流按原来放电电流的方向继续流动，并对电容器反方向充电，从而在两极板间建立了与先前方向相反的电场。当电容器极板上的电荷达到最大值时，电路中的电流减小到零，线圈中的磁场也相应消失，至此，线圈中的磁场能量又全部转变为电容器极板间的电场能量。以后又重复上面的过程，不过电路中

的电流方向与先前相反了。这样的过程周而复始地进行下去，电路中就产生了周期性变化的电流。这种电荷和电流随时间发生周期性变化的现象，称为电磁振荡。振荡电路的固有振荡频率为

$$f=\frac{1}{2\pi\sqrt{LC}}$$

要把这样的振荡电路作为波源向空间发射电磁波，还必须具备两个条件：一是振荡频率要高；二是电路要开放。要提高电磁振荡频率，就必须减小电路中线圈的自感 L 和电容器的电容 C；要开放电路，就是不让电磁场和电磁能集中在电容器和线圈之中，而要辐射到空间去。根据这样的要求对电路进行改造，结果整个 LC 振荡电路就等效成为一根直导线，电流在其中往返振荡，两端出现正负交替变化的等量异号电荷。此电路称为振荡偶极子或偶极振子。以偶极振子作为天线，就可以有效地在空间激发电磁波。

8.7.2 偶极振子发射的电磁波

在离振子中心的距离 r 小于电磁波波长 λ 的近心区，电场和磁场的分布情况比较复杂，这可以从一条电场线由出现到形成闭合圈并向外扩展的过程中看出，图 8-29(a)表示了这个过程。图中未画出磁感应线，磁感应线是以偶极振子为轴、疏密相间的同心圆，并与电场线互相套连。

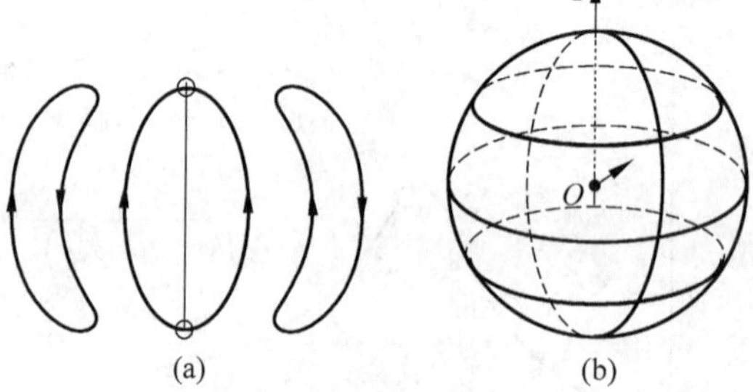

图 8-29 偶极子

(a) 偶极子附近的电场线；(b) 偶极子远端的球面电磁波

在离振子的距离 r 远大于电磁波波长 λ 的波场区，波面趋于球面，电磁场的分布比较简单。以振子中心为球心、以偶极振子的轴线为极轴作球面，如图 8-29(b)所示，这个球面可以作为电磁波的一个波面。在波面上任意一点 A 处，电场强度矢量 $\boldsymbol{E}$ 处于过点 A 的子午面内，磁场强度矢量 $\boldsymbol{H}$ 处于过点 A 并平行于赤道平面的平面内，两者互相垂直，并且都垂直于点 $\boldsymbol{A}$ 的位置矢量 $\boldsymbol{r}$，即垂直于波的传播方向。

理论计算表明，偶极振子发射的电磁波的波强度(即平均能流密度)具有以下规律：①与频率的四次方成正比，即频率越高，能量辐射越多；②与离开振子中心距离的平方成反比；③与 $\sin^2\theta$ 成正比，即具有强烈的方向性，在垂直于偶极振子轴线的方向上辐射最强，而在沿轴线方向上辐射为零。

8.7.3 电磁场的发射与接收实验

1888 年，德国著名物理学家赫兹(H. R. Hertz，1857 年 2 月—1894 后 1 月)首先发现

并验证了电磁波的存在。赫兹的重大发现，不但为无线电通信创造了条件，而且从电磁波的传播规律，确定电磁波和光波一样，具有反射、折射和偏振等性质，验证了麦克斯韦关于光是一种电磁波的理论推测。

赫兹利用电容器充电后通过火花隙放电会产生振荡的原理，制作了如图 8-30 所示的振荡器。其中 C、D 是安放在同一条直线上的两段铜棒，两铜棒的端部分别带有一个光滑的铜球，两铜球之间留有一间隙 P，两铜棒分别与感应圈 T 的两极相接。感应圈以 10～100Hz 的频率间歇地在 C、D 之间产生很高的电压，当间隙 P 中的空气被击穿而产生电火花时，两段铜棒构成电流通路，就成为前文所说的偶极振子，偶极振子产生的电磁波沿 PQ 方向传播。探测电磁波的谐振器 Q 是用铜棒制成的留有火花隙的圆环，通过调节两铜球的距离来改变火花隙的大小，从而改变谐振频率。将谐振器 Q 放置在电磁波的传播路径 PQ 的某处，适当选择其方位，调节谐振器的频率，当谐振器与振荡器发生谐振时，谐振器间隙会出现最明显的火花现象。

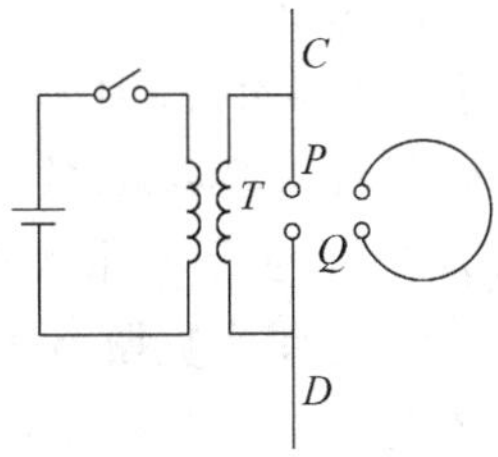

图 8-30　火花隙振荡器

赫兹实验不仅在人类历史上首次发射和接收了电磁波，还证明了电磁波与光波一样能够发生反射、折射、干涉、衍射和偏振，验证了麦克斯韦的预言，揭示了光的电磁本质，从而将光学与电磁学统一起来。

8.7.4　光波与电磁波的统一

麦克斯韦从理论上预言了电磁波的存在，赫兹用电磁振荡的方法产生了电磁波，电磁波传播过程如图 8-31 所示。电场和磁场的振动方向相互垂直，它们又与电磁波的传播方向始终垂直。后来的实验证明了可见光属于电磁波，随后一系列的实验又证明红外线、紫外线、X 射线和 γ 射线也都属于电磁波。在真空中，各种电磁波的传播速度相同，从而实现把光波归属于电磁波。若将各种电磁波按照频率或波长的大小顺序排列起来，就形成了电磁波的波谱。整个电磁波波谱上大致可以划分成如下几个区域：

(1) 无线电波的波长为 1mm～3km，其中波长在 50m～3km 的无线电波属于中波波段，波长在 10～50m 的无线电波属于短波波段，波长在 1mm～10m 的无线电波则属于微波波段。无线电波常用于广播、电视、通信和雷达等的信息传输。

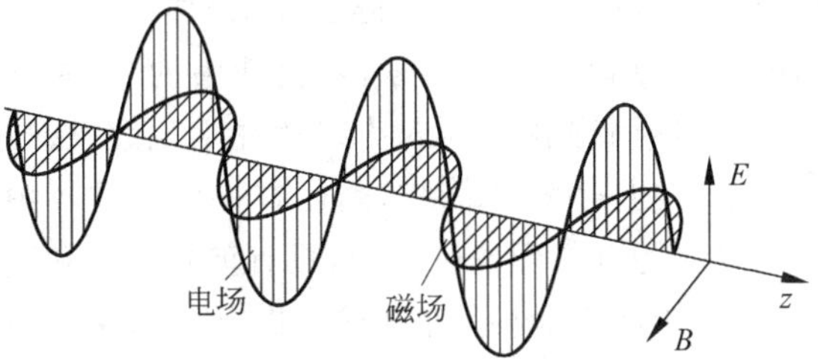

图 8-31　电磁波传播过程

(2) 红外线的波长为 760nm～0.2mm。红外线具有显著的热效应，因而也称为热线。

(3) 可见光的波长为 400～760nm。

(4) 紫外线的波长为 5～400nm。

(5) X 射线的波长为 10^{-2}～10nm。

(6) γ 射线是波长小于 10^{-2}nm 的电磁波统称。

名人堂　詹姆斯·克拉克·麦克斯韦

詹姆斯·克拉克·麦克斯韦(James Clerk Maxwell,1831年6月—1879年11月),1831年6月13日出生于苏格兰爱丁堡,英国著名物理学家、数学家。他除了奠定电磁理论、开创经典电动力学外,还是统计物理学的奠基人之一。

1847年麦克斯韦进入爱丁堡大学学习数学和物理,毕业于剑桥大学。他成年时期的大部分时光是在大学里当教授,最后是在剑桥大学任教。1873年出版的《电学和磁学论》,也被尊为继牛顿《自然哲学的数学原理》之后的一部最重要的物理学经典著作。麦克斯韦被普遍认为是对物理学最有影响力的物理学家之一。没有电磁学就没有现代电工学,也就不可能有现代文明。

求学生涯

1846年智力发育格外早的麦克斯韦就向爱丁堡皇家学院递交了一份科研论文。1847年麦克斯韦16岁中学毕业,进入爱丁堡大学学习。这里是苏格兰的最高学府。他是班上年纪最小的学生,但考试成绩却总是名列前茅。他在这里专攻数学物理,并且显示出非凡的才华。他读书非常用功,但并非死读书,在学习之余他仍然写诗,不知满足地读课外书,积累了相当广泛的知识。在爱丁堡大学,麦克斯韦获得了攀登科学高峰所必备的基础训练。其中两个人对他影响最深,一个是物理学家和登山家福布斯,另一个是逻辑学和形而上学教授哈密顿。福布斯是一个实验家,他培养了麦克斯韦对实验技术的浓厚兴趣,一个从事理论物理的人很难有这种兴趣。他强制麦克斯韦写作要条理清楚,并把自己对科学史的爱好传给麦克斯韦。哈密顿教授则用广博的学识影响着他,并用出色的怪异的批评能力刺激麦克斯韦去研究基础问题。在这些有真才实学的人的影响下,加上麦克斯韦个人的天才和努力,麦克斯韦的学识一天天进步,他用三年时间就完成了四年的学业,相形之下,爱丁堡大学这个摇篮已经不能满足麦克斯韦的求知欲。为了进一步深造,1850年,他征得了父亲的同意,离开爱丁堡,到人才济济的剑桥去求学。赫兹是德国的一位青年物理学家,麦克斯韦的《电磁学通论》发表之时,他只16岁。在当时的德国,人们依然固守着牛顿的传统物理学观念,法拉第、麦克斯韦的理论对物质世界进行了崭新的描绘,但是违背了传统,因此在德国等欧洲中心地带毫无立足之地,甚而被当成奇谈怪论。当时支持电磁理论研究的,只有玻耳兹曼和亥姆霍兹。赫兹后来成了亥姆霍兹的学生。在老师的影响下,赫兹对电磁学进行了深入的研究,在进行了物理事实的比较后,他确信,麦克斯韦的理论比传统的"超距理论"更令人信服。于是他决定用实验来证实这一点。

1886年,赫兹经过反复实验,发明了一种电波环,用这种电波环作了一系列的实验,终于在1888年发现了人们怀疑和期待已久的电磁波。赫兹的实验公布后,轰动了全世界的科学界,由法拉第开创、麦克斯韦总结的电磁理论,至此取得了决定性的胜利。麦克斯韦的伟大遗愿终于实现了。

科学研究

1850 年转入剑桥大学三一学院数学系学习，1854 年以第二名的成绩获史密斯奖学金，毕业留校任职两年。1856 年在苏格兰阿伯丁的马里沙耳任自然哲学教授。1860 年到伦敦国王学院任自然哲学和天文学教授。1861 年选为伦敦皇家学会会员。1865 年春辞去教职回到家乡系统地总结他的关于电磁学的研究成果，完成了电磁场理论的经典巨著《电学和磁学论》，并于 1873 年出版。

1871 年受聘为剑桥大学新设立的卡文迪许实验物理学教授，负责筹建著名的卡文迪许实验室。1874 年建成后担任这个实验室的第一任主任，直到 1879 年 11 月 5 日。

电磁情缘

回顾电磁学的历史，物理学的历程一直到 1820 年的时候都是以牛顿的物理学思想为基础的。自然界的"力"——热、电、光、磁以及化学作用正在被逐渐归结为一系列流体的粒子间的瞬时吸引或排斥。人们已经知道磁和静电遵守类似引力定律的平方反比定律。在 19 世纪以前的 40 年中，出现了一种反对这种观点的动向，这种观点赞成"力的相关"。1820 年，奥斯特发现的电流的磁效应马上成了这种新趋势的第一个证明和极为有力的推动力，但当时的人又对此捉摸不定和感到困惑。奥斯特所观察到的电流与磁体间的作用有两个基本点不同于已知的现象：它是由运动的电显示出来的，而且磁体既不被引向带电流的金属线，也不被它推开，而是对于它横向定位。同一年，法国科学家安培用数学方法总结了奥斯特的发现，并创立了电动力学，此后，安培和他的追随者们便力图使电磁的作用与有关瞬时的超距作用的现存见解调和起来。

麦克斯韦的电学研究始于 1854 年，当时他刚从剑桥毕业不过几星期。他读到了法拉第的《电学实验研究》，立即被书中新颖的实验和见解吸引住了。在当时人们对法拉第的观点和理论看法不一，有不少非议。最主要原因就是当时"超距作用"的传统观念影响很深。另一方面的原因就是法拉第的理论的严谨性还不够。法拉第是实验大师，有着常人所不及之处，但唯独欠缺数学功力，所以他的创见都是以直观形式来表达的。一般的物理学家恪守牛顿的物理学理论，对法拉第的学说感到不可思议。有位天文学家曾公开宣称："谁要在确定的超距作用和模糊不清的力线观念中有所迟疑，那就是对牛顿的亵渎！"在剑桥的学者中，这种分歧也相当明显。汤姆孙也是剑桥里一名很有见识的学者之一。麦克斯韦对他敬佩不已，特意给汤姆孙写信，向他求教有关电学的知识。汤姆孙比麦克斯韦大 7 岁，对麦克斯韦从事电学研究给予过极大的帮助。在汤姆孙的指导下，麦克斯韦得到启示，相信法拉第的新论中有着不为人所了解的真理。认真地研究了法拉第的著作后，他感受到力线思想的宝贵价值，也看到法拉第在定性表述上的弱点。于是这个刚刚毕业的青年科学家决定用数学来弥补这一点。1855 年麦克斯韦发表了第一篇关于电磁学的论文《论法拉第的力线》。

一般认为麦克斯韦是从牛顿到爱因斯坦这一整个阶段中最伟大的理论物理学家。1865 年开始，麦克斯韦辞去了皇家学院的教席，开始潜心进行科学研究，系统地总结研究成果，撰写电磁学专著。

麦克斯韦生前没有享受到他应得的荣誉，因为他的科学思想和科学方法的重要意义直到 20 世纪科学革命来临时才充分体现出来。然而他没能看到科学革命的发生，1879 年麦克斯韦英年早逝，年仅48岁。

电磁场得到验证与应用以来，在学术界和历史界，麦克斯韦都被赋予了极高的地位。他的学术贡献，被认为可以与牛顿、爱因斯坦比肩。

本章小结

1. 电磁感应的实验定律

(1) 法拉第电磁感应定律：当闭合回路 l 中的磁通量 Φ 变化时，在回路中的感应电动势为

$$\varepsilon=-\frac{\mathrm{d}\Phi}{\mathrm{d}t}$$

其中，Φ 为线圈全磁通。如果有 N 匝线圈，则磁通量为 $\Psi=N\Phi$，感应电动势为 $\varepsilon_{\mathrm{i}}=-\frac{\mathrm{d}\Psi}{\mathrm{d}t}$。

(2) 楞次定律：闭合回路中感应电流的方向是使它产生的磁通量反抗引起电磁感应的磁通量变化。楞次定律是能量守恒定律在电磁感应中的表现。

(3) 感应电流 $I=-\frac{1}{R}\frac{\mathrm{d}\Phi}{\mathrm{d}t}$；感应电量 $Q=-\frac{\Delta\Phi}{R}=\frac{\Phi_1-\Phi_2}{R}$

2. 电动势的理论解释

(1) 动生电动势

在磁场中运动的导线 l 以洛伦兹力为非电静力而成为一电源，导线上的动生电动势为导体在稳恒磁场中运动时产生的感应电动势，其表达式为

$$\varepsilon_{ab}=\int_a^b(\boldsymbol{v}\times\boldsymbol{B})\cdot\mathrm{d}\boldsymbol{l}\quad\text{或}\quad\varepsilon=\oint(\boldsymbol{v}\times\boldsymbol{B})\cdot\mathrm{d}\boldsymbol{l}$$

若 $\varepsilon>\mathbf{0}$ 时，电动势的方向为闭合回路 l 的正方向，$\varepsilon<\mathbf{0}$ 时则为反方向。动生电动势的大小为导线单位时间扫过的磁通量，其方向可由正载流子受洛伦兹力的方向决定。

直导线在均匀磁场的垂面以磁场为轴转动时，产生的感应电动势为

$$\varepsilon=\frac{1}{2}B\omega l^2$$

平面线圈绕磁场的垂轴转动时，产生的感应电动势为

$$\varepsilon=NBS\omega\sin\theta$$

(2) 感生电动势

变化磁场要在周围空间激发一个非静电性的有旋电场 E，使在磁场中的导线 l 成为一电源，导线上的感生电动势为

$$\varepsilon=\int_l\boldsymbol{E}\cdot\mathrm{d}\boldsymbol{l}$$

有旋电场的环流为

$$\varepsilon=\oint_L\boldsymbol{E}\cdot\mathrm{d}\boldsymbol{l}=-\frac{\mathrm{d}\Phi}{\mathrm{d}t}=-\int_S\frac{\partial\boldsymbol{B}}{\partial t}\cdot\mathrm{d}\boldsymbol{S}$$

有旋电场绕磁场的变化率左旋。

圆柱域匀磁场激发的有旋电场为

$$E_{内}=\frac{r}{2}\frac{\partial B}{\partial t},\quad E_{外}=\frac{R^2}{2r}\frac{\partial B}{\partial t}$$

3. 自感和互感

(1) 自感

回路产生的磁通量 $\Phi=LI$；自感系数 $L=\frac{\Phi}{I}$；自感电动势 $\varepsilon_L=-L\frac{\mathrm{d}I}{\mathrm{d}t}$。

长直螺线管的自感 $L=\mu n^2 V$；同轴电缆的自感 $L=\frac{\mu l}{2\pi}\ln\frac{R_2}{R_1}$。

(2) 互感

两回路互感磁通量 $\Phi_{12}=MI_2$，$\Phi_{21}=MI_1$，互感系数 $M=\frac{\Phi_{21}}{I_1}=\frac{\Phi_{12}}{I_2}$。

两回路的互感电动势 $\varepsilon_{12}=-M\frac{\mathrm{d}I_2}{\mathrm{d}t}$，$\varepsilon_{21}=-M\frac{\mathrm{d}I_1}{\mathrm{d}t}$，互感系数 $M=-\frac{\varepsilon_{21}}{\mathrm{d}I_1/\mathrm{d}t}=-\frac{\varepsilon_{12}}{\mathrm{d}I_2/\mathrm{d}t}$。

耦合螺线管的互感 $M=\mu n_1 n_2 V$；串联线圈的等效自感 $L=L_1+L_2\pm 2M$，顺接时取正号，逆接时取负号。

4. 磁场能量

自感磁场能量 $W_\mathrm{m}=\frac{1}{2}LI^2$；磁场能量密度 $W_\mathrm{m}=\frac{B^2}{2\mu}=\frac{1}{2}BH$。

体积 V 中的磁场能量 $W_\mathrm{m}=\int_V W_\mathrm{m}\mathrm{d}V=\frac{1}{2}LI^2$。

5. 位移电流和全电流定律

位移电流密度为 $j_\mathrm{d}=\frac{\partial \boldsymbol{D}}{\partial t}$；位移电流为 $I_\mathrm{d}=\int_S\frac{\partial \boldsymbol{D}}{\partial t}\cdot\mathrm{d}\boldsymbol{S}$

全电流定律 $\oint_L \boldsymbol{H}\cdot\mathrm{d}\boldsymbol{l}=I+I_\mathrm{d}=\int_S\left(\boldsymbol{j}+\frac{\partial \boldsymbol{D}}{\partial t}\right)\cdot\mathrm{d}\boldsymbol{S}$，全电流永远是连续的。

变化的电场能在周围空间激发一个磁场，其激发的规律和电流激发磁场的规律完全相同。

6. 麦克斯韦方程组

$$\oint_S \boldsymbol{D}\cdot\mathrm{d}\boldsymbol{S}=\sum q=\int_V\rho\mathrm{d}V,\quad \oint_L \boldsymbol{E}\cdot\mathrm{d}\boldsymbol{l}=-\frac{\mathrm{d}\Phi_\mathrm{m}}{\mathrm{d}t}=-\int_S\frac{\partial \boldsymbol{B}}{\partial t}\cdot\mathrm{d}\boldsymbol{S};$$

$$\oint_S \boldsymbol{B}\cdot\mathrm{d}\boldsymbol{S}=0;\quad \oint_L \boldsymbol{H}\cdot\mathrm{d}\boldsymbol{l}=\int_S\left(\boldsymbol{j}+\frac{\partial \boldsymbol{D}}{\partial t}\right)\cdot\mathrm{d}\boldsymbol{S}。$$

习题

1. 填空题

1.1 如图 8-32 所示，两条相距为 L 的竖直平行金属导轨位于磁感应强度大小为 B、方向垂直纸面向里的均匀磁场中，导轨电阻不计，金属杆 ab、cd 的质量均为 m，电阻均为 R，若要使 cd 静止不动，则杆 ab 应向________运动，速度大小为________，作用于杆 ab 上的外力大小为________。

1.2 如图 8-33 所示，面积为 $0.2\mathrm{m}^2$ 的 100 匝线圈处在均匀磁场中，磁场方向垂直于线圈平面，已知磁感应强度随时间变化的规律为 $B=(2+0.2t)\mathrm{T}$，电阻 $R_1=6\Omega$，线圈电阻 $R_2=4\Omega$（图中未画出），则回路的感应电动势为________，a、b 两点间电压 U_{ab} 为________。

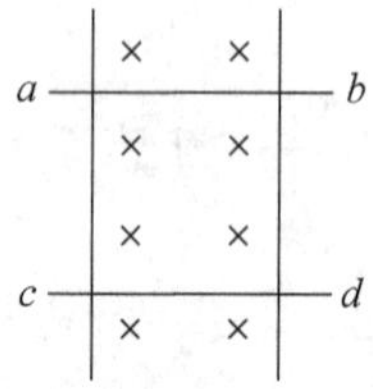

图 8-32 填空题 1.1 用图

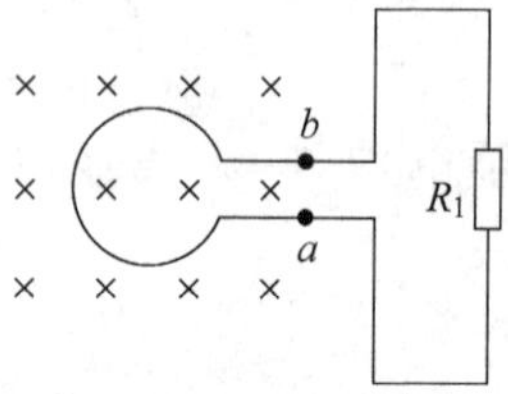

图 8-33 填空题 1.2 用图

1.3 已知通过一线圈的磁通量随时间变化的规律 $\Phi_{\mathrm{m}}=6t^2+9t+2$，则当 $t=2\mathrm{s}$ 时，线圈中的感应电动势为________（SI 制）。

1.4 半径为 $r=0.1\mathrm{cm}$ 的圆线圈，其电阻为 $R=10\Omega$，均匀磁场垂直于线圈，若使线圈中有稳定电流 $i=0.01\mathrm{A}$，则磁场随时间的变化率 $\frac{\mathrm{d}B}{\mathrm{d}t}=$________。

1.5 如图 8-34 所示，长直导线中通有电流 I，有一与长直导线共面且垂直于导线的细金属棒 AB，以速度 v 平行于长直导线做匀速运动。

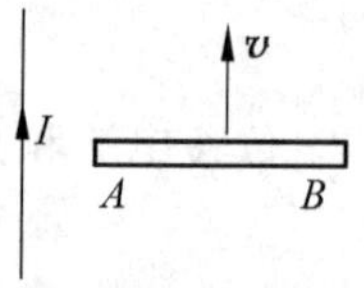

图 8-34 填空题 1.5 用图

(1) 金属棒 AB 两端的电势 U_A ________ U_B（填>、<、=）。

(2) 若将金属棒与导线平行放置，AB 两端的电势 U_A ________ U_B（填>、<、=）。

1.6 传导电流由________的移动产生；位移电流是由________变化产生的；位移电流密度可表示为 $\boldsymbol{J}_{\mathrm{d}}=$________。

1.7 电阻 $R=2\Omega$ 的闭合导体回路置于变化磁场中，通过回路包围面的磁通量与时间的关系为 $\Phi_{\mathrm{m}}=(5t^2+8t-2)\times10^{-3}(\mathrm{Wb})$，则在 $t=(2\sim3)\mathrm{s}$ 的时间内，流过回路导体横截面的感应电荷 $q_{\mathrm{i}}=$________。

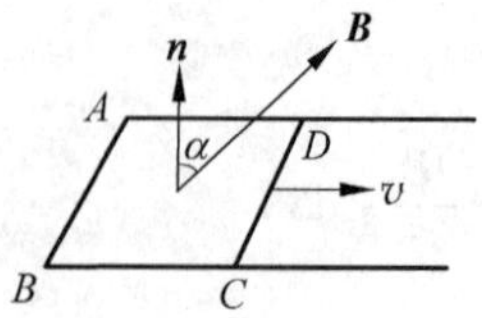

图 8-35 填空题 1.8 用图

1.8 如图 8-35 所示，一矩形导体回路 $ABCD$ 放在均匀外磁场中，磁场的磁感应强度 $\boldsymbol{B}$ 的大小为 $B=6.0\times10^3\mathrm{Gs}$，$\boldsymbol{B}$ 与矩形平面的法线 $\boldsymbol{n}$ 夹角为 $\alpha=60°$；回路中 CD 段长为 $l=1.0\mathrm{m}$，以速度 $v=5.0\mathrm{m/s}$ 平行于两边向外滑动。求回路中的感应电动势的大小

和方向分别为________和________；感应电流方向为________。

1.9　一个匝数为 $N_1=50$，回路面积为 $S=4.0\text{cm}^2$ 的小圆形线圈与另一半径为 $R=20\text{cm}$，匝数 $N_2=1000$ 的大圆形线圈共面同心，则这两个线圈的互感系数为________，若将两线圈转成两个面相互垂直，则互感系数约为________________。

1.10　平行板电容器的电容值为 $C=20.0\mu\text{F}$，两极板上的电压变化率为 $\frac{\text{d}U}{\text{d}t}=1.5\times10^5\text{V/s}$，则电容器两平行板间的位移电流为________。

2. 选择题

2.1 【　　】如图 8-36 所示，一个闭合电路静止于磁场中，由于磁场强弱的变化，而使电路中产生了感应电动势，下列说法中正确的是：

(A) 磁场变化时，会在空间中激发一种电场

(B) 使电荷定向移动形成电流的力是磁场力

(C) 使电荷定向移动形成电流的力是磁场力

(D) 以上说法都不对

2.2 【　　】如图 8-37 所示，导体 AB 在做切割磁感线运动时，将产生一个电动势，因而在电路中有电流通过，下列说法中正确的是：

(A) 因导体运动而产生的感应电动势称为感生电动势

(B) 动生电动势的产生与洛伦兹力有关

(C) 动生电动势的产生与电场力有关

(D) 动生电动势和感生电动势产生的原因是一样的

2.3 【　　】如图 8-38 所示，一个带正电的粒子在垂直于均匀磁场的平面内作圆周运动，当磁感应强度均匀增大时，此粒子的动能将：

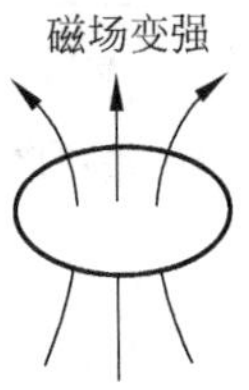

图 8-36　选择题 2.1 用图

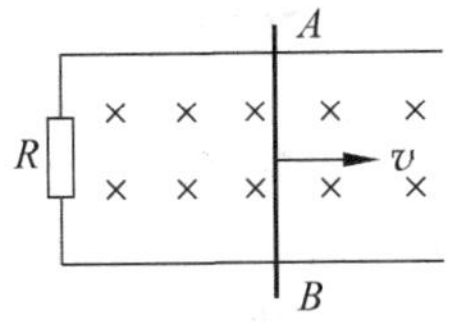

图 8-37　选择题 2.2 用图

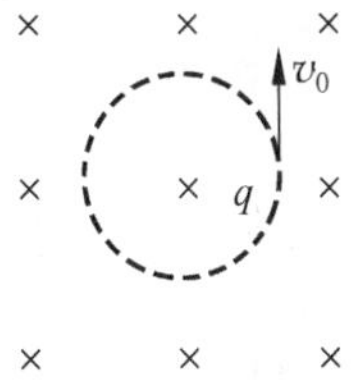

图 8-38　选择题 2.3 用图

(A) 不变　　(B) 增加　　(C) 减少　　(D) 以上情况都可能

2.4 【　　】穿过一个电阻为 1Ω 的单匝闭合线圈的磁通量始终每秒钟均匀地减少 2Wb，则：

(A) 线圈中的感应电动势一定是每秒减少 2V

(B) 线圈中的感应电动势一定是 2V

(C) 线圈中的感应电流一定是每秒减少 2A

(D) 线圈中的感应电流一定是 1A

2.5 【　　】两条无限长平行直导线载有大小相等方向相反的电流 I，I 以 $\frac{\text{d}I}{\text{d}t}$ 的变化率

增长，一矩形线圈位于导线平面内(如图 8-39 所示)，则：

(A) 线圈中无感应电流

(B) 线圈中感应电流为顺时针方向

(C) 线圈中感应电流为逆时针方向

(D) 线圈中感应电流方向不确定

2.6 【　】在一通有电流 I 的无限长直导线所在平面内，有一半径为 r、电阻为 R 的导线环，环中心距直导线的距离为 a，如图 8-40 所示，且 $a>r$。当直导线的电流被切断后，沿导线环流过的电荷约为：

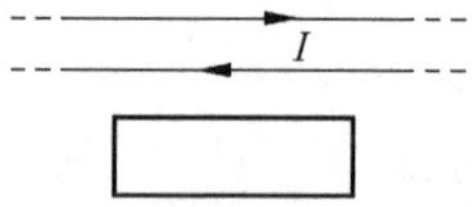

图 8-39 选择题 2.5 用图

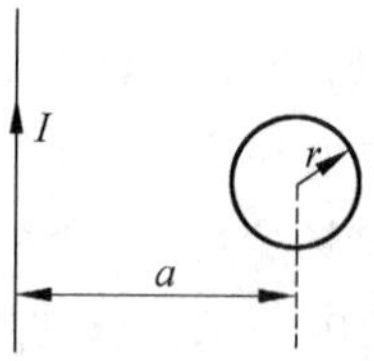

图 8-40 选择题 2.6 用图

(A) $\dfrac{\mu_0 I r^2}{2\pi R}\left(\dfrac{1}{a}-\dfrac{1}{a+r}\right)$　　(B) $\dfrac{\mu_0 I a^2}{2rR}$

(C) $\dfrac{\mu_0 I r}{2\pi R}\ln\dfrac{a+r}{a}$　　(D) $\dfrac{\mu_0 I r^2}{2aR}$

2.7 【　】如图 8-41 所示，当无限长直电流旁的边长为 l 的正方形(回路与 I 共面且 bc、da 与 I 平行)以速率 v 向右运动时，则某时刻(此时 ad 距 I 为 r)回路的感应电动势的大小及感应电流的流向是：

(A) $\varepsilon=\mu_0 Ivl/2\pi r$，电流流向 $d\to c\to b\to a$

(B) $\varepsilon=\mu_0 Ivl/2\pi r$，电流流向 $a\to b\to c\to d$

(C) $\varepsilon=\dfrac{\mu_0 Ivl^2}{2\pi r(r+l)}$，电流流向 $d\to c\to b\to a$

(D) $\varepsilon=\dfrac{\mu_0 Ivl^2}{2\pi r(r+l)}$，电流流向 $a\to b\to c\to d$

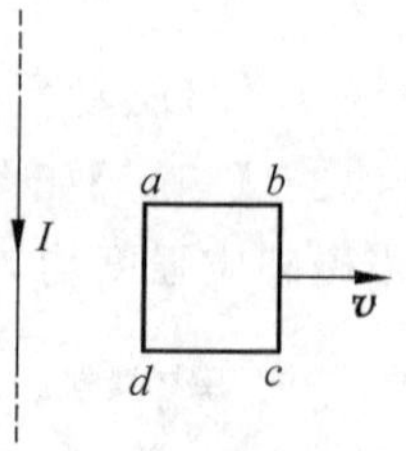

图 8-41 选择题 2.7 用图

2.8 【　】用线圈的自感系数 L 来表示载流线圈磁场能量的公式 $W_m=\dfrac{1}{2}LI^2$：

(A) 只适用于无限长密绕螺线管

(B) 只适用于单匝圆线圈

(C) 只适用于一个匝数很多，且密绕的螺绕环

(D) 适用于自感系数 L 一定的任意线圈

2.9 【　】面积为 S 和 $2S$ 的两圆线圈 1、2 按照图 8-42 放置，并通有相同的电流 I。线圈 1 的电流所产生的通过线圈 2 的磁通量用 Φ_{21} 表示，线圈 2 的电流所产生的通过线圈 1 的磁通量用 Φ_{12} 表示，则 Φ_{21} 和 Φ_{12}

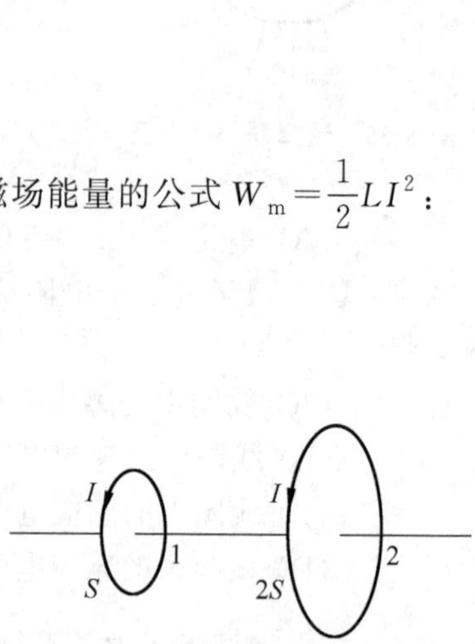

图 8-42 选择题 2.9 用图

的大小关系为：

(A) $\Phi_{21}=2\Phi_{12}$　　(B) $\Phi_{21}>\Phi_{12}$

(C) $\Phi_{21}=\Phi_{12}$　　(D) $\Phi_{21}=\frac{1}{2}\Phi_{12}$

2.10 【　】对位移电流，有下述四种说法，其中一种说法正确的是：

(A) 位移电流是指变化电场

(B) 位移电流是由线性变化磁场产生的

(C) 位移电流的热效应服从焦耳-楞次定律

(D) 位移电流的磁效应不服从安培环路定理

3. 思考题

3.1 在电磁感应定律 $\varepsilon_i=-\frac{\mathrm{d}\Phi}{\mathrm{d}t}$ 中，负号的意义是什么？如何根据负号来确定感应电动势的方向？

3.2 一导体线圈在均匀磁场中运动，在哪些情况下会产生感应电流？为什么？

3.3 简述电磁感应定律，并写出其数学表达式，其中负号的物理意义是什么？

3.4 如图 8-43 所示，一导体方形线圈在均匀磁场中运动，试判断在下列哪些情况下会产生感应电流？为什么？感应电流的方向如何？

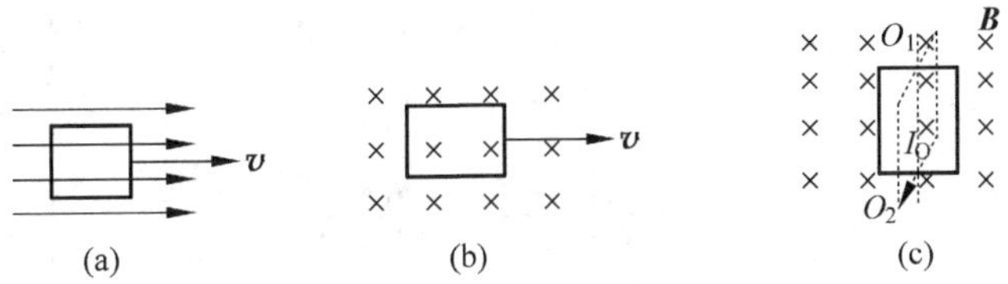

图 8-43　思考题 3.4 用图

3.5 一条直导线在均匀磁场中作如图 8-44 所示的运动，在哪种情况下导线中有动生电动势？为什么？动生电动势的方向如何？哪端电势高？

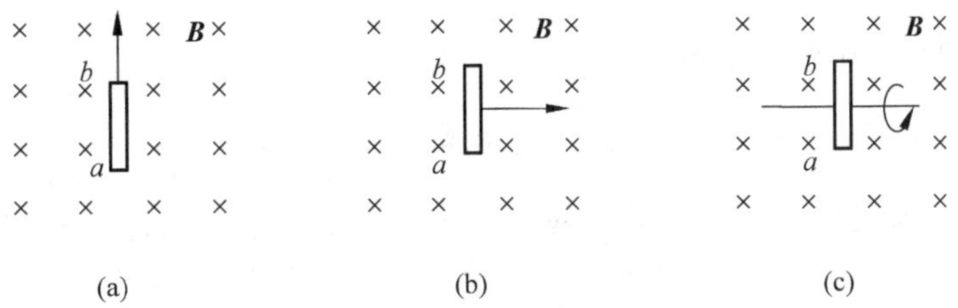

图 8-44　思考题 3.5 用图

3.6 简述静电场与感生电场的区别与联系。

3.7 两个相距不太远的平面圆线圈，怎样放置可使其互感系数近似为零？

3.8 一个线圈的自感的大小决定于哪些因素？如果要设计一个自感较大的线圈，应该从哪些方面去考虑？

3.9 在磁场变化的空间里，如果没有导体，那么，在这个空间是否存在电场，是否存在感应电动势？

3.10 什么叫位移电流？位移电流与传导电流有什么异同？

4. 综合计算题

4.1 通过某回路的磁场与线圈平面垂直并指向纸面内，磁通量按以下关系变化：$\Phi=(t^2+6t+5)\times10^{-3}(\text{Wb})$。求 $t=2\text{s}$ 时，回路中感应电动势的大小和方向。

4.2 如图 8-45 所示，长度为 l 的金属杆 ab 以速率 v 在导电轨道 $abcd$ 上平行移动。已知导轨处于均匀磁场 $\boldsymbol{B}$ 中，$\boldsymbol{B}$ 的方向与回路的法线成 $60°$，$\boldsymbol{B}$ 的大小为 $B=kt$（k 为正常数）。设 $t=0$ 时杆位于 cd 处，求任一时刻 t 导线回路中感应电动势的大小和方向。

4.3 如图 8-46 所示，一边长为 a，总电阻为 R 的正方形导体框固定于一空间非均匀磁场中，磁场方向垂直于纸面向外，其大小沿 x 方向变化，且 $B=k(1+x)$，$k>0$。求：(1)穿过正方形线框的磁通量；(2)当 k 随时间 t 按 $k(t)=k_0t$（k_0 为正常量）变化时，线框中感生电流的大小和方向。

4.4 如图 8-47 所示，一矩形线圈与载有电流 $I=I_0\cos\omega t$，且与长直导线共面。设线圈的长为 b，宽为 a；$t=0$ 时，线圈的 AD 边与长直导线重合；线圈以匀速度 $\boldsymbol{v}$ 垂直离开导线。求任一时刻线圈中的感应电动势的大小。

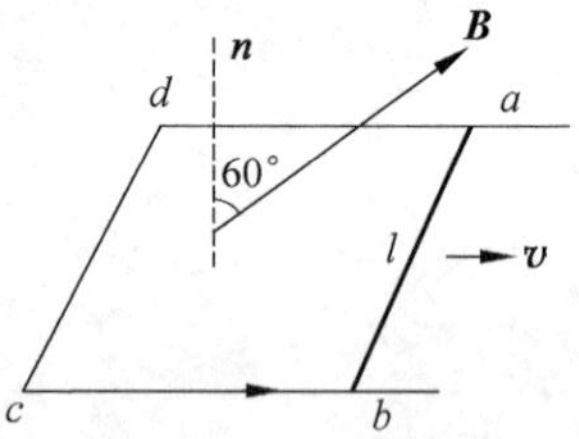

图 8-45 综合计算题 4.2 用图

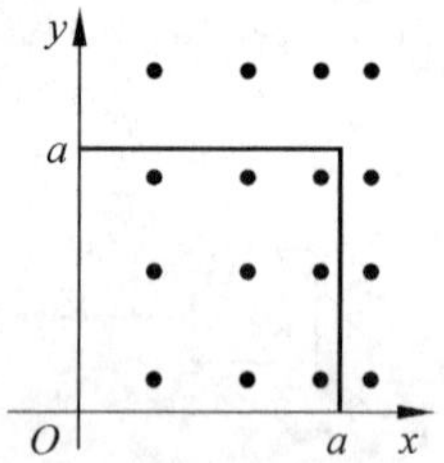

图 8-46 综合计算题 4.3 用图

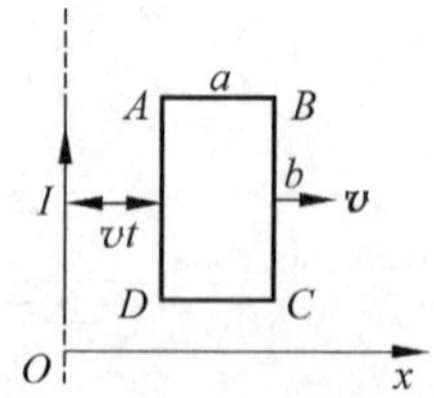

图 8-47 综合计算题 4.4 用图

4.5 如图 8-48 所示，在两平行载流的无限长直导线的平面内有一矩形线圈。两导线中的电流方向相反、大小相等，且电流以 $\frac{\mathrm{d}I}{\mathrm{d}t}$ 的变化率增大，求：(1)任一时刻线圈内所通过的磁通量；(2)线圈中的感应电动势。

4.6 如图 8-49 所示，长直导线 AB 中的电流 I 沿导线向上，并以 $\frac{\mathrm{d}I}{\mathrm{d}t}=2\text{A}\cdot\text{s}^{-1}$ 的变化率均匀增加。导线附近放一个与之共面的直角三角形线框，其一边与导线平行，放置的位置及线框尺寸如图 8-49 所示。求此线框中产生的感应电动势的大小和方向。

4.7 如图 8-50 所示，长直导线通以电流 I，在其右方放一长方形线圈，两者共面。线圈长为 b，宽为 a，并以速率 v 垂直于直线平移远离。求线圈离长直导线距离为 d 时，线圈中感应电动势的大小和方向。

4.8 如图 8-51 所示，载有电流 I 的长直导线附近，放一导体半圆环 MeN 与长直导线共面，且端点 MN 的连线与长直导线垂直。半圆环的半径为 b，环心 O 与导线相距 a。设半圆环以速率 v 平行导线平移。求半圆环内感应电动势的大小和方向及 MN 两端的电压 U_{MN}。

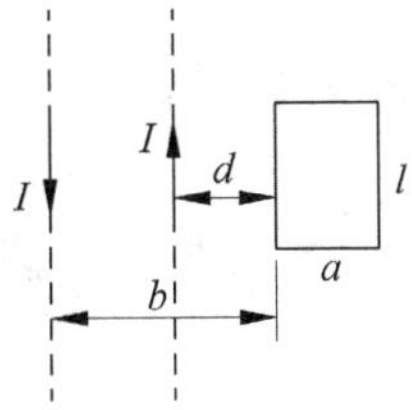

图 8-48　综合计算题 4.5 用图

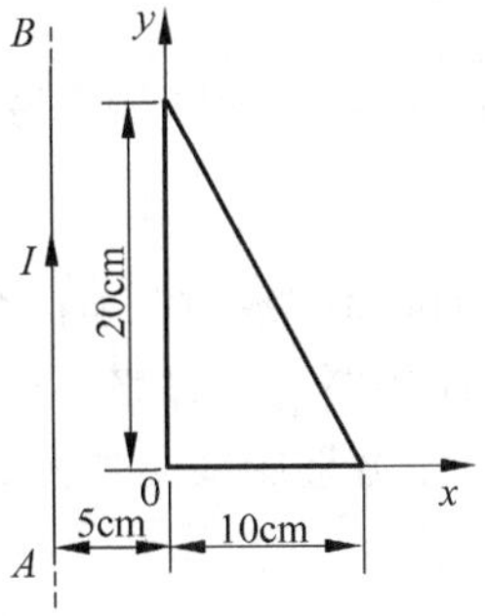

图 8-49　综合计算题 4.6 用图

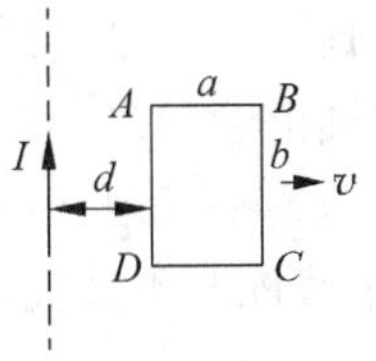

图 8-50　综合计算题 4.7 用图

4.9　如图 8-52 所示，一长直导线中通有电流 I，有一垂直于导线、长度为 l 的金属棒 AB 在包含导线的平面内，以恒定的速度$\boldsymbol{v}$ 沿与棒成 θ 角的方向移动。开始时，棒的 A 端到导线的距离为 a，求任意时刻金属棒中的动生电动势，并指出棒哪端的电势高。

4.10　导线 ab 长为 l，绕过 O 点的垂直轴以匀角速度 ω 转动，$aO=l/3$，磁感应强度 $\boldsymbol{B}$ 平行于转轴，如图 8-53 所示。求：(1)ab 两端的电势差；(2)a，b 两端哪一点电势高？

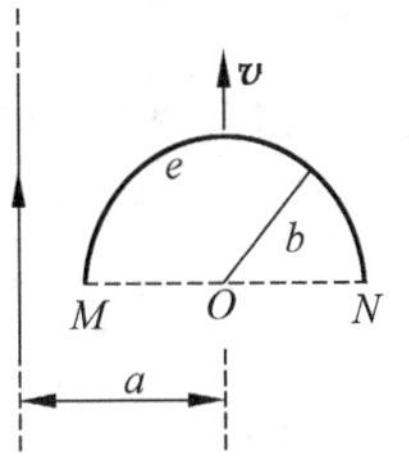

图 8-51　综合计算题 4.8 用图

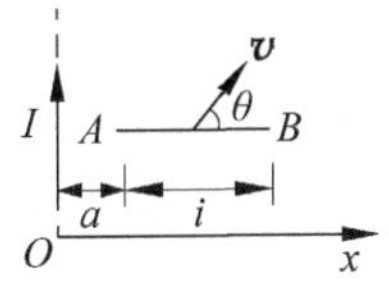

图 8-52　综合计算题 4.9 用图

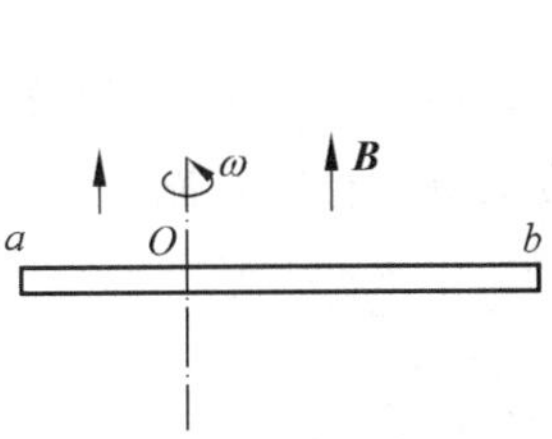

图 8-53　综合计算题 4.10 用图

4.11　在两条平行放置相距为 $2a$ 的无限长直导线之间，有一与其共面的矩形线圈，线圈边长分别为 l 和 $2b$，且 l 边与长直导线平行，两条长直导线中通有等值同向稳恒电流 I，线圈以恒定速度$\boldsymbol{v}$ 垂直直导线向右运动，如图 8-54 所示。求当线圈运动到两导线的中心位置(即线圈的中心线与两根导线距离均为 a)时，线圈中的感应电动势。

4.12　如图 8-55 所示，金属杆 AOC 以恒定速度$\boldsymbol{v}$ 在均匀磁场 $\boldsymbol{B}$ 中垂直于磁场方向向上运动，已知 $AO=OC=L$，求杆中的动生电动势。

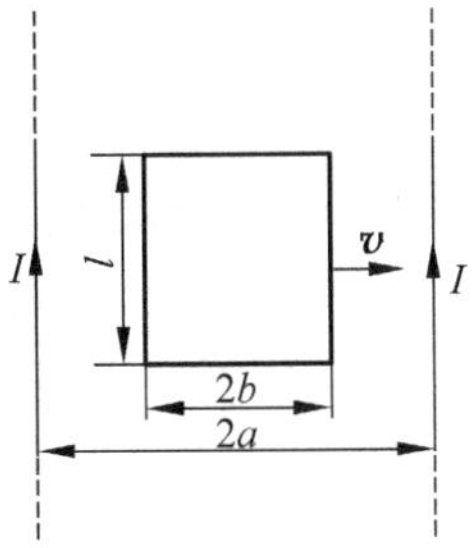

图 8-54　综合计算题 4.11 用图

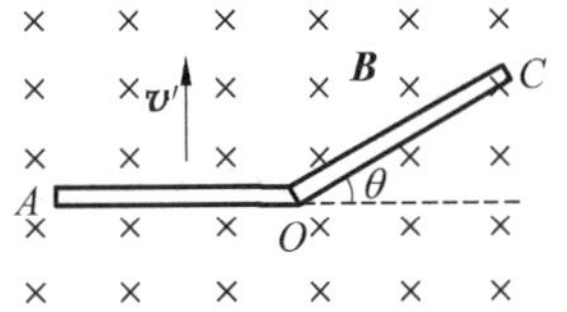

图 8-55　综合计算题 4.12 用图

4.13 磁感应强度为 $\boldsymbol{B}$ 的均匀磁场充满一半径为 R 的圆柱形空间，一金属杆放在如图 8-56 所示位置，杆长为 $2R$，其中一半位于磁场内、另一半在磁场外。当 $\frac{\mathrm{d}B}{\mathrm{d}t}>0$ 时，求杆两端的感应电动势的大小和方向。

4.14 一同轴电缆由两个同轴圆筒构成，内筒半径为 1.00mm，外筒半径为 7.00mm，求该同轴电缆每米的自感系数(两筒的厚度可忽略)。

4.15 一无限长的直导线和一正方形的线圈如图 8-57 所示放置(导线与线圈接触处绝缘)。求线圈与导线间的互感系数。

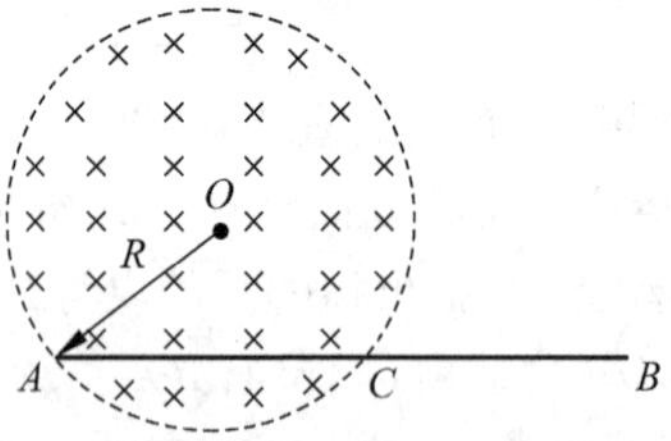

图 8-56 综合计算题 4.13 用图

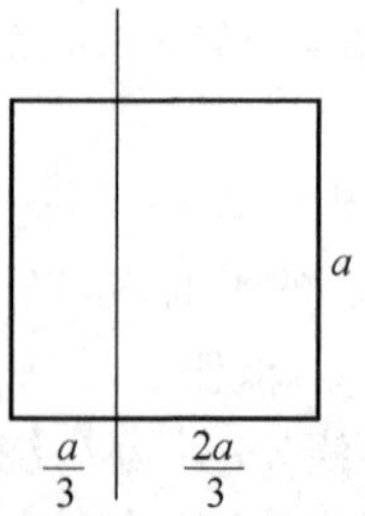

图 8-57 综合计算题 4.15 用图

4.16 一无限长圆柱形直导线，其截面上电流均匀分布，总电流为 I。求导线内部单位长度上所储存的磁能。

第9章 波动光学

光学是研究光的本性，光的发射、传播和接收及其光与其他物质间的相互作用的学科。光属于电磁波，其波段范围从低频的红外光到高频的X射线，其中可见光的波长范围为400～760nm，只占光波的一个很窄波段。早在认识到光是电磁波之前，人类就对光进行了研究。17世纪，人们对光的本质提出了两种假说：一种假说认为光是由许多微粒组成的，即微粒说；另一种假说认为光是一种波，即波动说。19世纪，科学家在实验上确定了光具有波的干涉现象，从而证明光是电磁波。20世纪初，科学家又确证了光具有粒子性人们在深入研究微观世界后才认识到，光具有波粒二象性。

光可以为物质所发射、吸收、反射、折射和衍射。当所研究的物体或空间的大小远大于光波的波长时，光可以当作直线传播的光线来处理；但当研究深入到现象的细节，其空间范围和光波波长大小相近时，就必须着重考虑光的波动性。在研究光和微观粒子的相互作用时，还要考虑光的粒子性。

光是研究大至天体、小至微生物乃至分子、原子结构的非常有效的"探针"。利用光的干涉效应可以实现非常精密的测量。物质所发出来的光携带着有关物质内部结构的重要信息，例如：原子光谱就与原子结构存在密切联系。利用受激辐射机制所产生的激光能够达到非常大的功率，且光束的张角非常小，其电场强度甚至可以超过原子内部的电场强度。以激光为基础，开辟了非线性光学等重要研究方向；激光在工业加工和医学治疗中得到了重要应用。

现在用人工方法产生的电磁波的波长，长波段的已经达10^3m量级，短波段的不到10^{-16}m量级，覆盖了近20个数量级的波段。电磁波传播的速度大，波段又如此宽广，已成为传递信息的非常有力的工具。

光是一种重要的自然现象。我们之所以能够看到世界中色彩斑斓的景象，是因为眼睛能够接收物体发射、反射或散射光。光学是物理学中最古老的一个基础学科，又是当前科学研究中最活跃的学科之一。一般光学分为：几何光学，以光的直线传播性质为基础，研究光在透明介质中的传播问题；波动光学，以光的波动性质为基础，研究光在传播的规律问题；量子光学，以光的波粒二象性为基础，研究光和物质相互作用问题。这三部分已经成为光学的重要组成。本章仅讨论几何光学和波动光学中的基础知识。量子光学的基础将在《无碳能源与多维度光信息传输技术》中介绍。

9.1 光的反射与折射

众所周知，在其他条件完全相同的情况下，光从S点传播到P点将经过最直接的路线，即沿直线传播。但有时候光在传播过程中可能经历一点或多点的反射，或可能通过不同介质，如玻璃、水等。根据光进入第二种介质时不同的入射角，它将会产生弯曲(折射)。这时，光从 S 点传播到 P 点不再沿直线传播，而是选择传播时间最短的路线。这就是著名的费马最短时间原理(Fermat's principle of least time)，简称费马原理。

9.1.1 费马原理

1. 光线传播时间最短的路径

光的传播路径可以用一条"射线"来表示，即用一条带箭头的直线来表示光传播的方向。一个点光源通常会均匀地向所有方向发出射线。这些射线的部分或全部可能会从某些表面反射或被某些透明介质弯曲(折射)。它们可以被透镜或反射镜导引并聚焦而通过另一点。在一个复杂的光学设备中，可能需要许多透镜和反射镜不断重复折射和反射过程才能形成最后的图像。

费马提出了光线传播时间最短原理，即光线从 S 点传播到 P 点时总是在可能的路径选择传播时间最短的路径。这是一条适用于所有光线的基本原理，称为费马原理。这一原理因为它的简单性和通用性而显得很完美。

设想有一束光线以复杂的途径通过不同介质或通过光学设备，无论两点之间的路径多么复杂，它将选择传播时间最短的路径！整个几何光学课程都是遵循这一规则的。

2. 光在真空中的传播路径

时间最短原理最简单的应用是分析光在真空中的传播路径。在真空中，光在两点间沿一条直线传播。在所有从同一光源发出的光线中，只有唯一的一束光线能到达目标点，也就是从光源发出的光线沿着传播时间最短的路线传播，而这条路线具有最小的光程。典型的例子有：在真空中，光线沿着直线传播到达目标点。

上述规律也可用于光速恒定并且两点间没有障碍的任何地方。

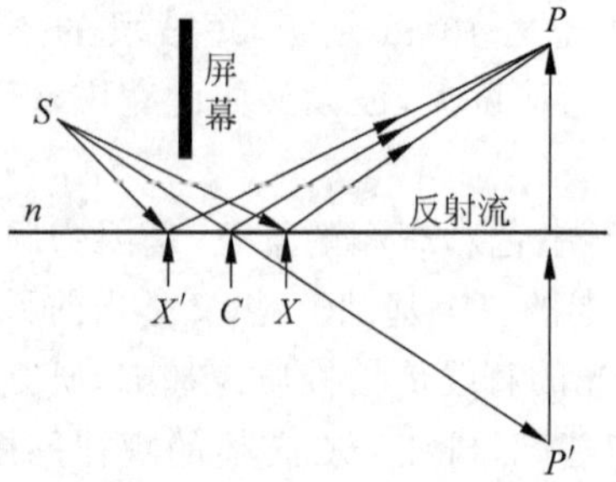

图 9-1 光线入射与反射的对偶图

3. 通过反射的时间最短路径

假设从 S 点到 P 点的直线路径被一个屏幕阻隔，但光可以通过某个镜面反射而绕过这个屏幕，如图 9-1 所示，从 S 到 P 可选择三条路径：

(1) 反射点是 C，反射光和反射镜的夹角与入射光和反射镜的夹角相等。如果正对屏幕下方确定 P 点的对偶点 P'，则有 $CP=CP'$，那么 $S\to C\to P$ 的反射路径就是 SCP' 直线。

(2) 反射点是 C 点左边的 X'，反射光和反射镜的夹角大于入射光和反射镜的夹角。类似(1)的方法可以确定反射路径是 $SX'+X'P'$，根据三角形两边之和大于第三边，可得 $SX'P'>SCP'$，也就是说通过 X' 反射的路径大于通过 C 点反射的路径。

(3) 反射点是 C 点右边的 X，反射光和反射镜的夹角小于入射光和反射镜的夹角。类似于(2)的分析可得 $SXP'>SCP'$，即通过 X 反射的路径大于通过 C 点反射的路径。

由于 X 和 X' 是反射面的任意点，因此可得 SCP 是最短的反射路径，此时光的入射角等于反射角。

9.1.2 反射定律和折射定律

如图 9-2 所示，当光线由一种各向同性、均匀介质进入另一种各向同性、均匀介质时，光线在两种介质的分界面上被分为反射光线和折射光线。对于这两条光线的行进方向，可分别由反射定律和折射定律来表述。

1. 反射定律

如图 9-2 所示，入射光线 AB、过 B 点所引的分界面法线 NB 和反射光线 BC，三者在同一平面内(入射面)，并且反射光线与法线间的夹角 r(反射角)等于入射光线与法线间的夹角 i(入射角)，即

$$r=i \tag{9.1}$$

这就是光的反射定律。

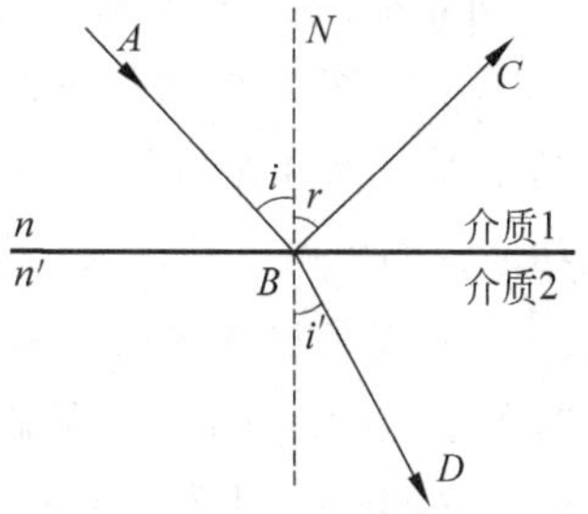

图 9-2　光线在界面上的反射与折射

2. 折射定律

如图 9-2 所示，入射光线 AB、过 B 点的分界面法线 NB 和折射光线 BD，三者同一平面内，并且入射角 i 的正弦与折射角的正弦之比等于第二介质的绝对折射率 n' 和第一个介质的绝对折射率 n 之比。这就是折射定律，可用公式表示为

$$\frac{\sin i}{\sin i'}=\frac{n'}{n} \tag{9.2}$$

其中，折射率 n 是光在材料中的传播速度量度：$n=c/v$，这里 c 和 v 分别是光在真空和介质中的传播速度。

光在两点间的传播遵循最快路径的原则。因为光从低密度物质进入高密度物质时在界面处速度会发生变化，所以它会折向法线方向。这时，光从给定的一种介质到另一种介质时入射角和折射角的正弦之比是常数。这个现象由斯涅耳在 1621 年发现。当时光的速度还不为人所知，并且通常被认为是无限的。费马基于以下假设：光速是有限的并且对于不同的材料是固定的(在斯涅耳时代，光速是未知的，并且通常被认为是无限的)，把斯涅耳常数和光在两种物质中的速度联系起来(折射率)。

名人堂　皮埃尔·德·费马

皮埃尔·德·费马(Pierre de Fermat，1601 年 8 月—1665 年 1 月)，1601 年生于法国蒙托邦附近。他曾是律师、官员。他于 1648 年升任国会的首席发言人和敕令分庭的首席行政官，具有胡格教派和天主教派之间的诉讼管辖权。尽管身居高位，他看起来并不特别热衷于法律和政府的事务；1664 年一份由地方长官呈交柯尔贝尔的机密报告表示出对他的政绩非常不满。对于费马来说，数学才是他的最爱。可想而知，日常工作使他厌烦，而他每天用

于数学的时间比他的工作时间估计的还要多。他很少发表著作,大多数成果是在他死后才被发现的,这些成果写在散装书本的页边空白处。他有个恶作剧的毛病,喜欢只陈述结果和定理而不展示证明的方法来戏弄其他数学家。他的儿子塞缪尔发现了目前已驰名天下的费马最后定理,并把他父亲的丢番图算术的复制本作为旁注记录在碑文上。

1908 年,德国达姆施塔特市的数学家沃尔夫斯凯尔遗赠了 10 万马克给哥廷根的科学院。这笔钱用于奖励第一个发表对费马定理中所有 n 值加以完整证明的人。直到 1997 年还没人成功地找到证明方法。英国数学家维尔斯经过 11 年的工作,于 1994 年发表了被普遍认为是完整的证明。它表明,费马给出的结果是正确的,虽然由于这一基本定理的复杂性,他所谓的"不同寻常的证明"很可能是错误的。

费马同时还对数学中的极大值和极小值感兴趣,他开创了寻找曲线和曲面切线的方法,正是这个工作使他得出了时间最小原理。在 1638 年春他的数学方法成为他与笛卡儿(Descartes)争论的焦点。笛卡儿是一位性情激进、说话刻薄的人,他认为费马是他的对手并且反对他的数学推理。正因为如此,这两个可以说是当时最伟大的数学家之间很难合作。当笛卡儿最终承认他对费马方法的批判是错误的之后,两人才得以和解,但即便如此,两人之间似乎很难融洽相处。

在微积分领域,费马提出了费马引理,它不仅是几何上的也是解析方面的成果,所采用的是和微积分相同的数学方法。而这个(数学方法的)发明在 50 年后被归功于牛顿和莱布尼茨。

时间最小原理意味着光速是固定的,也就是有限的。当时人们完全不知道光的速度,在费马时代,人们仍然相信亚里士多德的观点,即光速是无限的。直到 1677 年由罗默第一次对光速 c 进行了测量。

费马不确定光是否瞬间传播,甚至也不确定在不同介质中传播的速度是否不同。但是他以下面的假定为基础着手进行关于光折射的物理定律的数学推导:(1)当光通过介质时速度改变;(2)自然过程都是以最简单和快捷的方式进行的。

让费马惊奇的是,他的数学分析导出了实验定律,即现在著名的斯涅耳折射定律。

9.2 光的相干性

9.2.1 光源和光的单色性

1. 光源

如图 9-3 所示,任何发光的物体都可称为光源,如夏夜的萤火虫、明媚的阳光、LED 灯都是我们熟悉的光源。按光的激发方式和辐射机理,电光源可分为两类:普通光源和激光光源。由于各种光源的激发方式不同,辐射机理也不相同。近代物理理论和实验已完全肯定了分子或原子的能量只能具有某些离散的值，即能量是量子化的。这些不连续的能量值称为能级，如图 9-4 所示。高能级 M(激发态)的能量为 E_M，低能级 N 的能量为 E_N。当处于高能级的原子跃迁到低能级时，原子的能量要减少，并向外辐射电磁波。这些电磁波携带的能量就是原子所减少的那一部分能量。通常用 $h\nu$ 表示电磁波的能量，$h=6.63\times10^{-34}\,\mathrm{J\cdot s}$ 是普朗克常量，它与真空光速 c 是近代物理学中的两个重要恒量；ν 为电磁波的频率，如果 ν 恰好在可见光范围内，那么，这种跃迁就发射可见光。这就是原子因能级跃迁而发光的机理。

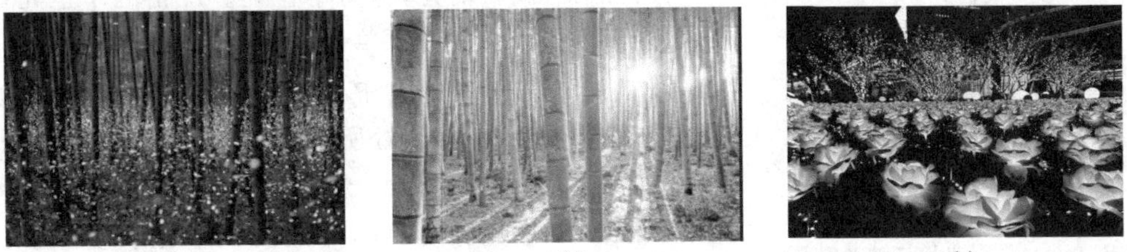

(a)　(b)　(c)

图 9-3　光源

(a) 夏夜萤火虫；(b) 阳光明媚的早晨；(c) LED 灯光秀

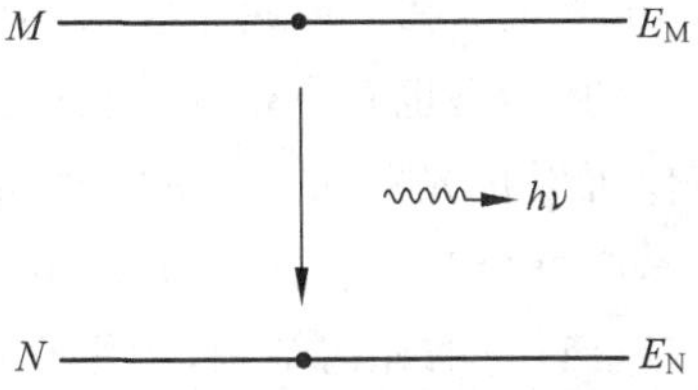

图 9-4　原子中电子能级跃迁产生光辐射

在热光源中，大量分子和原子在热能的激发下从高能量的激发态返回较低能量状态时，就把多余的能量以光波的形式辐射出来，这个辐射过程的时间是很短的，小于 10^{-8}s。一般来说，各个原子的激发与辐射是彼此独立的、随机的，间歇性进行的，因而同一瞬间不同原子发射的电磁波或同一原子先后发射的电磁波其频率、振动方向和初相不可能完全相同。另外，光源中每个原子每次发射的电磁波为持续时间很短、长度有限的波列。一个有限长度的波列可以表示为许多不同频率、不同振幅的简谐波的叠加。因此，光源发出的光波是大量简谐波的叠加。

如果光源发出电磁波的频率在 $7.5\times10^{14}\sim3.9\times10^{14}$ Hz 波段，则可以激发视觉，故这是可见光的频率范围，在真空中与其对应的波长范围为 400～760nm。表 9-1 是可见光范围内各光色与频率(或真空中波长)的对照表。由表中可以看出，波长从小到大呈现出从紫到红等各种颜色。广义而言，光波还包括不能引起视觉的红外线和紫外线，它们要用探测器测量。

表 9-1　可见光的波长与频率及其范围

颜色	中心波长 λ/nm	波长范围/nm	中心频率 ν/Hz	频率范围/Hz
红	660	760～647	4.5×10^{14}	$(3.9\sim4.8)\times10^{14}$
橙	610	647～585	4.9×10^{14}	$(4.8\sim5.0)\times10^{14}$
黄	580	585～575	5.3×10^{14}	$(5.0\sim5.4)\times10^{14}$
绿	540	575～492	5.5×10^{14}	$(5.4\sim6.1)\times10^{14}$
青	480	492～470	6.3×10^{14}	$(6.1\sim6.4)\times10^{14}$

续表

颜色	中心波长 λ/nm	波长范围/nm	中心频率 ν/Hz	频率范围/Hz
蓝	430	470～424	6.5×10^{14}	$(6.4\sim6.6)\times10^{14}$
紫	410	424～400	7.0×10^{14}	$(6.6\sim7.5)\times10^{14}$

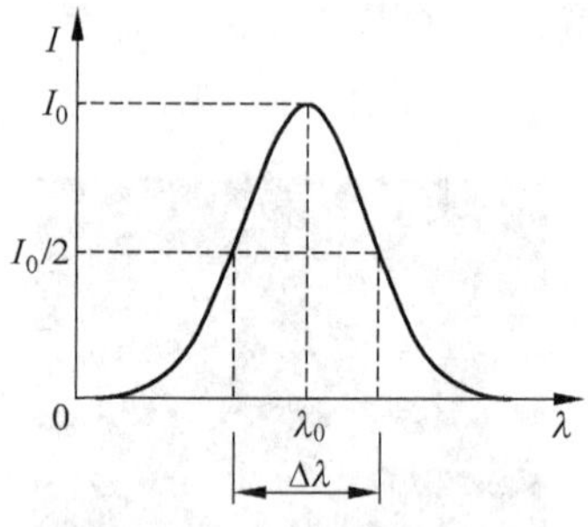

图 9-5 中心波长与波长范围

2. 单色光

只含单一波长的光，称为单色光。严格的单色光在实际中并不存在，平时讲的“单色光”，都有一定的波长范围，如图 9-5 所示，其中，λ_0 为中心波长，其光强 I_0 最大；波长范围是指光强度为 $I_0/2$ 处所扩展的波长区域。通常我们认为，波长与 λ_0 之差即 $\Delta\lambda$ 越小的光单色性越好，或者说频率越纯。一般光源发出的光是由大量分子或原子在同一时刻发出的，它包含了各种不同的波长成分，因而称为复色光，如果光波中包含波长范围很窄的成分，则称这种光为准单色光，也就是通常所说的单色光。波长范围越窄，其单色性越好。例如，用滤光片从白光中得到的色光，其 $\Delta\lambda$ 为 10nm 左右；在气体原子发出的光中，每一种成分的光的 $\Delta\lambda$ 在 $10^2\sim10^1$nm；即使是单色性很好的激光，也有一定的波长范围，例如氦氖激光器发出的激光的 $\Delta\lambda$ 为 10^{-9}nm。利用光谱仪可以把光源所发出的光中波长不同的成分彼此分开，所有的波长成分就组成了光谱。光谱中每个波长成分所对应的亮线或暗线，称为光谱线，它们都有一定的宽度，每种光源都有自己特定的光谱结构，利用它可以对化学元素进行分析，或对原子和分子的内部结构进行研究。在光学实验中，单色光主要靠滤光片来获得。

9.2.2 光的相干性

1. 光的相干条件

既然光的传输是一种波动过程，其应该会产生干涉现象，那么教室里两盏同时开着的灯，为什么在桌面上没有产生干涉条纹？因为两盏灯发出的光不满足相干条件！对于机械波或无线电波来说，相干条件较易满足。而对于光波来说，只能在一些特定的条件下才能观察到干涉条纹。

理论分析与实验结果表明，两束光或多束光产生相干的条件是：①光矢量存在相互平行的分量；②频率相同；③在观察时间内各光波间的相位差保持恒定。

原子发射的光波是一束频率一定、振动方向一定、有限长的波列，但各原子的每次发光是完全独立的。同一原子先后发射的光波列或不同原子所发射的光波列的频率和振动方向可能不同，而且它们每次何时发光也是不确定的。在实验中我们所观察到的光是由光源中的许多原子所发出的、许许多多相互独立的波列组成的。尽管用单色光源可以使这些波列的频率基本相同，但是两个相同的单色光源或同一光源的两部分发出的光叠加时，波列的振动方向不可能相同，特别是相位差不可能保持恒定，因而合振幅不可能稳定，也就不可能在空间中产生光强稳定分布的干涉现象了。

虽然普通光源发出的光是不相干的，但是可以采用某些方法把光源上同一点所发出的光分成两部分，然后再使这两部分光经过不同的路径相叠加。由于这两部分光中的各相应波列都来自于同一发光原子的同一波列，满足相干条件，即频率相同、振动方向相同、相位差恒定，这两个波列是相干光，在相遇区域中能产生干涉现象。简而言之"同出一点，一分为二，各行其路，合二为一"，这是实现光干涉的基本原则。

2. 相干光的获得

实验上，获得相干光的方法主要有分波阵面法和分振幅法。

(1) 分波阵面法

分波阵面法通过从同一波阵面取出两个子波源作为相干光源。杨氏双缝实验、劳埃德镜等实验就是利用分波阵面法获得相干光的。

(2) 分振幅法

分振幅法利用反射和折射等方法将一束光分成两束，因而是相干光，然后再使它们相遇。薄膜干涉、迈克耳孙干涉仪等就是利用分振幅法获得相干光的。

9.3　杨氏双缝干涉

1803 年，英国医学博士托马斯·杨在伦敦皇家学会的会议上演示了光波之间的干涉。杨把一张很薄的卡片竖直插入由百叶窗小孔射入房间的太阳光束中，由此产生两个等效光源，并在放置在卡片后面的屏幕上看到了彩色条纹，证明发生了光的干涉。

9.3.1　杨氏双缝干涉实验

杨氏双缝干涉的实验装置如图 9-6 所示。在普通单色光源前面，先放置一个开有小孔 S 的屏，再放置一个开有两个相距很近的小孔 S_1 和 S_2 的屏，就可以在较远的接收屏上观测到明暗交替的干涉图样。根据惠更斯原理，小孔 S 可看作是发射球面波的点光源。如果 S_1，S_2 处于该球面波的同一波阵面上，则它们满足振动方向相同、频率相同、相位差恒定的相干条件。也就是说，S_1，S_2 是满足相干条件的两个相干点光源，由它们发出的子波将在相遇区域发生干涉。这种从一点光源发出的同一波阵面上取出两部分作为相干光源的方法，称为分波阵面法。

为了具体分析杨氏双缝干涉实验的干涉图像特点，我们画出其具体光路，如图 9-7 所示。与机械波类似，屏幕上任一点 P 的光强取决于 S_1、S_2 发出的光波传播到 P 点引起振动的相位差 $\Delta\varphi$：

$$\Delta\varphi = \frac{2\pi}{\lambda}(r_2 - r_1) + \varphi_1 - \varphi_2 \tag{9.3}$$

若屏幕上该处为干涉减弱处，即 $\Delta\varphi = \pm(2k+1)\pi, k=0,1,2,\cdots$，为暗条纹；若屏幕上该处为干涉加强处，即 $\Delta\varphi = \pm 2k\pi, k=1,2,\cdots$，为明条纹。

为具体计算亮纹和暗条纹的位置，需要计算波程差 $r_2 - r_1$，在 $D \gg d$ 情况下，有

$$r_2 - r_1 \approx d\sin\theta \approx d\tan\theta = d\,\frac{x}{D} \tag{9.4}$$

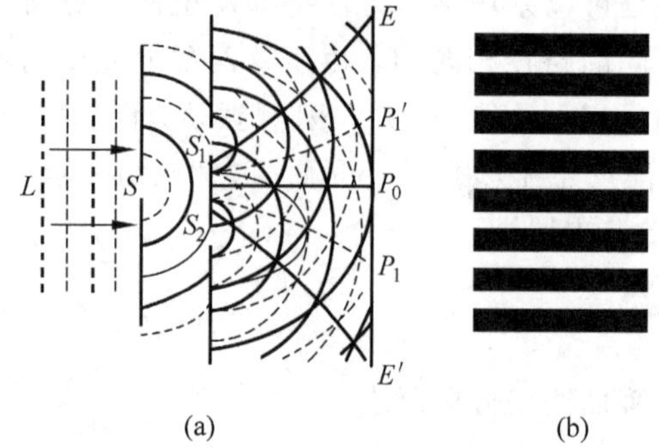

图 9-6 杨氏双缝干涉实验示意图

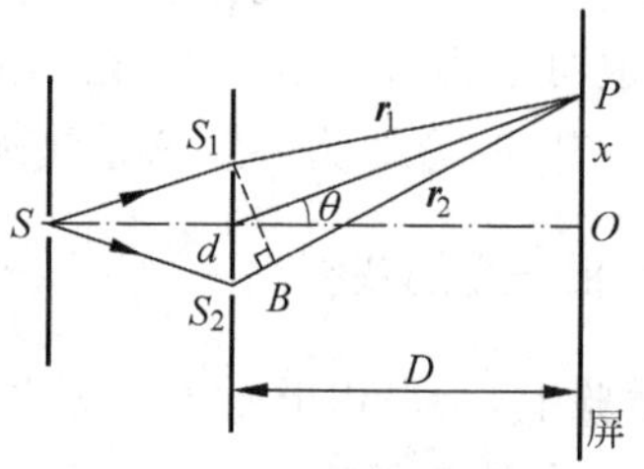

图 9-7 杨氏干涉实验光路图

假设初相位相等，即 $\varphi_1=\varphi_2$，可得明条纹中心的位置为

$$x=\pm k\frac{D}{d}\lambda,\quad k=0,1,2,\cdots \tag{9.5}$$

暗条纹中心的位置为

$$x=\pm(2k+1)\frac{D\lambda}{2d},\quad k=0,1,2,\cdots \tag{9.6}$$

相邻两明(或暗)纹间的距离为

$$\Delta x=x_{k+1}-x_k=\Delta x=\frac{D}{d}\lambda \tag{9.7}$$

9.3.2 实验结果与讨论

1. 实验结果

(1) 干涉条纹是以 P_0 点为对称点明暗相间的条纹，P_0 处的中央条纹是明条纹。

(2) 用不同的单色光源做实验时，各明暗条纹的间距并不相同，波长较短的单色光如紫光，条纹较密集；波长较长的单色光如红光，条纹较稀疏。

(3) 如用白光做实验，在屏幕上只有中央条纹是白色的。而在中央白色条纹的两侧，由于各单色光明暗条纹的位置不同，形成由紫到红的彩色条纹。

2. 讨论

(1) 杨氏双缝干涉实验首次证明了光的波动性。明暗相间的干涉条纹就是相干叠加在观察屏上的光强分布。

(2) 由于光的波长 λ 很小，因此，两缝间距 d 必须足够小，而屏与缝的距离 D 足够大，才能使得干涉条纹间距 Δx 大到可用眼分辨。否则，如果 d 过大，则干涉条纹将变得密不可分，观测不到干涉条纹。

(3) 对入射的单色光，若已知 d 和 D 的值，则可利用式(9.7)或式(9.5)，测量单色光的波长。

(4) 若 D 和 d 的值一定，则条纹间距 Δx 和 λ 成正比，即光的波长短，条纹间距小，干涉条纹密集；光的波长越大，则条纹间距越大，条纹越稀疏。

例 9.1　用单色光照射相距 0.2mm 的双缝，双缝与屏幕的垂直距离为 10m。(1)若第一明条纹到同侧第四明条纹的间距为 90mm，求此单色光的波长；(2)若入射光波长为 500nm，求相邻明条纹的间距。

解　(1) **法一**　由干涉明条纹条件 $x=\frac{D}{d}k\lambda$，得

$$\Delta x_{41}=x_4-x_1=\frac{D}{d}(k_4-k_1)\lambda$$

所以

$$\lambda=\frac{d\cdot\Delta x_{41}}{D(k_4-k_1)}=\frac{0.2\times10^{-3}\times90\times10^{-3}}{10\times(4-1)}=6.0\times10^{-7}\,\mathrm{m}=600\mathrm{nm}$$

法二　依题意可得

$$\Delta x=\frac{90}{3}=30\mathrm{mm}$$

由式(9.7)可得

$$\lambda=\frac{d\Delta x}{D}=\frac{0.2\times10^{-3}\times30\times10^{-3}}{10}=6.0\times10^{-7}\,\mathrm{m}=600\mathrm{nm}$$

(2) 根据式(9.7)，可得相邻两明条纹的间距为

$$\Delta x=\frac{D}{d}\lambda=\frac{10}{0.2\times10^{-3}}\times500\times10^{-9}=25\times10^{-3}\,\mathrm{m}=25\mathrm{mm}$$

名人堂　托马斯·杨

托马斯·杨(Thomas Young，1773 年 6 月—1829 年 5 月)，英国医生、物理学家，光的波动说的奠基人之一。他不仅在物理学领域名享世界，而且涉猎甚广，包括力学、数学、光学、声学、语言学、动物学、考古学等。他对艺术还颇有兴趣，热爱美术，几乎会演奏当时的所有乐器，并且会制造天文器材，还研究了保险经济问题。托马斯·杨擅长骑马，并且会耍杂技走钢丝。

儿童时代的杨对书籍表现出强烈的兴趣；包括诗歌、圣经和哲学名著，具有语言天赋，14 岁之前，已经掌握 10 多门语言，包括希腊语、意大利语、法语和希伯来语、波斯语、阿拉伯语等。同时热衷于动手实践，9 岁掌握车工工艺，能自己动手制作一些物理仪器；数年后他学会微积分和制作显微镜与望远镜；在中学时期，就已经读完了牛顿的《自然哲学的数学原理》、拉瓦锡的《化学纲要》以及其他一些科学著作，才智超群。

受到其叔父的影响，杨长大后选择当医生(注：杨的叔父是一位医生，且为杨留下了一笔巨大的遗产，包括房屋、书籍、艺术收藏和 1 万英镑现款，这使得杨后来在经济上完全独立，能够把所有的才华都发挥在需要的地方)。于是，他 19 岁时来到伦敦学习医学，并极力打入上流社会，经常拜访政治家伯克、画家雷诺兹以及贵族社会的一些成员。1794 年，21 岁的杨，由于研究了眼睛的调节机理，成为皇家学会会员。1795 年，他到德国的哥廷根大学学习医学，一年后便取得了博士学位。

杨在学习医学时，同时对振动弦感兴趣，1799 年在他完成医学学习的时候，他已经读完了一些著名数学家关于振动弦的著作，深入钻研振动弦理论，初次展露理论研究领域的才华。1800 年起杨在伦敦行医并致力于科学研究。

杨热爱物理学，在行医之余，花了许多时间致力于波动研究。杨爱好乐器，几乎能演奏当时的所有乐器，这种才能与他对声振动的深入研究是分不开的。杨设想光和声音一样也是一种波？为了验证这个设想，杨设计了著名的杨氏双缝干涉实验方案：采用光阑方法从同一光源获得两束光相干光，在光屏上观察到双孔衍射的明暗相间的干涉图样，和双缝干涉的明亮干涉条纹。这个著名实验为光的波动说奠定了基础，成为今天物理教科书中的杨氏双缝干涉内容。

杨氏双缝干涉理论当时并没有得到应有的重视，还被权威们讥为"荒唐"和"不合逻辑"。原因是这个理论挑战了牛顿在其论著《光学》中提出光是由微粒组成的光粒子学说，打破近百年里人们禁锢于光粒子学说，对光学的认识裹足不前。杨没有向权威低头，但撰写的论文无处发表，论文中勇敢地反击："尽管我仰慕牛顿的大名，但是我并不因此而认为他是万无一失的。我遗憾地看到，他也会弄错，而他的权威有时甚至可能阻碍科学的进步。"现在看来，杨氏双缝干涉理论为后来的光波动学说研究指明了方向。

杨用薄膜干涉方法第一个测量了白光的色散光谱，发现白光是由 7 色光组成的，最先建立了三原色原理：一切色彩都可以从红、绿、蓝这三种原色中得到。杨还深入研究了固体弹性力学，研究了弹性体冲击效应，后人为了纪念他的贡献，把纵向弹性模量称为杨氏模量。在工程方面，他提出船舶制造中分析舰壳强度的方法。作为一个医生，杨研究过血液的流动，第一个用力学方法导出脉搏波的传播速度公式。

大约在 1816 年，杨对光学研究失去了信心，甚至有人讥讽他为疯子，以致他十分沮丧。晚年的杨已经成为举世闻名的学者，为大英百科全书撰写过 40 多位科学家传记以及无数条目，包罗万象。

9.4 光程和光程差的计算

9.4.1 光程和光程差

在 9.3 节中，我们所讨论的杨氏双缝干涉的两束相干光在同一种介质(如空气)中传播，所以只要计算出两束相干光到达相遇点时的几何路程差，即波程差 δ，就可根据 $\Delta\varphi=2\pi\dfrac{\delta}{\lambda}$ 确定两束相干光的相位差 $\Delta\varphi$。但当两束相干光通过不同的媒质时，例如，光从空气透入薄膜，由于同一频率的光在不同介质中的传播速度不同，因此不同介质中的光波波长也不相同。这时，两相干光间的相位差就不能单纯由它们的几何路程之差来决定。为此，需要引入光程与光程差的概念。

由于单色光的频率不论在何种媒质中传播都恒定不变，始终等于光源的频率。由波速、波长与频率的关系可知，若光在真空中的传播速度为 c，则真空中的波长为 $\lambda=c/f$，而光在折射率为 n 的介质中的传播速度 $u<c$，所以光在介质中的波长 $\lambda_n=\dfrac{\lambda}{n}$。这表明，光在折射率为 $n>1$ 的介质中传播时，其波长要缩短。若光在介质中传播时，以 λ_n 表示光在介质中

的波长，则通过路程 r 时，相位的变化量为

$$\Delta\varphi=\frac{2\pi}{\lambda_n}r$$

若以 λ 表示光在真空中的波长，以 n 表示介质的折射率，根据 $\lambda_n=\frac{\lambda}{n}$，上式可改写为

$$\Delta\varphi=\frac{2\pi}{\lambda}nr$$

可见，在介质中传播的光波的相位变化量不仅与几何路程 r 及真空中的波长 λ 有关，还与介质的折射率 n 有关。显然，在折射率为 n 的介质中，光传播距离为 r 的相位变化量和在真空中传播 nr 距离引起的相位变化量相等，这时 nr 就称为与路程 r 相应的光程。当光在传播过程中经历多种介质时，相应的光程为

$$l=\sum n_i r_i \tag{9.8}$$

借助于光程概念可将光在不同介质中所走的路程折算为光在真空中的路程，从而方便地用真空中的光波波长来研究干涉现象。为更进一步理解光程概念，下面举一简单例子。

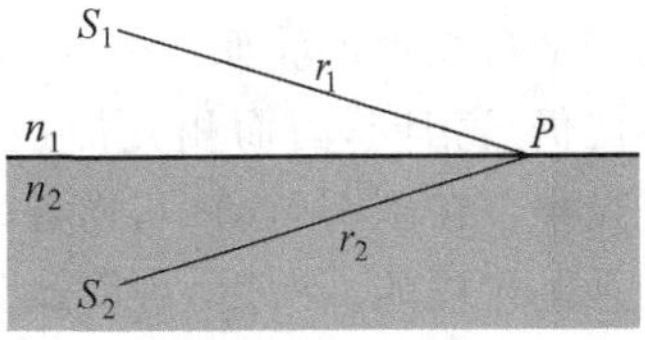

图 9-8　光程差

如图 9-8 所示，设 S_1 和 S_2 为在不同介质中的两个相干光源，它们的初相位相同，介质的折射率分别为 n_1 和 n_2。两束光分别经不同路程 r_1 和 r_2 在 P 点相遇，则两束光在 P 点的振动为

$$E_{1P}=A_1\cos\left(\omega t-\frac{2\pi}{\lambda_1}r_1+\varphi\right)$$

$$E_{2P}=A_2\cos\left(\omega t-\frac{2\pi}{\lambda_2}r_2+\varphi\right)$$

在 P 点的相位差为

$$\begin{aligned}\Delta\varphi&=\frac{2\pi}{\lambda_2}r_2-\frac{2\pi}{\lambda_1}r_1=\frac{2\pi}{\lambda}(n_2r_2-n_1r_1)\\&=\frac{2\pi}{\lambda}\Delta\end{aligned}$$

由此可见，两相干光波在相遇点的相位差不是取决于它们的波程差，而是取决于它们的光程差。常用 $\Delta=n_2r_2-n_1r_1$ 表示光程差，则相位差与光程差的关系是

$$\Delta\varphi=\frac{2\pi}{\lambda}\Delta \tag{9.9}$$

在考虑光的干涉问题时，通常要考虑式(9.9)，但需注意的是，引入光程之后，不论光在什么介质中传播，式(9.9)中的 λ 均指光在真空中的波长。另外，式(9.9)仅考虑了光经历不同介质引起的相位差，如果发出光线的两相干光源不是同相位的，则式(9.9)中还应加上两相干光源的相位差才能代表两束光在 P 点相遇的相位差。这样，以同相点算起的两相干光束在产生干涉时，对相位差的分析就可转换为对光程差的分析，即决定条纹明暗的条件为

$$\Delta=\pm k\lambda,\quad k=0,1,2,\cdots\ （干涉加强）\tag{9.10a}$$

$$\Delta = \pm (2k+1)\frac{\lambda}{2}, \quad k=0,1,2,\cdots \quad (干涉减弱) \tag{9.10b}$$

在前面的杨氏双缝干涉实验中，由于光波在真空中传播，所以它的波程差恰恰就是它的光程差，可以说光程和光程差是波动光学中的特征物理量。

9.4.2 薄透镜的等光程性

为了使干涉条纹看得清楚，在实验中常借助于透镜或由透镜组成的光学仪器进行观测，那么透镜的存在会不会带来相干光之间的附加光程差呢？

几何光学告诉我们，从实物发出的不同光线经历不同路径，通过透镜能会聚成一个明亮的实像，这就说明从实物发出的不同光线，经历不同路径通过透镜所成的像与物体的形状仍然一样，也未改变物体的明暗分布，因而整个光线经历了相同的相位差，也就是经历了相等的光程，即透镜的使用可改变光波的传播情况，但不会造成附加的光程差。

在图 9-9(a)和图 9-9(b)中，平行光通过透镜后，会聚于焦平面上，形成一个亮点。这是由于平行光束的波面与光线垂直，其上各点(如图 A、B、C 各点)的相位相同，到达焦平面上相位仍然相同，因而相互加强，说明 AF、BF、CF 三条光线等光程，AP、BP、CP 三条光线等光程。在图 9-9(c)中，物点 S 发出的光经透镜成像于 S' 点，说明物点和像点之间各光线也是等光程的。所以，可以认为，透镜可以改变各光线的传播方向，但不引起附加的光程差。对薄透镜的等光程性可以做如下解释：虽然光线 AF(或 CF)比 BF 经历的几何路程长，但 BF 在透镜中经过的路程比 AF(或 CF)要长，由于透镜的折射率大于空气的折射率，所以折算成光程后，AF(或 CF)与 BF 的光程相等。

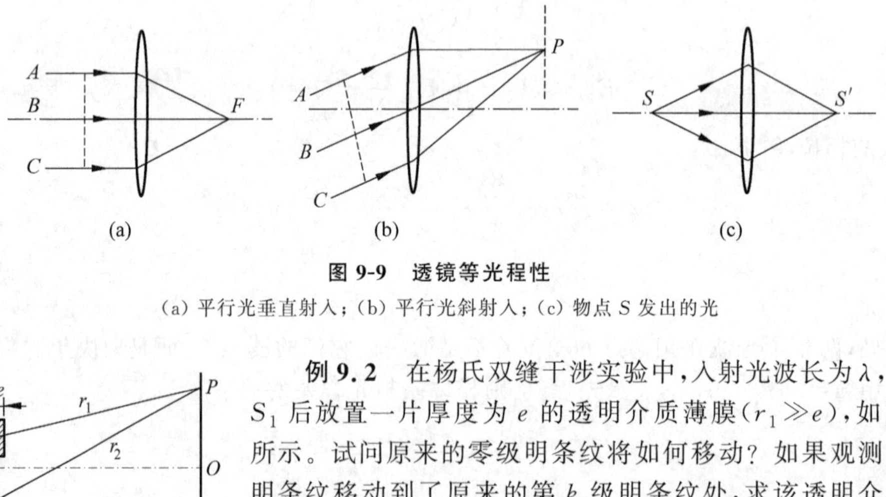

图 9-9 透镜等光程性

(a) 平行光垂直射入；(b) 平行光斜射入；(c) 物点 S 发出的光

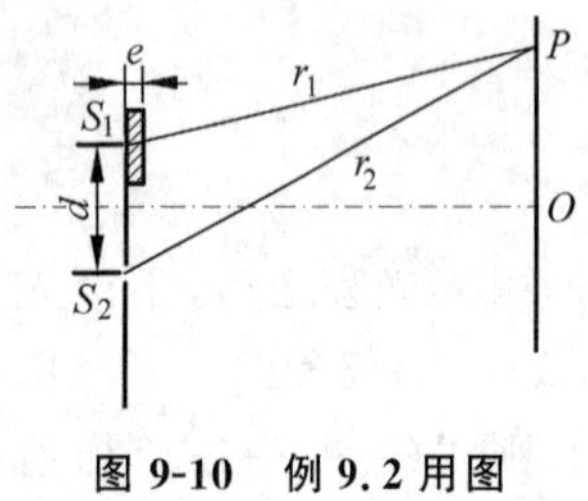

图 9-10 例 9.2 用图

例 9.2 在杨氏双缝干涉实验中，入射光波长为 λ，现在缝 S_1 后放置一片厚度为 e 的透明介质薄膜($r_1 \gg e$)，如图 9-10 所示。试问原来的零级明条纹将如何移动？如果观测到零级明条纹移动到了原来的第 k 级明条纹处，求该透明介质的折射率。

解 零级明条纹处的光程差 $\Delta=0$，由于在 r_1 光路中其介质膜部分可以折算成大于其几何路程的光程，所以在图 9-10 的装置中，原来的零级明条纹将往上方移动。

设在缝 S_1 后放置透明介质的情况下，P 为此时的零级明条纹处(两束相干光的光程差为零)，则有

$$r_2-(r_1-e+ne)=0$$

然而在未加透明介质时，P 处为其第 k 级明条纹处，两束光的光程差满足

$$r_2 - r_1 = k\lambda$$

由以上两式得

$$n = \frac{k\lambda}{e} + 1$$

讨论　若把透明介质薄膜放置在缝 S_2 后，则上述结论会发生怎样的变化？此题为我们提供了一种测量透明介质折射率的方法。

科学趣事　污膜之谜——薄膜干涉

在 1892 年的一天，著名科学家泰勒用一架照相机拍照，等拍完后他才发现镜头上有一层污膜，镜头已经严重地失去了光泽。为了得到满意的照片，他只好把脏镜头擦拭干净，重新拍了一张。几天之后，底板冲洗出来了，他惊奇地发现，用脏镜头拍出来的照片反而比用干净的镜头拍出来的清晰得多。这个现象，他实在感到莫名其妙。他把这个意想不到的发现告诉朋友们，可是谁也不相信这是真的。这个偶然的发现，当时并没有引起人们的注意。

污膜之谜就留了下来。

40 年后，这件事传到了科学家鲍尔那里，他觉得泰勒发现的现象有进一步探索的价值。他反复地做了许多实验，但是都不成功。后来，鲍尔设法把溴化钾镀在石英上，在石英表面形成一个薄膜。当他对薄膜上的反射光和透射光进分析以后发现，反射光中失去了某些波长的光，而这些光正是透射光中所多出来的；而透射光中所缺少的成分，正是反射光中所多出来的。这个发现使鲍尔非常高兴，因为他找到了污膜之谜的答案了。

原来，污膜之谜就是由于光的薄膜干涉所造成的。当光波射到镜头上的污膜时，一部分光波在它的前表面反射出来，另一部分光波射入污膜又从它的后表面反射了出来。由于这两列反射光波频率相同，所以能发生干涉现象。

如果污膜的厚度恰好等于绿光波长的 1/4 时，则两列反射光波的路程差等于绿光波长的 1/2，由于它的波峰与波谷叠加，使波的振动互相抵消，反射的绿光减少了，透射到镜头里的绿光就得到增强。照相机的感光片跟人眼睛里的视网膜一样，对绿光最敏感，微弱的绿光就能使它感光，但对紫色、红色的光反应就很迟钝。泰勒所用照相机镜头上污膜的厚度恰好等于绿光波长的 1/4，则绿光在反射中相干相消，而使透射光增强。由于透过镜头的绿光多一些，照片自然就会清晰得多。若把污膜擦拭下去，镜头表面光亮了，它就成了很好的反射面，则透过绿光的部分反而减少，因此照片就模糊了。

人们通过实验和理论研究发现，透镜的每一个反射表面，至少把大约 4%的直射光反射回去，一块透镜有两个表面，那么光线通过透镜时，至少有 8%的光被反射回去而损失掉。在现代的光学仪器中，如摄影机、电影机等，一个镜头要由几片甚至十几片透镜组成，这样由于光线的反射造成的总损失就大多了。例如潜水艇使用的潜望镜，是用 20 多个棱镜组成的，共有 40 多个反射面，若每个反射面至少有 4%的反射损失，再加上一些其他的吸收损失，最后进入观察者眼睛里的光只有原来的 10%左右了。由于透过光少得可怜，观察者通过潜望镜看到外界物体的像既暗又不清晰。照相机镜头也是由几个透镜组成的，每个透镜表面的反射光会在各个反射面上来回反射，产生害处很大的杂散光。这些杂散光造成感光片上出现阴影、杂影光斑和双像，使成像的质量大大降低了。

怎样消除表面反射造成的后果呢？人们在透镜和棱镜的表面涂上一层薄膜（一般用氟

化镁)，当薄膜的厚度等于入射光在薄膜中波长的 1/4 时，在薄膜两个表面上反射的光，路程差恰好等于半个波长，由于干涉互相抵消。

这样大大地减少了光的反射损失，增大了透射光的强度。因此，人们把这层薄膜叫作“增透膜”。

入射光一般是白光，是由各种不同波长的单色光复合而成的。增透膜不可能使所有波长的反射光都互相抵消。因此，在确定薄膜厚度时，应该使光谱中间部分的绿色光，在垂直入射时其反射光完全抵消。这样光谱边缘部分的红光和紫光并没有显著削弱，所以有增透膜的光学镜头呈淡紫色。

登山队员所戴眼镜上也涂一层薄膜，这层薄膜起什么作用呢？

我们知道，太阳光照射到雪地上，会产生强烈的漫反射。反射光中的紫外线可以伤害人的眼睛，强烈的绿光对眼睛的伤害也很大，它们使人头晕目眩，甚至使人双目失明，这就是所谓的“雪盲”。用什么办法来预防“雪盲”呢？人们在眼镜表面镀一层氟化镁的薄膜，当薄膜的厚度恰好等于绿光在薄膜中波长的 1/2 时，则绿光在薄膜两个表面上的反射光路程差等于一个波长，因而产生的干涉加强，增大了绿光的反射损失，减少了透射光的强度。

眼镜上这层干涉滤光膜就像忠诚的门卫，把伤害眼睛的光拒之门外，保卫着眼睛的安全！

9.5 薄膜干涉

在日常生活中，在阳光的照射下小朋友吹向空气的肥皂泡(图 9-11(a))、雨后的彩虹(图 9-11(b))、雨天马路表面上的油膜(图 9-11(c))、照相机镜面上以及一些动物翅膀的表面(图 9-11(d))会呈现彩色的花纹，这是一种光波在薄油膜或薄肥皂膜两表面的反射光相互叠加所形成的干涉现象，称为薄膜干涉。与 9.3 节讨论的杨氏双缝干涉利用分波阵面法获得相干光而产生干涉不同，薄膜干涉是利用分振幅获得相干光而产生干涉的。

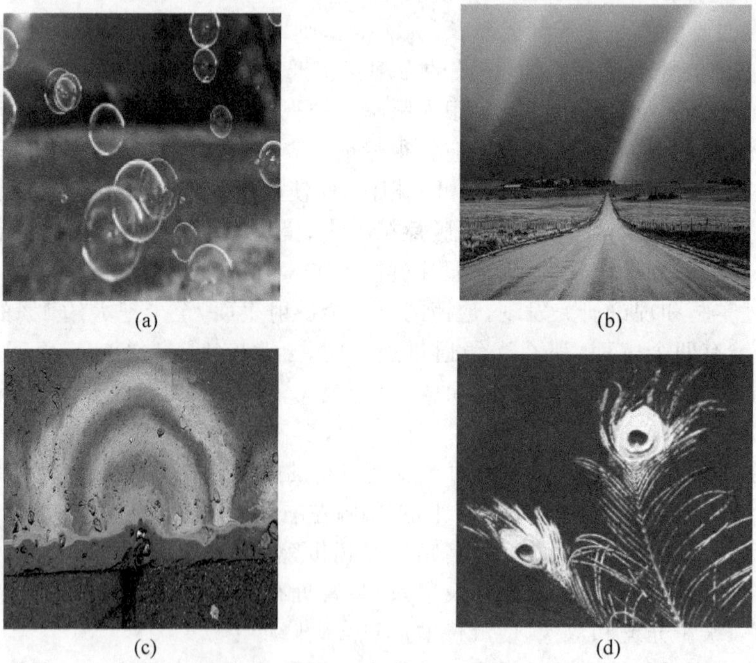

(a) (b) (c) (d)

图 9-11 日常生活中的薄膜干涉现象

(a) 肥皂泡；(b) 彩虹；(c) 油膜；(d) 孔雀的羽毛

薄膜干涉现象产生的原因比较复杂，下面介绍两种应用较多而且较简单的薄膜干涉——平行平面薄膜产生的等倾干涉和厚度不均匀薄膜产生的等厚干涉。

9.5.1　等倾干涉

如图 9-12 所示，有厚度为 e、折射率为 n_2 的均匀薄膜，与其表面相接触的上、下方介质的折射率分别为 n_1 和 n_3。入射光线 a 以入射角 i 射到薄膜上，在薄膜的上表面 A 处产生反射光 1，而另一部分光线折射入膜内，折射角为 γ，在薄膜的下表面 C 处反射至 B 后，折射回到薄膜上方成为光线 2。光线 1、光线 2 会聚于透镜焦平面上的 P 点而产生干涉，P 点究竟是产生亮条纹还是暗条纹，要由两相干光束的光程差来决定。

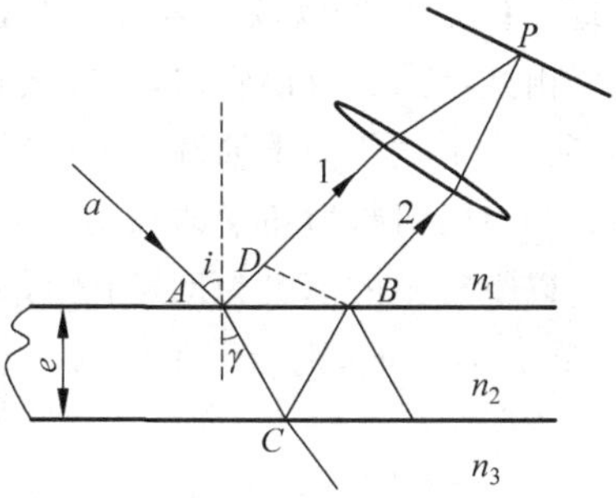

图 9-12　等倾干涉

为了计算经薄膜上下表面产生的两束反射光 1 和 2 的光程差，我们作辅助线 DB 垂直于反射光线 1、2，由于透镜不引起附加的光程差，光线 1 从 D 点射到 P 点与光线 2 从 B 点射到 P 点经过的光程相同，所以由于传播距离不同而引起的这两束光线之间的光程差可以表示为

$$\Delta = n_2(AC + CB) - n_1 AD$$

由图 9-12 可知，$AC = BC = \dfrac{e}{\cos\gamma}$，$AD = AB \cdot \sin i = 2e \cdot \tan\gamma \cdot \sin i$，代入上式，得到

$$\Delta = \frac{2n_2 e}{\cos\gamma} - 2e \cdot \tan\gamma \cdot n_1 \sin i \tag{9.11}$$

由折射定律 $n_1 \sin i = n_2 \sin\gamma$，得

$$\Delta = 2e\sqrt{n_2^2 - n_1^2 \sin^2 i} \tag{9.12}$$

或

$$\Delta = 2n_2 e \cos\gamma$$

除了由于传播距离不同而引起的光程差外，光在薄膜上、下表面反射时还会产生附加光程差。若在上表面，光从光疏介质射向光密介质而在界面上反射，在下表面，光从光密介质射向光疏介质而在界面上反射；或在上表面，光从光密介质射向光疏介质而在界面上反射，在下表面，光从光疏介质射向光密介质而在界面上反射，两反射光线 1、2 之间存在数值为 π 的附加相位差，即存在额外的光程差 $\lambda/2$。若光在薄膜上下表面反射情况相同，两反射光之间不存在附加的光程差。所以

$$\Delta = 2e\sqrt{n_2^2 - n_1^2 \sin^2 i} + \Delta' = 2n_2 e \cos\gamma + \Delta' \tag{9.13}$$

式中，Δ'为附加的光程差。上式表明，光程差是由倾角(即入射角 i)决定的，即以相同倾角 i 入射到厚度均匀的平面膜上的光线，经膜上、下表面反射后产生的相干光束有相等的光程差，因而它们干涉相长或相消的情况相同。因此，这样形成的干涉条纹称为等倾条纹。综上，可以总结出如下结论：

当 $n_1 > n_2 > n_3$ 或 $n_1 < n_2 < n_3$ 时，上下两表面反射情况相同，$\Delta' = 0$；当 $n_1 < n_2$，$n_2 > n_3$ 或 $n_1 > n_2$，$n_2 < n_3$ 时，上下两表面反射情况不相同，$\Delta' = \pm\dfrac{\lambda}{2}$，$\Delta'$取正取负的差别仅仅在于条纹的干涉级数相差 1 级，对条纹的其他特征(形状、间距等)并无影响。本书中取

$\Delta'=\dfrac{\lambda}{2}$，于是干涉条件为

$$\Delta=2e\sqrt{n_2^2-n_1^2\sin^2 i}+\Delta'=2n_2e\cos\gamma+\Delta'=\begin{cases}k\lambda & (\text{干涉加强})\\(2k+1)\dfrac{\lambda}{2} & (\text{干涉减弱})\end{cases}\tag{9.14}$$

式中，k 为干涉级数，$k=1,2,3,\cdots$，k 能否为零取决于光程差是否能等于零。

对一定干涉级数的条纹，其光程差是一定的。因此当薄膜厚度改变时，干涉条纹的移动可依据光程差保持一定的点如何移动来判断。由式(9.14)知，若薄膜厚度 e 增加，要维持光程差一定，只有减小 $\cos\gamma$，即 γ 增加，也就是说，当薄膜厚度增加时，干涉条纹一个一个从中心冒出；反之，当薄膜厚度减小时，干涉条纹一个一个缩向中心。

由式(9.14)可以看出，k 值大即级次高的亮环，其对应膜内的折射角 γ 和入射角 i 都小，所以，上述等倾干涉圆环的干涉级次为里高外低，这与牛顿环的等厚干涉图像恰好相反。将式(9.14)对折射角 γ 求微分，可以证明：同心的等倾干涉条纹分布呈里疏外密。

以空气中的薄膜为例，当光线垂直照射到空气中厚度为 e 的介质膜时，此时，$i=\gamma=0$，$n_1<n_2$，$n_2>n_3$，则干涉条件为

$$\Delta=2n_2e+\frac{\lambda}{2}=\begin{cases}k\lambda, & k=1,2,3,\cdots(\text{干涉加强})\\(2k+1)\dfrac{\lambda}{2}, & k=0,1,2,\cdots(\text{干涉减弱})\end{cases}\tag{9.15}$$

圆环中心处的折射角 γ 等于零，若出现明斑，有 $2n_2e_1+\dfrac{\lambda}{2}=k\lambda$，厚度慢慢增加时，第 k 级明斑扩大成明环，中心逐渐变暗，随后渐渐再次变亮，当中心出现第 $k+1$ 级明斑时，有 $2n_2e_2+\dfrac{\lambda}{2}=(k+1)\lambda$，相邻两级明条纹的光程差为 $2n_2(e_2-e_1)=2n_2\Delta e=\lambda$，这意味着增加一条亮斑，增加的薄膜厚度为

$$\Delta e=\frac{\lambda}{2n_2}\tag{9.16}$$

同理，在透射光中也有干涉现象，式(9.16)对透射光仍然适用。但应注意，透射光之间的附加光程差与反射光之间的附加光程差 Δ' 产生的条件恰恰相反。当反射光之间有 $\lambda/2$ 的附加光程差时，透射光之间没有。所以对同样的入射光来说，当反射光相干加强时，透射光相干减弱，反之亦然。还需指出的是，两光相干除满足上述干涉的必要条件，即频率相同、振动方向相同、相位相同或相位差恒定之外，还必须满足两个附加条件：一是两相干光的振幅不可相差太大，否则会使加强(A_1+A_2)与减弱(A_1-A_2)效果差异不大，显示不出明显的明暗区别；二是两相干光的光程差不能太大，否则由于光的波列长度有限，在考察点，一束光的波列已经通过，另一束光的波列尚未到达，两者不能相遇，当然不可能产生叠加而产生干涉。

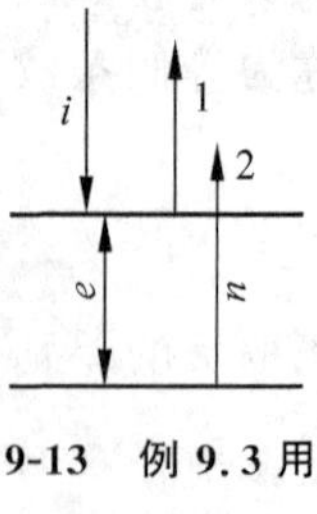

图 9-13 例 9.3 用图

例 9.3 如图 9-13 所示，一束白光垂直射到空气中一厚度为 3800Å(1Å$=10^{-10}$m)的肥皂水膜上。试问：(1)肥皂水膜正面呈何颜色？(2)肥皂水膜背面呈何颜色？(肥皂水的折射率为 1.33)。

解 光线垂直入射，入射角 $i=0$，折射角 $\gamma=0$，由题意知，油膜上下表面的反射情况不同，即在上表面，光从光疏介质射向光密介质而在界面上反射，在下表面，光从光密介质射向光疏介质而在界面上反

射，所以 $\Delta'=\dfrac{\lambda}{2}$。

(1) 对正面，反射光干涉加强时，由式(9.15)有

$$\Delta=2ne+\frac{\lambda}{2}=k\lambda,\quad k=1,2,\cdots$$

代入数据可得

$$\lambda=\frac{2ne}{k-\frac{1}{2}}=\frac{2\times1.33\times3800}{k-\frac{1}{2}}=\frac{10108}{k-\frac{1}{2}}=\begin{cases}20216\text{Å}(k=1)\\6739\text{Å}(k=2)\\4043\text{Å}(k=3)\\2888\text{Å}(k=4)\end{cases}$$

因为可见光范围为 4000～7600Å，所以，反射光中 $\lambda_2=6739$Å 和 $\lambda_3=4043$Å 的光得到加强，前者为红光，后者为紫光，即肥皂水膜正面呈红色和紫色。

(2) 对于背面，当透射最强时，其反射必定最弱，因此透射光干涉加强的条件与反射光减弱的条件一样，由式(9.15)可得

$$2ne+\frac{\lambda}{2}=(2k+1)\frac{\lambda}{2},\quad k=1,2,\cdots$$

经整理可得

$$2ne=k\lambda$$

由此可得

$$\lambda=\frac{2ne}{k}=\frac{10108}{k}=\begin{cases}10108\text{Å}(k=1)\\5054\text{Å}(k=2)\\3369\text{Å}(k=3)\end{cases}$$

同(1)可知，透射光中 $\lambda_2=5054$Å 的光得到加强，此光为绿光，即肥皂水膜背面呈绿色。

观察等倾干涉条纹的实验装置(平面图)如图 9-14(a)所示，其中 S_1 是面光源上一点，M 是半反射半透射平面镜，L 为透镜，其光轴与薄膜表面垂直，屏幕放在透镜的焦平面上，其立体光路如图 9-14(b)所示。

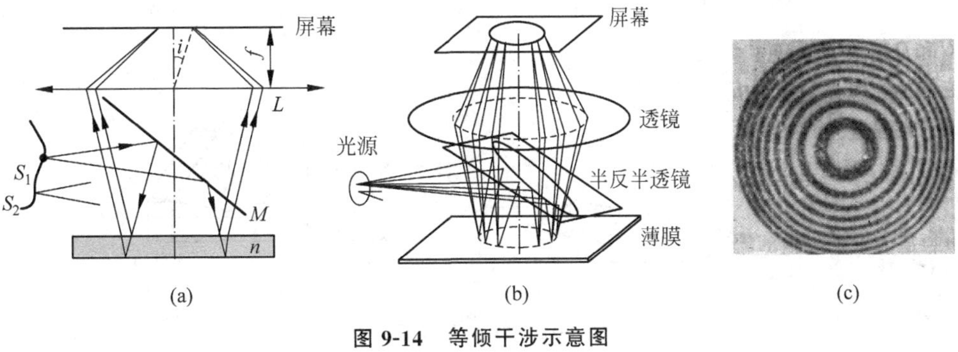

(a)　(b)　(c)

图 9-14　等倾干涉示意图

(a) 装置平面图；(b) 装置立体图；(c) 干涉图样

在图 9-14(a)中，从面光源(如钠光灯或由它照射的毛玻璃)上的 S_1 点发出光线，半反射半透射平面镜 M 让 S_1 所发出的大部分光线透过它，并照射到薄膜上。对于薄膜上任一点来说，具有同一入射角 i 的光线，就分布在以该点为顶点的圆锥面上，这些光线在薄膜上

下表面反射后，又由 M 再反射经透镜 L 会聚后分别相交于屏幕上的同一圆周上，形成等倾干涉条纹。等倾干涉条纹的同一干涉级次对应于同样的入射角 i。通常情况下，形成的等倾干涉条纹是一组明暗相间的同心圆环，如图 9-14(c)所示。

光源上每一点发出的光束都产生一组相应的同心干涉圆环。由于方向相同的平行光线将被透镜会聚到屏幕上同一点，而与光线来自于何处无关，所以，由光源上不同点发出的光线，凡是相同倾角的，它们形成的干涉圆环都将重叠在一起，总光强为各个干涉环光强的非相干叠加，因而明暗对比更为强烈，这也是观察等倾干涉条纹使用面光源的原因。

9.5.2 等厚干涉

由 9.5.1 节可知，当以相同的入射角照射薄膜时，光程差仅随薄膜的厚度而变化，同一厚度处上下表面反射光的光程差相同，对应于同一级干涉条纹，所以称为等厚干涉。下面介绍两种常见的等厚干涉——劈尖干涉和牛顿环。

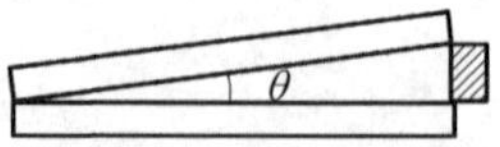

图 9-15　劈尖干涉

1. 劈尖干涉

如图 9-15 所示，将两块光学平面玻璃叠放在一起，一端彼此接触，另一端垫入一薄纸片或一细丝，则在两玻璃片间就形成一个劈尖状的空气薄膜，称为空气劈尖。两玻璃板相接触的一端称为劈尖的棱边。当平行的单色光垂直照射玻璃片时，就可在劈尖表面附近观察到与棱边平行的明暗相间的干涉条纹。这是由于空气膜的上下表面的反射光相干叠加形成的。在劈尖上，平行于棱边的直线上的各点，其空气膜的厚度相同，因此劈尖表面观察到的干涉条纹与棱边平行。

在实验室观察劈尖干涉的装置如图 9-16(a)所示，S 为光源，L 为透镜，M 为半反射半透射玻璃片，T 为显微镜。由于空气膜的 θ 角极小，空气的折射率约为 1，在膜内的折射角 $\gamma\approx 0$，根据式(9.15)可得劈尖上下表面反射的两相干光的光程差为

$$\Delta = 2e + \frac{\lambda}{2} \tag{9.17}$$

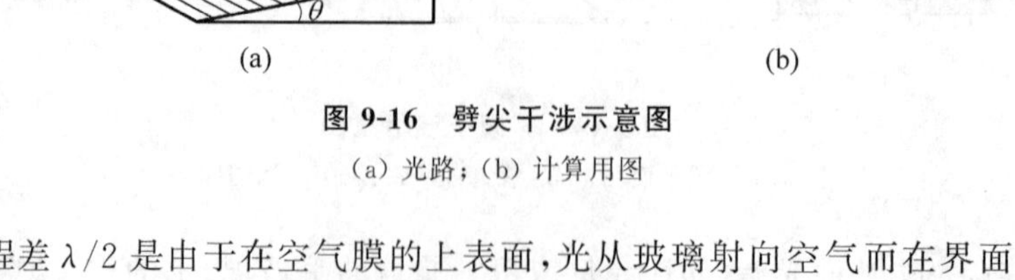

(a)　　(b)

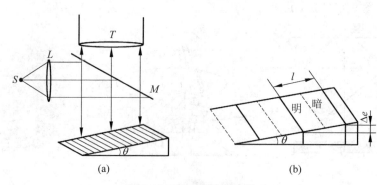

图 9-16　劈尖干涉示意图

(a) 光路；(b) 计算用图

其中，附加光程差 $\lambda/2$ 是由于在空气膜的上表面，光从玻璃射向空气而在界面上反射，在下表面光从空气射向玻璃而在界面上反射所产生的附加光程差。由于各处膜的厚度 e 不同，所以光程差也不同，会在劈尖表面产生明暗条纹。产生明暗条纹满足的条件为

$$\Delta = 2e + \frac{\lambda}{2} = \begin{cases} k\lambda, & k = 1,2,3,\cdots \quad (明条纹) \\ (2k+1)\dfrac{\lambda}{2}, & k = 0,1,2,\cdots \quad (暗条纹) \end{cases} \tag{9.18}$$

式(9.18)表明,空气膜厚度相同处,对应于同一级明(或暗)条纹,所以等厚条纹是一些与棱边平行的明暗相间的直条纹。在棱边处 $e=0$,其光程差满足暗条纹条件,即形成暗条纹。

若用 l 表示相邻明条纹(或暗条纹)间的距离,相邻明条纹(或暗条纹)的空气膜厚度差为 Δe,则由图 9-14(b)可知,

$$l = \frac{\Delta e}{\sin\theta}$$

对第 k 级及第 $k+1$ 级明条纹有

$$2e_k + \lambda/2 = k\lambda$$

$$2e_{k+1} + \lambda/2 = (k+1)\lambda$$

两式相减得

$$\Delta e = \frac{\lambda}{2} \tag{9.19}$$

即相邻明条纹的空气膜厚度差为 $\lambda/2$。将 Δe 的值代入式 $l=\frac{\Delta e}{\sin\theta}$ 得 $l=\frac{\lambda}{2\sin\theta}$。由于 θ 很小,所以 $\sin\theta \approx \theta$,则

$$l = \frac{\lambda}{2\theta} \tag{9.20}$$

上式表明,空气膜上的等厚条纹是等间距的,并且 θ 越大,条纹越密,当 θ 大到一定程度时,条纹就密不可分了。所以干涉条纹只能在劈尖角度很小时才能观察到。

在日常生活和工业生产中,劈尖干涉有很多应用,下面介绍几个典型例子。

(1) 用干涉膨胀仪测量固体线膨胀系数

图 9-17 是干涉膨胀仪的结构图。一个线膨胀系数极小以至可以忽略不计(或已精确测定过)的石英圆柱环 B 放在平台上,环上放一平玻璃板 P。在环内空间放置一柱形待测样品,样品 R 的上表面已被精确地磨成稍微倾斜的劈型平面,于是 R 的上表面和 P 的下表面之间形成楔形空气膜。当用波长为 λ 的单色光垂直照射干涉膨胀仪时,可以在垂直方向看到彼此平行且等间距的等厚干涉条纹。若将干涉膨胀仪加热,在温度升高 ΔT 的过程中,可以在视场中某标志线处看到 N 级条纹从该位置移过去。根据劈尖等厚干涉原理,可以求出样品的线膨胀系数。具体分析如下:

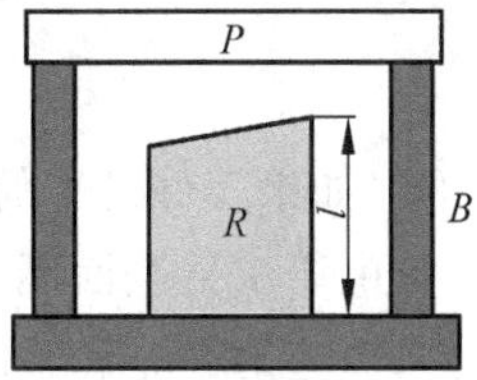

图 9-17　干涉膨胀仪的结构

在整个升温过程中,石英圆柱环 B 的膨胀量可以忽略不计,每当样品材料升高 $\Delta e=\lambda/2$ 时,就可以在视场中看到一级条纹从标志线处移过去,因此当看到 N 级条纹从该位置移过去时,意味着样品长度变化了 $\Delta l = N\frac{\lambda}{2}$。根据线膨胀系数定义 $\Delta l = \alpha l \Delta T$,可得到样品的线膨胀系数为

$$\alpha=\frac{\Delta l}{l\Delta T}=\frac{N\lambda}{2l\Delta T}$$

(2) 薄膜厚度的测定

在生产半导体元件时,为测定硅(Si)片上的二氧化硅(SiO_2)薄膜的厚度,可将该膜的一端削成劈尖状,如图 9-18 所示。SiO_2 的折射率为 $n=1.46$,Si 的折射率为 $n=3.42$,用已知波长的单色光照射,观测 SiO_2 劈尖薄膜上出现的干涉条纹的情况,就可以求出 SiO_2 薄膜的厚度。

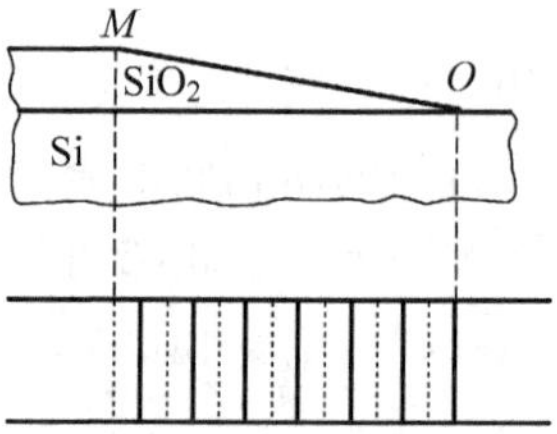

图 9-18 薄膜测定

(3) 光学元件表面平整度的检查

劈尖干涉的每一明条纹或暗条纹,都代表着一条等厚线,因此可以用来检查光学元件表面的平整度。这种光学测量方法的精度远远高于机械方法的测量精度,可以达到波长的 1/10,即 10^{-8} m 的量级。

例 9.4 如图 9-19(a)所示,在一待检验的光学元件(工件)上放一标准平板玻璃,使其间形成一空气劈尖,观察到干涉条纹如图 9-19(a)所示。试根据条纹纹路弯曲方向,判断工件表面的凹凸情况,并求其深度或高度。

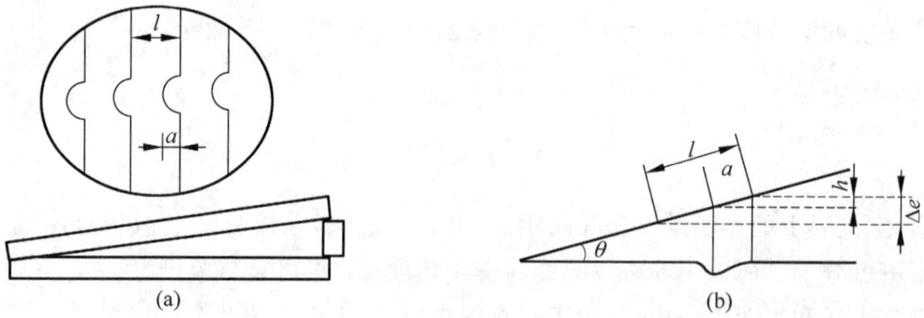

图 9-19 例 9.4 用图

(a) 工件干涉图;(b) 计算用图

解 如果工件是平的,干涉条纹则是平行于棱边的直条纹。观察到如图 9-19(a)的弯曲条纹,是由于工件表面不平造成的。同一条等厚条纹对应相同的空气厚度,所以在同一条纹上,弯向棱边的部分和直的部分对应的空气膜厚度应相等,而越靠近棱边,空气膜厚度应越小,所以工件上有凹陷,如图 9-19(b)所示,由几何关系得

$$\Delta e=l\cdot\sin\theta,\quad h=a\cdot\sin\theta$$

联立上述两式,可以得到

$$h=\frac{a\cdot\Delta e}{l}$$

由式(9.19)可知相邻明条纹的空气膜厚度差为 $\Delta e=\lambda/2$,所以

$$h=\frac{a\lambda}{2l}$$

例 9.5 制造半导体元件时,常常要精确测定硅片上二氧化硅薄膜的厚度,这时可把二氧化硅薄膜的一部分腐蚀掉,使其形成劈尖,利用等厚条纹测出其厚度。已知 Si 的折射率为 3.42,SiO_2 的折射率为 1.46,入射光波长为 589.3nm,观察到 7 条暗条纹如图 9-20 所

示。问 SiO_2 薄膜的厚度 h 是多少?

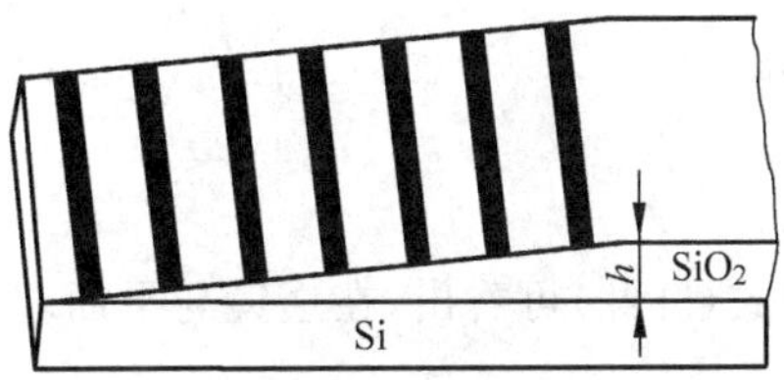

图 9-20 表面干涉条纹

解 由于上下表面的反射光都有半波损失,暗条纹处需满足 $2nh=\frac{(2k+1)\lambda}{2}$,所以

$$h=\frac{(2k+1)\lambda}{4n}$$
$$=\frac{(2\times6+1)\times589.3\times10^{-9}}{4\times1.46}\text{m}$$
$$=1.31\times10^{-6}\text{m}=1.31\mu\text{m}$$

注意 $k=0$ 时对应第一条暗条纹,第 7 条暗条纹对应 $k=6$。

2. 牛顿环

常见的等厚干涉装置除劈尖外还有牛顿环。如图 9-21 所示,将一曲率半径很大的平凸透镜放在一平面玻璃上,透镜和玻璃之间形成一厚度不均匀的空气层,M 为半反射半透射的玻璃片,S 为光源,T 为显微镜。设接触点为 O,平行单色光垂直入射于平凸透镜,显然可以观察到在平凸透镜下表面出现一组干涉条纹,由于这里空气膜的等厚轨迹是以接触点为圆心的一系列同心圆,因此干涉条纹的形状也是明暗相间的同心圆。若用白光照射,则条纹呈彩色。这些圆环状的干涉条纹称为牛顿环。它是等厚条纹的又一特例。牛顿环是牛顿首先观察到并加以描述的等厚干涉现象,故名牛顿环。

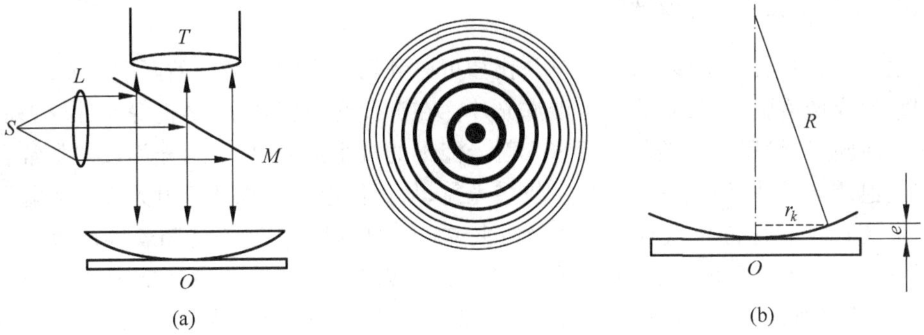

图 9-21 牛顿环干涉

(a) 干涉光路及图样;(b) 计算用图

与空气劈尖干涉类似,牛顿环的明、暗环满足

$$2e+\frac{\lambda}{2}=\begin{cases}k\lambda, & k=1,2,3,\cdots \quad (\text{明条纹})\\(2k+1)\dfrac{\lambda}{2}, & k=0,1,2,\cdots \quad (\text{暗条纹})\end{cases} \tag{9.21}$$

下面求不同 e 值对应的干涉环半径 r_k。如图 9-21(b)所示,在 R 和 r 为两边的直角三角形中,有

$$r_k^2=R^2-(R-e)^2=2Re-e^2$$

式中,R 为平凸透镜的曲率半径。由于 $R\gg e$,所以可略去 e^2,得 $r_k^2=2Re$,代入式(9.21),可得

$$r_k=\begin{cases}\sqrt{\dfrac{(2k-1)R\lambda}{2}}, & k=1,2,3,\cdots \quad (明条纹半径) \\ \sqrt{kR\lambda}, & k=0,1,2,\cdots \quad (暗条纹半径)\end{cases} \tag{9.22}$$

由式(9.22)可看出，在透镜与平面玻璃的中心点 O 处，$r=0$，膜厚 $e=0$，光程差 $\Delta=\frac{\lambda}{2}$(由于光在空气与平面玻璃相交的表面反射时产生的相位突变造成的)，因此接触点 O 为一暗条纹点。

由式(9.22)可知，明环半径 $r=\sqrt{\frac{R\lambda}{2}},\sqrt{\frac{3R\lambda}{2}},\sqrt{\frac{5R\lambda}{2}},\cdots$，暗环半径 $r=\sqrt{R\lambda},\sqrt{2R\lambda},\sqrt{3R\lambda},\cdots$，这说明 k 越大，相邻条纹间距越小，条纹的分布是不均匀的。因此，其干涉级次即 k 值内小外大，条纹间距内疏外密。

例 9.6 在牛顿环实验中，所用波长为 589.3nm 的单色光，测得从中心向外数第 k 个暗环的直径为 8.45mm，第 $k+10$ 个暗环直径为 12.20mm，求平凸透镜的曲率半径。

解 由式(9.22)可知，暗环直径为

$$D_k^2=4kR\lambda,\quad D_{k+10}^2=4(k+10)R\lambda$$

联立以上两式，解得

$$R=\frac{D_{k+10}^2-D_k^2}{40\lambda}=\frac{(12.20^2-8.45^2)\times10^{-6}}{40\times589.3\times10^{-9}}\mathrm{m}=3.29\mathrm{m}$$

9.5.3 增透膜与增反膜

在生产实践中薄膜干涉有很多应用，比如可以利用它来测定薄膜的厚度或光的波长，还能利用它制成增透膜、高反射膜和干涉滤光片。在近代光学仪器中，透镜等元件的表面上镀有透明的薄膜，虽然反射光的能量只占入射光能量的极小部分，但一台光学仪器常常有许多透镜和其他透光元件，因此反射损失了较多光能，从而使参与成像的透射光大大减弱。例如对于一个具有四个玻璃-空气界面的透镜组来说，一次反射损失的光能随着界面数目的增多而不断增多。更为不利的是，这些反射光还会被反射到像附近，严重降低像的清晰度。所以，通常在其表面镀一定厚度的介质薄膜，使某一波长的反射光干涉相消，而使透射光增强，这样的薄膜常称为增透膜。对于照相机或助视光学仪器，常将人眼最敏感的 $\lambda=550\mathrm{nm}$ 的反射光干涉减弱，透射光增强，相比之下，远离此波长的红光和蓝光反射较强，因此，透镜表面略显紫红色，这就是我们平常所看到的照相机镜头的颜色。

另外，在某些情况下，我们又要求某些光学系统具有较高的反射本领。这时也可以镀适当厚度的高反射率的透明介质膜，使某些波长的光线在薄膜上下表面反射光的光程差满足干涉相长的条件，从而使其反射增强，透射减弱，这种薄膜称为增反膜。例如，紫外防护镜上涂的就是增反膜。由于反射光一般较弱，只占入射光能量的 5%，所以常在玻璃表面交替镀上折射率大小不同的多层介质膜。例如，He-Ne 激光器中谐振腔的反射镜就是采用镀多层反射膜的办法，使它对 632.8nm 的激光的反射率达到 99%以上(考虑到吸收问题一般最多镀 15～17 层)；再如宇航员头盔和面罩上也涂有多层膜以避免宇宙空间中极强的红外线照射。薄膜干涉的实际应用很多，可以说，没有光学薄膜，大部分近代光学系统就不能正常工作。

例 9.7　在一光学元件的玻璃表面上镀一层厚度为 e、折射率为 $n_2=1.38$ 的氟化镁薄膜，已知玻璃折射率为 1.60。为了使正入射白光中对人眼最敏感的黄绿光($\lambda=550\text{nm}$)反射最小，试求薄膜的厚度。

解　如图 9-22 所示，由于氟化镁薄膜的上下表面反射情况相同，所以附加光程差 $\Delta'=0$。要使黄绿光反射最小，满足

$$2n_2e=(2k+1)\frac{\lambda}{2},\quad k=0,1,2,\cdots$$

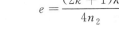

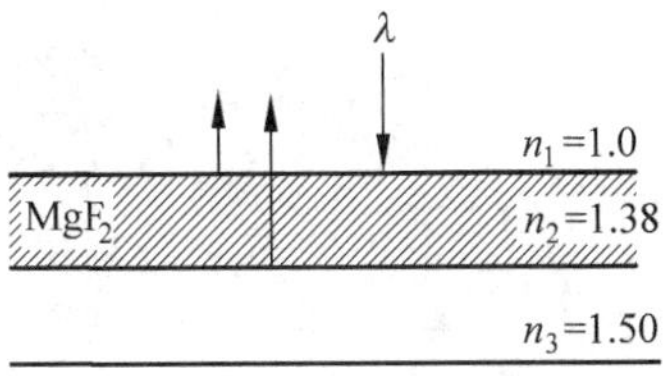

图 9-22　例 9.7 用图

控制镀膜厚度，使

$$e=\frac{(2k+1)\lambda}{4n_2}$$

其中，取最小厚度，使 $k=0$，则

$$e_{\min}=\frac{\lambda}{4n_2}=\frac{550\times10^{-9}}{4\times1.38}\text{m}=9.96\times10^{-8}\text{m}=99.6\text{nm}$$

根据能量守恒定律，反射光减少，透射的黄绿光就增强了。

9.6　迈克耳孙干涉仪

迈克耳孙(A. A. Michelson，1852 年 12 月—1931 年 5 月)，美国物理学家，主要从事光学和光谱学方面的研究。1881 年，他利用分振幅法产生双光束干涉，设计了一种高精度的干涉仪。1887 年，迈克耳孙和他的合作者莫雷应用此干涉仪进行了著名的"以太风"测量实验(也称为"迈克耳孙-莫雷实验")。这个实验否定了"以太"的存在，为狭义相对论的建立奠定了实验基础。此外，他还用迈克耳孙干涉仪研究了光谱的精细结构，并第一次以光的波长为基准对标准米尺进行了测定。由于迈克耳孙创制了这种精密的光学仪器并利用这些仪器完成了一些重要的光谱学和基本度量学研究，因此他获得了 1907 年的诺贝尔物理学奖。后来，人们又根据这种干涉仪的基本原理研制出各种具有实用价值的干涉仪。因此，迈克耳孙干涉仪在近代物理和近代计量技术发展中起着重要的作用。

1. 迈克耳孙干涉仪的测量原理

迈克耳孙干涉仪的光路如图 9-23(a)所示。S 为光源，M_1 和 M_2 是两块精密磨光的平面反射镜，分别安装在相互垂直的两臂上。M_2 固定不动，M_1 通过精密丝杠的带动，可以沿臂轴方向移动，M_1 的位置可以精确定位，其位置的读数方法与螺旋测微计相似，但侧面比螺旋测微计多一微调手轮，其上的最小分度值为 10^{-5} mm，和可见光的波长在同一量级。G_1 和 G_2 是两块厚度相同、折射率相同、相互平行并与 M_1 和 M_2 成 45°的平面玻璃板。其中，G_1 板靠近反射镜那面镀有半透明、半反射的薄银膜，它可使入射光分成强度相等的反射光 1 和透射光 2，故 G_1 称为分光板；由图 9-23(a)看出，经 G_1 反射后光束 1 来回两次穿过玻璃板 G_1，设置玻璃板 G_2 的目的是使光束 2 穿过玻璃板的次数与光束 1 相同，以避免两束光有较大的光程差而不能产生干涉，因此 G_2 称为补偿板。在使用复色光(尤其是白光)作光源时，因为玻璃和空气的色散不同，因此补偿板更不可缺少。

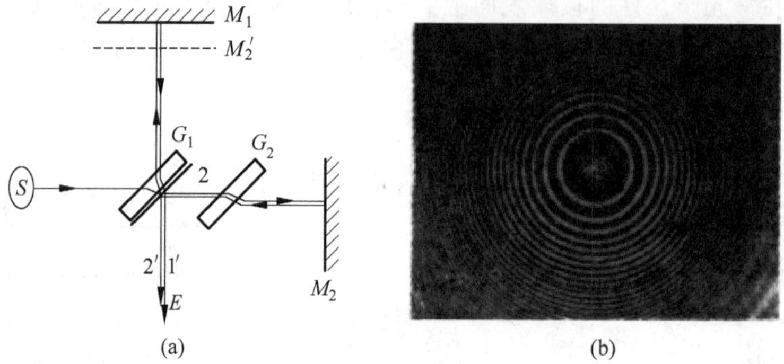

图 9-23 迈克耳孙干涉实验

(a) 实验光路；(b) 干涉条纹

自光源 S 发出的单色光，经 G_1 板分成光束 1 和光束 2 后分别入射到 M_1 和 M_2 上，经 M_1 反射的光束回到分光板后，一部分透过分光板成为光束 $1'$；而透过 G_2 板并由 M_2 镜反射的光束回到分光板后，其中一部分被反射成为光束 $2'$。显然，光束 $1'$和 $2'$是相干光。因此，当它们在 E 处相遇时，便发生干涉现象。

对于 G_1 的反射，在 E 处看来，使 M_2 在 M_1 附近形成一个虚像 M_2'，因此光波 $1'$和光波 $2'$的干涉等效于由 M_1、M_2'之间空气薄膜产生的干涉。M_1、M_2 镜的背面有螺栓，可用来调节它们的方位。

调节 M_1 和 M_2 相互精确垂直，则两反射面 M_1 和 M_2'就严格平行。若光源为面光源，就能观察到如图 9-23(b)所示的等倾干涉条纹。假设这时中心为亮点，即中心处满足

$$\Delta = 2ne\cos\gamma + \Delta' = 2e = k\lambda$$

式中，中心处折射角 γ 等于零，由于 M_1、M_2 两表面反射情况相同，所以 $\Delta' = 0$。

移动 M_1，即改变空气膜的厚度 e，当中心“冒出”(或“吞入”)一个条纹时，原中心处的干涉级次就增加(或减少)1，此时 e 增加(或减少)$\lambda/2$。若在实验中移动 M_1 镜时，有 N 个条纹“冒出”(或“吞入”)，则 M_1 移动的距离为

$$\Delta e = N\frac{\lambda}{2} \tag{9.23}$$

上式表明，在波长 λ 一定的情况下，若记录下条纹的变化数 N，便可计算出 M_1 移动的微小距离，这就是激光干涉测长仪的原理。反之，也可以借助标准长度来测量光波的波长，这就是迈克耳孙干涉仪测量波长的原理。

2. 时间相干性

一般认为单色的点光源发出的光经过干涉装置分束后，总是能够产生干涉效应，然而实际并不如此。例如在迈克耳孙干涉仪中，如果 M_1 与 M_2'之间的距离超过一定的限度，就观察不到干涉条纹。这是因为光源实际发射的是一个个的波列，每个波列有一定的长度。例如，在迈克耳孙干涉仪的光路中，光源先后发出两个波列 a 和 b，每个波列都被分束板分成 1、2 两个波列，分别用 a_1、a_2、b_1、b_2 表示。当两光路光程差不太大时，由于一波列分解出来的 1、2 两波列(如 a_1 和 a_2 或 b_1 和 b_2)可能重叠，这时能够发生干涉。但如果两光路的光程差太大，如图 9-24 所示，则由同一波列分解出来的两波列将不再重叠，而相互重叠的却是

由前后两波列 a、b 分解出来的波列(如 a_1 和 b_2)，这时就不能发生干涉。显然，要保证同一原子光波列被分割的两部分能重新会合，两光路的光程差就不能超过原子光波列在真空中的长度，而此长度为

$$\Delta x=\frac{\lambda^2}{\Delta\lambda}$$

由于 $\Delta t=\frac{\Delta x}{c}$，因此

$$\Delta t=\frac{\Delta x}{c}=\frac{\lambda^2}{c\Delta\lambda} \tag{9.24}$$

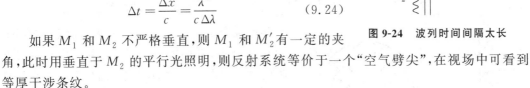

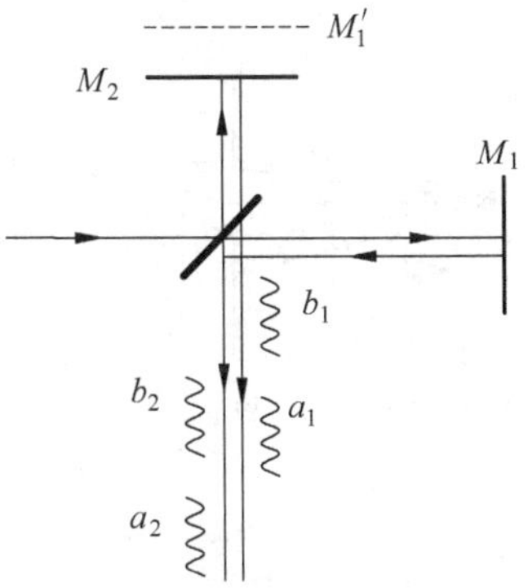

图 9-24　波列时间间隔太长

如果 M_1 和 M_2 不严格垂直，则 M_1 和 M_2' 有一定的夹角，此时用垂直于 M_2 的平行光照明，则反射系统等价于一个“空气劈尖”，在视场中可看到等厚干涉条纹。

1893 年，迈克耳孙利用干涉仪测定了镉(Cd)红线的波长。在 1atm，$t=15$℃的环境下，所测镉(Cd)红线的波长为 $\lambda_{Cd}=643.84696$nm。他还用该谱线为光源，测量了标准米尺的长度，其结果是 1m 等于镉红线波长的 1553164.13 倍，其与公认值的误差小于 10^{-9}m。

由于迈克耳孙干涉仪设计精巧，特别是它光路的两臂分得很开，便于在光路中安置被测量的样品，而且两束相干光的光程差可由移动一个反射镜来改变，调节十分容易，测量结果可以精确到光波波长数量级，所以应用广泛。例如，在某一光路上加入待测物质后，相干光的光程差就发生了变化，通过观测相应的条纹变化，即可测量待测物质的性质(如厚度、折射率、光学元件的质量等)，它还可用于光谱的精细结构分析等。迈克耳孙干涉仪至今仍是许多光学仪器的核心。

9.7　光的衍射　光栅衍射

9.7.1　光的衍射

和光的干涉一样，光的衍射也是光的波动性的重要特征之一。同机械波的衍射现象类似，光波在传播过程中遇到障碍物时，就不沿直线传播，而是偏离直线传播而进入阴影区域，并且光强重新分布，这种现象称为光的衍射现象。衍射现象是否显著，取决于障碍物的线度与光的波长的相对比值，只有当障碍物的线度减小到与光的波长可比拟时，衍射现象才明显。

根据光源和观察屏与障碍物的距离，可将光的衍射分为菲涅耳衍射和夫琅禾费衍射两类。当障碍物(衍射孔)与光源的距离或障碍物与观察屏的距离为有限远时，所发生的衍射称为菲涅耳衍射，如图 9-25(a)所示。当障碍物(衍射孔)与光源、障碍物与观察屏之间的距离均为无限远时，所发生的衍射称为夫琅禾费衍射，这类衍射的特点是使用平行光，如图 9-25(b)所示。为减小空间距离可以使用透镜，将入射到衍射孔以及从衍射孔出射的光线变成平行光并会聚到观察屏上，以实现夫琅禾费衍射，如图 9-25(c)所示。

9.7.2　惠更斯-菲涅耳原理

为了解释光的衍射不仅扩大了亮区还出现明、暗相间的条纹的现象，惠更斯指出，波阵

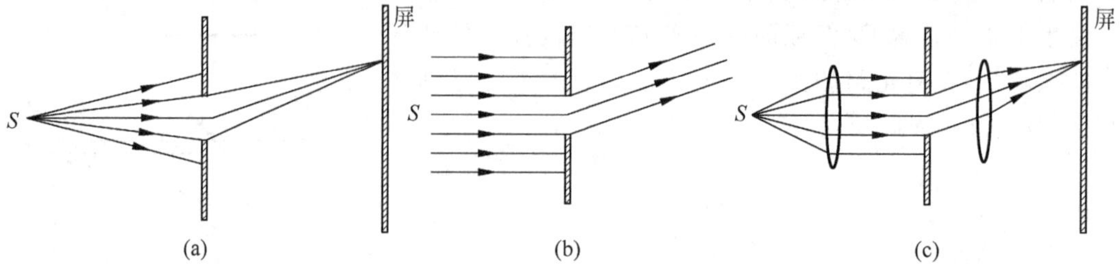

图 9-25 衍射分类

(a) 距离有限远；(b) 距离无限远；(c) 使用透镜使会聚光变成平行光

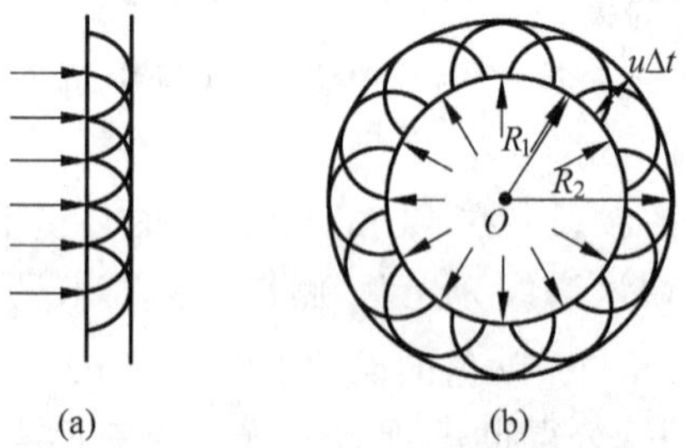

图 9-26 惠更斯-菲涅耳衍射原理图

(a) 平面波；(b) 球面波

面上各点都可看作子波波源，这就是惠更斯原理。如图 9-26 所示，利用这一原理可以从某时刻的已知波阵面位置求出下一时刻的波阵面位置。但惠更斯原理的子波假设不涉及子波的强度和相位，因而无法解释衍射图样中的光强分布。

菲涅耳在惠更斯的子波假设基础上，提出了子波相干叠加的思想，从而建立了反映光的衍射规律的惠更斯-菲涅耳原理。这个原理指出，波阵面前方空间某点处的光振动取决于到达该点的所有子波的相干叠加。

利用惠更斯-菲涅耳原理，原则上能计算不同形状障碍物衍射的光强度分布问题，但计算较为复杂。在一些特殊情形，例如单缝夫琅禾费衍射，可以利用简单的几何方法计算衍射的光强分布。

9.7.3 单缝夫琅禾费衍射

单缝夫琅禾费衍射装置如图 9-27(a)所示，位于透镜 L_1 焦平面上的点光源 S 所发出的光，经透镜 L_1 后，变成平行光入射单缝，单缝处波面上每一点都是发射子波的波源，向各个方向衍射，同一方向的衍射光经透镜 L_2 后会聚于 L_2 焦平面处的屏幕同一点上。当 S 为点光源时，衍射图样沿 x 方向扩展，在屏幕上出现一系列衍射斑点；若把光源 S 换为一平行于单缝的线光源，则在屏幕上出现一系列平行于单缝的明暗相间的衍射条纹，如图 9-27(b)所示。

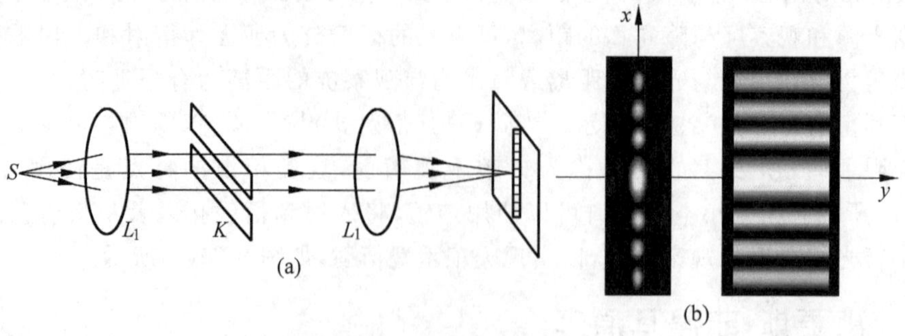

图 9-27 单缝夫琅禾费衍射

(a) 单缝夫琅和费衍射装置；(b) 衍射图样

下面用菲涅耳半波带法来解释夫琅禾费单缝衍射现象。平行光垂直入射到单缝，故单缝缝面与入射光的波阵面平行，根据惠更斯-菲涅耳原理，单缝缝面上每一面元都是子波源，它们向外发出球面子波，沿各方向传播，形成衍射光线。

如图 9-28 所示，考察衍射角 $\varphi=0$ 的一束平行光，由于这组平行光从单缝出发时相位相同，且透镜又不产生附加光程差，因此它们经透镜后同相位地到达 P 点，在 P 点干涉加强，光强最强，形成单缝衍射的中央明条纹。

接下来考虑单缝处衍射角 $\varphi\neq 0$ 的衍射光在屏幕上 P 点的相干叠加情况。在图 9-29 中，AC 为过 A 点垂直于衍射光的平面，光从 AC 面上各点到 P 点的光程均相等。所以由波面 AB 上发出的各条衍射光线到 P 点的光程差，等于由 AB 面上各点到 AC 面上各相应点的光程差。从图中可看出，$BC=a\sin\varphi$ 是其中的最大光程差。菲涅耳针对这样的问题，提出半波带法。其具体做法如图 9-29 所示，在 BC 间做一些平行于 AC 平面的平面，使两相邻平面之间的距离等于光波的半波长 $\lambda/2$。若 BC 为 $\lambda/2$ 的整数倍，则这些平面将单缝 AB 分成许多宽度和面积均相等的狭带，称为波带。因为各个波带的面积相等，所以从各个波带发出的子波的强度相等。又由于相邻波带上任意两个对应点发出的光线的光程差都是 $\dfrac{\lambda}{2}$，因而两相邻波带的衍射光经透镜聚焦于 P 点都互相抵消。由此可知，当 $BC=2\lambda/2$，即单缝恰好分成偶数个波带时，由于相邻两波带发出的光在 P 点两两抵消，所以 P 点为暗条纹。当 $BC=(2k+1)\lambda/2$，即单缝恰好分成奇数个波带时，相邻两波带发出的光在 P 点两两抵消，最后还剩一个波带发出的光没有抵消，所以 P 点为明条纹。不过明条纹的亮度只是由一个波带中的光束形成的，显然比中央明条纹要暗许多，并且波带数越多即衍射角越大时，明条纹的亮度越小。如果 AB 间不能分成整数个波带，则屏幕上对应处的亮度将介于明条纹与暗条纹之间。因此，明条纹与暗条纹间还有一个亮度介于中间的过渡区域使得明条纹的边界不明显，所以一般都讨论明条纹或暗条纹的中心。

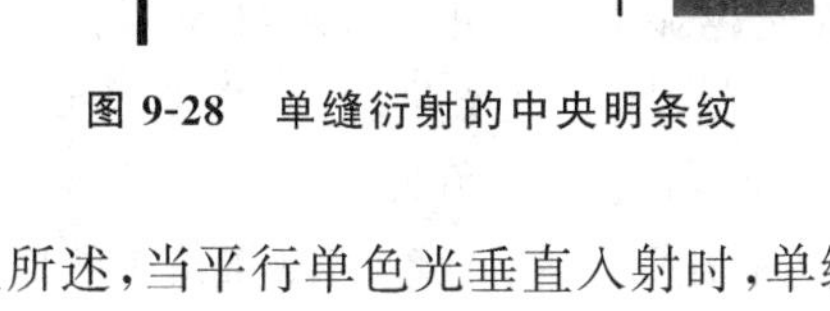

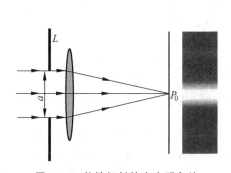

图 9-28　单缝衍射的中央明条纹

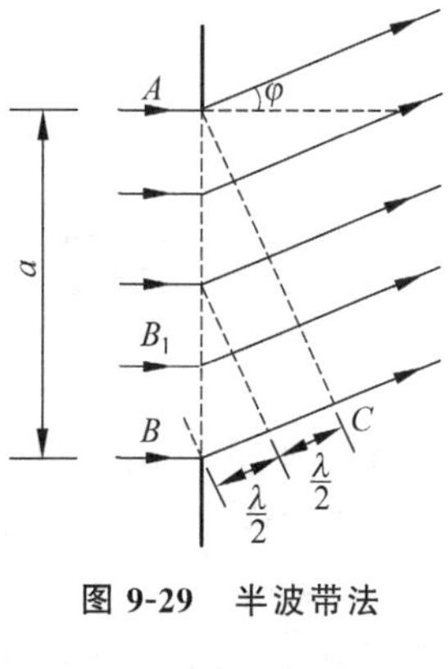

图 9-29　半波带法

综上所述，当平行单色光垂直入射时，单缝夫琅禾费衍射形成明、暗条纹的条件为

$$a\sin\varphi=\begin{cases}0 & \text{(中央明条纹)}\\ \pm 2k\dfrac{\lambda}{2}\quad(\text{或}\pm k\lambda), \quad k=1,2,3,\cdots, & \text{(暗条纹)}\\ \pm(2k+1)\dfrac{\lambda}{2} & \text{(明条纹)}\end{cases}\tag{9.25}$$

注 (1) 在式(9.25)中，$a\sin\varphi$ 不是两束相干光发生干涉时决定其明、暗条纹的光程差，而是由波面 AB 发出的无数条衍射光线间的最大光程差，即这些衍射光线中两条边缘光线间的光程差。这两者是不同的，不要混淆。

(2) k 为干涉条纹级次，$2k$ 和 $2k+1$ 是单缝被划分的半波带数目，正负号表示各级明暗条纹对称分布在中央明条纹两侧。

(3) 用菲涅耳半波带法求得暗条纹位置的公式是准确的，而明条纹位置的公式则是近似的。

(4) 对于其他衍射角 φ，BC 一般不是半波长的整数倍，相应地，单缝处的波面不能分成整数个半波带，此时，P 点处于半明半暗的区域。

(5) 夫琅禾费衍射还有一个重要特点，就是当透镜位置不变，只上、下平行移动单缝时，屏幕上各级衍射条纹的位置保持不变。

(6) 当衍射角较小时，条纹在屏上的位置 $x=f\tan\varphi\approx f\sin\varphi\approx f\varphi$，容易证明此时 k 级明条纹位于 k 级暗条纹和 $k+1$ 级暗条纹正中间，即

$$\begin{cases}\Delta x=\dfrac{2\lambda f}{a} & \text{(中央明条纹宽度)}\\ x_k=\pm k\dfrac{\lambda f}{a} & \text{(暗条纹中心位置)}\\ x_k=\pm(2k+1)\dfrac{\lambda f}{2a} & \text{(明条纹中心位置)}\end{cases}$$

(7) 单缝衍射光强分布如图 9-30 所示。由图可知，单缝衍射图样中各明条纹的光强是不相同的。中央明条纹光强最大，其他明条纹的光强随级次的升高迅速下降。

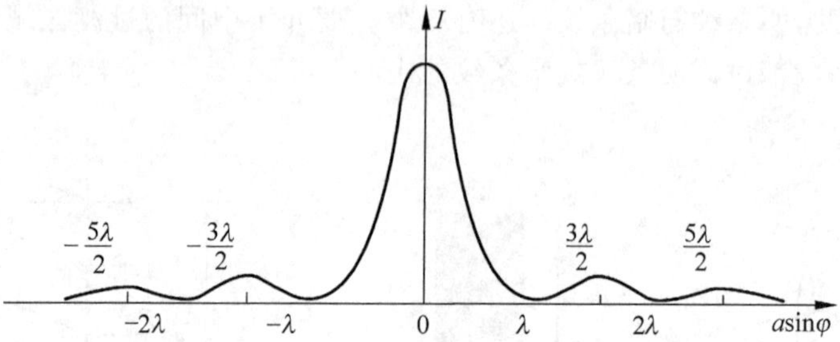

图 9-30 单缝衍射光强分布

综上，单缝夫琅禾费衍射图样的特点主要有：中央明条纹最亮，它的宽度是次级明条纹宽度的 2 倍；缝越窄，条纹分散得越开，衍射效应越显著，但相应明条纹亮度会变弱，反之，条纹向中央靠拢；衍射条纹宽度随波长减小而减小，若用白光照射，中央明条纹仍为白色，而在其他级明条纹中，同一级次条纹紫光衍射角小，红光衍射角大。

例 9.8 用波长为 $\lambda=500\text{nm}$ 的单色平行光垂直照射在单缝上，测得第 1 级暗条纹出现在衍射角 $\varphi=10'$ 的方位上，求缝宽。

解 根据 $a\sin\varphi=\pm k\lambda$，得

$$a=\frac{k\lambda}{\sin\varphi}=\frac{1\times500}{\sin10'}\text{nm}=\frac{500}{0.0029}\text{nm}=0.172\text{mm}$$

例 9.9 单缝夫琅禾费衍射中，缝宽为 a，缝后透镜焦距为 f，一波长为 λ 的平行光垂直

入射，求中央明条纹宽度及其他明条纹的宽度。

解　中央明条纹宽度为两个 1 级暗条纹中心间的距离，对第 1 级暗条纹中心有

$$a\sin\varphi_1=\lambda$$

由 $x=f\tan\varphi\approx f\sin\varphi$，得中央明条纹宽度为

$$\Delta x_0=2f\sin\varphi_1=2f\,\frac{\lambda}{a}$$

第 k 级明条纹的宽度为第 $k+1$ 级和第 k 级暗条纹中心间的距离，对第 $k+1$ 级和第 k 级暗条纹中心，有

$$a\sin\varphi_{k+1}=(k+1)\lambda$$

$$a\sin\varphi_k=k\lambda$$

所以第 k 级明条纹宽度为

$$\Delta x_k=f(\sin\varphi_{k+1}-\sin\varphi_k)=f\left(\frac{k+1}{a}\lambda-\frac{k}{a}\lambda\right)=f\,\frac{\lambda}{a}\tag{9.26}$$

即其他明条纹的宽度为中央明条纹宽度的一半。

9.7.4　光栅衍射

在光的衍射中，明条纹必须同时具备下面三个条件才能清晰可见，便于观察。这三个条件分别为：①明条纹要足够细；②相邻两明条纹的间距要足够大；③明条纹要足够亮。同时具备这三个条件的衍射明条纹，也有利于提高测量光波波长的精度。对于单缝衍射，由公式 $\Delta x=\lambda f/a$ 可知，若缝宽 a 变小则 Δx 变大。然而 Δx 既表示相邻两明条纹的间距又表示明条纹的宽度，所以明条纹间距虽变大，可是明条纹却变宽了，且由于缝变窄明条纹亮度也变小。若使 a 变大，明条纹变细变亮，但间距却变小了。由此可见，单缝衍射条纹不能同时满足这三个条件。下面介绍能同时满足这三个条件的衍射条纹——光栅衍射条纹。

1. 光栅

由大量等间距、等宽度的平行狭缝所组成的光学元件称为光栅，也称衍射光栅。它是现代科技中常用的重要光学元件。常用的光栅是在光学玻璃片上刻有大量的等宽、等间距的平行细刻痕而制成的。刻痕处不透光，两刻痕之间为透光的狭缝，如图 9-31 所示，其中图 9-31(a) 为透射光栅，图 9-31(b) 为反射光栅。光栅中透明狭缝宽度 a 和不透明部分宽度 b 之和即 $d=a+b$ 称为光栅常数，它是表明光栅特性的重要参数，在分析光栅衍射时有重要作用。光栅的规格既可用光栅常数表示也可用光栅常数的倒数(即每米刻有多少条刻痕)表示。例如规格为 $10^5/\mathrm{m}$ 的光栅，其光栅常数 $d=\frac{1}{10^5}\mathrm{m}=10^{-5}\mathrm{m}$，一般的光栅其光栅常数为 $10^{-6}\sim10^{-5}\mathrm{m}$ 的数量级。

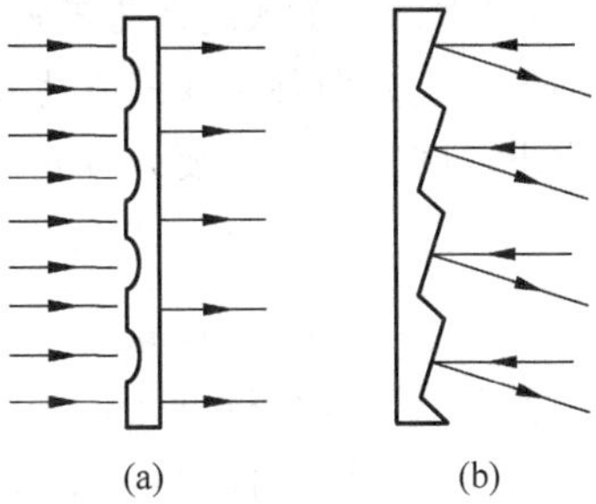

图 9-31　光栅衍射

(a) 透射光栅；(b) 反射光栅

光栅衍射条纹是由光通过光栅时发生单缝衍射和多缝干涉的综合效应而形成的。为了分析问题时方便起见，先分析多缝干涉然后再分析单缝衍射和多缝干涉的综合效应。

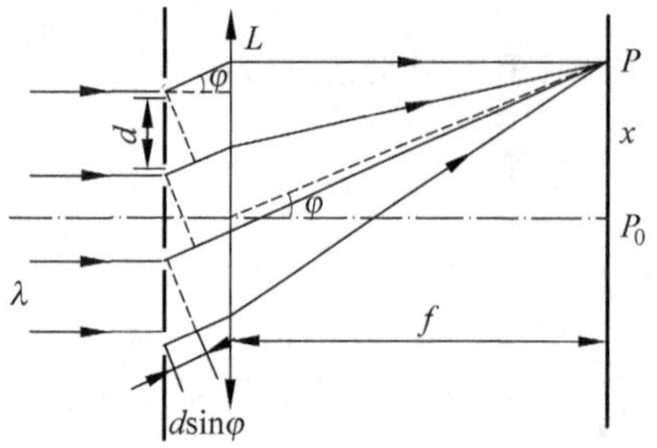

图 9-32 多缝干涉示意图

(1) 多缝干涉

光栅实质上是一个多缝装置，若不考虑光通过光栅各狭缝的衍射作用，则透过光栅各狭缝的光，经透镜会聚后发生多光束干涉，如图 9-32 所示。

在屏幕中央 P_0 处，由于各光束间的光程差均为零，故为明条纹，称为中央明条纹。那么，在屏幕上任意 P 点处的条纹如何？由于光栅是由大量等宽、等间距的平行狭缝所组成的光学器件，所以通过光栅的光是相邻两光束光程差 $\delta=(a+b)\sin\varphi$ 相等的 N 个相干光束。根据谐振动的旋转矢量合成法则可知，N 个频率相同、振动方向一致、相邻相位差为 $\Delta\varphi=2k\pi$ 的谐振动的合振幅 $A=\sum_{i=1}^{N}A_i$，即此时振动加强，其中相位差 $\Delta\varphi=2k\pi$ 等价于光程差 $\delta=2k\dfrac{\lambda}{2}$，由此可知，光栅的多光束相干光在 P 处形成明条纹的条件为

$$\delta=d\sin\varphi=\pm k\lambda,\quad k=0,1,2,\cdots \tag{9.27}$$

式(9.27)为干涉加强的必要条件(出现明条纹的必要条件)，称为光栅方程。细而亮的明条纹称为主极大。由于光的强度与光矢量振幅的平方成正比，而多缝干涉中干涉加强处合振幅 $A=NA_1$，所以光强与光栅的总狭缝数 N 的平方成正比。可见，多缝干涉的结果是使明条纹的亮度显著增加，且光栅缝数越多，明条纹越亮。

(2) 光栅衍射

在(1)中认为通过光栅的各个狭缝的光都不发生衍射，只按照多光束干涉进行讨论的。可是光栅中的各个缝是非常狭窄的，通过光栅中每个缝的光都要发生衍射，因此(1)中对通过光栅的光束形成明条纹的条件的讨论是不全面的。根据单缝夫琅禾费衍射条纹的特点可知，通过光栅各个狭缝产生的同一级衍射条纹互相重叠，因而光栅衍射的明、暗条纹实际上是在光通过光栅各个狭缝发生单缝衍射的基础上又发生多光束干涉而形成的。所以光栅衍射中出现明条纹的充要条件是：

$$\begin{cases}(a+b)\sin\varphi=\pm k\lambda, & k=0,1,2,\cdots\ \text{(必要条件)}\\ a\sin\varphi\neq\pm k'\lambda, & k=1,2,3,\cdots\ \text{(充分条件)}\end{cases} \tag{9.28}$$

根据上面的分析可知，虽然按照光栅公式 $(a+b)\sin\varphi=\pm k\lambda$ 可求出应出现明条纹的地方，可是由于其同时满足了单缝衍射出现暗条纹的条件 $a\sin\varphi=\pm k'\lambda$，所以实际上在该处不出现明条纹，而是出现暗条纹，这种现象称为“缺级”现象。显然 k 级出现“缺级”的条件为

$$k=\frac{(a+b)}{a}k',\quad k'=1,2,3,\cdots \tag{9.29}$$

图 9-28(a)为单缝衍射光强图，图 9-33(b)为经单缝衍射调制的多缝干涉的光强分布图(该图的光强应为图 9-33(a)中光强的 16 倍)，两个明条纹之间有 3 个暗条纹和 2 个次极大，第 4 级、第 8 级明条纹缺级。

注 (1) 如果平行光以入射角 θ 斜入射到透射光栅上，则光栅公式应修改为

$$d(\sin\theta\pm\sin\varphi)=\pm k\lambda,\quad k=0,1,2,\cdots \tag{9.30}$$

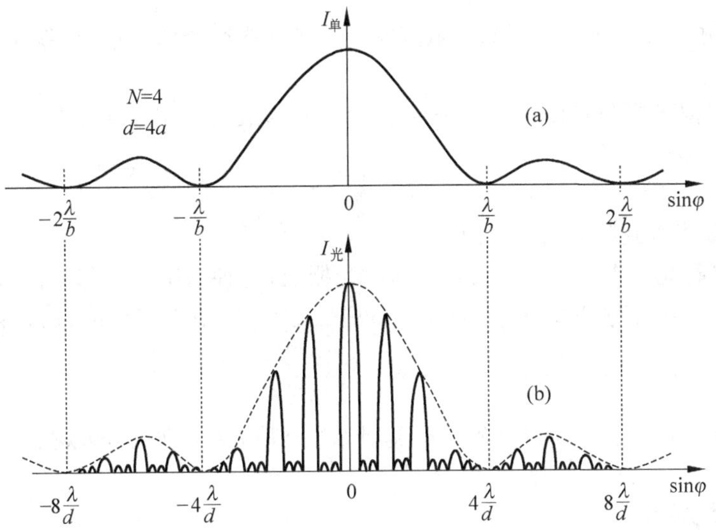

图 9-33 光栅缺极

(2) 由光栅方程可知,对给定光栅常数的光栅衍射中的 k 级明条纹来说,衍射角与光波波长有关。因此用白光照射光栅时,除中央明条纹仍为白光外,其他各级明条纹将按单色光的波长长短依次排开,形成彩色的光栅衍射光谱。光栅衍射光谱可有多级光谱,且高级次光谱可与前一级光谱发生部分重叠。

除零级以外,光栅可将光源中不同色光分开的的现象称为光栅的色散现象。利用光栅的色散本领,可进行光谱分析;利用光栅衍射还可精确地测定光栅光谱中各单色光的波长,从而可以根据某种材料的谱线结构定性地分析出其所含的元素,还可根据谱线的强度定量地分析元素的含量。所以光栅衍射在工程技术中已广泛应用于材料成分的分析、鉴定及标准化测量等方面。

例 9.10 用波长为 $\lambda_1=500\text{nm}$ 和 $\lambda_2=520\text{nm}$ 的两种单色光正入射在光栅常数为 $(a+b)=20.0\mu\text{m}$ 的光栅上,用焦距为 $f=1.5\text{m}$ 的透镜将衍射光会聚于屏幕上。求这两种单色光的第二级谱线之间的距离。

解 根据光栅方程得

$$\sin\varphi=\frac{k\lambda}{d}$$

因为 φ 很小,故 $\sin\varphi\approx\tan\varphi=\frac{x}{f}$,从而得到

$$x_k=f\sin\varphi_k=\frac{kf\lambda}{d}$$

所以

$$x_2-x'_2=\frac{2f}{d}(\lambda_2-\lambda_1)=\frac{2\times1.5}{20.0\times10^{-6}}(520.0\times10^{-9}-500.0\times10^{-9})\text{m}$$

$$=3.0\times10^{-3}\text{m}$$

由此题结果 $x_k-x'_k=\frac{kf}{d}(\lambda_2-\lambda_1)$ 可知,光谱的级次越高,其宽度越宽。

例 9.11 用光栅常数为 $2\times10^{-6}\text{m}$ 的衍射光栅在下面情况下观察 He-Ne 激光 $\lambda=$

632.8nm 的衍射条纹。问以下情况各最多能看到第几级明条纹？(1)光线正入射；(2)光线的入射角为 30°。

解 (1) 根据光栅公式$(a+b)\sin\varphi=\pm k\lambda$ 和 k 为最大时 $\sin\varphi=1$ 得

$$k=\frac{(a+b)}{\lambda}=\frac{2\times10^{-6}}{632.8\times10^{-9}}=3.16\approx3$$

这种情况下最多能看到第 3 级明条纹。

(2) 如果平行光以入射角 θ 斜入射到透射光栅上，这种情况下相邻两衍射光的光程差为 $\delta=d(\sin\theta\pm\sin\varphi)$，则光栅公式应为$(a+b)(\sin\theta+\sin\varphi)=k\lambda$，$k$ 为最大时，仍有 $\sin\varphi=1$ 得

$$k=\frac{(a+b)(\sin\theta+1)}{\lambda}=\frac{2\times10^{-6}\times(0.5+1)}{632.8\times10^{-9}}=4.74$$

因为在这里小数无实际意义，所以只舍不入，这种情况下取 $k=4$，即最多可观察到第 4 级明条纹。

9.8 光的偏振

光的干涉和衍射现象揭示了光的波动性，但还不能由此确定光是横波还是纵波，光的偏振现象证实了光的横波性。这些都是对光是电磁波的有力证明。

从光源的发光特点得知，光波是由大量的波列组成的。仅对一列光波而言，光矢量 $\boldsymbol{E}$ 具有确定的振动方向，即具有偏振性。但是，由于光源内的不同原子或同一原子在不同时刻发出的光波列是彼此独立的，使得一束光中大量波列的振动方向是随机的。一束光中 $\boldsymbol{E}$ 的振动方向的分布情况不同，称光处于不同的偏振态，光的偏振态大致分为三类，即自然光、部分偏振光和线偏振光。

9.8.1 自然光与偏振光

我们知道，在光波中每一点都有一振动的电场强度矢量 $\boldsymbol{E}$ 和磁场强度矢量 $\boldsymbol{H}$，$\boldsymbol{E}$、$\boldsymbol{H}$ 及光波传播方向之间是互相垂直的，通常把电场强度矢量 $\boldsymbol{E}$ 称为光矢量。

在除激光外的普通光源中，光是由构成光源的大量分子或原子发出的光波的合成。由于发光的原子或分子很多，不可能把一个原子或分子所发射的光波分离出来，因为每个分子或原子发射的光波是独立的，所以，从振动方向上看，所有光矢量不可能保持一定的方向，而是以极快的不规则的次序取所有可能的方向，每个分子或原子发光是间歇的，不是连续的。平均地讲，在一切可能的方向上，都有光振动，并且没有一个方向比另外一个方向占优势，即在一切可能方向上光矢量振动都相等。因此，普通光源发出的光中含有各种方向的振动，统计平均的结果是任何方向上的光矢量 $\boldsymbol{E}$ 都不占优势，在所有可能方向上的光矢量的振幅都相等，这种光称为自然光，又称为非偏振光，如图 9-34(a)所示如太阳光、白炽灯光等都是自然光。

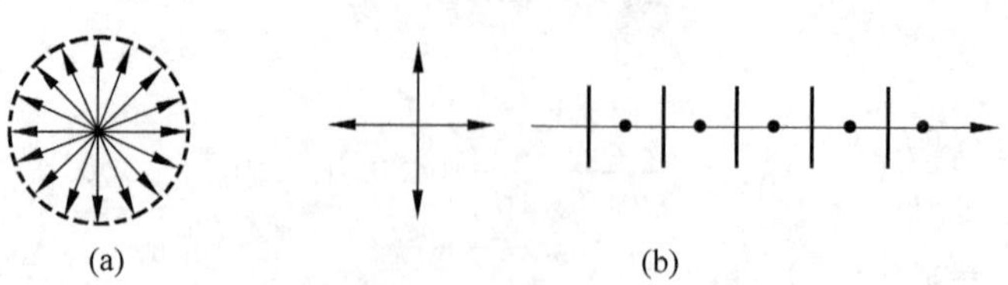

图 9-34 自然光及其图示法

自然光可用任意两个无固定相位关系的相互垂直而等幅的振动来表示，如图 9-34(b)

表示，图中短线和点分别表示平行和垂直于纸面方向的振动，沿传播方向，自然光的短线和点均等分布，表示两者对应的振动相等和能量相等。

综上可知，自然光可表示成两个互相垂直的独立的光振动。实验指出，自然光经过某些物质反射、折射或吸收后，只会保留沿某一方向的光振动。通常我们把偏振光的振动方向与传播方向组成的平面称为振动面。

光波包含一切可能方向的振动，但不同方向上的振幅不等，在两个互相垂直的方向上振幅具有最大值和最小值，这种光称为部分偏振光。如图 9-35 所示，自然光和部分偏振光实际上是由许多振动方向不同的线偏振光组成。

在光的传播过程中，只包含一种振动，其振动方向始终保持在光的偏振同一平面内，这种光称为线偏振光(或平面偏振光)。旋转电矢量端点描出圆轨迹的光称圆偏振光，它是椭圆偏振光的特殊情况。这三种偏振光的振动分布如图 9-36 所示。

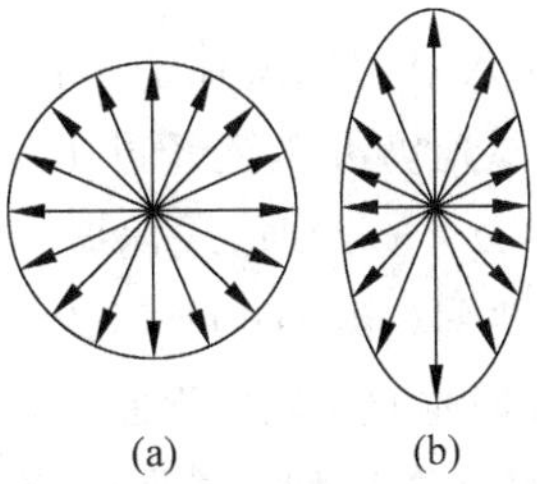

图 9-35　偏振光的振动分布

(a) 自然光；(b) 部分偏振光

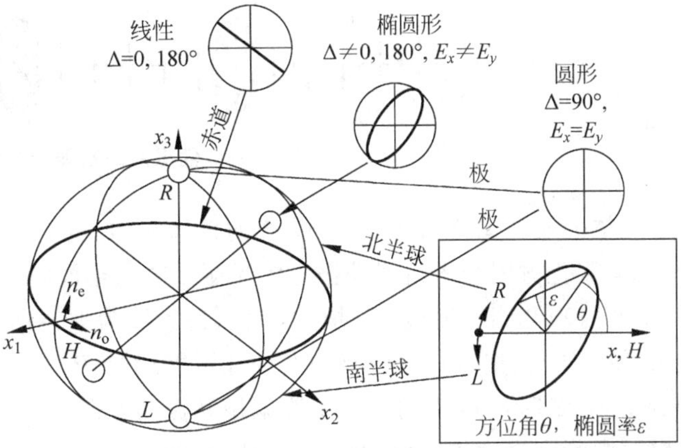

图 9-36　线偏振光、圆偏振光和椭圆偏振光的振动方向分布

在光的传播过程中，空间每个点的电矢量均以光线为轴作旋转运动，且电矢量端点描出一个椭圆轨迹，这种光称为椭圆偏振光。迎着光线方向看，凡是电矢量顺时针旋转的椭圆偏振光称为右旋椭圆偏振光，凡是逆时针旋转的椭圆偏振光称为左旋椭圆偏振光。椭圆偏振光中的旋转电矢量是由两个频率相同、振动方向互相垂直、有固定相位差的电矢量振动合成的结果。

9.8.2　起偏和检偏　马吕斯定律

光是横波，在自然光中，由于一切可能的方向都有光振动，因此具有以传播方向为轴的对称性。为了考虑光振动的本性，我们设法从自然光中分离出沿某一特定方向的光振动，也就是把自然光改变为线偏振光。

1. 偏振片

某些晶体物质对不同方向的光振动有选择吸收的性能，即只允许沿某一特定方向的光振动通过，而与该方向垂直的所有振动或振动分量都不能通过，透过该晶体物质的光便成为线偏振光。利用这种性质制成的光学元件，称为偏振片。允许光振动通过的那个特定方向称为偏振片的偏振化方向或透光轴方向，常用符号“↕”表示。

2. 起偏和检偏

通常把能够使自然光成为线偏振光的装置称为起偏(振)器。如图 9-37 中的偏振片 P_1 就属于起偏(振)器。它将自然光变成了线偏振光。由于自然光中两个相互垂直方向上的振动振幅相等,因此自然光通过 P_1 后强度变为原来的一半,即 $I_1=I_0/2$。用来检验一束光是否为线偏振光的装置通常称为检偏(振)器。偏振片也可以作为检偏(振)器使用。图 9-37 中的 P_2 为检偏器。当以光的传播方向为轴旋转 P_2 时,则透射光将随偏振片的旋转作明暗变化,即当偏振化方向与入射线偏振光的光振动方向平行时,透射光强最强;当偏振化方向与入射线偏振光的光振动方向垂直时,透射光强为零,称为消光,只有当线偏振光入射到偏振片上时,才会发生消光现象,因而这也就成为检验线偏振光的依据。

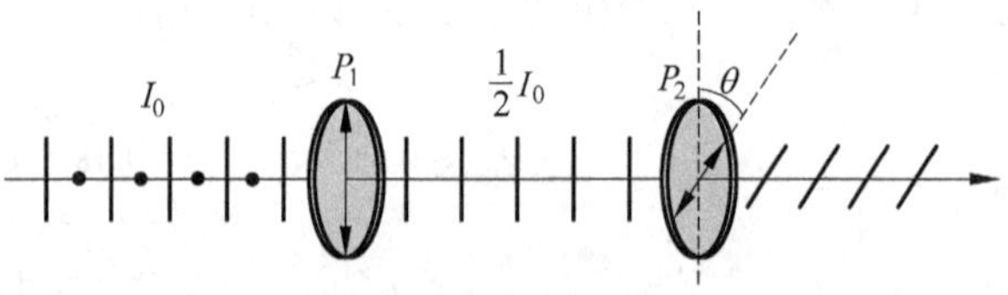

图 9-37 偏振片的起偏和检偏

具体分析如图 9-38 所示,k 为光的传播方向。让一束线偏振光入射到偏振片 P_2 上,当 P_2 的偏振化方向与入射线偏振光的光振动方向相同时,则该线偏振光仍可继续经过 P_2 而射出,此时观测到亮度最明;把 P_2 沿入射光线为轴转动角度 $\alpha(0<\alpha<\pi/2)$时,线偏振光的光矢量在 P_2 的偏振化方向有一部分分量能通过 P_2,可观测到亮度明(非最明);当 P_2 转动到 $\alpha=\pi/2$ 时,则入射于 P_2 上线偏振光振动方向与 P_2 偏振化方向垂直,故无光通过 P_2,此时可观测到亮度最暗(消光)。在 P_2 转动一周的过程中,可发现亮度呈现:最明→最暗(消光)→最明→最暗(消光)。

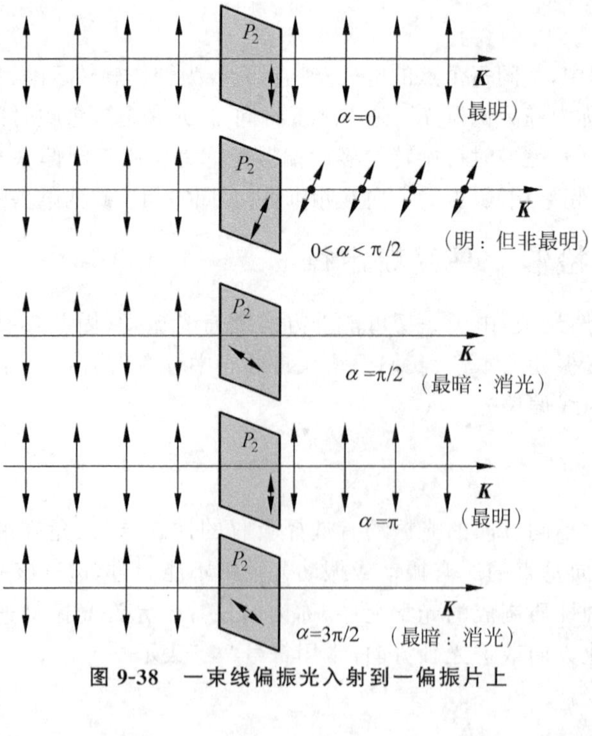

图 9-38 一束线偏振光入射到一偏振片上

因此，得到一种检验和区分线偏振光、自然光和部分偏振光的方法：当线偏振光入射到偏振片上后，在偏振片旋转一周(以入射光线为轴)的过程中，发现透射光出现两次最明和两次消光的现象；但是，当自然光入射到偏振片上，则在以入射光线为轴将偏振片转动一周的过程中，透射光光强不变；若入射的为部分偏振光，则在以入射光线为轴转动一周的过程中，透射光出现两次最明和两次最暗(但不消光)的现象。

3. 马吕斯定律

如图 9-39 所示，当线偏振光入射到检偏振器时，透过检偏器(P_2)的线偏振光强(I)与透过检偏器前线偏振光强(I_0)的关系如何？这就是马吕斯定律要研究的内容。

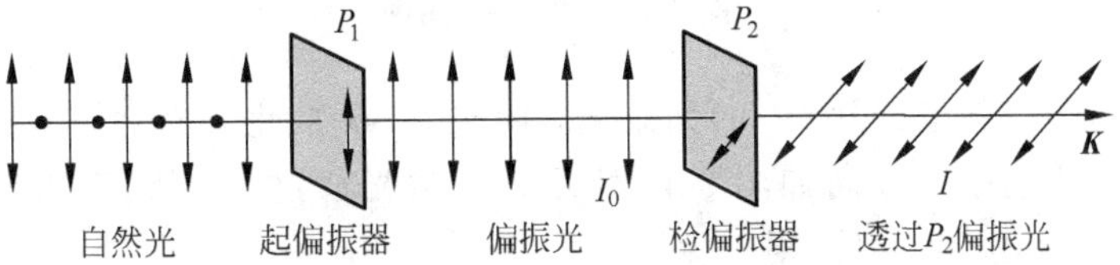

图 9-39　马吕斯定律光路

马吕斯定律是 1808 年由法国科学家马吕斯(E. L. Malus)根据大量实验结果而发现的，该定律的内容是：强度为 I_0 的线偏振光入射到偏振片上，如果线偏振光的光振动方向与偏振片的偏振化方向的夹角为 α，则透过偏振片的线偏振光的强度为

$$I = I_0 \cos^2\alpha \tag{9.31}$$

马吕斯定律表明，透过一偏振片的光强等于入射线偏振光光强与入射偏振光的光振动方向和偏振片偏振化方向夹角余弦平方的积。

这个定律可证明如下。在图 9-39 中，自然光经偏振片 P_1 后变成线偏振光，光强为 I_0，光矢量振幅为 E_0。如图 9-40 所示，设 E_0 为入射线偏振光的光矢量，P 为偏振片的偏振化方向，两者夹角为 α。光振动 E_0 分解成与 P 平行及垂直的两个分矢量，以标量形式分别表示为

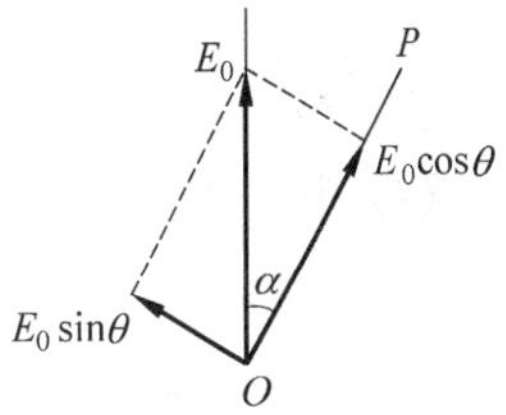

图 9-40　马吕斯定律推导图

$$\begin{cases} E_{/\!/} = E_0 \cos\alpha \\ E_{\perp} = E_0 \sin\alpha \end{cases}$$

根据偏振片的特性，透过偏振片的光振幅为 $E_0\cos\theta$。设入射到 P 上的线偏振光光强为 I_0，透射光光强为 I，由于光强正比于光振动振幅的平方，因而有

$$I = E_0^2 \cos^2\alpha = I_0 \cos^2\alpha \tag{9.32}$$

当 $\alpha=0$ 或 π 时，$I=I_0$，透射光强最大；当 $\alpha=\dfrac{\pi}{2}$或$\dfrac{3\pi}{2}$时，$I=0$，透射光强为零；当 α 为其他值时，透过光强在最大和零之间。

偏振片的应用很广，可用于照相机的偏光镜，也可用于太阳镜，可制成观看立体电影的偏光眼镜，也可作为许多光学仪器中的起偏和检偏装置。

例 9.12　如图 9-41 所示，三个偏振片平行放置，其中，P_1、P_3 偏振化方向互相垂直，自然光垂直入射到偏振片 P_1、P_2、P_3 上。问：

(1) 当透过 P_3 的光强为入射自然光光强$\frac{1}{8}$时，P_2 与 P_1 偏振化方向夹角为多少？

(2) 透过 P_3 的光强为零时，P_2 该如何放置？

(3) 能否找到 P_2 的合适方位，使最后透过光强为入射自然光光强的 1/2？

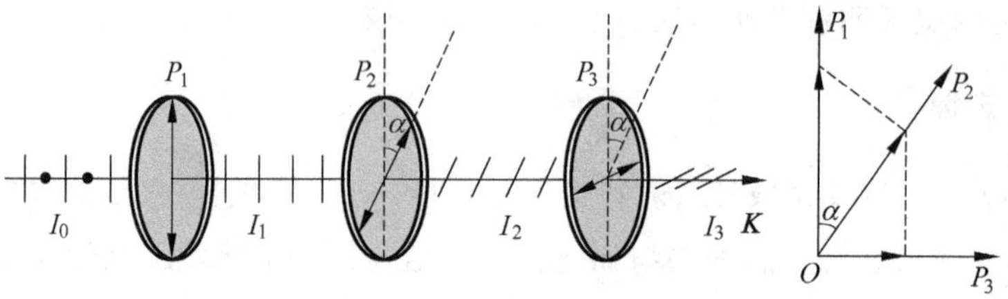

图 9-41　例 9.12 用图

解　(1) 设某时刻，偏振片 P_2 的偏振化方向与 P_1 偏振化方向之间的夹角为 α，此时偏振片 P_1、P_2、P_3 的偏振化方向如图 9-41 所示。自然光通过 P_1 后，变为振动方向平行于 P_1 的线偏振光，设其强度为 I_1，则

$$I_1=\frac{1}{2}I_0$$

根据马吕斯定律，光通过 P_2 后，其强度为

$$I_2=I_1\cos^2\alpha=\frac{1}{2}I_0\cos^2\alpha$$

光通过 P_3 后，其强度为

$$I_3=I_2\cos^2\left(\frac{\pi}{2}-\alpha\right)=\frac{1}{2}I_0\cos^2\alpha\sin^2\alpha=\frac{1}{8}I_0\sin^2 2\alpha$$

当 $I_3=\frac{1}{8}I_0$ 时，$\sin^2 2\alpha=1$，因此可得 $\alpha=45°$。

(2) 由于 $I_3=\frac{1}{8}I_0\sin^2 2\alpha$，因此当 $I_3=0$ 时，

$$\sin^2 2\alpha=0$$

所以可得 $\alpha=0°$或 $90°$。

(3) 由于 $I_3=\frac{1}{8}I_0\ \sin^2 2\alpha$，因此当 $I_3=\frac{1}{2}I_0$ 时，

$$\sin^2 2\alpha=4$$

由于 $\sin^2 2\alpha=4$ 在 α 取任何值时均不成立，所以找不到 P_2 的合适方位，使 $I_3=\frac{1}{2}I_0$。

实际上，在(1)中，当$\sin^2 2\alpha=1$ 即 $\alpha=45°$时通过 P_3 的光强是最大光强，此时 $I_{3\max}=\frac{1}{8}I_0$。

9.8.3　反射和折射时光的偏振　布儒斯特定律

前文提到，自然光可分解为两个振幅相等的垂直分振动，在此，设两分振动分别平行入射面及垂直入射面，前者称为平行振动，后者称为垂直振动。实验表明，一般情况下，当自然光从折射率为 n_1 的介质以入射角 i 入射到折射率为 n_2 的介质表面上时，反射光和折射光

都是部分偏振光，如图 9-42(a)所示。在入射光中，短线与点均等分布。反射光中垂直入射面的光振动多于平行入射面的光振动，而折射光中平行入射面的光振动多于垂直入射面的光振动，或者说，垂直于入射面的光振动比平行于入射面的光振动更容易发生反射。

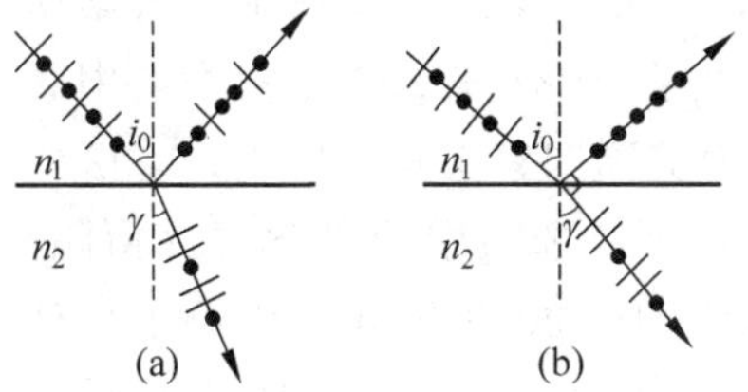

图 9-42　反射光和折射光的偏振

(a) 反射光和折射光都是部分偏振光；(b) 反射光为线偏振光

1812 年，布儒斯特(D. Brewster)发现，反射光和折射光的偏振程度将随入射角的改变而改变，当入射角 i 等于某一特定值 i_0，且满足

$$\tan i_0 = \frac{n_2}{n_1} \tag{9.33}$$

时，反射光变成线偏振光，如图 9-42(b)所示，光振动全部为垂直于入射面的振动，这表明平行于入射面的振动完全不能反射回第一种介质中。式(9.33)称为布儒斯特定律，i_0 称为布儒斯特角或起偏振角。

当光以布儒斯特角入射时，根据折射定律，入射角 i_0 满足 $n_1\sin i_0 = n_2\sin\gamma$，与式(9.33)联立可得

$$i_0 + \gamma = \frac{\pi}{2} \tag{9.34}$$

即当光以布儒斯特角入射时，反射光与折射光垂直。显然这一结论与布儒斯特公式是一致的，可以作为布儒斯特定律的另一种表述。此时，反射光为垂直入射面振动的线偏振光，而折射光仍为部分偏振光，折射光中平行入射面的光振动占优势，此时偏振化程度最高。外腔式气体激光器在两端有布儒斯特窗，其输出的激光就是线偏振光。

例 9.13　某一物质对空气的临界角为 45°，光从该物质向空气入射。求布儒斯特角 i_0 的值？

解　设 n_1 为该物质折射率，n_2 为空气折射率，根据反射定律有

$$\frac{\sin 45^\circ}{\sin 90^\circ} = \frac{n_2}{n_1}$$

满足全反射的条件是 $\tan i_0 = \frac{n_2}{n_1}$，所以

$$\tan i_0 = \frac{\sin 45^\circ}{\sin 90^\circ} = \frac{\sqrt{2}}{2}$$

即 $i_0 = 35.3^\circ$。

附加读物　高锟与光纤通信

高锟(Charles Kuen Kao，1933.11.4—2018.9.23)，生于江苏省金山县(今上海市金山

区)，华裔物理学家、教育家，光纤通信、电机工程专家，被誉为“光纤之父”和“光纤通信之父”。

高锟 1949 年移居香港，1954 年赴英国攻读电机工程，伍尔维奇理工学院(现格林尼治大学)毕业，1965 年获伦敦大学博士学位；1970 年加入香港中文大学，1987—1996 年任香港中文大学第三任校长；1990 年获选为美国国家工程院院士；1992 年获选为“中央研究院”院士；1996 年获选为中国科学院外籍院士；1997 年获选为英国皇家学会院士；2009 年获得诺贝尔物理学奖；2010 年获颁大紫荆勋章；2015 年获选为香港科学院荣誉院士。

高锟长期从事光导纤维(即光纤)在通信领域运用的研究，从 1957 年开始这个领域的研究工作。1964 年，他提出在电话网络中以光代替电流，以玻璃纤维代替导线。1965 年，高锟与霍克汉姆共同研究得出结论，玻璃光衰减的基本限制在 20dB/km 以下(dB/km，是一种测量距离上信号衰减的方法)，这是光通信的关键阈值。然而，在此测定时，光纤通常表现出高达 1000dB/km 甚至更多的光损耗。这一结论开启了寻找低损耗材料和合适纤维以达到这一标准的里程。

1966 年，高锟发表了一篇题为《光频率介质纤维表面波导》的论文，开创性地提出光导纤维在通信上应用的基本原理(见图 9-43)，描述了长程及高信息量光通信所需绝缘性纤维的结构和材料特性。简单地说，只要解决好玻璃纯度和成分等问题，就能够利用玻璃制作光学纤维，从而高效传输信息。这一设想提出之后，有人称之为匪夷所思，也有人对此大加褒扬。但在争论中，高锟的设想逐步变成现实：利用石英玻璃制成的光纤应用越来越广泛，全世界掀起了一场光纤通信的革命。

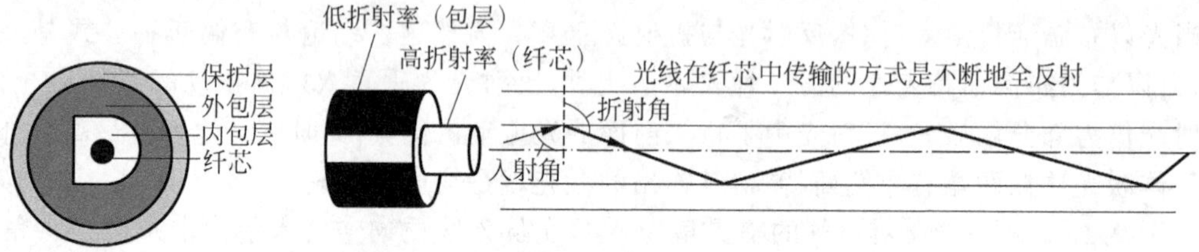

图 9-43　单模光纤传播原理图

高锟在光通信工程和商业实现的早期发挥了主导作用。1969 年，高锟测量了 4dB/km 的熔融二氧化硅的固有损耗，这是超透明玻璃在传输信号有效性的第一个证据。在他的努力推动下，1971 年，世界上第一条 1km 长的光纤问世，第一个光纤通信系统也在 1981 年启用。

在 20 世纪 70 年代中期，高锟对玻璃纤维疲劳强度进行了开创性的研究。在被任命为国际电话电报公司首位执行科学家时，高锟启动了“Terabit 技术”(兆兆位技术)计划，以解决信号处理的高频限制，因此高锟也被称为“Terabit 技术理念之父”。

高锟还开发了实现光纤通信所需的辅助性子系统(见图 9-44)。他在单模纤维的构造、纤维的强度和耐久性、纤维连接器和耦合器以及扩散均衡特性等多个领域都做了大量的研究，而这些研究成果都是使信号在无放大的条件下，以每秒亿兆位元传送至距离以万米为单位的成功关键。

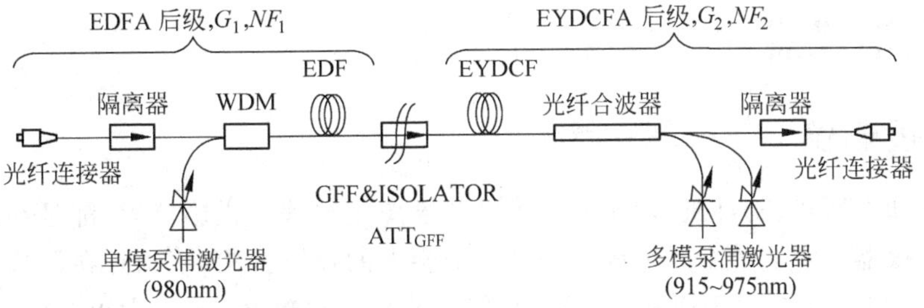

图 9-44　光纤传输的波分复用与合波过程

随着光纤通信的发展,光纤网络的应用越来越广泛,面对不同的技术应用需求,科学家研制出各种性能的光纤。不同的光纤发挥不同的作用。目前,主要的光纤有:

1) 传输光纤。光纤技术在传输系统中的应用首先是通过各种不同的光网络来实现的。到目前为止,各种光纤传输网络的扩展结构基本上可以分为三类:星形、总线形和环形。从网络的分层模型来看,网络可以从上到下分为几层,每层可以分为几个子网络。也就是说,由各交换中心及其传输系统组成的网络和网络也可以继续分为几个较小的子网络,使整个数字网络能够有效地通信服务全数字综合业务数字网络(ISDN)是通信网络的总体目标。随着 ADSL 和 CATV 的普及,城市接入系统容量的增加,干线骨干网络的扩展需要不同类型的光纤来承担传输的责任。

2) 色散补偿光纤(DCF)。光纤色散可以扩大脉冲,导致误码。这是通信网络中必须避免的问题,也是长途传输系统中需要解决的问题。一般来说,光纤色散包括材料色散和波导结构色散。材料色散取决于制造光纤的二氧化硅母料和掺杂剂的分散性,波导色散通常是一种模式的有效折射率随波长而变化的趋势。色散补偿光纤是传输系统中解决色散管理问题的技术。

3) 放大光纤。放大光纤可与石英光纤芯层中的稀土元素混合制成,如掺有放大光纤(EDF)、放大光纤(TOF)等。放大光纤与传统石英光纤具有良好的集成性能,但也具有输出高、宽带宽、噪声低等优点。由放大光纤制成的光纤放大器(如 EDFA)是当今传输系统中应用最广泛的关键设备。EDF 的放大带宽已从 C 波段(1530～1560nm)扩展到 L 波段(1570～1610nm),放大带宽为 80nm。最新的研究结果表明,EDF 也可以在 S 波段(1460～1530nm)中放大,并在 S 波段上制造了感应喇叭光纤放大器。

4) 超连续波(SC)光纤。超连续波是强光脉冲在透明介质中传输时光谱超宽带的现象。作为新一代多载波光源,自 1970 年 Alfano 和 shapiro 在大容量玻璃中观察到超宽带光以来,超宽带光已在光纤、半导体材料、水等物质中观察到。

5) 光纤设备。随着大量光通信网络的建设和扩展,有源和无源设备的数量不断增加。其中,光纤设备应用最广泛,主要包括光纤放大器、光纤耦合器、光分波合波器、光纤光栅(FG)、AWG 等。这些光纤设备必须具有低损耗、高可靠性、低损耗耦合和连接。

6) 保偏光纤。保偏光纤最早用于相干光传输。此后,被用于光纤陀螺等光纤传感器技术领域。近年来,由于 DWDM 传输系统中波分复用量的增加和快速发展,保偏光纤得到了更广泛的应用。目前,熊猫光纤(PANDA)应用最广泛。

*9.9 光学仪器

9.9.1 投影仪

投影仪如电影机、幻灯机、印相放大机以及绘图用的编绘投影仪等，都是利用光线投射放大原理的仪器。它们的主要组成部分是一个会聚的投影镜头，使画片在屏幕上成放大的实像，如图 9-45 所示。由于通常镜头到像平面(幕)的距离比焦距 f 大得多，所以画片总在物方焦面附近，物距 $s\approx f$，因而放大率 $V=-s'/s=s'/f$，它与像距 s' 成正比。

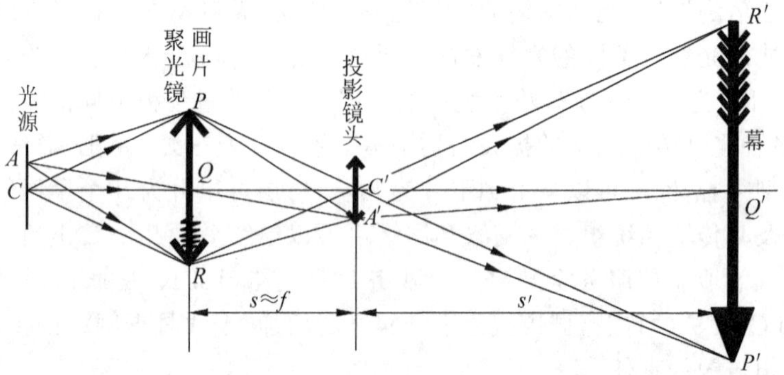

图 9-45 投影仪光路原理图

为了使经画片后的光线进入投影镜头，投影仪器中需要附有聚光系统。总的来说，聚光系统的安排应有利于屏幕上得到尽可能强的均匀照明。通常聚光系统有两种类型：一种类型适用于画片面积较小的情况，这时聚光镜将光源的像成在画片上或它的附近；另一种类型适用于画片面积较大的情况，这时聚光镜将光源的像成在投影镜头上。

9.9.2 照相机

摄影仪器的成像系统刚好与投影仪器相反，拍摄对象的距离 s 一般比焦距 f 大得多，因此像平面(感光底片)总在像方焦面附近，像距 $s'\approx f'$，如图 9-46 所示。在小范围内调节镜头与底片间的距离，可使不同距离以外的物体成清晰的实像于底片上。

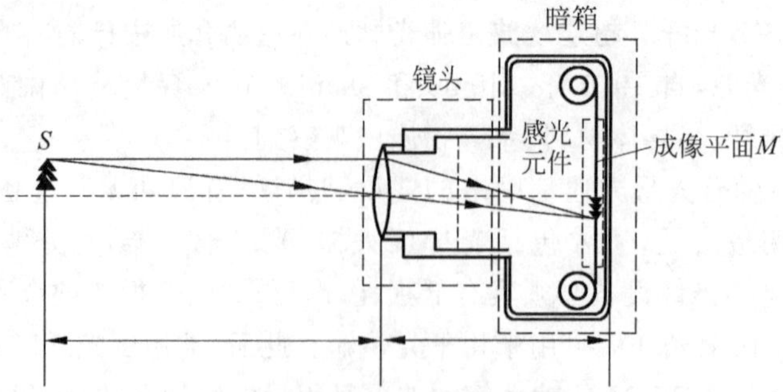

图 9-46 照相机成像示意图

照相机镜头上都附有一个大小可改变的光阑。光阑的作用有两个：一是影响底片上的照度,从而影响曝光时间的选择;二是影响景深。如图 9-46 所示,照相机镜头只能使某一个平面上的物点成像在底片上,在此平面前后的点成像在底片前后,来自它们的光束在底片上的截面形成一圆斑。如果这些圆斑的线度小于底片能够分辨的最小距离,还可认为它们在底片上的像是清晰的。对于给定的光阑,只有平面 M 前后一定范围内的物点,在底片上形成的圆斑才会小于这个限度。物点的这个可允许的前后范围,称为景深。当光阑直径缩小时,光束变窄,离平面 M 一定距离的物点在底片上形成的圆斑变小,从而景深加大。除光阑直径外,影响景深的因素还有焦距和物距。当物距改变 δx 时(x、x'分别为物距和像距),像距改变 $\delta x'$,$\delta x'/\delta x$ 的数值越小,越有利于加大景深。对给定的焦距 f 来说,物距越小,则景深越小。因此在拍摄不太近的物体时,很远的背景可以很清晰,而在拍摄近物时,稍远的物体就变得模糊了。

9.9.3　眼睛

图 9-47 表示眼睛的构造。眼球的前部组成一个复杂的光学系统,它将光束聚焦在视网膜(retina)上。为了保证图像有很高的质量,这个系统能够通过快速的调整来控制观察方向、焦距和进入眼睛的光的强度。视网膜由几百万个感光细胞组成,受到光照后这些细胞会发出电信号。然后,这些信号通过光神经(optic nerve)传递到大脑。在这一过程中,眼睛的作用就像一台发送电视图像的摄像机,而不是使用照相底片的照相机。晶状体的形状是由眼睫肌控制的。当眼睫肌收缩时,晶状体更加凸起,使之具有更强的聚焦能力。值得注意的是,眼睛具有很多种眼睫肌,分别用来控制晶状体,调节虹膜,以及使眼球向上、向下和向周围转动。

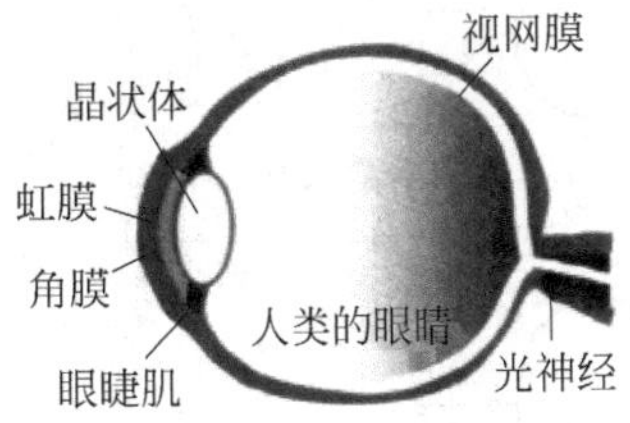

图 9-47　眼睛结构示意图

眼睛肌肉完全松弛和最紧张时所能清楚看到的点,分别称为调焦范围的远点和近点。正常眼睛的远点在无穷远。常见的眼睛缺陷包括近视眼、远视眼、老花眼、散光等。近视眼(短视野)是由于透镜的光焦度太大,平行光聚焦于视网膜前部,如图 9-48(a)所示。导致的结果是无法把比远点更远处的光清楚地聚焦到视网膜上。发散透镜(凹透镜)可以矫正这个缺陷。而远视眼(长视野)是由于透镜的光焦度不能满足获得远距离的物体的图像,眼睛的近点比较远,如图 9-48(b)所示。这需要用聚光透镜(凸透镜)做眼镜。老花眼是由于眼睛的调节能力随年龄的增大而下降而形成的。这种缺陷可以用双焦透镜来修正:上部镜头用来看远景,而下部用来做近距离工作。散光(astigmatism)这种缺陷起源于透镜或眼睛的不规则而引起斜视。它可以用圆柱形的或更复杂表面的透镜来补偿。

视网膜的功能并不仅仅在于被光照射处产生电信号,它还有更多的功能,其作用就像一台微型电脑,在将信息传送到大脑之前对这些信息进行预处理,尤其是视网膜可以感知颜色。人类的眼睛只能感受到电磁波谱中很窄的范围。不同的颜色表征为电磁波的不同波长。两只眼睛对获得的图像进行比较和定位,并利用两个图像之间的微小差别得出立体透视图,判断出距离,甚至可以估计物体逼近的速度。

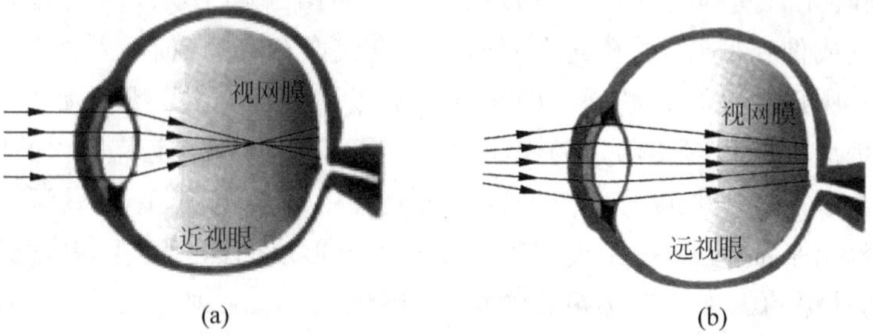

图 9-48 近视眼和远视眼成像

(a) 近视眼；(b) 远视眼

9.9.4 放大镜

最简单的放大镜就是一个焦距 f 很短的会聚透镜。其作用是放大物体在视网膜上所成的像,像的大小与物体对眼睛所张的视角成正比。

如果我们用肉眼观察物体,当物体由远移近时,它所张的视角增大。但是在达到明视距离 s_0 以后继续前移,视角虽继续增大,但眼睛将感到吃力,甚至看不清。可以认为,直接用肉眼观察时,物体的视角最大不超过

$$w = y/s_0$$

其中,y 为物体的长度,如图 9-49(a)所示。

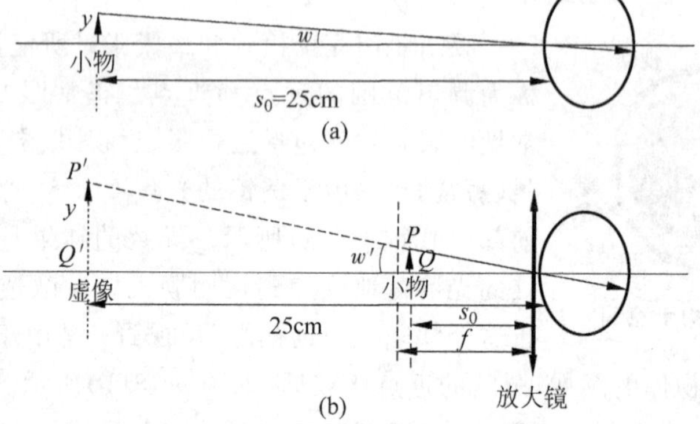

图 9-49 放大镜的视角放大率

现设想将一个放大镜紧靠在眼睛的前面,物体应放在怎样的位置上,眼睛才能清楚地看到它的像？若物距太大,实像落在放大镜和眼睛之后；若物距太小,虚像落在明视距离以内,只有当像成在无穷远到明视距离之间时,才和眼睛的调焦范围相适应。与此相应地,物体就应放在焦点 F 以内的一个小范围内,这范围称为焦深。在 $f \ll s_0$ 的条件下,这范围比焦距 f 小得多,即 $0 \geqslant x \geqslant -f/(s_0 - f) \approx -f/s_0$,也就是说,物体只能放在焦点内侧附近。这时它对光心所张的视角近似等于 $w' = y/f$。由图 9-49 可以看出,由物点 P 发出的通过光心的光线,延长后通过像点 P',所以物体 QP 与像 $Q'P'$ 对光心所张视角是一样的,即 w' 也是像对光心所张的视角。由于眼睛与放大镜十分靠近,又可认为 w' 就是像对眼睛所张的视角。

由于放大镜的作用是放大视角，我们引入视角放大率 M 的概念，它定义为像所张的视角 w' 与用肉眼观察时物体在明视距离(取 25cm)处所张的视角 w 之比，即

$$M=\frac{w'}{w}=\frac{f}{s_0} \tag{9.35}$$

9.9.5　显微镜

显微镜本质上就是一个放大镜，只是简单的放大镜的放大倍率有限(几倍到几十倍)，欲得到更大的放大倍率要靠显微镜。显微镜的光路原理图如图 9-50 所示。在放大镜(目镜)前再加 1 个焦距极短的会聚透镜组(物镜)。物镜和目镜的间隔比它们各自的焦距大得多。被观察的物体 AB 放在物镜物方焦点 F_1 附近处，经物镜成放大实像 B_1A_1，恰位于目镜物方焦点 F_2 附近，再经目镜成放大的虚像 B_2A_2。

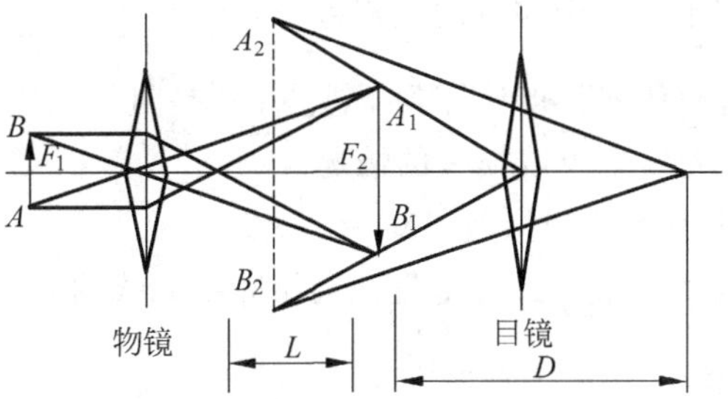

图 9-50　显微镜光路原理图

在实际显微镜中为了减少各种像差，物镜和目镜都是复杂的透镜。为了突出其基本原理，在图 9-50 中二者都用一个薄透镜代替。设 y 为物体 AB 的长度，y_1 为中间像 B_1A_1 的长度，F_1 和 F_2 分别为物镜和目镜的焦距，L 为物镜像方焦点 F_1' 到目镜物方焦点 F_2 的距离(称为光学筒长)。

显微镜的视角放大率为

$$M=\frac{w'}{w} \tag{9.36}$$

其中，w 为物体 AB 在明视距离处所张视角，即 $w=y/s_0$，w' 为最后的像 B_2A_2 所张的视角。现规定由光轴转到光线的方向为顺时针时交角为正，逆时针时交角为负，故这里的 $w'<0$。如前所述，w' 和中间像 B_1A_1 所张的视角一样，故 $-w'=-y_1/F_2$，则

$$M=\frac{y_1/F_2}{y/s_0}=\frac{y_1 s_0}{yF_2}=VM_E \tag{9.37}$$

式中，$M_E=s_0/F_2$ 是目镜的视角放大率；$V=y_1/y=-L/F_2$ 是物镜的横向放大率。因此，显微镜视角放大率

$$M=-\frac{s_0 L}{F_0 F_2} \tag{9.38}$$

式中，负号表示像是倒立的。这表明，物镜、目镜的焦距越短，光学筒长越大，显微镜的放大倍率越高。

本章小结

1. 光程与光程差

(1) 介质的折射率：$n=c/v$。其中，c，v 分别是光在真空和介质中的传播速度。

(2) 光程：一束光在光路 AB 之间的光程 $l=\sum_{A}^{B} n_i r_i + l'$。

求和沿光路(光线)$A\to B$ 进行；l' 为附加光程差，有 0 和 $\lambda/2$ 两个可能的取值，取决于发生半波损失的情况。

(3) AB 之间光传播时间差 $\Delta t=l/c$；光振动的相位差 $\Delta\varphi=2\pi l/\lambda$。

(4) 光程差：两束相干光在干涉点的光程差 $\delta=l_2-l_1=\sum_{B} n_i r_i-\sum_{A} n_i r_i+\delta'$

求和沿两条光路进行，从同相点计算到干涉点；δ' 是附加光程差，有 0 和 $\lambda/2$ 两个可能的取值，取决于两束相干光发生半波损失的情况。

(5) 两束相干光在干涉点的相位差：$\Delta\varphi=2\pi\delta/\lambda$

(6) 薄透镜的等光程性：平行光经薄透镜会聚时各光线的光程相等。

2. 光干涉的极值条件

(1) 干涉点的光程差 $\delta=\begin{cases}\pm k\lambda & \\ \pm(2k+1)\lambda/2 & \end{cases} \quad k=0,1,2,\cdots \quad \begin{matrix}\text{干涉加强}\\ \text{干涉减弱}\end{matrix}$

干涉点的相位差 $\Delta\Phi=\begin{cases}\pm 2k\pi & \\ \pm(2k+1)\pi & \end{cases} \quad k=0,1,2,\cdots \quad \begin{matrix}\text{干涉加强}\\ \text{干涉减弱}\end{matrix}$

(2) 双缝干涉 $\delta=d\sin\theta=\begin{cases}\pm k\lambda & \\ \pm(2k+1)\lambda/2 & \end{cases} \quad k=0,1,2,\cdots \quad \begin{matrix}\text{干涉加强}\\ \text{干涉减弱}\end{matrix}$

屏中心为零级明条纹，条纹间距(宽度)

$$\Delta x=x_{k+1}-x_k=\frac{D}{d}\lambda$$

由于半波损失，洛埃镜干涉条纹与杨氏双缝干涉条纹的明暗条纹相反。

3. 薄膜干涉

薄膜干涉的光程差

$$\delta=2e\sqrt{n_2^2-n_1^2\sin^2 i}+\delta'$$

对于垂直入射的平行光，光程差

$$\delta=2en_2+\delta'$$

式中，δ' 是附加光程差。对于反射光的干涉，若 $n_1>n_2$，$n_2<n_3$ 或 $n_1<n_2$，$n_2>n_3$，$\delta'=\lambda/2$；若 $n_1>n_2>n_3$ 或 $n_1<n_2<n_3$，$\delta'=0$。

(1) 等厚干涉

平行光垂直照射薄膜，若 $n_1>n_2$，$n_2<n_3$ 或 $n_1<n_2$，$n_2>n_3$，棱边为零级暗条纹中心。

明条纹厚度 $e_k=\frac{\lambda}{4n}(2k-1)(k=1,2,3,\cdots)$，暗条纹厚度 $e_k=k\frac{\lambda}{2n}(k=0,1,2,\cdots)$。对所有的等厚干涉，相邻明(或暗)条纹中心之间的厚度差都相等，均为 $\Delta e=\frac{\lambda}{2n}$。

(2) 劈尖的等厚干涉

k 级条纹到棱边的距离 $l_k=\frac{e_k}{\theta}$，条纹中心之间的距离相等，均为 $\Delta l=\frac{\Delta e}{\theta}=\frac{\lambda}{2n\theta}$。

(3) 牛顿环的等厚干涉

垂直照射时，若 $n_1>n_2, n_2<n_3$ 或 $n_1<n_2, n_2>n_3$，中心为零级暗斑。明环半径 $r_{明}=\sqrt{\frac{(2k-1)R\lambda}{2n}}(k=1,2,\cdots)$，暗环半径 $r_{暗}=\sqrt{\frac{kR\lambda}{n}}(k=0,1,2,\cdots)$。

(4) 迈克耳孙干涉仪

相当于薄膜干涉。动臂移动，则干涉条纹移动。若条纹移动数为 N，则动臂移动距离为 $d=N\lambda/2$。

4. 单缝衍射

(1) 暗条纹条件

半波带数 $N=\frac{2a\sin\theta}{\lambda}=\pm 2k(k=1,2,\cdots)$；缝端光程差 $a\sin\theta=\pm k\lambda(k=1,2,\cdots)$；衍射角 $\theta\approx\sin\theta=\pm k\frac{\lambda}{a}(k=1,2,\cdots)$；线位置 $x_k=\pm k\frac{f\lambda}{a}$。

(2) 明条纹条件

暗条纹条件中的 k 在明条纹条件中为 $k+\frac{1}{2}$。

中央明条纹的角位置满足 $-\lambda\leqslant a\sin\theta\leqslant\lambda$，线位置为 $-\frac{f\lambda}{a}\leqslant x\leqslant\frac{f\lambda}{a}$。

次级条纹宽度 $\Delta x=\frac{f\lambda}{a}$，中央明条纹宽度 $2\Delta x$。

5. 光栅衍射

(1) 光栅方程：$(a+b)\sin\theta=\pm k\lambda(k=0,1,2,\cdots)$

(2) 缺级条件：$a\sin\theta=\pm k'\lambda$，当 $\frac{a+b}{a}=\frac{k}{k'}$ 时，对应的 k 级次主极大缺级。

6. 光的偏振性

(1) 偏振态：光是横波，有自然光、线偏振光、部分偏振光等不同的偏振态。

(2) 偏振片：可以使自然光变成偏振光的光学元件。光强为 I_0 的自然光经偏振片后，透射出光强为 $I=I_0/2$ 的线偏振光。

(3) 马吕斯定律：光强为 I_0 的线偏振光经偏振片后，透射光的光强为 $I=I_0\cos^2\alpha$，其中 α 为偏振光振动方向与偏振片偏振化方向之间的夹角。

偏振片、玻璃片堆和光的双折射制成的各种偏振器，都可以用于起偏和检偏。

(4) 布儒斯特定律：自然光入射到两种介质的界面上时，反射光和折射光一般是部分偏振光。

当光以起偏振角 i_0 入射时，反射光为光振动垂直入射面的偏振光。布儒斯特定律的表达式为 $\tan i_0 = n_2/n_1$，此时折射光与反射光互相垂直，$i_0 + \gamma_0 = 90°$。

习题

1. 填空题

1.1 在双缝干涉实验中，测得第 2 级明条纹中心与中央明条纹中心的距离为 2.0mm，则相邻明条纹中心之间的距离为________ mm。

1.2 一束单色平行光照射到缝间距为 d_1 的双缝上，在观察屏上 P 点出现第 4 级明条纹，当双缝间距离变为 d_2 时，P 点出现第 3 级明条纹，则 d_1/d_2 为________。

1.3 用波长 $\lambda_1 = 400\text{nm}$ 的单色平行光垂直照射在空气劈尖上，测得相邻明条纹中心的间距 $l = 1.0\text{mm}$。现在改用波长 $\lambda_2 = 600\text{nm}$ 的单色平行光垂直照射在同一空气劈尖上，相邻明条纹中心的间距为________ mm。

1.4 用两块平面玻璃板构成一个空气劈尖，用单色光垂直入射，产生等厚干涉条纹。假如在劈尖内充满水，则干涉条纹将________（"不变"或"变稀疏"或"变密集"）。

1.5 在牛顿环干涉实验中，所观察到的第四级暗环与第一级暗环的半径之比为 $r_4 : r_1 =$________

1.6 在单缝衍射实验中，测得第 1 级暗条纹中心的衍射角为 2°，则其中央明条纹的角宽度是________。

1.7 在单缝夫琅禾费衍射中，对应于观察屏上 P 点，单缝波面可分为 2 个半波带，则 P 点处应为________级________纹（填"明"或"暗"）。

1.8 在光栅衍射实验中，测得观察屏上第 2 级主极大的衍射角的正弦值为 $\sin\theta_2 = 0.3$，则屏上第 4 级主极大的衍射角的正弦值 $\sin\theta_4$ 为________。

1.9 一束白光垂直照射在一光栅上形成一级光栅光谱，那么，偏离中央明条纹最远的是________光。

1.10 单色平行光垂直入射在光栅常数为 $5.0\times10^3\text{nm}$ 的光栅上，若已知第 3 级明条纹的衍射角 θ 的正弦值 $\sin\theta = 0.3$，则此单色光的波长为________ nm。

1.11 一束完全偏振光通过一个偏振片，若入射光的振动方向与偏振片的偏振化方向的夹角为 45°，则透射光强与入射光强的比 $I : I_0 =$________。

1.12 一束自然光垂直照射两块重叠的偏振片后，透射光强为零，这两块偏振片的偏振化方向的夹角为________。

1.13 自然光照射到某透明介质的表面时，反射光是线偏振光。已知折射光的折射角为 40°，则入射角为________。

1.14 用自然光和线偏振光构成的一束混合光垂直照射在一偏振片上，以光的传播方向为轴旋转偏振片时，发现透射光强的最大值为最小值的 3 倍，则入射光中，自然光强与线偏振光强之比 $I_{自然} : I_{偏振} =$________。

1.15　自然光由空气投射到水($n=4/3$)面上，反射光为完全偏振光，则入射角 $i_0=$________。

2. 选择题

2.1 【　】在双缝干涉实验中，入射光的波长为 λ，用玻璃纸遮住双缝中的一个缝，若玻璃纸中光程比相同厚度的空气的光程大 2.5λ，则屏上原来的明条纹处：

(A) 仍为明条纹　(B) 变为暗条纹

(C) 既非明条纹也非暗条纹　(D) 无法确定是明条纹还是暗条纹

2.2 【　】在杨氏双缝实验中，欲使干涉条纹变宽，应做的调整是：

(A) 增加双缝的间距　(B) 增加入射光的波长

(C) 减少双缝至光屏之间的距离　(D) 干涉级 k 越大则条纹越宽

2.3 【　】在杨氏双缝实验中，原来缝 S 到达两缝 S_1 和 S_2 的距离是相等的(见图 9-51)。现将 S 向下移动一微小距离，则屏幕上干涉条纹将发生的变化是：

(A) 干涉条纹向上平移　(B) 干涉条纹向下平移

(C) 干涉条纹不移动　(D) 干涉条纹先向上平移再向下平移

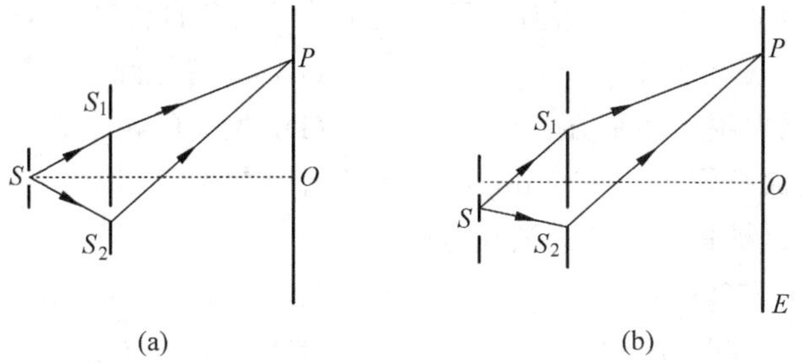

图 9-51　选择题 2.3 用图

2.4 【　】在杨氏双缝实验中用一折射率为 n 的薄云母片覆盖其中一条狭缝，这时屏幕上的第 7 级明条纹恰好移到屏幕中央原零级明条纹的位置，如果入射光的波长为 λ，则该云母片的厚度为：

(A) $\dfrac{7\lambda}{n-1}$　(B) 7λ　(C) $\dfrac{7\lambda}{n}$　(D) $\dfrac{(n-1)\lambda}{7}$

2.5 【　】用劈尖干涉法可监测工件表面缺陷。用波长为 λ 的单色平行光垂直入射时，若观察到的干涉条纹如图 9-52 所示，每一条纹弯曲部分的顶点恰好与其左边条纹的直线部分的连线相切，则工件表面与条纹弯曲处对应的部分：

(A) 凸起，且高度为 $\lambda/4$　(B) 凸起，且高度为 $\lambda/2$

(C) 凹陷，且深度为 $\lambda/2$　(D) 凹陷，且深度为 $\lambda/4$

2.6 【　】如图 9-53 所示，波长为 λ 的单色平行光垂直照射单缝，若由单缝边缘发出的光波到达光屏上 P、Q、R 三点的光程分别为 2λ、2.5λ、3.5λ。比较 P、Q、R 三点的亮度，则：

(A) P 点最亮，Q 点次之，R 点最暗　(B) Q、R 两点亮度相同，P 点最暗

(C) P、Q、R 三点亮度相同　(D) Q 点最亮，R 点次之，P 点最暗

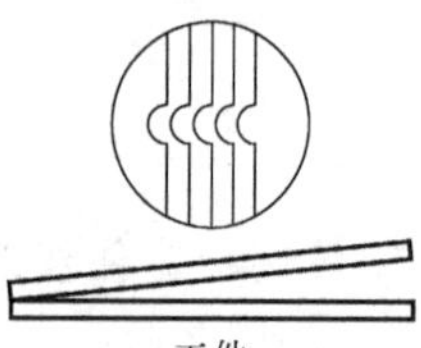

图 9-52　选择题 2.5 用图

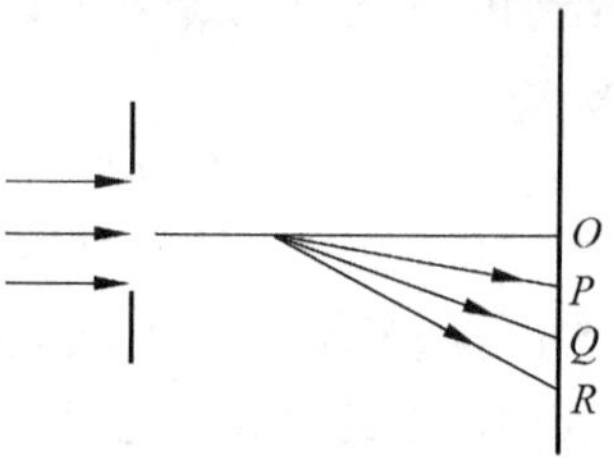

图 9-53　选择题 2.6 用图

2.7 【　　】在单缝夫琅禾费衍射中，若将单缝沿垂直于透镜主光轴方向向上平移少许，则在屏幕上：

(A) 整个衍射图样向下平移

(B) 整个衍射图样保持不变

(C) 整个衍射图样位置和相对分布均变化

(D) 整个衍射图样向上平移

2.8 【　　】根据惠更斯-菲涅耳原理，若已知光在某时刻的波阵面为 S，则 S 的前方某点 P 的光强度决定于波阵面 S 上所有面积元发出的子波各自传到 P 点的：

(A) 振动振幅之和　　(B) 光强之和

(C) 振动振幅之和平方　　(D) 振动的相干叠加

2.9 【　　】用波长为 400～760nm 的白光照射衍射光栅，其衍射光谱的第 2 级和第 3 级重叠，则第 3 级光谱被重叠部分的波长范围是：

(A) 600～760nm　　(B) 506.7～760nm

(C) 400～506.7nm　　(D) 400～600nm

2.10 【　　】在光栅衍射现象中，屏幕上出现的衍射图像应为：

(A) 光栅中各单缝衍射图像的叠加

(B) 光栅中缝间干涉的结果

(C) 当 $a>b$ 时，由单缝衍射图像决定；当 $a<b$ 时，由缝间干涉来决定。其中 a,b 分别为光栅的狭缝宽度和刻痕宽度

(D) 各单缝衍射与缝间干涉的总效果

2.11 【　　】如图 9-54 所示，一自然光自空气射到一平板玻璃上，设入射角为起偏振角，则在界面 2 处的反射光透过玻璃后的光线 2 中振动方向是：

(A) 垂直于入射面　　(B) 平行于入射面

(C) 以上两个方向的振动均有　　(D) 光线 2 不存在

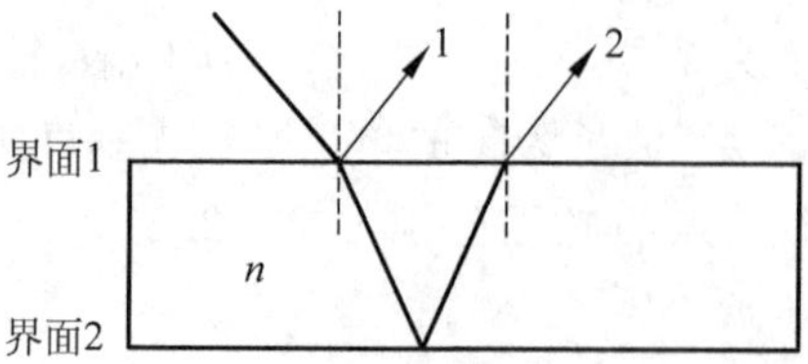

图 9-54　选择题 2.11 用图

*2.12 【　】在下面四个结论中，正确的是：

(A) 一束光射入透明介质时，都将产生双折射现象

(B) 自然光以起偏振角从空气射入玻璃内将产生双折射现象

(C) 光射入方解石晶体后将分裂为两束光，分别称为 o 光和 e 光

(D) o 光和 e 光皆称为部分偏振光

3. 简答题

3.1　相干光产生的条件是什么？获得相干光的方法有哪些？

3.2　波长为 λ 的单色光从空气射入折射率为 n 的水中，其频率、波长、光速是否发生变化？怎样变化？

3.3　说明怎样利用杨氏双缝实验的干涉条纹来测量双缝的间距和比较不同单色光的波长。

3.4　影响杨氏双缝干涉的干涉条纹的清晰程度的因素有哪些？

3.5　光的衍射现象和干涉现象有何区别？两者又有何联系？

3.6　声波和无线电波能绕过建筑物传播，但生活中对光却观察不到明显的拐弯现象，这是为什么？

3.7　在点光源的夫琅禾费衍射装置中，若点光源在垂直光轴的平面里上下、左右移动时，衍射图样有何变化？

3.8　在单缝衍射中，为什么衍射角 φ 越大(级数越大)的那些明条纹的亮度越小？

3.9　什么叫半波带？单缝衍射中怎样划分半波带？对应于单缝衍射第 3 级明条纹和第 4 级暗条纹，单缝处波面各可分成几个半波带？

3.10　若把单缝衍射实验装置全部浸入水中时，衍射图样将发生怎样的变化？如果此时用公式 $a\sin\varphi=\pm(2k+1)\dfrac{\lambda}{2}(k=1,2,\cdots)$ 来测定光的波长，则测出的波长是光在空气中的还是在水中的波长？

3.11　光栅衍射与单缝衍射有何区别？为何光栅衍射的明条纹特别明亮而暗区很宽？

3.12　若以白光垂直入射光栅，不同波长的光将会有不同的衍射角。问：(1)零级明条纹能否分开不同波长的光？(2)在可见光中哪种颜色的光衍射角最大？不同波长的光分开程度与什么因素有关？

3.13　某束光可能是：(1)线偏振光；(2)部分偏振光；(3)自然光。你如何用实验决定这束光是哪一种光？

3.14　如图 9-55 所示，自然光分别以布儒斯特角 i_0 或任一入射角 i 从空气中入射到一玻璃面，画出反射光和折射光的偏振状态。

3.15　是否可用偏振片做眼镜，这与墨镜相比有什么特点？

4. 综合计算题

4.1　单色光正入射于 $d=0.2\text{mm}$ 双缝上，在缝后 1m 处的屏幕上测量得第 1 级明条纹中心到第 4 级明条纹中心的距离为 $7.50\times10^{-3}\text{m}$。求此单色光的波长？

4.2　波长为 500.0nm 的绿光正入射在间距为 $2.20\times10^{-4}\text{m}$ 的双缝上。求离双缝

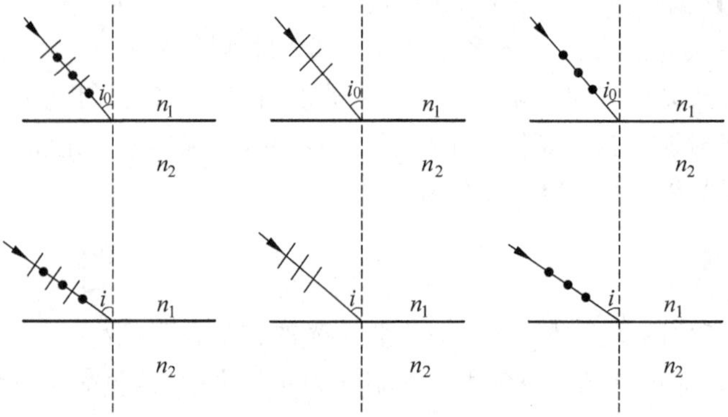

图 9-55　思考题 3.14 用图

1.80m 处屏幕上形成的干涉条纹中 12 条条纹间的距离是多少？

4.3　在双缝干涉实验中，波长 $\lambda=550.0\text{nm}$ 的光正入射到双缝。用一薄云母片（$n=1.58$）覆盖其中一条狭缝，屏上的第 7 级明条纹恰好移至原来屏幕中央零级明条纹处。求此云母片的厚度。

4.4　用波长为 480.0nm 的单色光正入射于双缝上，将两块等厚的玻璃片各遮盖一个缝，两块玻璃片的折射率分别为 1.40 和 1.70。当两玻璃片遮盖后屏幕上原来的中央明条纹处恰为现在的第 5 级明条纹所占据。求玻璃片的厚度。

4.5　为使棱镜（其折射率 $n_1=1.52$）对波长为 $\lambda=500.0\text{nm}$ 的光透射率极高，需在棱镜表面涂上折射率为 $n_2=1.30$ 的薄膜的最小厚度是多少？

4.6　白光垂直照射到折射率为 1.33，厚度为 380.0nm 的肥皂膜上。试问：该膜正面呈什么颜色？背面呈什么颜色？

4.7　用白光照射折射率为 1.33 的薄油膜，当从与膜面的法线方向成 30°角观察时可看到油膜呈 $\lambda=500.0\text{nm}$ 的绿色。试问：(1)油膜厚度最小是多少？(2)若从膜面的法线方向观察，则反射光的颜色如何？

4.8　有一放在空气中的劈尖，其折射率 $n=1.40$，尖角 $\theta=10\text{rad}$。在某一单色光垂直照射下测得两相邻明条纹之间的距离为 $2.50\times10^{-3}\text{m}$。试求：(1)此单色光在真空中的波长；(2)若劈尖长为 $3.50\times10^{-2}\text{m}$，则总共可观察到多少条明条纹？

4.9　利用空气劈尖测细丝直径，已知 $\lambda=589.3\text{nm}$，测得 31 条明条纹间的距离为 $4.410\times10^{-3}\text{m}$。试求细丝的直径 d。

4.10　用波长为 589.3nm 的钠黄光观察牛顿环时，测得第 k 个暗环直径为 $2.000\times10^{-3}\text{m}$，第 $k+4$ 个暗环的直径为 $6.000\times10^{-3}\text{m}$，求平凸透镜的曲率半径。

4.11　当产生牛顿环装置中的透镜与平面玻璃之间的空间充以某种液体时，某一级暗环的半径由 $7.000\times10^{-3}\text{m}$ 变为 $6.350\times10^{-3}\text{m}$。试求这种液体的折射率。

4.12　产生牛顿环装置中的平凸透镜的半径是 1.90m。用波长为 $\lambda=600.0\text{nm}$ 的光照射时的第 k 个暗环恰与用 $\lambda=450.0\text{nm}$ 的光照时的第 $k+1$ 个暗环重合。(1)求第 k 个暗环的半径 r_k；(2)若用波长为 $\lambda=500.0\text{nm}$ 的光照射时的第 5 个明环恰与用波长为 λ 的光照射时的第 6 个明环相重合，求波长 λ。

参考文献

[1] 松鹰.科学巨人的故事——伽利略[M].太原：希望出版社，2012.

[2] 伊莎贝尔·蒙诺兹.伽利略的一生[M].王冬芳，译.桂林：漓江出版社，2020.

[3] 杨政和.世界伟人传记——牛顿[M].西安：陕西人民出版社，2014.

[4] 邢艳.与名人一起成长·科学之光：牛顿[M].北京：北京师范大学出版社，2012.

[5] 郭梅，张宇.平凡造就的伟大——钱学森传[M].南京：江苏人民出版社，2011.

[6] 童苏平，邢娓娓.钱学森传[M].郑州：河南文艺出版社，2018.

[7] A·皮克奥弗.从阿基米德到霍金：科学定律及其背后的伟大智者[M].何玉静，刘茉，译.上海：上海科技教育出版社，2014.

[8] 惠更斯.光论[M].蔡勖，译.北京：北京大学出版社，2007.

[9] 董鑫，白欣.力学与工程学结合的优秀践行者——奥斯本·雷诺[J].科技导报，2021，39（22）：137-144.

[10] 沃尔多·邓宁顿.高斯——科学的巨人[M].赵振江，译.上海：上海科学技术出版社，2022.

[11] 朱鋐雄.物理学思想概论[M].北京：清华大学出版社，2009.

[12] 宋德生，李国栋.电磁学发展史（修订版）[M].南宁：广西人民出版社，1996.

[13] 郭奕玲，沈慧君.物理学史[M].北京：清华大学出版社，2005.

[14] 王较过.毕奥-萨伐尔定律的建立过程[J].四川师范大学学报（自然科学版），2001，24（6）：614-617.

[15] 巴兹尔·马洪.麦克斯韦：改变一切的人[M].肖明，译.长沙：湖南科技出版社，2011.

[16] 周明儒.费马大定理的证明与启示[M].北京：高等教育出版社，2008.

[17] 佩捷.影响数学世界的猜想与问题——从费马到怀尔斯：费马大定理的历史[M].哈尔滨：哈尔滨工业大学出版社，2013.

[18] 张三慧.大学物理学（第三版）B版[M].北京：清华大学出版社，2009.

[19] 马文蔚，周雨青，解希顺.大学物理学（第七版）[M].北京：高等教育出版社，2020.

附录 1　物理量和常用物理基本常量

国际单位制中有 7 个基本物理量，对应的国际单位名称和国际单位符号分别为：米(m)，千克(kg)，秒(s)，安培(A)，开尔文(K)，摩尔(mol)，坎德拉(cd)。除 7 个基本量外，还有两个辅助单位：平面角弧度(rad)，立体角球面度(sr)。

附表 1-1　SI 基本单位

基本量	单位名称		单位符号	
	中文	英文	中文	SI
长度	米	meter	米	m
质量	千克(公斤)	kilogram	千克	kg
时间	秒	second	秒	s
电流	安培	Ampere	安[培]	A
热力学温度	开尔文	Kelvin	开[尔文]	K
物质的量	摩尔	mole	摩[尔]	mol
发光强度	坎德拉	Candela	坎[德拉]	cd

附表 1-2　SI 导出单位

导 出 量	单 位 名 称	单 位 符 号	
		中文	SI
面积	平方米	米^2	m^3
体积	立方米	米^3	m^3
速率，速度	米每秒	米/秒	m/s
加速度	米每二次方秒	米/秒^2	m/s^2
波数	每米	1/米	m^{-1}
密度	千克每立方米	千克/米^3	kg/m^3
比容(比体积)	立方米每千克	米^3/千克	m^3/kg
电流密度	安[培]每平方米	安/米^2	A/m^2
磁场强度	安[培]每米	安/米	A/m
[物质的量]浓度	摩[尔]每立方米	摩/米^3	mol/m^3
[光]亮度	坎[德拉]每平方米	坎/米^2	cd/m^2

附表 1-3　SI 中具有专门名称的导出单位

导出量	单位名称	单位符号		用 SI 导出单位表示	用 SI 基本单位表示
		中文	SI		
[平面]角	弧度	弧度	rad		
立体角	球面度	球面度	sr		
频率	赫[兹]	赫	Hz		s^{-1}
力	牛[顿]	牛	N		$m \cdot kg \cdot s^{-2}$

续表

导出量	单位名称	单位符号		用 SI 导出单位表示	用 SI 基本单位表示
		中文	SI		
压力,应力	帕[斯卡]	帕	Pa	N/m^2	$m^{-1} \cdot kg \cdot s^{-2}$
能,功,热量	焦[耳]	焦	J	$N \cdot m$	$m^2 \cdot kg \cdot s^{-2}$
功率,辐射通量	瓦[特]	瓦	W	J/s	$m^2 \cdot kg \cdot s^{-3}$
电荷,电量	库[仑]	库	C		$s \cdot A$
电位差,电动势	伏[特]	伏	V	W/A	$m^2 \cdot kg \cdot s^{-3} \cdot A^{-1}$
电容	法[拉]	法	F	C/V	$m^{-2} \cdot kg^{-1} \cdot s^4 \cdot A^2$
电阻	欧[姆]	欧	Ω	V/A	$m^2 \cdot kg \cdot s^{-3} \cdot A^{-2}$
电导	西[门分]	西	S	A/V	$m^{-2} \cdot kg^{-1} \cdot s^3 \cdot A^2$
磁通量	韦[伯]	韦	wb	$V \cdot s$	$m^2 \cdot kg \cdot s^{-2} \cdot A^{-1}$
磁通[量]密度	特[斯拉]	特	T	Wb/m^2	$kg \cdot s^{-2} \cdot A^{-1}$
电感	亨[利]	亨	H	Wb/A	$m^2 \cdot kg \cdot s^{-2} \cdot A^{-2}$
温度	摄氏度		℃		K
光通量	流[明]	流	lm	$cd \cdot sr$	$m^2 \cdot m^{-2} \cdot cd$
[光]照度	勒[克斯]	勒	lx	lm/m^2	
[放射性]活度	贝可[勒尔]	贝可	Bq		s^{-1}
吸收剂量,比授[予]能	戈[瑞]	戈	Gy	J/kg	$m^2 \cdot s^{-2}$
剂量当量	希[沃特]	希	Sy	J/kg	$m^2 \cdot s^{-2}$

附表 1-4　SI 中用导出单位表示的导出单位

导　出　量	单 位 符 号	单 位 名 称	
		中文	SI
[动力]黏度	帕[斯卡]秒	帕秒	$Pa \cdot s$
力矩	牛[顿]米	牛・米	$N \cdot m$
表面张力	牛[顿]每米	牛/米	N/m
角速度	弧度每秒	弧度/秒	rad/s
角加速度	弧度每二次方秒	弧度/秒^2	rad/s^2
热通[量]密度辐[射]照度	瓦[特]每平方米	瓦/米^2	W/m^2
热容量,熵	焦[耳]每开[尔文]	焦/开	J/K
比热容,比熵	焦[耳]每千克开[尔文]	焦/千克开	$J/(kg \cdot K)$
比内能	焦[耳]每千克	焦/千克	J/kg
热导率[导热系数]	瓦[特]每米开[尔文]	瓦/米开	$W/(m \cdot K)$
能量密度	焦[耳]每立方米	焦/米^3	J/m^3
电场强度	伏[特]每米	伏/米	V/m
电荷[体]密度	库[仑]每立方米	库/米^3	C/m^3
电通[量]密度,电位移	亨[仑]每平方米	库/米^2	C/m^2
介电常数(电容率)	法[拉]每米	法/米	F/m
磁导率	亨[利]每米	亨/米	H/m
摩尔内能	焦[耳]每摩[尔]	焦/摩	J/mol
摩尔熵,摩尔热容	焦[耳]每摩[尔]开[尔文]	焦/摩开	$J/(mol \cdot K)$
照射量	库[仑]每千克	库/千克	C/kg

续表

导出量	单位符号	单位名称	
		中文	SI
吸收剂量率	戈[瑞]每秒	戈/秒	Gy/s
辐[射]强度	瓦[特]每球面度	瓦/球面度	W/sr
辐[射]亮度,辐射度	瓦[特]每平方米球面度	瓦/米^2 球面度	W/(m^2·sr)

附表 1-5 常用物理基本常量表

物理常量	符号	单位	最佳实验值
真空中光速	c	m/s	299792458
引力常量	G_0	N·m^2/kg^2	6.6720×10^{-11}
阿伏伽德罗常量	N_A	mol^{-1}	6.022045×10^{23}
普适气体常量	R	J/(mol·K)	8.31441
玻耳兹曼常量	k	J/K	1.380662×10^{-23}
理想气体摩尔体积	V_m	m^3/mol	22.41383×10^{-3}
基本电荷(元电荷)	e	C	-1.6021892×10^{-19}
原子质量单位	u	kg	1.6605655×10^{-27}
电子静止质量	m_e	kg	9.109534×10^{-31}
电子荷质比	e/m_e	C/kg	-1.7588047×10^{11}
质子静止质量	m_p	kg	1.6726485×10^{-27}
中子静止质量	m_n	kg	1.6749543×10^{-27}
法拉第常量	F	C/mol	9.648456×10^{4}
真空电容率	ε_0	F/m	$8.854187818\times10^{-12}$
真空磁导率	μ_0	N/A^2	12.5663706144
电子磁矩	μ_e	J/T	9.284832×10^{-24}
质子磁矩	μ_p	J/T	1.4106171×10^{-23}
玻尔半径	α_0	m	5.2917706×10^{-11}
玻尔磁子	μ_B	J/T	9.274078×10^{-24}
核磁子	μ_N	J/T	5.059824×10^{-27}
普朗克常量	h	J·s	6.626176×10^{-34}
精细结构常量	α		7.2973506×10^{-3}
里德伯常量	R	m^{-1}	1.097373177×10^{7}
电子康普顿波长		m	2.4263089×10^{-12}
质子康普顿波长		m	1.3214099×10^{-15}
质子电子质量比	m_p/m_e		1836.1515
斯特藩常量	σ	W/(m^2·K^4)	5.67051×10^{-8}

附录2　高等数学基础

2.1　矢量的计算

矢量(vector)是数学、物理学和工程学等现代自然科学中的基本概念，是指一个同时具有大小和方向的量。一般地，同时满足具有大小和方向两个性质的几何对象即可认为是矢量(特别地，电流属于既有大小、又有正负方向的量，但由于其相加不满足平行四边形法则，故公认为其不属于矢量)。矢量常常以符号加箭头标示以区别于其他量(在书中，矢量常以黑体表示)。与矢量相对的概念称为标量或数量，即只有大小、(绝大多数情况下)没有方向(电流是特例)、相加不满足平行四边形法则的量。

矢量既有大小又有方向。规定单位矢量的大小为1，方向沿着该矢量的指向。矢量之间可以进行运算。常见的矢量运算有：加法、减法、数乘、内积和外积。

2.1.1　矢量的加法与减法

矢量的加法满足平行四边形法则和三角形法则。具体地，两个矢量 $\boldsymbol{a}$ 和 $\boldsymbol{b}$ 相加，得到的是另一个矢量。这个矢量可以表示为 $\boldsymbol{a}$ 和 $\boldsymbol{b}$ 的起点重合后，以它们为邻边构成的平行四边形的一条对角线，或者表示为将 $\boldsymbol{a}$ 的终点和 $\boldsymbol{b}$ 的起点重合后，从 $\boldsymbol{a}$ 的起点指向 $\boldsymbol{b}$ 的终点的矢量，如附图2-1(a)所示。

两个矢量 $\boldsymbol{a}$ 和 $\boldsymbol{b}$ 的相减，则可以看成是矢量 $\boldsymbol{a}$ 加上一个与 $\boldsymbol{b}$ 大小相等，方向相反的矢量。又或者，$\boldsymbol{a}$ 和 $\boldsymbol{b}$ 的相减得到的矢量可以表示为 $\boldsymbol{a}$ 和 $\boldsymbol{b}$ 的起点重合后，从 $\boldsymbol{b}$ 的终点指向 $\boldsymbol{a}$ 的终点的矢量，如附图2-1(b)所示。

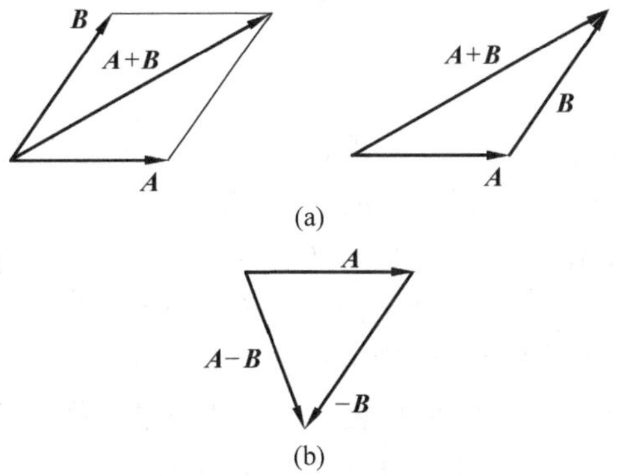

附图 2-1　矢量的相加和相减

(a) 矢量的相加；(b) 矢量的相减

当两个矢量数值、方向都不同，基本矢量 $\boldsymbol{e}_1=(1,0,0)$，$\boldsymbol{e}_2=(0,1,0)$，$\boldsymbol{e}_3=(0,0,1)$时，则它们的矢量和可以计算为

$$\boldsymbol{a}+\boldsymbol{b}=(a_1+b_1)\boldsymbol{e}_1+(a_2+b_2)\boldsymbol{e}_2+(a_3+b_3)\boldsymbol{e}_3$$

并且有如下的不等关系式：

$$|\boldsymbol{a}|+|\boldsymbol{b}|\geqslant|\boldsymbol{a}+\boldsymbol{b}|\geqslant|\boldsymbol{a}|-|\boldsymbol{b}|$$

此外，矢量的加法也满足交换律和结合律。

2.1.2 矢量的基

矢量空间分为有限维矢量空间与无限维矢量空间。在有限维矢量空间中，可以找到一组(有限个)矢量 $\boldsymbol{e}_1,\boldsymbol{e}_2,\cdots,\boldsymbol{e}_n$，使得任意一个矢量$\boldsymbol{v}$ 都可以唯一地表示成这组矢量的线性组合：

$$\boldsymbol{v}=v_1\boldsymbol{e}_1+v_2\boldsymbol{e}_2+\cdots+v_n\boldsymbol{e}_n$$

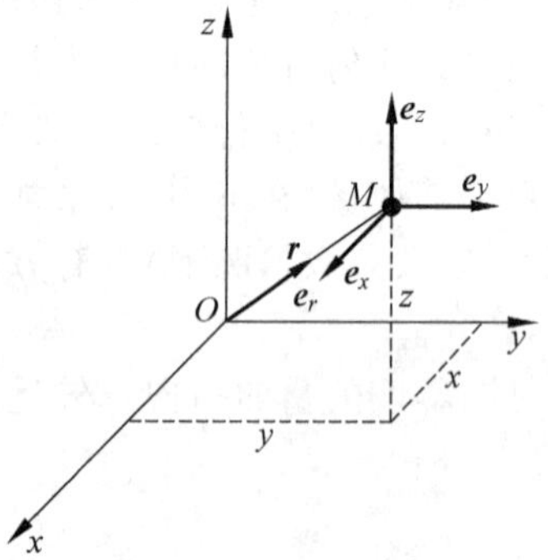

附图 2-2 矢量的基

其中，标量 $v_1,v_2,\cdots,v_n$ 是随着矢量$\boldsymbol{v}$ 而确定的。这样的一组矢量称为矢量空间的基。给定了矢量空间以及一组基后，每个矢量就可以用一个数组来表示了，如附图 2-2 所示。两个矢量$\boldsymbol{v}$ 和 $\boldsymbol{w}$ 相同，当且仅当表示它们的数组一样，即

$$v_1=w_1,v_2=w_2,\cdots,v_n=w_n$$

因此，两个矢量$\boldsymbol{v}$ 和 $\boldsymbol{w}$ 的和可以表示为

$$\boldsymbol{v}+\boldsymbol{w}=(v_1+w_1)\boldsymbol{e}_1+(v_2+w_2)\boldsymbol{e}_2+\cdots+(v_n+w_n)\boldsymbol{e}_n$$

它们的数量积为

$$\boldsymbol{v}\cdot\boldsymbol{w}=v_1\cdot w_1+v_2\cdot w_2+\cdots+v_n\cdot w_n$$

而标量 k 与矢量$\boldsymbol{v}$ 的乘积则为

$$k\cdot\boldsymbol{v}=(k\cdot v_1)\boldsymbol{e}_1+(k\cdot v_n)\boldsymbol{e}_2+\cdots+(k\cdot v_n)\boldsymbol{e}_n$$

2.1.3 矢量的数乘

一个标量 k 和一个矢量$\boldsymbol{v}$ 可以相乘，得到的是另一个与$\boldsymbol{v}$ 方向相同或相反，大小为$\boldsymbol{v}$ 的大小的$|k|$倍的矢量，可以记成 $k\boldsymbol{v}$ 。该种运算被称为**数乘**或**标量乘法**。任意矢量乘以-1 会得到它的反矢量，0 乘以任何矢量都会得到零矢量 $\mathbf{0}$。

2.1.4 矢量的内积

矢量的内积也称为矢量的标积、点乘或数量积，它是矢量与矢量的乘积，其结果为一个标量(非矢量)。几何上，矢量的标积可以定义如下：

设 $\boldsymbol{a},\boldsymbol{b}$ 为两个任意矢量，它们的夹角为 θ，则他们的数量积为

$$\boldsymbol{a}\cdot\boldsymbol{b}=|\boldsymbol{a}|\cdot|\boldsymbol{b}|\cos\theta$$

即矢量 $\boldsymbol{a}$ 在矢量$\boldsymbol{b}$ 方向上的投影长度(同方向为正反方向为负号)，与矢量 $\boldsymbol{b}$ 长度的乘积。数量积被广泛应用于物理中。例如，做功表示为力的矢量与位移的矢量的点乘，即

$$\mathrm{d}W=\boldsymbol{F}\cdot\mathrm{d}\boldsymbol{s}=F\,\mathrm{d}s\cos\theta$$

均匀电场中的电势差

$$\Delta U=\boldsymbol{E}\cdot\boldsymbol{l}=E\cdot\Delta l\cos\theta$$

电通量

$$\mathrm{d}\Phi_{\mathrm{e}}=\boldsymbol{E}\cdot\mathrm{d}\boldsymbol{S}=E\cdot\mathrm{d}S\cos\theta$$

磁通量

$$\mathrm{d}\Phi_{\mathrm{m}}=\boldsymbol{B}\cdot\mathrm{d}\boldsymbol{S}=B\cdot\mathrm{d}S\cos\theta$$

2.1.5　矢量的外积

矢量的外积也称为矢量的叉积或矢积，它也是矢量与矢量的乘积，不过需要注意的是，它的结果是个矢量，其几何意义是所得的矢量与两个被乘矢量所在平面相垂直，方向由右手定则规定，大小是两个被乘矢量张成的平行四边形的面积，如附图 2-3 所示。所以矢量积不满足交换律。举例来说，若 $\boldsymbol{e}_1=(1,0,0)$，$\boldsymbol{e}_2=(0,1,0)$，$\boldsymbol{e}_3=(0,0,1)$，则

$$\boldsymbol{e}_1\times\boldsymbol{e}_2=\boldsymbol{e}_3=(0,0,1),\boldsymbol{e}_2\times\boldsymbol{e}_3=\boldsymbol{e}_1=(1,0,0),$$
$$\boldsymbol{e}_3\times\boldsymbol{e}_1=\boldsymbol{e}_2=(0,1,0)$$

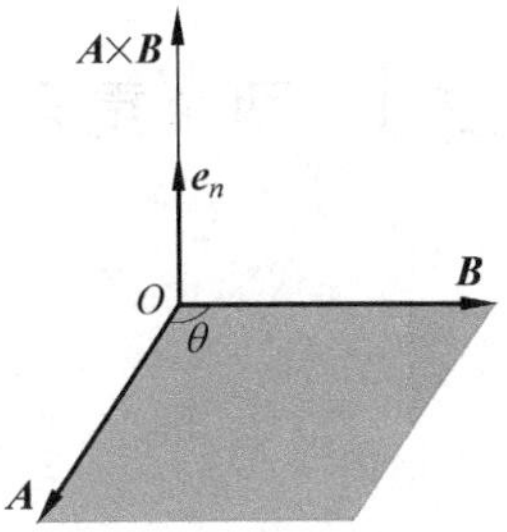

附图 2-3　矢量的外积

设矢量 $\boldsymbol{a}=a_x\boldsymbol{i}+a_y\boldsymbol{j}+a_z\boldsymbol{k}$，$\boldsymbol{b}=b_x\boldsymbol{i}+b_y\boldsymbol{j}+b_z\boldsymbol{k}$，则两个矢量的叉乘可表示为：

$$\boldsymbol{a}\times\boldsymbol{b}=\begin{vmatrix}\boldsymbol{i} & \boldsymbol{j} & \boldsymbol{k}\\ a_x & a_y & a_z\\ b_x & b_y & b_z\end{vmatrix},\quad |\boldsymbol{a}\times\boldsymbol{b}|=|\boldsymbol{a}|\cdot|\boldsymbol{b}|\sin\theta$$

例如，力矩 $\boldsymbol{M}=\boldsymbol{r}\times\boldsymbol{F}$；角动量 $\boldsymbol{L}=\boldsymbol{r}\times\boldsymbol{P}$。

2.1.6　矢量的混合积

给定空间的三个矢量 $\boldsymbol{a}$、$\boldsymbol{b}$ 和 $\boldsymbol{c}$，它们之间的运算 $\boldsymbol{c}\cdot(\boldsymbol{a}\times\boldsymbol{b})$ 定义为混合积，其几何意义为三矢量始于同点时所构成平行六面体的体积，即

$$\boldsymbol{c}\cdot(\boldsymbol{a}\times\boldsymbol{b})=\begin{vmatrix}c_x & c_y & c_z\\ a_x & a_y & a_z\\ b_x & b_y & b_z\end{vmatrix}=\boldsymbol{b}\cdot(\boldsymbol{c}\times\boldsymbol{a})=\boldsymbol{a}\cdot(\boldsymbol{b}\times\boldsymbol{c})$$

混合积有正有负。当矢量 $\boldsymbol{a}$，$\boldsymbol{b}$，$\boldsymbol{c}$ 组成右手系时，数量积才为正数；否则，为负数。

2.1.7　矢量的内积与外积的比较

矢量的内积与外积有很大区别，一定要注意区分，它们的区别见附表 2-1。

附表 2-1　矢量的内积与外积比较

名　称	标积/内积/点积	矢量外积/矢量积/叉积
运算式	$\boldsymbol{a}\cdot\boldsymbol{b}=\|\boldsymbol{a}\|\|\boldsymbol{b}\|\cdot\cos\theta$	$\boldsymbol{a}\times\boldsymbol{b}=\boldsymbol{c}$，其中 $\|\boldsymbol{c}\|=\|\boldsymbol{a}\|\|\boldsymbol{b}\|\cdot\sin\theta$，$\boldsymbol{c}$ 的方向遵守右手定则
几何意义	矢量 $\boldsymbol{a}$ 在矢量 $\boldsymbol{b}$ 方向上的投影与矢量 $\boldsymbol{b}$ 的模的乘积	$\boldsymbol{c}$ 的模等于以 $\boldsymbol{a}$ 和 $\boldsymbol{b}$ 为邻边的平行四边形的面积
运算结果的区别	标量(常用于物理)/数量(常用于数学)	矢量(常用于物理)/向量(常用于数学)

2.2 常用的数学公式

2.2.1 两个重要极限

$$\lim_{x\to 0}\frac{\sin x}{x}=1$$

$$\lim_{x\to 0}\left(1+\frac{1}{x}\right)^{x}=e=2.718281828459045\cdots$$

2.2.2 三角函数公式

（1）和差角公式

$$\sin(\alpha\pm\beta)=\sin\alpha\cos\beta\pm\cos\alpha\sin\beta$$

$$\cos(\alpha\pm\beta)=\cos\alpha\cos\beta\mp\sin\alpha\sin\beta$$

$$\tan(\alpha\pm\beta)=\frac{\tan\alpha\pm\tan\beta}{1\mp\tan\alpha\cdot\tan\beta}$$

$$\cot(\alpha\pm\beta)=\frac{\cot\alpha\cdot\cot\beta\mp 1}{\cot\beta\pm\cot\alpha}$$

（2）和差化积公式

$$\sin\alpha+\sin\beta=2\sin\frac{\alpha+\beta}{2}\cos\frac{\alpha-\beta}{2}$$

$$\sin\alpha-\sin\beta=2\cos\frac{\alpha+\beta}{2}\sin\frac{\alpha-\beta}{2}$$

$$\cos\alpha+\cos\beta=2\cos\frac{\alpha+\beta}{2}\cos\frac{\alpha-\beta}{2}$$

$$\cos\alpha-\cos\beta=2\sin\frac{\alpha+\beta}{2}\sin\frac{\alpha-\beta}{2}$$

（3）正弦定理

$$\frac{a}{\sin A}=\frac{b}{\sin B}=\frac{c}{\sin C}=2R$$

（4）余弦定理

$$c^2=a^2+b^2-2ab\cos C$$

2.3 导数公式

$$(\tan x)'=\sec^2 x \qquad (\arcsin x)'=\frac{1}{\sqrt{1-x^2}}$$

$$(\cot x)'=-\csc^2 x$$

$$(\sec x)'=\sec x\cdot\tan x \qquad (\arccos x)'=-\frac{1}{\sqrt{1-x^2}}$$

$$(\csc x)'=-\csc x\cdot\cot x$$

$$(a^x)' = a^x \ln a \qquad (\arctan x)' = \frac{1}{1+x^2}$$

$$(\log_a x)' = \frac{1}{x \ln a} \qquad (\text{arccot} x)' = -\frac{1}{1+x^2}$$

2.4　基本积分表

$$\int \tan x \, dx = -\ln|\cos x| + C \qquad \int \frac{dx}{\cos^x} = \int \sec^2 x \, dx = \tan x + C$$

$$\int \cot x \, dx = -\ln|\sin x| + C \qquad \int \frac{dx}{\sin^x} = \int \csc^2 x \, dx = -\cot x + C$$

$$\int \sec x \, dx = \ln|\sec x + \tan x| + C \qquad \int \sec x \cdot \tan x \, dx = \sec x + C$$

$$\int \csc x \, dx = \ln|\csc x - \cot x| + C \qquad \int \csc x \cdot \cot x \, dx = -\csc x + C$$

$$\int \frac{dx}{a^2 + x^2} = \frac{1}{a}\arctan\frac{x}{a} + C \qquad \int a^x \, dx = \frac{a^x}{\ln a} + C$$

$$\int \frac{dx}{x^2 - a^2} = \frac{1}{2a}\ln\left|\frac{x-a}{x+a}\right| + C \qquad \int \text{sh} x \, dx = \text{ch} x + C$$

$$\int \frac{dx}{a^2 - x^2} = \frac{1}{2a}\ln\frac{a+x}{a-x} + C \qquad \int \text{ch} x \, dx = \text{sh} x + C$$

$$\int \frac{dx}{\sqrt{a^2 - x^2}} = \arcsin\frac{x}{a} + C \qquad \int \frac{dx}{\sqrt{x^2 \pm a^2}} = \ln(x + \sqrt{x^2 \pm a^2}) + C$$

2.5　场论的计算公式

（1）场的计算公式

设 u 为标量函数，则定义方向导数为

$$\frac{\partial u}{\partial \boldsymbol{l}} = \frac{\partial u}{\partial x}\cos\alpha \boldsymbol{i} + \frac{\partial u}{\partial y}\cos\beta \boldsymbol{j} + \frac{\partial u}{\partial z}\cos\gamma \boldsymbol{k}$$

$$\boldsymbol{e}_l = \frac{\boldsymbol{l}}{|\boldsymbol{l}|} = \cos\alpha \boldsymbol{i} + \cos\beta \boldsymbol{j} + \cos\gamma \boldsymbol{k}$$

梯度为

$$\nabla u = \frac{\partial u}{\partial x}\boldsymbol{i} + \frac{\partial u}{\partial y}\boldsymbol{j} + \frac{\partial u}{\partial z}\boldsymbol{k}, \qquad \nabla = \frac{\partial}{\partial x}\boldsymbol{i} + \frac{\partial}{\partial y}\boldsymbol{j} + \frac{\partial}{\partial z}\boldsymbol{k}$$

设矢量函数为 $\mathbf{V} = V_x \boldsymbol{i} + V_y \boldsymbol{j} + V_z \boldsymbol{k} = (V_x, V_y, V_z)$，则定义散度为

$$\nabla \cdot \mathbf{V} = \frac{\partial V_x}{\partial x} + \frac{\partial V_y}{\partial y} + \frac{\partial V_z}{\partial z}$$

旋度为

$$\nabla\times\boldsymbol{V}=\begin{vmatrix}\boldsymbol{i} & \boldsymbol{j} & \boldsymbol{k}\\ \dfrac{\partial}{\partial x} & \dfrac{\partial}{\partial y} & \dfrac{\partial}{\partial z}\\ V_x & V_y & V_z\end{vmatrix}$$

(2) 场论积分公式

如附图 2-4 所示，在矢量场中，若 L 是一条有向闭合曲线，则矢量场沿有向闭曲线 L 的线积分，称为矢量沿有向闭曲线 L 的环量或**路径积分**，即

$$U=\oint_C \boldsymbol{E}\cdot \mathrm{d}\boldsymbol{l}$$

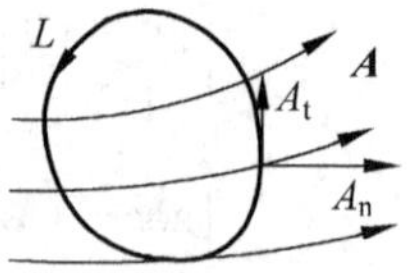

附图 2-4 矢量的环量

在矢量场中，取一个有向曲面，则矢量场在其上的面积分称为矢量穿过曲面的通量，表示为

$$\Phi_e=\oiint \boldsymbol{E}\cdot \mathrm{d}\boldsymbol{S},\quad \Phi_m=\iint_S \boldsymbol{B}\cdot \mathrm{d}\boldsymbol{S}$$